정선 기계공작법

[illegible]동우 · 황규완 · 김덕환 공저

도서출판 명진

머리말

기계공업의 발전과정은 초기에 순수한 경험을 바탕으로 다양하게 발전을 거듭하여 왔으며, 오늘날에는 우리의 일상생활에도 다양학 빠른 변화를 나타내고 있다.

최근에는 공작기계의 다양화, 고속화, 고 정밀도화, 대형화, 자동화의 요구와 제품의 품질향상 및 생산성의 증대에도 기여해야 하기 때문에 CNC, DNC, FMS, CIM의 연구, 고 능률화를 이루기 위한 각종공구 및 절삭공구의 연구가 활발하게 이루어지고 있다.

본서는 주조, 소성가공, 용접, 수기가공, 정밀측정, 절삭이론, 선반가공, 밀링가공, 보링머신, 평삭가공, 정밀입자가공, 특수가공, 연삭가공, NC(Numerical Control) , 열처리,기계재료 등으로 구성하였다.

필자는 다년간 공학도들에게 강의하면서 얻어진 경험과 현장 실무 경험에서 연구하고 체험 된것들이 바탕으로 기초적인 지식을 쉽게 이해할 수 있는 교과서로서의 역할과, 현장실무자 및 국가기술자격시험을 준비하는 수험생들에개 필요한 지식을 제공하는 참고서로서의 역할을 할 수 있도록 이 책을 꾸몄다

본서는 기계공작법을 2학기에 걸쳐 주 3시간 설강하는 학교를 기준으로 편집하였으나 각 학교의 강의시간 설정에 맞추어 적절히 선정하여 지도하시기를 바라오며 이 한 권의 책이 나오기까지 많은 도움을 주신 모든 분들께 감사드리오며, 끝으로 본 교재를 집필함에 있어서 인용한 참고 문헌의 저자 분들에게 사의를 표하며,특히 본 교재의 출판에 심혈을 기울이신 도서출판 명진 사장님 이하 직원 여러분께 감사를 드린다.

저자 씀

차 례

CHAPTER 04

용접 / 95

CHAPTER 05

수기가공 / 149

CHAPTER 06

정밀측정 / 169

차 례

CHAPTER 07

절삭이론 / 201

CHAPTER 08

선반가공 / 237

CHAPTER 09

밀링가공 / 267

차례

Chapter 1

기계공작법개론

기계공작법개론

1.1 기계공작법의 개요

기계공작법은 재료를 가공, 성형하여 유용한 부품이나 기계, 기구 장치 등을 제작하는 기술에 관한 학문으로 크게 절삭가공과 비절삭가공 그리고 특수가공으로 구분된다.

일반적으로 기계공작법에는 주로 금속재료가 사용되나 이외에도 플라스틱, 목재, 고무, 시멘트, 직물, 세라믹 등 비금속재료와 같은 매우 다양한 재료들도 사용된다. 사용되는 재료에 따라 적절한 가공방법이 사용되며 일반적으로 금속재료를 가공하는 경우는 재료를 절단하거나 절삭함으로서 외형을 변화시키는 가공법이 사용된다. 대표적인 가공법으로는 다음과 같은 것 들이 있다.

① 주조(주조(casting)
② 소성가공(,plastic working)
③ 절삭가공(,machining of materials)
④ 연삭가공(,grinding work)
⑤ 용접(welding) 등 접합가공
⑥ 특수가공 : 래핑(rapping), 초음파가공, 레이저가공 및 소결

1.2 기계의 정의

19세기 루울로(F. Realeaux)는 기계의 정의를 다음과 같이 네 가지로 정리하고, 이 네 가지의 구비조건을 갖춘 것을 기계라 하였다.

① 기계는 여러 개의 부품으로 조립되어 있을 것
② 구성 부품은 외부로부터 받는 힘에 대하여 충분한 저항력을 가지고 있을 것
③ 각 부품은 한정된 위치에서 서로 일정한 상대 운동을 할 것
④ 에너지의 공급을 받아 유효한 기계적 일을 할 것

이 가운데 한 가지라도 만족시키지 못하면 엄격한 의미에서 기계라 할 수 없다고 하였다. 교량 등과 같이 움직이지 않고 정지하여 있는 구조물은 저항력이 있는 물체이나 상대운동을 하지 않으므로 기계라 할 수 없다. 가위, 망치, 줄 등과 같은 공구는 인간의 작업을 편하도록 도와주지만, 인간의 보조역할 없이 움직일 수 없으므로 기계라 할 수 없다. 캘리퍼스, 마이크로미터 등과 같은 기구는 인간의 지각을 보조하는 기능을 하지만 인간을 대신하여 유용한 일을 하지 않으므로 기계라 할 수 없다.

현대에는 기계와 전자의 합성어인 메카트로닉스(mechatronics) 기술의 발달로 기계에 전자장치를 장착하여 제어함으로써 인간의 두뇌를 대신한다. 컴퓨터도 기계의 일부라는 점을 고려하면 기계란 에너지 또는 물질을 변환하여 상대적인 운동을 통하여 힘을 전달함으로써 인간 활동을 지원하는 것이라고 새롭게 정의할 수 있다.

1.3 기계제작의 공정

기계제작 공정은 제작할 기계의 종류, 제작회사의 규모, 경영상의 특색 등에 따라 공정과 방법이 다를 수 있다. 일반적으로 [그림 1.1]과 같은 공정으로 작업이 이루어지고 있으며, 그 장에서 수행할 경우이며, 상당수의 회사에는 그 일부를 다른 전문 회사에 하청 주는 경우가 많이 있으므로, 회사마다 그 공정과 규모를 달리하고 있다.

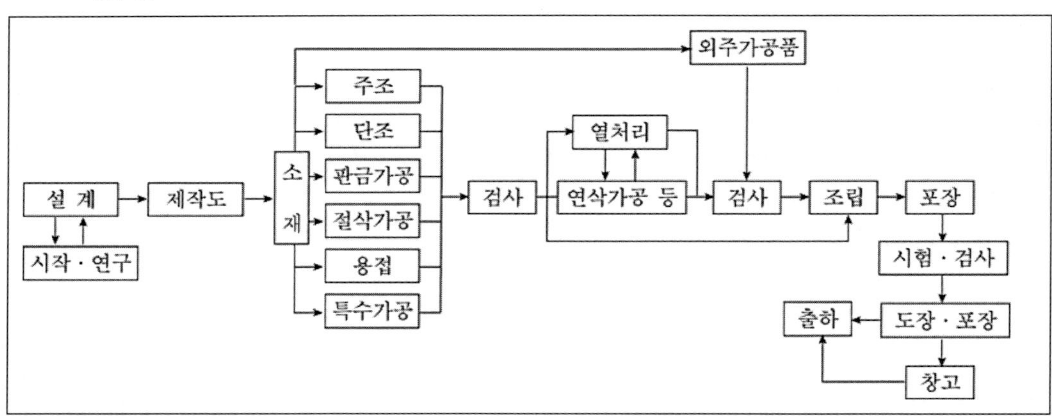

그림 1-1 기계제작 공정

기계제작 공정의 기본 공장은 다음과 같다.

① 목형공장 : 주물에 필요한 목형을 만든다.

② 주물공장 : 목형을 이용하여 주형을 만들고 중공부에 용융금속을 주입하여 주물을 만든다.

③ 단조공장 : 강철 또는 기타 금속재료를 가열하고, 이것을 사람의 힘 또는 기계의 힘으로 필요한 소재나 제품을 만든다. 가공목적에 따라 압연, 인발, 압출, 판금 및 제관 등을 위한 각종 공장이 있다.

④ 열처리공장 : 단조품, 주조품 또는 기계가공 된 부분품의 기계적 성질을 조절하기 위하여 필요한 열처리를 한다.

⑤ 다듬질공장 : 소재를 수가공 또는 기계가공하는 과정에 따라 손다듬질 공장과 기계공장으로 나눈다.

⑥ 조립공장 : 기계가공공장에서 완성된 부분품을 조립하여 완성한다.

⑦ 검사 및 실험실 : 부품과 제품의 및 시험을 한다.

Chapter 2

주조(Casting)

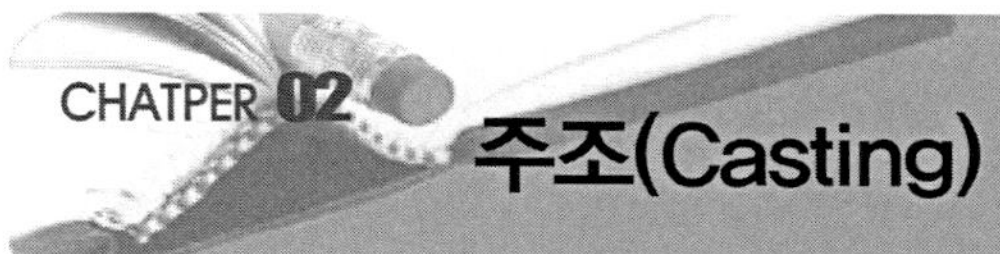

주조(Casting)

2.1 개요(introduction)

인류의 금속 사용과 함께 시작된 주조는 가장 오랜 역사를 가지고 있으며, 현재도 가장 눈부시게 발전하고 있는 공업 분야 중의 하나이다.

금속 제품 중에는 형상이 복잡하여 용접, 단조, 소결 또는 기계 등으로 제작할 수 없는 경우가 있다.

이러한 경우에 금속을 용융점 이상의 온도로 가열하여 유동성을 가지는 액체 상태로 만든 다음, 주형 공간에 주입하여 응고시켜 고체 상태의 금속 제품을 만들 수 있다. 이러한 제조방법을 주조라 하며, 이 주조법으로 제조된 금속 제품을 주물이라 한다.

(1) 주조와 주물

주조란 금속을 가열 용해시켜 유동성을 가진 용융금속으로 만든 후, 이것을 모래나 금속으로 만든 주형에 주입하여 그 속에서 냉각, 응고시킨 것을 주물 또는 주조품이라 하며 이때의 공정을 주조라 한다.

주물은 그 재료와 주형 등에 따라서 형태가 달라지며, 주조공정에서 주형을 만드는 모형을 원형이라 하며 원형을 주물사에 묻고 다진 후 원형을 제거하면 원형과 같은 모양의 공간이 형성되는데 이 공간에 용융금속이 흘러 들어갈 통로나 기타 주조에 필요한 부분을 설치한 것을 주형이라 하며 주형을 만드는 과정을 조형이라 한다. 주조는 복잡하고 대형인 제품을 비교적 쉽게 만들 수 있는 것이 특징이다. [그림 2.1]은 주조 공정을 나타낸 것으로서 여러 가지 주조 공정을 거쳐 주물제품을 완성한다.

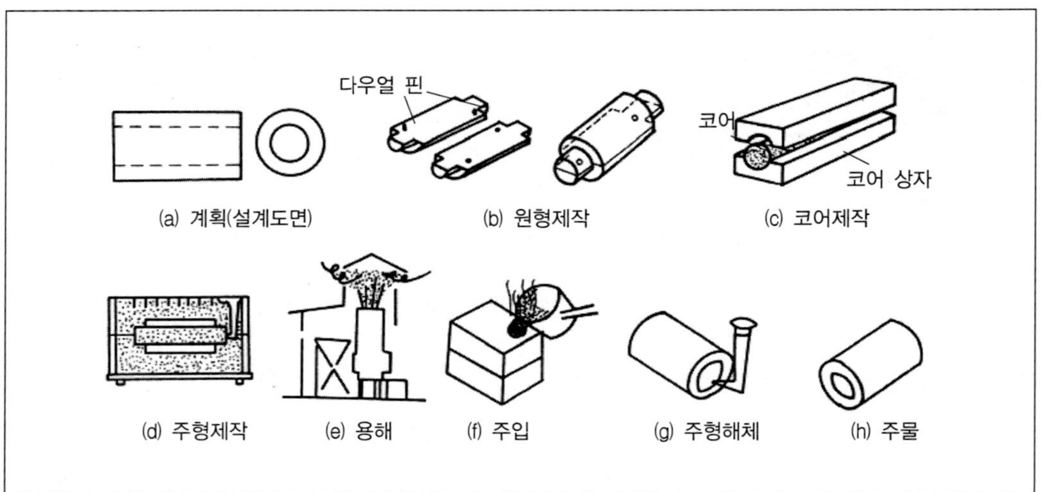

그림 2-1 주조 공정

(2) 주조의 특징

주물은 용접, 압출, 단조, 제관, 프레스 가공, 기계가공 등의 금속 가공법보다 비교적 간단한 설비로 가격이 저렴하고, 쉽게 제작할 수 있으므로, 일상생활과 밀접한 관계가 있는 실내 장식용품, 펌프의 몸체, 자동차 엔진, 농기구, 공작기계, 차량 등의 몸체 및 부품 등 모든 산업분야에 걸쳐 그 용도가 다양하다. 주조된 주물은 외관 뿐만 아니라 내부에도 결함이 없고, 기계부품으로 사용할 때 강도 및 경도 등과 같은 기계적성질이 요구범위에 있어야 하며, 가격 등이 저렴할 것이 필요조건이다.

주조법을 다른 가공법들과 비교하여 그 장단점을 들면 다음과 같다.

ⓐ 장점

㉠ 동일 모형으로 주형을 제작하므로 형상과 치수가 동일한 제품을 많이 얻을 수 있다.
㉡ 복잡한 형상 및 다른 가공에서는 거의 불가능한 내부 형상도 제작이 가능하다.
㉢ 제품이 이음매가 없고, 비교적 견고하다.
㉣ 제품의 크기, 모양, 무게의 제한을 거의 받지 않으므로 정밀주물에서부터 대형주물에 이르는 제품의 제작이 가능하다.

ⓑ 단점

㉠ 주물의 조직은 결정조직(주조조직)이 되어 다른 가공에 비해 기계적 성질이 저하된다(떨어진다).
㉡ 용융금속이 응고시 수축되므로 치수 정밀도가 낮아진다.
㉢ 소량생산시 원형(모형) 제작비 및 시간이 차지하는 비중이 크므로 제품 단가가 높아진다.
㉣ 용해로의 분진이 위생상(건강) 좋지 않다.
㉤ 3D(dirty, dangerous, difficult)직종으로 기피하는 직종이다.

(3) 주물의 분류

① 재질에 따른 분류

주물의 재질에 따라 주물을 분류하면 [표 2.1]과 같다.

주물의 재료로서는 일반적으로 주철, 주강, 동(구리)합금, 알루미늄(Al)합금, 마그네슘(Mg)합금, 아연(Zn)합금 등과 같은 합금을 사용하는데 이는 순금속에 비해 합금의 기계적 성질이 더 우수하기 때문이다.

표 2-1 재질에 따른 주물의 분류

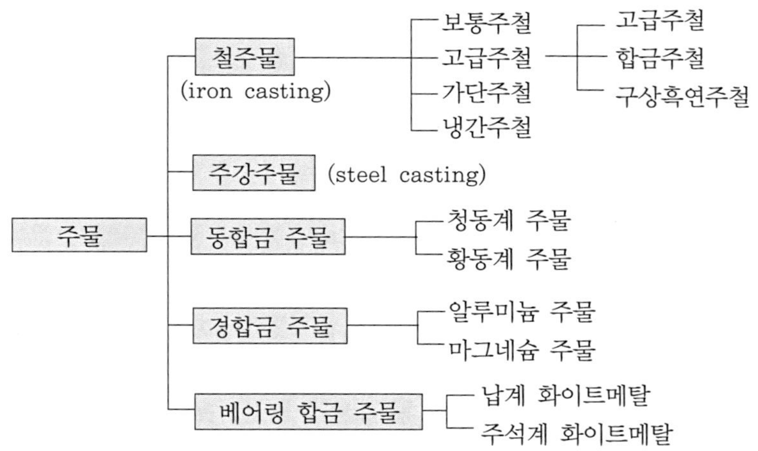

② 주조법에 따른 분류 (그림2-2)

주형이란 모형을 이용하여 용융 금속을 부어넣을 중공부를 만들어 놓은 것을 말하며 이와 같은 주형은 최종 주조품의 형상을 결정하는 것으로써 치수의 안정성 및 강도 등을 고려하여 적절한 형식과 재료를 선정하여야 한다.

주형의 종류는 재료에 따라 사형과 금형 그리고 특수주형으로 구분된다.

ⓐ 사형(sand mould)

사형은 모래가 주성분이며 생형, 건조형, 반 건조형(표면건조형)으로 구분된다. 그리고 각각의 제작방법 및 특정은 다음과 같다.

㉠ 생형 : 주물사로 제작된 주형에 수분이 그대로 함유된 상태를 말하며 건조형에 비하여 강도가 적고 통기성이 불량하며 더욱이 용탕주입시 주형 내의 수분이 수증기가 되어 기포(blow hole)를 발생시키는 또 다른 원인이 되기도 한다.

㉡ 건조형 : 생형으로 주형을 제작한 후 건조로 에서 건조시킨 것이다. 이것은 생형에서의 수분으로 인한 단점을 보완시킨 것으로 큰 강도의 주형을 요하는 것에 적합하다.

㉢ 표면건조형 : 생형과 건조형의 중간형태로 표면만을 가스 불꽃 등으로 건조시킨 것이다. 이것은 생형에서의 불충분한 강도를 부분적으로 보완한 것이다.

표 2-2 주물 주조법의 분류

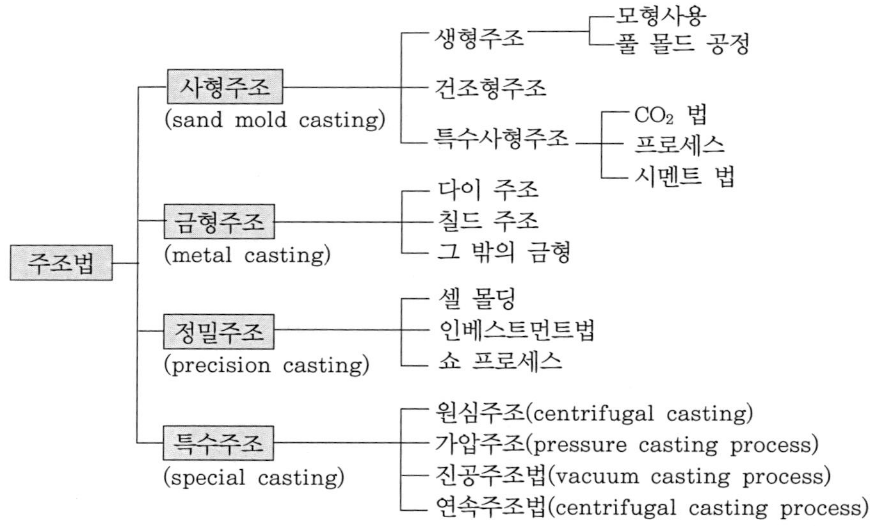

ⓑ 금형(metal mould)

금속으로 제작된 주형을 말하며 주로 다이케스트법, 중력주조법 및 저압주조법 등의 특수주조에 사용된다. 이것은 주로 용융점이 높은 금속보다는 용융점이 비교적 낮은 알루미늄(Al)과 같은 재료의 주형으로 적합하다. 금형은 사형에 비해 치수정밀도가 우수하고 소형 대량생산에 유리하며 수명이 긴 장점이 있다.

ⓒ 특수주형

정밀한 주물 제품을 생산할 목적으로 사형과 금형을 동시에 사용한 냉간주형(chilled mould)과 장기적으로 사용할 목적으로 주물사를 시멘트로 조형하여 만든 주형 등이 있으며 그 외에 CO_2주형, 인베스트먼트 주형 등이 있다.

③ 용도에 따른 주물의 종류

[표 2.3]은 각종 산업 분야에 쓰이는 주물의 예를 나타낸 것으로, 일상 생활에 쓰이는 주물의 종류를 이해할 수 있다.

표 2-3 수요별 주물의 예

수요 분야	주물의 보기
산업 기계	압연기 프레임, 압연 롤, 전동기 하우징, 밸브 몸체, 펌프 몸체, 금형
토목·광산 기계	볼 밀용 라이너, 공기 압축기용 실린더, 차륜, 블랭킷
공작 기계	선반 베드, 프레임, 기어, 핸들, 기어 케이스
섬유 기계	프레임, 기어, 핸들, 휠, 각종 부품
자동차	엔진 실린더 블록, 실린더 헤드, 브레이크 드럼, 배기관
철도 차량	사이드 프레임, 브레이크 슈, 크로싱 레일
항만·선박	프로펠러, 닻, 러더, 샤프트 홀더
건설	교량용 슈, 상하수도용 주철관, 맨홀, 관 이음쇠
전기·통신	가로등 주물, 발전기용 로터 케이스, 밸브, 펌프
농업용	경운기용 엔진, 발동기, 탈곡기, 쟁기, 보습
일용품	난로, 솥, 주방 용품

ⓐ 기계 주물

치수, 모양 등이 정밀, 정확하여야 하고 기계적 강도가 요구조건을 만족시켜야 한다(예 : 엔진블록, 실린더 헤드, 펌프 하우징 등).

ⓑ 일용품 주물

치수나 재질에 비하여 외관이 좋아야 한다(예 : 난로, 가스렌지, 실내 장식용품 등).

ⓒ 미술공예 주물

제질, 강도보다는 미적요소가 중요시되어 특수 주조기술이 필요하다(예 : 불상, 화병, 기타 미술공예품).

2.2 모형(pattern, 원형)

2.2.1 모형의 정의

주물을 만들기 위하여 조형에 사용하는 형을 모형이라 하는데, 크게 금형과 목형(수지형을 포함)으로 나눌 수 있다.

[그림 2.2]는 주물과 모형의 관계를 나타낸 것이다. (a)는 모형, (b)는 주형으로, 주형이 파괴되거나 변형되지 않도록 알맞은 주형 상자를 사용한 보기이다. (c)는 용탕을 주입하고 응고시킨 후 주형으로부터 꺼낸 상태의 주물이며, 탕구, 탕도 또는 압탕 등을 잘라 내면 필요한 주조품인 주물이 된다.

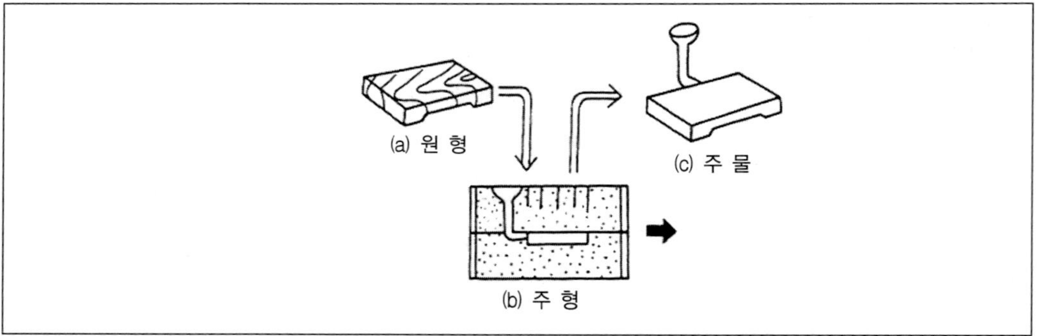

그림 2-2 주물과 모형

2.2.2 모형의 분류(classifications)

모형은 제작할 때 사용되는 모형의 재료와 제품의 형상 및 주조품의 용도에 따라 다음과 같이 분류한다.

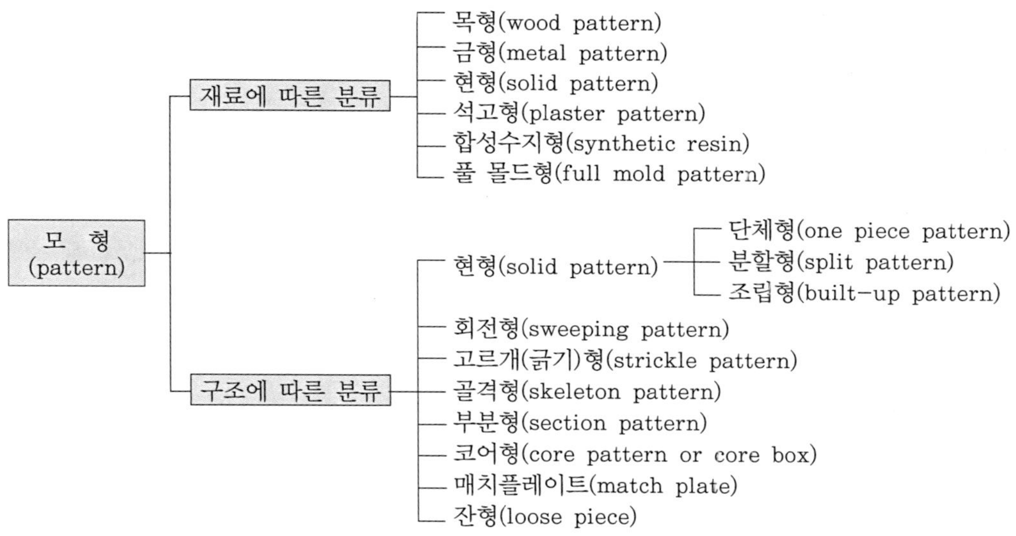

(1) 재료에 따른 분류

모형은 주조할 주물의 크기, 모양, 정밀도, 수량 또는 조형 방법에 따라 목형, 금형, 석고형 또는 합성 수지형 등을 선택하여 제작하여야 한다.

① 목형 : 목형은 주물의 제작 수량이 몇십 개 정도로 비교적 적은 수의 주물 제조에 적당하며, 크기나 모형에 관계없이 널리 이용되고 있다. 특히, 대형 주물의 조형 작업에서는 가볍고 취급이 용이하기 때문에 목형을 많이 사용하고 있다.

② 금형 : 금속으로 만든 모형을 일반적으로 금형이라 한다.
금형은 다른 모형에 비하여 제작비가 비싸지만, 내구성과 정밀도가 좋아 대량 생산용으로 많이 사용된다.

③ 현형 : 제작할 수량이 적고, 정밀도를 요구하지 않는 간단한 주물을 만들 경우나 모형을 제작할 시간적 여유가 없는 경우에는 제품을 그대로 모형으로 대용할 수 있는데, 이것을 현형이라 한다.

④ 석고형 : 석고를 직접 가공하여 만들거나, 목재 또는 왁스로 먼저 모형을 만든 다음, 석고를 재생시킨 것을 석고형이라 하며, 미술 주물이나 섬세한 부분이 있는 주물의 제작에 많이 이용되고 있다.

⑤ 왁스형 : 밀납, 파라핀(paraffine), 로진(rosin) 및 합성 수지(resin) 등을 배합하여 만든 모형을 왁스형(wax pattern)이라 하며, 인베스트먼트 주조법에 많이 쓰인다. 제품 수량이 1개일 때에는 직접 성형할 수 있으나, 똑같은 것을 많이 만들 경우에는 금형에 왁스를 사출하여 만들거나 또는 다른 방법으로 복제하여 만든다.

⑥ 합성 수지형 : 페놀 수지 또는 폴리스티렌 수지 등의 합성 수지로 만든 모형을 합성 수지형이라 한다. 일반적으로 목형은 수축과 변형이 심하여 관리에 어려움이 있으며, 금형은 무거워서 취급하기 어렵고, 제작 시간도 많이 소요되는 결점이 있다. 그러나 합성 수지형은 상온 경화하므로 모형을 정확하게 복제할 수 있으며, 또 목재와 같이 가공이 쉽고 가벼우며, 금속과 같이 내구력이 좋은 이점이 있다.

⑦ 풀 몰드형 : 발포성 수지로 만든 모형을 풀 몰드형(full mold pattern) 또는 소실 모형이라 한다. 이것은 모형을 주형 속에 넣고 그대로 용융 금속을 주입시키면 모형이 연소되거나 기화하여 소실되는데, 이 때 생긴 공간에 용탕이 들어가서 주물이 되는 새로운 주조 방법이다. 모형을 주형에서 뽑아 낼 필요가 없으므로 복잡한 것도 쉽게 만들 수 있다. [표 2.4]는 각종 모형 재료의 특성을 나타낸 것이다.

표 2-4 모형 재료의 특성(characteristics of pattern materials)

재료 / 특성	목재 (wood)	알루미늄 (alluminum)	강 (steel)	플라스틱 (plastic)	주철 (cast iron)
가공성(machinability)	E	G	F	G	G
마모저항(wear resistance)	P	G	E	F	E
강도(strength)	F	G	E	G	G
중량(작업자 피로고려, weight)	E	G	P	G	P
복원성(repairability)	E	P	G	F	G
내식성(resistance to corrosion)	E	E	P	E	P
수분에 의한 팽창(resistance to swelling)	P	E	E	E	E

(주) E : 우수(excellent), G : 양호(good), F : 보통(fair), P : 불량(poor)

(2) 구조에 따른 분류

모형의 종류는 다음에 기술하는 바와 같이 여러 가지가 있다. 따라서 주물의 생산성과 품질, 모형의 경제성을 고려하여 선정하는 것이 중요하다.

① 현형(solid pattern)

모형으로서 가장 기본적이고, 일반적인 것으로서 제작할 제품과 거의 같은 모양의 모형에, 주조재료의 수축여유, 가공여유, 코어프린트(core print) 등을 고려하여 만든 모형을 현형이라 한다. 이것을 다시 조형방법, 겉모양 및 구조 등에 따라서 단체형, 분할형, 조립형 등으로 나눌 수 있다.

ⓐ 단체형은 [그림 2.3(a)]와 같이 제품이 간단하여 1편의 목재로 제작된 것으로서 모형의 모양이 주물과 같은 것이다.
ⓑ 분할형은 [그림 2.3(b)]와 같이 주형제작 편의상 원형을 2개 또는 그 이상으로 나누고, 다얼 핀(dowel pin)에 의하여 상하형이 조립된다.
ⓒ 조립형은 [그림 2.3(c)]와 같이 제품의 형태가 복잡하여 2~3편으로는 주형제작이 곤란할 경우 또는 대형 모형을 여러 부분으로 분할하여 수직 및 수평 다얼 핀으로 조립한 것이다.

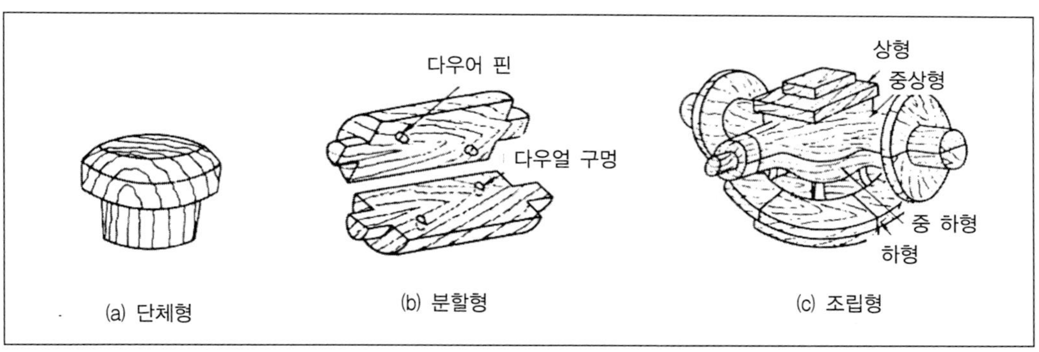

그림 2-3 현 형

② 부분형(section pattern)

목형이 크고 대칭이거나 같은 모양의 부분이 연속하여 전체를 구성하고 있을 때, 그 한 부분의 목형을 만들고 [그림 2.4]와 같이 이 목형을 이동하면서 주형 전체를 맞들 수 있는 목형을 말한다.

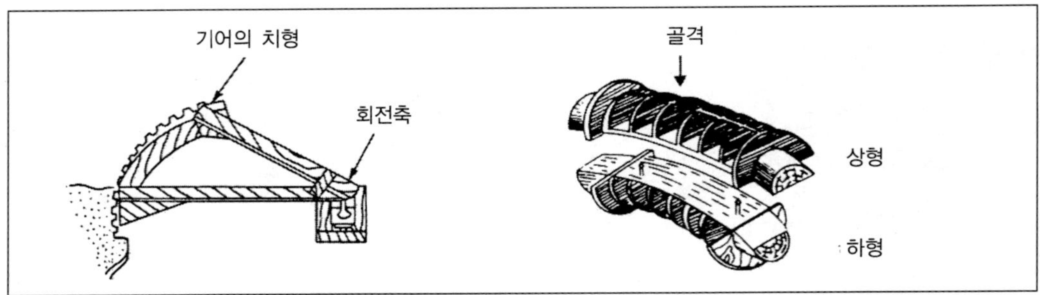

그림 2-4 부 분 형

그림 2-5 골 격 형

③ 골격형(skeleton pattern)

대형이고 제작 개수가 적은 주물에서는 재료와 제작비를 절약하기 위하여 골격만 목재로 만들고, 그 골격 사이를 점토 등으로 메꾸어(충진) 현형을 만들어 사용한다[그림 2.5].

④ 회전형(sweeping pattern)

주물의 형상이 한 개의 축을 중심으로 한 회전체의 형상으로 되어 있을 때 사용한다. 회전형은 판재로서 주물 단면의 일부를 만들고 중심축에 대하여 원형 또는 주형을 회전시켜 제작하므로 비용과 시간을 절약할 수 있다.
비교적 지름이 크고 제작수량이 적은 벨트 폴리, 기어의 소재 등을 주조할 때 이용된다[그림 2.6].

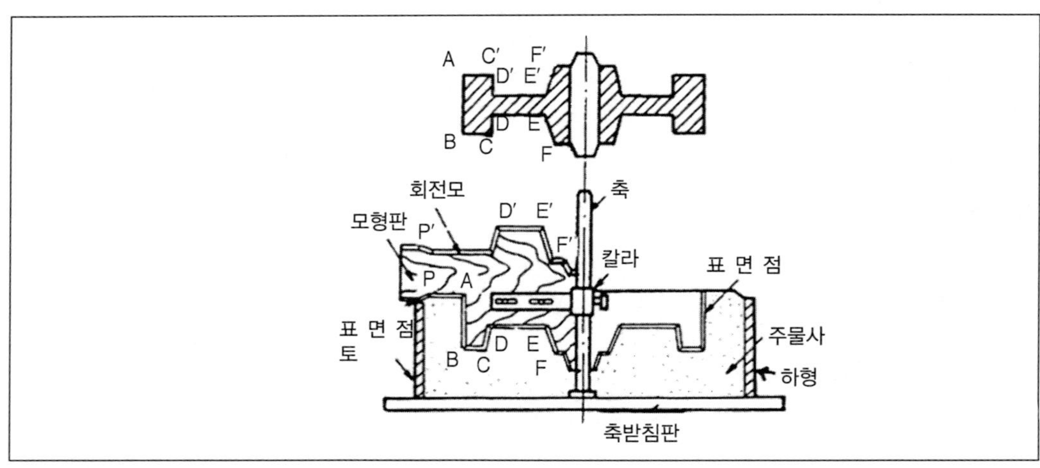

그림 2-6 회 전 형

⑤ 긁기(고르개)형(strickle pattern)

형이 단면은 작고 일정하며 길이가 긴 주물에서는 그 단면형을 판에 그려 잘라 만들 긁기(고르개)판을 안내판을 따라 모래를 긁어서 주형을 만드는 목형이다[그림 2.7].

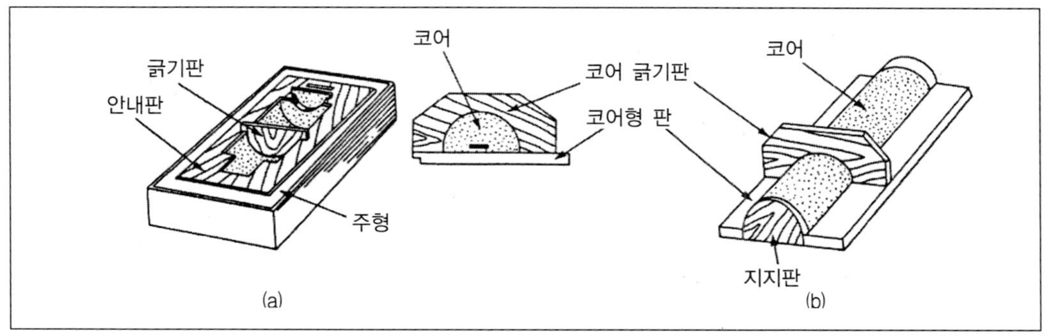

그림 2-7 긁 기 형

⑥ 코어형(core pattern or core box)

주물 제품에 중공 부분 또는 오목 부분이 있을 때, 이 부분에 사용되는 주형의 일부분을 코어라 하며, 코어를 제작할 때 사용하는 것을 코어형(core box)이라 한다. 코어는 주형의 소정 위치에 정확하게 놓아야 하며, 중공 부분을 만들어 주는 것이므로 코어를 받쳐주는 코어 프린트(core print)를 적당한 길이로 반드시 만들어 주어야 한다[그림 2.8].

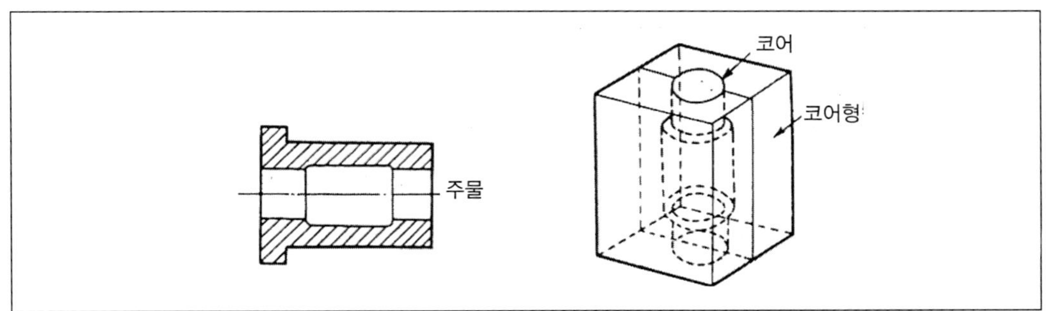

그림 2-8 코 어 형

⑦ 매치 플레이트(match plate)

소형 주물을 대량 생산하고자 할 때 사용되는 모형으로 1개의 판에 여러 개의 모형을 붙여 여러 개의 주형을 동시에 제작할 수 있다.
판의 한쪽 면에만 모형을 붙인 것을 패턴 플레이트, 판의 양면에 상하형을 붙인 것을 매치 플레이트라 한다.

⑧ 잔형(loose pattern)

[그림 2.9]와 같이 모형의 구조상 주형에서 모형을 그대로 뽑을 수 없을 때에는 주형에 걸리는 부분만 원형과 분리하여 별도로 만들고 그것을 조립한 상태에서 주형을 제작한다. 그 다음 원형만 우선 뽑아내고 그 나머지 부분의 모형은 나중에 뽑아내는데 이 나머지 부분의 모형을 잔형이라 한다.
이상의 8가지 종류의 모형을 설명했으나 많이 사용되는 모형은 현형이다. 그리고 회전모형, 부분모형, 골격모형, 긁기모형은 모형의 재료와 모형제작 기간이 절약되나 주형 제작에 시간이 많이 걸리고 정밀한 주형제작이 곤란하므로 정밀하지 않은 주물을 소량 생산할 때 주로 사용된다.

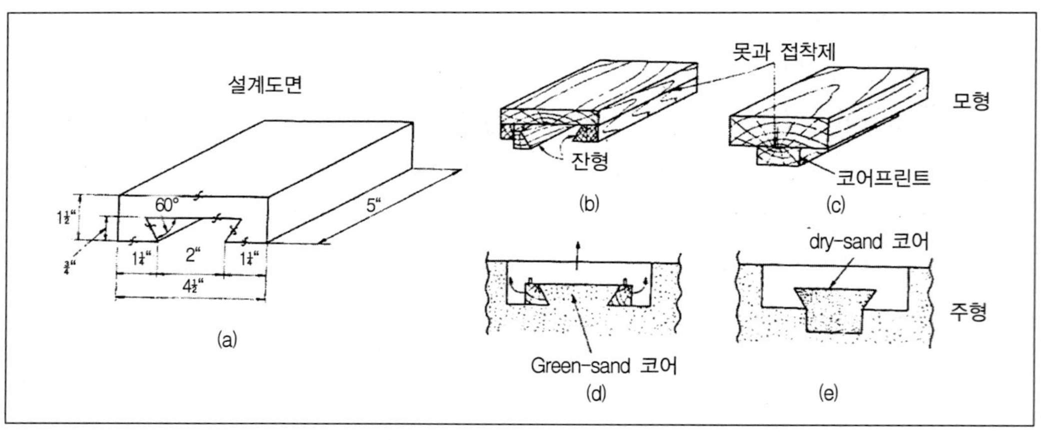

그림 2-9 잔 형

2.3 주조방안(gating and risering system)

주형을 제작하는 데에는 주물이 되는 부분으로 용탕을 주입하는 탕구가 필요하고 경우에 따라서 응고, 수축할 때에 용탕을 보급하는 압탕이 필요한데, 이 탕구, 압탕 등은 주물의 크기, 두께 또는 재질 등에 따라서 변하는 것이므로 결정하기가 매우 어렵다. 또한 양질의 주물을 만들 때는 용탕을 탕구에 주입할 때의 온도, 속도 등 주입 조건에 좌우되는 경우가 많으므로 이들의 결정에는 충분한 주의가 필요하다. 따라서, 주물을 만들기 위해서는 주어진 제작 도면에 따라 그 주물을 어떠한 방법으로 제작할 것인지를 검토하는 것이 매우 중요하며, 이를 주조 방안이라고 한다.

2.3.1 주물도면(현도)

모형을 만들기 위해서는 먼저 제품의 설계도를 주물 도면(현도)으로 변경해야 한다. 즉, 각 부분의 수축, 다듬질, 형빼기, 기울기 등을 결정하여 주물 도면을 작성한 후, 이 도면을 모형 제작자에게 준다.

(1) 상형, 하형, 분할면의 결정

상형, 하형, 분할면의 결정은 좋은 주물을 만드는 데 가장 중요한 일로, 많은 경험이 필요하며, 일반적으로 다음 조건을 만족시키지 않으면 안 된다. 즉 상형, 하형을 결정하는 데에는 형을 씌울 때 코어가 안정할 것, 코어의 가스가 잘 배출될 것, 중요한 주물의 면은 원칙적으로 하형에 놓이게 할 것, 또한 분할면의 결정으로 주형이 제작하기 쉬울 것, 형 씌우기가 용이하게 할 것 등을 고려해야 한다.

(2) 수축여유(shrinkage allowance)

용융금속이 주형 안에서 응고 또는 냉각될 때, 그 부피가 줄어든다(수축). 따라서, 제품과 같은 치수(제작도)의 목형을 만들면, 필요한 치수보다 작은 제품이 된다. 그러므로 목형은 수축량을 고려하여 크게 만든다. 이것을 수축여유라 한다.

수축여유는 금속에 따라 다르나 대략 표 2.5과 같다. 목형의 길이 L일 때 금속을 수축률을 ϕ라고 하면, $\phi L - l / L$로 표시된다. ϕ의 값은 금속의 종류에 따라 정수이므로 목형의 치수 L는 주물의 치수 l에 대하여 다음 관계를 갖는다.

이와 같이 여유를 주기 위해서 목형의 각 부분 제작에는 수축여유를 고려한 자를 사용한다. 이것을 주물자 또는, 연척이라고도 한다. 보통 주철에는 1m에 대하여 대략 8mm의 여유를 추가하여 1,008mm를 1m로 주물자의 기준 길이로 등분되어 있다.(1,008mm를 1m로 1,000등분한 것). 즉, 주철은 1,008mm로 만들어야 응고 후에 1,000mm가 된다는 뜻이다[표 2.5].

주물의 수축률은 금속 및 합금의 종류, 주물의 모양, 냉각속도 등에 따라 일정하지 않으므로 많은 경험을 바탕으로 하여 정하여야 한다.

표 2-5 수축여유

주 물 재 료	수 축 여 유	
	길이 1m에 대하여	길이 1자(尺)에 대하여
주 철	8mm	1/8"
가 단 주 철	15mm	3/16"
강 철 주 물	20mm	1/4"
알 루 미 늄	20mm	1/4"
황 동, 청 동, 포 금 동	15mm	3/16"

(3) 가공 여유

주조 후 기계 가공하는 부분은 마무리에 필요한 여유만큼 크게 할 필요가 있다.

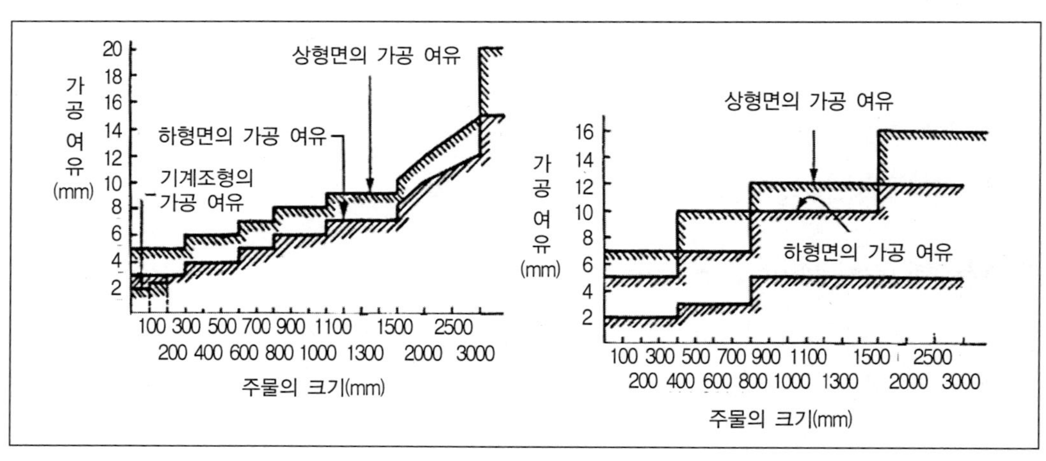

그림 2-10 주철 주물의 표준 가공 여유

그림 2-11 주강 주물의 표준 가공 여유

이 값은 주입하는 금속의 재질, 크기, 상형과 하형의 방향, 기계 가공의 조건 등에 따라 다르다. [그림 2.10 2.11 2.12]는 주철, 주강, 비철 주물의 표준 가공 여유를 나타낸 것이다.

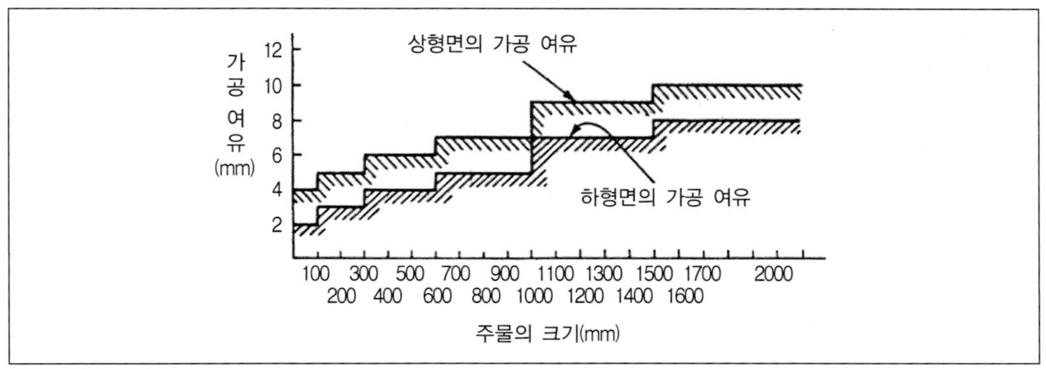

그림 2-12 비철 주물의 표준 가공 여유

(4) 기울기

모형을 주형으로부터 빼기 쉽게 하기 위하여 분할면으로부터 수직 방향으로 기울기를 만들어 준다.

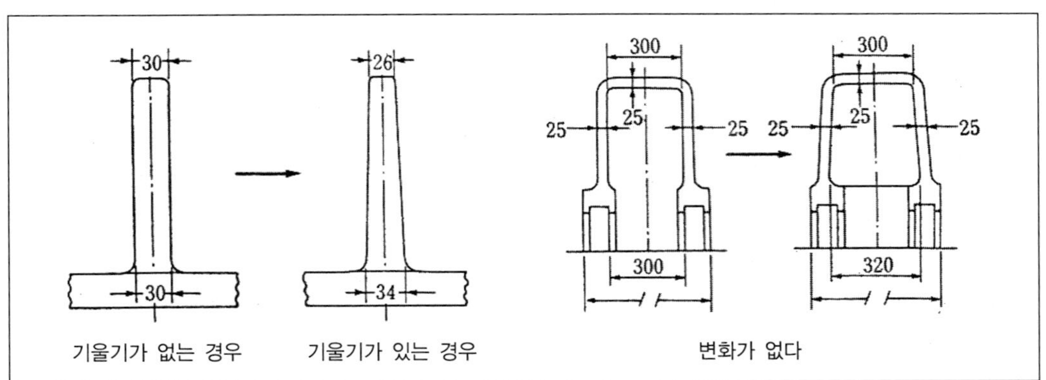

그림 2-13 두께에 기울기를 붙인 예　그림 2-14 두께는 변하지 않고 전체로서 기울기를 붙인 예

금형의 경우 핀(pin)일 때 $\frac{1}{200}$ 정도가 필요하고, 목형의 경우에는 $\frac{1}{30} \sim \frac{1}{300}$

정도를 필요로 한다. 또 대형 주물의 경우는 수직 높이 치수가 1m 이상이면, $\frac{1}{100}$ 정도의 기울기를 사용해도 10 mm의 여유 두께가 되므로, 이 경우는 기울기를 붙이지 않고 목형을 매몰형으로 한다.

[표 2.6]는 주철 및 주강 주물에 대한 기울기의 허용 차를 나타낸 것이며, [그림 2.13, 2.14]는 구배를 붙이는 방법의 예를 나타낸 것이다.

표 2-6 주철 및 주강 주물에 대한 기울기의 허용 차

치수 범위 l(mm)		치수 A(mm)		비 고
		주철	주강	
	18 이하	1	1.4	기울기 $\frac{A_1}{l_1}$, 기울기 $\frac{A_2}{l_2}$
18부터	30 이하	1.5	2.0	
30부터	50 이하	2	2.8	
50부터	120 이하	2.5	3.5	
120부터	315 이하	3.5	4.5	
315부터	630 이하	6	5.5	
630부터	1000 이하	9	7	

(5) 변형 여유

주물은 용탕으로부터 응고될 때까지 냉각하는 동안 수축하는데, 수축이 균일하지 않은 경우가 많다. 또, 형태에 따라 냉각 속도가 다르게 되어 주조 응력 및 치수 부족이 발생하고, 변형과 휨이 일어나는 경우가 있다. 이것을 미리 예측해서 모형 방안을 지시하여 여분의 두께를 붙이고, 그 방향과 반대 방향으로 미리 변형시키고 여분의 두께를 붙이는 것을 변형 여유를 붙인다.

[그림 2.15,2.16,2.17,2.18]은 그 예를 나타낸 것이다.

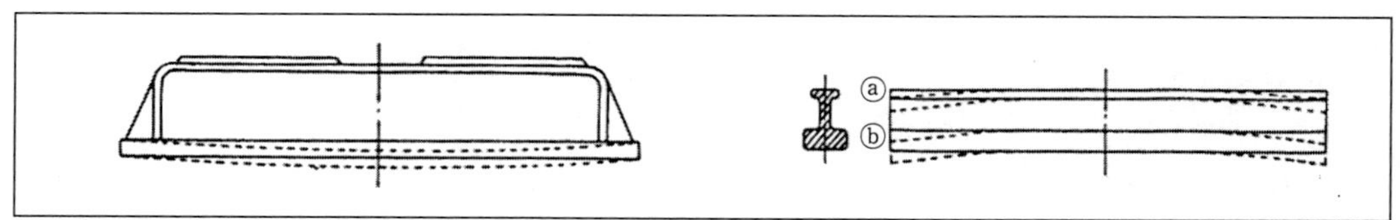

그림 2-15 코어에 의해 수축을 일으켜 발생한 변형에 대한 변형 여유

그림 2-16 두께의 변화에 대한 변형 여유

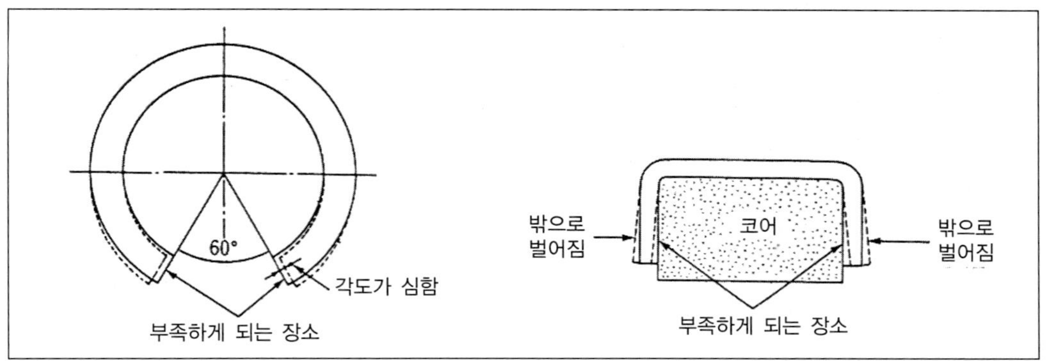

그림 2-17 내·외부의 수축이 다른 경우의 변형 여유

그림 2-18 코어에 대한 변형 여유

2.4 주형제작

양호한 주물은 용해, 조형, 주조 방안의 세 가지 부분이 정확하게 일체가 되어야만 제작될 수 있다. 즉, 용해 방법이 양호하고 주조 방안이 잘 세워져도 주형이 잘못 만들어지면 내부 결함이나 표면 결함을 피할 수 없게 된다.

따라서, 모양과 치수가 정확하고 좋은 주물을 생산하려면 좋은 주형을 만들어야 하는데, 이와 같이 주형을 제작하는 공정을 조형이라 부른다.

2.4.1 주형 제작용 공구 및 주물사

모래 주형 제작에 쓰이는 공구를 주형 제작용 공구라 하며, 일반적으로 다음과 같은 것이 있다.

(1) 주형틀

주형틀은 [그림 2.19]와 같은 모양으로, 속에 모형을 놓고, 주물사를 채워 넣어 단단히 다진다. 이 주형틀은 재료에 따라 나무틀과 금속틀로 나눈다.

나무틀은 값이 싸고 가벼워서 비교적 작고 수량이 적은 주물을 조형할 때에 사용하며, 금속틀은 견고하고 수명이 길기 때문에 건조형이나 대형 주물 또는 대량 생산에 사용한다.

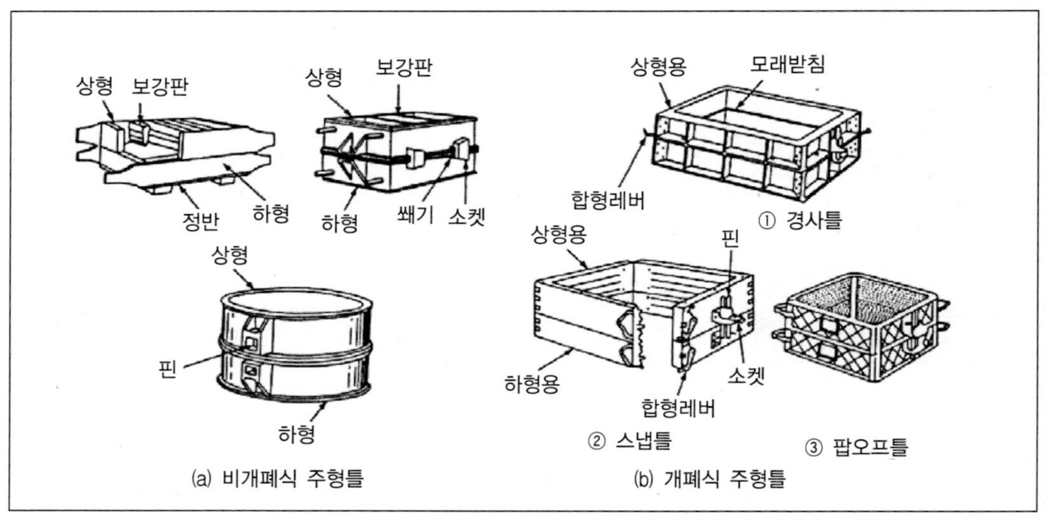

그림 2-19 주 형 틀

그리고 조형한 후 틀을 벗겨 내고, 이 틀을 다시 사용하여 여러 개의 주형을 조형할 수 있는 개폐식 틀도 있다. 개폐식 틀을 사용하여 조형할 때에는 보조 기구로 [그림 2.20]과 같은 테이퍼 틀이나 철판띠를 사용하여야 한다.

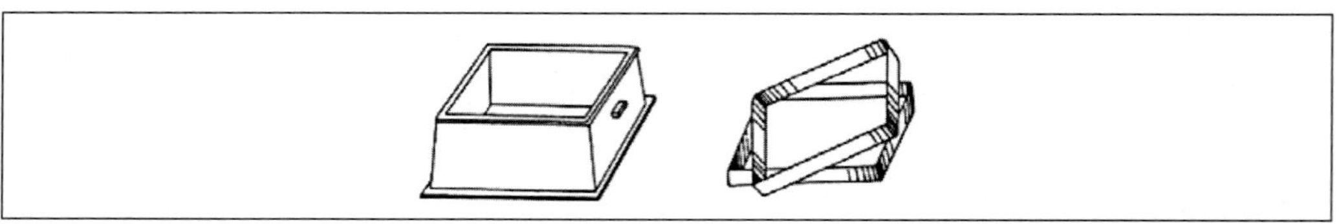

그림 2-20 보 조 틀

(2) 주형 제작용 수공구

주형을 다지거나 손질할 때에는 [그림 2.21]과 같은 여러 가지 손공구를 사용한다. 이 밖에 삽, 체, 수준기, 공기뽑기침, 물통, 추, 토치 램프, 정반 등도 사용된다.

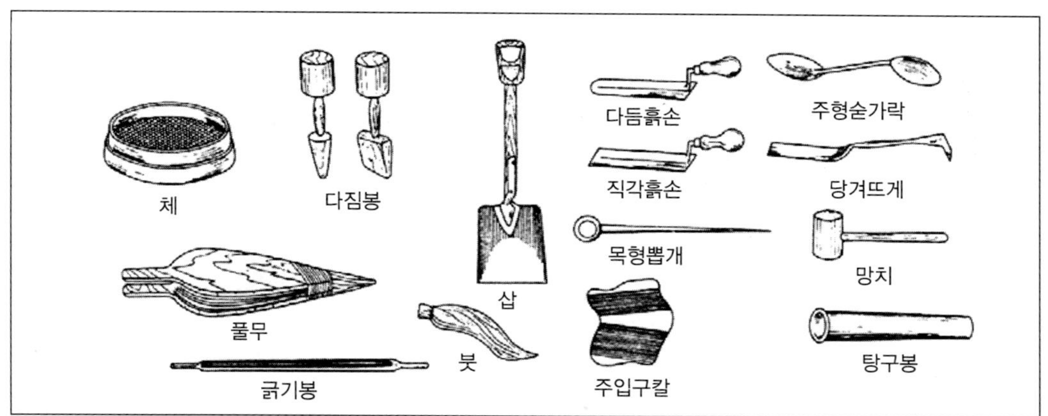

그림 2-21 주형 제작용 수공구

(3) 주물사(molding sand)

주물공장에서 주형 제작시 사용되고 있는 모래는 가장 오래된 주형재료이다. 주물사의 원료는 천연사와 인공사로 분류할 수 있으며, 천연사는 다시 하천사, 산사, 해빈사, 점토 등으로 분류되고 있다. 이들 모래의 주성분은 석영이고 장석, 운모 점토 등이 함유되어 있다. 주물사의 원료로 천연의 산사는 주물사가 갖추어야 할 여러 조건을 비교적 많이 구비하고 있기 때문에 다른 성분을 배합하지 않고 그대로 공장의 바닥모래로 사용하기도 하고, 주물재료에 따라 인공사나 점토의 적당량을 첨가시켜 사용하기도 한다.

주물사는 주물의 품질에 직접적인 영향을 주게 되므로, 사용하는 금속의 종류 또는 주형의 형상과 크기 등에 여러 가지 조건을 고려하여 적절한 주물사를 선택하여야 한다. 보통 주철주물이나 비철합금 주물에는 천연사의 하천사나 산사가 많이 사용되고 강철주물에는 규사(SiO_2)와 점결제를 배합한 합성사가 사용된다. 최근에는 주철 주물에도 합성사를 사용하는 방식이 점차 증가되고 있으며, 천연사는 배합하여 사용하거나 또는 특수한 첨가제를 사용한다.

합성사에는 혼합이 중요하므로 기계를 사용하여 혼합하고 사용한 주물사는 회수하여 재생하기 위한 사처리기계가 있다.

일반적으로 점토가 적은 경우에는 강도가 약하고 많은 경우에는 모래입자가 밀착되어 공기의 유통이 나쁘게 된다. 천연의 산사나 하천사중 점토가 많은 것은 적당히 다시 배합하거나 점결제를 첨가하고 특수한 목적을 위하여 석탄 분말을 혼합하는 경우도 있다.

석탄이나 코크스 분말을 첨가하면 주물사의 성형성이 좋아지며, 톱밥, 볏짚, 수모 등을 주물사에 혼합하여 이것을 건조하기 위하여 가열하면 주물사를 다공성으로 만드는 효과가 있다. 또한 당밀, 유지, 인조수지 등을 혼합하면 주형을 건조할 때 연소되어 모래의 강도와 통기성이 증가하며 주물과 모래의 분리가 잘 이루어지게 된다.

(4) 주물사의 구비 조건

① 성형성 : 주형재료는 제작하고자 하는 주물의 형상을 정확히 만들 수 있는 성질을 가져야 한다. 이 성질은 쇳물이 주입되어 높은 온도로 되더라도 그대로 형상을 유지해야 하며 쇳물에 압류되어서는 안된다.

② 내압성 : 주입할 때 쇳물의 압력이나 충격에 견딜 수 있는 강도를 말한다.

③ 내화성 : 고온의 쇳물에 융해되거나 소결되지 않고 화학적인 반응이 없어야 한다.

④ 통기성 : 주형안에서 생긴 가스나 공기가 밖으로 잘 배출되어야 한다.

⑤ 보온성 : 열전도도가 낮아 쇳물이 빨리 응고되지 않도록 유동성을 향상시켜야 한다.

⑥ 복용성 및 경제성 : 반복사용하여도 노화되지 않아야 하며, 가격이 저렴하고 구입이 용이하여야 한다.

(5) 주물사의 시험법

① 수분 함유량

시료 50(g)을 105±5(℃)에서 1~2시간 건조시켜 무게를 달아 건조 전과 건조 후의 무게로 구한다.

$$\text{수분 함유량} = \frac{\text{건조 전(g)} - \text{건조 후(g)}}{\text{시료(g)}} \times 100(\%)$$

② 입도(grain size)

모래 입자의 크기를 mesh로 표시하는 것으로서 입도시험은 수분, 점토분을 제거한 건조사를 모래체 기계에서 15분간 체질하여 분류하고, 각 체위에 남은 모래 입자의 무게를 측정하여 각 밀도의 모래를 무게비(%)로 나타낸다. 즉

$$입도(\%) = \frac{체위에\ 남아있는\ 모래의\ 무게(g)}{시료(g)} \times 100(\%)$$

로 나타낸다.

③ 통기도

시험편(AFA 표준 시험편 직경 50[mm]×높이[mm])을 통기도 시험기에 넣어 일정 압력으로 한쪽에서 2000[cc]의 공기를 보낼 때 일어나는 공기 압력의 차이와 그 시간을 측정하여 다음식으로 통기도를 구한다.

$$통기도(K) = \frac{Vh}{PAt}\,(cm/min)$$

V : 시험편을 통고한 공기량(cc)

h : 시험편 높이(cm)

P : 공기 압력(수주)(cm)

A : 시험편의 단면적(cm^2)

t : 통과 시간(min)

④ 강도

압축 강도, 인장 강도, 굽힘 강도, 전단 강도 등의 시험이 있다.

⑤ 내화도

용융온도와 소결도를 측정 한다.

예제 2-1 주형에서 통과 공기량 V는 2000(cm3), 공기 압력(수주) P가 1(cm) 시편의 단면적 A가 25(cm2), 높이 h가 10(cm), 배기 시간 t가 10(min)일 때 통기도는 얼마인가?

풀이

$$K = \frac{Vh}{PAt} = \frac{2000\times10}{1\times25\times10} = 80\,(cm/min)$$

2.5 용해와 주입

2.5.1 용해로(furnace)

주물을 제조하려면 먼저 금속 또는 합금을 용해하여야 한다. 즉, 고체 상태의 원료 금속을 용해하고, 주물의 성질에 알맞은 재질이 되도록 화학 조성을 조정하거나 불순물을 제거한 다음 주형의 각 부분에 쇳물이 잘 주입될 수 있는 온도로 올려야 한다.

금속의 용해에 사용되는 용해로에는 여러 가지가 있으나, 일반적으로 [표 2.7]와 같은 것들이 있다.

용해로를 선택할 때에는 금속의 종류, 용해량, 요구되는 품질 및 연료가 미치는 용융 금속의 화학적 변화 등을 고려해야 하며, 설비비, 유지비 및 입지 조건 등을 고려해야 한다.

표 2-7 용해로의 종류

<table>
<tr><th>종 류</th><th colspan="2">형 식</th><th>열 원</th><th>용해 금속</th><th>용 해 량</th></tr>
<tr><td>큐폴라</td><td colspan="2">냉풍식
열풍식</td><td>코크스</td><td>주철</td><td>1~20t</td></tr>
<tr><td rowspan="2">도가니로</td><td colspan="2">자연 송풍식</td><td>코크스</td><td>구리 합금</td><td rowspan="2"><300kg</td></tr>
<tr><td colspan="2">강제 송풍식</td><td>중유, 가스</td><td>경합금
기타 비철 합금</td></tr>
<tr><td rowspan="4">전기로</td><td rowspan="2">아크로</td><td>직접 아크식</td><td>전력(저전압, 고전류)</td><td>주강, 주철</td><td>1~200t</td></tr>
<tr><td>간접 아크식</td><td>전력(저전압, 고전류)</td><td>구리 합금,
특수강</td><td>1~10t</td></tr>
<tr><td rowspan="2">유도로</td><td>고주파</td><td>전력(주파수 : 1,000~10,000Hz)</td><td>특수강</td><td>20~10,000kg</td></tr>
<tr><td>저주파</td><td>전력(주파수 : 50~60Hz)</td><td>구리 합금
경합금, 주철</td><td>200~20,000kg</td></tr>
<tr><td>반사로</td><td colspan="2"></td><td>석탄, 중유, 가스</td><td>구리 합금
경합금, 주철</td><td>500~50,000kg</td></tr>
</table>

(1) 큐폴라(cupola)

주로 주철을 용해하는데 널리 쓰이는 원통모양의 노(furnace)로서, 장입과 용해

작업이 연속적으로 이루어지므로 연속로의 대표적인 것으로 주철 용해에 주로 사용된다.

큐폴라의 구조는 [그림 2.22]와 같이 외부는 연강판으로 만들고, 내부는 내화 벽돌로 쌓은 다음, 내화 점토를 바른다. 연료는 코크스(cokes)를 사용하며, 장입구에서 코크스, 석회석, 지금(선철, 고철) 등을 교대로 반복하여 장입한다.

송풍기에서 보내진 공기는 바람구멍을 통하여 노 안으로 들어가 연소하여 장입된 재료가 용해하도록 한다. 용해된 금속은 노 밑의 출탕구에서 받아낸다.

큐폴라의 용량은 표준 작업시 매 시간당 용해할 수 있는 용탕의 무게로 표시하는 것이 일반적이며, 큐폴라의 크기는 3~10톤의 것이 많이 사용되고 있다. 큐폴라의 분류는 ① 내측 벽에 라이닝(lining)한 내화물의 종류에 따라 산성로와 염기성로로 구분하며, 주로 산성로가 많이 쓰인다. ② 전로의 유무에 따라 전로식과 무전로식으로 나누고, ③ 송풍에 따라 냉풍식과 열풍식이 있으며, ④ 벽을 냉각하는 방법에 따라 수냉식과 공랭식이 있다. 또한, 노바닥은 조업이 끝난 후 열어서 잔류물을 낙하시켜 소재하며 소모된 내장벽돌을 보수할 수 있는 구조로 되어 있다.

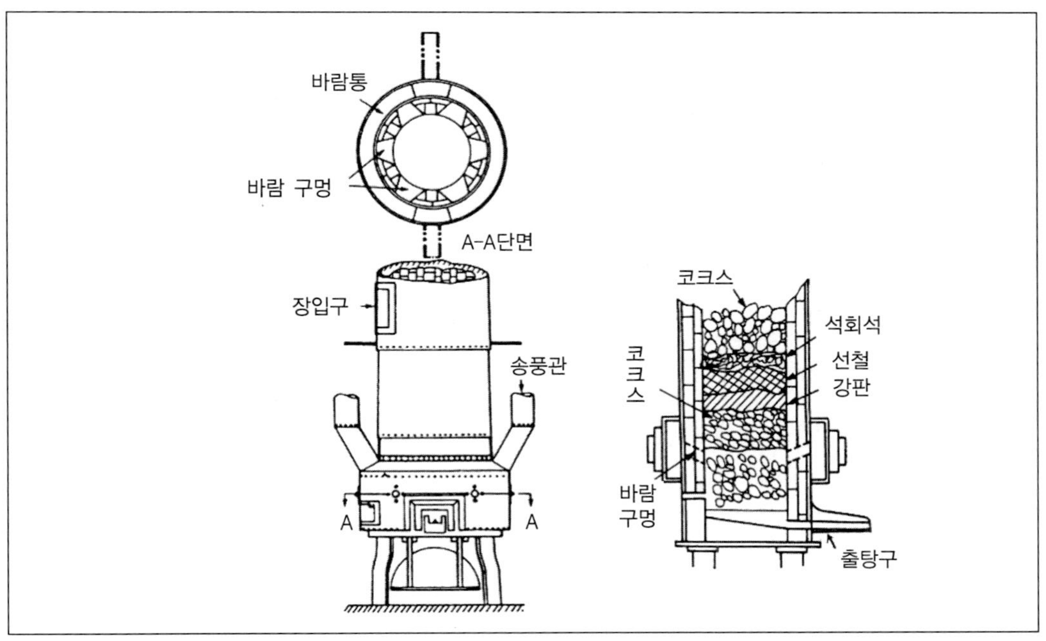

그림 2-22 큐 폴 라

(2) 도가니로(crucible furnace)

흑연과 내화 점토로 만들어진 도가니 안에 원료 금속을 넣고, 외부로부터 코크스, 중유, 가스 등의 열원을 가하여 용해하는 노를 도가니로라 한다. 원료 금속이 연소 가스에 직접 접촉되지 않으므로 불순물 혼입이나 산화작용을 받지 않아 양질의 용탕을 얻을 수 있다. 그러므로 구리 합금, 경합금, 합금강과 같이 정확한 성분을 필요로 하는 금속을 용해하는데 적합하다. 그러나 도가니로는 비싸고 수명이 짧으며(20~50회 사용, 합금강일 경우는 3회 정도), 열효율이 낮고 양의 제한을 받아 대형의 주물을 제작시에는 불리한 결점이 있다.

즉, 용해량이 도가니의 크기와 수에 따라 제한되므로 소용량의 용해에 사용되며 크기는 1회 구리(Cu) 용해량을 번호로 표시한다. 그리고 노 밑 가까운 곳에 쇳물 구멍이 있고 그 위에 용제구멍이 있다.

도가니로의 연료로는 코크스, 중유, 가스 등이 있다. 도가니로를 처음 사용할 때에는 건조로에 넣어 100~120℃의 저온으로 가열하여 수분을 완전히 제거하고 다시 250℃에서 1~3주간 유지한 후 사용해야 하고 두 번째의 사용도 100~120℃로 예열하여 사용한다.

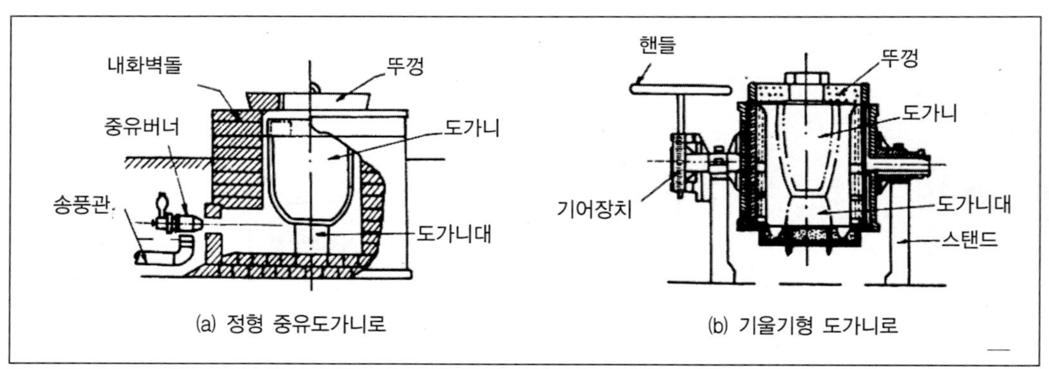

그림 2-23 도가니로

(3) 전기로(electric furnace)

전기로는 전기를 사용하여 특수주철, 특수강 등을 용해하고 또 제강하는 노로서 다른 용해로에 비하여 필요한 고온도를 용이하게 얻을 수 있으며 조작이 간단하고

온도조절이 정확하게 될 수 있다. 또 성분 조정이 확실하고 용융금속의 불순물 흡수도 적으며 산화작용에 의한 용융금속의 손실이 적다. 이와 같이 여러 가지의 장점을 갖고 있으나 시설유지비가 많이 들고 전극봉에 의한 불순물 혼입이 염려되므로 전극봉 선택에 주의해야 한다. 주로 고급 주철, 주강, 구리 합금의 용해에 많이 사용된다.

① 전기 아크로(electric furnace)

탄소전극 사이에서 발생되는 아크의 열에 의하여 장입금속이 용해되는 간접아크로와 전극과 장입금속 사이에서 직접 발생되는 아크열에 의하여 장입금속이 용해되는 직접아크로가 있다.

ⓐ 간접 아크로(indirect arc furnace) : 2개의 흑연전극 사이에 롤러 되는 아크의 복사열과 반사열에 의하여 장입금속이 용해된다. 그러나 아크의 발생 부위에 가까운 부분은 과열될 염려가 있으므로 2개의 회전판이 밑에 받쳐져 있는 롤러에 의하여 요동되면서 균일하게 가열 용해된다.
노 몸체 중앙부에 장입구와 출탕구가 하나씩 있으며 노의 좌우측에 수평방향으로 각 하나씩의 전극이 삽입되어 있다. 비교적 용해온도가 낮은 황동, 청동, 합금주철 용해용으로 적합하고 용해시간은 1 ton 노에서 황동은 40분, 동은 1시간 정도이다. 노의 용량은 250~1000 kg 정도이고 전력은 70~300 kW이며 80~90%의 효율을 나타낸다[그림 2.24(b)].

ⓑ 직접 아크로 : 전극과 용탕면 사이에 전호를 발생시켜 전류가 용탕중을 통하면서 직접 용해한다. 용량은 1~20 ton 정도이며 대단히 고온(1700~1880℃)을 얻을 수 있으므로 비철금속류에는 사용되지 않고 주로 철강류의 용해에 사용된다[그림 2.24(a)].

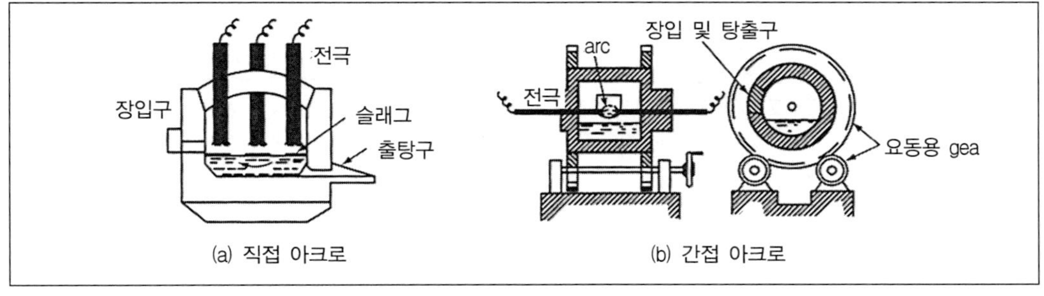

그림 2-24 아크 전기로

② 전기유도로(induction furnace)

전기유도로는 아크로와 같은 전극을 사용하지 않고 전류에 의하여 발생하는 유도작용을 응용하여 장입 금속자체에 유도전류를 흐르게 하여 가열 용해하므로서 저주파 유도로와 고주파 유도로가 있다.

ⓐ 고주파 유도로(high frequency induction furnace) : 도가니 외주에 나선 형태로 감겨져 있는 수냉의 동관을 1차 코일로 하여 400~100,000 싸이클의 고주파 전류를 공급하면 2차 코일인 도가니 내의 장입금속에 전류가 유도되고 유도된 전류의 저항열로 장입금속을 용해시키는 노이다. 전극이 필요치 않으므로 탄소의 영향을 받지 않아 양질의 용탕을 얻을 수 있으나 전기적인 손실이 크다.
초기에는 연구용으로 사용됐으나 최근에는 발달하여 최대 8 ton 정도까지 있으며 공구강, 고합금강, 스테인리스강 등의 특수강 용해용으로 이용되고 용해시간은 1시간 미만이다[그림 2.25(a)].

ⓑ 저주파 유도로(low frequency induction furnace) : 1차 코일에 저주파(60~180cycle/sec)를 통하고 환(丸)상의 로 홈 안에 있는 용탕을 2차코일로 하여 유도전류의 저항열로 가열 용해한다. 내부에는 각도가 약 70°로 교차하는 V자형 홈을 가지고 있으며 V홈의 양변은 원통형 금속조에 연결되어 있다. 용도는 주로 비철합금의 용해에 사용되며 경우에 따라서는 철강용에도 사용된다[그림 2.25(b)].

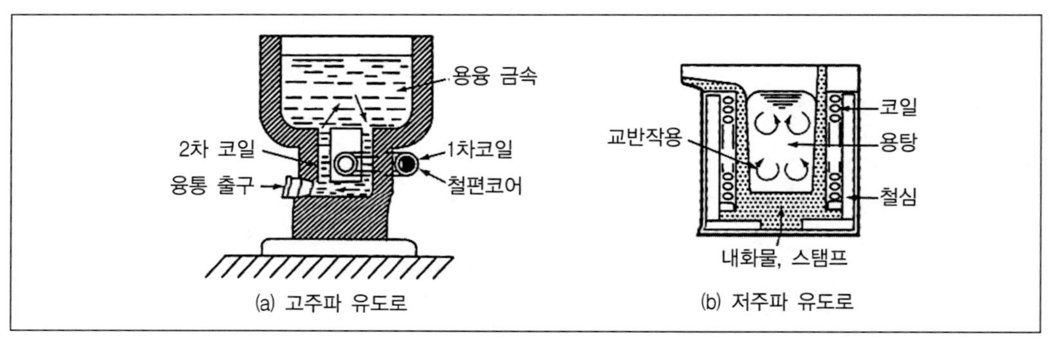

그림 2-25 유도전기로

(4) 반사로(reverberatory furnace)

반사로는 한쪽 연소실에서 연소된 불꽃이 아치 모양의 노천정을 따라 연돌로 빠져나가면서 천정을 가열시키고 그 가열된 용해실 천정의 반사열에 의하여 장입된 금속이 용해되는 노이다.

[그림 2.26]은 반사로의 구조를 도시한 것이며 용해실의 표면적은 넓히고 깊이는 얕게 해서 수열 면적을 최대로 크게 하고 천정은 arch형으로 하여 반사열을 충분히 이용할 수 있는 구조로 되어 있다.

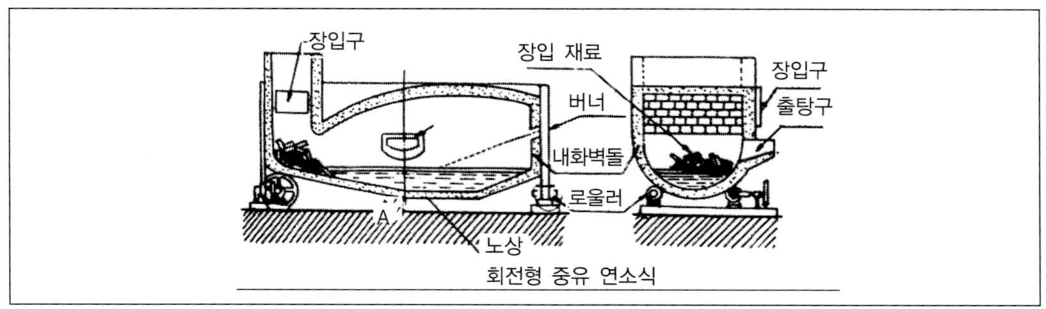

그림 2-26 반사로

화염이 직접 금속과 접촉되지 않으므로 연소 가스의 영향을 많이 받지 않으나 천정의 반사열에 의하여 금속이 용해되므로 열효율이 양호하지 못하다. 따라서 용해온도가 낮은 동, 황동, 청동 등 비철금속의 용해에 주로 이용되며, 연료로는 석탄, 중유, 코크스, 가스 등이 사용된다. 반사로는 용해에 긴 시간을 요하는 두꺼운 물건을 처리에 편리하다. 실제 용해하는 것은 그 양의 절반 가량이다. 보통 사용되는 반사로는 5~20톤 정도이며, 연료는 큐폴라의 5~6배를 소비하므로 톤(ton) 당 조업비가 많이 든다.

(5) 평로(open heat furnace)

1회에 다량을 제강할 때 사용되며, 다량의 선철, 고철 등을 용해할 수 있는 평로로서 1회 용해량은 3~5 ton의 소형과 10~25 ton의 중형과 50~500 ton의 대형이다.

[그림 2.27]는 평로의 구조를 나타낸 것으로서, 용해실이 좌우에 각각의 축열실이 있어 용해실로 공급되는 연속가스와 공기가 1000℃정도로 예열공급되어 연소효

율을 높일 수 있도록 되어 있다. 연소된 가스는 반대편 축열실을 통과하여 배출되므로 배출 쪽 축열실 온도가 점차 상승된다. 이 축열실은 20~25분마다 바꾸어가며 연료의 예열과 배기가스의 방출을 교대로 행한다. 용해실의 온도는 1700~2000℃ 정도까지 상승하며 조업시간은 7~8시간이다. 용해실 lining재료에 따라 산성평로, 염기성평로가 있다.

◎ 산성평로 : 산성로는 원료 중에 있는 C, Si, Mn을 제거할 수 있으며 노재는 SiO_2가 대부분이다.
◎ 염기성평로 : 노재는 MgO, CaO 등으로 만들어, 이 노의 특장은 원료 중에 있는 P.S를 제거할 수 있다는 점이다. [그림 2.27]은 평로의 구조와 가스의 진행방향을 표시한다.

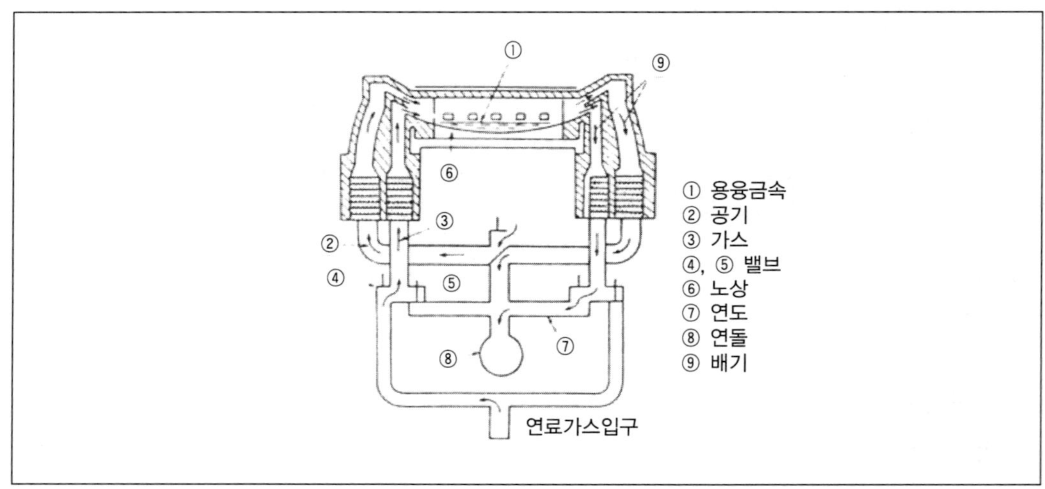

그림 2-27 평로의 구조

2.5.2 주입 및 후처리

(1) 주입의 준비

주형이 완성되어 조립된 후에 쇳물을 주입할 준비를 한다. 건조형의 경우, 틀의 맞춤면에서 쇳물이 새지 않도록 이음새를 바른다. 쇳물이 흘러 들어갔을 때 주형이 쇳물의 압력에 견디게 하기 위하여 무거운 추를 얹거나 볼트나 C형 공구 등으로 주형틀을 고정한다. 용융금속은 용해로로부터 쇳물을 주입하기에 편리하도록 알맞은 레이들(ladle)에 옮겨 주형에 주입한다. 레이들의 형식은 [그림 2.28]과 같이 여러 가지가 있으며, 크기는 대개 10~1000 kg에서부터 큰 것은 20~50(ton)까지 있다.

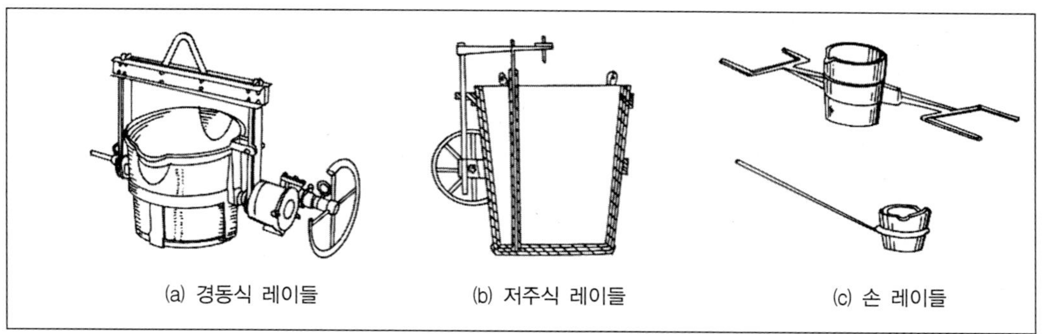

그림 2-28 레이들의 종류

(2) 주입

쇳물은 주입 중량보다 3~5% 정도 더 준비한다. 고온으로 용해된 쇳물도 적당히 온도가 내려갈 때까지 방치하여 쇳물 속의 가스를 방출시켜 스케일이나 먼지가 떠 오르도록 한다.

쇳물 아궁이나 쇳물 통로는 쇳물이 조용하게 되도록 빨리 주형에 차도록 설계되어 있기 때문에 쇳물은 일시에 쇳물 아궁이로부터 주입한다. 주입과 동시에 주형의 각부로부터 가스가 방출되며 가스 배기 구멍에서도 가스가 나오기 때문에 코어가 있는 주형이나 대형의 주형은 이 가스에 점화하여 가스 빼기를 돕는다. 또한, 주입된 쇳물이 주형의 일부분에서 새는 일이 있으므로 주의하여야 한다. 가스 빼기 구멍에 쇳물이 차면 쇳물의 주입을 중단하고, 라이저의 부분에는 고온도의 쇳물을 주입하여 주물의 수축을 보상하도록 한다.

(3) 주형의 해체

쇳물의 주입이 끝난 후, 주물의 굳는 것을 기다렸다가 주형을 해체한다. 이때 수축하기 어려운 모양을 한 주물은 주형이나 코어를 되도록 빨리 해체하여야 한다.

[그림 2.29]는 셰이크 아웃머신(shake out machine)이며, 주형을 기계 위에 놓으며 진동하여 모래가 떨어지고 제품과 주물상자는 테이블 위에 남는다.

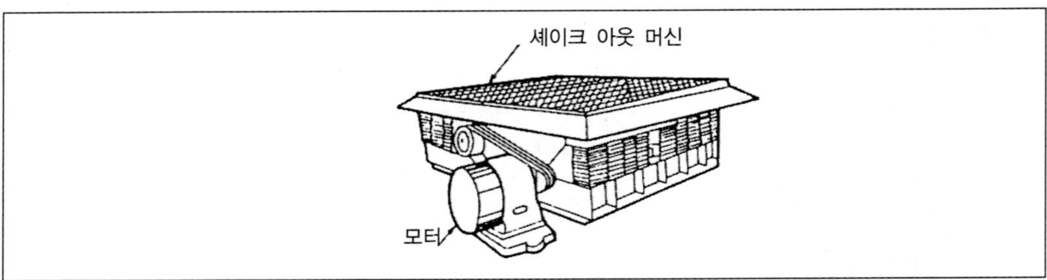

그림 2-29 셰이크 아웃머신

(4) 후처리

① 쇳물 아궁이 및 라이저의 절단

주입 금속이 응고되면 주형을 해체하고 철주물과 같은 것은 쇳물 아궁이를 해머로 쳐서 절단하고, 정밀하고 중요한 것은 쇠톱으로 절단한다. 또한 대단히 큰 것은 그라인더 또는 아세틸렌 가스로 절단한다. 코어를 사용한 주물은 외부에서 가볍게 코어 모래를 떨어뜨린 다음 철사로 만든 브러시로 주물에 붙어 있는 모래를 깨끗이 떨어뜨린다.

② 주물의 청소

만들어진 주물을 검사하여 좋은 것은 전마기에 모래 또는 가죽 조각 등을 넣고 회전시켜 주물의 표면을 깨끗이 청소하거나, 분사기로 하천 모래나 바다 모래를 압축공기와 함께 분사시켜 주물의 표면을 숏 블라스팅(shot blasting), 대형 주물의 청소에 사용되는 것으로서 고압수(高壓水)를 노즐에서 분사하는 하이드로 블라스팅(hydro blasting) 등이 있다.

2.6 특수 주조법

보통 모래 주형에 주조하는 것과는 다른 방법으로 용융금속에 압력을 가하여 주조하는 방법과 정밀주형을 만들어 정밀도가 높은 주물을 얻는 정밀 주조법 등이 있다. 용융금속을 가압하는 방법에는 원심력을 이용하는 원심주조법과 용융금속형에 주입하고 가압하는 다이캐스팅 등이 있다. 정밀 주조법에는 주형을 제작하는 방법에 따라 셀몰딩, 인베스트먼트몰딩 및 탄산가스(CO_2) 방법 등이 있다.

2.6.1 **원심 주조법**(centrifugal casting)

주형을 300~3000 rpm으로 고속 회전시킨 상태에서 용융금속을 주입하면 원심력에 의하여 주형내면에 균일하게 압착 응고되어 코어 없이 중공의 회전체인 원통 및 환상의 치밀한 주물이 제작되는 주조법이다[그림 2.30].

회전은 주탕 후 곧바로 정지시키지 말고 일정온도로 냉각될 때까지 계속 회전하여 정지한 후의 변형이 없도록 한다. 내면의 냉각은 복사열 때문에 매우 더디고 회전시간은 상당히 길어진다. 용융금속 중의 슬래그(slag) 기타 불순물은 회전 중 내측으로 나오게 되며 내면은 이로 인해 요철이 많다. 주물 재료로는 주철, 경합금, 청동 등이 사용되며, 수도관, 피스톤 링, 실린더 라이너 등의 제작에 적합하다.

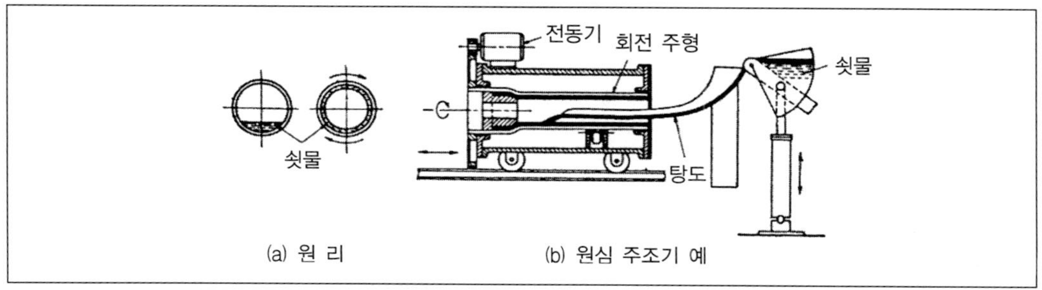

그림 2-30 원심 주조기

(1) 특징

① 원심력에 의하여 주물의 조직이 치밀하고 균일하다.
② 슬래그와 가스의 제거가 용이하다.
③ 코어, 탕구, 압탕구, 라이저가 불필요하다.
④ 대량생산에 적합하다.

(2) 주조방식

주형의 회전축 방향에 따라 수평식, 수직식, 경사식이 있다. 수직식은 지름에 비하여 길이가 짧은 주물에 이용되고 수평식은 반대로 지름에 비하여 길이가 긴 관등에 이용된다.

경사식은 수평식과 수직식의 절충된 방식으로 길이가 비교적 긴 주물에 응용된다. 이밖에 반원심 주조법과 원심 가압 주조법이 있는데, 반원심 주조법은 차바퀴, 풀리, 기어 등의 주조에 이용되고, 원심 가압주조법은 불규칙한 모양의 소형주물을 한 번에 여러 개 만들 때 이용된다. 반원심 주조법이 원심주조법과 다른 점은 회전축이 제품의 중심축과 일치한다는 점이다[그림 2.31].

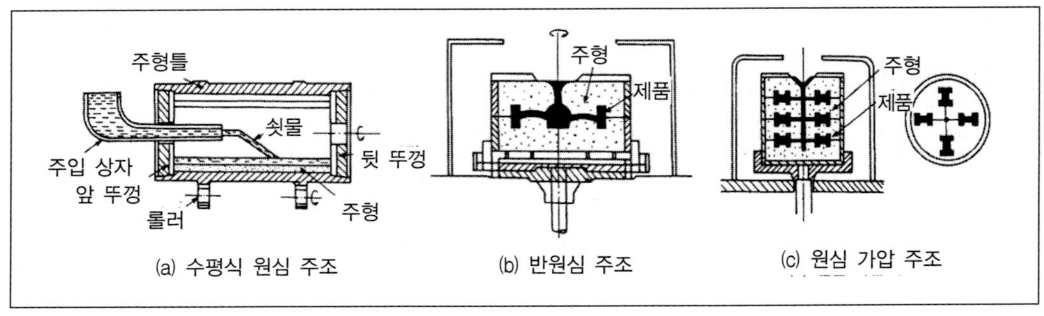

그림 2-31 여러 가지 원심 주조법

2.6.2 칠드 주조법(chilled casting)

모래형의 일부분을 금형으로 한 주형에 용융금속을 주입하면, 금형에 접한 부분의 주물 표면은 급냉되어 대단히 단단한 조직이 되고, 내부는 서냉되어 본래의 연한 주물이 된다.

이와 같은 방법으로 단단해진 표면을 칠드형 또는 냉강주조법이라고도 한다. 이러한 방법을 이용하여 주조한 주물을 칠드 주물이라 한다. 압연 롤러, 기차바퀴 등을 제작할 때 사용된다. [그림 2.32]은 칠드 주조법을 나타낸 것이다.

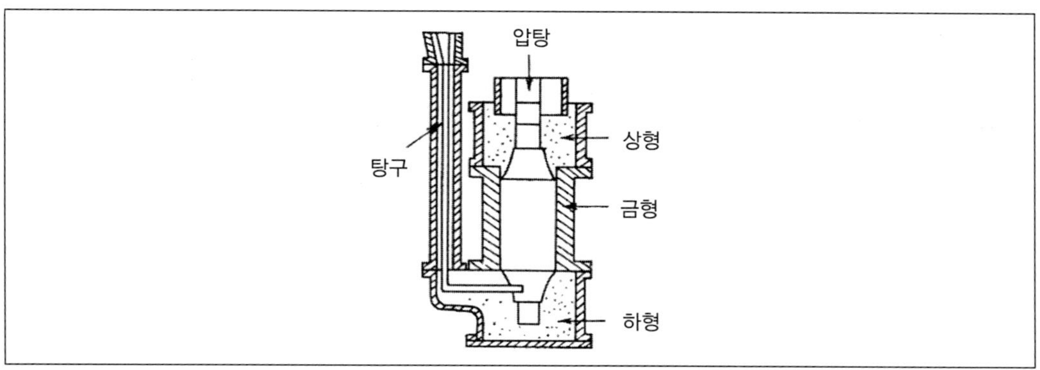

그림 2-32 칠드 롤의 주형(냉강 주물)

2.6.3 정밀주조법(precision casting)

정밀 주조법에는 다음과 같은 것들이 있다.

(1) 다이캐스팅(die casting)

① 원리 및 특징

다이캐스팅 주조법은 정밀 주조법의 일종으로, 기계 가공하여 제작한 금형에 용해된 알루미늄, 아연, 주석, 마그네슘 등의 합금을 가압 주입하여 냉각, 응고시켜서 정출 주물을 제조하는 방법으로 다음과 같은 장·단점이 있다[그림 2.33].

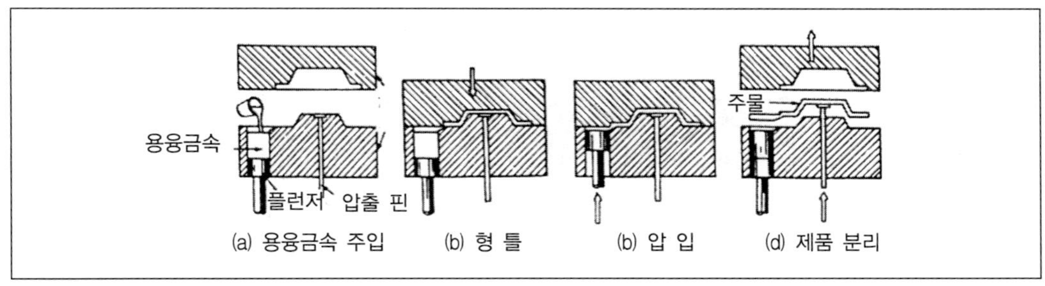

그림 2-33 다이캐스팅 주조법

장점(advantage)

- 정밀도가 좋으므로, 거의 기계 가공이 필요하지 않다.
- 표면이 아름답고 광택을 가지고 있으므로, 도금, 도장을 할 때 연마의 수고를 덜어준다.
- 대량 생산이 가능하다.
- 압탕, 가공 여유가 필요하지 않아 재료의 회수율이 높다.
- 가압되므로 기공이 적고 치밀하다.
- 복잡한 모양과 얇은 주물도 만들 수 있다.

단점(disadvantage)

- 용융점이 높은 금속은 주조할 수 없다.
- 금형의 크기와 구조에 한계가 있어 적용범위가 제한된다.

② 적용(application)

다이캐스팅법은 주로 전기 기구, 사진기, 축음기, 재봉틀, 타이프라이터, 자동화 용품, 계산기 및 각종 사무용 기구 등의 대량 생산이 널리 이용된다.

③ 다이캐스팅 머신

주조기는 가압 주조 방식, 용융금속 작동 동력의 종류, 주조 합금의 종류 등에 따라 기계가 선정되어야 한다. 일반적으로, 용융금속(쇳물)에 압력을 가하는 방법에 따라 열가압실식(hot chamber type)과 냉가압실식(cold chamber type)이 있다.

다이캐스팅 머신으로 구비하여야 할 요소는 가압실, 금형 개폐 장치, 몸체의 세 부분이며, 용량은 금형 압착력으로 나타낸다. 열가압실식 기계는 [그림 2.34(a)]와 같이 기계내부에 용해로가 있으며 그 용해로 내부에 가압실이 있어 노에서 직접 구스넥(goose neck)이 잠긴 상태로 용융금속이 항시 피스톤 로드에 부착된 플런저로 가압되어 노즐을 통해 금형속으로 사출된다. 열가압실식은 용융금속의 온도가 높으므로 적은 압력으로 유동성이 좋은 금속을 금형속에 주입할 수 있다. 이 때 가압력은 50~200 kg/cm^{2}이며 열간가공이므로 황동 청동 등의 용해온도가 높은 금속도 주입이 가능하며 냉가압실식(cold chamber type)은 용해로가 기계본체와 분리되어 있으며, 매회 작업마다 용융금속을 가압실(pressure chamber)에 부어서 플런저에 의해 금형 내부에 가압시키는 방법으로서 가압력은 200~2300 kg/cm^{2}까지의 다소 높은 압력이 가해지므로 수압식 기계가 주종을 이루고 있으며, 용융금속은 주로 용해온도가 낮은 알루미늄합금 또는 아연합금을 사용한다. [그림 2.34(b)]는 냉가압실식 다이캐스팅 머신을 나타낸 것이다.

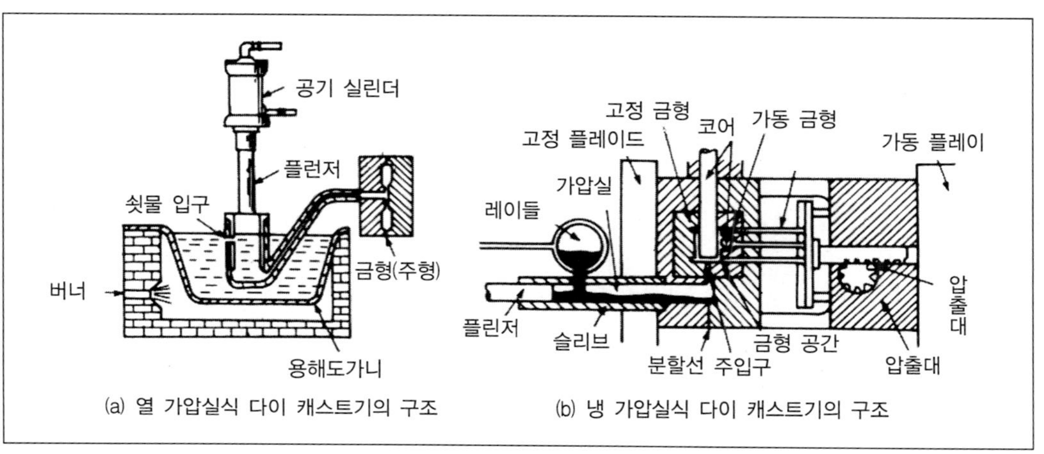

(a) 열 가압실식 다이 캐스트기의 구조 (b) 냉 가압실식 다이 캐스트기의 구조

그림 2-34 다이캐스팅 머신

(2) 셀 몰드법(shell moulding)

① 원리 및 특징

석탄산계 합성수지 분말을 혼합한 모래(합성사)를 사용하여, 두께 5~6 mm 정도의 조개껍질 모양의 셸형의 주형을 만들어, 이 형에 쇳물을 주입하여 주물을 만드는 방법이다.
보통의 사형주형에 비해 짧은 시간에 정도가 높은 주물을 만들 수 있는 장점이 있으며 작업을 전자동화할 수 있다. 또한, 거의 모든 금속의 주조에 이용될 수 있으나, 금형을 필요로 하기 때문에 대량으로 만드는 이외에는 적당치 않고, 또 수지가 비교적 고가이므로 주형비가 상당히 고가인 단점이 있다.

② 공정(process)

원형은 금형으로 하고, 탕구 및 탕도계를 금속으로 만들어 상하형으로 분할하여 정밀하게 가공하여 금속정반에 각각을 고정시킨다.

ⓐ 250~300℃에 가열한 금형면에 이형재(silicon oil)를 도포한다. 이형재는 주형경화처리로 잘 견딘다.
ⓑ 합성사(resin sand)를 덤프상자에 넣고 원형위에 뒤집어 덮는다.
ⓒ 뒤집어서 덮으면 혼합사와 금형은 접촉하여 잠시 후에 경화하기 시작한다.
ⓓ 다시 반전하면 금형과 모형판의 표면에 5~6 mm 두께에 셸(shell)이 남는다.
ⓔ 셸이 붙어 있는 모형을 다시 반전하여 상형으로 한다.
ⓕ 이것을 노내에 넣어 250~300℃ 정도에서 1~2분간 가열한다.
ⓖ 이것을 노에서 꺼내어 금형으로부터 셸을 뽑아낸다.
ⓗ 상·하형을 합하면 주형이 된다[그림 2,36].

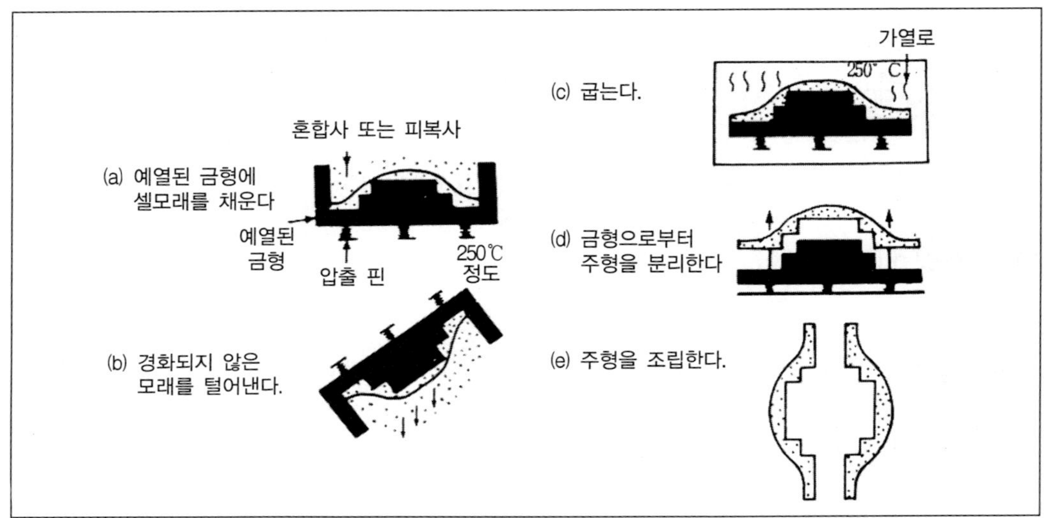

그림 2-35 셸 몰드법

③ 적용(application)

자동차, 재봉틀, 계측기 등의 얇고 작은 부품의 주조에 이용된다.

(3) 인베스트먼트법(investment casting)

① 원리(principle)

인베스트먼트법은 점결제와 미세한 내화물을 배합한 인베스트먼트 주형 재료를 사용한다. 로스트 왁스법(lost wax process)이라고도 하며, 매우 정밀한 작은 주물들을 대량으로 생산하기 위하여 왁스, 파라핀 또는 열연화성 합성수지 등의 가용성 물질을 사용하여 제품과 동일한 모형을 만든다. 조형 재료에 이 모형을 매몰하고 가열한 후 주형을 굳히고, 왁스(wax) 또는 합성수지를 용해시켜 유출하게 하여 주형을 완성하는 순서는 [그림 2.36]에 나타내고 있으며 그 내용은 다음과 같다.

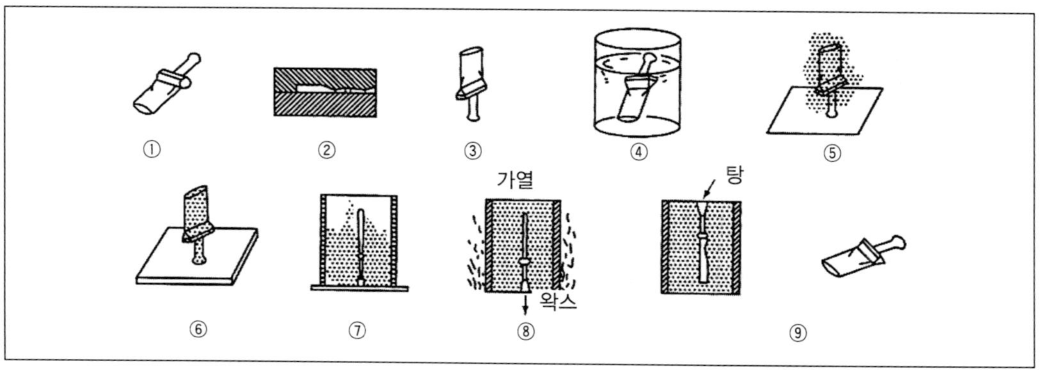

그림 2-36 인베스트먼트 주형제작순서

② 공정(process)

ⓐ 왁스 또는 파라핀 등으로 원형제작한다.
ⓑ 왁스모형을 만들기 위하여 금형을 제작하여 이곳에 왁스를 압입 응고시킨다.
ⓒ 왁스 모형을 제작한다.
ⓓ 주물면을 깨끗이 하기 위하여 내화재를 피복한다.
ⓔ 주형재와 잘 결합시키기 위하여 고운 모래를 도포한다.
ⓕ 실온에서 건조시킨다.
ⓖ 200mesh 정도의 규사와 결합제(알콜 용액 규산염)를 넣고 주형을 진동시켜 잘 다져지도록 충전한다.
ⓗ 약 200℃ 정도로 가열하여 왁스를 용해 유출시키고 약 870~970℃로 가열하여 주형을 건조 경화시킨다.
ⓘ 용탕을 주입하여 제품을 완성시킨다.

③ 적용(application)

이 주조법은 모양이 복잡하고 기계 가공이 어려운 경질의 합금이나 내열합금 등을 주조하는데 많이 활용되고 있다. 예를 들면, 가스 터빈의 블레이드, 항공기 및 선박 용품, 기계 부품 등의 제작이 이용되고 있다.

(4) CO_2법

① 원리 및 특징

CO_2법은 모래에 물 유리(규산나트륨)를 3~6% 첨가한 주물사로 조형한 다음 여기에 이산화탄소를 불어 넣어 신속하게 경화된 주형을 얻는 방법이다.

장점(advantage)

- 건조하지 않고도 단단한 주형을 얻을 수 있다.
- 건조에 필요한 설비, 작업자 수, 운반자 및 작업 시간을 줄일 수 있다.
- 원형을 그대로 둔채 경화시키므로 주형의 치수 정밀도가 생형이나 건조형보다 높으며, 점결제가 비교적 싸다.

단점(disadvantage)

- CO_2 법은 경화 후 원형을 빼내야 하므로 원형 기울기가 커야 하며, 흡습성이 커서 제작 후 오랫동안 보관하기 어렵다.
- 붕괴성이 나빠 주입 후 주형의 모래털기가 나쁘며, 주물사의 회수율도 낮다. 따라서 주물사에 피치가루, 톱밥, 코크스 가루 등을 1% 가량 첨가하여 붕괴성을 향상시키고 있다.

② CO_2법의 공정

점토분이 적은 100~150 메시 정도의 규사에 5~6 %의 규산나트륨을 혼합한 주물사로 주형을 만들고, [그림 2.37]과 같이 1.05~1.4 kg/cm2의 압력으로 10~30초 정도 CO_2 가스를 주형에 불어 넣으면 규산나트륨과 CO_2 가 반응하여 실리카겔과 탄산나트륨으로 된다. 이 실리카겔의 결합력에 의하여 강도가 높은 주형을 만들 수 있다.

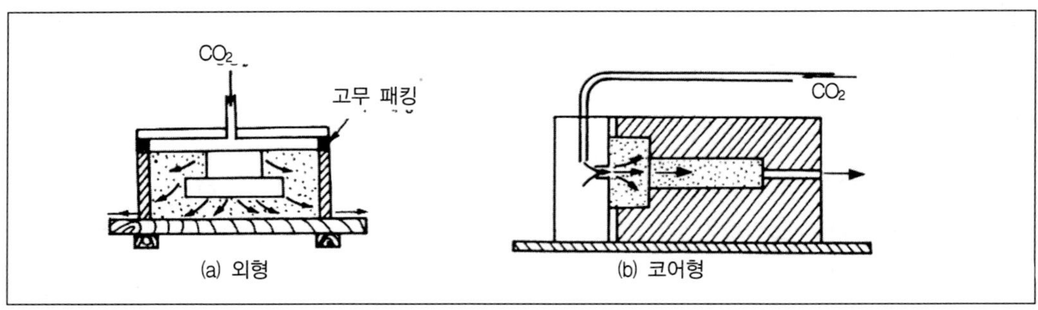

그림 2-37 CO_2법

③ 적용(application)

공작 기계의 베드(bed)나 산업용 대형 기계를 주조할 때 주형으로 사용되고 있다.

2.6.4 진공 주조법

대기 중에서 금속을 용해하고 주조하면 공기와 접촉하여 용융금속 중에 산소(O_2), 수소(H_2), 질소(N_2) 등의 유해가스가 혼입된다. 이 원소들은 주물결함 발생원인이 되며 기계적 성질을 불량하게 만든다.

그러므로 주조 시에 공기의 접촉을 차단하고 10-3mmHg 정도의 진공상태에서 용해 및 주조하는 방법을 진공 주조법(vacuum casting)이라고 한다.

이 방법은 베어링강, 공구강, 스테인리스강 등의 강 주조 시에 이용된다. [그림 2.38]에서는 진공주조기의 외관을 나타내고 있다.

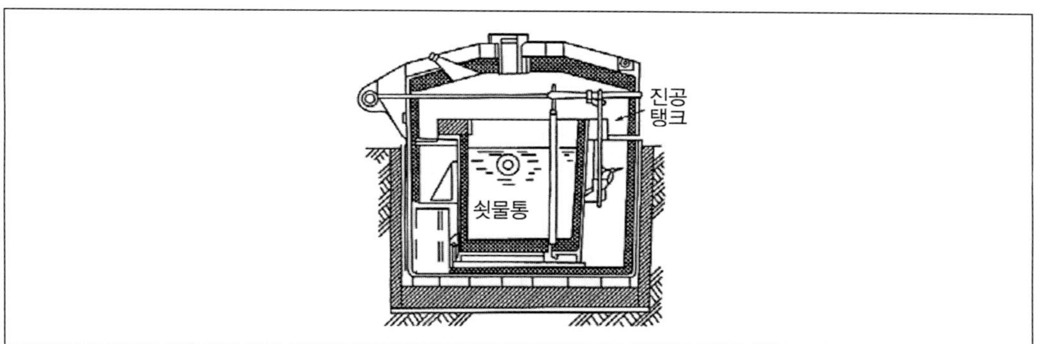

그림 2-38 진공 주조기

2.6.5 연속 주조법(continuous casting)

잉곳(ingot)은 보통 용융금속(용탕)을 잉곳 케이스(ingot case)에 부어 넣어 만들고 있으나, 연속 주조는 [그림 2.39]과 같이 용융금속을 주형에 주입하여 연속적으로 잉곳(ingot)을 주조하는 방법이다.

즉, 잉곳(ingot)은 주형상자에 용융금속을 주입하여 주조하나 탕구부분을 절단해야 하므로 용융금속의 손실이 크고 또 주형제작에 시간이 걸리며 잉곳(ingot)의 재질도 일정치가 않다. 따라서, [그림 2.39]과 같이 전기가열식 저탕로에서 유출되는 용탕이 냉각수가 순환하는 금형을 통과하면서 표면이 급속 응고되어 연속적으로 잉곳(ingot)이 주조되어 나온다. 이렇게 동일한 조건에서 냉각되므로 질이 균일한 잉곳을 얻을 수 있고 편석과 수축공이 없으며 작업이 간단하며 제조비가 저렴하다. 주로 현대화된 제철공장에서 이용되고 있다.

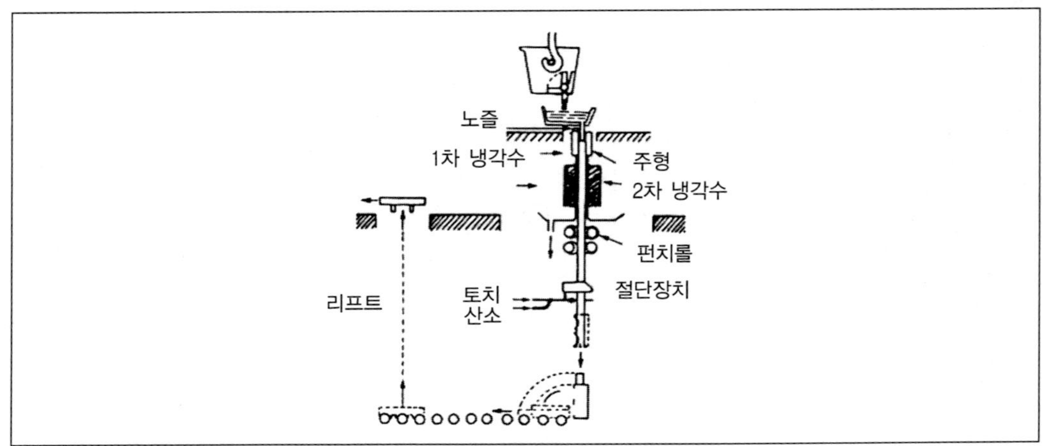

그림 2-39 강의 연속주조

2.7 주물의 결함(defect of casting) 및 검사법

주물결함의 원인 및 대책은 [표 2.8]과 같이 정리할 수 있다.

주조 시에 발생되는 여러 가지 결함들은 주조품의 품질에 직접적인 악 영향을 주므로 이들의 원인을 파악하고 미리 적절한 대책을 강구하는 것이 바람직하다. 가장 많이 발생하는 주물의 결함 종류에는 기공, 수축공, 편석 그리고 표면 결함을 들 수 있으며 이러한 결함들을 확인하는 방법에는 파괴검사와 비파괴검사 등으로 대별할 수 있다.

2.7.1 주물의 결함

(1) 기공(blow hole)

기공은 주조 시에 용탕 속에 용해된 가스 또는 주형으로부터 침입한 가스가 응고 시에 주물 내부에 그대로 잔존하는 현상이다.

기공이 발생되는 원인은 통기도가 부족하여 용탕에 흡수된 가스방출의 불충분, 주형의 수분과다로 주형과 코어에서 발생된 수증기의 잔류 또는 주형내부의 공기 등의 영향이다.

이와 같은 기공의 발생을 억제하기 위해서는 주형의 통기성을 개선하고 주조방안설계 시에 라이저(riser)를 적당한 위치에 설치하며 주형의 수분을 최대한 제거하는 방법이 중요하다.

표 2-8 주물 결함의 원인과 대책

결함의 종 류	결함원인	대 책
치수 불량	모형치수의 오차 수축여유, 가공여유 오차 모형의 변형	도면을 정확히 그리고 검사를 엄격히 한다. 주물자 사용에 주의하고, 가공여유를 검토한다. 사용 목재를 검토하고, 충분히 건조한다.
쇳물의 유동 불량	주입온도(저온) 탕구, 쇳물통로의 부적당 공기빼기 불충분 압탕의 부족 용탕의 준비 부족 주입속도 부족 형틀 사이의 유출	주물 두께, 형상에 따라 주입온도를 계산한다. 주형 내부에서 쇳물 충동, 공기, 가스의 발생방지 공기빼기를 충분히 한다. 압탕(라이저) 높이와 위치 및 양을 검토한다. 용탕은 20~30% 정도 여유가 있게 준비한다. 도중에 냉각되지 않게 속도를 조절한다. 주형 연결강도 중강과 중추를 크게 한다.
슬래그 및 모래유입	쇳물 입구 불량 쇳물통로 부족 주물사 결합력 부족	쇳물 입구에서 불량 잡물의 유입을 방지한다. 쇳물통로에 개재물, 작불순물 분리에 노력한다. 결합력이 부족할 때 접토분을 추가한다.

주물의 표면 불량	목형 표면다듬질 불량 주물사 입도 불균일 다지기 불량 소착 주무사의 소착 주형 건조 불량 도형・도포불량	모형을 매끈하게 하고, 방수도료를 칠한다. 적당한 입도를 선정하고, 입도를 맞춘다. 균일하게 고루 다지기 한다. 불량 재질의 모래를 제거하고 신사를 첨가한다. 건조 방법에 주의한다. 도형재의 선정, 배합, 도포 방법에 주의한다.
수축공 · 기공	수분이 많을 때 주입 온도의 과저 공기빼기 불량, 위치 불량 설계상 구조 불량	건조를 충분히 한다. 용해온도를 상승시킨다. 다지기(ramming) 과도 방지, 압탕 위치를 적당히 한다. 설계 변경, 압탕 가스빼기를 적절하게 한다.
변형 · 균열	주형・코어의 너무 강함 냉각속도의 과속	코어에 쓰이는 심선은 너무 강하게 하지 않고, 주형은 적당한 강도를 갖게 한다. 주형을 예열하고, 칠(chill) 블록이 적당한가 검토한다.

(2) 수축공(piping or shrinkage cavity)

주형 내에 주입된 용융금속은 주형에 접촉된 표면부터 응고가 시작되어 내부로 진행된다. 따라서 최후에 응고되는 부분은 용융금속의 체적수축으로 인하여 쇳물이 부족되어 중공부분이 생기게 된다.

이러한 결함을 수축공이라 하는데 예방할 수 있는 방법은 다음과 같다.

① 쇳물 아궁이를 크게 한다.
② 압탕구를 설치한다.
③ 냉각쇠를 사용한다.

(3) 편석(segregation)

편석(偏析)이란 용융금속이 응고 시에 주물 일부분에 불순물이 집중석출 되거나 주물성의 경계를 이룰 때 조직이 달라지는 현상을 말한다.

이와 같은 편석을 억제하기 위해서는 고온에서 장시간 가열하여 확산을 완전하게 일으킴으로 균일한 결정립 조직으로 환원시킨다. 또한 냉각속도와 주조방안 및 주조조건을 잘 검토할 필요가 있다.

(4) 균열

① 주물의 수축과 주형의 팽창에 의한 균열

주형 내의 코어 둘레에 주입된 용융금속은 냉각되면서 수축되고 상대적으로는 코어는 열을 받아 팽창하므로 역작용에 의한 주물의 균열이 발생될 수 있다. 그러므로 주탕 후 주물의 표면부분이 응고되면 곧 코어를 제거하거나 코어제작용 주물사에 톱밥, 쌀겨 등의 가소성 재료를 배합하여 신축성을 주어야 한다.

② 주물 각 부분의 냉각속도 차이에 의한 균열

주물의 얇은 부분은 냉각속도가 빠르므로 신속히 냉각되나 두꺼운 부분은 서서히 냉각되면서 수축될 때에 어느 정도 응고된 얇은 부분은 인장하게 되고 그 인장력이 연결면 부분에서 균열을 발생시킨다. 따라서 주물 두께의 급격한 변화를 피하고 각진 부분은 둥글게 하며 가급적 급냉을 하지 말아야 한다.

(5) 표면결함

표면결함이 발생되는 원인은 주조방안의 불량이 큰 원인이며 또한 주물사의 내열도, 통기도, 점결력 부족 등도 원인이 된다. 따라서 주물사와 첨가제 및 점결제를 적절히 선택하여야 하고 용탕 운반 시에는 이물질이 침입하지 않도록 주의해야 할 것이다.

2.7.2 주물의 검사

앞에서 설명된 것 이외에도 여러 형태의 주물결함들이 많고 이것은 곧 기계와 성능과 품질에 큰 영향을 미치므로 주기적으로 주물의 결함유무를 확인해야 한다.

주물에 결함이 있을 때에는 그 원인을 신속하고 정확하게 파악하여 개선책을 강구해야 한다. 주물의 결함을 검사하는 방법으로는 파괴검사와 비파괴검사로 대별되고 아래와 같은 검사법들이 이용된다.

(1) 육안 검사법

① 외관검사법 : 주물 표면의 균열, 수축공, 거칠기와 치수 등을 검사
② 파면검사법 : 주물의 파면을 보고 기포, 편석 등을 검사
③ 형광검사법 : 검사면에 형광물질을 칠하고 빛을 투사하여 반사되는 형광으로 균열 등의 결함검사

(2) 물리적 검사법

① 자기 탐상법 : 주물을 전류로 자화하면 자화 방향과 직각인 방향으로 있는 결함부분에 자극이 생기고 미세한 철분을 혼합한 등유 또는 물에 담가 철분이 부착되는 부분을 결함위치로 판별하는 방법이다[그림 2.40].
② 압력시험법 : 공기압 또는 수압을 이용하여 주물용기의 내압도를 시험
③ 방사선검사법 : X선과 r선을 투과하여 주물 내의 결함을 검사
④ 현미경검사법 : 주물의 일부를 채취하여 작은 시편을 만들어 이를 현미경검사에 적합하므로 마운팅(mounting)하고 표면을 경면으로 폴리싱하여 부식시킨 후 결정입자의 크기, 조직, 편석, 불순물의 존재 등을 관찰한다.
⑤ 초음파 탐상 : [그림 2.41]과 같이 초음파진동을 재료내부에 통과시키며 내부의 결함에서 그 반사파는 진동자로 되돌아 오게된다. 따라서 그 반사파가 진동자에 도달될 때에 시간차로 내부의 기포 또는 균열의 유무 및 그 위치를 판단하는 방법이다.

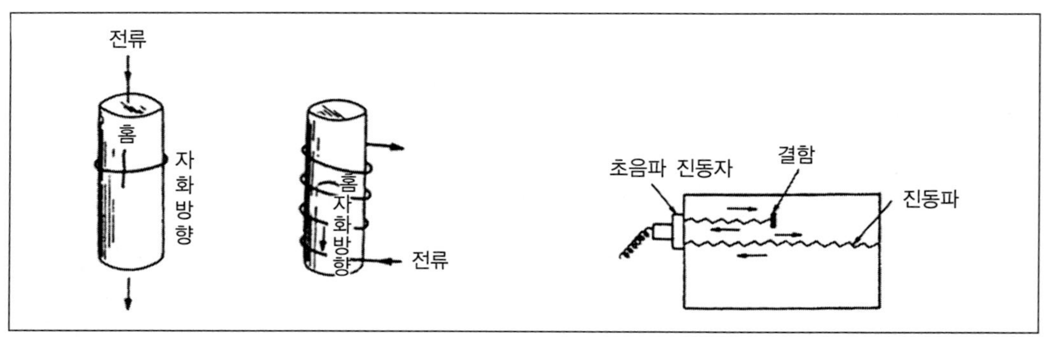

그림 2-40 자기 탐상

그림 2-41 초음파 탐상

(3) 기계적 성질시험

주물의 일부를 채취하여 시편을 만들고 각각의 시험기를 이용하여 인장강도, 압축강도, 굽힘강도 등의 강도시험과 경도시험, 충격시험, 마모시험, 그리고 피로시험 등을 한다.

(4) 화학적 검사법

주물의 각 부분을 드릴링하여 생긴 칩을 분쇄한 다음 분석장치를 이용하여 화학성분과 양을 검사한다.

① 성분분석 : 각종 분석장치를 이용하여 화학성분을 정량 분석한다.

② 부식실험 : 산화액에 담근 후 건조시켜 검사한다.

Chapter 3

소성가공(Plastic working)

CHATPER 03

소성가공(Plastic working)

3.1 개요(introduction)

모든 재료는 힘을 가하면 변형하고 그 힘을 제거하면 변형이 사라져 원래의 형으로 복귀하고자 하는 성질을 탄성(elasticity)이라 하고 , 힘을 제거하더라도 변형이 남는 성질을 소성(plasticity) 이라 한다.

소성가공(plastic working)은 재료 특히 금속에 이 소성을 이용하고 소재에 힘을 가하여 변형시켜 필요한 형상과 치수를 내는 가공법의 총칭이다. 따라서 압연, 단조, 판금, 프레스 가공이나 압출, 인발, 전조, 회전성형 등 경우에 따라서는 플라스틱의 성형까지도 포함하는 범위가 매우 넓고 종류가 많은 가공법이 소성가공이다.

3.1.1 소성가공의 특징

소성가공의 특징을 열거하면 다음과 같다.

(가) 절삭가공에서와 같은 칩이 생성되지 않으므로 재료의 이용률이 높다.
(나) 절삭가공에 비하여 생산율이 높다.
(다) 절삭가공 또는 주조제품에 비하여 강도가 크다.

3.1.2 소성가공에 이용되는 재료의 성질

소성가공에 이용되는 성질에는 가단성, 연성, 가소성 등이 있으며, 이들은 상호 관련성이 있다.

(1) 전연성, 가단성(malleability)

금속을 단련할 때 변형되는 성질이다. 예를 들면, 헤머 등으로 내려쳤을 때 깨어지지 않고 변형되는 성질, 즉, 압축에 의하여 재료가 영구변형되는 성질로서 가단성이 좋은 금속부터 나열하면 금(Au), 은(Ag), 알루미늄(Al), 구리(Cu), 주석(Sn), 백금(Pt), 납(Pb), 아연(Zn), 철(Fe), 니켈(Ni) 등이다.

(2) 연성(ductility)

금속선을 뽑을 때 항복점을 지나 파단에 이르기까지 길이 방향으로 늘어나는 성질이며, 연성이 큰 금속부터 나열하면 금(Au), 백금(Pt), 은(Ag), 철(Fe), 구리(Cu), 알루미늄(Al),니켈(Ni), 아연(Zn), 주석(Sn), 납(Pb) 등의 순이다.

(3) 소성, 가연성(plasticity)

재료에 하중을 가할 때 고체상태에서 유동하는 성질이다. 일반적으로 재료를 가열하면 소성이 커지며, 상온에서도 소성이 큰 재료는 상온가공을 할 수 있으며, 연성과 전성이 크면 소성이 커지게 된다. 압연기에서 상온가공할 때 가연성이 좋은 것부터 나열하면 납(Pb), 주석(Sn), 금(Au), 은(Ag), 알루미늄(Al), 구리(Cu), 백금(Pt), 철(Fe) 등이다.

3.1.3 소성의 성질

[그림 3.1]에서 나타내는 응력변형선도를 갖는 연강재료에서는, 응력이 30kgf/mm^{2}를 넘으면 곡선 AB를 따라 소성변형이 진행하고, 응력이 40kgf/mm^{2}인 점 B에서 하중을 제거하면 OA에 평행한 BC를 따라 내려간다. 따라서 B′C는 탄성변형이 양이고 OC는 영구변형. 즉, 소성변형이 양이다. 응력이 점 D를 넘으면 시험편의 일부가 가늘어지고 잘록함(necking)이 생겨 재료에는 균열이나 구멍이 생겨 점 F에서 파단한다.

이상은 인장변형에 대한 설명이나, 굽힘, 비틀림, 기타 모든 변형에 대해서도 변형이 작으면 하중제거 후 재료는 원래의 형으로 복귀하나 어느 정도를 넘어 변형하면 하중을 제거하더라도 원래의 형으로는 복귀하지 않는다. 즉, 소성변형을 한다.

소성이란, 소성변형을 하는 재료의 성질을 말하는데, 그렇다면 소성이 없는 재료란 어떤 재료인가 하면 위의 예에서 알 수 있듯이 소성변형을 할 수 없어 탄성변형이 어느 정도를 넘으면 즉시 재료파단이 일어나는데 이와 같은 재료를 취성재료라고 한다. 한편, 소성이 많은 재료란 [그림 3.1]에서 말하면 탄성변형 OA′에 비해 변형 OD′ 혹은 OF′가 큰 재료이다. [그림 3.1]에서 변형 OA′의 크기는 강재료에서 영률 $E = 2 \times 10^4 kgf/mm^2$이기 때문에 1.15%의 변형으로 된다. 변형 OD′와 OF′의 값은 재료에 따라 달라지나 수십 %에 이르므로 소성변형에 비해 탄성변형은 무시해도 될 정도로 작다. 이상은 인장변형을 예로 든 것이나 소성가공에서는 공구압력을 제대로 사용하며, 원래 길이의 수배, 수백배로도 늘어난다.

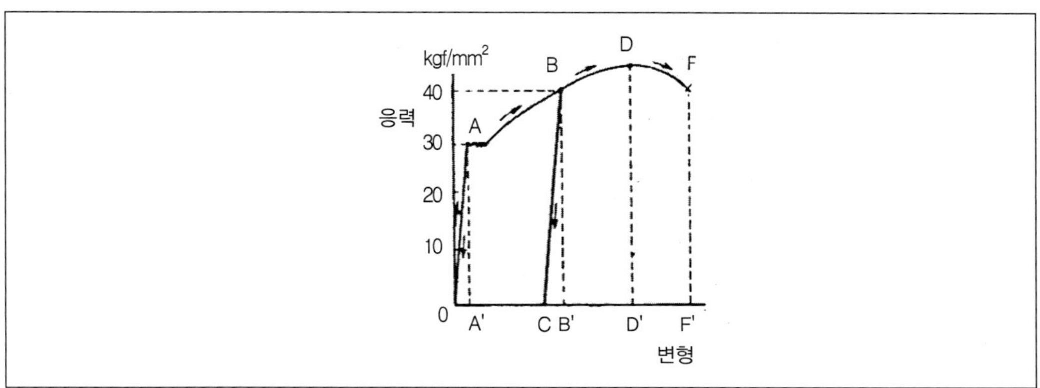

그림 3-1 응력변형선도

3.2.1 소성 변형의 유형

(1) 인장, 압축, 전단 변형

소성 가공 중에 발생하는 모든 변형과정은 [그림 3.2]에 주어진 기본적인 변형 양상들 즉 인장, 압축, 전단 변형 중에서 어느 하나이거나 혹은 복합된 것으로 볼 수 있다.

소재나 받는 변형의 정도를 나타내기 위하여 변형률(strain)이 사용된다. 인장이나 압축의 경우 공학적(공칭) 변형률(engineering strain)은 다음과 같다.

$$\epsilon = \frac{l - l_o}{l_o}$$

인장의 경우는 변형률이 양(+)이 되며 압축의 경우는 변형률이 음(−)이 된다. 전단 변형률(shear strain)의 정의는 다음과 같다.[그림 3.2 참조]

$$r = \frac{a}{b}$$

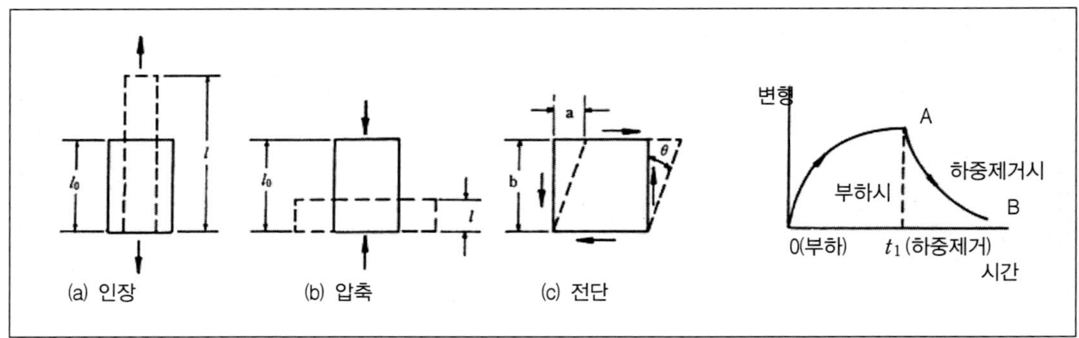

그림 3-2 변형의 유형

그림 3-3 탄성 여효

(2) 탄성 여효

탄성체에 외력을 가했다가 제거하면 탄성한계 내에서도 평형 상태로 복원하는 데는 다소의 시간을 요하는데 이러한 현상을 탄성 여효(elastic after-effect)라 한다[그림 3.3 참조].

(3) 크리프 현상

어떤 재료에 외력을 일정하게 하고 일정온도로서, 하중을 계속 가하면 변형은 시간과 함께 점점 증대하여 가며, 이른바 크리프(creep)현상을 나타낸다[그림 3.4]. 온도가 높은 경우에 특히 중요하다.

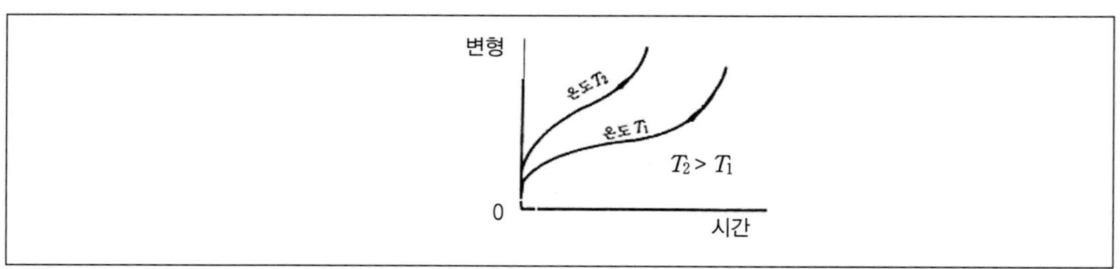

그림 3-4 크리프 곡선(일정부하)

(4) 바우싱거 효과(Bauschinger effect)

소재를 가공할 때 처음에는 인장변형시키고 나중에 압축변형시키거나 또는 그 반대의 순서로 가공하는 일이 종종 있다. 그 예로서 소재를 굽혔다 펴는 작업, 판재교정 압연작업 등이 있다. 인장항복강도 Y인 금속을 소성역까지 인장시켰다가 하중을 제거한 후 압축하면, 압축시 항복강도가 인장시보다 작아지는 경우가 있다[그림 3.5]. 이러한 현상을 바우싱거 효과라고 하며, 정도의 차이는 다소 있으나 모든 금속 및 합금들은 이러한 거동을 보이고 있다. 물론 바이싱거 효과는 하중경로가 반대일 경우 즉 압축한 후 인장하는 경우에도 나타난다. 하중이 작용된 반대방향의 항복응력이 저하되기 때문에 이 현상을 변형연화(strain softening) 혹은 가공연화(work softening)라고도 한다.

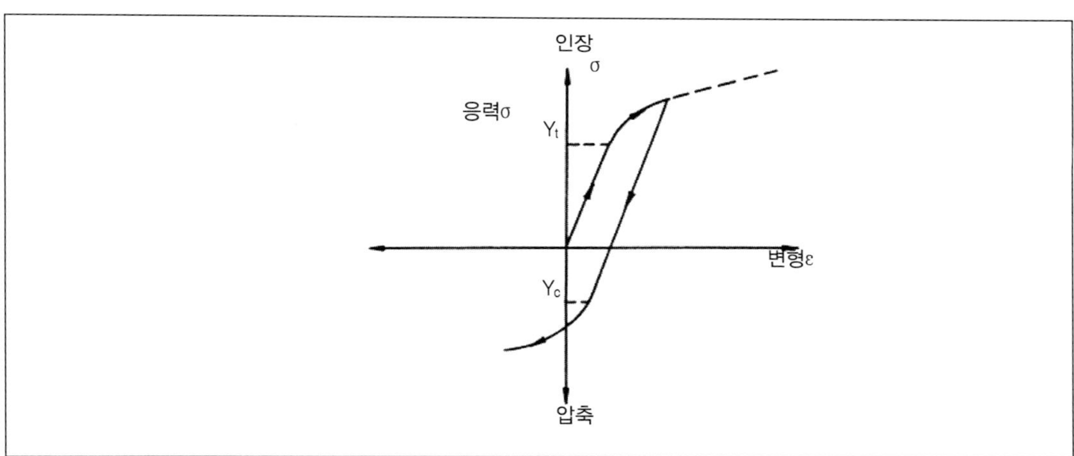

그림 3-5 바우싱거 효과

(5) 가공 경화(work hardening)

재료가 외력을 받아서 소성 변형을 하면 내부적으로도 변형하게 되는데, 가공도의 증가에 따라서 내부 변형도 증가하므로 결정격자의 응력이나 결정면의 슬립에 대한 저항력이 더욱 증대된다. 즉, 가공 경화는 슬립선이 많이 생길수록 서로 간에 저항이 증대되기 때문에 나타나는 현상으로서 항복점(yield point)이 일정하지 않고 변형이 증가함에 따라 항복점도 증가하는 현상을 가공 경화라 한다.

가공 경화된 재료는 항복점이 높아져서 경도가 증가하지만 전연성이 저하되고 취성이 나타나므로, 가공을 계속하면 파단하는 상태에 이르게 된다.

보통 재결정 온도는 재료의 연화 온도와 같다고 보아도 실제로 지장이 없으므로 이 온도를 표준으로하여 가공 또는 풀림이 행해진다.

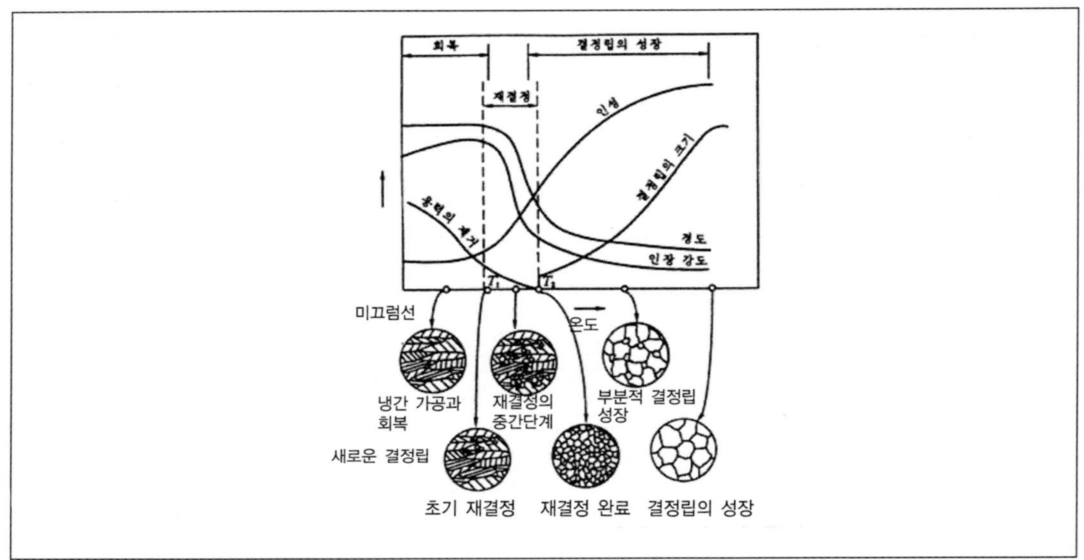

그림 3-6 소성변형한 재료의 가열에 의한 성질 변화

3.2 인장응력-변형률곡선

재료의 소성변형에 관한 특징을 파악하기 위해서는 인장시험에 의한 것이 보통이다. 인장시험은 비교적 간단하므로 재료가 가지는 하중변형 특성을 구하기 위한 여러 가지 시험들 중 가장 보편적으로 이용된다. 원단면적이 A_o이며, 최초의 표점(gage mark)거리 l_o의 연간봉의 시편을 하중 P로 축방향으로 인장하여 길이가 l로 되었을 때 공칭응력 σ_o 를

$$\sigma_o = \frac{P}{A_o}$$

공칭변형률 ε_o을

$$\varepsilon_o = \frac{l - l_o}{l_o}$$

라고 하여 연강의 응력변형 곡선을 그리면 [그림 3.7]의 실선과 같이 된다.

처음 응력과 변형 사이에 비례관계가 성립하고, 응력을 제거하면 변형은 0으로 되돌아가 잔류하기 시작한다. 그 잔류변형이 약 0.001~0.03% 정도로 되었을 때 재료는 탄성한도 A에 도달하였다고 본다. 그리고 비례관계(후크의 법칙)는 탄성한도를 약간 넘으면 성립하지 않게 된다. 이 한도를 비례한드라고 한다. 보통 탄성한도 A와 비례한도 B 사이에는 거의 차이가 없다. 하중을 제거한 뒤 어느 정도 확실한 영구변형이 남을 때의 응력을 항복점이라고 하며, 연강에서는 C점 (상항복점)과 같이 확실히 확인할 수 있고, 또 인장 하였을 때는 급격한 응력의 감소가 있어 거의 일정한 응력의 원래로 항복점 신장 CD를 생성하고, 미끄럼선(slip line)이 교차한 변형모양이 나타난다. 이 때의 응력을 하항복점이라고 한다. 이와 같이 소성변형은 진행하지 않게 되고, 변형에 대한 저항이 증대한다. 이것을 가공경화(work hardening) 또는 변형경화(strain hardening)라고 한다. 인장하중이 더욱 증가하면, 지금까지 똑같이 신장되어 온 시험편의 일부가 가늘어져 네킹(necking)을 일으킨다. 이 때 인장하중은 최대로 된다. 최대 하중을 원래대로 단면적 A로 나눈 것이 인장강도(ultimate tensile strength, UTS)이다(E점). 네킹이 발생한 뒤에는 공칭 응력이 점차로 감소되다가 재료는 파단된다. 파단까지의 시험편 변형은 전신장(total elongation)이라고 하며, 네킹이 발생하기까지를 균일신장(uniform elongation)이라고 구별한다.

대개의 금속이나 합금에서는 [그림 3.7]의 풀림한 연강과 같이 항복점이 정확하게 나타나지 않아서 탄성 변형에서 서서히 소성 변형이 진행하므로 항복점 대신에 0.2%의 영구 변형이 생성되었을 때의 응력을 내력(proof stress)이라 하여 항복점과 같이 취급을 한다. [그림 3.8]의 실선은 알루미늄과 동과 같은 재료의 응력-변형률곡선이다.

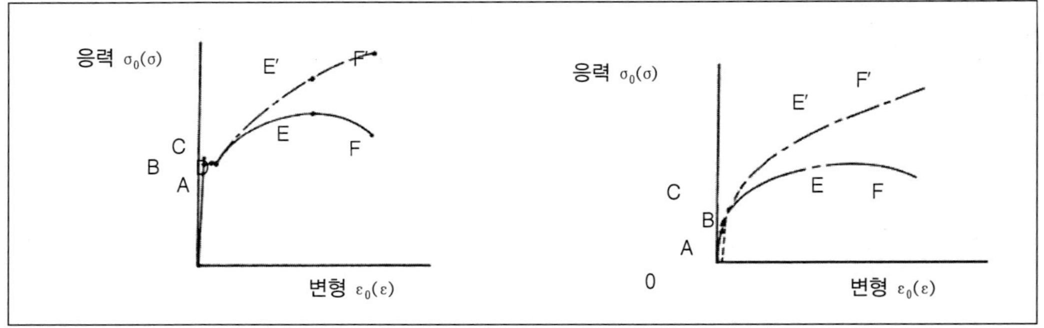

그림 3-7 연강의 인장응력 -변형곡선 **그림 3-8** 알루미늄, 동 등의 인장응력-변형곡선

3.2,1 연성(ductility)

인장강도가 재료의 강도를 전반적으로 대표하는 실용적인 척도라면 파단시의 형률은 연성, 즉 재료가 파단될 때까지 얼마나 많은 변형을 견딜 수 있는지를 나타내는 척도이다.

연신율은 파단된 시편을 다시 맞춘 후 표점 사이의 거리를 측정한 값, 즉 총연신양으로부터 구해진다.

인장시험에서 연성을 나타내기 위해 보편적으로 사용되는 양은 연신율과 단면감소율의 두 가지이다. 연신율의 정의는 다음과 같다.

$$\text{연신율}(\%) = \frac{l_f - l_o}{l_o} \times 100$$

여기서 l_f는 파단시 길이다.

네킹은 국부적으로 발생하는 현상이다. 여러 쌍의 표점을 표시한 후 인장시험을 하고 파단 후 각 표점간의 연신율을 구해보면, 표점거리가 짧을수록 연신율이 큼을 알 수 있다. 네킹 부위에 가장 근접한 표점간에서의 연신율이 물론 가장 크지만, 표점거리가 크다고 해서 연신율이 영에 접근하는 것은 아니다. 왜냐하면, 시편은 파단되기 전에 이미 영구변형상태로 일정량만큼 균일하게 신장되었기 때문이다. 따라서 연신율에 관한 자료를 제시할 때는 표점거리도 같이 명시하여야 한다. 반면에 인장시험에 관련된 다른 물성치들은 일반적으로 표점관리와 무관하다.

연성을 나타내는 두 번째 척도는 단면 감소율로서 다음과 같이 정의된다.

$$\text{단면감소율(\%)} = \frac{A_o - A_f}{A_o} \times 100$$

여기서 A_f는 파단면의 단면적이다. 고온에서의 유리막대와 같이 어떤 재료는 파단시 단면이 거의 점으로 줄어들 때까지 변형하여 단면감소율이 거의 100%에 가까운 경우도 있다.

흔히 사용되는 대부분의 공업용 금속은 일반적으로 연신율과 단면감소율 사이에 어떤 연관성이 있다. 대부분의 재료는 연신율이 대략 10%에서 60%정도이고 단면감소율은 20%에서 90%사이에 있다. 실온에서의 유리나 분필과 같은 취성재료는 용어 자체가 뜻하는 바와 같이 연성이 없거나 매우 작다.

3.3 열간가공, 냉간가공

금속의 소성가공에 있어서 온도와의 관계는 매우 중요하다. 온도가 높고 낮음에 따라 열간가공, 냉간가공, 온간가공으로 분류된다.

3.3.1 열간가공(hot working)

보통 온도를 높게 하여 가공하면 모두가 열간가공이라고 생각하는데, 이것을 금속학적으로 표현하면 각각의 금속에는 재결정온도라는 것이 있는데, 그 재결정온도 이상으로 가공하는 것이 열간가공이다. 열간가공에서는 가공에 의해 결정입자가 변형하고 미세화하나, 바로 새로운 결정이 생겨 유연해 진다. 그러므로 열간가공에서는 다시 곧바로 큰 변형을 줄 수 있게 되는 셈이다. 즉, 변형(결정의 슬립변형)과 재결정을 반복하게 된다.

열간가공이라고 하면, 고온가공이라고 생각하는 것이 일반적이나, 그것은 철강 등에 적합하여 「철은 뜨거울 때 단련하라」라는 말이다. 아연이나 주석, 납 등은 실온에서 가공하더라도 재결정이 발생하여 금속학적으로 말하면 열간가공의 범위에 들어가게 된다. 실제의 소성가공에서는 맨 처음 단계에서 주조 등으로 만든 강괴

(ingot)를 우선 열간가공한다. 그 목적은 ① 변형저항을 낮게 하여 가공력을 저하시키고 ② 변형능을 증대시키며 ③ 확산에 의한 강괴의 편절을 소멸시키기 위하여 ④ 블로 홀(blow hole)이나 조잡한 조직을 압착에 의해 소멸시키기 위하여 ⑤ 가공에 의해 변형된 결정입자를 냉각 중에 재결정에 의해 미세화시켜 균일하게 해주기 위함 등을 열거할 수 있다.

이와 같이 함으로써 주조조직보다 훨씬 인성과 가공성이 좋은 치밀한 조직으로 변화시킬 수 있다.

3.3.2 냉간가공(cold working)

일반적으로 실온에서 실시하는 소성가공은 모두 냉간가공이고 가공으로 인해 가공경화를 일으켜 사용량이 증가함에 따라 경화한다. 열간가공에서는 변형저항이 낮고 가공하기 쉬우나, 산화막이 발생하기 때문에 표면상태 및 두께 정밀도가 좋지 않다. 이에 대해 냉간 가공에서는 제품의 강도가 높아져서 표면 및 두께 정밀도가 훨씬 양호해진다. 따라서 금속의 소성가공 제1단계에서는 열간가공을 실시하나 다듬질단계에서는 반드시 냉간가공을 한다.

냉간가공에 의해 금속은 가공경화하고 강도는 증가하나 신장은 감소한다. 가공과 더불어 항복점과 내구력은 급증하여 인장강도에 접근한다. 결정입자는 미세화되고 전위밀도가 증대하고 결정격자의 변형은 커진다. 냉간가공의 가공도가 높아지면 경화가 심해져서 가공완료하기 전에 파괴를 초래하게 되어 풀림처리를 하여야 한다.

3.4 소성가공의 분류

소성가공을 크게 분류하여 잉곳(ingot)을 이용하기에 편리한 판, 봉, 선, 형재 및 관등으로 가공하는 것을 1차 가공이라 하고, 1차 가공된 것을 소재로 하여 각종 형상과 치수의 부품 또는 제품을 만드는 가공을 2차 가공이라 한다. 이들은 세분하면 [표 3.1]과 같다. 이해를 돕기 위해 구체적인 예를 들어보면 [그림 3.9]와 같다.

표 3-1 소성가공의 분류

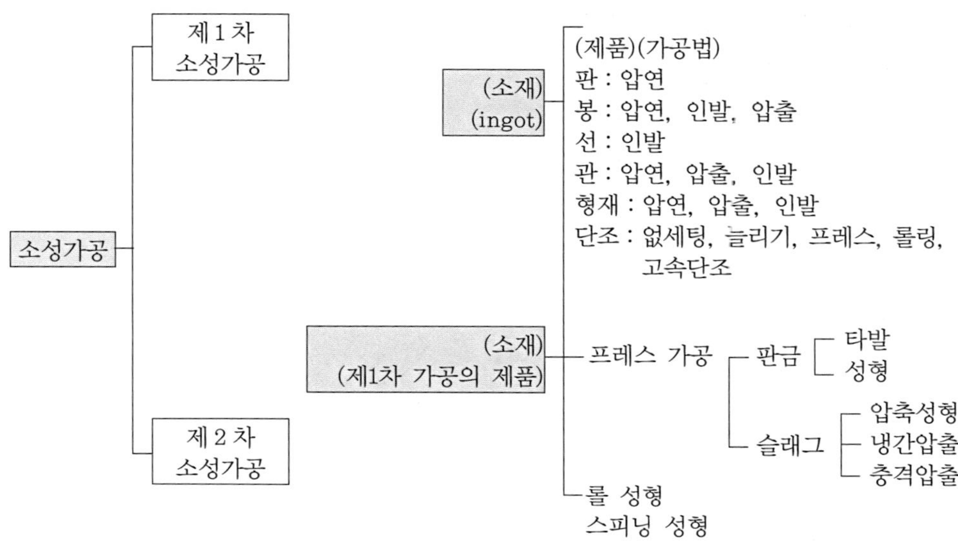

소성가공을 그 목적에 따라 분류하면 1차 소성가공과 2차 소성가공으로 나눌 수 있다. [그림 3.9]에 나오는 각종 압연, 롤 성형, 열간 압출 등은 1차 가공에 속한다. 여기서 만들어지는 것은 가늘고 긴, 혹은 얇고 긴 치수 및 형상을 갖고 있어 나중에 짧게 잘라 이용되는 소재로 된다. 1차 가공에 있어서는 재료의 형(形)을 만들 뿐만 아니라 재질을 개선하고 단련하여 맨 처음의 단조 및 소결조직을 개선하는 것이 목적으로 되어 있다. 그래서 1차 가공은 열간에서 실시되는 일이 많다.

2차 소성가공이란, 부품을 만드는 가공에 대한 것으로 [그림 3.9]에서 말하면 펀칭, 전단, 드로잉 스피닝, 디프드로잉, 이송굽힘, 냉간압출 등이 여기에 속한다. 2차 가공에 있어서는 보통 1차 소성가공에서 만든 길고 가늘거나 또는 얇고 긴 소재를 절단한 소재조각(플랭크, 빌릿)을 가공한다.

2차 가공의 목적은 1차 가공에서 이미 단련이 진행된 재료에 부품으로서 필요한 형상, 치수, 치수정밀도 그리고 표면조도를 제공하는데 있다. 물론, 2차 가공을 하는 중의 가공경화나 경화 후의 열처리에 의한 조질과 같은 재질개선도 일부에서는 목적으로 되는 일이 있다.

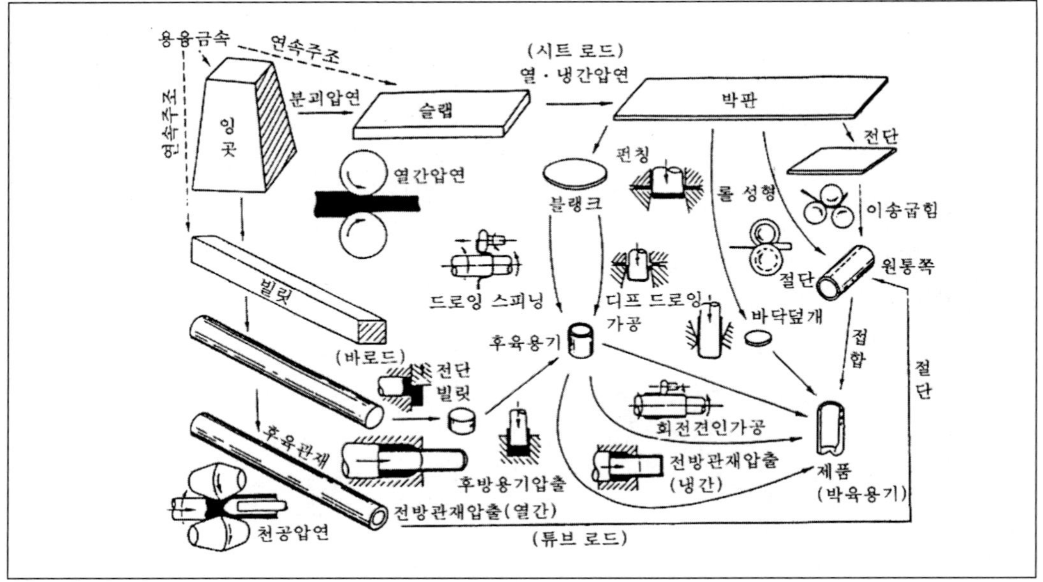

Fig. 3-9 응용금속에서 얇은 용기형 부품에 이르기까지의 소성가공품

3.5 단조(forging)

3.5.1 단조의 개요

금속재료를 소성하기 쉬운 상태(적당한 온도로 가열)에서 충격력을 가하여 단련하는 것을 단조라고 한다. 대부분의 금속은 고온에서 소성이 크고 가공이 용이하므로 단조할 재료를 가열하는 것이 보통이다. 단조품은 주물에 비하여 조직이나 기계적 성질에서 신뢰성이 있으므로 기계의 중요한 부품으로 많이 사용되고 있다.

일반적으로 단조품에는 볼트, 커넥팅로드, 기어, 공구 등의 기계부품과 기계, 철도, 수송기계의 구조용 부품을 들 수 있다.

단조의 특징을 요약하면 다음과 같다.

① 주조에서 생긴 재료 내부의 기포나 불순물 등이 제거된다.
② 거칠고 큰 결정 입자가 파괴되어 미세, 치밀한 조직이 된다[그림 3.9].

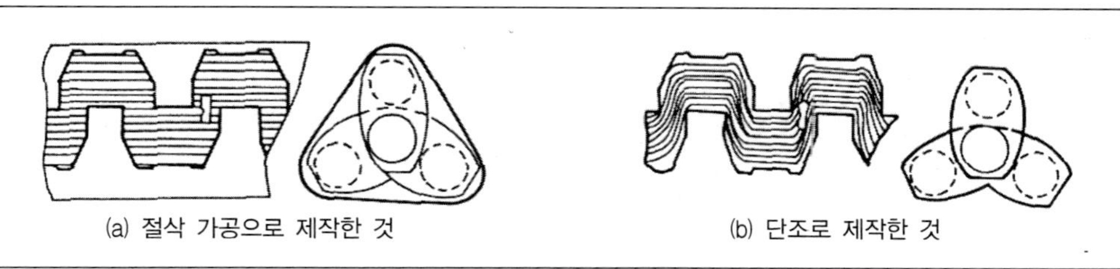

그림 3-10 단조와 절삭 가공의 섬유상 조직

3.5.2 단련 효과와 가단성

(1) 단련 효과

단련은 재료의 성질을 개선, 향상시켜 내부 결함을 줄이고 안정성을 높이기 위한 것으로, 단련 효과가 재료의 내부까지 충분히 미치도록 하기 위해서는 알맞은 온도에서 충분한 양의 단조 가공이 이루어져야 한다.

단련 효과를 변형량으로 표시하는 것은 정확하지는 않지만, 주어진 소성 변형 정도를 나타내기 위한 지수로서, 단조비 또는 단조 성형비를 사용하여 단련 효과를 판단한다.

예를 들면, [그림 3.11]과 같이 지름 D_0, 길이 L_0의 재료를 축선에 수직 방향으로 단조하여 그 단면적 A_0을 A_1로 감소시키고, 길이를 L_0에서 L_1로 증가시켰을 경우에는 $\frac{L_1}{L_0}$ 또는 $\frac{A_0}{A_1}$로 단조비를 표시한다. 단조비가 증가할수록 강재의 기계적 성질이 향상되며, 이 값이 3~4 이상이 되면 대체로 그 이상의 증가가 없고 재료의 가로, 세로의 기계적 성질의 차가 적어지므로, 충분한 단조 효과를 얻으려면 적어도 단조비 3이상의 가공을 하여야 한다. 일반적으로, 단조 가공을 함으로써 재료의 인장 강도, 항복점, 경도 및 충격값은 상승하나, 연신율이나 단면 감소율은 최초에는 상승하지만 단조비가 3 이상이 되면 더 이상 상승하지 않는다.

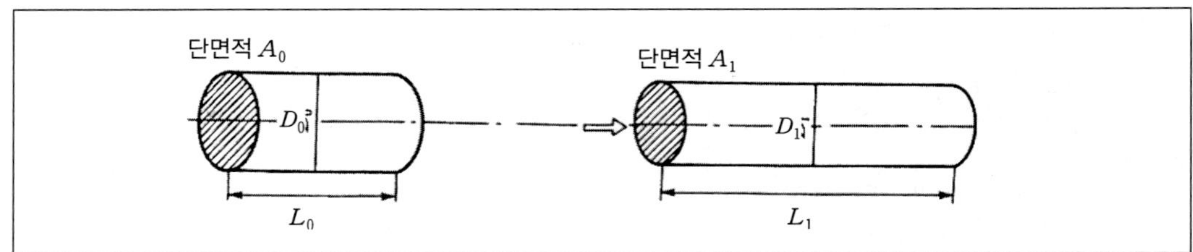

그림 3-11 실체 단련의 단련비의 표시법(A0/A1 또는 L1/L0)

(2) 가단성

단조에 적합한 재료의 성질을 가단성이라 한다. 가단성은 소재가 균열을 일으키지 않고 변형 능력이 좋은 것으로 정의된다.

철, 구리, 알루미늄 등 순도가 높은 것은 가단성이 커서 단조하기 쉽지만, 기계 재료는 강도, 가격, 제품에 요구되는 조건 등을 만족시켜야 하므로 가단성은 다소 떨어지더라도 알맞은 기계적 성질을 가진 것이 사용된다.

(3) 단조 가공의 분류

단조 작업은 재료에 힘을 가하는 방법에 따라 손 단조, 해머 단조, 프레스 단조, 낙하 단조, 업셋 단조(upset forging), 수압 단조(hydraulic forging) 등으로 나눌 수 있다. 그러나 실제로 재료가 힘을 받아서 변형되는 형태에 따라서는 단조의 기본 작업인 업세팅, 스웨징, 늘이기, 굽히기, 구멍뚫기, 자르기 등으로 분류하기도 한다. 이러한 작업은 단독으로 실시하기도 하고, 이들을 조합하여 실시하기도 한다.

이러한 분류는 실제의 변형 과정에 대한 것이고, 일반적으로는 금형을 사용하지 않는 자유 단조와 금형을 사용하는 형 단조로 크게 분류한다.

또 단조에는 상온에서 작업하는 냉간 단조, 가열하여 작업하는 열간 단조가 있으며, 열간 단조는 작업 온도에 따라 온간 단조와 열간 단조로 나누기도 한다.

3.5.3 단조용 설비(equipment)

(1) 단조용 공구

기계적 방법에 의한 대량 생산이 불가능하였을 때에는 대부분의 단조품이 인력에 의해 생산되었으나, 오늘날은 단조 기계의 발달로 기계 부품의 대량 생산에는 손 단조는 거의 사용하지 않고 있다. 그러나 손 단조법의 원리가 현재의 기계 단조법에 응용되고 있으므로, 손 단조법에 사용되는 공구들을 이해하는 일은 매우 중요하다. 작고 가벼운 종류의 제품을 단조할 때 다음과 같은 작은 손 공구가 사용된다.

① 모루 : 앤빌(anvil)의 몸체는 단강재로 만들고, 윗견은 경강을 단접하여 경화한 것과 주강재로 하여 윗면을 칠드화하여 경화한 것이 있다. 일반적으로 [그림 3.12의 (1)]과 같이 한쪽에 혼(horn)이 있는 것이 많이 사용된다.
모루의 꼬리 부분에는 공구 또는 가공물을 끼우기 위한 정사각형과 원형의 구멍이 있다. 보통 모루의 크기는 무게로 표시하며, 일반적으로 많이 사용되는 것은 130~150kg이고, 큰 것은 250kg, 작은 것은 70kg 정도이다.

② 정반 : 기준 치수를 맞추는 평면대로서 두꺼운 철판이나 주물로 만든다. 표면에는 여러 가지 크기의 사각 또는 원형의 구멍이 있는 것도 있으며, 판을 자르거나 구멍을 뚫을 때, 형강을 굽힐 때, 받침대 등을 끼울 때에 사용된다.

③ 해머 : 손 단조 작업에서 가장 널리 쓰이는 해머에는 다음과 같은 종류의 것이 있다.

◎ 망치 : 손 단조에서 한 손으로 사용하는 작은 해머로서, [그림 3.12의 (2)의 (a)]와 같은 것이 많이 사용된다.

◎ 메 : 무게 3~10kg의 것으로 [그림 3.12의 (2)의 (b)]와 같은 해머를 메(sledge)라 하는데, 손잡이 길이가 약 1m 정도로서 양손으로 쥐고 공작물을 세게 타격할 때 사용한다.

④ 이형 공대 : 이형 공대(swage block)는 모루, 정반, 스웨지 등 세 가지의 역할을 겸할 수 있는 단조용 공구이다. [그림 3.12의 (3)]은 주철 또는 주강제의 대형 스웨이지 블록의 보기로 그 크기는 100×500×500이다.

⑤ 집게 : 집게의 크기는 가는 쇠막대를 집는 작은 것에서부터 수톤의 강괴나 바

를 다루는 아주 큰 것 등 여러 종류가 있다. 집게의 집는 부분의 모양도 다루는 재료의 모양과 크기 등에 따라 단단히 집을 수 있도록 여러 가지 모양으로 되어 있다. 손 단조에 사용되는 집게에는 [그림 3.12의 (4)]와 같이 그 크기와 모양이 다른 10여 종이 있다.

⑥ 단조용 정과 사각 정 : 단조용 정은 가열 또는 상온의 재료를 절단하는 데 주로 사용한다. [그림 3.12의 (5)의 (a)]는 열간 정으로서 보통 고온으로 가열된 재료의 절단에 사용된다. 가도는 30° 정도이고, [그림 3.12의 (5)의 (b)]는 상온에서 사용하는 냉간 정이며, 각도는 60° 정도이다. 또, [그림 3.12의 (5)의 (c)]는 사각 정(hardy)이라 하며, [그림 3.12의 (6)]과 같이 모루 또는 이형 공대에 있는 사각 구멍(hardy hole)에 머리 부분을 끼워 놓고 사용한다.

⑦ 다듬개 : 가공물의 표면에 대고 위에서 때려 가공물을 다듬어 모양을 만드는 데 사용하는 공구로서, 다음과 같은 여러 가지가 있다.

◎ 스웨지(swage) : 스웨지는 곡면이나 원형봉을 다듬질하는 데 쓰이며, [그림 3.12의 (7)]과 같이 위아래 두 부분으로 되어 있다. 아랫부분의 스웨이지는 모루나 스웨이지 블록의 사각 구멍에 끼워 사용하는데, 이것을 단조용 탭(forging tap)이라고 한다. 이 밖에도 육각형, 팔각형 등의 스웨지도 사용된다.

◎ 원형 다듬개(fuller) : 원형의 홈이나 오목하게 들어간 모양을 만드는 데 쓰이는 이 공구는 [그림 3.12의 (8)]과 같이 위아래의 두 부분으로 되어 있다. 이것은 둥근 모서리 속이나 모가 난 안쪽을 다듬거나 금속을 늘여 펴는 데에도 사용된다.

◎ 세트 해머(set hammer)와 플래터(flatter) : 넓은 가공면을 다듬질할 때 사용된다. [그림 3.12의 (9)]의 세트 해머는 모서리나 좁은 가공에 적합하고, 플래터는 비교적 폭이 넓은 가공면에 적합하다. 보통 사용하는 세트 해머의 닿는 면은 가공품의 모양과 크기에 따라 여러 가지가 있다.

⑧ 단조용 펀치 : 단조용 펀치는 가열된 소재에 구멍을 뚫는 데 사용되며, [그림 3.12]의 (10)의 (a)]와 같은 원형, 정사각형, 타원형 또는 다른 모양의 펀치들이 있다. [그림 3.12의 (10)의 (b)]는 단조용 펀치를 사용하여 가열된 재료에 구멍을 뚫는 과정을 나타낸 것이다.

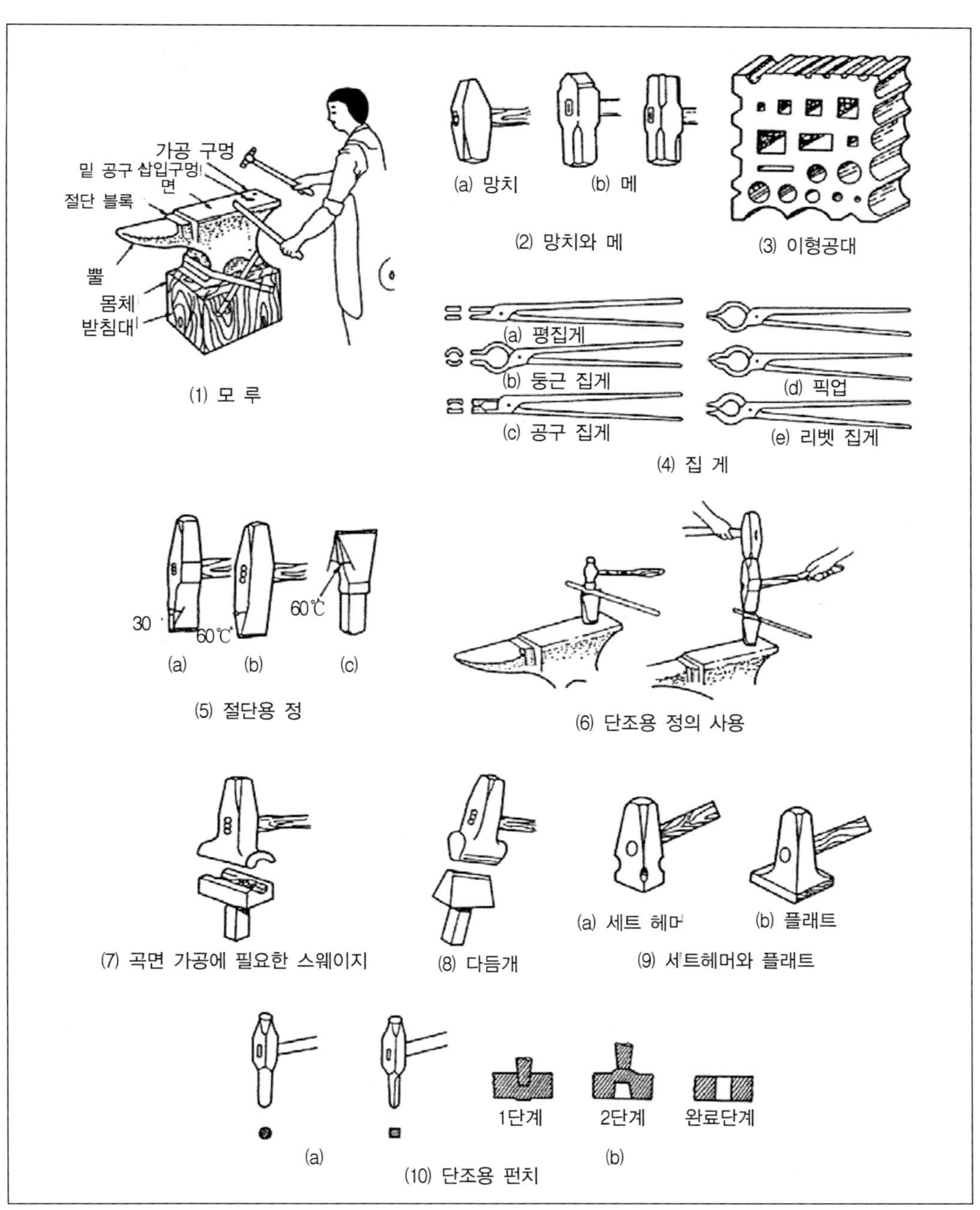

그림 3-12 단조용 공구의 예

(2) 단조용 기계

공작물이 커서 해머로 단조하기가 어렵거나, 단조 능률을 높여 다량으로 생산하고자 할 때에는, 단조용 기계를 이용한다. 단조 기계에는 해머를 여러 번 상하로 왕복운동시키면서 충격적인 타격을 가하여 단조하는 기계 해머와 큰 힘을 가하여 1~2회의 가공으로 변형을 완료시키는 단조용 프레스가 있다.

① 단조용 해머 : 재료의 단면적을 심하게 변형시킬 때 해머 단조가 사용된다. 이때, 가공에 사용되는 해머는 힘의 전달 수단에 따라 공기 해머, 증기 해머, 스프링 해머, 낙하 해머 등으로 나뉜다.

◎ 공기 해머(air hammer) : [그림 3.13]와 같이, 압축 공기로 피스톤에 붙어 있는 해머 머리를 상하 운동시킨다. 기계는 공기 압축 장치 부분과 해머 머리가 직결된 타격 부분으로 구성되어 있다.

이 해머는 해머 실린더의 밸브를 조절함으로써 타격의 단속과 해머 머리의 낙하 거리 및 낙하 속도를 조절할 수 있는 구조로 되어 있으며, 운전이 간편하다. 공기 해머는 구조가 간단하고 조정이 쉬우므로 널리 사용되고 있으며, 공기 해머의 용량은 낙하 부분의 전체 무게를 톤으로 표시한다.

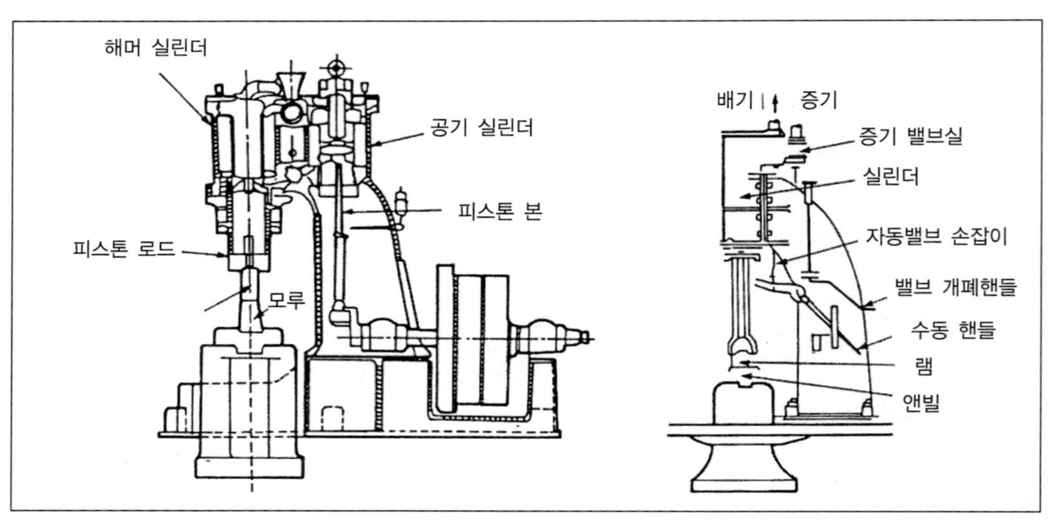

그림 3-13 공기 해머

그림 3-14 증기 해머

◎ 증기 해머 : 증기 해머는 단동식과 복동식이 있는데, 단동식은 해머가 상승할 때에만 증기가 작용하며, 복동식은 해머가 낙하할 때에도 증기력이작용할 수 있는 구조로 되어 있다. 증기 해머의 용량은 0.5～20t의 것이 있으며, 조정이 쉽고 연속 타격을 할 수 있으며, 수동으로 각종 미세한 조절이 가능하다. 증기 해머는 공기 해머와 같은 구조이며, 압축 공기 대신에 증기를 사용하는 것이 다르다. [그림 3.14]은 증기 해머의 예이다.

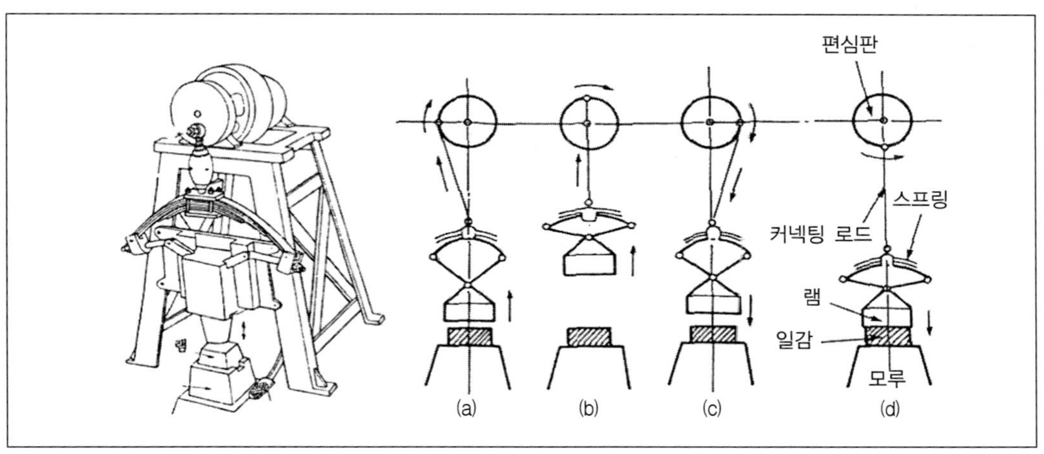

그림 3-15 스프링 해머의 원리

◎ 스프링 해머 : 크랭크의 회전 운동에 의한 기계적 타격을 반복, 계속하는 방법으로서, 강력한 타격력을 스프링에 의하여 증가시킬 수 있는 구조로 되어 있다 [그림 3.15]. 크랭크식 기구와 타격에 가속도를 주기 위하여 스프링 작용을 이용하며, 주로 공구 등의 작은 물건의 자유 단조에 사용된다.

② 단조용 프레스 : 단조용 프레스는 가공력을 저속 운동으로 가하는 기계로 작업시에 해머와 같은 진동이나 소음이 적고, 가공력을 재료에 균일하게 가할 수 있는 장점이 있다.

가장 많이 사용되는 것으로는 유압 프레스, 수압 단조 프레스이고, 특수한 경우에는 동력 프레스 중에 업셋 단조 프레스가 사용된다.

◎ 유압 프레스 : 유압 프레스는 일정한 속도로 작동되고, 최대 하중 또는 제한 하중을 가지고 있다. 조절 가능한 전 행정 및 속도에 걸쳐 일정한 하중으로 소재에 큰 에너지를 전달할 수 있는 특징이 있다. 기계 프레스에 비

하여 유압 프레스는 느리고 초기 비용이 많이 들지만, 유지와 보수는 용이한 편이다.

유압 프레스의 원리는 [그림 3.16]와 같으며, 2～4개의 기둥으로 된 프레임과 실린더, 램, 유압 펌프 등으로 이루어져 있다. 램 속도는 행정이 진행되는 동안 변화시킬 수 있다. 용량은 자유 단조의 경우 최대 14,000 톤, 형 단조의 경우 최대 75,000 톤까지의 것이 있다.

◎ 기계 프레스 : 기계 프레스는 기본적으로 크랭크 기구나 편심형으로, 속도는 행정의 중간에서 최대에 달하고 행정의 끝에서는 0이 된다.

[그림 3,17]은 편심형 기계 프레스의 구조로, 램이 상하 운동하도록 편심축 대신 크랭크 축을 사용하게 되므로 제한 행정을 가지게 된다. 기계 프레스에서는 전동기에서 회전하는 큰 플라이휠에 의해 에너지가 전달된다. 플라이휘과 편심축은 클러치를 통해 연결되어있으며 회전 운동은 커넥팅로드를 통해 선형 왕복 운동으로 바뀐다.

기계 프레스에서 얻을 수 있는 하중은 행정 위치에 따르고 하사점 부근에서는 하중이 매우 커지게 된다. 프레스의 용량은 300 톤에서 최대 12,000 톤에 이른다. 기계 프레스의 생산성은 매우 높으며, 자동화가 용이하고 다른 단조 기계에 비해 작업자의 숙련도가 덜 요구된다.

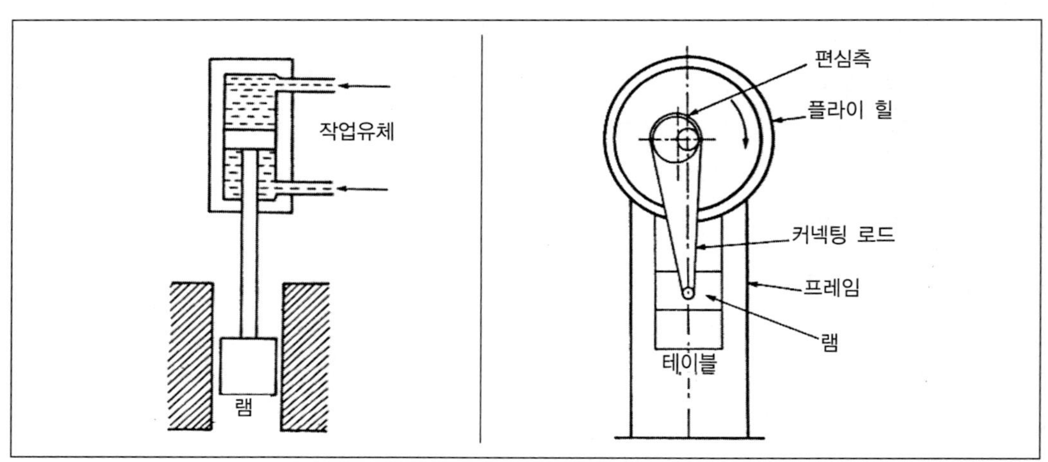

그림 3-16 주조 공정

그림 3-17 편심형 기계 프레스의 구조

3.5.4 **가열로**(heating furnace)

소재의 가열 방법은 단련효과에 큰 영향을 끼치므로, 가열 온도나 노안의 상황 조건 등이 정확하여야 한다. 소재의 가열로 인한 손실이 적고, 열효율이 좋아야 한다. 즉, 단조 작업 방식과 규모 등에 따라 가열할 재료의 크기, 모양 등에 따라 적당한 가열속도로 사용할 수 있는 노를 선택하여야 하며, 재료가 균등하게 가열되고 온도 조절이 쉬워야 한다.

단조용 가열로에는 개방형인 화덕이 있으며, 이것은 주로 코크스나 석탄을 사용하여 작은 소재를 가열할 때 사용된다. 이밖에 단조용 노에는 중유로, 가스로 등이 있으며 이들은 일반적으로 가공물이 크거나 많은 양을 가열할 때 쓰인다.

[그림 3.18]은 단조용 설비인 중유로를 나타낸 것이며, [그림 3.19]은 송풍에 의한 노(개방형 화덕)를 나타낸 것으로서 ⓐ는 날개끝 ⓑ 송풍 ⓒ 수조(수조) ⓓ 굴뚝 ⓔ 연료이다. 콤프레서 및 송풍기로 ⓑ를 송풍하고 ⓔ의 연료를 연소하여 금속재료를 붉게 하면 ⓐ의 날개끝이 더워지므로 ⓒ의 수조에서 물을 보내어 냉각한다. 온수는 화살표와 같이 아래관(管)에서 위의 관으로 흘러 순환한다. 연소된 연기는 ⓓ의 굴뚝으로 빨아들여 외부로 보낸다.

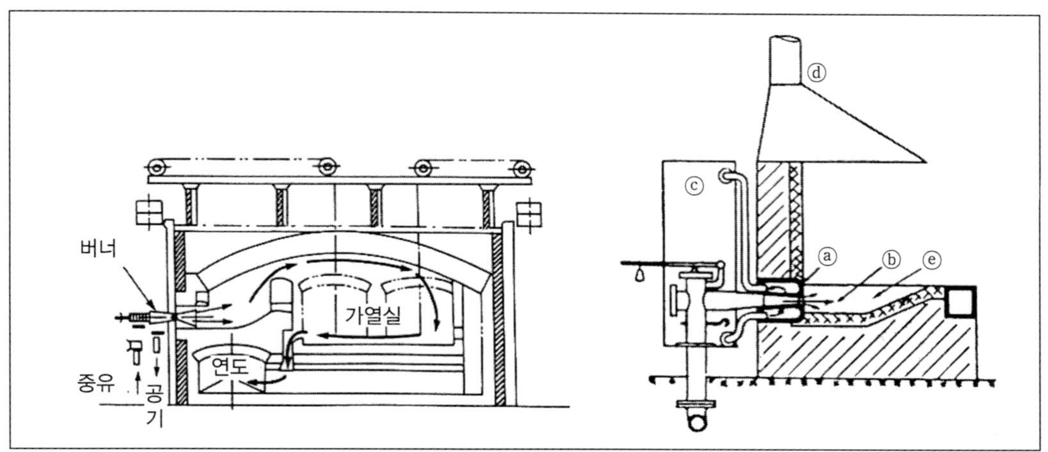

그림 3-18 중유로의 구조

그림 3-19 단조에 사용되는 노

3.5.5 단조가공

단조 작업은 작업 방법에 따라 자유단조와 형단조로 크게 나누어진다.

(1) 재료의 가열

단조 가공을 하기 전에 재료의 형상, 단조 순서, 가공 여유 등을 고려하여 적당한 가열 방법에 의해 가열을 한다.

재료의 가열이 재료 전체에 고르게 미치지 못하게 되면 내부의 변형 상태가 불균일하게 가공 중에 균열이 생기기 쉽고, 과열 상태가 되면 산화 스케일이 많이 발생하고 결정 입자가 조대화된다.

이상적인 단조 온도는, 단조 종료 온도가 그 재료의 재결정 온도 바로 위에 되는 것이 좋으며, 형 단조일 때에는 형 내에서의 재료 변형을 용이하게 하기 위해서 약간 고온으로 가열하고, 단조 종료 온도도 자유 단조일 때보다도 높아야 한다. 따라서, 결정 입자는 조대화되기 쉬우나, 이것은 열처리에 의해서 개선할 수 있다.

[표 3.2]는 여러 가지 금속의 단조 표준 온도를 나타낸 것이다.

표 3-2 단조 재료의 표준 단조 온도

재 료 명	가열 온도(℃)	단조 온도(℃)	재 료 명	가열 온도(℃)	단조 온도(℃)
탄소강 주괴	1,250	850	질화강	1,200	1,070
합금강 주괴	1,250	850	구리	870	750
탄소강 강재	1,250	800	망강청동	800	600
니 켈 강	1,200	850	알루미늄 청동	800	650
크 롬 강	1,200	850	인 청 동	600	400
니켈 크롬강	1,200	850	도넬메탈	1,150	1,040
망간강	1,200	900	양백	825	600
스테인리스강	1,200	900	알루미늄	510	260
공구강	1,150	900	두랄루민	510	400
고속도강	1,250	950	마그네슘	480	240
침탄강	1,200	800	6:4 황동	750	500
스프링강	1,150	900	7:3 황동	850	700

(2) 자유 단조

자유 단조(open-die forging)는 가장 간단한 단조 공정으로, [그림 3.20(a)]와 같이 속이 찬 소재를 2개의 평 다이 사이에 올려놓고 압축하여 높이를 감소시키는 것이다. 다이 표면에는 간단한 공동부를 만들어 비교적 간단한 모양의 단조품을 만들 수도 있다. 마찰이 없는 이상적인 조건에서의 소재의 균일 변형은 [그림 3.20(b)]에서와 같이 작업 중에 부피가 일정하게 유지되므로 소재의 높이가 감소하면 지름이 늘어나게 된다.

그러나 실제의 작업에서는 소재가 균일하게 변형되지 않고, [그림 3,20(c)]와 같이 제품의 옆면이 나오게 되는 배럴링(barreling) 현상이 생긴다.

배럴링의 주된 이유는, 다이와 소재간의 접촉면에서 재료가 바깥 방향으로 유동하는 데 대하여 반대 방향으로 마찰력이 작용하기 때문이다. 배럴링은 윤활제를 사용함으로써 최소화시킬 수 있다.

열 효과에 의한 배럴링은 다이를 가열하여 사용하거나, 다이와 소재간의 접촉부에 유리 피복제 같은 열 차폐물을 둠으로써 감소시키거나 없앨 수 있다.

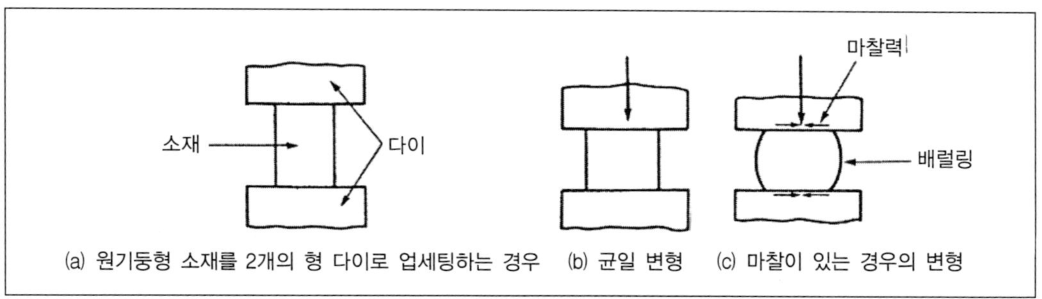

그림 3-20 자유 단조의 원리

(3) 형 단조

형 단조(impression-die and closed-die forging)에서는 [그림 3.21]과 같이 소재가 2개의 단조용 다이에 의해 단조되면서, 다이 공동부(die cavities)의 모양으로 만들어진다.

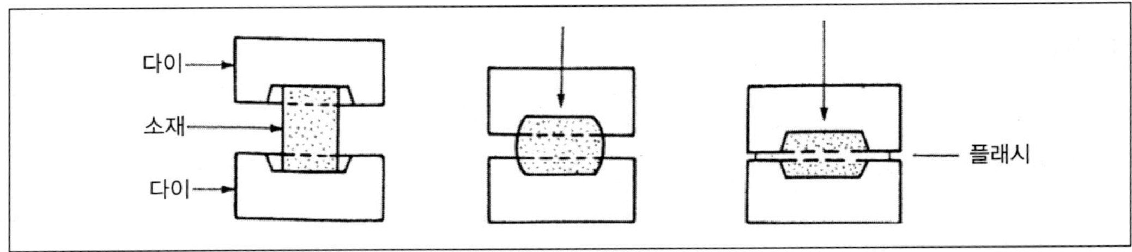

그림 3-21 형 단조에서 소재가 변형되는 모양

3.6 압연(rolling)

(1) 압연의 개요

압연은 소성 변형이 비교적 잘 되는 금속 재료를 상온 또는 고온에서 회전하는 롤 사이에 통과시켜, 여러 가지의 판재, 형재, 관재 등의 소재를 만드는 가공법이다. 압연 가공은 주조나 단조와는 달리, 변형이 연속적으로 이루어지므로 생산 능력을 증가시킬 뿐만 아니라, 치수와 재질이 균일한 제품을 대량으로 얻을 수 있고, 생산비도 적게 들어 금속 소재 가공법 중 가장 많이 이용되고 있다. 압연을 크게 분류하면, 다음과 같이 재결정 온도 이상에서 작업하는 열간 압연과, 재결정 온도 이하에서 작업하는 냉간 압연으로 분류된다.

① 열간 압연

열간 압연은 치수가 큰 재료 압연할 때 많이 사용되는 것으로, 주조 조직도 개선할 수 있고, 기계적 성질도 향상시킬 수 있으며, 또한 변형이 잘 되어 가공에 소요되는 동력도 적게 드는 장점을 가지고 있다. 열간 가공에서는 그림과 같이, 압연 과정에서 늘어난 결정립이 바로 회복되어, 재결정이 이루어져 결정립이 조대화되므로 계속해서 압연을 할 수가 있다.[그림 3.22 참조]

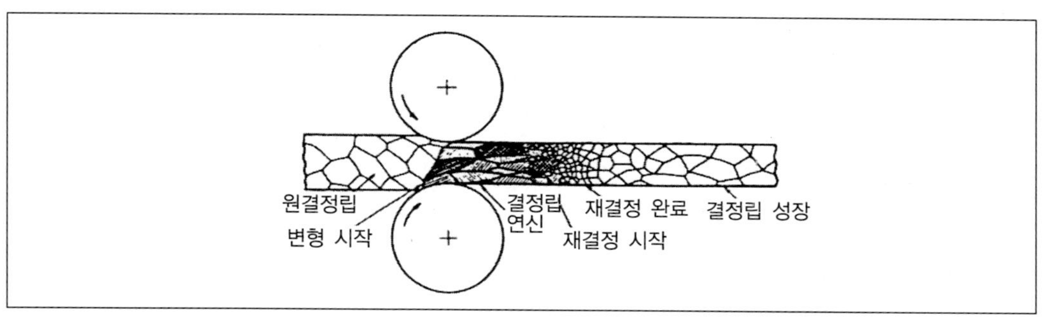

그림 3-22 열간 가공에서의 조직 변화

② 냉간 압연

냉간 압연은 재료의 두께나 단면이 작은 경우와 압연 작업의 마무리 작업에 많이 사용되는 것으로, 치수가 정확하고 표면이 깨끗하며, 강한 제품을 얻을 수 있다. 그러나 열간 압연에서는 거의 이방성이 없으나, 냉간 압연판은 이방성을 나타내므로 주의해야 한다.

또한, 압연 제품의 종류에 따라 강괴(ingot)로부터 제품까지의 중간재를 만드는 분괴 압연과, 이중간재에서 판재, 봉재, 형재 등의 제품을 만드는 중후판 압연, 박판 압연, 형강 압연 및 특수 압연 등으로 분류하기도 한다.

(2) 압연의 공정

제강 공장에서의 압연 공정을 살펴보면, 조정된 용강을 강괴로 만들어, 이것을 균열로 또는 가열로에 넣어서 열간 압연 온도로 가열한 다음, 분괴 압연기에 넣어 블룸(bloom), 빌릿(billet), 슬래브(slab) 등의 반제품으로 압연한다. 최근에는, 용강을 연속 주조하여 분괴 공정을 거치지 않고, 반제품을 얻을 수 있는 방법을 채택하고 있는 공장이 많다. [그림 3.23]은 압연 공정을 나타낸 것이다.

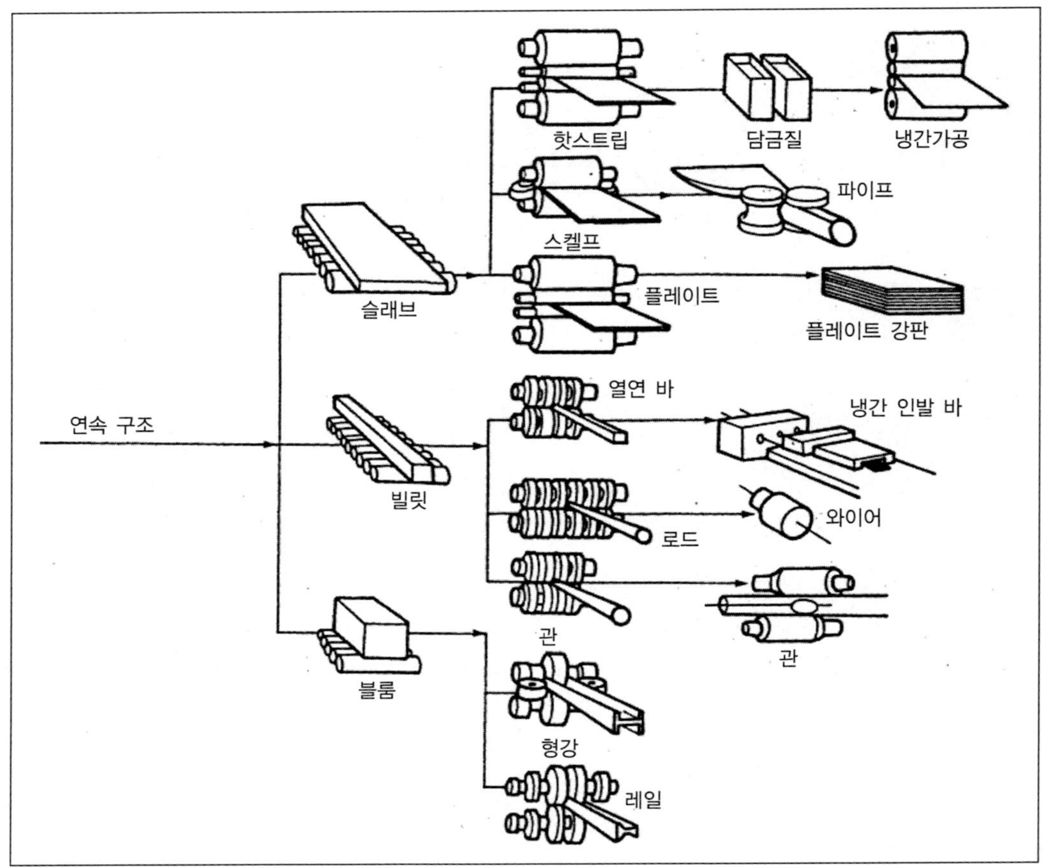

그림 3-23 각종 압연 작업공정

(3) 압연기(Rolling mill)의 종류

압연기의 종류에는 여러 형식이 있는데, 일반적으로 다음과 같이 분류한다.

① 제품의 종류에 따른 분류

제품의 종류에 따라 분류하면, 분괴 압연기, 후판 또는 중후판 압연기, 박판 압연기, 형강 압연기 등이 있다.

② 롤의 배치에 따른 분류

ⓐ 2단식 압연기(비가역 2단 압연기)

가장 간단한 형식으로, 스탠드 내에 지름이 같은 롤이 상하에 있어 재료를 롤에 통과시켜 압연을 하고, 롤 상부로 다시 되돌려 먼저 위치로 운반하여 압연을 되풀이할 수 있게 한 것이다.[그림 3.24의 (a)참조]

한쪽 방향으로만 압연이 되며, 재압연을 위해서는 소재를 운반하여야 한다.

또한, [그림 3.24(b)]와 같이 2 단식 압연기를 일직선으로 연속적으로 여러대 배치한 것을 2단 연속식 압연기라 하며, 이것은 소강편, 판재, 선재 등을 압연하는데 생산성을 높이고자 한 것이다.

[그림 3.24의 (c)]와 같이 1회 압연할 때마다 롤의 회전 방향이 반대로 되는 것을 2단 역전식 압연기라 한다. (a)와 같이 소재를 운반할 필요가 없으며 한번 압연하고 다음번 압연을 위하여 상부 롤러를 적당량씩 내려 보낸다.

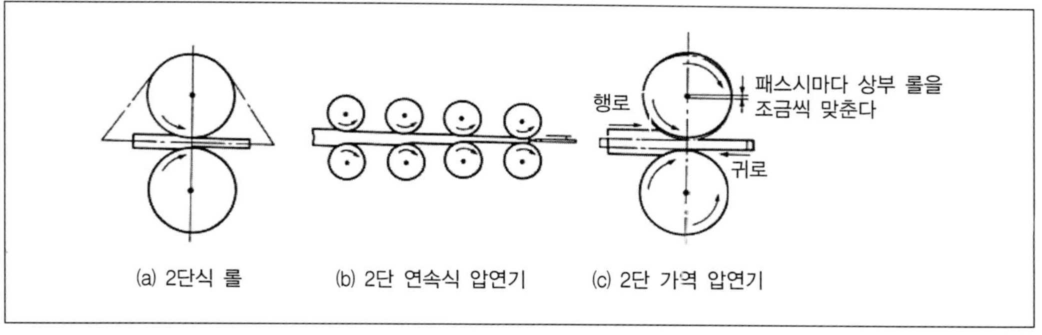

(a) 2단식 롤 (b) 2단 연속식 압연기 (c) 2단 가역 압연기

그림 3-24 2단식 압연기

ⓑ 3단식 압연기

[그림 3.25]과 같이 2단식 압연기 위에 또 1개의 롤을 설치하여 3단식으로 한 것으로, 서로 인접한 각 롤을 압연할 때 각각 반대 방향으로 회전하게 되어 있다. 이것은 롤을 역전시키지 않고 재료를 쉽게 왕복시켜 가공할 수 있으므로 대형 재료의 압연에 편리하다. 또한, [그림 3.26]과 같이 중간 롤의 지름을 아주 작게 하여 압연 소요 동력을 줄이고 작업 효율을 좋게 한 것을 라우드식 3단 압연기라 한다.

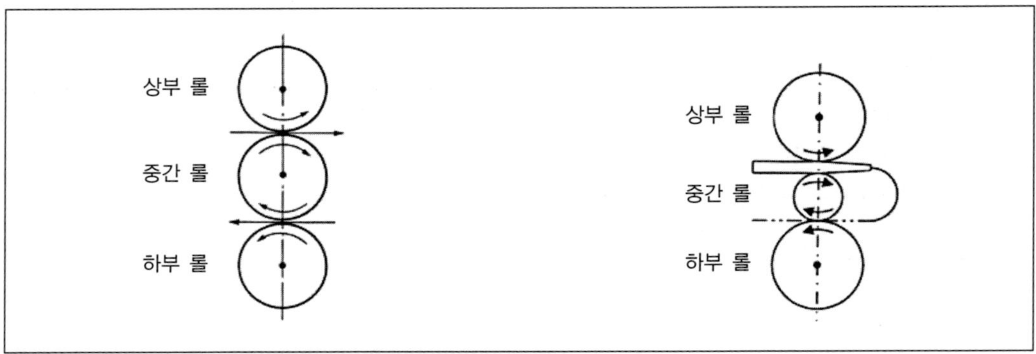

그림 3-25 3단식 압연기

그림 3-26 라우드식 3단

ⓒ 4단식 압연기

[그림 3.27]과 같이 작업 롤이 휘는 것을 막기 위해 작업 롤을 통한 중앙선의 반대편에 중심을 가지고 작업 롤과 접촉한 지름이 큰 롤이 위아래에서 받쳐주는 압연기를 4단식 압연기라 한다.

4단식 압연기에서는 지름이 작은 롤을 사용하므로 얇은 판재를 매우 정확한 치수로 압연 할 수 있다. 이 때, 받침 롤은 구동되고 작업 롤은 받침 롤의 마찰로 회전한다.

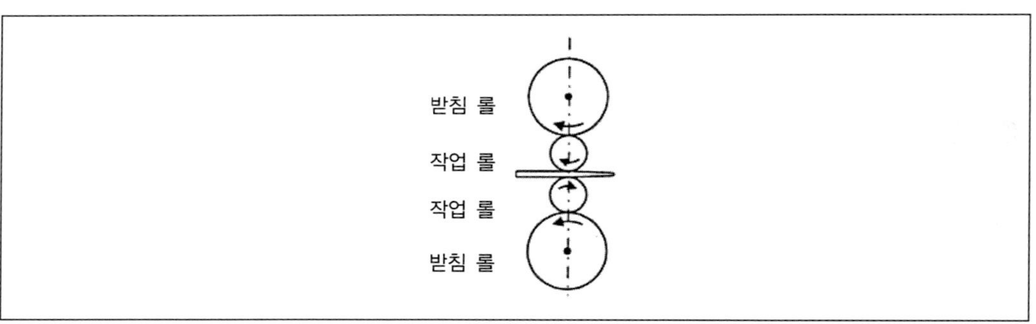

그림 3-27 4단식 압연기

ⓓ 다단식 압연기

4단식 압연기보다 작업 롤을 가늘게 하기 위하여 [그림 3.28]와 같이 상하 롤의 개수를 6단, 12단, 20단 등의 다단으로 한 압연기로, 판 두께가 얇고

(0.02mm 정도) 치수가 정확한 판을 압연할 때 사용된다.

ⓔ 센지미어(Sendzimer) 압연기

[그림 3.29]와 같이 일종의 다단 압연기로서 강, 니켈, 티탄, 알루미늄계 합금 등과 같은 가공 경화가 잘 되는 재료의 박판 압연에 많이 이용되고 있으며, 매우 높은 전후방 인장이 가해진다.

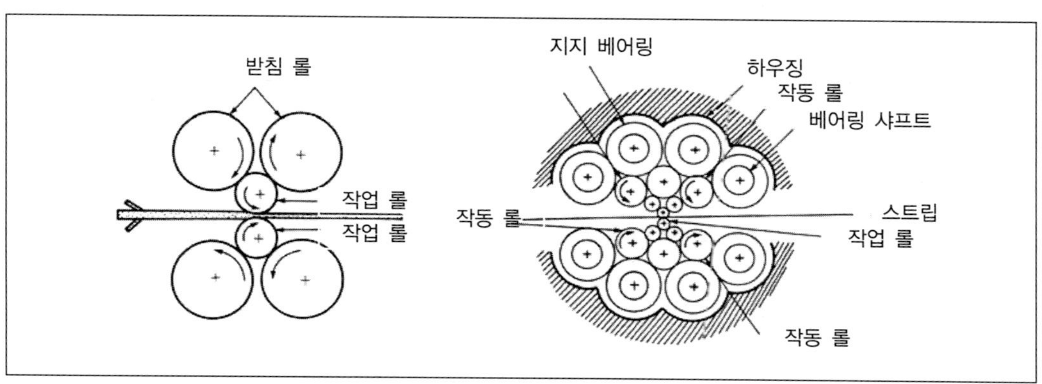

그림 3-29 6단식 압연기

그림 3-29 센지미어 압연기

ⓕ 유성압연기

[그림 3.30의 (a)]와 같이 지름이 큰 받침 롤 주위에 지름이 작은 작업롤을 많이 배치하고, 이 작업롤의 공전과 자전에 의하여 압연하는 것으로 종래의 압연기와는 다른 구조이다. 1회에 90% 정도 압하율이 가능하다.

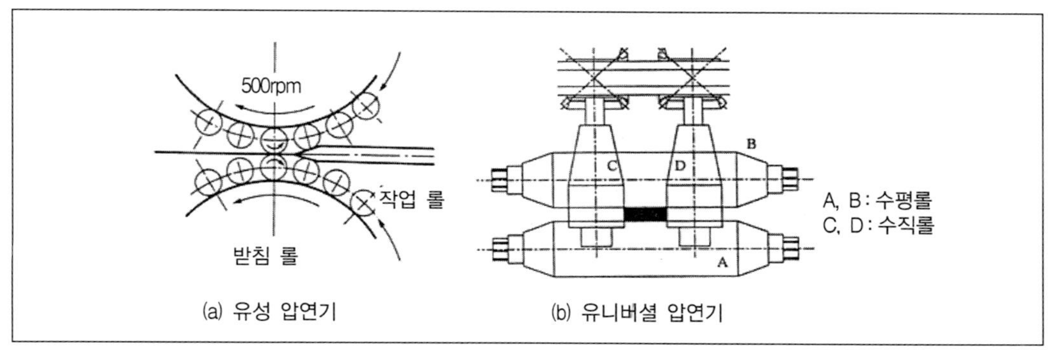

그림 3-30 유성 압연기 및 유니버셜 압연기

ⓖ 유니버셜 압연기

[그림 3.30의 (b)]와 같이 수평롤과 수직롤로 조합되어 1회의 공정으로 재료의 두께와 넓이가 동시에 압연이 되도록 제작되어 있다.

3.7 인발 가공(drawing)

인발 가공은 [그림 3.31]와 같이 다이(die)의 구멍을 통해 소재를 드로잉하여 공작물의 단면적을 감소시켜 다이 구멍의 모양과 같은 단면을 가지는 봉, 관, 선 등을 제조하는 방법으로 드로잉이라고도 한다.

인발 가공은 다이의 바깥쪽에서 인장력으로 금속을 변형시키는 소성 가공 방법이다.

인발에서는 큰 소재를 그대로 사용하는 경우는 거의 없고, 압출이나 압연에 의하여 어느 정도 가공된 소재를 사용한다. 특히, 압출이나 압연에서 가공하기 어려운 지름이 작은 와이어(선재)의 인발을 와이어 드로잉(wire drawing)이라 한다.

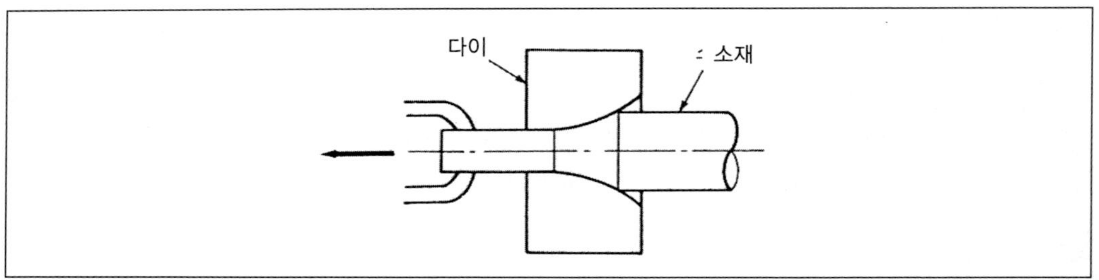

그림 3-31 인발 가공

(3) 인발 설비

① 인발 기계

ⓐ 드로벤치(drawbench) : 일정한 치수의 다이와 가공 맨드릴을 사용하여 소재를 인발하는 설비이다.

드로벤치의 구조는 [그림 3.32]와 같이, 인발 재료의 끝 부분을 잡아당기는 조(jaw)가 달린 드로 헤드가 프레임 위를 따라서 이동할 수 있게 되어 있으며, 동력으로 회전시켜서 인발 작업을 하게 된다.

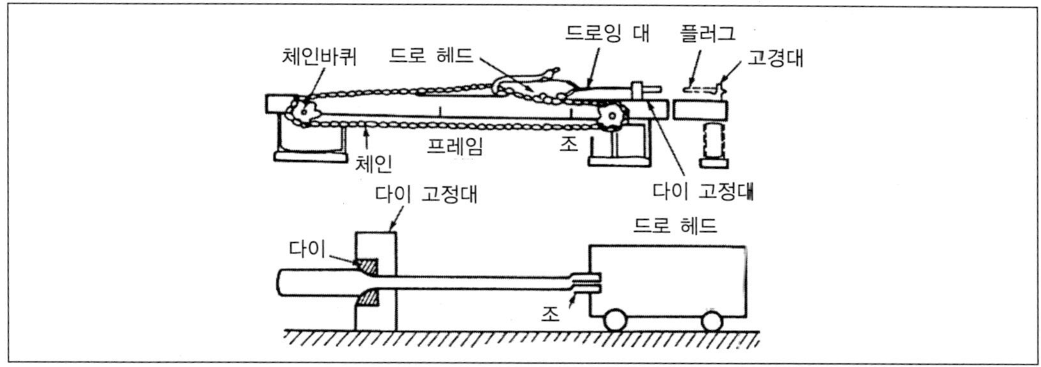

그림 3-32 드로벤치

인발력은 체인 구동이나 유압으로 사용하며, 지름 20 mm 이상의 직선봉이나 관을 한 방향으로 인발하는데 사용된다. 벤치의 길이는 20~30 m 정도이며, 체인의 속도는 10~20 m/min 가량이나 처음에는 저속으로 움직인다. 지름 13 mm 이하의 단면적이 작고 길이가 매우 긴(수 km에 달하는) 봉이나 선재는 [그림 3.33]와 같이 회전하는 드럼(불 블록 또는 캡스턴)에 의해 인발된다. 선재에 걸리는 장력이 인발에 필요한 인발력이 되며, 보통 여러 개의 다이를 통하여 인발된다.

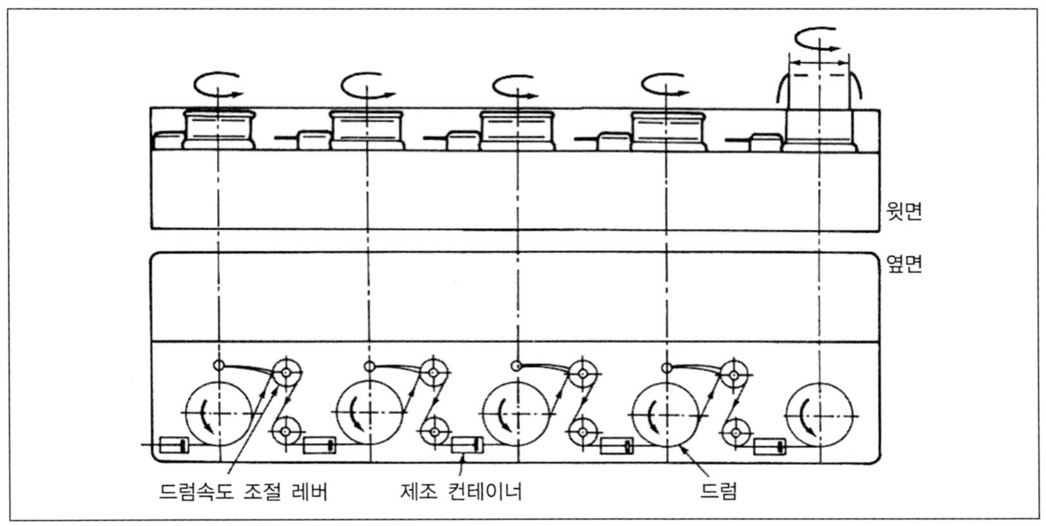

그림 3-33 전선용 구리선의 제조에 사용되는 신선기

ⓑ 와이어 드로잉 머신 : 지름 5 mm 이하인 선을 뽑는 데 사용되는 기계를 와이어 드로잉 머신(wire drawing machine)이라 하며, 그 구조는 [그림 3.34]와 같다.

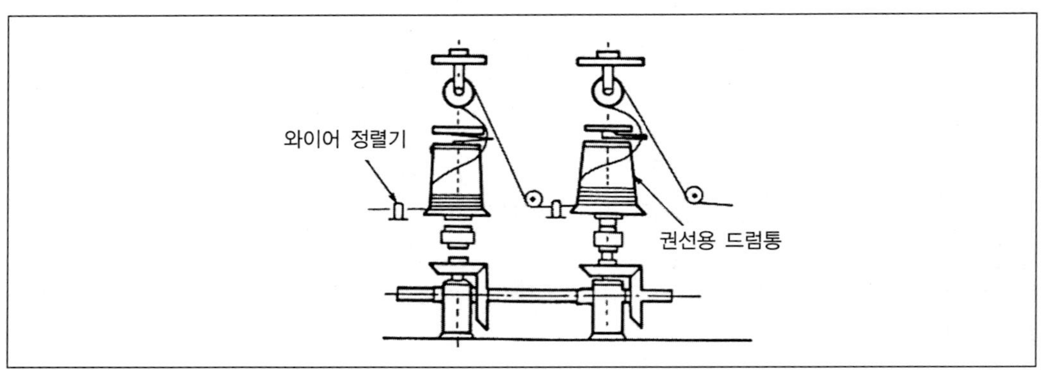

그림 3-34 드로잉 머신의 구조

② 다이(die)

인발 가공에서 가장 중요한 것이 다이이며, 각종 탄소강 및 특수강으로서 인성이 많고 경질이어야 한다. 지름이 비교적 큰 선의 인발에는 담금질하고 열처리한 탄소강, 특수강 등이 사용된다. 중간 굵기 이하의 지름에 대하여서는 탄화텡스텐의 초경 합금계가 사용되고, 세선(0.1 mm 이하)의 경우는 다이아몬드가 주로 사용된다.

가장 간단한 대표적인 다이의 단면은 [그림 3.35]과 같이 네 부분으로 구성되어 있는 경우가 많다. 즉, 입구각 부분은 다이에 부착하고 있는 윤활제가 충분히 공급될 수 있게 넓게 되어 있으며, 접근각 부분은 실제 지름의 감축이 일어나는 단면이며 베어링면은 다이로부터 나갈 때 로드나 와이어(wire)를 안내하는 역할을 하는 면이다. 그 이후는 출구인 도벽각 부분이다.

다이각 중에서 가장 중요한 것이 α로 표시한 접근각인 다이 반각으로 알루미늄및 은에서는 α=8~9°, 동에서는 6~8°, 황동 및 청동에서는 5~6°, 강재류에서는 2.5~6° 를 채택하고 있다.

또, 베어링면이 너무 길면 인발력이 증가하고 선재 내의 응력도 높아지므로 될 수 있는 대로 짧게 하는 방법을 취하고 있다.

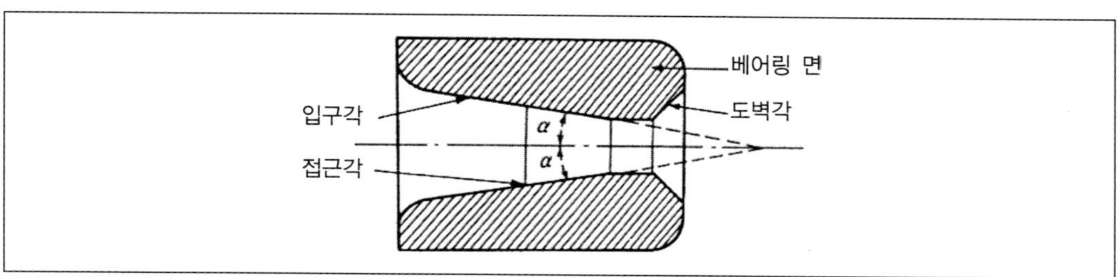

그림 3-35 드로잉 다이의 기본 구조

3.8 압출(extrusion)

압출 공정은 재료에 압력을 가하여 다이의 구멍으로 통과시키는 것으로, 복잡한 형상의 단면을 가진 제품을 생산할 수 있다.

압출 작업은 재료의 연성에 따라서 상온이나 열간에서 행해진다. 소재는 용기(컨테이너라고도 함.) 내에서 압력을 받아 개별적으로 압출되므로, 압출은 개별 공정 또는 준 연속 공정으로 이루어지며, 기본적으로는 중가재를 생산하는 가공 방법이다.

[그림 3.36]는 여러 가지 압출 제품의 단면을 나타낸 것이며, 또, 압출된 소재를 [그림 3.37]과 같이 일정한 두께가 되게 절단하여 문의 손잡이, 받침대, 브래킷, 기어 등의 제품으로 만들 수 있다.

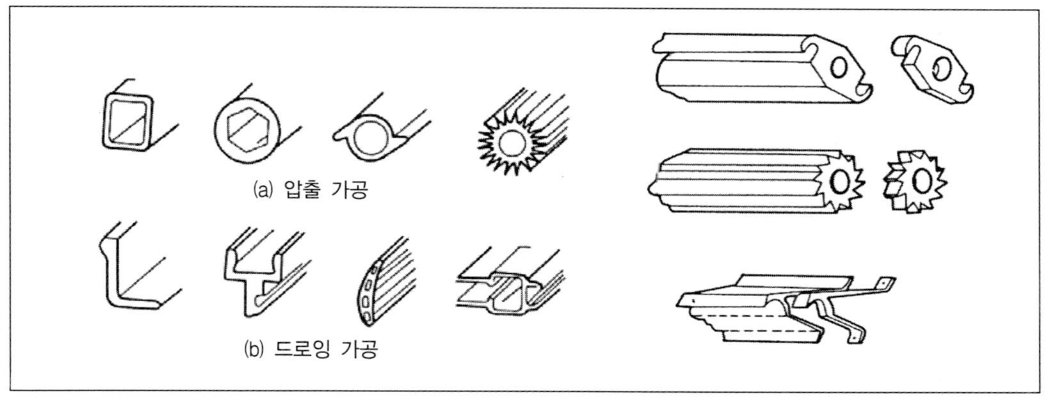

그림 3-36 압출 제품의 단면

그림 3-37 압출된 소재를 잘라서 제품을 만드는 예

3.8.1 압출가공(extruding)

(1) 압출(extrusion)의 개요

압출은 재료(알루미늄, 구리, 아연합금, 등과 같은 소성이 큰 재료)에 압력을 가하여 다이의 구멍을 통과시켜서 다이의 구멍과 같은 단면 모양의 긴 것을 제작하는 가공법이다. 단면의 모양은 둥근 것, 각 모양은 L형, 관 등 복잡한 단면을 만들 수 있다.

압출 제품은 높은 압력으로 성형되므로 조직이 치밀하고 강도가 크다.

압출에는 큰 힘이 필요하므로 금속의 변형 저항을 낮게 하기 위하여 대부분 열간에서 압출한다.

압출 가공에 의하면 소재를 얻기 위한 중간 공정을 줄일 수 있어 작업 공정을 단순화할 수 있다. 최근에는 각종 강철 및 특수강도 압출 가공을 실시하는데, 대부분은 열간 압연이 곤란한 관재 및 이형 단면재의 가공에 이용된다.

[그림 3.38]는 여러 가지 압출 제품의 단면을 나타낸 것이며, 또, 압출된 소재를 일정한 두께가 되게 절단하여 받침대, 브래킷, 기어 등의 제품으로 만들 수도 있다.

그림 3-38 압출제품의 예

(2) 압출가공방식

압출에는 직접, 간접, 정수압, 충격의 네 가지 기본 유형이 있다.[그림 3.39]

① 직접 압출법(direct extrusion)

제품이 램(ram)의 진행 방향과 같은 방향으로 압출되는 형식으로서 전방 압출법 이라고도 한다. 압출할 소재를 컨테이너(container)에 넣고서 램으로 가압하여 램의 반대측에 있는 다이로부터 압출한다. 압출판과 컨테이너 사이에는 틈새가 있어서 소재 표면의 산화막을 벗기면서 압출한다. 이 방법은 소재의 20~30%가 칩으로 남으므로 비경제적이다.

② 간접 압출법(indirect extrusion)

후방 압출법(back ward extrusion)이라고도 하며 다이에 중공 램이 붙어 있고 컨테이너의 반대쪽은 폐쇄되어 있다. 램을 이동하면 소재다 다이를 통하여 압출되고 제품은 램의 중공부를 반대쪽으로 빠져나간다. 이 방법은 직접 압출법에 비하여 재료의 손실이 적고, 소요 동력도 적게 들지만 조작이 불편하고 제품의 표면상태가 좋지 못하다.

③ 정수압 압출(hydrostatic extrusion)

컨테이너를 유체로 채우고 이를 통하여 빌릿(소재)에 압력을 전달하여 다이를 통과시켜 압출하도록 한다. 종래의 냉간 압출에서는 소재와 다이, 컨테이너 사이에 상당히 큰 마찰력이 작용하여 압출 압력이 매우 높아 경도 가 높은 재료의 압출이 곤란하였다.

그러나 [그림 3.39(c)]와 같이 고압 액체를 매체로 하여 압출을 하면, 이 매체가 소재와 컨테이너의 접속면 사이를 지나 외부로 새어나가려 함에 따라 유체 윤활 상태가 발생하여 접촉면의 마찰력은 크게 저하되고, 소재에 작용하는 고압 액체에 의한 소재 자체의 고압하의 연성 증대 효과와 더불어 재료의 변형이 극히 용이하여진다.

이와 같이 고압의 액체를 사용한 압출법을 정수압 압출(hydrostatic extiusion)이라 한다.

④ 충격압출(impact extrusion)

간접압출의 일종으로 속이 빈 용기를 만드는 데 적합하다. 일반적으로 냉간에서 프레스를 사용해서 힘을 충격적으로 가하여 제품을 압출하는 방법으로 납이나 주석, 알루미늄, 구리, 동합금 등을 두께가 얇은 원통 모양으로 가공하는 경우에 사용된다. 충격 압출 제품으로는 치약 튜브나 약품 및 미술용의 튜브 등이 있다.

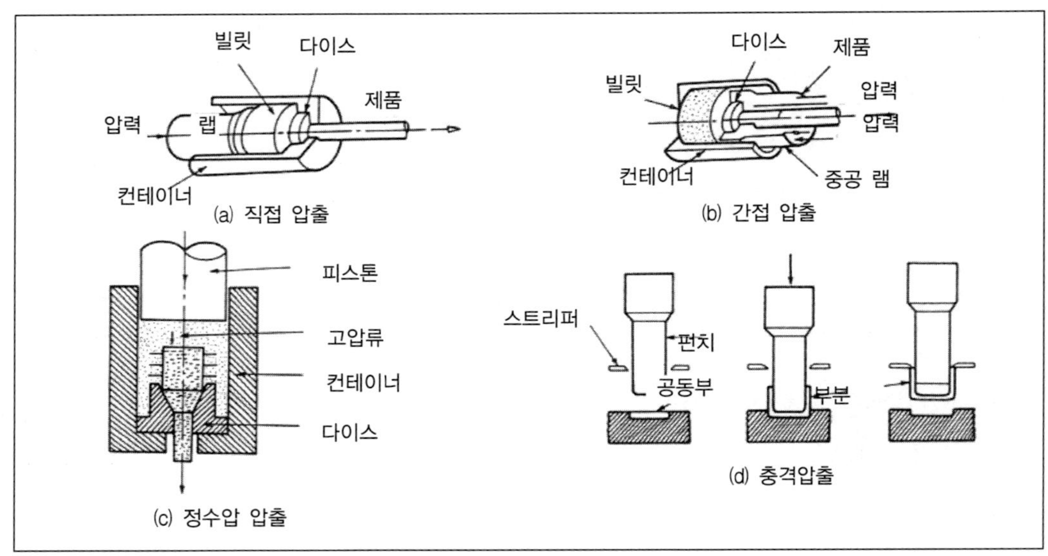

그림 3-39 각종 압출법

3.9 전조(form rolling)

다이(die)나 롤(roll)과 같은 성형공구를 회전 또는 직선운동시키면서 그 사이에 일반적으로 원형의 소재를 밀어 넣어 국부, 또는 전체에 성형하는 소성가공법을 전조라 한다. 전조로 가공되는 부품에는 기어, 나사, 볼, 링, 차축 등을 가공할 수 있으며 전조기에는 제품에 따라 특수한 장치를 갖춘 전용기가 있다. 원래 나사나 기어 등은 절삭가공으로 생산해 왔으나 최근에 와서는 전조기의 발달에 따라서 강도를 필요로 하는 나사의 골이나 이 뿌리부분이 가공경화현상으로 강해질 뿐만 아니라 내부조직이 파괴되지 않고 치밀하여 강도, 충격, 피로 등에 강하고 칩(chip)을 내지 않아 재료가 절약되며 가공 시간이 짧아지므로 정밀도가 균일한 제품의 대량 생산에 적합하다.

보통 나사를 절삭가공 할 경우에는 소재를 제작할 때 생긴 섬유조직을 절단하게 되지만, 전조 조직은 제품의 표면에 연속된 섬유 조직을 갖게 된다[그림 3.40]. [그림 3.41]는 나사 및 기어의 전조 방법의 예이다.

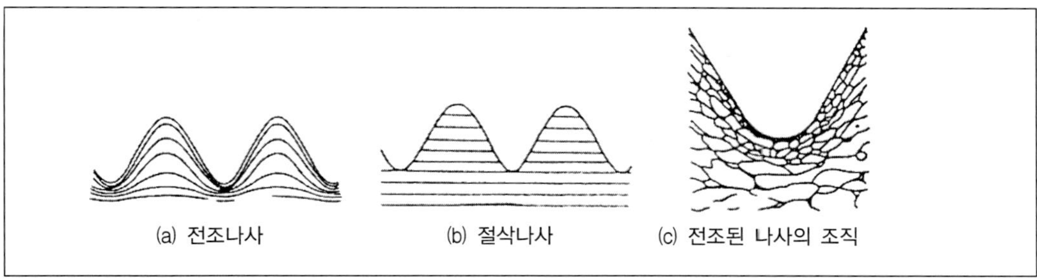

그림 3-40 전조나사와 절삭나사

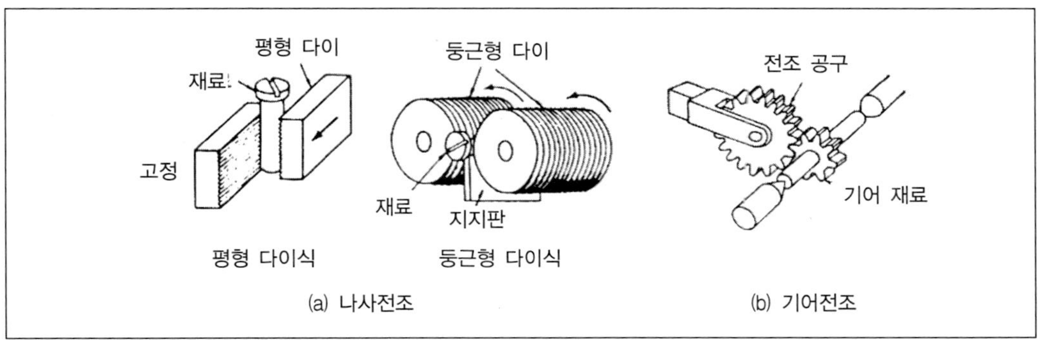

그림 3-41 나사 및 기어의 전조방법

Chapter 4

용접

4.1 개요(introduction)

오늘날 산업이 급속도로 발전함에 따라 각종 금속 및 합금의 개발과 함께 그 용도가 다양해져 이에 대한 금속의 접합법도 날로 향상, 발전되어 가고 있다. 그 중에서도 용접은 공업발전에 대단히 중요한 역할을 하고 있을 뿐만 아니라 신뢰성이 있는 가공법이다.

금속을 접합하는 방법에는 기계적 접합과 야금적 접합으로 분류할 수 있다. 기계적 접합은 두 개의 금속을 볼트, 리벳, 키 및 핀 등으로 반영구적으로 결합하는 방법이며, 야금적 접합은 고체 상태에 있는 두 개의 금속재료를 열이나 압력, 또는 열과 압력을 동시에 가해서 서로 접합시키는 방법으로서, 이를 용접이라 한다. 해체할 필요가 없는 영구결합 부분에는 강도, 중량의 감소, 작업의 간편 등의 점에서 기계적 접합보다 용접이 훨씬 유리하다. 특히 최근에는 용접기기, 용접봉, 용접기술의 연구개발이 현저하여 공학의 한 분야를 이루었을 뿐 아니라 신뢰성과 경제성도 높아서 과거에 복잡한 형상의 주조품, 단조품도 간단한 부분으로 제작하여 용접하는 등 그 이용도가 점점 확대되어 가고 있다.

4.1.1 용접의 장·단점

(1) 용접의 장점

용접의 일반적 특징을 요약하면

장점(advantage)

- 자재의 절약과 공정수가 감소한다.
- 성능과 수명이 향상된다.
- 용접준비 및 용접작업이 비교적 간편하다.

특히 리벳팅과 주조, 단조와 비교하면 [표 4.1]와 같다.

표 4-1 용접이음의 장점

리벳이음에 비교한 장점	주조에 비교한 장점	단조에 비교한 장점
• 우수한 수밀, 유밀, 기밀성 유지와 공수가 감소된다. • 구조물의 중량을 경감시킬 수 있다. • 재료비, 제작비가 경감된다. • 소음이 적고 높은 이음 효율을 갖는다.	• 강도가 크다 • 중량이 경감되고 공수가 감소된다. • 복잡한 구조물 제작에 용이하며, 제작비를 경감시킬 수 있다. • 목형, 주형이 불필요하다.	• 공수가 감소된다. • 균열이 감소한다. • 시설비가 저렴하다. • 소량인 경우 제작비가 경감한다.

(2) 용접의 단점

용접은 짧은 시간 내에 고열을 수반하는 복잡한 야금적 접합방법이므로 주의하지 않으면 현저한 재질변화, 변형과 수축, 잔류응력 및 여러 가지의 용접결함이 생기기 쉽고, 지금까지도 미해결 된 문제가 남아 있다. 따라서, 용접의 응용에 있어서는 설계, 공작 및 재료에 관한 충분한 지식이 필요하다. 주요 단점을 열거하면 다음과 같다.

단점(disadvantage)

- 용접할 때의 급열, 급냉에 의한 수축, 변형 및 잔류 응력이 발생한다.
- 모재가 용접열의 영향을 받아 변형된다.
- 응력이 집중되기 쉽고 노치(notch)부 등에서 균열이 발생하기 쉬우며, 이 균열이 구조물 전체에 파급하는 수가 있다.
- 용접부의 품질 검사가 곤란하다.
- 용접사의 숙련이 요구된다.

4.1.2 용접법의 분류

용접은 2개 또는 여러 개의 금속을 국부적으로 융착시키는 방법으로서, 현재에는 약 80종에 이르는 많은 용접법이 실용화되고 있다. 그 중에서 비교적 중요한 것을 들면 [표 4.2]과 같다. 이것을 대별하면 융접, 압접, 납땜의 3종류로 구분된다.

① 융접은 접합하려는 두 금속 부재, 즉 모재의 접합부를 가열하여 모재만으로 또는 모재와 용가재를 융합하여 금속을 접합시키는 방법이다.
② 압접은 이음부를 가열하여 큰 소성 변형을 주어 접합시키는 법이다.
③ 납땜은 모재를 용융하지 않고, 모재보다 낮은 융점을 가지는 금속 첨가재를 용융시켜 접합하는 방법이다.

표 4-2 용접법의 분류

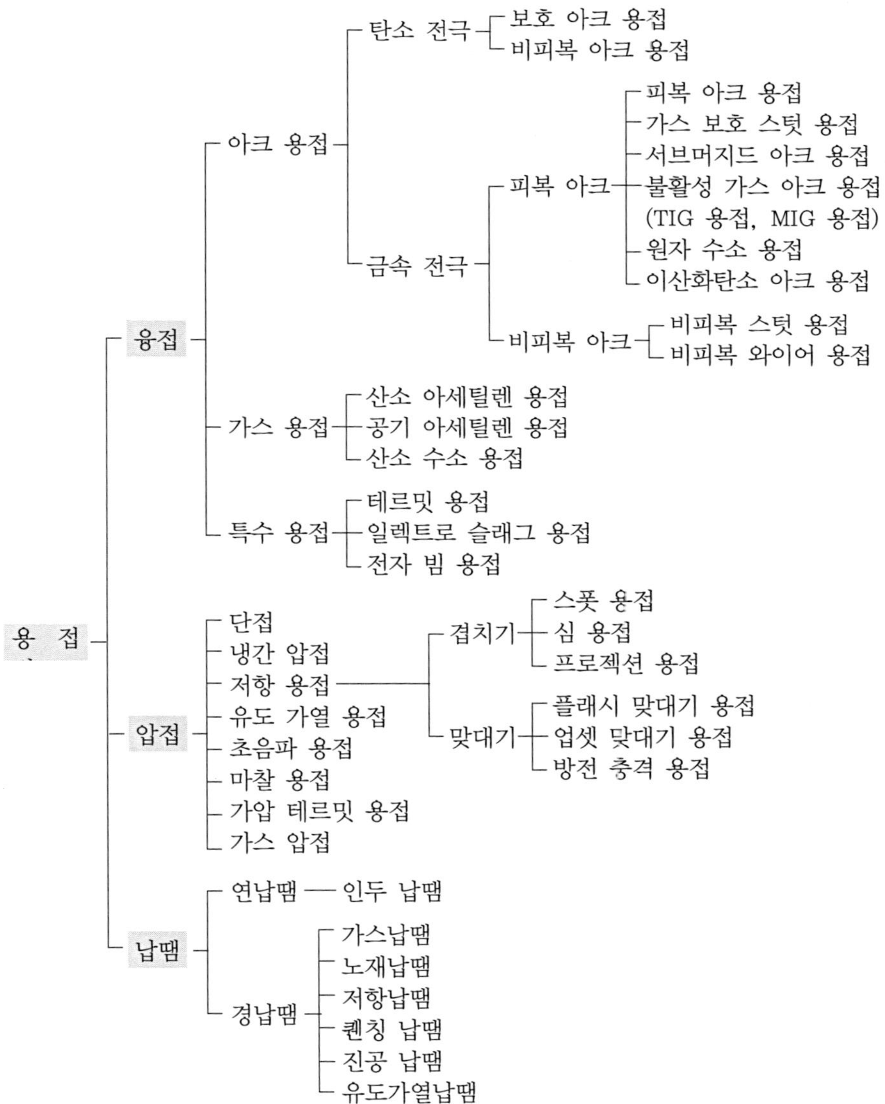

4.2 피복 아크 용접(shielded arc welding)

아크 용접은 용접물과 전극봉 사이에서 아크를 발생시켜 전기 에너지를 열에너지로 바꾸어 그 열을 이용하여 두 개 이상의 금속편을 하나로 접합하는 방법이다.

4.2.1 피복 아크 용접의 원리(principle)

피복 아크 용접은 [그림 4.1]과 같이 피복 용접봉(coated electrode)과 모재(base metal) 사이에 교류 또는 직류 전압을 걸어 그 간극 사이에서 아크를 발생시킨다. 이 아크의 높은 열(5000℃)에 의하여 용접봉이 녹으면 금속 증기 또는 용적(globule)으로 되며, 아크열에 의하여 녹은 모재와 융합하여 용접 금속을 만든다. 이때 녹은 쇳물 부분을 용융 풀(molten pool), 모재가 녹은 깊이를 용입이라 하며, 용접봉이 용융풀에 녹아 들어가는 것을 용착된다고 한다. 이 때, 비드(bead) 표면은 용적이 응고함에 따라 작은 물결 모양으로 된다.

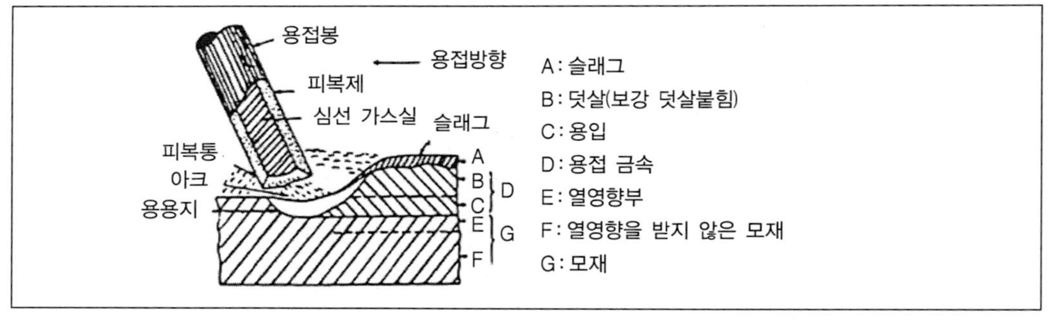

그림 4-1 피복 아크 용접의 원리

용접봉은 비피복 금속 심선의 주위에 유기물, 무기물 또는 두 가지의 혼합물로 만들어진 약간 두꺼운 피복제를 바른다. 이 피복제는 아크열로 분해되어 아크를 안정시킴과 동시에 발생된 가스 또는 슬래그(slag)에 의하여 용융 금속을 외부로부터 보호하여 산화, 질화를 방지하고, 또 화학반응에 의하여 용융 금속이 정련되며, 필요한 원소를 첨가한다. 만일, 피복제가 없는 비피복 용접봉으로 용접하면 공기의 악영향을 받아 용접부는 여리게 되므로 중요한 부재의 용접에는 사용하지 않는다.

4.2.2 아크 용접 회로

피복 아크 용접 회로는 [그림 4.2]와 같이 용접기, 전극 케이블, 용접봉 홀더, 용접봉, 모재 및 접지 케이블 등으로 이루어져 있다. 용접기에서 발생한 전류가 전극 케이블, 홀더, 아크, 모재 및 접지 케이블을 지나 용접기로 되돌아오는 이 한 바퀴를 용접 회로라 한다.

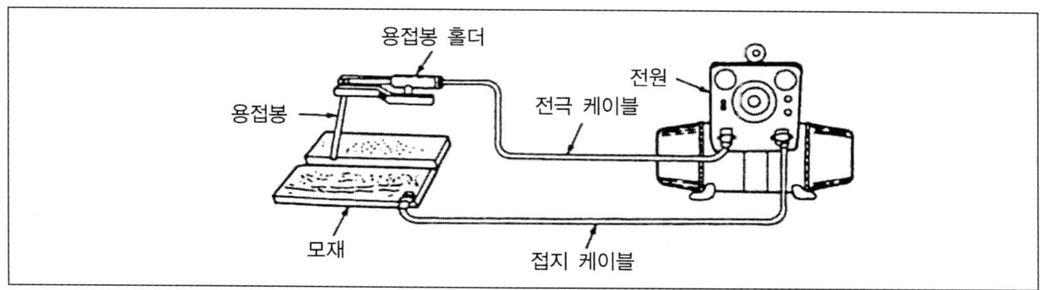

그림 4-2 피복 아크 용접 회로

4.2.3 아크 용접부

아크란 기체 중에서 일어나는 방전의 일종으로서, 상온에서는 전기의 부도체이나 고온이 되면 그 일부가 음전기를 띤 전자와 양전기를 띤 양이온으로 나누어져 양이온은 음극으로 전자는 양극으로 빠른 속도로 끌려가기 때문에 전류가 흘러 아크 방전이 지속된다. 이 아크는 매우 강한 빛과 열을 발생하므로 육안으로는 직접 아크를 관찰할 수 없다. [그림 4.3(a)]은 차광유리로 관찰한 아크 용접부이다.

아크는 아크 코어(arc core), 아크 스트림(arc stream), 아크 플레임(arc flame)의 세 부분으로 나눌 수 있다. 아크 코어와 아크 스트림은 아크의 중심부를 구성한다. 아크코어는 용접봉과 모재를 직선으로 잇는 아크 중심부로 비교적 지름이 작고 백색에 가깝게 빛나는 가장 강한 열을 내는 부분이다.

이 아크 코어의 길이를 아크길이라 한다[그림 4.3(b)].

이 주위를 둘러싼 비교적 담홍색을 띠고 있는 부분이 아크스트림이다. 또, 그 바깥쪽은 다시 불꽃으로 싸여 있는데, 이 부분을 아크 플레임이라 한다. 온도가 가장 높은 부분은 아크 코어 부분으로 보통 3,000~5,000℃ 정도이다. 그러므로 아크 코어를 중심으로 하여 모재가 용융된다.

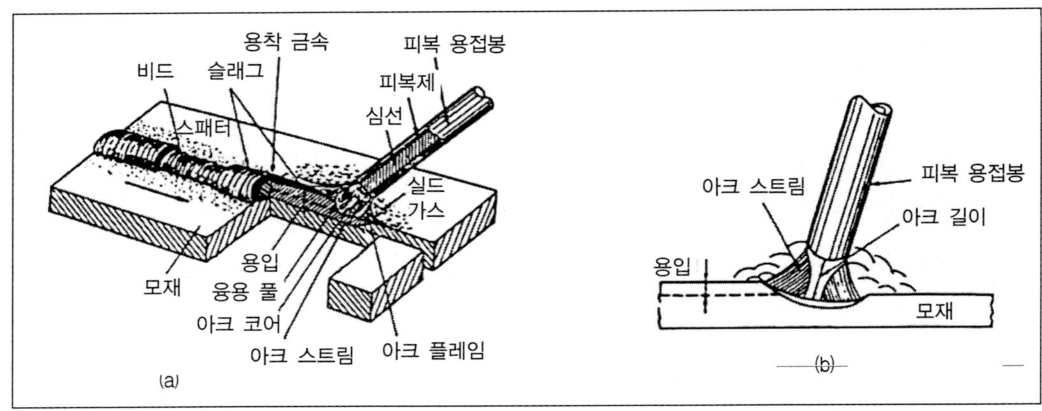

그림 4-3 아크 용접부

4.2.4 극성(polarity)

아크 용접에서 모재와 용접봉은 각기 전극의 역할을 하는데, 모재와 용접봉 중 어느 것을 양극 또는 음극에 연결하느냐에 따라 용접의 성능이 달라진다. 이와 같은 아크 용접에서 전극에 관련된 성질을 극성이라 한다.

극성에는 정극성(straight polarity : DCSP)과 역극성(reverse polarity : DCRP)이 있으며, 이들의 특성을 비교한 [표 4.3]와 같다.

표 4-3 극성의 종류 및 특성

극성의 종류	전극의 결선상태	특성	참고
정극성 (DCSP)	직류 용접기 − 용접봉 + 모재	모제가 ⊕극 용접봉 ⊖극 ① 모재의 용입이 깊다. ② 봉의 녹음이 느리다. ③ 비드 폭이 좁다. ④ 일반적으로 널리 쓰인다.	이상의 설명만 가지고는 정극성과 역극성 선택의 기준이 되기 어려운 관계로,보통 고탄소강 주철, 합금강 기타 역극성 전용 용접봉이 아닌 경우는 정극성으로 하는 것이 상례이다.
역극성 (DCRP)	직류 용접기 + 용접봉 − 모재	모제가 ⊖극 용접봉 ⊕극 ① 모재의 용입이 얕다. ② 봉의 녹음이 빠르다. ③ 비드 폭이 넓다. ④ 박판, 주철, 합금강, 비철 금속에 쓰인다.	

4.2.5 아크 블로(arc blow)

용접 중에 아크가 한쪽으로 편향하는 현상이 있다. 이것을 아크 블로 또는 자기 블로(magnetic blow)라고도 한다. 이 현상은 [그림 4.4]와 같이 모재, 아크, 용접봉에 흐르는 전류에 의하여 그 주위에 발생한 자장이 용접봉에 대하여 비대칭으로 나타내기 때문에 아크가 편향되게 된다. 따라서 아크가 불안정하게 되어 용락(burn through)이 제 위치에 떨어지지 않는다.

교류 아크 용접에서는 전류의 방향이 바뀌므로 거의 아크 블로 현상이 일어나지 않지만, 직류 아크 용접에서는 전류의 흐르는 방향이 변하지 않으므로 비피복 용접봉(bare electrode)을 사용했을 때에 아크 블로 현상이 일어난다.

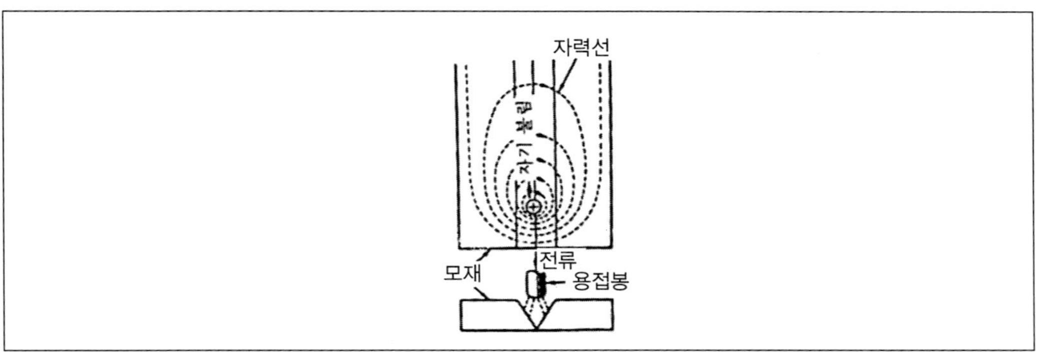

그림 4-4 아크 블로

아크 블로의 방지책은 다음과 같다.

① 직류 전류 대신에 교류 전류를 사용한다.
② 모재와 같은 재료를 용접선의 처음과 끝에 가용접을 한 후 용접한다.
③ 접지점을 용접부에서 멀리 한다.

4.2.6 피복 아크 용접봉(filler metal, electrode)

(1) 아크 용접봉

용접봉은 용접해야 할 모재 사이의 틈을 채우기 의하여 필요한 것으로서 용가재

(filler metal) 또는 전극봉(electrode)이라고도 한다. 금속 아크 용접의 용접봉에는 비피복 용접봉과 피복 용접봉이 쓰이는데, 비피복 용접봉은 주로 자동이나 반자동 용접에 사용되고 피복 용접봉은 수동 아크 용접에 이용된다. 심선(core wire)은 용접하는 데 중요한 역할을 하는 것으로 용접봉을 선택할 때에는 먼저 심선의 성분을 알아보아야 한다. 심선은 일반적으로

표 4-4 연강용 피복 아크 용접봉의 심선 성분(KS D 3508)

종류 / 기호	화 학 성 분(%)					
	탄소(C)	규소(Si)	망간(Mn)	인(P)	황(S)	구리(Cu)
SWR 11	0.09 이하	0.03 이하	0.35~0.65	0.020 이하	0.023 이하	0.20 이하
SWR 21	0.01~0.15	0.03 이하	0.35~0.65	0.020 이하	0.023 이하	0.20 이하

모재와 동일한 재질을 많이 쓰고 있으며, 될 수 있는 대로 불순물이 적은 것이 좋다. 연강 피복 아크 용접봉 심선의 화학 성분은 [표 4.4]와 같으며, 탄소 외에 규소(Si), 망간(Mn), 인(P), 황(S) 등을 포함하고 있다.

(2) 피복제의 역할

피복제는 여러 가지 물질을 분말로 한 결합제로서 심선 표면에 피복한 것으로 다음과 같은 역할을 한다.

① 아크를 안정시키고, 대기 중의 산소나 질소의 침입을 막아 용융 금속을 보호한다.
② 용착 금속의 탈산 및 정련 작용을 하며, 용착 금속의 급냉을 방지한다.
③ 용착 금속에 필요한 원소를 보충하고, 용착 금속의 흐름을 좋게 한다.
④ 용융점이 낮고, 적당한 점성을 가지는 가벼운 슬래그를 만든다.
⑤ 모재 표면이 산화물을 제거하고, 스패터링(spattering)을 적게 한다.
⑥ 용적(globule)을 미세화하고, 용착 효율을 높인다.

(3) 연강용 피복 아크 용접봉의 규격과 특성

① 규격

연강용 피복 아크 용접봉은 현재 가장 많이 사용하는 것으로 이것에 대하여 충분한 지식을 갖출 필요가 있다. 국내에서는 KS D 7004-1980에 자세히 규정되어 있다. 이 규격은 미국 용접협회(American Welding Society, 약칭 AWS)의 규격에 맞추어서, 우리나라 실정에 맞도록 만들어진 것이다. 봉의 종류는 전용 착금 속의 인장강도, 용접자세 및 피복제의 종류에 따라서 [표

4.5]에 표시한 9종류로 분류하고 봉의 기호는 다음의 의미를 가지고 있다.

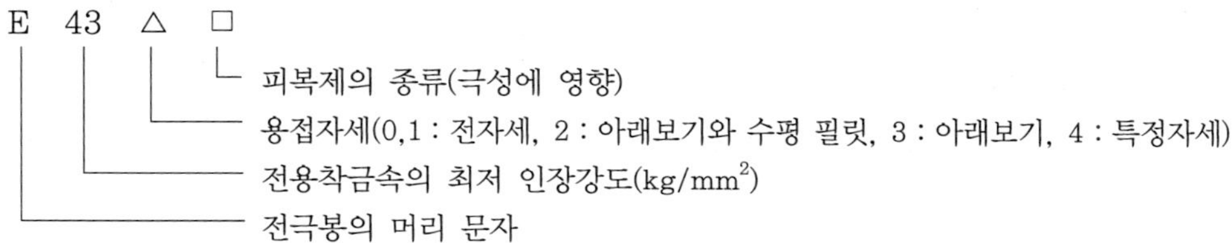

표 4-5 연강용 피복 아크 용접봉의 종류

용접봉의 종류	피복제의 계통	용접 자세	사용 전류의 종류	용착금속의 기계적 성질			
				인장강도 (kg/mm^2)	항복점 (kg/mm^2)	연신율 (%)	충격치 (0℃V샤르피) (kg-m)
E 4301	일미나이트계	F, V, OH, H	AC 또는 DC(±)	43	35	22	4.8
E 4303	라임티탄계	F, V, OH, H	AC 또는 DC(±)	43	35	22	2.8
E 4311	고셀룰로오스계	F, V, OH, H	AC 또는 DC(±)	43	35	22	2.8
E 4313	고산화티탄계	F, V, OH, H	AC 또는 DC(−)	43	35	17	−
E 4316	저수소계	F, V, OH, H	AC 또는 DC(+)	43	35	25	4.8
E 4324	철분산화티탄계	F, H-Fil	AC 또는 DC(±)	43	35	17	−
E 4326	철분저수소계	F, H-Fil	AC 또는 DC(+)	43	35	25	4.8
E 4327	철분산화철계	F, H-Fil	F에서 AC 또는 DC H-Fil에서 AC 또는 DC(−)	43	35	25	2.8
E 4340	특수계	F, V, OH, HF, H-Fil의 전부 또는 일부	AC 또는 DC(±)	43	35	22	2.8

(주) (1) 용접 자세에 사용한 기호의 뜻
F : 아래 보기, V : 수직, OH : 위보기, H : 수평, H-Fil : 수평 필릿
(2) 용접전류에 사용한 기호의 뜻
AC : 교류, DC(±) : 직류 양극성, DC(−) : 직류봉 −, DC(+) : 직류봉 +

또한 일본은 E(Electrode의 머리 문자) 대신에 D(Denki)를 사용하며 최저 인장강도의 단위는 우리 나라와 같이 E로 표시하나, 인장강도 43kg/mm² 대신에 1b/in2 단위의 6,000psi의 처음의 2자리를 사용하여 E6001, E6010 등으로 부른다.

우리 나라	일 본	미 국
E 4301	D 4301	E 6001
E 4316	D 4316	E 6016

용접봉의 품질로서 규격에 요구되어 있는 것은 피복제의 계통, 편심률, 심선의 치수, 전용착금속의 기계적 성질(인장시험과 충격시험), 맞대기 이음의 형틀 굽힘 시험성적, 필릿용접시험 성적 및 수소시험 성적이 있지만, 이것들은 용접봉의 종류, 치수(심선의 지름) 및 용접 자세에 따라서 적당히 선택하도록 정해져 있다.

② 특성

연강용 피복 아크 용접봉의 종류와 특성은 [표 4.6]과 같다.

표 4-6 연강용 피복 아크 용접봉의 종류와 특성

용접봉의 종류	피복제 계통	작 업 성	용 도
일미나이트계 (ilmenite type)	E 4301	용입이 깊고 비드가 깨끗하여 일반 용접에 가장 많이 사용	조선, 건축, 교량, 차량 및 강구 조물
라임티탄계 (lime titania type)	E 4303	용입은 중간 정도이며 깨끗하고 박판에 좋다.	일미나이트와 같은 용도의 박판용
고셀룰로오스계 (high cellulose type)	E 4311	용입이 깊으면 비이드가 거칠고 스패터가 많다.	슬래그가 적어 배관 공사에 적당

표 4-6 (계속) 연강용 피복 아크 용접봉의 종류와 특성

용접봉의 종류	피복제 계통	작 업 성	용 도
고산화티탄계 (high oxide titanium type)	E 4313	용입이 얇으면, 슬래그가 적고 인장강도가 크며, 박판에 좋다.	주로 다듬 용접 및 박판용 경구조물
저수소계 (low hydrogen type)	E 4316	스패터가 적으며 유황이 많고 고탄소강 및 균열이 심한 부분에 사용	기계적 성질이 우수하여 내균열성 및 후판 중 고탄소강에 사용, 특수 운봉법 사용
철분 산화 티탄계 (iron powder titania type)	E 4324	스패터가 적으며 비이드가 깨끗하다.	외관이 양호하며 능률이 좋은 용접을 할 수 있다.
철분 저수소계 (iron powder low hydrogen type)	E 4326	용입은 중간 정도이며 비드가 깨끗하다.	기계적 및 내균열성이 대단히 우수, 후판, 중고탄소강용접에 적합
철분산화철계 (iron powder iron oxide type)	E 4327	용입이 깊으며 비드가 깨끗하고 작업성이 우수하다.	아래보기, 수평 필릿용접 전용, 조선, 건축
특수계	E 4340	지정 작업	용도에 따라 다름

4.3 가스 용접(gas welding)

4.3.1 가스 용접의 개요

가스 용접법은 가스의 연소에 의하여 발생하는 연소열을 이용하여 용접하는 방법이다. 용접과정 중 용가재들은 용도에 따라 사용되며 용가재를 사용하지 않고 접합시키는 융해 용접을 자생용접(autogenous welding)이라고 부른다.

가스 용접에서 사용되는 가스의 종류는 많으나 그 중 대표적인 것으로는 아세틸렌, 수소, 프로판, 메탄 등이 있으며 이들 가스의 선택은 발열량, 화염이 최고 온도, 모재에 대한 화학 반응 등에 따라 결정된다. 이들 중 아세틸렌 가스는 화염온도가 가장 높고 발열량에 비하여 가격도 저렴하므로 가장 많이 쓰이고 있다.

가스 용접법은 1900년대 초반에 개발된 것으로 토치 안에서 아세틸렌가스와 산소를 혼합하여 태워서 만들어내는 열원을 이용한 것이다. 이 때 발생하는 열은 다음 식에서 주어진 바와 같은 화학반응으로부터 발생하고 주된 연소공정은 화염의 안쪽 부분에서 일어난다.

$$C_2H_2 + O_2 \rightarrow 2CO + H_2 + \text{반응열}$$

이 화학반응은 아세틸렌을 일산화탄소와 수소로 분해하며 화염에서 총열량이 약 1/3을 발생시킨다. 총열량의 2/3를 발생시키는 이차 반응은 다음 식에서처럼 일산화탄소와 수소가 연소하면서 발생된다.

$$2CO + H_2 + 1.5O_2 \rightarrow 2CO_2 + H_2O + \text{반응열}$$

이와 같은 연소과정에서 발생하는 온도는 최고 3300℃(6000°F)에 이른다. 물론 이 과정에서는 수소가 타면서 수증기를 방출한다.

(1) 가스 용접의 원리

[그림 4.5]는 가스 용접의 원리를 나타낸 것으로서 산소와 아세틸렌가스와의 혼합가스를 토치의 노즐에서 분출, 연소시켜서 고온(약 3000℃)의 가스 불꽃으로 모재와 용접봉을 녹여 용접을 한다.

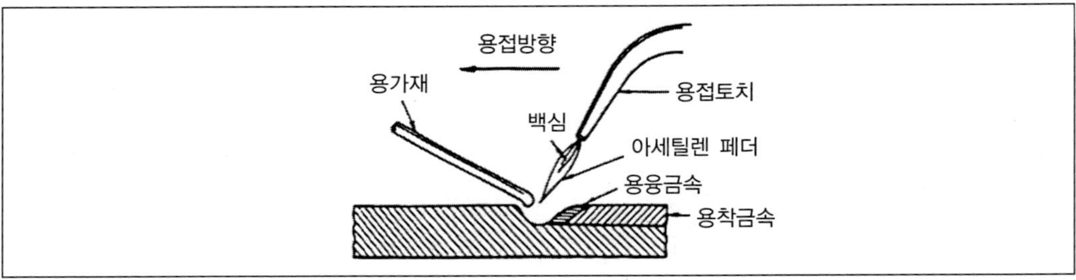

그림 4-5 산소 아세틸렌 가스 용접

(2) 가스 용접의 장 · 단점

장점(advantage)

- 전기가 필요 없다.
- 응용범위가 넓다.
- 가열할 때 열량조절이 비교적 자유롭다.
- 용접장치를 쉽게 설비할 수 있다.
- 박판 용접이 적당하다.
- 유해광선의 발생률이 적다.

단점(disadvantage)

- 고압가스를 사용하기 때문에 폭발이나 화재의 위험이 크다.
- 용접 중에 탄화 및 산화의 가능성이 많으므로 용접부의 기계적인 강도가 떨어진다.
- 가열범위가 크므로 가열시간이 오래 걸린다.
- 열을 받는 부위가 넓어서 용접 후의 변형이 심하게 생긴다.

4.3.2 용접용 가스의 종류

(1) 수소

① 수소가스는 아세틸렌보다 오래 전부터 사용한 가스이며, 산소-수소의 불꽃은 탄소를 포함하고 있지 않으므로 무색이다.

② 불꽃의 존재를 육안으로 확인하기 곤란하여 불꽃 조정이 매우 어려우므로, 용접 작업시 특별한 주의를 하여야 한다.

③ 납땜이나 수중절단용 연료가스로 사용한다.

(2) LP 가스

① LP 가스(liquefied petroleum gas)는 석유나 천연 가스를 적당한 방법으로 정제, 분류하여 제조한 것이다.
② 공업용 LP 가스는 프로판(propane, C_3H_8) 외에 에탄(ethane, C_2H_6), 부탄(butane, C_4H_{10}), 펜탄(penthane, C_5H_{12}) 등의 혼합 가스이다.
③ 상온에서 가압하면 쉽게 액화하여 가스 상태의 1/250 정도로 압축되므로 간단하게 운반, 저장이 되는 잇점이 있다.
④ LP 가스의 성질은 무색, 무취이고 공기보다 무겁다(비중 1.5). 그러나 액체일 때에는 무게가 물의 약 0.5배이다.
⑤ 산소 프로판 불꽃은 산화성이 있어 용착 금속에 나쁜 결과를 주므로 용접에는 거의 사용하지 않는다. 그러나 저장, 운반이 용이하고 아세틸렌가스에 비하여 안정되므로, 가스 절단의 예열 불꽃, 납땜용 가스 불꽃 등에 적합하다.

(3) 산소(oxygen , O_2)

① 무색, 무미, 무취의 기체로서 비중 1.105, 비등점 −182℃, 용융점 −219℃로서 공기보다 약간 무거우며, 액체산소는 연한 청색을 띠고 있다.
② 산소자체는 연소하는 성질이 없고, 다른 물질의 연소를 돕는 조연성의 기체이며, 모든 원소와 화합시 산화물을 만든다.
③ 타기 쉬운 기체와 혼합시 점화하여 폭발적으로 연소한다.
④ −119℃에서 50기압 이상 압축시 담황색의 액체로 된다.

(4) 아세틸렌(acetylene, CaC_2)

① 카바이드(Calcium carbide, CaC_2)

아세틸렌 원료인 카바이드는 석회(CaO)와 석탄 또는 코크스를 56 : 36의 중량비로 혼합하고 이것을 전기로에 넣어 약 3,000℃의 고온으로 가열 반응시켜 만든다.

$$CaO + 3C = CaC_2 + CO - 108\,\text{kcal}$$

② 카바이드 성질

ⓐ 순수한 것은 무색 투명하고, 경도가 매우 적으며, 비중은 2.2~2.3이다.
ⓑ 시판되고 있는 것은 불순물이 포함되어 회갈색 내지 회흑색을 띈다.
ⓒ 순수한 카바이드는 이론적으로 1kgf당 348l 의 아세틸렌가스를 발생한다(시판되고 있는 카바이드는 아세틸렌 발생량이 230~280l 정도이다).
ⓓ 카바이드를 물과 접촉시키면 쉽게 아세틸렌 가스가 발생하고 백색의 소석회($Ca(OH)_2$) 가루가 남는다.

$$(CaC_2 + 2H_2O = C_2H_2 + Ca(OH)_2 + 31,872cal)$$

③ 아세틸렌 가스의 성질

ⓐ 순수한 것은 무색·무취의 기체이다.
ⓑ 인화수소(PH_2), 유화수소(H_2S), 암모니아(NH_3)와 같은 불순물을 포함하고 있어 악취가 난다.
ⓒ 비중은 0.906으로 공기보다 가벼우며 15℃ 1기압에서의 아세틸렌 1l의 무게는 1.176g이고, 공기가 충분히 공급되면 밝은 빛을 내면서 탄다.
ⓓ 각종 액체에 잘 용해된다. 보통 물에 대해서는 같은 양, 석유에는 2배, 벤젠에는 4배, 알콜에는 6배, 아세톤에는 25배가 용해된다. 아세톤에 이와 같이 잘 녹는 성질을 이용하여 용해 아세틸렌을 만들어 용접에 이용하고 있다.

④ 아세틸렌가스의 폭발성

ⓐ 온도 : 아세틸렌가스는 매우 타기 쉬운 기체로서 온도가 406～408℃에 달하면 자연발화하고 505～515℃이 되면 폭발한다. 또, 산소가 없더라도 780℃ 이상이 되면 자연 폭발한다.

ⓑ 압력 : 아세틸렌가스는 150℃에서 2기압 이상의 압력을 가하면 폭발할 위험이 있으며 위험 압력은 1.5기압이다.

ⓒ 혼합가스 : 아세틸렌가스는 공기, 산소 등과 혼합될 때에는 더욱 폭발성이 심해진다. 아세틸렌 15%, 산소 85% 부근이 가장 폭발 위험이 크다. 또, 아세틸렌가스가 인화수소를 함유하고 있을 때는 인화수소는 자연 폭발을 일으키는 위험이 있는데 인화수소 함량이 0.02% 이상이면 폭발성을 갖게 되며 0.06% 이상인 경우에는 대체로 자연발화되어 폭발된다.

ⓓ 외력 : 압력이 가하여져 있는 아세틸렌가스에 마찰, 진동 충격 등의 외력이 작용하면 폭발할 위험이 있다.

ⓔ 화합물 생성 : 아세틸렌가스는 구리 또는 구리합금(62% 이상의 구리), 은(Ag), 수은(Hg) 등과 접촉하면 이들과 화합하여 폭발성이 있는 화합물을 생성하는 것으로 알려져 있다.

표 4-7 공기 중에서의 가연성 가스의 발화점과 폭발점과 폭발 범위

가스의 종류	대기압에서의 발화 온도(℃)	폭발 범위(용량 %)
아세틸렌	305	2.5~100
수 소	400	4.0~75
프 로 판	450	2.2~9.5
부 탄	405	1.9~8.5
에 틸 렌	490	3.1~32

4.3.3 산소-아세틸렌 불꽃

(1) 불꽃의 구성

산소와 아세틸렌을 1 : 1로 혼합하여 연소시키면 그로부터 생성되는 불꽃은 [그림 4.6]과 같이 다음의 세 부분으로 구성된다.

① 불꽃심(백심, flame core)

이 부분은 팁에서 나오는 혼합 가스가 연소 화합하여 일산화탄소 2분자, 수소 1분자를 형성하며, 환원성의 백색 불꽃이다.

$$C_2H_2 + O_2 = 2CO + H_2 + 107.7(\text{kcal})$$

② 속불꽃(내염, inner flame)

속불꽃은 백심 부분에서 생성된 일산화탄소와 수소가 공기 중의 산소와 결합 연소되어 고열(3,200~3,500℃)을 발생하는 부분으로 무색에 가깝고 약간의 환원성을 띠게 된다. 따라서 열은 이 부분에서 주로 공급되며, 속불꽃으로 용접하면 용접부의 산화를 방지할 수 있다.

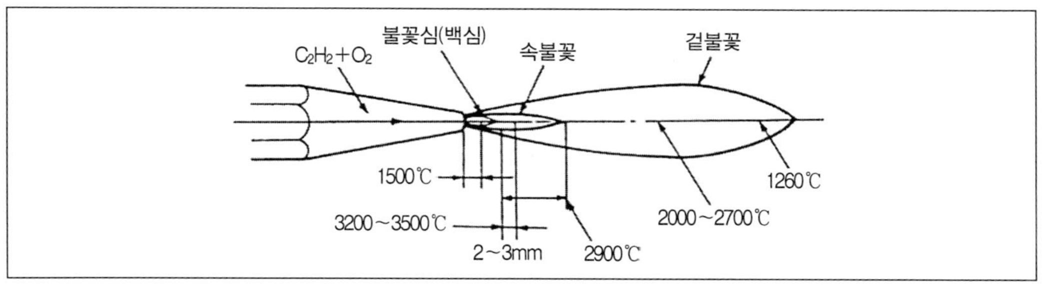

그림 4-6 산소-아세틸렌 불꽃의 구성

③ 겉불꽃(외염, outer flame)

이 불꽃은 연소 가스가 다시 주위 공기의 산소와 결합하여 완전 연소되는 부분으로 불꽃의 가장자리를 이루며, 약 2,000℃의 열을 내게 된다.

(2) 불꽃의 종류

토치에서 아세틸렌만을 분출시키면서 점화하면, [그림 4.7(a)]와 같이 아세틸렌 과잉으로 적황색의 불꽃이 생기며 산소량이 적어 불꽃 끝에서 연기가 난다.

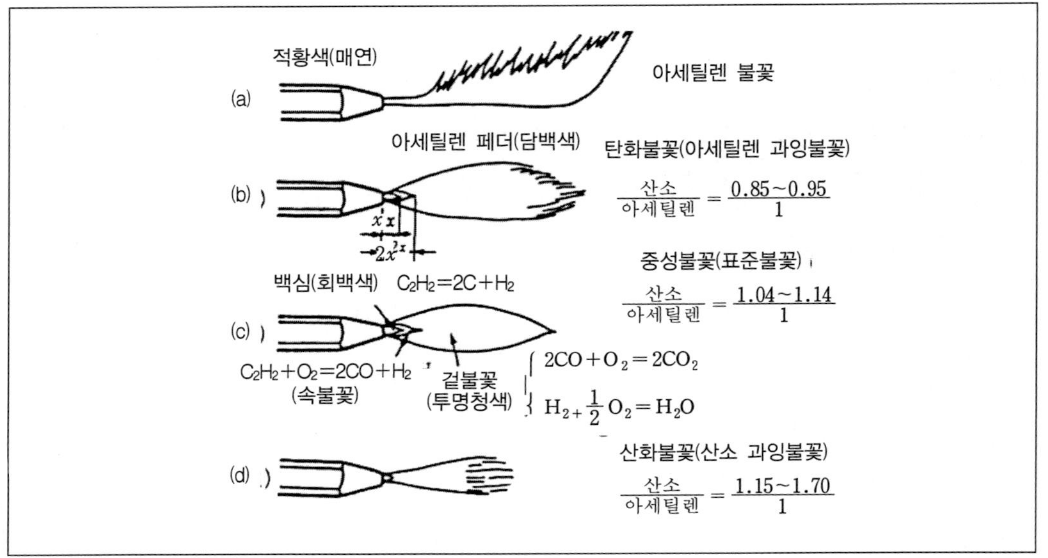

그림 4-7 산소-아세틸렌 불꽃의 형태

이것에 산소를 공급시키면 [그림 4.7(b)]와 같이 불꽃의 매연은 없어지고, 불꽃은 푸르스름하게 되어 가며 백심의 끝에 아세틸렌 불꽃이 생긴다. 이 불꽃을 탄화불꽃이라 한다. 다시 산소를 더 많이 공급하면 [그림 4.7(c)]와 같이 백색만이 남을 때의 불꽃을 중성 불꽃이라 하며, 불꽃의 끝은 투명한 청색을 띠고 있다. 산소를 더 많이 공급하면 [그림 4.7(d)]와 같이 백심이 짧게 되고, 속불꽃이 없어져 백심과 겉불꽃만이 된다. 이 불꽃을 산화 불꽃이라 한다.

[표 4.8]는 불꽃과 피용접 금속과의 관계를 나타낸 것이다.

표 4-8 불꽃과 피용접 금속과의 관계

불꽃의 종류	용 접 할 금 속
중 성 불 꽃	연강, 반연강, 주철, 청동, 알루미늄, 아연, 납, 모네메탈, 은, 니켈, 스테인리스강 등의 용접에 이용(용접에 가장 적합하므로 표준 불꽃이라 한다.)
산 화 불 꽃	황동, 구리, 아연, 등의 용접에 이용(산소의 양이 아세틸렌보다 많아 금속을 산화시키는 성질이 있다. 금속표면에 산화물이 생겨 기화되는 것을 방지한다).
탄 화 불 꽃	스테인리스강, 니켈강, 모네메탈 등의 용접에 이용(금속표면에 침탄 작용을 일으킴).

표 4-9 산소-아세틸렌 불꽃의 온도

산소와 아세틸렌의 비율	불꽃의 형태	온도(℃)	산소와 아세틸렌의 비율	불꽃의 형태	온도(℃)
0.8~1.0	탄화 불꽃	3,000	1.8~1.0	산화 불꽃	3,470
0.9~1.0	탄화 불꽃	3,140	2.0~1.0	산화 불꽃	3,370
1.0~1.0	중성 불꽃	3,240	2.5~1.0	산화 불꽃	3,310
1.5~1.0	산화 불꽃	3,420			

4.3.4 가스 용접장치

(1) 산소-아세틸렌 용접장치

산소-아세틸렌 용접장치는 [그림 4.8]과 같이 산소-아세틸렌가스 용접을 할 때에 필요한 용접 장치로서, ① 용해 아세틸렌 용기(또는 아세틸렌 발생기), ② 산소 용기, ③ 가스관, ④ 용접할 때에 불꽃을 분출하는 토치 등이 있다.

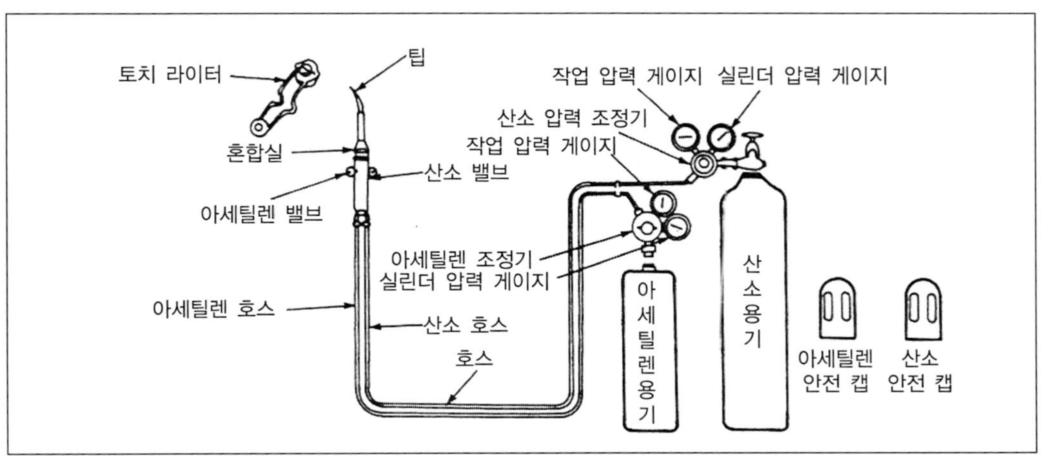

그림 4-8 산소-아세틸렌 용접장치

(2) 산소 용기

산소는 원통형의 산소 용기에 35℃에서 150kgf/cm2로 충전되어 있다. 산소 용기의 크기는 [표 4.10]과 같으며, 가장 많이 사용되는 것은 내용적 33.7ℓ, 산소 용기 호칭 5,000ℓ(33.7×150=5,055ℓ)의 것이다. 산소 용기 밸브는 산소 용기 윗부분에 끼워져 있다. 밸브에는 산소 밸브를 완전히 열었을 때, 고압 밸브 시트에서 산소가 새는 것을 방지하기 위해 패킹이 있고, 산소 용기가 파열되기 전에 먼저 파손되어 산소 용기의 파열을 방지해 주는 안전밸브가 있다.

표 4-10 산소 용기의 크기

호칭(l)	내용적(ℓ)	바깥지름(mm)	안지름(mm)	높이(mm)	중량(kgf)
5000	33.7	205	187	1,825	61
6000	40.7	235	216.5	1,230	71
7000	46.7	235	218.5	1,400	74.5

또, 산소 출구에는 산소 압력 조정기를 연결하는 나사부가 있고, 산소 용기 밸브를 운반 중에 보호하기 위하여 안전 캡을 씌운다. 산소 용기의 취급상 주의사항은 다음과 같다.

① 운반중에 충격을 주지 말아야 한다.
② 연소할 염려가 있는 기름이나 먼지가 나사부에 있어서는 안된다.
③ 직사광선을 피하여 그늘진 곳에 두어야 한다.
④ 산소 누설 시험에는 비눗물을 사용한다.
⑤ 산소 밸브의 개폐는 천천히 해야 한다.

(3) 용해 아세틸렌 용기

용해 아세틸렌은 산소와 같이 고압 가스 단속법에 의하여 그 제조, 판매, 저장, 취급 등이 엄격히 규정되어 있다. 아세틸렌 용기 속에는 아세톤을 흡수하는 목탄 또는 규조토 등과 같은 다공성 물질이 충전되어 있고, 아세톤에 아세틸렌 가스를 용해하였다.

[그림 4.9(a)]는 용해 아세틸렌 용기의 외관과 절단면을 나타낸 것으로서, 외관은 황색으로 칠해져 있다. [그림 4.9(b)]는 아세틸렌 용기의 밸브를 나타낸 것이다.

용해 아세틸렌 용기의 크기는 15, 30, 50ℓ 등이 있으며, 보통 30ℓ 의 것이 사용된다. 30ℓ 의 용기에는 보통 5kgf의 아세틸렌이 용해되어 있으므로, 가스의 용량은 약 4500ℓ 이다.

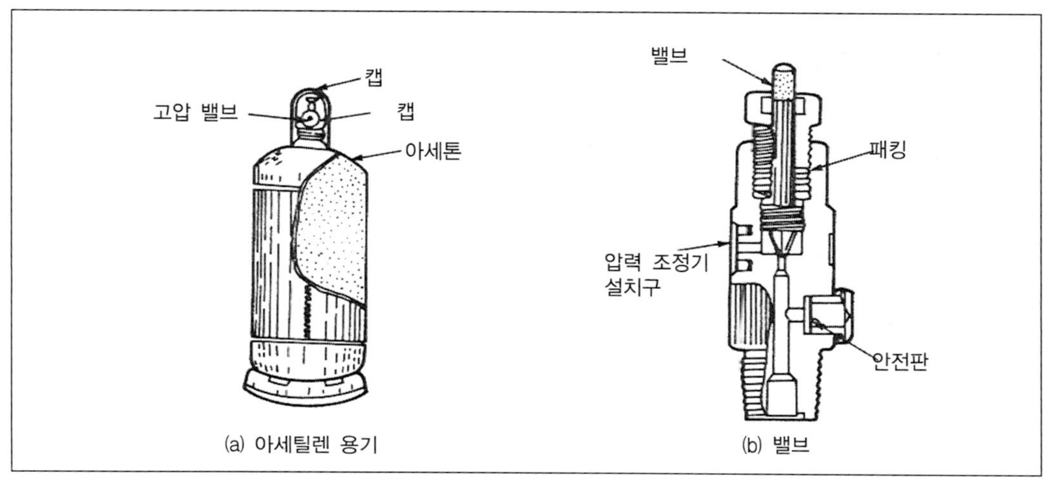

그림 4-9 아세틸렌 용기와 밸브

(4) 압력 조정기

고압의 산소, 아세틸렌을 용접에 사용할 수 있게 임의의 사용 압력으로 감압하고 항상 일정한 압력을 유지할 수 있게 하는 장치이다[그림 4.10].

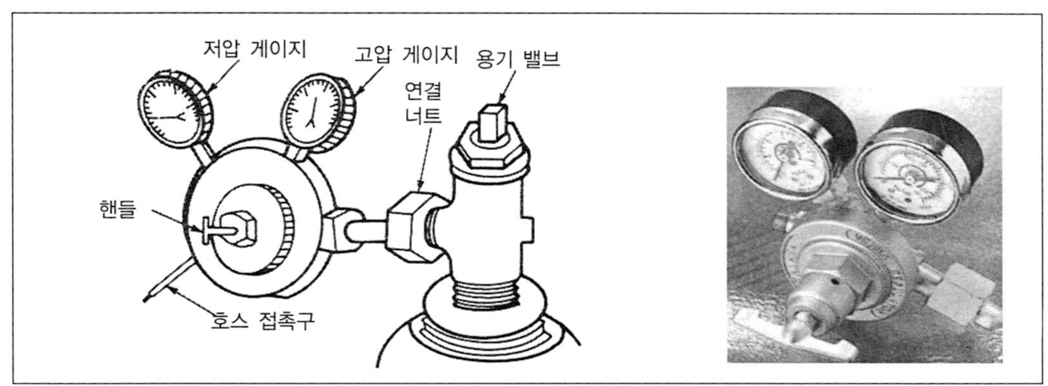

그림 4-10 압력 조정기

① 산소 조정기

산소 용기에 있는 고압의 산소를 용접 작업에 사용할 수 있게 1~5기압(kgf/cm^2)으로 감압한다.

② 아세틸렌 조정기

고압의 아세틸렌을 0.1~0.5kgf/cm^2로 감압한다.
압력 조정기는 용기의 내압을 재는 고압 게이지와 용접에 필요한 압력으로 감압한 압력을 재는 저압 게이지가 있다.

(5) 토치(torch)

가스 용접시 산소와 아세틸렌을 혼합시켜 용접 불꽃을 일으키는 기구를 토치라 하며 용량의 대소에 따라 다음과 같이 나눈다.

① 저압식 토치 : 아세틸렌의 압력이 0.07kgf/cm^2 이하 되는 것을 사용한다.

② 중압식 토치 : 아세틸렌의 압력이 0.07kgf/cm^2 이상 되는 것을 사용한다.
또한, 토치의 분출구에 니들밸브가 있는 가변압식(B형, 프랑스식)과 니들밸브가 없는 불변압식(A형, 독일식)이 있다[그림 4.11].

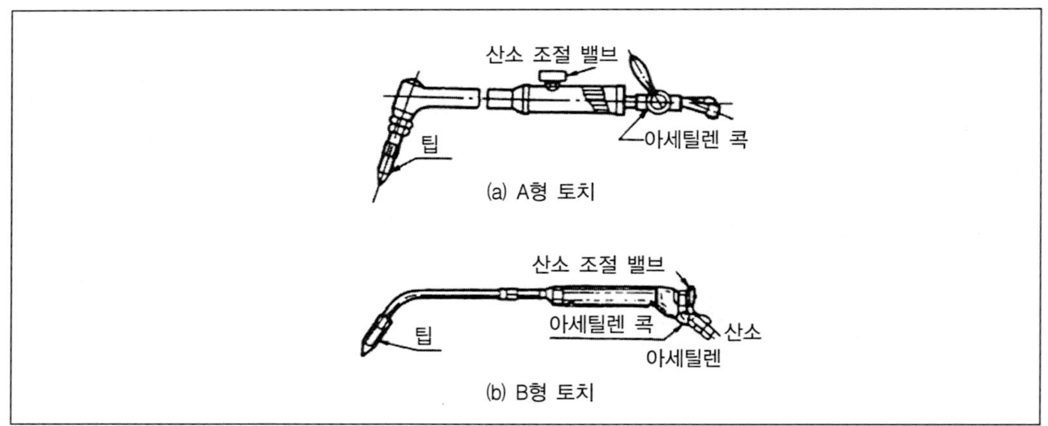

그림 4-11 토치의 구조

③ 팁의 능력 : 가변압식은 1시간 동안 표준 불꽃으로 용접할 때 아세틸렌의 소

비량(l)으로 나타내며 불변압식은 연강판의 용접을 기준으로 해서 팁이 용접하는 판 두께로 나타낸다.

④ 역류, 인화 및 역화

ⓐ 역류

산소가 아세틸렌 호스 쪽으로 흘러 들어가는 것을 역류라 한다. 이는 팁 끝이 막혔거나 안전기가 고장일 때 일어난다.

ⓑ 인화

팁 끝이 순간적으로 막혔을 때 가스의 분출이 나빠 불꽃이 혼합선까지 들어가는 것을 인화라 한다. 이 현상이 일어나면 즉시 아세틸렌 밸브를 잠가서 혼합선 속의 불을 끄고 이어서 산소 밸브도 잠근다.

ⓒ 역화

불꽃이 순간적으로 팁 끝에 흡인되어 "펑펑"하면서 꺼졌다가 다시 켜지는 현상을 역화(back fire)라 하며 이 현상은 팁이 과열되었거나 가스의 압력과 유량이 부적당할 때 생긴다.

(6) 가스관

가스관은 산소 또는 아세틸렌 용기나 발생기에서 토치까지 가스를 보내는데 사용되는 파이프나 고무 호스를 말한다. 산소용 고무 호스의 인장 간도는 아세틸렌용 고무 호스의 약 10배가 되며, 호스를 색으로 구별하기 위하여 산소용은 흑색 또는 녹색, 아세틸렌용은 적색으로 표시한다. 호스의 지름은 보통 토치에는 7.9mm 정도, 소형 토치에는 6.3mm 정도를 사용하며, 길이는 3~5m를 표준으로 한다.

4.3.5 가스 용접봉과 용재

(1) 가스 용접봉

종래에는 가스 용접봉을 중요시하지 않았으나, 최근에는 가스 용접에서 용착금속은 모재와 같은 재질의 것을 얻도록 하는 것이 원칙이므로 매우 중요하다 할 수 있다. 용접봉의 성분은 보통 모재와 같거나 또는 용접 중에 산화 소실되기 쉬운 원소를 보충하고, 용융 금속의 유동성을 양호하게 하며, 작업을 용이하도록 한다.

표 4-11 연강용 용접봉의 종류와 기계적 성질(KS D 7005)

용접봉의 종류	시험편의 처리	인장강도(kgf/mm2)	연신율(%)
GA 46	SR NSR	46 이상 51 이상	20 이상 17 이상
GA 43	SR NSR	43 이상 44 이상	25 이상 20 이상
GA 35	SR NSR	35 이상 37 이상	28 이상 23 이상
GA 46	SR NSR	46 이상 51 이상	18 이상 15 이상
GA 43	SR NSR	43 이상 44 이상	20 이상 15 이상

연강용 가스 용접봉은 KS D 7005에 종류 및 특성을 규정하고 있다. 그 중에서 GA,46, GB 43 등의 숫자는 용착 금속의 인장 강도가 46 kg/mm^2 또는 43 kg/mm^2 이상인 것을 나타내고, SR는 응력을 제거한 것, NSR는 응력 제거를 하지 않은 것을 나타낸다[표 4.12].

가스 용접에 사용되는 용접봉의 표준 지름은 1~6 mm이며, 판의 두께와 토치의 용량에 따라 알맞은 지름의 것을 택해야 한다.

표 4-12 연강의 판 두께가 용접봉의 지름(단위 : mm)

모재의 두께	2.5 이하	2.5 ~ 6.0	5 ~ 8	7 ~ 10	9 ~ 15
용접봉의 지름	1.0 ~ 1.6	1.6 ~ 3.2	3.2 ~ 4.0	4 ~ 5	4 ~ 6

(2) 용제(flux)

금속을 가열하게 되면 공기 중의 산소나 질소를 산화나 질화 작용이 일어나 산화물이 생겨서 모재와 용착 금속과의 융합을 방해하게 된다. 이와 같이 용접 중에 생성된 산화물과 유해물을 용융시켜 슬래그로 만들거나 산화물의 용융 온도를 낮게 하기 위하여 용제를 사용한다.

용제에는 분말 또는 용접봉 표면에 피복한 것도 있다. 분말로 된 것은 물이나 알코올에 개어서 용접봉이나 용접 홈에 그대로 칠해서 사용하고, 액체는 용접봉에 묻혀서 사용한다. 가스 용접에서 연강 용접 때에는 용제를 필요로 하지 않는다. 그 이유는 표준 불꽃을 사용하면 환원성 분위기가 되어 산화철 자신이 어느 정도 용제의 작용을 하기 때문이다[표 4.13].

표 4-13 각종 금속 용접에 사용되는 용제

용접금속	용제
연강	사용하지 않는다.
주철	탄산나트륨 15%, 붕사 5%, 중탄산나트륨 70%
구리합금	붕사 75%, 염화리듐 25%
알루미늄	염화나트륨 30%, 염화칼륨 45%, 염화리듐 15%, 플로오르화칼륨 7%, 황산 3%

(3) 가스 용접봉과 모재와의 관계

용접봉의 지름은 모재 두께에 따라 다음 식에 의하여 구한다.

$D = T/2 + 1$

여기서, D : 용접봉 지름, T : 판 두께

4.4 특수 용접

4.4.1 특수 아크 용접

피복 아크 용접은 피복 용접봉을 사용하기 때문에 큰 전류를 사용할 수 없고 용접봉의 길이가 한정되어 있어 용접 도중에 교체하여야 하므로 작업능률이 떨어진다. 또한, 공업의 발달로 용접할 재료가 다양해지고 작업의 능률도 향상시킬 수 있는 용접봉이 필요하게 되었다.

이와 같은 요구에 따라 개발된 용접법이 특수 아크 용접이다.

(1) 불활성 가스 아크 용접(inert gas shielded arc welding)

① 원리

아르곤(Ar), 헬륨(He) 등 고온에서도 금속과 반응하지 않는 불활성 가스의 분위기 속에서 텅스텐 또는 금속선을 전극으로 하여 모재와의 사이에서 아크를 발생시켜 용접하는 방법이다[그림 4.12].

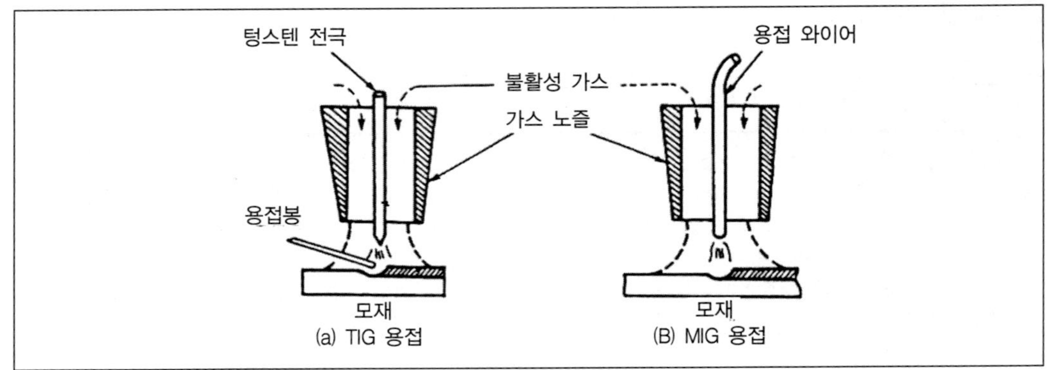

그림 4-12 불활성 가스 아크 용접의 종류

불활성 가스 아크 용접은 불활성 가스를 사용하므로 용접부가 대기로부터 차단되어 보다 강하고 전연성과 내식성이 풍부한 이음을 얻을 수 있다. 또한 용제(flux)를 이용하지 않으므로 용접 후의 청정 작업도 필요없어 경제적이며, 용접 작업 중에 스패티나 유해 가스의 발생이 거의 없다.

불활성 가스 아크 용접은 거의 모든 금속에 적용되며, 특히 스테인리스강, 알루미늄과 그 합금, 마그네슘과 그 합금, 네켈과 그 합금의 용접에 널리 이용되고 있다.

② 종류

ⓐ 불활성 가스 텅스텐 아크 용접(tungsten inert gas arc welding, TIG용접)

TIG용접은 용접 전극으로서, 거의 소모되지 않은 텅스텐 봉을 사용하며, 용접봉은 별도로 공급한다.

텅스텐 봉과 모재 사이에서 아크를 발생시켜 여기서 불활성 가스가 토치에서 분출되어 나오고 용가제인 용접봉을 아크 열로 용해시켜 용접하는 방법으로 주로 0.6~3 mm의 얇은 판에 사용된다.

TIG용접에서는 용접 전류로서 직류와 교류가 이용되고 있으며, 직류를 사용할 때에는 정극성과 역극성의 극성에 유의해야 한다. 정극성에서는 모재의 용입이 깊으며, 역극성에서는 용입이 넓고 얕아지고 교류용접의 용입은 정극성과 역극성의 중간 정도이다[그림 4.13].

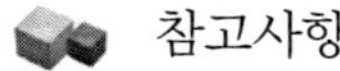
참고사항

- 정극성 : 전자가 전극으로부터 모재쪽으로 흐르므로 전자가 모재에 강하게 충돌하며 깊은 용입을 일으킴
- 역극성 : 전자가 전극을 향하고 가스 이온이 모재 표면에 넓게 충돌하므로 용입은 넓고 얕아짐

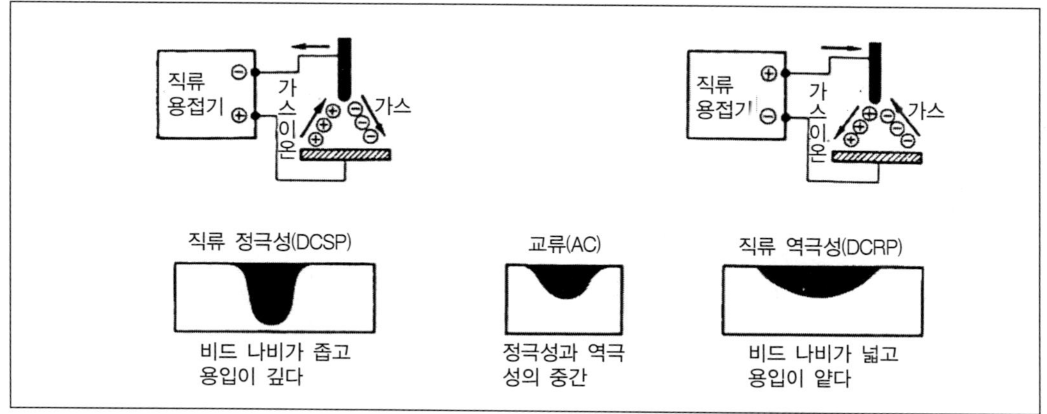

그림 4-13 불활성 가스 텅스텐 아크 용접의 극성

ⓑ MIG용접(metal inert gas arc welding)

용가제인 금속봉과 모재 사이에 아크를 발생시키고 전극 와이어를 연속적으로 보내어 용접한다. 주로 3 mm 이상의 판재에 사용하여 반자동식과 자동식이 있다.

③ 특징

ⓐ 산화, 질화 등을 방지할 수 있다.
ⓑ 청정효과에 의해 용제를 사용하지 않고 용접 가능
ⓒ 열의 집중이 좋아 용접능률이 높다.
ⓓ 용착부는 연성, 강도, 기밀성 및 내열성이 우수하다.
ⓔ 아크가 극히 안정되고 스패터가 적다.

(2) 서브머지드 아크 용접(submerged arc welding)

서브머지드 아크 용접은 용접아크를 석회, 실리카, 망간산화물, 칼슘불화물 등으로 이루어진 미세한 입상의 용제로 덮는다. 용제는 [그림 4.14]에서 보여주는 것과 같이 노즐을 통해 중력으로 용접부에 공급한다. 두꺼운 층으로 된 용제는 융해된 금속을 완전히 감싸주고 아크가 흐트러지는 것을 막아준다. 따라서 서브머지드 아크 용접에서는 복사열이나 연기가 많이 나지 않는다. 또한 용제는 보온재 역할을 하며 피용접물에 열이 깊이 침투할 수 있도록 도와주는 역할도 한다. 용접시 장갑을 끼어야 하나 안전 색안경을 제외하고는 안면보호구를 착용하지 않아도 된다.

소모성 용접봉은 피복되지 않은 직경 1.5 내지 10 mm인 봉재의 코일로 주어지며 용접건(welding gun)의 관을 통해 자동공급이 가능하다.

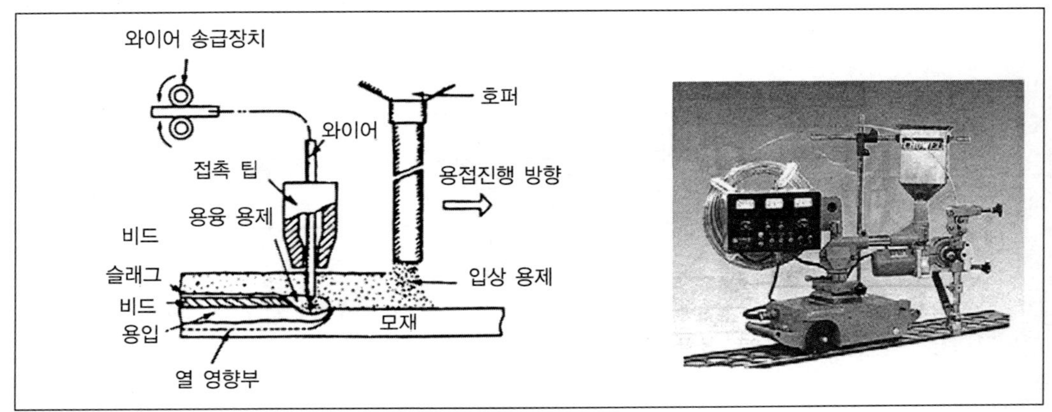

그림 4-14 서브머지드 아크 용접 공정의 개략도와 용접 장치

전원의 전류는 대개 600에서 2,000 A이며 교류나 직류 모두 사용이 가능하다. 용제는 자중에 의해 공급되므로 서브머지드 아크 용접은 평판이나 수평방향으로서의 용접에 국한되는 것이 보통이다. 관용접에서는 원주상의 용접도 가능하며, 이 경우에는 원관을 회전시키며 용접을 수행한다. 사용되지 않은 용제는 회수하여 재사용한다. 용접의 성능은 아주 우수하여 용접부위의 인성과 연성이 높고 기계적인 성질 또한 균일한 것이 특징이다. 서브머지드 아크 용접의 생산성은 매우 높아서 피복금속아크 용접에 비해 한 시간에 4배에서 10배에 이르는 용접금속을 용착시킬 수 있다.

◎ 특징 및 적용

이 방법은 용제 속에서 용접하므로 용융 금속의 산화나 질화가 방지되고, 특히 균일하게 비드가 형성되므로 고품질이며, 외관이 매우 우수한 이음부를 얻을 수 있다. 또 용제는 보통 상태에서는 전기 부도체이나 용융되면 도체가 된다. 그러므로 대전류를 와이어에 흐를 수 있게 하며, 또 열의 발산도 방지되므로 수동용접에 비하여 매우 능률이 높다. 이 용접이 가장 널리 적용되는 공업분야는 조선, 제관, 교량, 차량 등이며 이밖에 철골 구조, 가스 터빈, 대형 전동기 등에도 쓰인다.

(3) 이산화탄소 아크 용접(CO_2 gas shielded arc welding)

① 용접의 원리와 특징

이산화탄소 아크 용접은 [그림 4.15]과 같이 이산화탄소로 용접부를 보호하면서 용접을 하는 방법이다.

이 용접법은 철강 용접에 한하지만 MIG용접과 같이 와이어의 지름에 비하여 비교적 대전류를 사용하므로 용입이 깊고, 또 가스의 가격이 저렴하기 때문에 경제적이다.

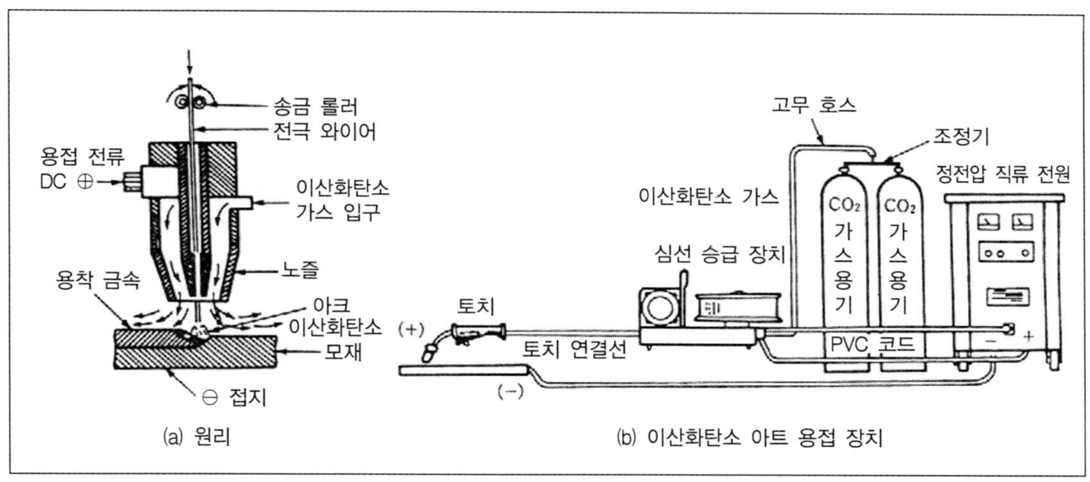

그림 4-15 이산화탄소 아크 용접

이산화탄소를 사용한 강재 용접에서는 공기(산소와 질소)의 영향은 거의 받지 않지만 이산화탄소가 고온에서 일산화탄소와 산소토 해리되어 용접 금속을 산화시킴으로 전극 와이어에 탈산제를 첨가하는 방법 등으로 산화를 방지하여 양질의 용접 금속을 얻는다(Mi-Si계 와이어 사용). 이 용접법은 교량, 철도 차량, 전자 기기, 자동차, 조선, 건축 등에 많이 사용되고 있다.

(4) 플라즈마 아크 용접(plasma-arc welding)

1960년대에 개발된 플라즈마 아크 용접에서는 집중된 플라즈마 아크를 만들어 용접부에 쏘아주는데 이 때 발생한 아크는 안정되며 최고 33,000℃(60,000°F)의 고온에 도달한다. 플라즈마는 거의 동수의 전자와 이온으로 합성된 이온화된 고온 가스이다. 플라즈마는 저전류를 이용한 파일로트 아크를 이용하여 텅스텐 전극과 오리피스(orifice) 사이에서 시작된다. 다른 공정과는 달리 플라즈마아크는 비교적 좁은 오리피스를 통과하므로 아크가 집중된다. 용접전류는 보통 100A 미만이나 특별한 작업에서는 이보다 높게 사용한다. 용가재를 사용할 때에는 텅스텐 아크 용접에서와 마찬가지로 아크 내로 이를 공급한다. 아크와 용접부는 아르곤, 헬륨 또는 혼합가스로 보호한다.

플라즈마아크 용접에는 두 가지 종류가 있다. [그림 4.16(a)]에 주어진 전달식 아크 용접에서는 피용접물이 전기회로의 일부분이 된다. 따라서 아크는 전극으로부터 피용접물로 직접 전달된다. [그림 4.16(b)]의 비전달식 아크 용접에서는 전극과 노즐 사이에 아크를 발생시키고 열은 플라즈마가스에 의해 피용접물로 전달된다.

다른 아크 용접방식에 비해 플라즈마아크 용접법은 에너지를 집중시킬 수 있어서 용입이 깊고 좁으며, 아크 안전성이 좋고 2~16 mm/s의 높은 용접속도를 가능케 하는 장점이 있다. 이 용접에 적합한 모재는 스테인리스강, 탄소강, 티탄, 니켈합금, 구리 등이다. 플라스마 아크 용접의 특징은 다음과 같다.

① 열적 피치 효과에 의하여 열집중의 우수하므로, 용입이 깊고, 열 영향부가 좁으며, 용접 속도가 빠르다.
② 이음 홈은 I 형으로 가능하며, 용접봉의 소모가 적다.
③ 1층으로 용접할 수 있으므로 능률적이다.
④ 용접부가 대기로부터 보호되므로 야금적, 기계적 성질이 좋고, 변형이 적다.
⑤ 각종 재료의 용접이 가능하다.

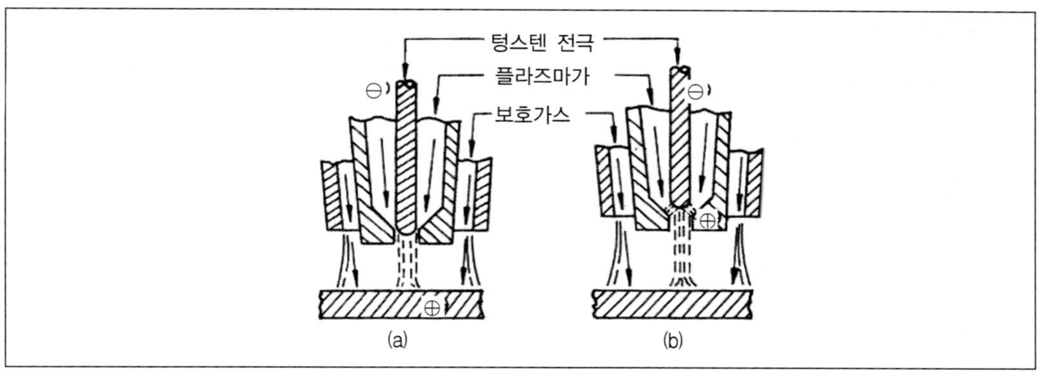

그림 4-16 두 가지 형태의 플라즈마아크 용접

참고사항

• 플라즈마 : 기체 분자는 매우 높은 온도로 가열하면 원자 상태로 분해(해리)된다. 특히 고온상태에서는 강렬한 열운동 때문에 이들 원자는 전자와 양이온으로 나누어진다(열전리). 고온의 기체 원자의 대부분은 (-)의 전자와 (+)의 양이온으로 전리되어 도전성을 띄게 한다. 이와 같이 전자와 양이온이 혼재하여 도전성을 띈 기체를 플라즈마(plasma)라 하며 고체, 액체, 기체 다음의 제4의 물리 상태로 알려져 있다. 현재에는 종래의 아크에 비하여 10~100배의 에너지 밀도를 가지므로, 고온 플라즈마가 발생되어 이 열원을 이용하여 각종 용접이나 절단에 사용한다.

4.5 기타 용접법

공업의 발달로 신소재가 개발됨에 따라 이들 재료를 용접할 수 있는 방법 또한 각종 재료에 적합한 용접법이 개발되어 실용화되었다.

4.5.1 일렉트로 슬래그 용접(electro slag welding)

(1) 일렉트로 슬래그 용접의 원리

일렉트로 슬래그 용접은 용접의 일종으로 아크열이 아닌 와이어와 용융 슬래그 사이에 통전된 전류의 저항열(주울열)을 이용하여 용접한다. 용접 원리는 [그림

4.17]와 같이 용융 상태에 있는 슬래그 속에서 용접 와이어와 모재와의 사이에 대전류를 통했을 때 발생하는 저항열을 이용하여 와이어와 모재를 녹여 접합하다.

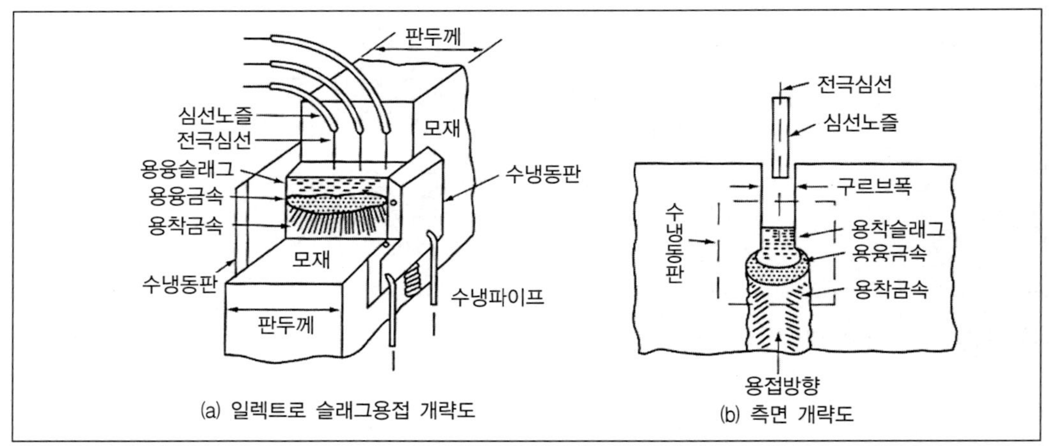

그림 4-17 일렉트로 슬래그 용접

용접할 때에 용융 금속과 용융 슬래그가 흘러나오지 않도록 수냉식 미끄럼판을 서서히 위쪽으로 올리면서 와이어를 연속적으로 공급하여 용접을 하기 때문에 연속 용융방식에 의한 단층 상진 용접법이라고도 한다. 이 용접에서 저항열은 처음부터 발생하는 것이 아니고, 용제 공급장치로 부터 미끄럼판과 모재 사이에 공급된 용제에 전류를 통하면 순간적으로 아크가 발생된다.

(2) 일렉트로 슬래그 용접의 적용

일렉트로 슬래그 용접은 두꺼운 판 용접에 가장 적합한 것이다(용접범위 50~900 mm 이상의 두께를 한 번에 용접할 수 있다). 종래에 두꺼운 판을 아래보기 자세로 서브머지드 아크 용접을 하던 것을 용접 홈 가공을 하지 않은 상태에서 수직 방향의 일렉트로 슬래그 용접을 하면 준비시간, 용접시간, 용접경비, 용접 공정수 등을 1/3~1/5 정도로 감소시킬 수 있다. 일반적으로 60 mm 이하의 판 용접에는 서브머지드 용접이 유리하고 그 이상은 일렉트로 슬래그 용접이 효율적이다.

또 피복 아크 용접과 비교하면 아크 시간은 4~6배의 능률 향상을 가져오며, 경제적인 면에서도 준비 시간을 포함하여 $\frac{1}{2}\sim\frac{1}{4}$의 경비절약이 된다. 이 용접은 정밀을 요하는 복잡한 홈 가공이 필요없으며 직각 가스 절단 그대로의 I형 홈이면 된다. 용접속도는 0.2~0.6 mm/s 정도이며 용접성이 뛰어난 중랑비 원자로 용기의 중구조물 강판 용접에 사용된다.

4.5.2 전자 빔 용접(electron beam welding)

(1) 전자 빔 용접의 원리

전자 빔 용접은 [그림 4.18]과 같이 진공 속에서 발생된 고속의 전자 빔을 모재를 향해 충돌시켜 그 때에 생기는 충돌 발열을 이용하여 모재를 접합하는 방법이다. 1960년대에 개발된 전자 빔 용접은 용접 표면이 서로 평행하며 깊고, 좁은 곳을 매끄럽고, 열 영향부가 적도록 용접할 수 있다.

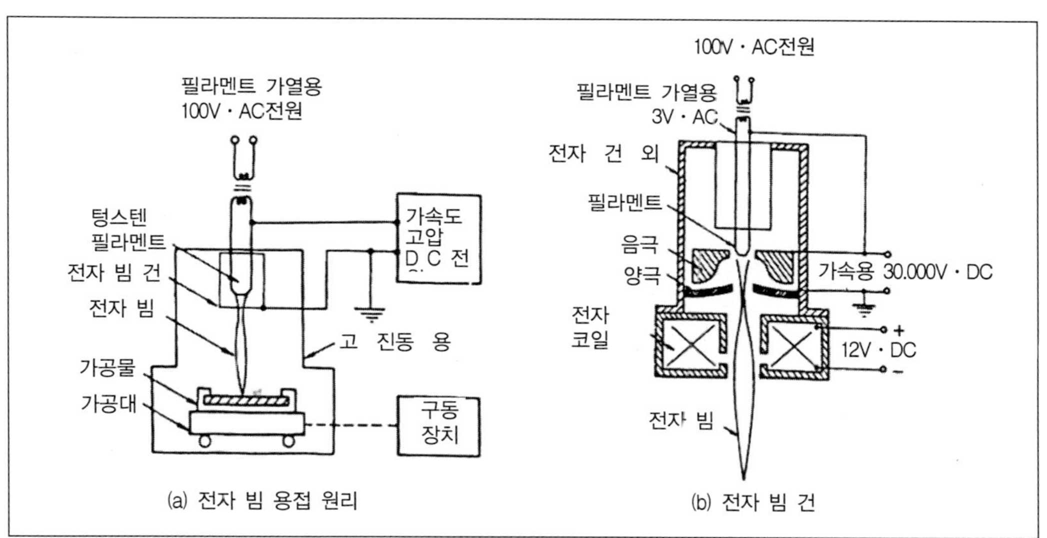

그림 4-18 전자 빔 용접

(2) 용접 장치

전자 빔 용접 장치는 전자 빔을 발생하는 ① 전자 빔 건과 ② 가공품을 올려놓는 가공대가 진공실 속에 밀폐되어 있으며, 두 가지를 진공실 밖에서 자유로이 구동 제어하고, 용접은 설치된 감시창을 통하여 가공물을 관찰하면서 진행한다.

오늘날 전자 빔 용접이 각광을 받게 된 이유는 고진공 속에서 용접을 하기 때문에 산화 작용이 잘 일어나는 재료도 용접할 수 있고, 전자 빔을 집중시키므로 고용융재료인 텅스텐, 몰리브덴 등도 용접할 수 있기 때문이다. 또 에너지 집중이 가능하기 때문에 얇은 판재(0.05 mm)에서 두꺼운 재료(300 mm)까지 광범위하게 고속 용접이 가능하다.

4.5.3 테르밋 용접(thermit welding)

(1) 테르밋 용접의 원리

미세한 알루미늄 분말(Al)과 산화철(Fe_2O_3, Fe_3O_4)의 혼합물(이것을 테르밋 제, thermit mixture라 한다.)을 도가니 안에 넣고, 그 위에 과산화바륨과 마그네슘의 혼합분말로 된 점화제를 얹어 놓고 점화하면 다음 식에 의한 강렬한 발열반응(테르밋 반응)이 생겨서 약 2800℃의 순수한 용융철과 알루미늄으로 변환된다.

$$8Al + 3Fe_3O_4 \rightarrow 9Fe + 4Al_2O_3 + 719.3kcal$$

이 테르밋 반응을 이용하여 철강을 용접하는 방법을 테르밋 용접이라 한다. 실제로는 용융금속의 품질과 성질을 조정하기 위하여 테르밋 제에는 다른 금속원자나 탈산제를 배합하고 있다. 점화제로는 과산화바륨과 마그네슘을 혼합한 분말을 사용한다. 이 방법에서는 테르밋 반응의 결과 도가니 안에서 얻는 2,800℃의 쇳물을 도가니 밑에서 [그림 4.19]과 같이 미리 이음의 주위에 만들어진 주형내에 주입하여 홈을 용착한다. 용접 홈은 800~900℃ 이상으로 예열하여 용융금속과 모재의 융합을 촉진한다.

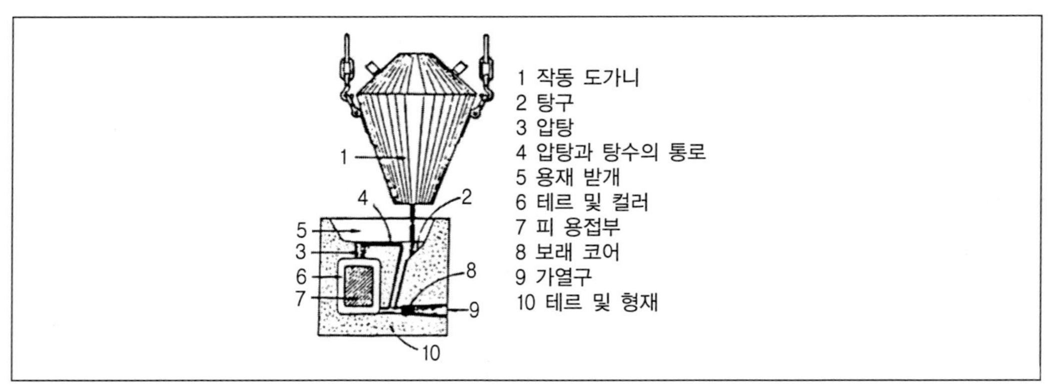

그림 4-19 테르밋 용접의 원리

(2) 테르밋 용접의 적용

테르밋 용접은 철강계통으로 주로 레일, 차축, 선박의 선미 프레임, 큰 지름의 주조품이나 단조품 등에 사용된다.

(3) 테르밋 용접의 특징

① 용접 작업이 단순하며 전기가 필요없다.
② 용접용 기구가 간단하며 설비비가 싸고 또 이동이 쉽다.
③ 용접 시간이 짧고, 용접 후 변형이 적다.
④ 용접 이음부의 흠은 가스 절단한 그대로도 좋고, 특별한 모양의 홈을 필요로 하지 않는다.

4.5.4 전기저항 용접(resistance welding)

(1) 전기저항 용접의 원리

저항용접은 용접부에 대전류를 직접 통전하고, 이것에 의해서 생긴 주울 열을 열원으로 하여 접합부를 가열하고 동시에 큰 가압력을 주어 금속을 접합하는 방법이다[그림 4.20].

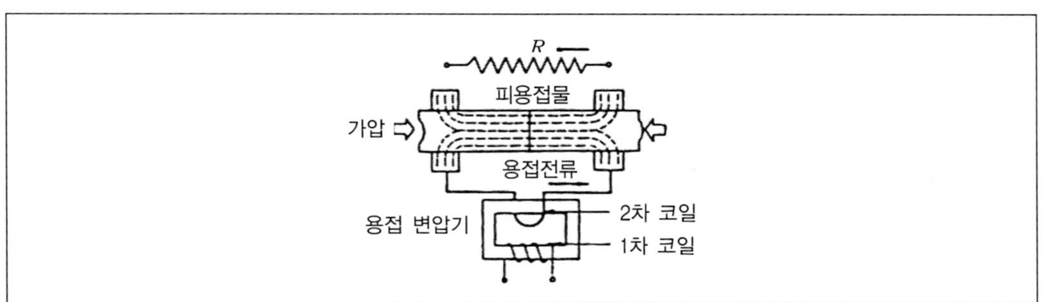

그림 4-20 저항 용접의 원리

저항용접에서는 용접할 금속 자체에서 발생하는 저항열을 이용하는 점에서 가스 용접이나 아크 용접과는 근본적으로 다르다. 가스나 아크에서는 열원의 온도가 일정하지만, 저항 용접에서는 일정한 온도의 열원이 없고, 용접부가 적정 온도로 되느냐 안되느냐는 용접 제요소에 따라서 정하는 것이며, 저항용접의 곤란 여부는 이 점에 있다. 일반적으로 금속에 전류를 통하면 다음 식의 주울열을 발생한다.

$$Q = 0.24 I^2 R t \ (\mathrm{cal})$$

여기서, Q : 발생열(cal), I : 전류(A), R : 전기저항(Ω), t : 시간(s)

용접부의 온도는 이 발생열과 열 방산의 차에 따라서 결정된다. 저항 용접의 결과에 영향을 끼치는 가장 중요한 요인으로는 용접 전류, 통전 시간, 가압력 등이며 이를 저항 용접의 3대 요소라 한다.

(2) 전기저항 용접의 종류

전기저항 용접의 종류는 용접 방법에 의하여 [표 4.14]와 같이 분류한다.

표 4-14 전기저항 용접의 분류

저항 용접	겹치기 저항 용접	스폿 용접
		심 용접
		프로젝션 용접
	맞대기 저항 용접	업셋 용접
		플래시 용접

① 스폿 용접(spot welding)

스폿 용접은 저항 용접 중에서 가장 널리 사용되는 것이다. 구리 합금으로 된 전극 팁 사이에 접합할 금속판을 겹쳐 놓고 알맞은 가압 방법으로 가압하면서 전류를 통한다. 전류는 전극 팁을 통해 집중력으로 흘러 접촉부를 용해하며, 가압력에 의해 접합이 된다. 이때 접합면의 일부는 녹아 바둑알 모양의 단면으로 접합되는데, 이 부분은 너깃(nugget)이라 한다. 전류를 차단하면 용접부는 냉각하여 응고한다. 이때 통전 시간은 재료에 따라 다르다[그림 4.21].

② 심 용접(seam welding)

심 용접은 [그림 4.22]와 같은 회전 롤러 전극 사이에 두 장의 판을 끼워서 가압 통전하고 전극을 회전시켜 판이 이동되면서 연속적으로 선 모양으로 용접이 된다. 즉 스폿용접에서 사용되는 전극을 회전하는 휠(wheel) 또는 롤러로 대치된 것이다.

심 용접의 조건은 롤러 전극의 접촉 면적이 넓기 때문에 점 용접에 비해 용접 전류를 1.5~2.0배, 가압력은 1.2~1.6배 정도로 한다.

심용접은 주로 기밀, 수밀을 필요로 하는 탱크의 용접이나 자동차 부품, 판 이음에 널리 이용되고 있다. 시임용접에 적용되는 모재는 탄소강, 알루미늄 합금, 스테인리스강, 니켈 합금 등이며 용접이 가능한 판 두께는 보통 0.2~0.4 mm 정도이다.

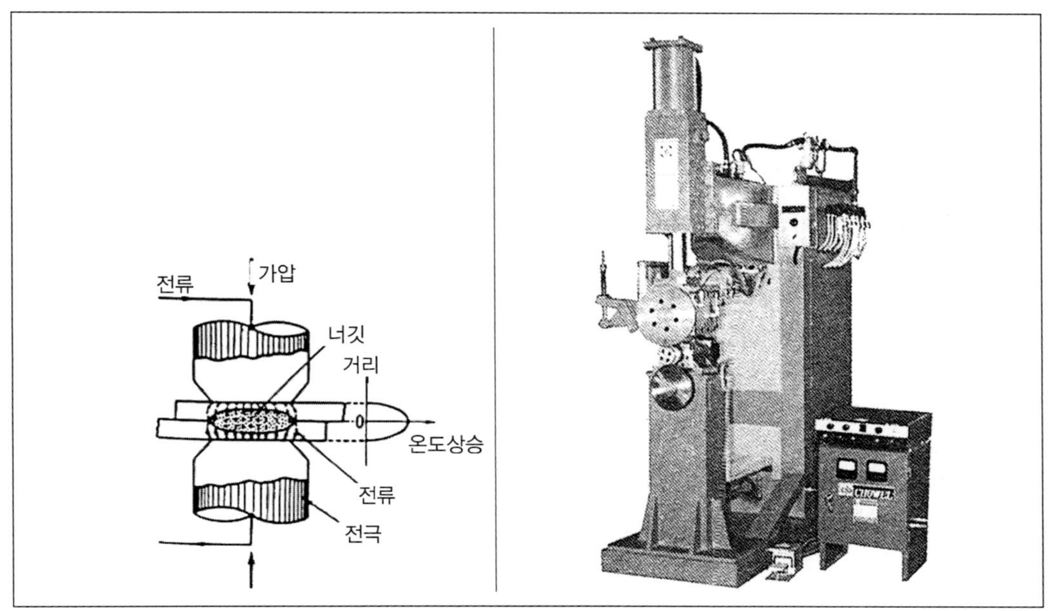

그림 4-21 스폿 용접기

그림 4-22 심 용접

③ 프로젝션 용접(projection welding)

프로젝션 용접은 스폿 용접과 거의 비슷한 것으로 [그림 4.23]에 나타낸 것과 같이 제품의 한쪽 또는 양쪽에 작은 돌기(projection)를 만들어 이 부분에 용접 전류를 통하면서 압접하는 방법이다. 프로젝션 용접은 점용접과 달리 여러 점을 동시에 용접하기 때문에 능률이 매우 좋고 돌기부의 형상을 잘 이용하면 견고한 이음을 얻을 수 있다.

이 용접은 프레스 가공품, 봉재, 선재, 파이프, 볼트, 너트나 단조품, 기계가공품 전반에 걸쳐 널리 이용된다.

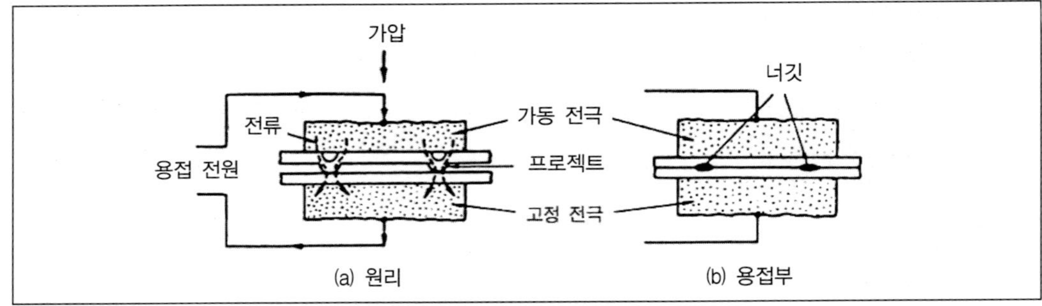

그림 4-23 프로젝션 용접

④ 업셋 용접(upset welding)

업셋 용접은 [그림 4.24]과 같이 모재의 단면을 서로 맞대어 가압하면서 전류를 통하면 용접부는 접촉 저항에 의해서 발열된 다음, 고유 저항에 의해 더욱 온도가 높아져 용접부가 압접 온도에 이르게 된다. 이때 모재를 축방향으로 가압하게 되면 용접된다.

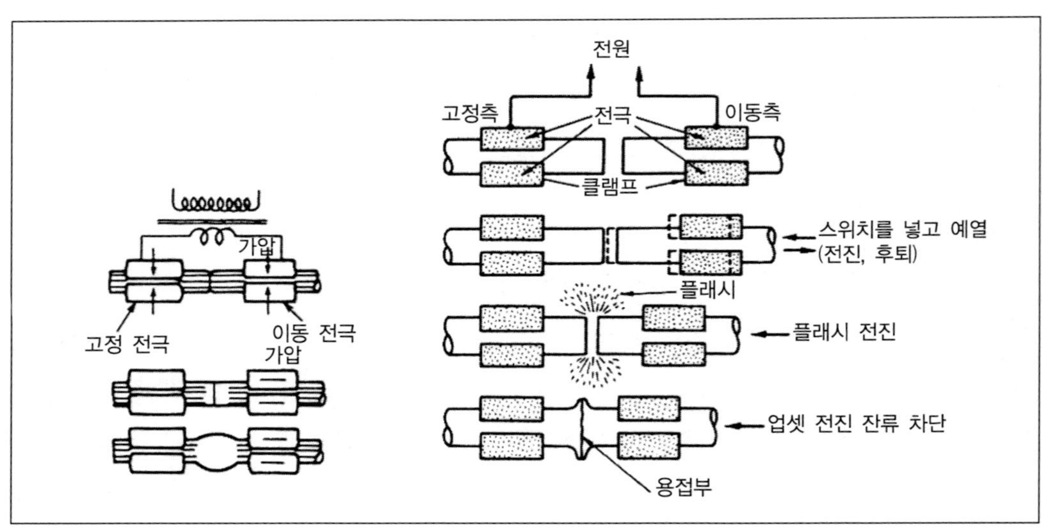

그림 4-24 업셋 용접

그림 4-25 플래시 용접의 원리

⑤ 플래시 용접

플래시 용접의 원리는 [그림 4.25]과 같다. 피용접재를 각각 고정 전극과 이동 전극에 고정한 후에 금속 단면을 가볍게 접촉시켜 여기에 대전류를 통하여 접촉점을 가볍게 집중적으로 가열한다.

접촉점은 가열, 용융되어 불꽃으로 흩러지나 그 접촉이 끊어지면 다시 용접재를 내보내어 항상 접촉과 불꽃 비산을 반복시키면서 용접면을 고르게 가열하여 적당한 온도에 도달하였을 때 강한 압력을 주어 압접을 한다.

4.5.5 마찰 용접

(1) 마찰 용접의 원리

용접하는 두 재료를 마찰 용접기에 물려 한쪽은 고정시켜 두고 다른 한쪽을 2,000rpm 정도의 고속으로 회전, 마찰시키면 그 마찰면이 접합에 충분한 온도에 도달한다(1,200℃ 내외). 이때, 순간적으로 회전을 멈추면서 강력한 기계힘으로 접합시키는 새로운 개념의 고상압접 방식이다[그림 4.26].

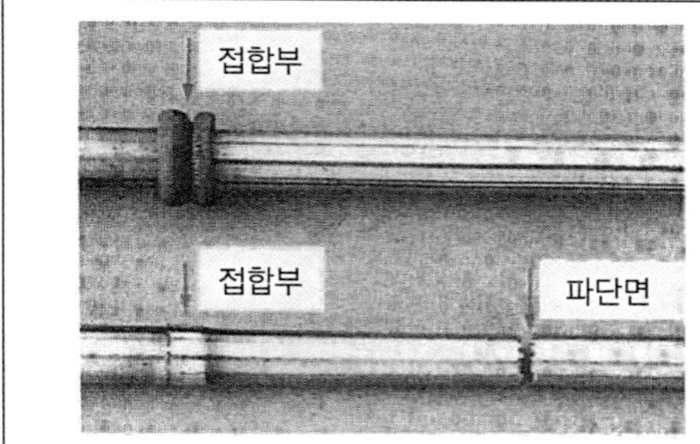

그림 4-26 업셋 용접

그림 4-27 마찰 용접 적용 예

(2) 적용

마찰 용접은 자동차 부품, 항공기, 석유 기계 부품, 공작 기계 부품, 각종 밸브, 공구류 등에 널리 사용된다[그림 4.27].

4.5.6 레이저 빔 용접(laser-beam welding)

레이저 빔 용접은 용접에 필요한 열원으로 집중된 고출력 단색광(단일파장)을 이용한다. 빔은 에너지밀도가 높으므로 용접부에 깊이 침투할 수 있으며 용접물에 정확하게 초점을 맞추어 직접 전달될 수 있다. 따라서 이 공정은 특히 좁고 깊은 접합부를 용접하는 데 적합하다.

레이저 빔 용접은 두께 25 mm까지의 재료에 다양하게 사용되며 특히 얇은 재료에 효과적으로 사용된다. 용접속도는 40 mm/s로부터 얇은 금속에 대해서는 1.3 m/s 정도까지 가능하다. 이 공정 자체의 특성 때문에 접근할 수 없는 위치에 대해서도 용접할 수 있다. 레이저 빔 접합은 용접성이 뛰어나며 적은 양의 수축과 비틀림 그리고 깊이 대폭비가 최대 30 : 1인 경우에도 사용가능하다. 그러나 전자 빔 용접에서와 마찬가지로 깊이 대폭비가 크므로 접합부의 중심을 따라 균열을 일으킬 수 있는 단점이 있다.

전자 빔 용접에 비해 레이저빔 용접의 주요 장점은 다음과 같다.

- 레이저 빔은 공기를 통과할 수 있으므로 진공이 필요치 않다.
- 레이저 빔은 여러 가지 모양으로 만들 수 있고 직진성과 광학적으로 초점을 맺을 수 있기 때문에 공정을 쉽게 자동화할 수 있다.
- 레이저 빔은 X선을 배출하지 않는다.
- 용접부의 품질이 우수하며 불완전한 융해나 구멍 또는 기공이 생기는 경향이 적다.

4.5.7 초음파 용접(ultrasonic welding)

초음파 용접에서는 두 용접부재의 접촉면은 일정한 수직력과 진동하는 전단력을 받게 된다. 전단응력은 [그림 4.28]과 같이 초음파가공에 쓰이는 것과 유사한 트랜스듀서의 선단부(팁)에 의해 가해진다. 진동주파수는 일반적으로 10kHz에서 75kHz 정도이며, 이보다 높거나 낮은 진동주파수도 쓰일 수 있다. 작업에 필요한 에너지는 결합될 재료의 두께와 경도에 따라 증가한다. 따라서 효율적인 공정을 위해서는 음향봉이라고 불리우는 트랜스튜서와 팁간의 적절한 결합이 매우 중요하다. 이와 같은 장치는 고상주파수변환기와 같이 사용된다.

전단응력은 횡운동을 일으키고 피용접물 접촉부에서 소성변형을 일으키며 산화막과 오염물을 제거하여 좋은 접촉과 강한 접합을 이룬다. 용접부위의 온도는 접합되는 금속 융접온도의 $\frac{1}{3}$이나 $\frac{1}{2}$ 정도까지(절대온도로) 도달한다. 그러므로 용융이나 융해과정은 수반되지 않으나 때로는 용접부의 금속적인 성질을 바꿀 만큼 높은 온도에 따라 다르기도 한다. 초음파 용접 공정은 신뢰성이 높고 다양하게 사용된다. 이 공정은 이종 금속을 포함해서 다양한 금속과 비금속 재료의 용접에 널리 쓰인다. 따라서 박판, 호일, 얇은 선재 등의 겹치기 용접과 호일들을 이용한 패키지 등 전자산업에 광범위하게 쓰인다. 구조물의 시임용접의 경우에는 용접팁을 회전하는 원판으로 대체할 수 있다.

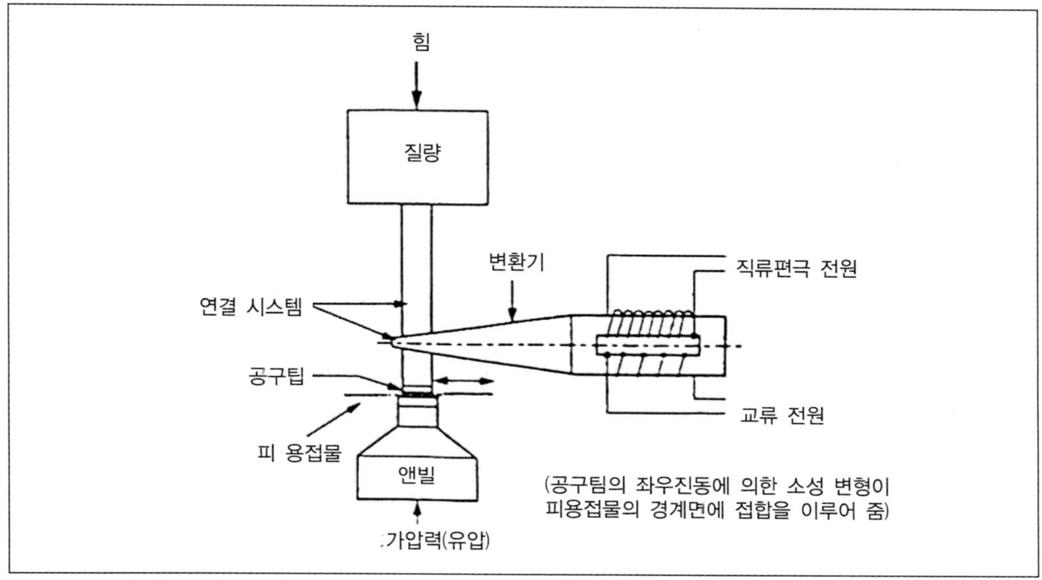

그림 4-28 맞대기 용접에 사용되는 초음파 용접장치

4.6 납땜(soldering)

4.6.1 납땜의 원리

접합하고자 하는 금속보다 녹는점이 낮은 별도의 금속 또는 합금을 녹인 상태에서 모재의 금속과 알맞게 접합하는 것, 즉 납을 사용하여 이 납을 녹임으로써 모재의 금속편을 접합하는 것을 납땜이라 한다. 이 경우 납과 합금화하는 아주 작은 부분을 제외하고는 모재의 금속은 녹지 않고 고체 그대로 있다. 가능하다면 접합할 금속과 고용체가 될 수 있는 재료일수록 좋다. 납땜은 보통 사용하는 납의 용융점이 450℃보다 높은지 낮은지를 구별하여, 이것보다 고온이 아니면 녹지 않는 납을 사용하는 것을 경(硬)납땜 또는 브레이징(brazing)이라 하고, 녹는점이 이보다 낮은 납을 사용하는 것을 연(軟)납땜 또는 납땜이라 한다.

4.6.2 연납(solder)

땜납은 저온에서 녹고 가소성이 풍부한 성질이 요구되므로 자연히 기계적 강도가 약해지는 것은 불가피하다. 그러므로 납땜은 강도를 요구하지 않는 부분에 사용한다. 납은 주석과 연의 합금으로서 배합성분과 용도가 [표4-16]에 표시되어 있다. 알루미늄(Al)용 납은 주석(Sn), 아연(Zn)을 주성분으로 하고 알루미늄(Al), 카드뮴(Cd)이 첨가되어 있으며 용제 없이 납땜할 수 있다.

표 4-16 연납의 배합 예

성 분		용 도
주 석	연(鉛)	
25	75	연관의 화염납땜
30	70	건축물 및 대물 양철판 세공
33	67	아연도금판의 납땜
40～50	60～50	황동판 ald 양철판의 납땜
60	40	용융하기 쉬운 금속제품 정밀부품의 납땜
80～90	20～10	식품, 기구의 도금 및 납땜

4.6.3 경납(braze metal)

경납으로는 납땜한 금속과 함께 경도의 단련 압연을 할 수 있으며, 접합할 금속편과 같은 광택을 가져야 할 경우에는 납땜할 금속에 아연을 가하여 합금하면 된다. 경납은 분말, 입상, 밴드, 철사상으로 만들어 공급한다.

황동납은 Cu 40～55%, 나머지가 Zn이며, 용해온도 855～875℃이며 황동, 동, 강의 납땜에 적합하다. 은납은 Ag 4～45%, Cu 50～30%, Zn46～25%의 성분이며, 용해온도 655℃이고 양은, 은을 납땜하는 데 사용한다. 알루미늄 경납은 Al을 주성분으로 하고 Cu, Zn, Mg, Si, Ni, Mn 등을 첨가한 용해온도 500～600℃이며, 알루미늄, 알루미늄 합금에 적합하며 Li을 함유한 특수용제를 사용할 필요가 있다.

4.7 절단법(cutting method)

4.7.1 절단의 원리

(1) 가스 절단(gas cutting)

산소는 그 자체가 연소하지 않으나 다른 물질이 연소하는 것을 돕는 성질을 가지고 있다. 산소-아세틸렌가스 절단은 이 성질을 이용하여 철강을 연소시켜 절단하는 방법이다. 즉, 강의 일부를 가열(약 100℃)하여 그 부분에 산소를 분출시키면 강은 연소하여 산화철을 생성한다. 이 산화철을 산소 분출력에 의하여 밀어내면 절단이 된다(산화철의 용융 온도 1,350℃). 절단이 되려면 다음 조건이 구비되어야 한다.

① 금속의 산화 연소하는 온도가 그 금속의 용융 온도보다 낮을 것
② 연소되어 생긴 산화물의 용융 온도가 그 금속의 용융 온도보다 낮고 유동성이 있을 것
③ 재료의 성분 중 연소를 방해하는 원소가 적을 것 등이다.

(2) 아크 절단(arc cutting)

아크 절단은 아크열을 이용하는 절단법으로 용융시켜 절단하는 물리적인 방법이다. 이 방법은 가스 절단에 비하여 절단면이 매끄럽지 못하지만, 가스 절단이 곤란한 금속을 절단할 수 있는 장점이 있다. 압축공기나 산소기류를 이용하면 보다 능률적으로 절단할 수가 있다. 아크 절단에는 다음과 같은 것들이 있다.

① 탄소 아크 절단(carbon arc cutting)
② 금속 아크 절단(metal arc cutting)
③ 아크 에어 가우징(arc air gouging)
④ 산소 아크 절단(oxygen arc cutting)
⑤ TIG 절단(inert gas tung sten arc welding)
⑥ 플라즈마 아크 절단(plasma arc cutting) 등이 있다.

절단법을 분류하면 [표 4.17]과 같다.

4.7.2 절단 토치(cutting torch)

절단 토치는 예열용 아세틸렌의 압력을 기준으로 하여 저압식(0.07 kgf/cm2 이하)과 중압식(0.07 kgf/cm2 이상)으로 분류하며, 내부구조도 다소 다르다.

표 4-17 절단법의 분류

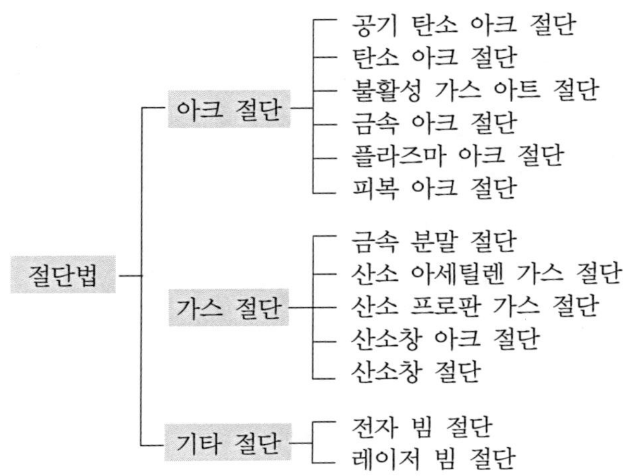

(1) 저압식 절단 토치

[그림 4.29(a)]와 같이, 산소와 아세틸렌을 혼합하여 예열용 가스를 만드는 부분과 고압의 산소만을 분출시키는 부분으로 나눈다. 또, 토치 끝에 붙어 있는 팁은 [그림 4.29(b)]와 같이, 두 가지의 가스를 이중으로 된 동심원의 구멍으로부터 분출하는 동심형(프랑스식)의 것과 각각 별개의 팁으로부터 가스를 분출하는 이심형(독일식)이 있다.

동심형팁은 전후 좌우로 직선이나 곡선을 자유로이 절단할 수 있어서 널리 이용되고 있다. 이심형은 예열 팁과 절단 팁(산소만 분출)이 분리되어 있어 작은 곡선의 절단은 어려우나 직선 절단에는 능률적이고, 절단면은 아름다우나 자동 절단기의 발달로 최근에는 거의 사용하지 않는다.

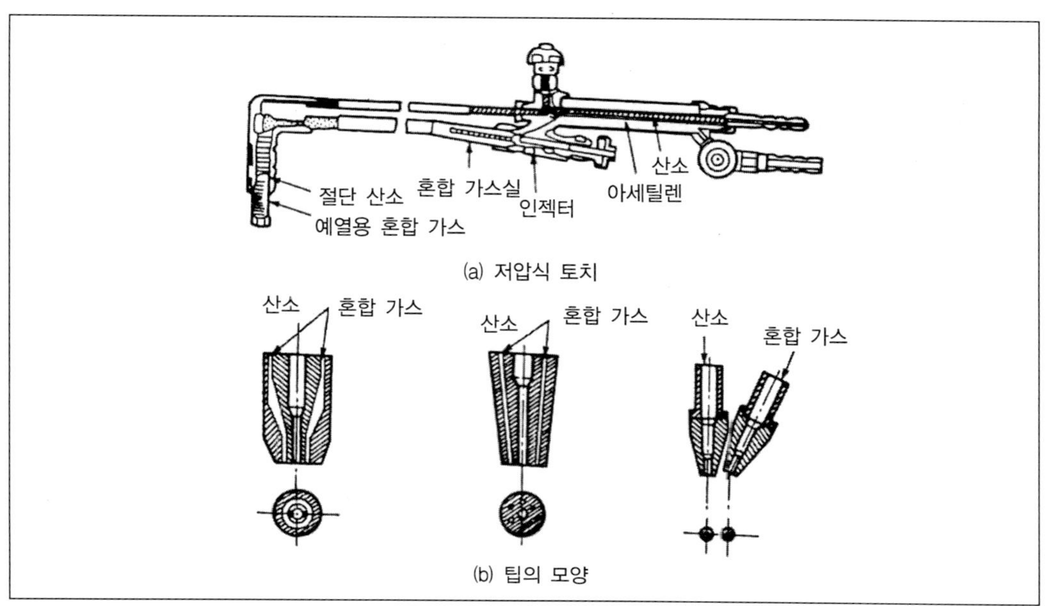

그림 4-29 절단 토치

(2) 중압식 절단 토치

과거에는 저압식 토치를 많이 사용하였으나, 최근에는 중압식 토치를 많이 이용하고 있다. [그림 4.30]와 같이 예열 산소와 아세틸렌의 혼합이 팁에서 이루어지는 팁 혼합형과 용접 토치와 같이 예열 산소와 아세틸렌이 혼합실에서 혼합되는 토치 혼합형이 있다. 팁 혼합형은 팁에 절단용 산소, 예열용 산소, 아세틸렌이 통하는 세 개의 통로가 절단기 머리 부분까지 이어져 있어 3단 토치라고도 한다. 이 토치는 역화가 일어나도 팁만 손상되고 혼합실까지는 역화되지 않으므로 많이 사용된다.

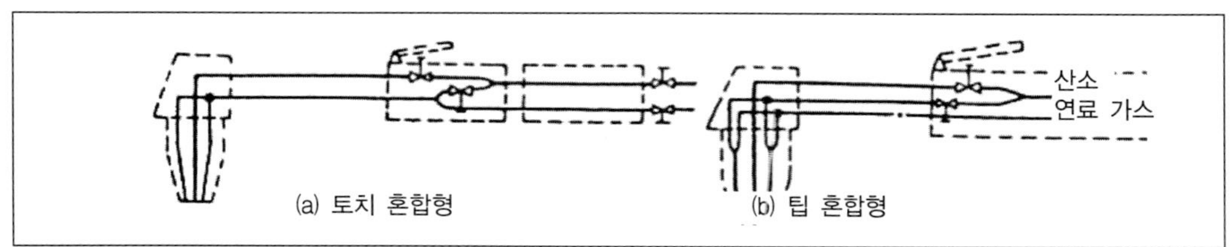

그림 4-30 중압식 절단 토치의 형식

4.7.3 특수 절단법

(1) 산소창 절단(oxygen lance cutting)

토치 대신에 가늘고 긴 강관에 절단 산소를 공급하고 이 강관이 산화 연소할 때의 반응열로 강관이 소모되면서 금속을 절단한다. 이 때 쓰이는 강관을 창(lance)이라 한다[그림 4.31].

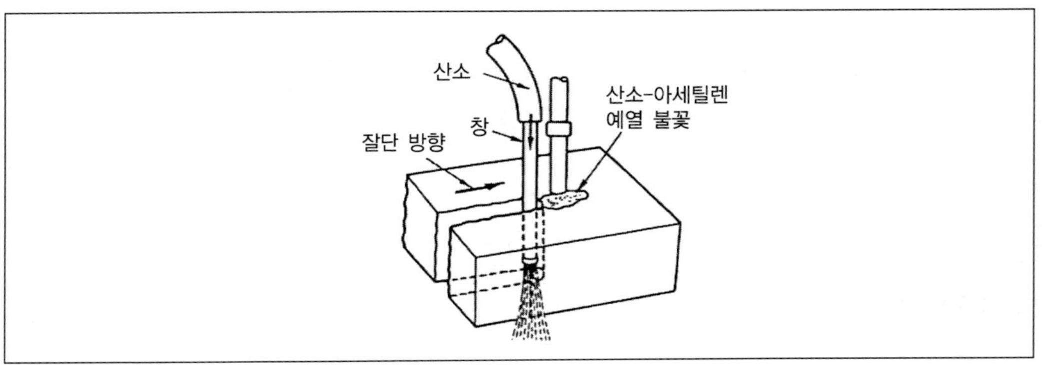

그림 4-31 산소창 절단

산소창은 자신이 예열 불꽃을 가지지 않기 때문에 절단을 시작할 때에는 외부에서 강관의 끝을 가열하여야 한다.

두꺼운 강판이나 강괴의 절단, 암석의 구멍 뚫기에 이용된다.

(2) 수중 절단(underwater cutting)

수중 절단 토치는 [그림 4.32]와 같이 일반 가스 절단 토치와 비슷하나 팁의 바깥쪽에 커버가 있어 여기에서 압축 공기나 산소를 분출시켜 물을 밀어내고 이 공간에서 절단을 하게 된다.

연료 가스로는 수소, 아세틸렌, 프로판, 벤젠 등이 있으나 주로 수소가 사용된다. 수소는 고압에도 사용이 가능하고 수중 절단 중에 기포의 발생이 적어 작업이 쉽다.

아세틸렌가스는 압력이 높으면 폭발할 위험이 있기 때문에 깊은 곳에서는 점화할 수 없다. 프로판 가스도 압력을 가하면 액화하므로, 깊은 곳에서는 사용할 수 없다. 수중에는 절단 작업을 할 때 예열 가스의 양은 공기 중에 4~8배 정도로 절단 산소의 분출구도 1.5~2배로 한다.

주로 교량의 개조, 침몰선 해체 등에 이용된다.

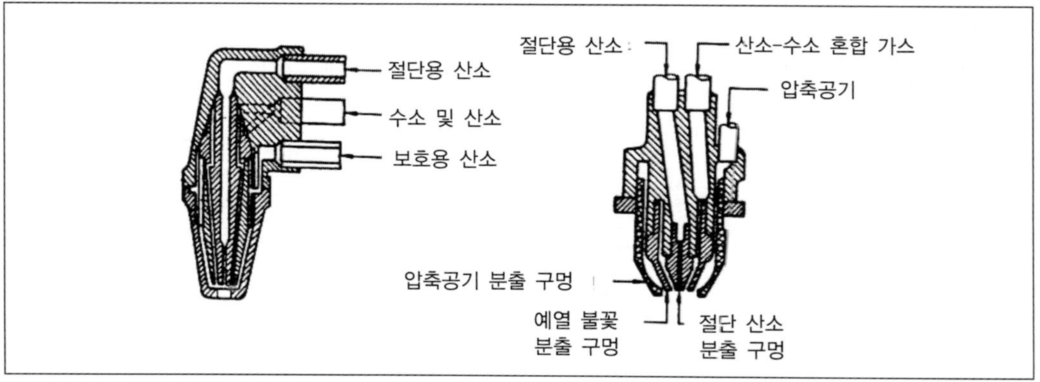

그림 4-32 수중절단 토치의 팁

(3) 분말 절단(powder cutting)

스테인리스강, 주철 또는 구리, 알루미늄과 그 합금 등은 가스 절단을 하기가 곤란하므로 절단 산소 기류 중에 가는 분말(철분)을 혼입하여 분출하면 철분은 예열 불꽃과 절단 산소에 의하여 격렬히 연소가 일어나며 매우 높은 온도와 다량의 열량을 내게 된다[그림 4.33].

이 고온, 고열을 이용하여 금속을 용융시키고, 절단 산소 분류의 운동 에너지에 의하여 가속된 용융 철분을 용융 금속에 분사시켜 제거하여 절단을 한다. 이 절단법을 분말 절단이라 한다.

이 절단법은 특수강, 비철 금속뿐만 아니라 콘크리트 절단에도 이용되나, 절단면은 가스 절단면에 비하여 깨끗하지 못하다.

분말에는 철분을 주로 하는 것과 나트륨에 탄산염 및 중탄산염을 주로 하는 용제 분말을 사용할 때가 있다.

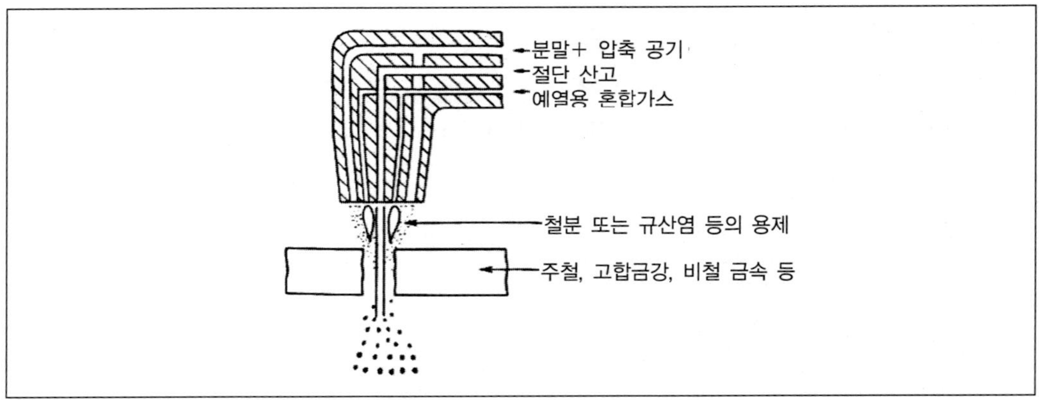

그림 4-33 분말 절단

4.8 용접 결함

4.8.1 용접 결함의 개요

용접부는 급열, 급냉을 받으므로 재질의 조직 변화에 따른 결함과 용접 기술의 불량으로 각종 결함이 생길 수 있다. 용접 결함에는 치수상의 결함, 구조상의 결함, 성질상의 결함 등으로 나눌 수 있다.

① 치수상의 결합

치수와 형상이 불량. 주로 용접시의 고온 및 냉각시의 저온에서 소성변형이 잔류 응력과 변형으로 생긴다.

② 구조상의 결합

용접물의 안정성을 해치는 주요인자로서 기공, 슬래그 섞임, 융합 불량, 용입 불량, 언더 컷, 피트, 오버랩, 용접균열 등이 있다.

③ 성질상의 결합

용접 구조물은 사용목적에 따라 기계적, 물리적, 화학적인 성질에 일정한 요구 사항이 있다. 따라서, 이들의 요구를 만족시킬 수 없는 것을 성질상의 결함이라 한다. 이들 검사에는 X선 검사, 방사선 검사, 초음파 검사 등 각종 방법이 있다.

4.8.2 용접 결함의 종류

(1) 융합불량

용착비드를 좋지 않게 만든다[그림 4.34]. 이에 대한 방지 대책은 다음과 같다.

① 모재의 온도를 증가시킨다.
② 용접하기 전에 용접할 곳을 깨끗이 한다.
③ 용접부의 설계를 적절히 하고 적절한 용접봉을 사용한다.
④ 적절한 보호가스를 사용한다.

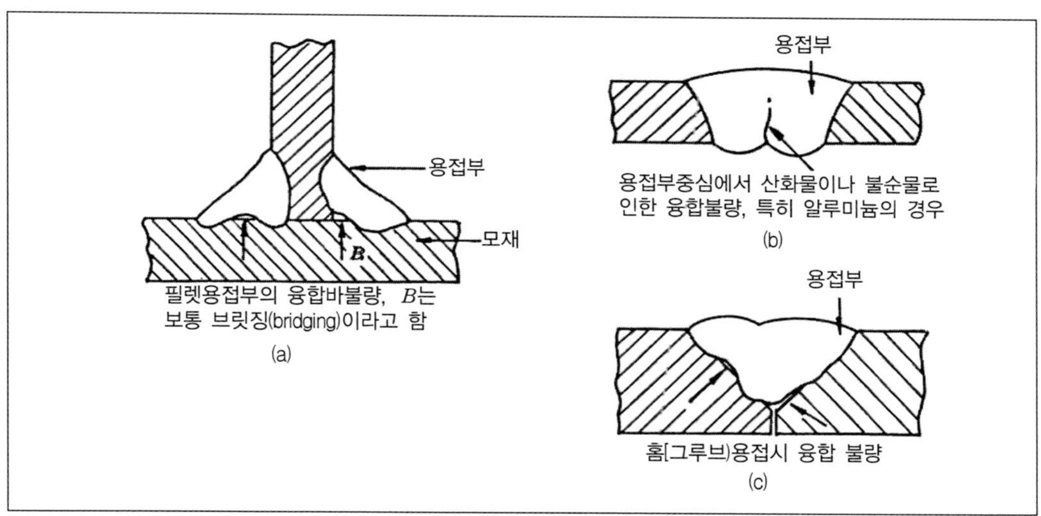

그림 4-34 융합불량

(2) 용입부족과 충전부족

용입부족은 용접부의 깊이가 충분하지 않을 때 발생하며 충전부족은 용접부에 용착금속이 충분히 채워지지 않을 때 발생한다[그림 4.34].

이에 대한 개선책은 다음과 같다.

① 루트 간격 및 치수를 크게 한다.
② 용접속도를 빠르지 않게 한다.
③ 슬래그가 벗겨지지 않는 한도내로 전류를 높인다.
④ 용접봉의 선택을 잘한다.

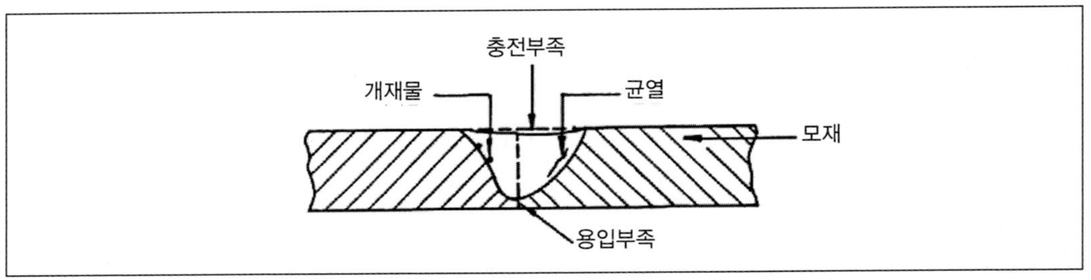

그림 4-35 용입부족

(3) 언더컷(under cutting), 오버랩(overlap), 기공(air hole)

언더컷은 모재가 필요이상으로 녹아 없어져 날카로운 홈이나 노치형상으로 모재가 패일 때 일어난다. 만약 용접 후 언더컷이 존재하는 경우에는 언더컷은 응력 집중 효과를 일으키며 용접부의 피로강도를 감소시켜 파괴를 유발할 수 있다. 오버랩은 용접을 잘못 수행함으로 인해 용접부의 표면이 균일하지 못하게 되는 것을 말한다[그림 4.36]. 이들의 발생원인 및 방지대책은 [표 4.18]과 같이 정리할 수 있다.

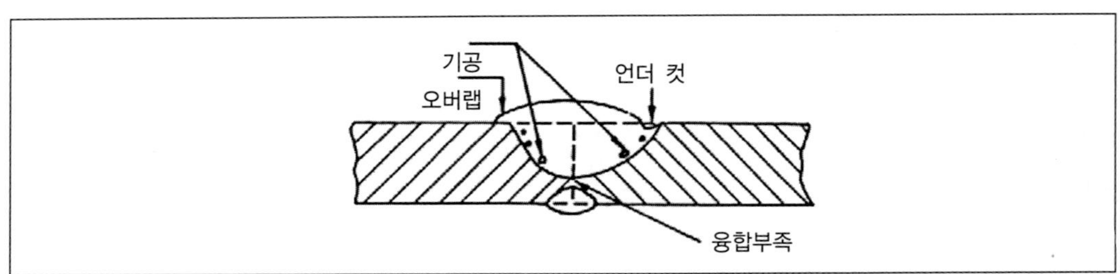

그림 4-36 언더컷, 오버랩, 기공

표 4-18 발생원인 및 방지 대책

결함의 종류	발생원인	방지대책
언더컷	① 전류가 높을 때 ② 아크 길이가 너무 길 때 ③ 용접봉 취급의 부적당 ④ 용접속도가 너무 빠를 때 ⑤ 용접봉 선택 불량	① 낮은 전류 사용 ② 짧은 아크 길이 유지 ③ 유지각도를 바꾼다. ④ 용접속도를 늦춘다. ⑤ 적정봉을 선택한다.
오버랩	① 용접전류가 너무 낮을 때 ② 운봉 및 봉의 유지각도 불량 ③ 용접봉 선택 불량 ④ 용접속도 느릴 때	① 적정전류 선택 ② 수평 필렛의 경우는 봉의 각도를 잘 선택한다 ③ 적정봉을 선택한다.
기 공	① 용접분위기 가운데 수소 또는 일산화탄소의 과잉 ② 용접부의 급속한 응고 ③ 모재 가운데 유황 함유량 과대 ④ 강재에 부착되어 있는 기름, 페인트, 녹 등	① 용접봉을 바꾼다. ② 예열을 한다. ③ 충분히 건조한 저수 소계 용접봉을 사용한다 ④ 이음의 표면을 깨끗이 한다.

(4) 균열(crack)

균열은 용접부에서 다양한 위치와 방향으로 발생할 수 있다.

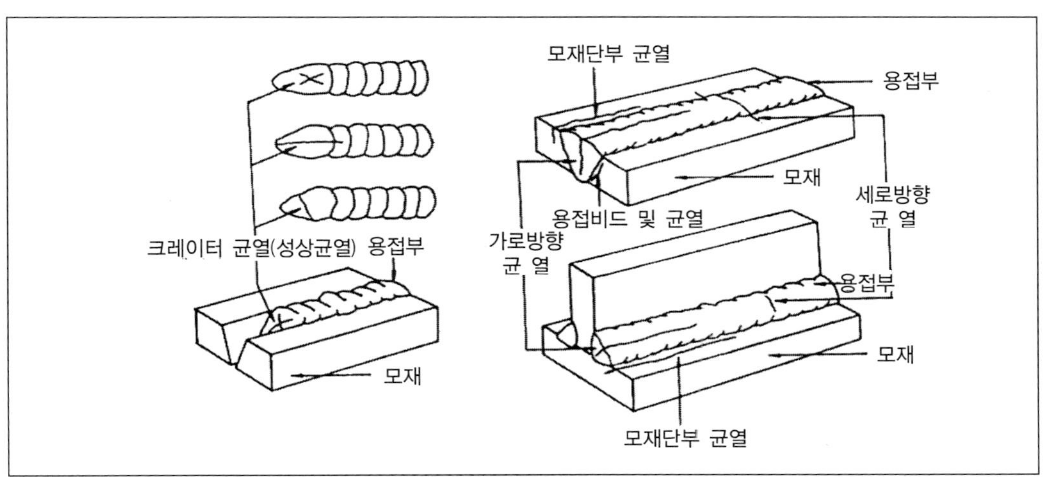

그림 4-37 용접 이음부 균열 형태

균열의 유형은 전형적으로 가로 방향, 세로 방향, 크레이터(crater), 언더비드(underbead), 균열 등으로 나뉜다[그림 4.38].

이들 균열은 일반적으로 다음 인자들이 복합되어 발생한다.

① 용접부에 열응력을 발생시키는 온도구배
② 서로 다른 수축률을 가지는 용접부 내의 화학적 조성의 차이
③ 용착금속의 응고시 고상과 액상의 경계면이 움직임에 따라 결정립 경계면에 황과 같은 원소가 편석됨으로 인한 결정립계 취화현상
④ 수소취화 현상
⑤ 응고과정 중에 자유롭게 수축하지 못하는 용착금속의 환경으로 주조시 주물에 일어나는 고온 균열과 유사

균열을 방지하기 위해서는 다음과 같이 한다.

① 예열, 피닝 작업을 하거나 용접 비드 배치법 변경, 비드 단면적을 넓힌다.
② 적정봉을 택한다.
③ 예열, 후열을 하고 저수소계봉을 쓴다.
④ 적정류를 속도로 운봉한다.
⑤ 저수소계 봉을 쓴다.

4.8.3 용접 변형 및 교정

용접시에 가해지는 국부적인 가열과 냉각, 용접부의 팽창과 수축량에 의해 소재 내에 용접 변형이 발생한다. 용접 변형은 [그림 4.38]과 같이 용접부의 ① 가로 수축, ② 세로 수축, ③ 회전 수축, ④ 각 변형, ⑤ 세로 굽힘 변형, ⑥ 좌굴 변형 등을 일으킨다. 이러한 변형들을 교정하는 방법은 다음과 같다.

(1) 열응력의 사용

얇은 판에 대한 점 수축법(가스 불꽃을 이용 변형 부분을 점 모양으로 가열한다. 가열 온도는 500～600℃, 가열시간은 약 30초, 가열점의 지름 20～30mm로 하여 가열 후 곧 수냉한다.)

(2) 가열 후 외력을 가하는 방법

① 해머로 두드림
② 가열 후 압력을 가하고 수냉하는 방법

(3) 외력만을 가하는 방법

① 롤러(roller) 가공법

② 피닝법(peening) : 금속 표면을 해머로 두드리는 가공법

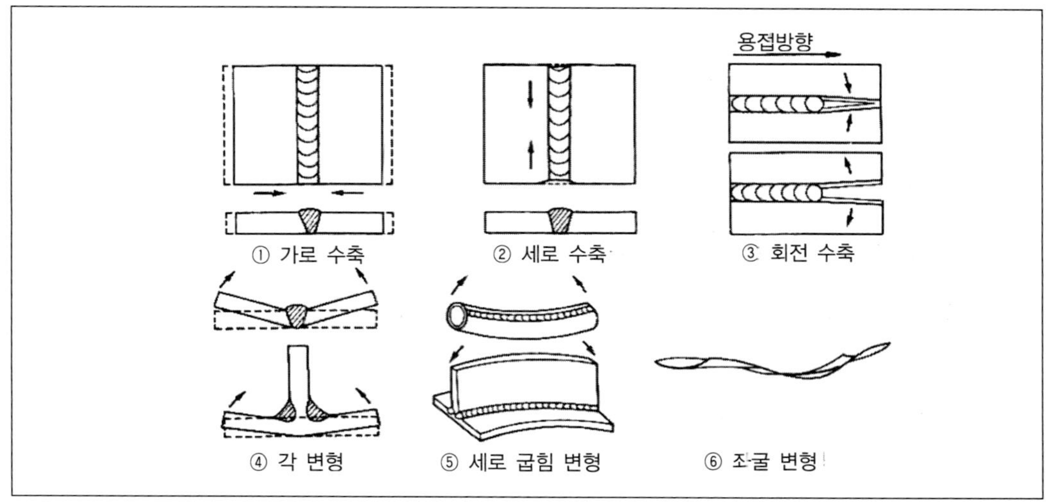

그림 4-38 수축과 변형의 종류

4.8.4 결함의 보수

용접부에 결함이 발생되었을 때 필요에 따라서는 용접부의 일부를 절단하여 재용접하여야 하는 경우도 있다. [그림 4.39의 ①]과 같이 결함이 언더컷일 때에는 작은 지름의 용접봉을 사용하여 보수하고, [그림 4.39의 ②, ③]과 같이 오버랩이나 슬래그 섞임일 경우에는 일부분을 깎아 내고 재용접한다.

또한, [그림 4.39]의 ④, ⑤]와 같이 균열이 발생되었을 때에는 균열의 끝단에 정지 구멍(stop hold)을 뚫어 더 이상의 균열의 성장을 방지하고, 아울러 균열의 부분을 깎아내어 재용접한다.

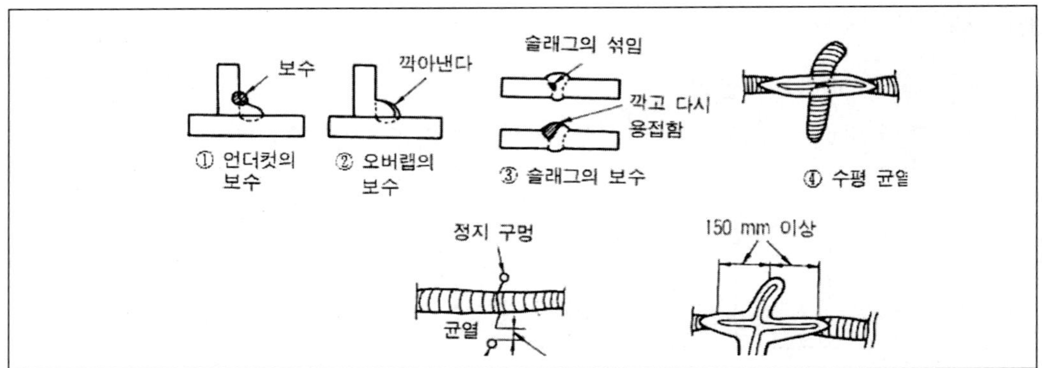

그림 4-39 결함부의 보수

Chapter 5

수기가공

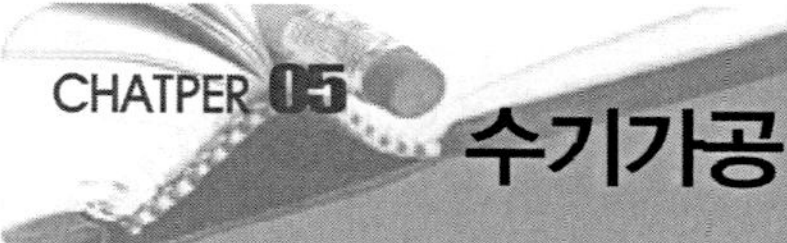

수기가공

5.1 개요

손다듬질은 공작기계를 사용하지 않고 정, 줄, 스크레이퍼, 망치 등 수공구를 사용하여 기계부품을 가공하는 작업을 말한다. 또한 핸드 그라이더 가공, 드릴링, 리밍, 태핑 등의 간단한 작업은 손다듬질에 포함된다. 최근에는 공작기계의 발전과 공작법의 진보에 따라서 손다듬질의 영역은 점차 좁아져가고 있는 실정이다.

5.2 금긋기 작업(marking off, laying out)

금긋기는 공작물을 기계가공 및 손다듬질을 하기 위하여 정확히 금을 그어 절삭여유부를 결정하는 작업이며, 필요한 중심점, 선, 기준선 등을 표시하는 작업이다. 금긋기 작업에서는 도면을 완전히 이해하여야 하며 기준점과 기준선을 정하고 절삭여유부의 분재를 적절하게 하여야 한다. 금긋기에 사용되는 공구는 다음과 같다.

(1) 정반(surface plate)

가공물을 올려놓는 평면대를 정반이라 하며, 평면은 금긋기 작업에 있어서 기준면이 된다. 평면 정밀도는 10 ㎛ 이하이어야 한다. 재질에 따라 주철제와 석정반으로 나눈다. 주철제 정반은 표면의 정도를 유지하기 위해서 녹이나 상처가 나지 않도록 주의하여야 한다. 석정반은 화강암을 매끈하게 연마한 것으로 온도의 변화에 영향을 받지 않으며, 마모가 심하지 않아 일반적으로 많이 사용되고 있다. [그림 5.1]은 정반 작업의 예이다.

(2) 금긋기용 바늘(scriber)

금긋기 바늘은 직선자나 형판에 따라서 공작물에 금을 긋는 공구로서 바늘의 끝은 퀜칭하거나 초경합금을 붙여서 사용하며, 나사로 고정하였다가 필요에 따라 갈아 끼울 수 있는 것 등 여러 가지가 있다. 보통 공작물의 면과 바늘의 각도가 60° 되게 하여 금을 그으며 바늘 끝이 스케일면에 닿지 않도록 한다[그림 5.2].

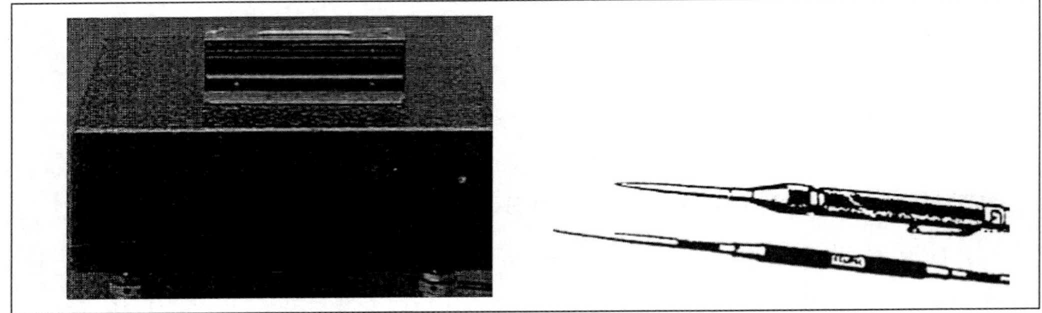

그림 5-1 정반작업

그림 5-2 금긋기용 바늘

(3) 서피스 게이지(surface gauge)

서피스 게이지는 공작물에 중심을 잡거나 정반 위에서 공작물을 이동시켜 평행선을 그을 때 또는 평행면의 검사용 등으로 사용된다[그림 5.3].

최근에는 [그림 5.4]와 같은 디지매틱 하이트 게이지(digimatic height gauge)로서 공작물에 평행선을 정밀하게 긋거나 측정검사도 한다.

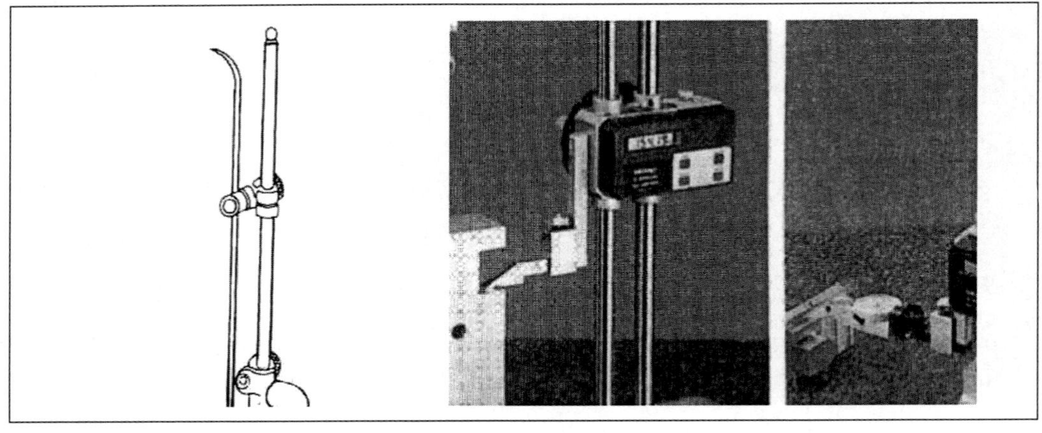

그림 5-3 서피스 게이지

그림 5-4 디지매틱 하이트 게이지

(4) 펀치(punch)

금긋기 선이나 원의 중심 등의 위치를 확실하게 표시하기 위해서 펀치 마크를 찍는다. 보통 펀치의 종류는 [그림 5.5]와 같으며 [그림 5.5(a)]는 프릭 펀치(prick punch)로서 금긋기 위에 찍는 펀치이며 각도는 50° 이하이다. [그림 5.5(b)]는 센터 펀치용으로 펀치의 끝은 60~90° 원뿔로 되어 있다. [그림 5.5(c)]는 자동펀치로 내부의 스프링에 의해 스핀들이 작동되므로 한번에 많은 량의 펀칭 작업을 할 때 사용된다.

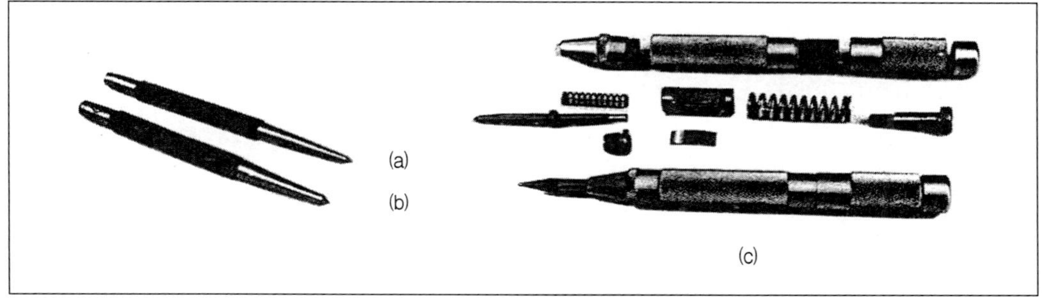

그림 5-5 펀치의 종류

(5) 캘리퍼스와 디바이더(calipers and dividers)

캘리퍼스는 다리 끝에 공작물을 대고 다리를 벌림으로써 크기를 측정한다. 자눈이 있어서 직접 측정할 수 있는 것(마이크로미터, 버어니어 캘리퍼스)과 자눈이 없어 다른 자를 이용하여 간접적으로 측정하는 것이 있다. 자눈이 없는 캘리퍼스를 “퍼스”라고도 한다.

[그림 5.6(a), (b)]는 외경 캘리퍼스, 내경 캘리퍼스를 나타낸 것이다. [그림 5.6(c)]는 편퍼스(herma phrodite calipers)로서 원통의 중심이나 어떤 기준면에 대하여 평행선을 금긋기 할 때 사용되는 것으로 한쪽다리 끝이 구부러져 있다. [그림 5.6(d)]는 디바이더로서 선 또는 점사이의 치수를 측정 및 분할 작업을 하고, 원 또는 호를 그리는데 사용된다.

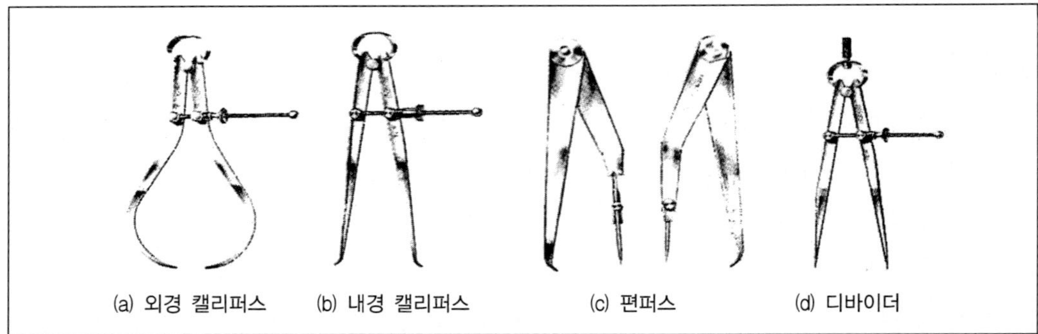

그림 5-6 캘리퍼스와 디바이더

(6) 트래멜(trammels)

트래멜은 큰 원을 그릴 때, 사용하며, 빔(beam) 위에 바늘의 위치를 조절하는 장치가 있다. 빔의 길이는 200～300 mm 정도이다[그림 5.7].

(7) 조합 직각자(combination square)

홈이 있는 자에 센터헤드, 직각자 틀(square head)수평 및 분도기를 나사로 고정하여 조합한 것으로서 직각자, 치수의 옮김, 각도의 측정 등을 측정하는데 사용하며, 센터헤드는 2면이 자의 한측과 45°를 이루고 있으므로 둥근 봉의 중심을 구하는데 사용한다[그림 5.8].

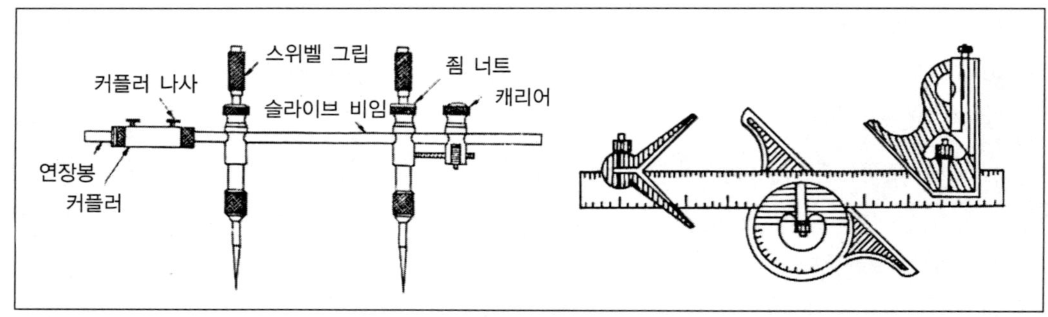

그림 5-7 트래멜

그림 5-8 조합 직각자

(8) V블록

원통형이나 육면체의 금긋기에 사용되고 90°V홈을 가지고 있으며, 원통형 외면에 구멍을 뚫을 때 사용하기도 한다. [그림 5.9]는 V블록과 클램프를 나타낸 것이다.

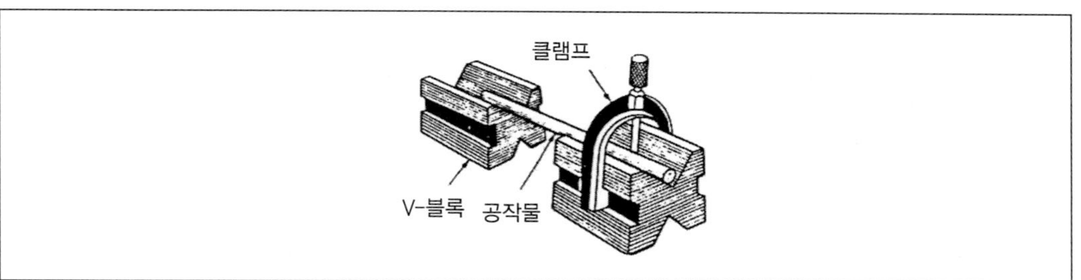

그림 5-9 V-블록

(9) 기타 공구

기타 금긋기 작업의 공구는 작업에 따라 많은 종류가 있으나 직각자, 평형대, 바이스, 해머, 스패너, 드라이버, 앵글 플레이드, 수준기, 각도 분도기, 버니어켈리퍼스, 마이크로미터, 정, 추 등이 있다. 또한 공작물에 금긋기 작업 전에 선이 잘 나타나도록 도료(물감)를 칠하는데 일반적으로 백묵, 마킹 페인트, 매직잉크 등을 사용하고 있다.

5.3 줄작업(filling)

줄을 사용하여 공작물의 평면이나 곡면을 원하는 모양으로 다듬질하는 작업을 줄 작업이라 한다. 줄 작업은 기계가공이 어려운 부분, 기계가공 후의 끝손질, 조립할 때 서로 잘 맞지 않는 부분 등을 다듬질하는 작업으로 손다듬질 중에서 가장 중요한 작업이다.

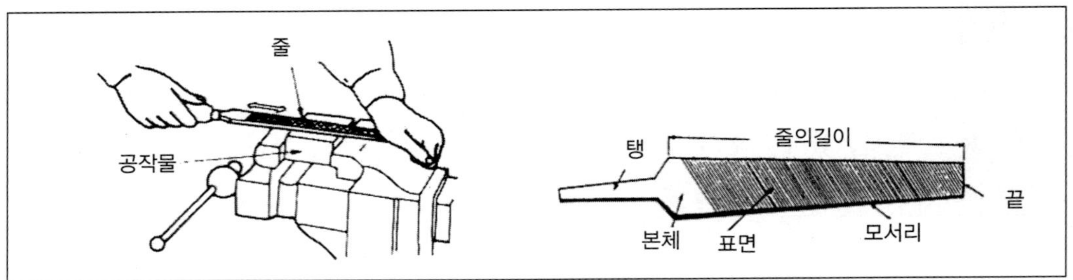

그림 5-10 줄작업

그림 5-11 줄의 각부 명칭

(1) 줄의 각부 명칭과 종류

줄은 [그림 5.11]과 같이 일정한 단면을 가진 소재에 줄날을 세운 절삭 공구로서 줄날이 있는 본체와 줄자루를 꽂을 수 있는 탱(tang)으로 되어 있다. 줄의 크기 표시는 탱을 제외한 줄날의 길이로 호칭하고 있다. 줄의 종류는 용도에 따라 분류하기도 하나 주로 단면의 형상[그림 5.12], 길이, 날눈의 거칠기, 날눈 방식, 윤곽 등으로 분류한다. 또한 줄눈의 거치른 순서에 따라 황목, 중목, 세목으로 나누어지는데 황목과 중목은 날눈이 거칠기 때문에 한번에 많은 양을 절삭할 때 사용되고 세목은 고운 다듬질 작업에 사용된다[그림 5.13 (a)~(c)].

날눈의 세워진 방식에 따라서 단목(홑줄날), 복목(겹줄날), 파목(곡선줄), 귀목(파임형)의 종류가 있다[그림 5.13 (d), (e)].

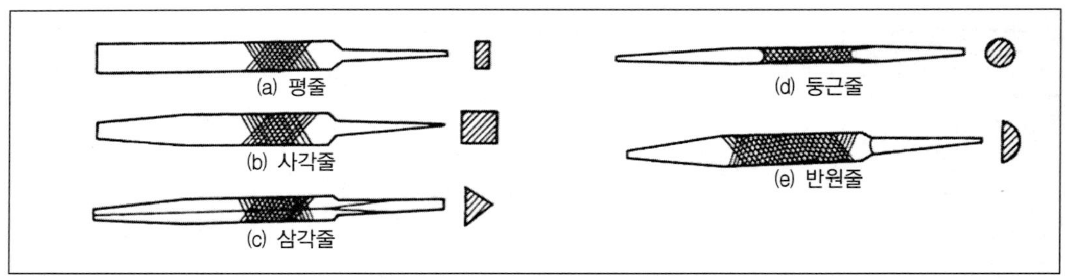

그림 5-12 각종 줄의 단면형상

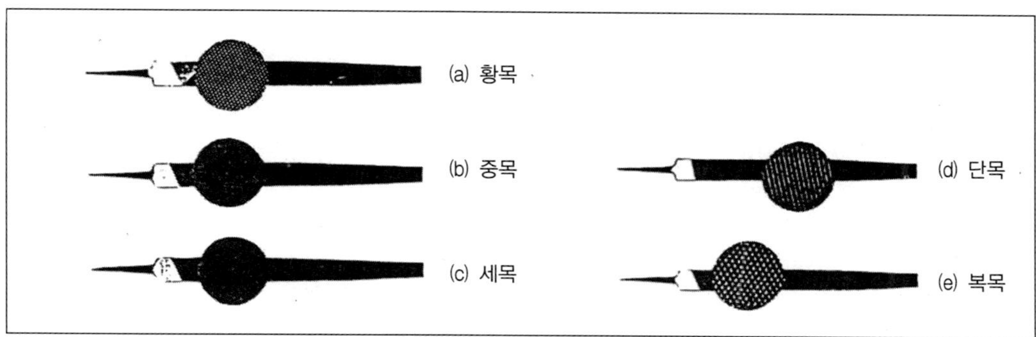

그림 5-13 각종 줄의 단면형상

(2) 줄작업

줄 작업은 정화하고 빠르게 오랜 시간 작업을 하여드 피로하지 않도록 바른자세가 필요하며 다음과 같은 사항을 주의해야 한다[그림 5.14].

보통 줄의 사용순서는 황목 → 중목 → 세목 순으로 작업한다.

① 줄의 손잡이를 오른손 손바닥 중앙에 놓고 엄지 손가락은 줄의 중심선과 일치하게 한다.
② 왼손은 줄의 균형을 유지하기 위해 손목을 수평으로 하고 손바닥으로 줄끝을 가볍게 누르거나 손가락으로 싸준다.
③ 줄을 밀 때에 체중을 몸에 가하여 줄을 민다.
④ 오른발은 75° 정도 왼발은 30° 정도로 바이스 중심선을 향해 반우향 한다.
⑤ 오른손 팔꿈치를 옆구리에 밀착시키고 줄과 수평이 되게 한다.
⑥ 눈은 항상 공작물을 보며 작업하며 줄을 당길 때는 공작물에 압력을 주지 않는다.
⑦ 보통 줄의 사용 순서는 황목 → 중목 → 세목 순으로 작업한다.

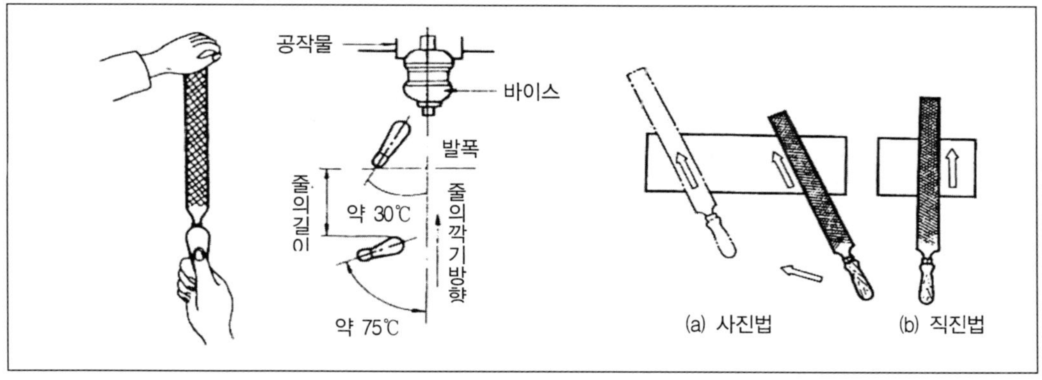

그림 5-14 줄 잡는법과 발의 위치

그림 5-15 평면의 줄질 방법

평면을 다듬질할 때의 줄 작업방법은 [그림 5.14]와 같이 사진법, 직진법 등이 있다. 사진법은 넓은 평면을 다듬질할 때 사용되며, 직진법은 좁은 평면을 다듬질할 때에 사용된다. 조줄은 세밀한 작업에 사용되며, 여러 가지 단면모양의 작은 줄이 있다. [그림 5.15]은 곡면홈, 원동기, 구면의 줄작업의 예를 나타낸 것이다.

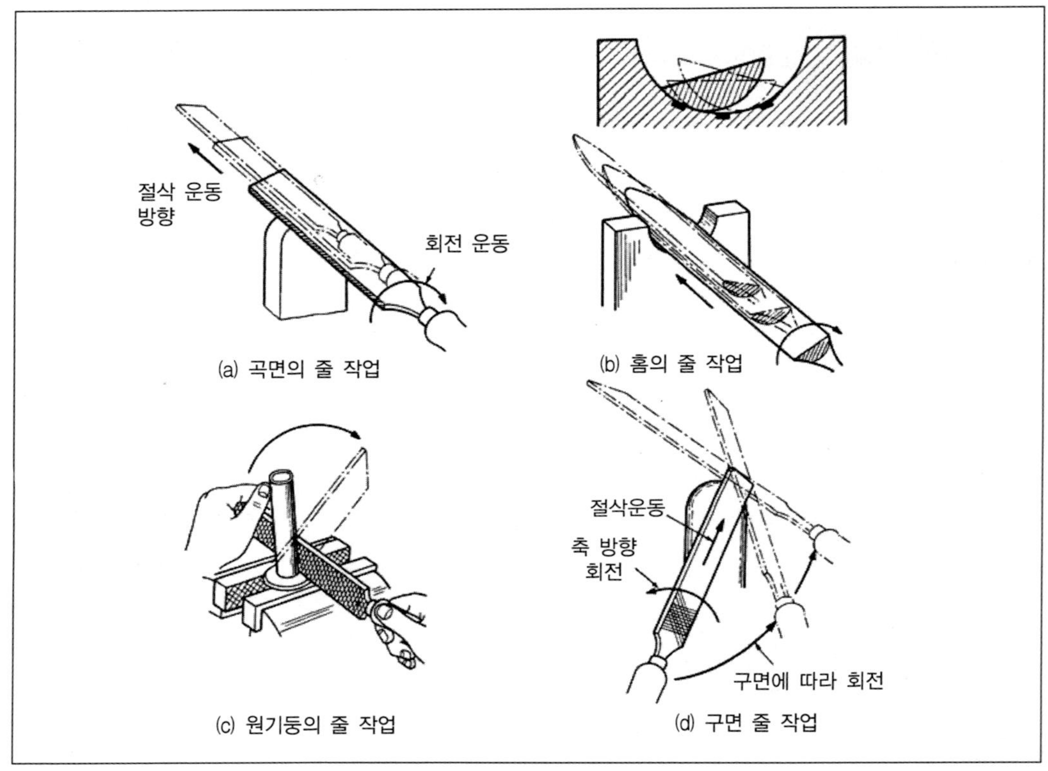

그림 5-16 줄작업의 예

5.4 절단 작업(cutting)

(1) 쇠톱(hacksaw)

쇠톱은 금속재료를 절단하는 작업 공구로서 프레임에 톱날을 끼워서 사용한다. 쇠톱은 톱날의 구멍을 프레임과 조임대의 핀에 끼운 후 나비 너트로 죌 수 있도록 되어 있다[그림 5.17]. 톱날은 탄소 공구강, 합금 공구강, 고속도강으로 만들며, 한쪽에 날이 가공되어 있고 톱날의 이수는 절단하는 재료의 종류에 따라서 선택한다. 연강과 황동 등에 쓰이는 것은 날이 거칠고 이수는 적지만 강이나 얇은강판의 절단용 톱날은 이수가 많은 것을 주로 사용한다. [그림 5.18]은 쇠톱날의 모양을 표시한 것으로 [그림 5.18(a)]는 잇날을 엇갈리게 굽혀서 소세팅(saw setting)한 것이고, [그림 5.18(b)]는 3개마다 소세팅을 한 것이다. [그림 5.18(c)]는 잇날을 밀어 굽혀서 파문을 만든 것으로 절단할 때 저항이 적다. [그림 5.18(d)]는 잇날의 두께보다 몸체의 두께를 얇게 하여 절삭저항을 감소시킨 것이며 [그림 5.18(e)]는 잇날의 측면에도 날을 만든 것으로서 특수용도에 주로 사용한다.

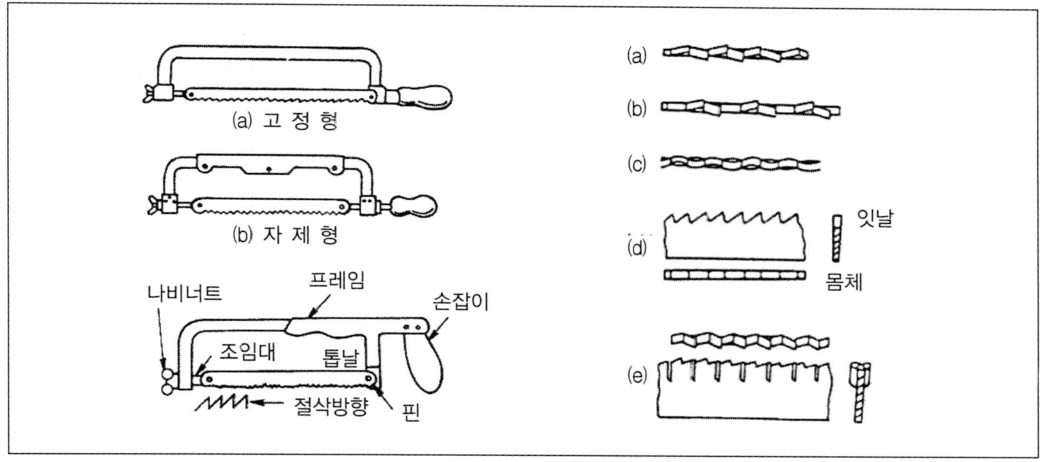

그림 5-17 쇠톱

그림 5-18 톱날의 형상

(2) 쇠톱의 절단 작업

쇠톱의 절단 작업은 밀 때에는 힘을 주고 당길 때에는 몸의 상체를 일으키는 기분으로 톱날에 힘을 주지 않는다. 톱날의 왕복 횟수는 1분에 약 50~60회가 알맞으며 절단이 끝날 무렵에는 힘을 빼고, 가볍게 절삭하도록 한다. 톱날의 절삭 각도는 보통 수평으로 하나 절단하는 재료에 따라 다르고, 약 3~5° 경사지게 작업을 하는 것이 좋다.

5.5 리밍(reaming)

드릴로 뚫은 구멍은 보통 진원도 및 내면의 다듬질 정도가 양호하지 못하므로 리머를 사용하여 구멍의 내면을 매끈하고 정확하게 가공하는 작업을 리머 작업 또는 리밍이라고 한다. 일반적으로 리머의 여유는 0.2~0.3mm 정도가 주로 사용된다.

(1) 리머의 각부 명칭

리머는 보통 [그림 5.19]와 같이 날부분과 자루부분으로 되어 있고, 자루는 평형과 테이퍼의 두 종류가 있다. 날 모양에는 평행날과 비틀림 날이 있으며, 보통 고속도강으로 만든다.

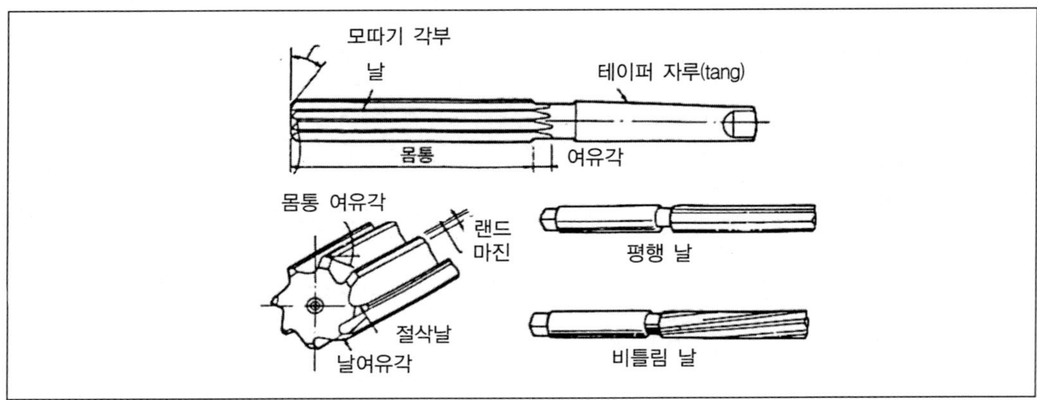

그림 5-19 리머의 각부 명칭과 형태

(2) 리머의 종류와 특징 및 용도

리머를 사용하는 방법에 따라 손으로 하는 핸드 리머와 공작기계를 사용하는 기계 리머로 나누기도 하며, 리머의 특징과 용도는 [표 5.1]과 같다.

표 5-1 리머의 종류

명 칭		형 상	특징 및 용도
핸드 리머		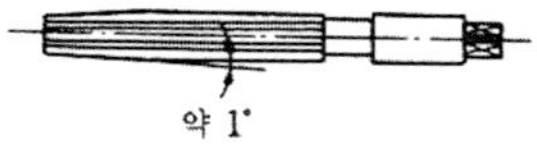 약 1°	자루의 지름은 리머의 지름보다 0.02~0.06mm 작기 때문에 리머 구멍에 관통시킬 수 있다. 핸들에 끼워 손으로 작업한다.
기계 리머	처킹 리머	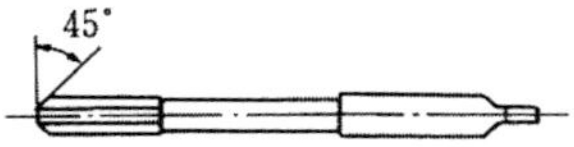 45°	날의 길이가 짧고 선단에 모떼기가 있다. 공작기계에 장치하여 사용하며, 거친 다듬질용으로 쓰인다.
	조버스 리머	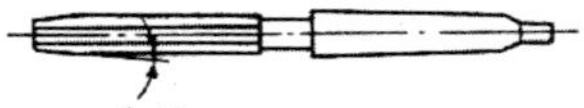 약 1°	날 부분은 수동 리머와 같이 만들며, 정밀한 구멍 다듬질용으로 널리 사용된다.
	브리지 리머		볼트 구멍, 리벳 구멍 등의 엇갈린 구멍을 수정하는데 쓰이며, 주로 전기 드릴에 장치하여 공사 현장에서 사용한다.
테이블 리머	모스 테이퍼 리머		0~7번까지의 모스 테이퍼를 가공하는 리머로서, 황삭용과 다듬질용이 있다.
	테이퍼 핀 리머		1/15의 테이퍼 핀을 가공하는 것으로 기계용과 수동용이 있다.
	파이프 리머	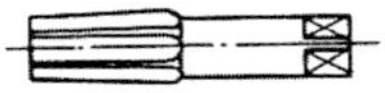	1/16의 테이퍼로 되어 있으며, 파이프 소켓의 안지름 테이퍼 가공에 사용된다.
조정 리머	조정 리머	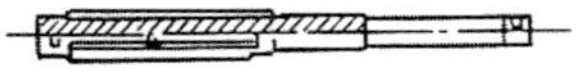	날을 교환할 수 있고 치수를 조정할 수 있으므로, 수리 공장에서 많이 사용한다.
	팽창 리머	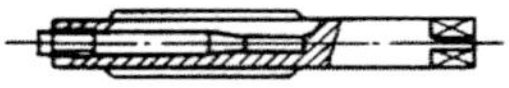	테이퍼 핀을 죄어 지름을 확장시킬 수 있는 것으로, 극히 작은 양의 구멍 확대에 사용한다.
세트 리머			큰 구멍의 다듬질에 사용되며, 날과 자루가 별도로 되어 있어 조립하여 사용한다.

(3) 리머 작업

① 핸드 리머 작업

리머를 자루의 4각부에 알맞은 핸들에 끼우고, 기초구멍에 [그림 5.20]과 같이 리머를 수직으로 세운 다음 [그림 5.21]과 같이 핸들 양쪽에 고르게 힘을 가하여 천천히 일정한 속도로 이송한다. 작업 중에 적당한 절삭제를 주고 역회전 시키지 않는다.(시계방향으로 작업)

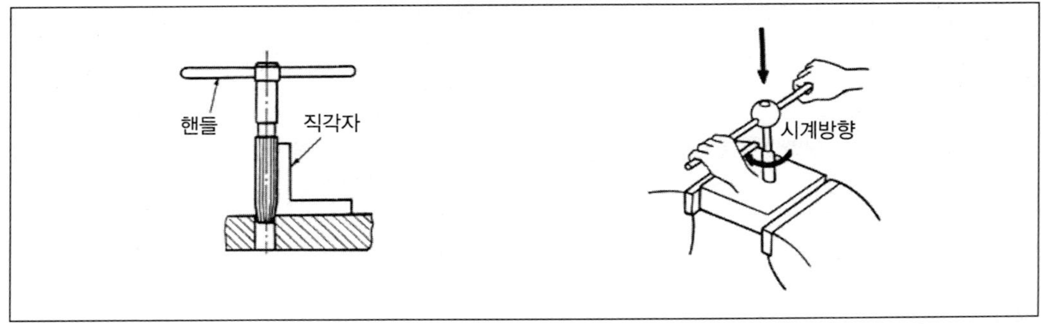

그림 5-20 리머의 각부 명칭과 형태

그림 5-21 리머 작업

② 기계 리머 작업

기계 리머는 리머의 중심선을 정확하게 일치시키기 위하여, 드릴로 구멍을 뚫은 후 리머작업을 한다.

③ 테이퍼 리머 작업

테이퍼 구멍의 리머 작업은 처음에 가공여유를 남긴 기초 구멍을 여러단으로 나누어 구멍 뚫기를 한 후 테이퍼 리머로 리밍한다. 테이퍼 리머는 수동리머와 같이 흔들리지는 않으나 선단이 가늘고 테이퍼 전체로 절삭하므로 절삭 칩이 홈에 막히기 쉽다. 그러므로 가끔 빼내서 절삭칩을 제거하고, 절삭제를 충분히 사용하며, 힘을 너무 많이 주지 않도록 해야 한다.

④ 절삭제

절삭제는 드릴 가공과 같이 공작물의 재질에 따라 사용하나, 절삭여유가 적으므로 날끝의 냉각보다는 주로 칩의 배출과 깨끗한 가공면을 얻기 위하여 사용한다. 일반적으로 수용성 절삭유, 광유 등이 사용되며, 주철 등에는 사용하지 않는다.

5.6 탭 및 다이스 작업

손다듬질이나 조립 작업에서는 탭(tap)으로 암나사를 내고, 다이스(dies)로 수나사 작업을 한다. 보통 탭과 다이스에 의한 작업은 지름이 25 mm 정도까지 할 수 있다. [그림 5.22]는 탭과 다이스의 각부명칭을 나타낸 것이다. 둥근 막대에 수나사를 깎을 때에는 다이스를 사용하고, 구멍에 암나사를 깎을 때에는 핸드 탭을 사용한다. 핸드 탭은 3개가 1조로 되어 있으며, 1번 탭, 2번 탭, 3번 탭 순으로 차례로 사용하여 나사를 깎는다.[그림 5.23참조] 다이스 작업이나 탭 작업을 할 때에는 [그림 5.24]와 같은 탭 핸들과 다이스 핸들을 사용한다. [그림 5.25]는 나사깎기 작업의 순서를 나타낸 것이다. [표 5.2]는 특수한 탭의 특징과 용도를 나타낸 것이다.

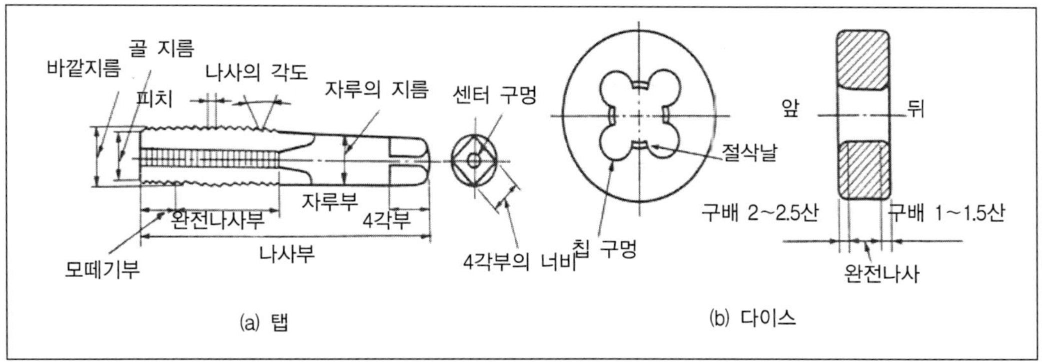

그림 5-22 탭과 다이스의 각부명칭

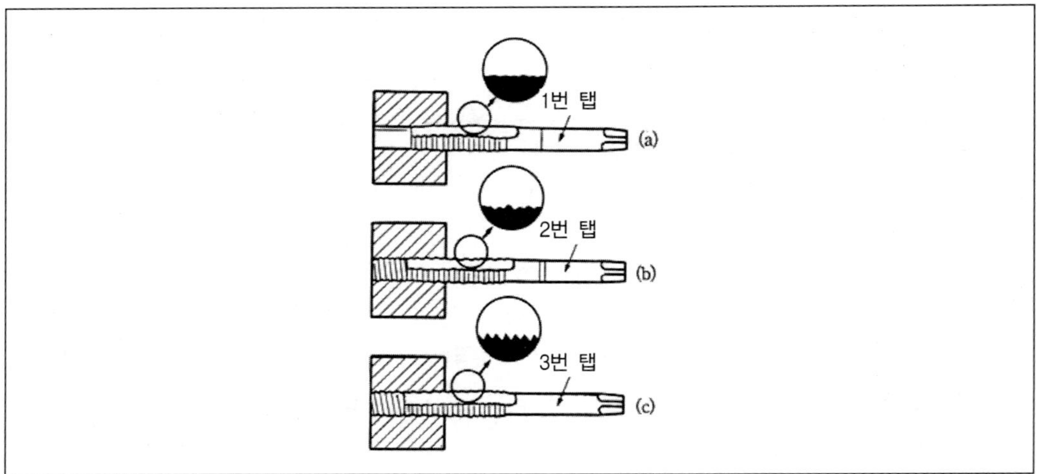

그림 5-23 탭작용

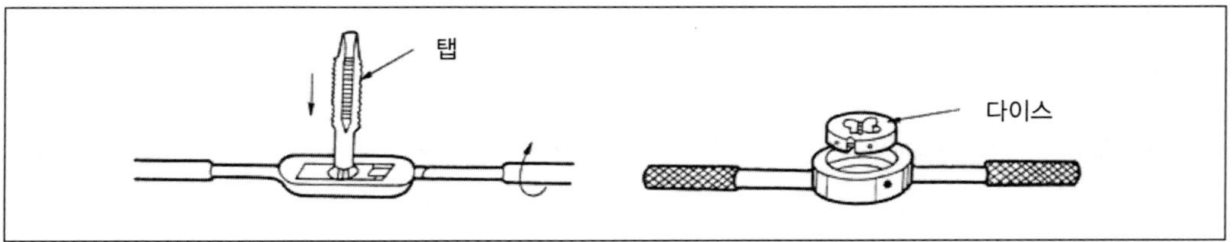

그림 5-24 탭 핸들과 다이스 핸들

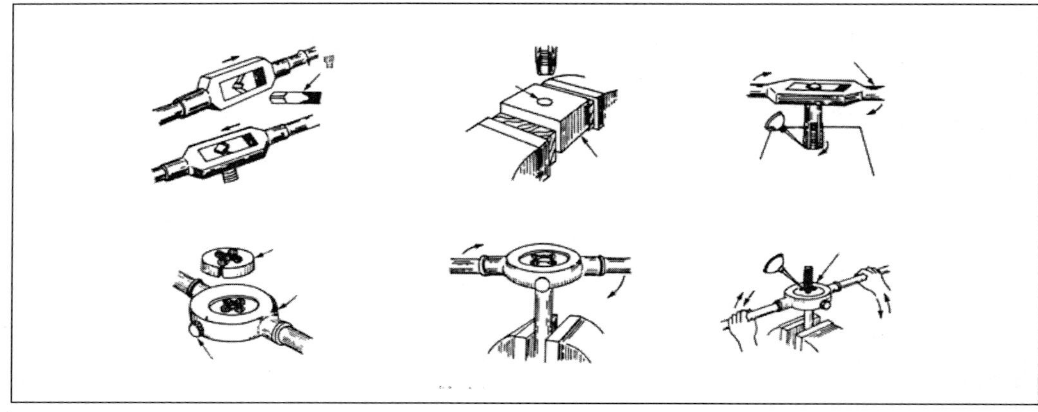

그림 5-25 나사깎기 작업의 순서

표 5-2 특수한 탭의 특징과 용도

명 칭	형 상	특징 및 용도
스파이럴 탭		나사부의 홈이 비틀림 홈으로 되어 있어 칩의 배출이 잘 되므로 막힌 구멍이나 인성이 강한 재료의 나 사내기에 쓰인다.
마스터 탭		핸드 탭보다 나사부의 홈이 많이 있고 나사부를 정밀하게 연삭한 것으로 다이스체이서 등의 절삭공구 제작에 사용한다.
드릴 탭		나사 구멍의 지름과 같은 치수의 드릴과 탭을 조합한 것으로 드릴로 구멍을 뚫고 이어서 나사내기를 할 수 있다.
스테이볼트 탭		리머와 탭이 조합된 것으로 리머로 나사 구멍을 다듬질해 가며 나사내기 한다. 보일러 등의 제관작업에 쓰인다.
밴드 탭		자루가 구부러진 탭으로서 자동 태핑머신에서 너트를 대량으로 생산할 때 쓰인다.
건 탭		나사부의 길이가 짧고 칩이 선단으로 빠지게 되어 있어 납, 크롬, 바나듐 강 등 점성이 강한 재료의 관통 구멍에 적합하다.
에크미 나사탭		사다리꼴 나사를 내기 위한 탭으로 29°와 30°의 것이 있다.

5.6 스크레이퍼(scraper)작업

5.6.1 스크레이퍼 가공

스크레이퍼 가공은 숙련자의 수작업에 의한 평면의 고정밀도 다듬질 가공방법의 하나로서, 이것에 의해서 얻어지는 가공면의 높은 평면도와 우수한 윤활성능에 의해 예부터 공작기계나 정밀측정기의 슬라이딩, 각종접합면, 정반의 기준면 등에 채택되어 왔다. 최근에는 가공코스트나 가공능률의 문제에 더하여 숙련작업자의 부족이 현저해져 스크레이퍼 가공이 연삭 등의 기계가공으로 대체되는 경향이 있으나, 고정밀도의 평면을 기계가공만으로 실현하기에 곤란한 실정이다. 그래서 숙련작업자의 노하우를 해석하여 스크레이퍼 가공을 자동화하고자 하는 시도도 연구

중이다.

[표 5.3]은 스크레이퍼의 종류를 나타낸 것으로서, 재질은 보통 공구강, 고속도강이며, 경도가 높은 공작물을 가공하기 위하여, 초경합금을 용접하여 사용하기도 한다.

표 5-3 스크레이퍼의 종류

명 칭	적 용	스크레이퍼의 형태
평 스크레이퍼	평면 작업	몸체 날 손잡이
조립 평 스크레이퍼	평면 작업	날 죔쇠
삼각 스크레이퍼	평면, 곡면 작업	
곡면 스크레이퍼	곡면 작업	측면도 평면도

일반적으로 스크레이퍼 가공은 [그림 5.26]과 같은 공정으로 가공되며, 각 공정 간에는 가공면에 광명단(光明丹)도료를 도포하여 이것을 기준정반과 비벼 맞춤하고, 도료의 부착상황을 눈으로 봐서 가공면의 요철상태를 평가한다. 닿음이 많은 부분을 깍아 가는 것에 의해 최종적으로 대단히 고정밀도의 평면과 균일한 닿음 상태가 실현된다.

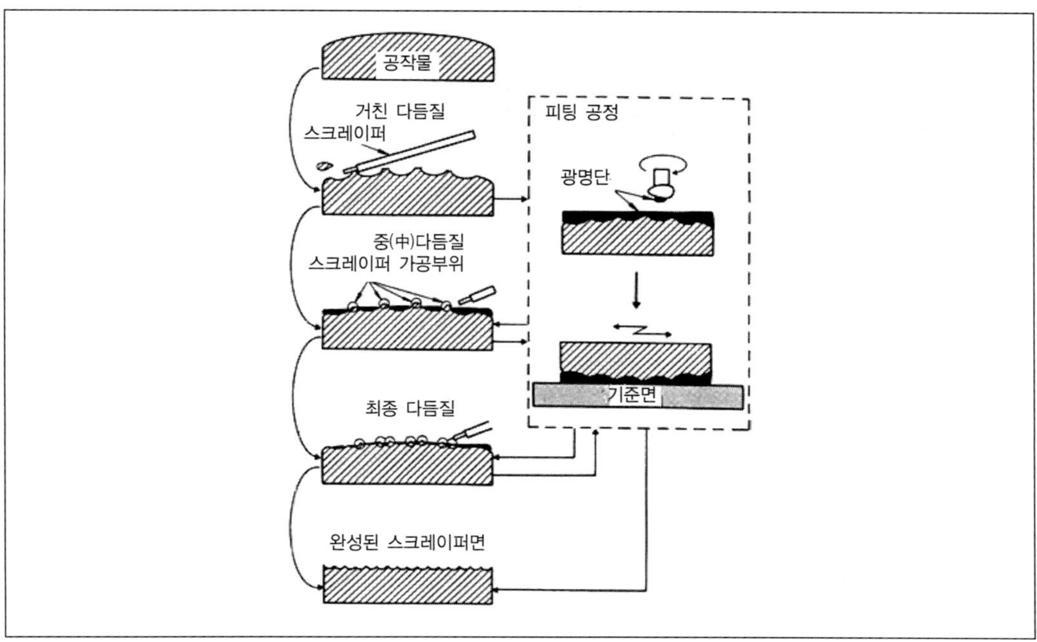

그림 5-26 스크레이퍼 가공의 일반적 순서

5.7 정 작업(chipping)

5.7.1 정작업

정작업은 쐐기형으로 된 정을 사용하여, 공작물에 대고 해머로 쳐서 절단하거나 홈 및 평면을 가공하는 작업이다.

5.7.2 정의 종류

정은 탄소 공구강(0.8~1.2%C)으로 제작하며, 날끝은 담금질 후 뜨임을 한다 [그림 5.27참조].

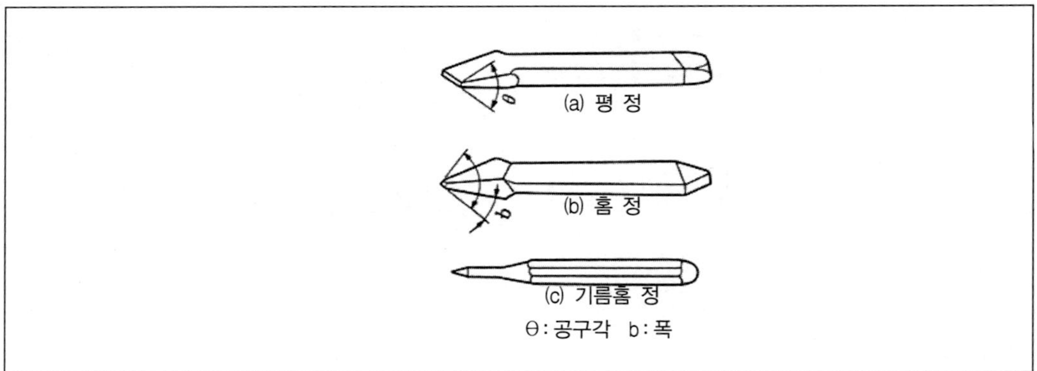

그림 5-27 정의 종류

(1) 평정

평면 따내기 및 판금의 절단에 사용.

(2) 홈정

홈을 파거나 절삭여유가 많은 거친 절삭에 이용.

(3) 기름홈 정

베어링 메탈 회전축에 기름홈을 파는데 사용.

Chapter 6

정밀측정

정밀측정

6.1 측정의 개요

일반적으로 검사(inspection)란 주어진 규정에 만족하는지 여부를 판정하는 것을 의미하며 측정이란 어떤 양(측정량)을 단위로서 사용되는 다른 양과 비교하는 것을 의미한다.

기계가공된 기계요소 부품은 그 사용 목적에 따라 치수, 형상, 가공방법, 재료의 상태 등에 적합해야 한다. 이 중에서 재료에 대한 검사를 제외한 치수, 형상, 표면의 상태 등을 가공 중에나 제작 후에 측정 또는 검사하는 것을 정밀측정이라 한다. 도면에 의해 제작된 기계부품이 정밀측정에 합격되었다면 이러한 기계부품은 각각 다른 장소, 다른 시간에 제작되어 한 곳에서 조립할지라도 충분히 기능을 발휘할 수 있어야 한다. 이것을 호환성이 있다고 한다. 호환성 생산방식을 실시하기 위해서는 우수한 공작 기계, 지그 및 공구 이외에 필요한 정밀도와 경제적으로 측정검사할 수 있는 적당한 측정기와 측정방법이 필요한 것은 물론, 통일된 길이 및 각도의 단위가 요구된다.

6.2 측정의 용어

(1) 최소눈금(scale interval)

① 1눈금이 나타내는 측정량을 말한다.

② 생물학 및 심리학적 측정 정도 눈금선 길이는 0.7~2.5 mm가 가장 좋다(1눈금의 1/10을 눈가늠으로 읽을 수 있다).

(2) 측정기의 감도(sensitivity)

① 측정량의 변화 $\Delta \mathrm{M}$에 대한 지시량의 변화 $\Delta \mathrm{A}$의 비$\left(감도\ E = \dfrac{\Delta \mathrm{A}}{\Delta \mathrm{M}}\right)$를 말한다.

② 여기서 지시량은 눈금상에서 읽을 수 있는 측정량을 말한다.

(3) 배율(magnification)

배율 E는 눈금간격 l 대 s의 비($E = l/s$)이다.

(4) 지시범위(scale range)

① 눈금상에서 읽을 수 있는 측정값의 범위를 말한다.

② 지시범위는 반드시 0으로부터 시작할 필요는 없다.

③ 대부분의 길이 측정기는 지시범위와 측정범위가 일치한다.

(5) 조정범위

측정 테이블 또는 앤빌이 조정이 가능한 측정기에서는 측정범위를 조정할 수 있는 범위를 말한다.

(6) 전사용범위

조정범위와 지시범위의 합을 말한다.

(7) 유효측정범위(effective range)

오차가 일정한 수치 이하인 지시범위 부분을 말한다.

(8) 참값(truth value)

측정에 의해서 구한 값(관념적인 값으로 실제로는 구할 수 없다)을 말한다.

(9) 측정치(measuring numerical value)

측정되는 양의 참값을 말한다.

(10) 평균치(average numerical value)

측정치를 모두 더하여 측정 횟수로 나눈 값 즉, 측정치의 산술 평균값이다.

(11) 정확도(accuracy)

치우침이 작은 정도를 말한다.

(12) 정밀도(precision)

분산이 작은 정도 즉, 얼마만큼 참값에 가깝게 했느냐의 정도를 말한다.

(13) 오차(error)

측정치로부터 참값을 뺀 값(오차의 참값에 대한 비를 오차율이라 하고, 오차율을 %로 나타낸 것을 오차의 백분율이라 한다)을 말한다.

(14) 편차(declination)

측정치로부터 모평균을 뺀 값을 말한다.

(15) 허용차(permission difference)

기준으로 잡은 값과 그에 대해서 허용되는 한계치와의 차를 말한다.

(16) 공차(tolerance)

① 규정된 최대치와 최소치와의 차
② 허용차와 같은 뜻을 사용한다.

6.3 측정기의 종류

정밀측정에 사용되는 검사용 기기는 아래와 같이 분류할 수 있다.

(1) 도기(standard)

일정한 길이 또는 각도를 눈금 또는 면으로 구체화한 것이다. 선도기(line standard)는 눈금의 간격을 치수단위로 구체화한 것이고, 블록 게이지와 같이 양단면의 간격으로 길이를 구체화한 것은 단도기(end standard)라고 한다.

(2) 지시 측정기

측정 중에 손 또는 자동적으로 표점이 눈금에 따라 이동하는 측정기이다. 이 경우 표점으로 보통지점, 광지침, 버니어(vernier)의 눈금선, 물체의 선등 여러 가지 형태의 것을 선택할 수 가 있다. 지시 측정기에는 버니어캘리퍼스나 마이크로미터와 같이 표준편을 내장하여 직접 측정이 가능한 것과 지침 측미기와 같이 표준편이 내장되어 있지 않아 비교측정에 사용되는 것이 있다.

(3) 시준기

기계적인 접촉이 없이 간격을 측정하기 위하여 조준선 또는 시준선을 점 또는 물체의 모서리에 맞추도록(주로 광학적으로)된 측정기이다. 예를 들면 초점경이 붙은 현미경 또는 망원경이나 스크린 위에 표시선이 있는 투영기 등이다. 표시선인 초점경이 없는 광학적 장치는 단순히 확대하여 관찰학 위한 것으로 측정기가 아니고 보조구에 지나지 않는다.

(4) 인디케이터(indicator)

일정량의 조정 또는 지시에 사용되는 것을 마이크로미터나 측장기 등의 측정력을 일정하게 하려는 목적으로 사용된다.

(5) 게이지(gauge)

검사해야 할 물체의 치수 및 모양을 구체화한 것으로 측정중에 움직이는 부분을 갖지 않는 것이다.

(6) 측정 보조구

측정기 또는 공작물을 지지하기 위한 스탠드, 프레임 또는 앤빌 등을 말한다.

6.4 측정오차의 종류(error classification)

동일 측정기로 하나의 부품을 반복하여 측정하였을 때 반드시 측정값이 같지 않고 편차가 생길 때가 있다. 이것은 여러 가지 원인으로 측정 시에 오차가 포함되어 있기 때문이다. 이 원인으로는 부주의로 인한 인위적인 것과, 측정기의 구조나 주위 환경의 부적당을 들 수 있다.

① 참값(true actual vale)V_a : 한 측정대상의 실제크기(이양의 계산에 있어 근사치는 가능 하지만 엄격한 의미에서 참값을 결정할 수는 없다)이다.

② 지시값(indicated value)V_1 : 측정시스템으로부터 직접 지시된 크기(이것은 실험 그대로의 값 도는 직접 기록된 데이터의 값)이다.

③ 보정(calibration) : 지시값에 적용되는 교정이며 결과의 가치를 높여준다.

④ 결과(result)V_r : 지시값에 대한 모든 보정을 행한 후에 얻어진 값
$V_r = AV_i + B$ 여기서 A와 B는 곱셈과 덧셈의 보정상수이다.

⑤ 오차(error) : 참값과 결과와의 실제적인 차
오차 $= V_r$(결과 또는 측정값) $- V_a$(참값)으로 표시할 수 있다. 오차의 형태를 분류하기는 애매할 수 있으나 다음과 같이 나눌 수 있다.

(1) 계통오차(고정오차, systematic errors)

주로 측정기, 측정방법 및 피측정물의 불안전성과 환경의 영향에 의해 생기는 것이다. 예를 들면 측정력의 영향, 선도기의 눈금 오차, 측정온도의 편차에 의해서 생기는 피측정물과 도기(standard)의 길이 변화 등이다. 구체적으로는 다음과 같이 분류한다.

① 보정오차
② 일괄적으로 반복되는 인위적 오차
③ 기술상의 오차
④ 로딩오차
⑤ 시스템 해상도의 한계

(2) 우연오차(precision or random errors)

우연오차는 측정기, 피측정물, 환경 및 관측자가 파악할 수 없는 변화에 의해 일어나며, 동일한 조건하에서 항상 같은 크기를 갖지 않는 측정오차를 우연오차라 한다.

① 환경의 변화에 의한 오차
② 인위적 오차
③ 선명도와 변화에 의한 오차
④ 측정계의 강도부족에 의한 오차

(3) 불합리 오차(illegitimate errors)

① 실수
② 계산착오

[그림 6.1]은 불합리 오차에 의한 예이다. 측정기가 정확하게 치수를 지시하고 있을지라도 측정자의 부주의 때문에 생기는 오차로서, [그림 6.1]과 같이 측정자의 눈의 위치에 따라 눈금의 읽음값에 오차가 생기는 경우가 있다.

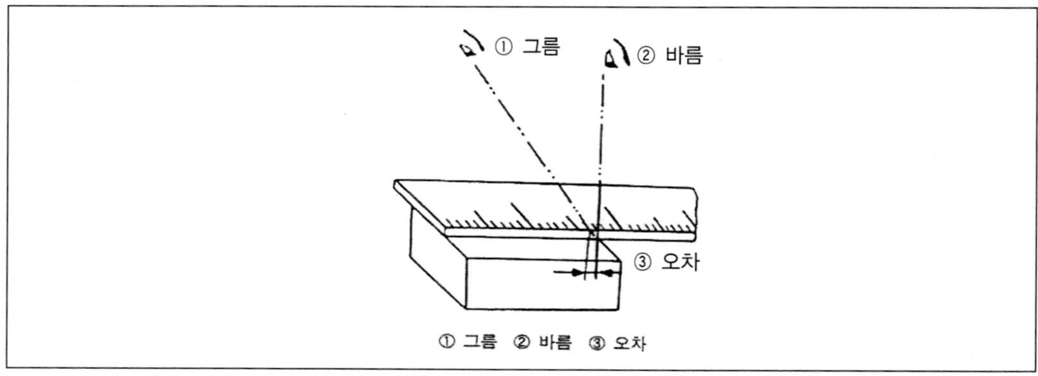

그림 6-1 불합리 오차의 예

이의 방지를 위해서는 측정자의 눈의 위치는 항상 눈금판에 수직이 되도록 습관을 기르도록 한다. 최근에는 측정값이 직접 숫자로 표시되는 측정기도 있다. 시차와 함께 측정자의 미숙(정확히 중심선을 못 맞추는 등)으로 발생하는 오차를 개인오차라고 한다.

(4) 긴 물체의 휨에 의한 오차

가늘고 긴 모양의 측정기 또는 피측정물을 정반 위에 놓으면 접촉하는 면의 형상오차 때문에 불규칙한 변형이 생기므로, 보통 두점에서 지지한다. 이때, 긴 물체는 자중에 의해 휨이 생기고 정확한 치수측정이 불가능하다. 따라서 각 지점의지지 위치에 따라 모양이 각각 달라지므로, 사용 목적에 따라 가장 적합한 것을 선택해야 한다.

예를 들면, [그림 6.2(a)] 에어리점(airy point)은 긴 블록 게이지와 같이 양 끝면이 항상 평행 위치를 유지해야 할 필요가 있을 때의 지지점으로 S=0.2113L이면, [그림 6.2(b)] 베셀점(bessel point)은 중립면상에 눈금을 만든 선도기에서와 같이 전체 길이의 측정오차를 최초로 하기 위한 지지점으로 S=0.2203L로 한다.

그림	그림(a)	그림(b)	그림(c)	그림(d)
특 징	양끝면의 축선과 수직 및 평행선을 그을 수 있다.	중립축에 미치는 영향을 가장 적게 지지할 수 있다.	전체의 휨이 가장 적고, 양끝과 중앙의 휨이 같게 된다.	양 지점간의 휨이 가장 적다.
용 도	단 도 기	눈 금 자	면 의 측 정	면 의 측 정

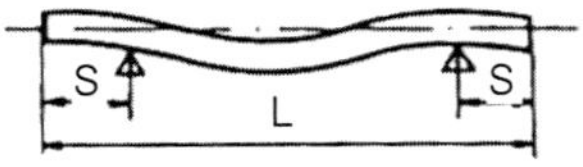

(a) S=0.2113L(에어리점)

(B) S=0.2203L(베셀점)

(C) S=0.2232L

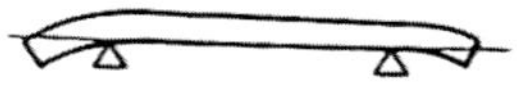

(d) S=0.2386L

그림 6-2 긴 물체의 사용 목적에 따른 지지점의 위치

6.5 측정의 실제

기계부품의 측정은 측정할 부품의 모양과 정밀도에 따라 측정기기를 적절히 선정하여야 한다.

표 6-1 측정대상과 측정기기

측 정 대 상	측정기기의 명칭
바깥지름, 길이	버어니어 캘리퍼스, 외경 마이크로미터, 축용 한계 게이지, 공기 마이크로미터, 외경 지침 측미기 등
안 지 름	구멍용 한계 게이지, 내경 마이크로미터, 내경 지침 측미기 등
각 도	만능 각도기, 사인 바, 각도 게이지 등
나 사	나사 마이크로미터, 공구 현미경 등
기 어	기어시험기 등
다 듬 면	옵티컬 플랫, 스트레이트 에지, 정반, 정밀 수준기, 오토콜리미터 등

(1) 측정기의 종류

중요한 측정의 방식은 다음과 같이 크게 3가지로 나눌 수 있다.

① 절대 측정 : 직접 측정이라고도 하며, 측정기로부터 직접 측정치를 읽을 수 있는 방법이다. 절대 측정기에는 눈금자, 버니어 캘리퍼스, 마이크로미터 등이 있다.[그림 6.3]

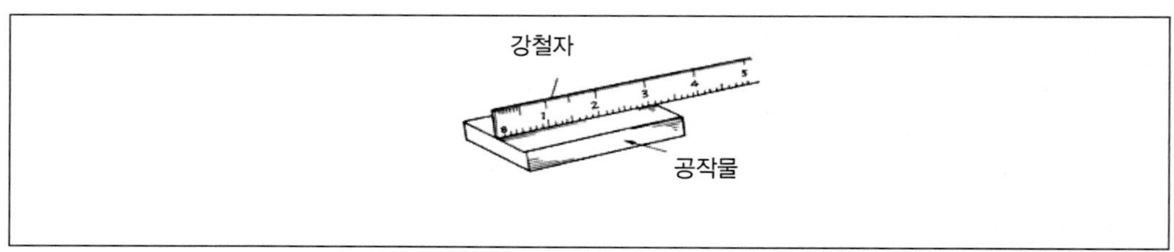

그림 6-3 직접측정

② 비교 측정 : 표준 길이와 비교하여 측정하는 방법으로 비교 측정기에는 다이얼 게이지, 내경 퍼스 등이 있다.[그림 6.4]

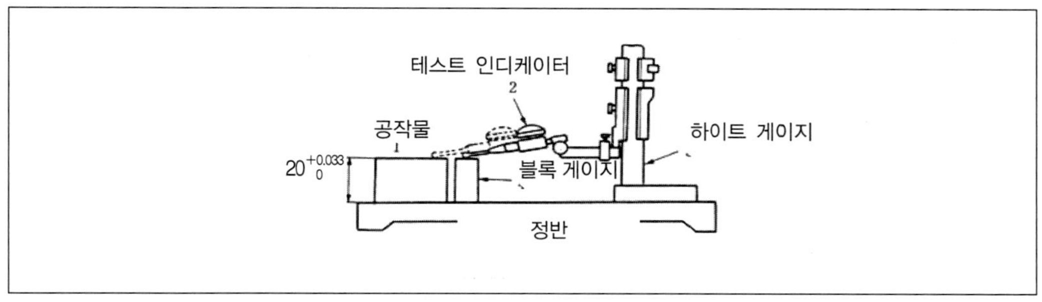

그림 6-4 비교측정방법

③ 간접 측정 : 나사 또는 기어 등과 같이 형태가 복잡한 것에 이용되며, 기하학적으로 측정값을 구하는 방법이다.[그림 6.5]

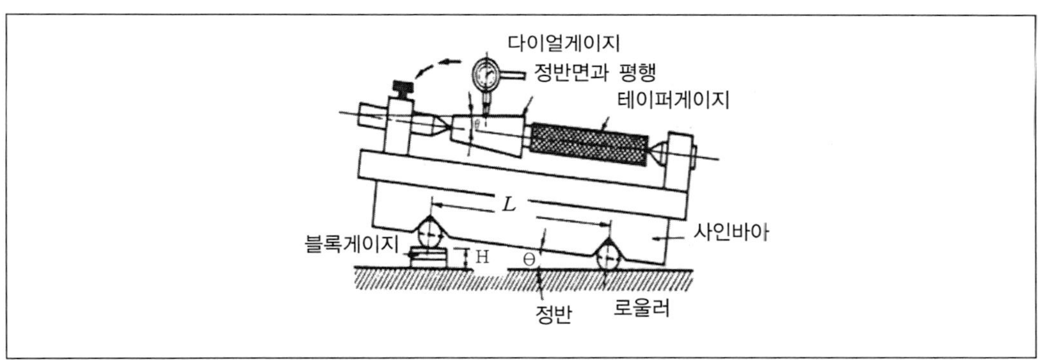

그림 6-5 간접측정

6.5.1 길이 측정

(1) 버니어 캘리퍼스(vernier calipers)

① 버니어 캘리퍼스의 구조

현장의 각종 공작기계의 작업대에서 흔히 볼 수 있는 버니어 캘리퍼스는 거친 재료나 일반기계공장의 황삭, 중삭용의 치수 측정에 사용되고 있으며, 최소 측정치는 0.05 mm 또는 0.02 mm로 간단히 피측정물의 치수를 직접 측정할 수 있기 때문에 널리 사용되고 있다. 버니어 캘리퍼스는 본척(어미자)의 눈금보다 작은 치수를 읽기 위하여 부척(아들자)를 이용한 측정기구로서, 공작물의 바깥지름, 안지름, 깊이 등을 측정하는데 사용된다. [그림 6.6]은 버니어 캘리퍼스 구조를 [그림 6.7]는 버니어 캘리퍼스의 측정 예를 나타낸 것이다.

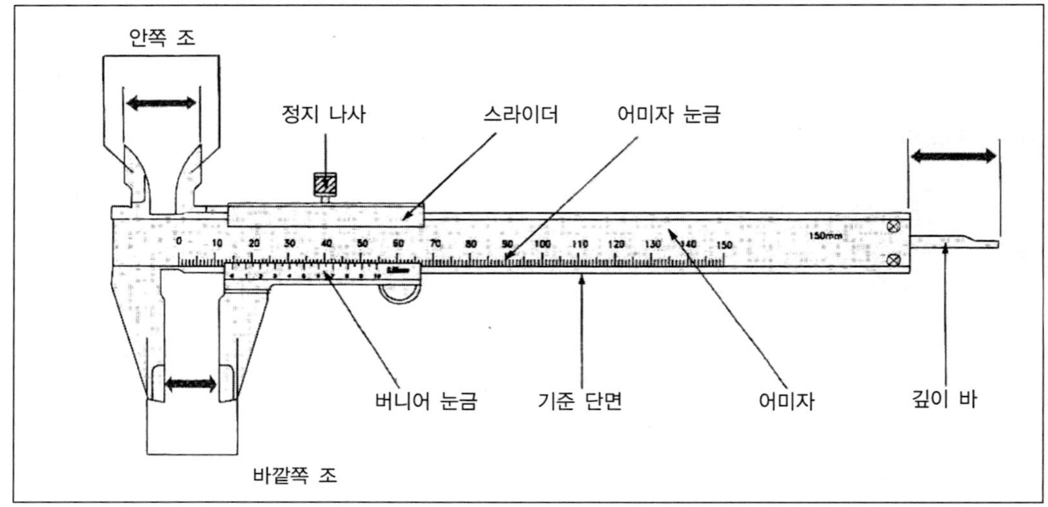

그림 6-6 버니어 캘리퍼스

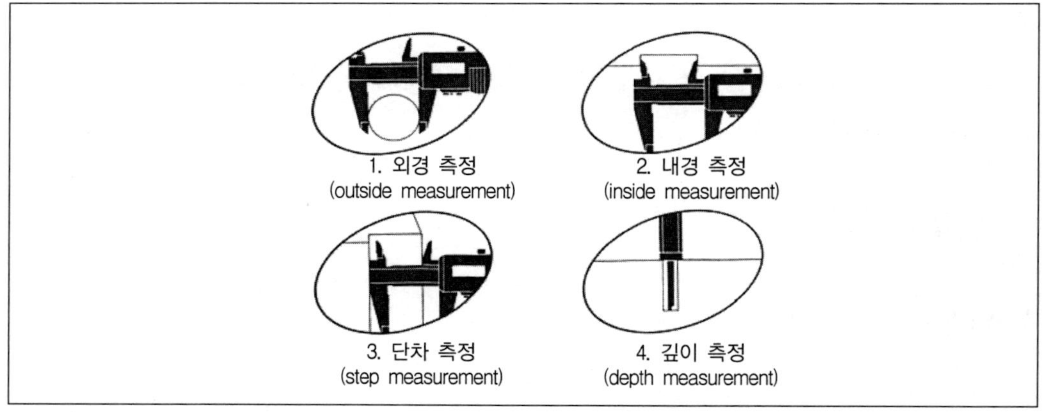

그림 6-7 버니어캘리퍼스의 측정예

② 버니어의 눈금 읽는 법

버니어는 어미자의 두 눈금 간격을 1 mm으로 하고, 어미자의 19 눈금을 20등분한다. 따라서, 버니어의 한 눈금은 0.95 mm로 되어 어미자와 버니어의 한 눈금의 차는 0.05 mm가 되기 때문에 $\frac{1}{20}$ mm까지 측정할 수 있다. 따라서 버니어 최소 눈금값은 다음 식으로 계산할 수 있다.

$$\text{버니어 최소 눈금값} = \frac{\text{어미자 1눈금}}{\text{아들자의 눈금수}}$$

[그림 6.8]는 읽는 방법을 예로 든 것이다. 그림에서 보는 바와 같이 버니어의 0의 위치가 어미자의 73 mm를 조금 넘어 있고, 어미자와 버니어의 눈금은 넷째 번의 눈금이 일치되어 있으므로 0.05 mm × 4 = 0.20 mm으로 되어 측정값은 73 mm + 0.20 mm = 73.20 mm가 된다.

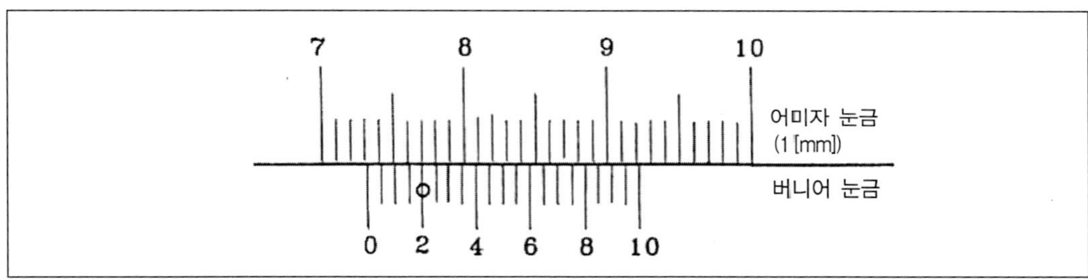

그림 6-8 버니어의 눈금 읽는 방법

(2) 하이트 게이지(height gauge)

하이트 게이지는 대형부품, 복잡한 모양의 부품 등을 정반 위에 올려놓고 정반면을 기준으로 하여 높이를 측정하거나 스크라이버(scriber)끝으로 금긋기 작업을 하는데 사용한다. 하이트게이지의 기본구조는 스케일과 베이스 및 서피스 게이지를 한데 묶은 것이다. [그림 6.9]은 버니어 하이트 게이지의 주요부명칭을 나타낸 것이다.

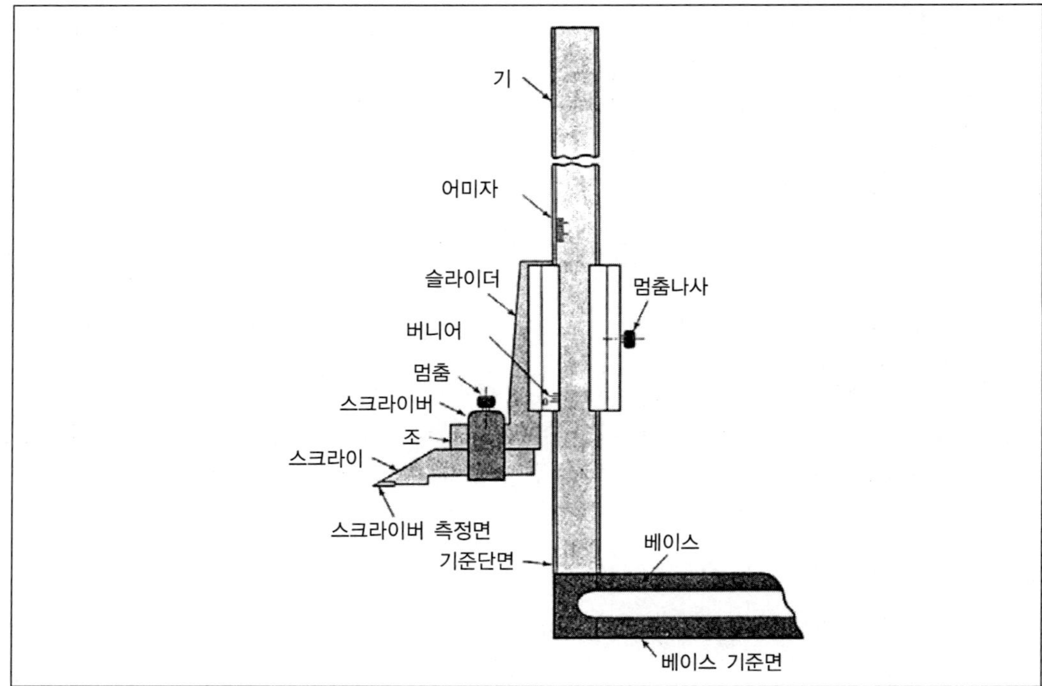

그림 6-9 하이트 게이지 주요부 명칭

(3) 마이크로미터(micrometer)

① 마이크로미터의 구조

마이크로미터는 피치가 정확한 나사를 이용하여 치수를 측정하는 기구이며 보통 간단하고 정밀한 측정기구로서 가장 많이 사용되고 있다.

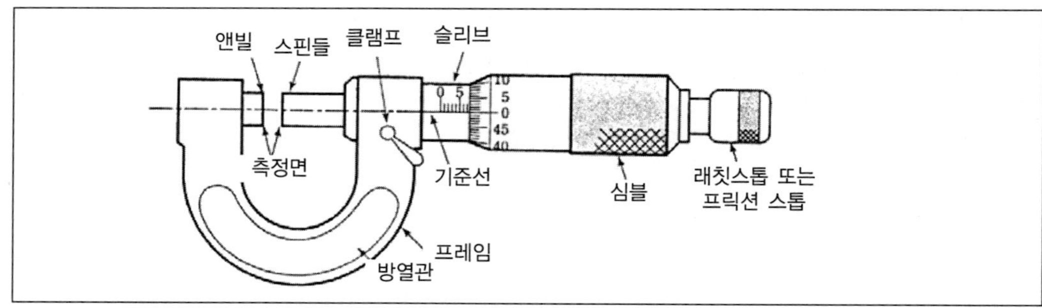

그림 6-10 외축 마이크로미터의 각부 명칭

마이크로미터의 주요부분은 [그림 6.10]과 같으며 스핀들의 일부분에 정확한 수나사(보통 피치가 0.5 mm)가 나 있으며, 이 수나사에 프레임과 일체가 되어 있는 암나사가 끼워져 있다.

② 눈금을 읽는 방법

[그림 6.11]에 나타낸 측정값을 읽는 방법은 우선 슬리브의 눈금을 읽고 심블의 눈금과 기준선을 만나는 심블의 눈금을 읽어 슬리브의 측정값에 더해주면 된다. 여기서는 분해능 0.01 mm까지 읽은 것이지만 숙련자는 0.001 mm까지 눈금을 읽을 수 있다. 그러나 오류를 방지하기 위해서는 분해능이 1 ㎛인 버니어식 마이크로미터를 사용하는 것이 좋다. 마이크로미터의 최소눈금은 스핀들의 피치와 심블의 눈금수를 알면 다음 식을 이용해 계산할 수 있다.

$$\text{최소눈금} = \frac{\text{스핀들의 피치}}{\text{심블의 눈금수}}$$

버니어식의 경우는 슬리브의 기준선 윗부분에 버니어 눈금을 새겨, 슬리브의 0.5 mm 눈금과 심블을 이용 0.01 mm까지 읽고 1 ㎛ 단위는 버니어캘리퍼스 사용에서와 같이 버니어 눈금과 심블의 눈금이 일치되는 곳을 읽으면 된다.

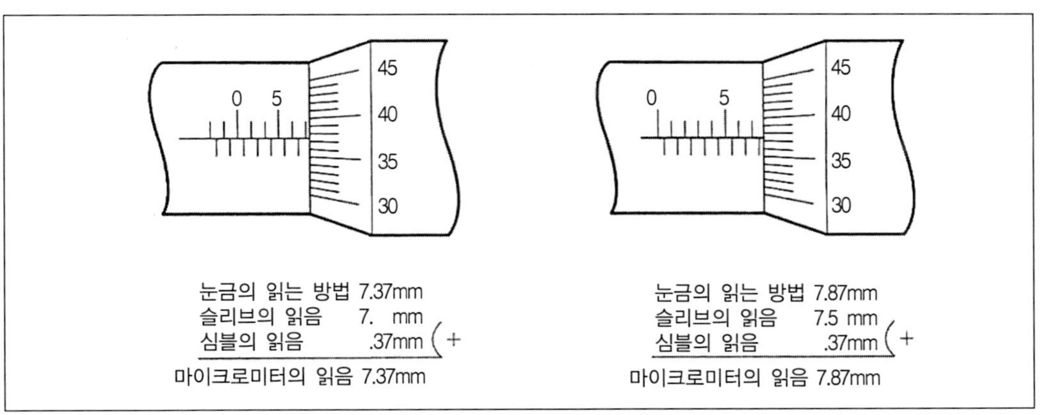

그림 6-11 마이크로비터의 측정값 읽기

③ 마이크로미터의 종류

마이크로미터에는 나사의 유효직경을 측정하는 나사 마이크로미터의 구조, 박판두께, 파이프 두께 등을 측정하는 마이크로미터가 있으며, 이것들은 다만 앤빌과스핀들 끝 모양이 다를 뿐이다. 또한, 내경용 마이크로미터, 깊이 마이크로미터 등이 있다. [그림 6.12]는 각종 마이크로미터의 측정 예를 나타낸 것이다.

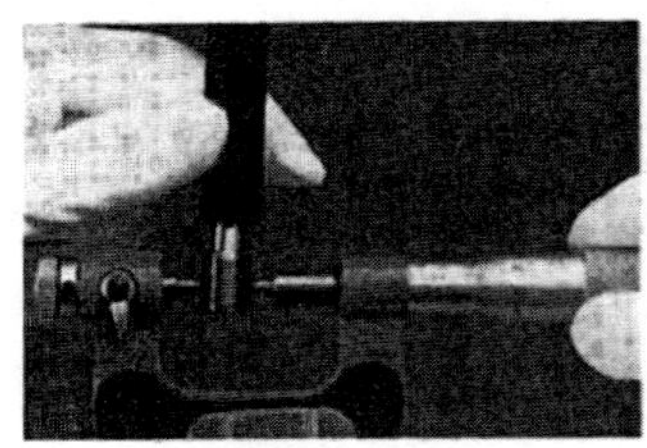

(a) screw thread micrometer (나사의 유효지름을 측정)

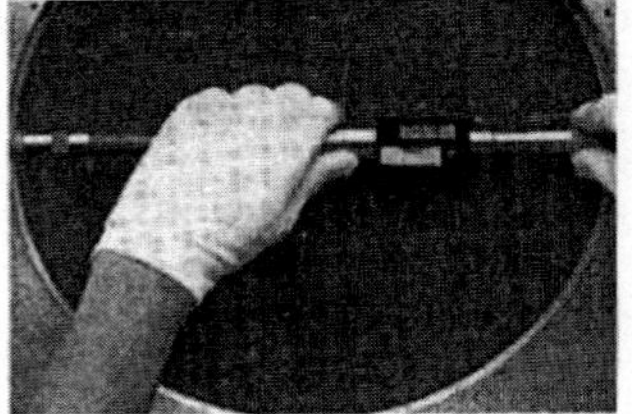

(b) inside micrometer(안지름측정)

(c) point micrometer(드릴, 탭, 나사의 골지름, 곡면형상의 두께를 측정)

(d) great tooth micrometer(평기어, 헬리컬기의 걸치기 두께를 측정)

그림 6-12 각종 마이크로 미터의 측정 예

(4) 다이얼게이지(dial gauge)

다이얼 게이지는 측정자의 직선 또는 원호운동을 기계적으로 확대해서 그 움직임을 지침과 눈금으로 읽을 수 있도록 만들어진 길이 측정기이다. 지침이 1회전 이하의 것은 일반적으로 이침측미기라고 하며 다이얼 게이지와는 구별되어 있다. 다이얼 게이지는 자체만으로는 측정에 사용할 수 없으며, 반드시 어태치먼트(attachment)를 부착하거나 읽음 장치로서 스탠드나 보지구 등 측정용구에 조합되지 않으면 측정할 수 없는 측정기이다. 다이얼 게이지의 길이 측정기로서 특징은 다음과 같다.

- 소형, 경량으로 취급이 용이하다.
- 측정범위가 넓다.
- 다이얼 눈금과 지침에 의한 측정이므로 읽음 오차가 적다.
- 연속된 변위량의 측정이 가능하다.
- 다원 측정(많은 개소의 측정을 동시에 가능)의 검출기서로 활용할 수 있다.
- 어태치먼트의 사용방법에 따라 측정이 광범위하다.

① 다이얼게이지의 구조

다이얼게이지(dial gage)는 [그림 6.13]과 같이 피측정물의 치수변화에 따라 움직이는 스핀들의 직선운동을 스핀들의 일부에 가공된 랙(rack)과 피니언(pinion)에 의해 회전운동으로 확대 변화하여 100등분된 원판의 눈금을 지침의 지시로 읽어내는 측정기이다. 측정 분해능은 0.01, 0.001 mm급이 있으며, 길이 측정범위는 0.2~10 mm이다.

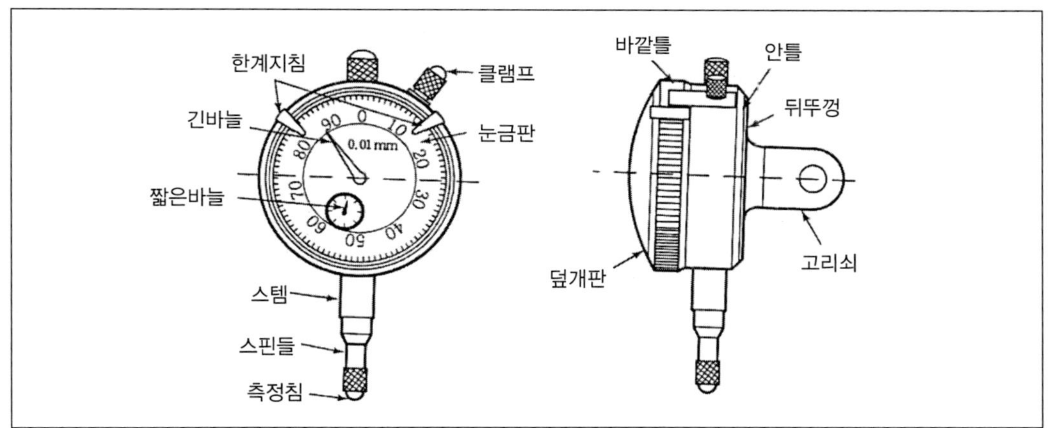

그림 6-13 다이얼 게이지의 명칭

[그림 6.14]의 다이얼 테스트 인디케이터(dial test indicator)는 지렛대식 다이얼게이지의 일종으로 측정자가 레버의 일부를 형성하며 그 움직임을 기어기구로 확대하여 눈금을 지침으로 읽는 것이다. 측정분해능은 0.01mm로 ±0.5~1mm 측정범위의 것과 분해능 0.002mm로 측정범위 ±0.2~0.4mm의 것이 있다.

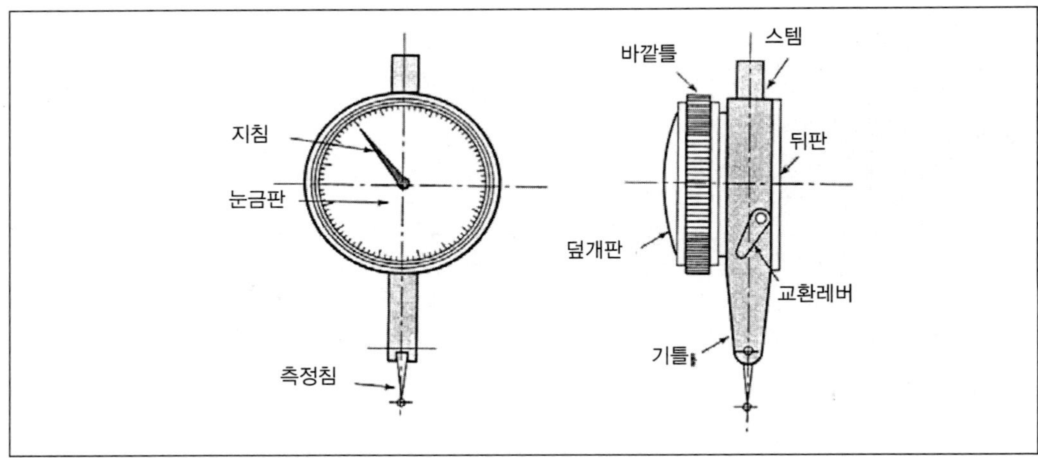

그림 6-14 다이얼 테스트 인디케이터의 명칭

다이얼게이지는 측정범위가 짧기 때문에 단독으로 길이측정에 사용하지 않으며 스탠드(stand)를 이용한 비교측정에 사용한다. 다이얼게이지는 [그림 6.15]와 같이 평행도, 직각도, 진원도, 깊이, 각도 응용 측정에 사용되며, 공작기계의 정도검사, 회전축의 흔들림 검사 등 그 응용범위가 크다.

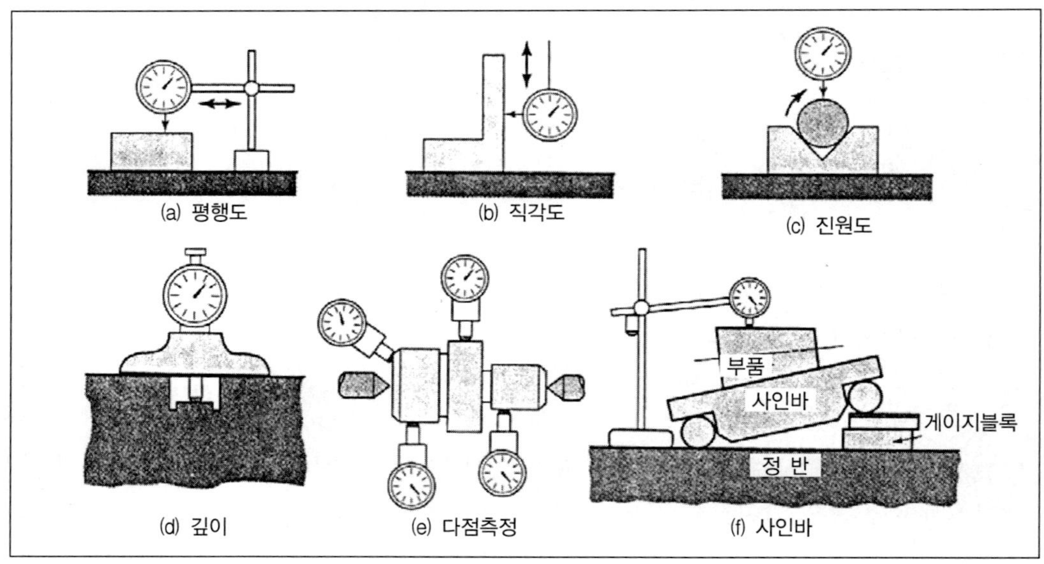

그림 6-15 다이얼게이지 응용 측정 예

(5) 블록 게이지(block gauge)

블록 게이지는 길이의 기준으로 사용되고 있는 평행 단도기(end standard)로서 102개의 게이지에 의해 1 mm로부터 201 mm까지 0.01 mm 간격으로 2만개 정도의 높은 치수를 1개 또는 몇 개를 조합하여 얻을 수 있다. 조합된 블록 게이지의 치수 오차는 측정면이 잘 가공되어 있으므로, 밀착하여 사용해도 1μ 간격으로 조합할 수 있으며 정밀도가 높아 쉽게 임의의 치수를 얻을 수 있다. 블록 게이지는 기계공장에서 길이의 기준으로 사용되며, 각종 측정 지시값의 확인과 교정 등의 비교측정의 기준 게이지로 사용된다.

① 블록 게이지의 구조

블록 게이지 형상은 직사각형의 단면을 가진 요한슨형, 중앙에 구멍이 뚫린 정사각형의 단면을 가진 호크(hoke)형과 원형으로 중앙에 구멍이 뚫린 캐리(Cary)형, 팔각형 단면으로서 2개의 구멍을 가진 것들이 있다. KS에서는 요한슨형으로 1,000 mm 까지의 치수를 규정하고 있으며 열팽창계수는 (11.5±1.0) × 10−6 / deg로 정하고 있다[그림 6.16].

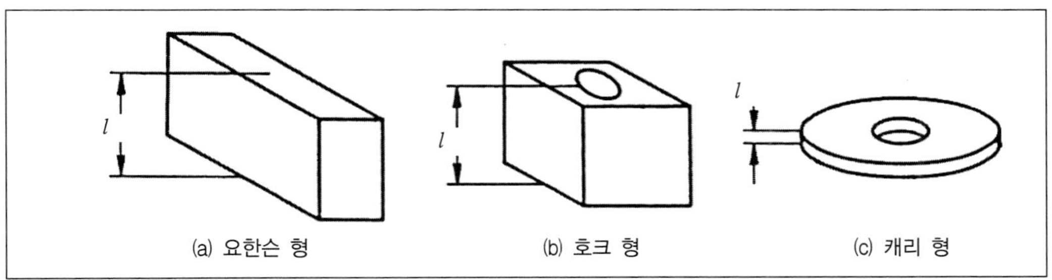

그림 6-16 블록 게이지의 종류

② 블록 게이지의 재질

일반적으로 블록 게이지의 재질은 고탄소강을 많이 사용하며, 마멸을 방지하기 위하여 초경합금으로 제작되고 있으며 고탄소강제의 블록 게이지에 크롬도금을 한 것 및 최근에는 세라믹으로 제작되어 각광을 받고 있다.

표 6-2 정밀도 등급과 용도

등 급	용 도	
00(AA)	초정밀 측정 기준용(reference grade)	0급의 정도 점검 학술연구, 표준 게이지블록 검사
0(A)	정밀 측정 표준용(calibration grade)	1, 2급의 정도 점검 측정기기의 정도 점검
1(B)	일반 공작 측정 검사용(inspection grade)	측정기기의 영점 조정 게이지 제작, 정밀도 점검, 기계 부품 및 공구 등의 검사
2(C)	공작용(workshop grade)	측정기기의 정밀도 조정 공구류의 위치 결정

③ 블록 게이지 치수

블록 게이지 치수란 측정면상의 임의의 점 즉, 변두리로부터 1mm를 제외한 측정면 위에 임의의 점에서 다른 측정면에 밀착시킨 동일표면, 동일재질의 정반에 내린 수선의 길이로써 정의한다.

블록 게이지의 치수 중 한 측정면 중심의 치수(M)라 하고, 최대 치수(L_1)와 최소 치수(L_2)와의 차를 치수편차(P)라 한다. 치수 편차에는 양측정면의 평행도와 평면도의 오차가 포함된다. [그림 6.17]은 블록 게이지의 단면 치수를 나타낸 것이다.

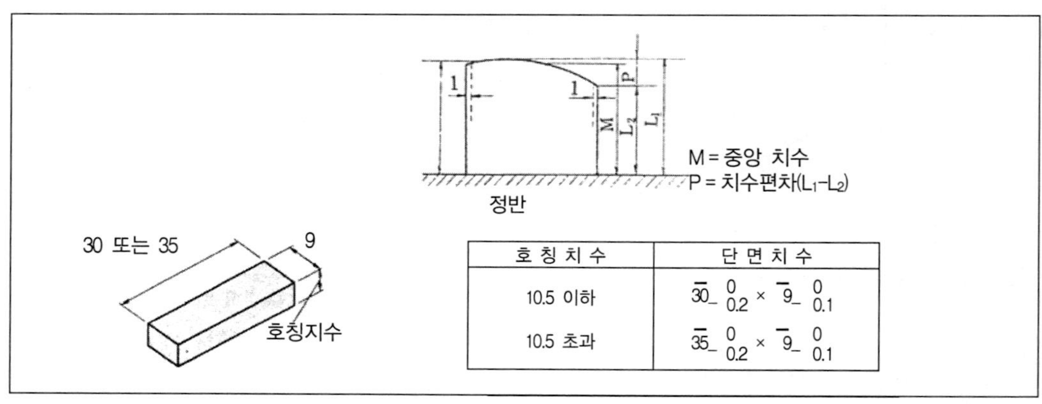

호 칭 치 수	단 면 치 수
10.5 이하	$30^{\ 0}_{-0.2} \times 9^{\ 0}_{-0.1}$
10.5 초과	$35^{\ 0}_{-0.2} \times 9^{\ 0}_{-0.1}$

그림 6-17 블록 게이지의 치수 및 단면치수

④ 사용상의 주의점

ⓐ 선택방법

블록 게이지는 각종 용도에 적합하게 표준치수의 것이 세트로 공급된다[그림 6.18]. 표준조합 선택을 할 때에는 필요로 하는 최소 치수단계, 최소의 개수로 선택하는 것이 좋다. 또한, 밀착 개수가 많아지면 오차가 커지며, 사용 횟수에 따라, 손상, 마모가 발생하므로 현장용으로는 개수가 만은 것이 유리하다.

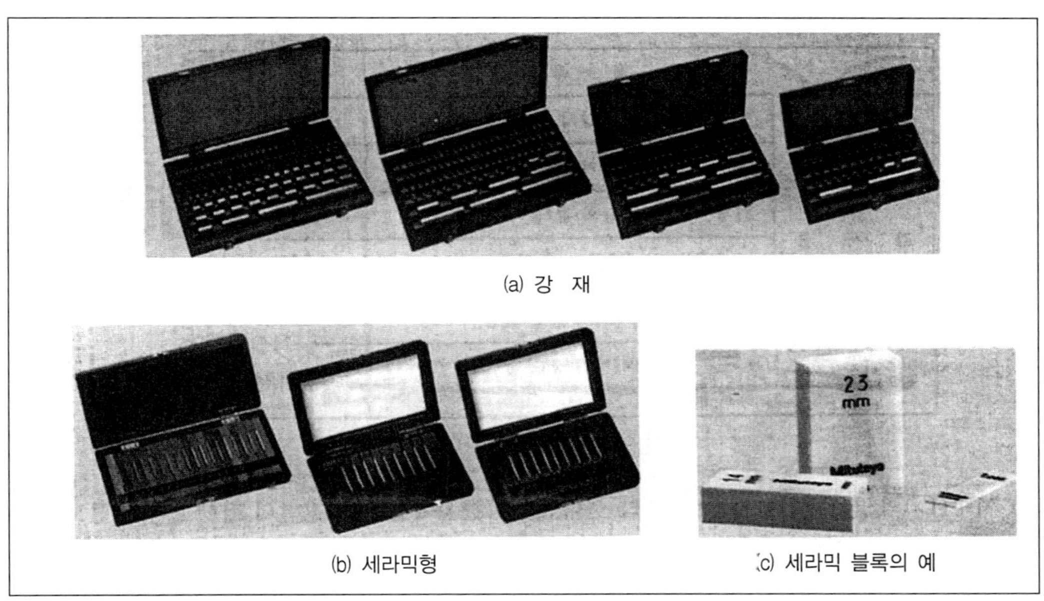

(a) 강 재

(b) 세라믹형

(c) 세라믹 블록의 예

그림 6-18 표준 블록 게이지

ⓑ 치수의 조립

㉠ 조합의 개수를 최소로 할 것

㉡ 정해진 치수를 고를 때에는 맨 끝자리부터 고를 것

㉢ 소수점 아래 첫째자리 숫자가 5보다 큰 경우에는 5를 뺀 나머지 숫자부터 선택

ⓒ 숫자 조립의 예

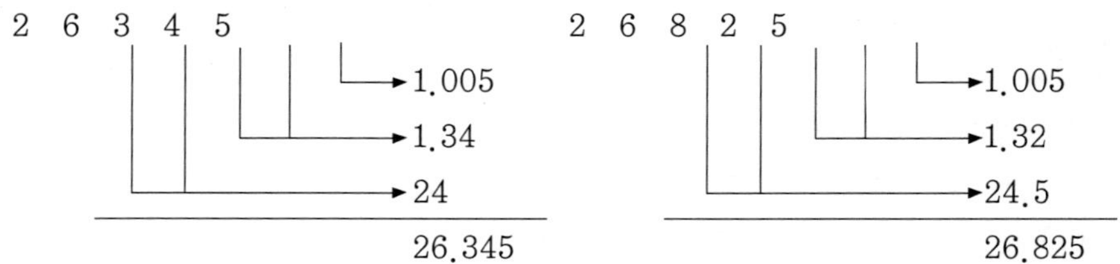

ⓓ 밀착방법(wringing)

㉠ 밀착하기 정에 깨끗한 천으로 방청유와 먼지를 깨끗이 닦아 낸다.

㉡ 측정면의 중앙에서 서로 직교하도록 댄다.

㉢ 가볍게 누르면서 돌려 붙이면 밀착이 된다.

㉣ 방향을 맞춘다. 이때, 흡착력은 20~40 kgf 정도이다.

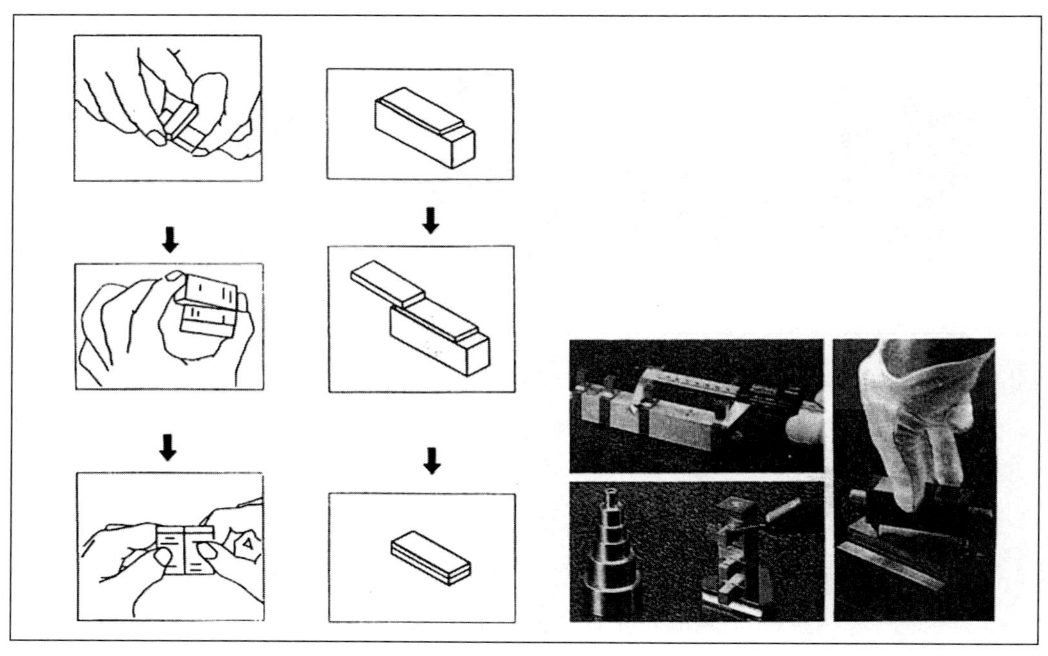

그림 6-19 밀착방법의 예

그림 6-20 블록 게이지를 이용한 측정의 예

㉤ 두꺼운 것과 얇은 것과의 밀착은 얇은 것을 두꺼운 것의 한 쪽에 대고 가볍게 누르면서 밀어 넣어 밀착시킨다.

㉥ 얇은 것끼리의 밀착은 먼저 얇은 것 1개를 ㉤항과 같은 요령으로 밀착시키고 밀착된 얇은 것 위에 다시 밀착시킨다. [그림 6.19]는 밀착방법의 예를 나타낸 것이고, [그림 6.20]은 블록 게이지를 이용한 측정방법의 예이다.

(6) 한계 게이지(limit gauge)

① 표준 게이지(standard gauge)

호환성 생산방식에 필요한 게이지로서 드릴 게이지, 와이어 게이지, 틈새 게이지 등을 사용한다. 와이어 게이지는 크기 순으로 단계적으로 만든 절입 또는 구멍을 갖는 각형 또는 원형의 박판 등으로 제작한 것이며, 틈새 게이지는 두께가 다른 1조의 강제 박편으로 가공물의 형상에 따라 사용하나 이는 적당한 판을 결합하여 측정한다[그림 6.21].

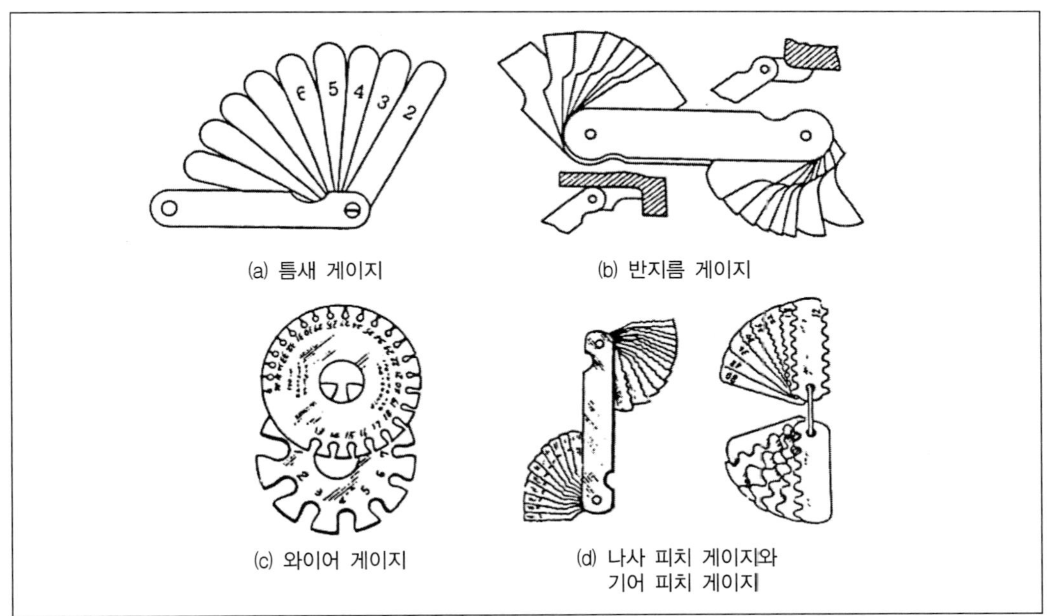

그림 6-21 표준게이지

② 한계 게이지(limit gauge)

표준 게이지는 공작물을 되도록 게이지에 맞추기 위해서는 공작비가 많이 들어가 비경제적이다. 어떤 일정한 편차를 허용하여도 사용 목적에 어긋나지 않는 경우도 있으므로 사용 목적에 따라서 크고 작은 2개의 한계 사이에 들도록 하는 것이 합리적이다. 이 2개의 한계를 나타내는 치수를 허용 한계치수라 하고, 큰 쪽을 최대 허용치수, 작은 쪽을 최소 허용치수라 하며, 한계치수 차를 공차라 한다.

기계 부품 제작시 그 정밀도에 따라 최대 치수와 최소 치수의 범위를 정하고, 그 범위 안에 들도록 가공하기 위하여 쓰이는 측정기로서, 이것을 한계 게이지라 하며, 구멍용(플러그 게이지)과 축용(스냅 게이지)이 있다.

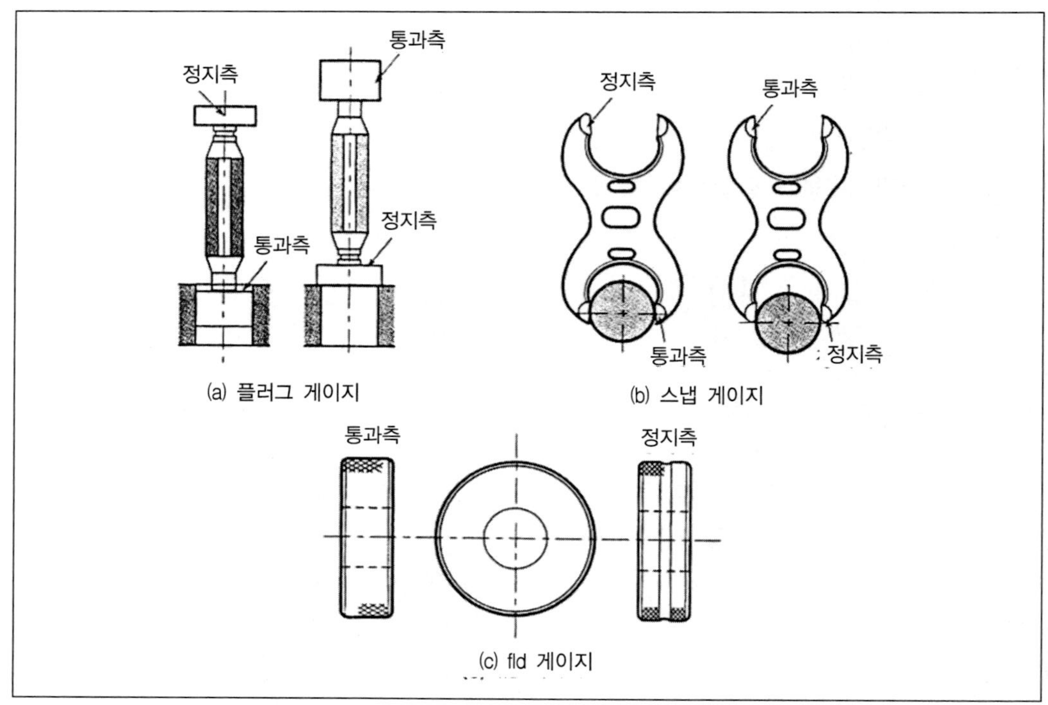

그림 6-22 한계 게이지의 예

[그림 6.22]은 한계 게이지의 보기를 나타낸 것인데, 구멍용에서는 최대 치수쪽을 정지측, 최소 치수쪽을 통과측이라 하고, 축용에서는 최대 치수쪽을 통과측(go gauge), 최소 치수쪽을 정지측(no go gauge)이라 한다.

6.5.2 공기 마이크로미터(air-micrometer)

측미기의 일종으로 치수의 미소량의 변화를 배출되는 공기량의 변화로 전환시켜 이것을 확대하여 지시되도록 한 것이다.

(1) 공기 마이크로미터의 구조(structure)

[그림 6.23]과 같이 공기를 일정 압력으로 조절하는 정압부, 변위를 압력 또는 유량변화로 지시하는 지시부 및 변위를 검출하는 측정부로 되어 있다.

(2) 공기 마이크로미터의 원리(principle)

공기 마이크로미터에 의한 측정방법은 단위 시간내에 회로에 흐르는 공기량의 최소 유효 단면적에 의하여 변화한다는 현상에 기초를 두고 있다. 그림 6.23과 같이 측정노즐과 피측정물 사이의 틈새가 있으면 이 틈으로 공기가 빠져 나오는데, 이 틈새가 크면 흘러 나오는 공기의 양이 많게 된다. 이 때, 공기의 양을 측정하면 그 틈새의 크기를 알 수 있다. 피측정물과 기계적으로 접촉하는 경우에 사용하는 측정 스핀들은 원뿔형 또는 밸브형이 있다. 공기 마이크로미터는 그 원리에 의하여 유량식, 배압식, 유속식의 3가지로 구분된다.

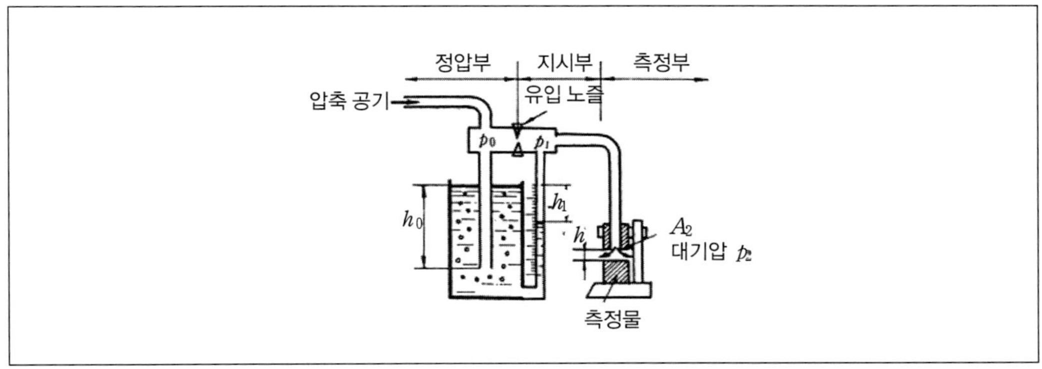

그림 6-23 공기 마이크로미터의 구조

(3) 공기 마이크로미터의 장, 단점

◉ 장점

확대율이 매우 크고 조정도 쉬우며, 측정력이 작아 무접촉의 측정이 가능하며, 반지름이 작은 다른 종류의 측정기로는 불가능한 것을 측정할 수 있다. 또, 많은 치수의 동시 측정, 선별이나 치수 결정이 자동으로 되고, 원격 측정, 자동 제어 등에 사용하기도 한다.

◉ 단점

높은 정도의 압력 조정기를 포함한 보조장치가 필요하며, 장치의 지지, 운반 등이 용이하지 않고, 눈금이 같지 않은 것 등이다.

6.5.3 각도 측정

각도를 측정할 때는 각도 눈금을 사용하거나 길이를 계산하여 각도를 구하는 등 여러 가지 방법이 있다.

(1) 각도 게이지

각도 게이지는 일반적으로 각도 측정에 사용되고 있는 눈금 원판의 사용이 곤란하지만, 정밀도에 중점을 두는 측정에 사용된다.

요한슨식 각도 블록 게이지는 [그림 6.24]와 같이 50 mm × 20 mm × 1.5 mm 의 담금질 강(quenching steel)으로 3개의 형이 있고, 85개 또는 49개가 짝이 되며, 2개의 블록을 조합하여 10°~350°의 각도를 1′ 또는 5′ 간격으로, 또 0°~10° 및 350°~360°의 각도를 1′ 간격으로 만들 수 있다. 각도의 정밀도는 ±12″이고, 조합했을 경우는 ±24″ 정도이다.

이 밖에 [그림 6.25]과 같은 NPL(national physical laboratory)식 각도 게이지가 있다. 이것은 1940년 영국의 톰리슨(Tomlison, G.A.)이 게이지면이 크고 개수도 적게 고안한 것이다.

NPL식 게이지는 90 mm × 16 mm 의 측정면을 가지고 있으며, 41° 27° 9° 3° 1° 27′ 9′ 3′ 1′ 30″ 18″ 6″의 12개로 되어 있다. 게이지면은 블록 게이지와 마찬가지로 밀착이 가능하기 때문에 홀더가 필요 없으며, 광학적인 각도 측정기와 함께 게이지면을 반사면으로 해서 각도 측정이 가능하다. 또, 필요한 각도를 조합에 의해서 만들 수 있으며, 조합 후의 정도는 2~3″이다.

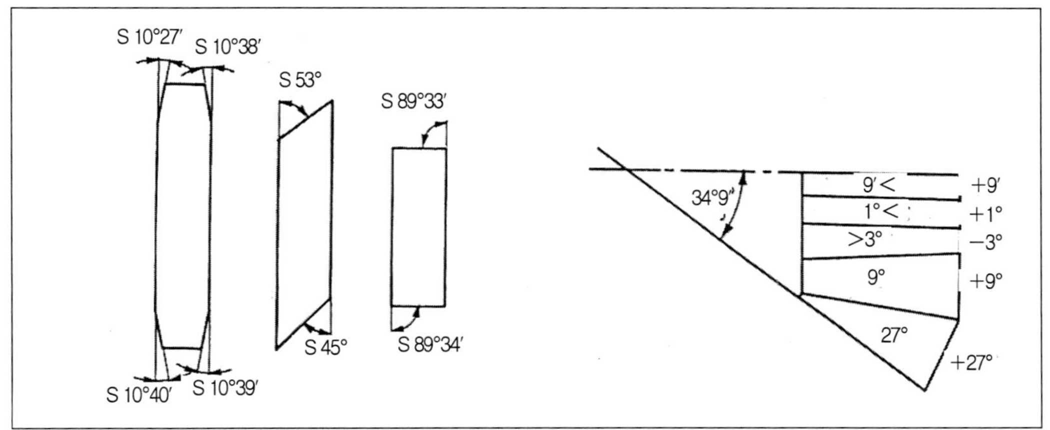

그림 6-24 각도 게이지(요한슨식)

그림 6-25 NPL식 각도 게이지 조합 예

(2) 수준기

수준기(level)는 수평 또는 중력의 방향과 같은 연직을 정하는 데 사용하며, 그 밖에 수평이나 연직으로부터의 미소한 경사를 측정하는 데도 이용된다.

[그림 6.26]과 같이 내면이 일정한 곡률 반지름을 가진 유리관 속에 기포를 에테르 또는 알코올과 함께 넣고 막아 놓으면 액면은 항상 수평을 유지하므로, 기포는 가장 높은 위치를 차지한다. 이러한 유리관을 기포관이라 하며, 수준기의 주체는 기포관이다.

[그림 6.26]과 같이, 수평면에서의 기포의 위치를 A라 하고, 수평면에 대해서 수준기를 θ초[″]만큼 기울였을 때의 기포의 위치를 B라 하면, 기포가 움직인 호의 길이 L mm는 기포관의 곡률 반지름이 R mm일 때,

$$\frac{2\pi R}{L} = \frac{360 \times 60 \times 60}{\theta}$$

$$\theta \fallingdotseq 206000 \times \frac{L}{R}$$

$$R \fallingdotseq 206000 \times \frac{L}{\theta}$$

가 되고, 1″의 기울기로 기포가 2 mm 움직이기 위해서는 $R \fallingdotseq 412$ m 가 된다.

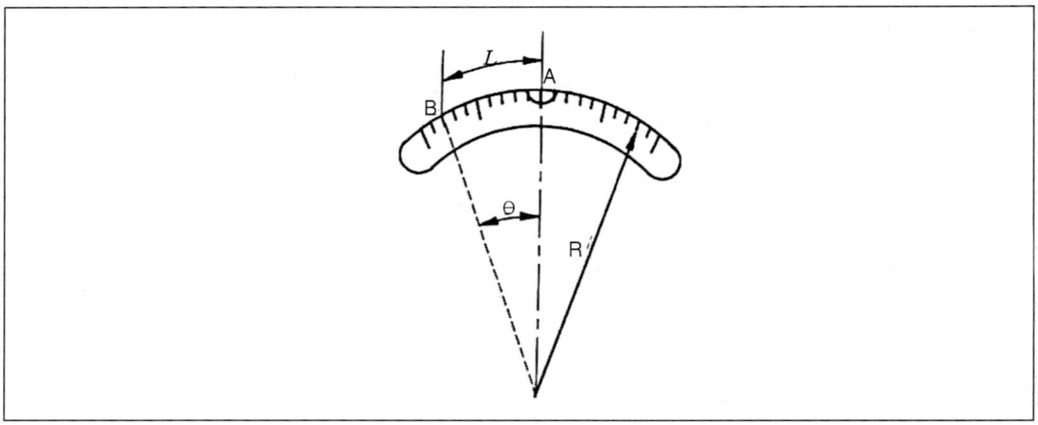

그림 6-26 기포관

(3) 사인바

사인바(sine bar)의 원리는 직각삼각형의수직선과 사변길이의 비인 3각함수의 sin관계를 측정해 이용하는 것으로 곧은자와 동일 지름 롤러 2개 그리고 게이지블록으로 [그림 6.27]와 같이 만들어진다. [그림 6.27]에 나타낸 바와 같이 롤러 중심간 거리가 L 인 사인바의 한쪽 롤러 밑에 게이지블록을 정반면과 피측정물의 윗면이 평행할 때까지 고여서 각도 α가 설정되었다면[그림 6.28) 직각삼각형의 사인 법칙에 따라 각도가 다음과 같이 구해진다.

$$h = L\sin\alpha \quad \text{또는} \quad \sin\alpha = \frac{h}{L}$$

여기서 h 는 게이지블록의 높이, L 은 롤러 사이의 거리이다. 사인바를 이용하면 10초 단위의 측정이 가능하다. 사인바는 게이지블록과 윗식을 이용해서 각도를 간접적으로 측정한다. L 에는 100 mm, 200 mm가 보통 사용된다.

L 이 100 mm인 사인바를 이용하는 경우, L 에 길이오차가 0.002 mm 있으면 측정각도가 30°에서는 2.5″, 45°에서는 4″, 60°에서는 7.2″의 각오차가 발생하기 때문에 45° 이상의 큰 각도를 측정할 때는 Θ를 측정하여 Θ를 구하는 [그림 6.29]와 같이 스퀘어(square)와 사인바를 조합하여 오차발생을 줄이는 것이 좋다.

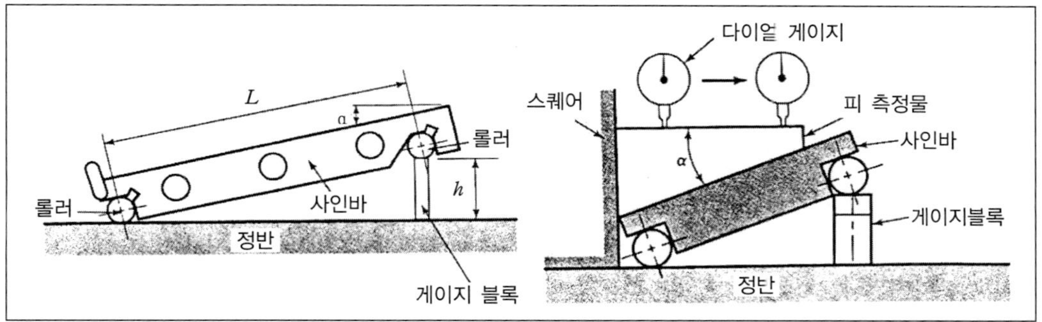

그림 6-27 사인바와 구성품 명칭

그림 6-28 각도 측정법

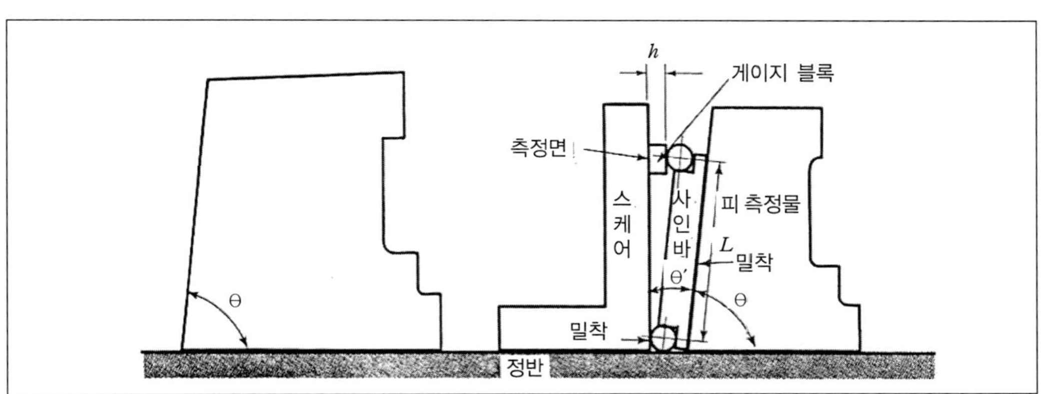

그림 6-29 큰 각도의 측정법

(4) 오토콜리메이터

기계가공의 정도는 공작기계의 성능에 좌우되기 때문에 공작기계 제작시나 주기적인 성능평가시 정확한 오차측정이 필요하다. 특히, 공작기계 구조부 사이의 직각도와 이송계의 진직도오차에 영향을 주는 각운동오차의 평가가 중요한데, 이 경우

1초 단위의 각도측정이 요구된다.

[그림 6.30]의 오토콜리메이터(autocollimator)에서 p_1과 p_2는 평행광 렌즈의 초점평면에 설치된 유리판으로 각각 그의 중앙인 초점에 십자선을 가지고 있다. 광원과 집광렌즈에서 p_1을 조정하면 십자선의 광이 평행광렌즈를 통과한 후 무한원에 생기게 된다. 다라서, 그 상이 평행광렌즈의 전방에 설치한 반사경에서 반사되어 되돌아오면 평행광렌즈와 접안렌즈는 무한원에 있는 상을 관찰하는 망원경의 역할을 하게 된다. 즉, p_1의 상이 p_2에 생기게 된다. 따라서 p_1의 십자상과 p_2의 십자상을 그은 후방의 접안렌즈를 통하여 관찰하면 반사경이 Θ 만큼 회전한 경우 p_1상의 십자선은

$$d = 2f\theta$$

만큼 횡방향으로 변하게 된다. 따라서, p_2에 마이크로미터를 부착하고 그의 변위량을 측정하면 반사경의 각도 θ 를 측정할 수 있다.

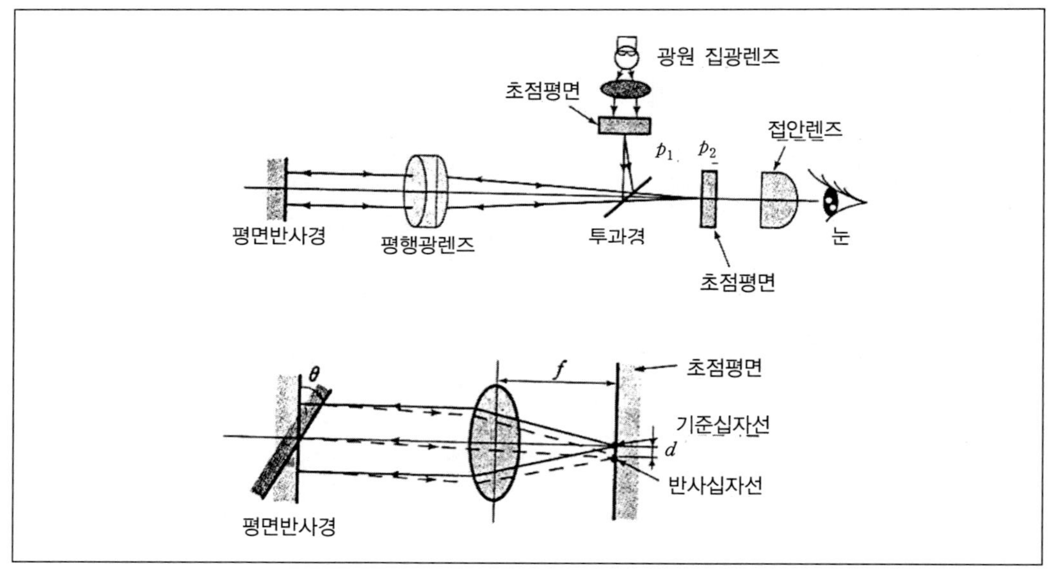

그림 6-30 정밀각도 측정용 오토콜리메이터

이와 같이 오토콜리메이터는 반사경과 망원경의 위치관계가 기울기로서 변했을

때, 상의 위치가 이동하는 것을 이용하여 작은 각도의 정밀 측정, 면의 진직도 측정, 그리고 면의 설정 등에 사용된다[그림 6.31].

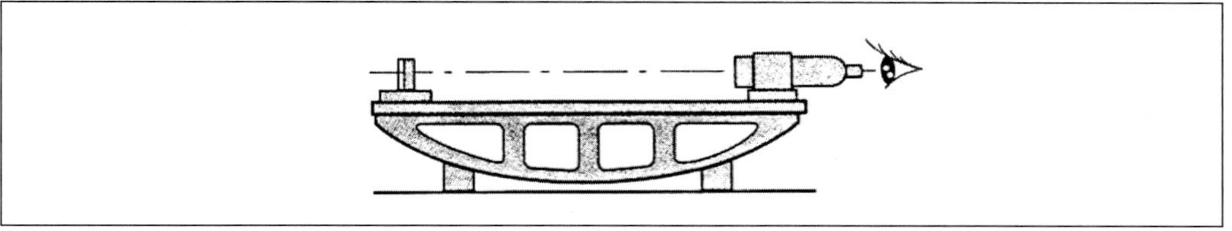

그림 6-31 곧은자의 진직도 측정

Chapter 7

절삭이론

절삭이론

7.1 절삭의 정의

절삭(cutting)이란 공작물보다 경도가 높은 공구로서 공작물에서 칩(chip)을 깍아내어 요구하는 형상의 제품을 만드는 작업이다. 이때 사용하는 공구로서는 바이트, 드릴, 밀링커터와 같은 절삭날로 된 것과 연삭숫돌, 래핑제와 같은 입자로 된 것으로 구분되나 모두 대소의 차이는 있을지라도 칩을 내며 공작물에서 불필요한 부분을 절삭하는 데는 다름이 없다. 그러므로 절삭이란 말은 칩을 내면서 가공하는 모든 공작법에 대하여 적용할 수 없는 것이다.

7.2 절삭공구의 모양과 각도

절삭공구의 형상과 각도는 칩의 배출 상태를 결정하고 절삭 다듬질면, 공구수명, 절삭동력 등을 좌우하는 중요한 변수이다.

절삭공구는 단인공구와 다인공구로 나누어진다. 단인공구는 절삭에 관계하는 절삭날 부분이 하나밖에 없는 절삭공구로서 선삭용 공구, 평삭용 공구 등이 이에 해당한다. 다인공구는 여러 개의 절삭날이 절삭에 관계하는 공구로서 드릴, 밀링커터, 탭 등이 이에 해당한다.

7.2.1 **단인공구**(single-point tool)

절삭에 관여하는 공구면과 이것들이 서로 교차하여 나타나는 절삭날은 여러 가지로 생각할 수 있다. 이 날의 상대위치가 칩의 크기, 그 모양 및 발생상태와 절삭저항에 영향을 미친다.

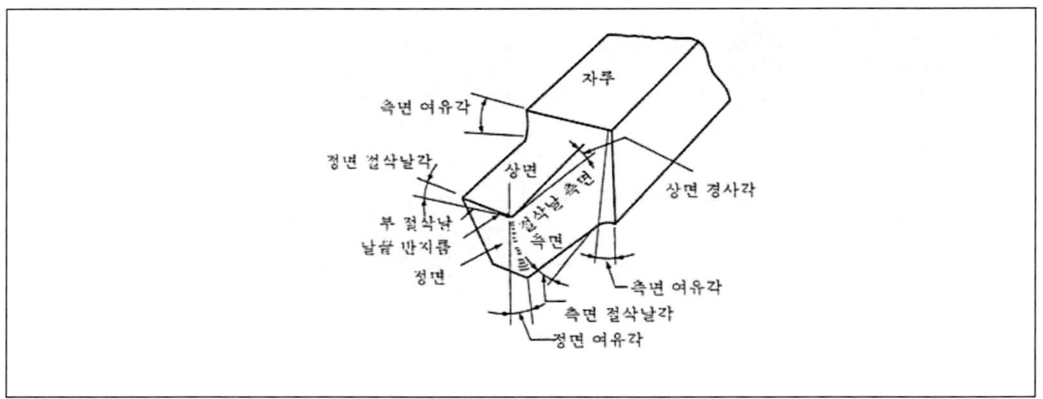

그림 7-1 바이트 각부의 명칭

공구의 크기는 폭, 높이, 길이로 나타내며 절삭공구의 각도를 표시하는 방법은 [그림 7.2]와 같다. 절삭날에는 주절삭날과 부절삭날이 있고, 절삭날면에는 공구상면(tool face)과 측면(flank)이 있다. 주절삭날과 부절삭날이 맞닿는 곳은 보통 곡선으로 되어 있으며 날끝반지름(nose)이라 하며, 이것들이 절삭에 관여하는 주요 부분이다.

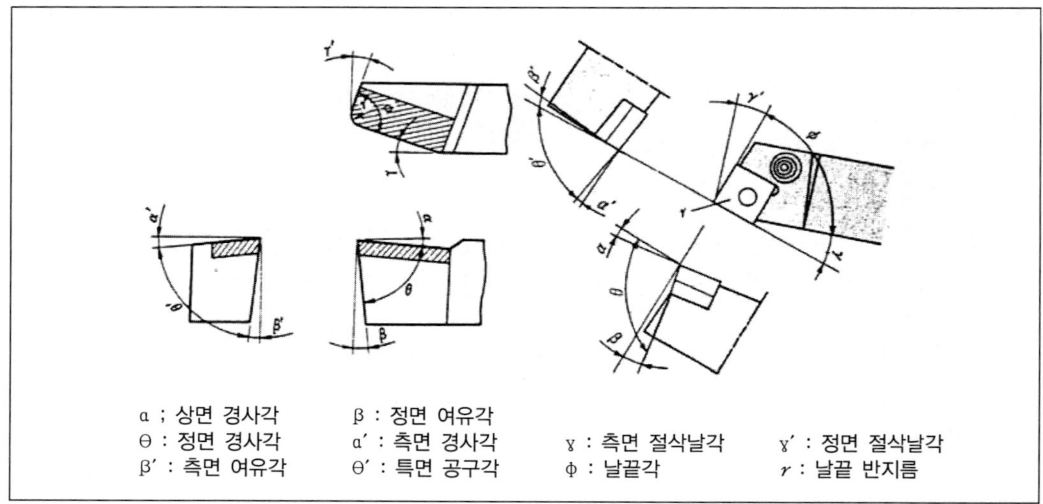

그림 7-2 바이트의 기본 각도

7.2.2 다인공구(multi-point tool)

다인공구도 절삭날부 하나하나를 생각하는 경우 절삭기능은 단인공구와 원칙적으로 같다. [그림 7.3 (a)]는 단인공구, (b)는 다인공구의 예를 나타낸 것이다.

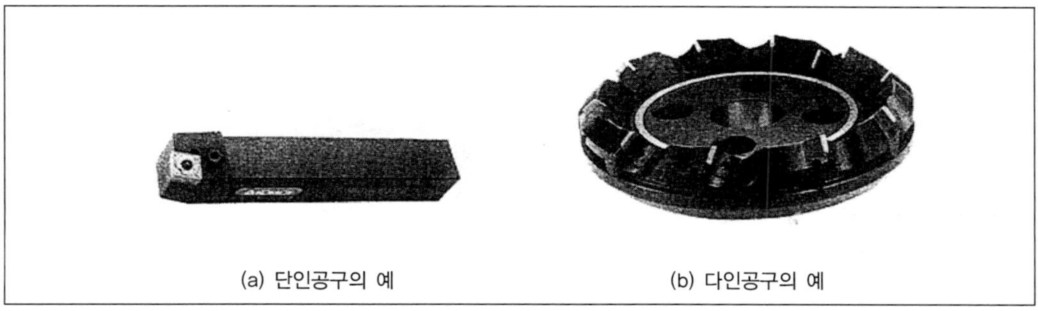

(a) 단인공구의 예 (b) 다인공구의 예

그림 7-3 단인공구 및 다인공구의 예

7.3 절삭조건(cutting condition)

단위 시간당의 절삭량에 영향을 끼치는 변수들의 조합을 절삭조건이라고 한다. 이러한 절삭조건에는 공구재료와 공구형상, 절삭속도, 절삭깊이, 이송속도, 절삭유제 등이 포함된다.

7.3.1 절삭속도(cutting speed)

절삭속도는 공작물이 단위시간에 공구의 날끝을 통과하는 거리로 표시하며, 공작물이나 공구의 지름을 D(mm)라 하고, 절삭속도를 V(m/min), 공작물의 회전수를 N(rpm)이라 하면, 다음과 같은 식이 성립된다.

$$V = \frac{\pi D N}{1000}, \quad N = \frac{1000 V}{\pi D}$$

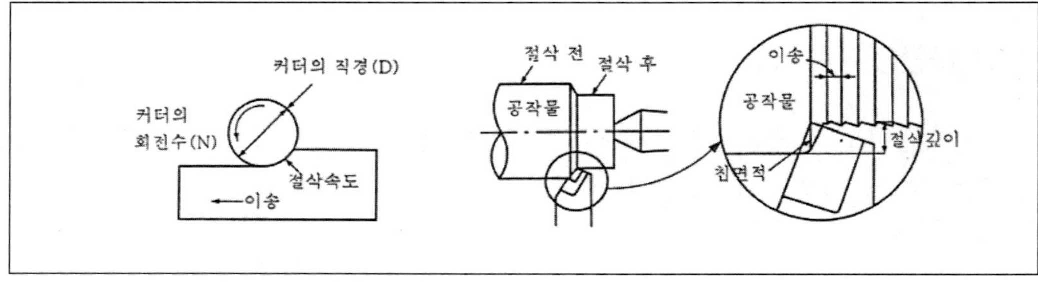

그림 7-4 절삭속도

그림 7-5 절삭깊이

7.3.2 **이송속도**(feed rate)

절삭중 공구와 공작물간의 횡방향의 상대운동의 크기, 즉 이송운동의 속도를 말한다. 단위는 mm/rev(in/rev), mm/min(in/min)로 표시한다.

7.3.3 **절삭깊이**(depth of cut)

[그림 7.5]와 같이 가공물의 표면과 가공되는 면과의 거리, 즉 공구의 절식깊이를 말한다. 단위는 mm(in)로 표시한다.

7.3.4 **절삭단면적**(chip area)

절삭될 부분의 단면적, 즉 칩의 단면적을 말한다.

$$A = f\,t \quad mm^2(in^2)$$

여기서, A : 절삭단면적, f : 이송속도, t : 절삭깊이

7.4 절삭 양식

공구와 공작물의 기하학적 운동양식에 의해 2차원 절삭(orthogonal cutting)과 3차원 절삭(oblique cutting)으로 분류된다.

7.4.1 2차원 절삭

2차원 절삭은 [그림 7.6(a)]와 같이 공구의 절삭날 능선과 절삭 운동방향이 직교하고 절삭날에 수직한 단면 내의 변형은 능선변형이 균일하다. 이와 같은 변형을 평면변형이라 한다. 완전한 2차원 절삭은 없고 절삭폭이 절삭깊이에 비해 충분히 클 때에는 2차원 절삭이라고 한다. 실제 절삭가공에서는 절단이나 브로칭이 여기에

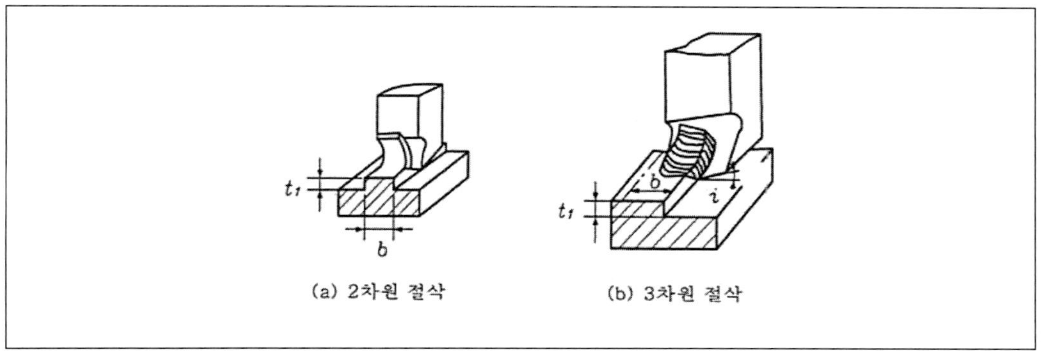

그림 7-6 절삭속도

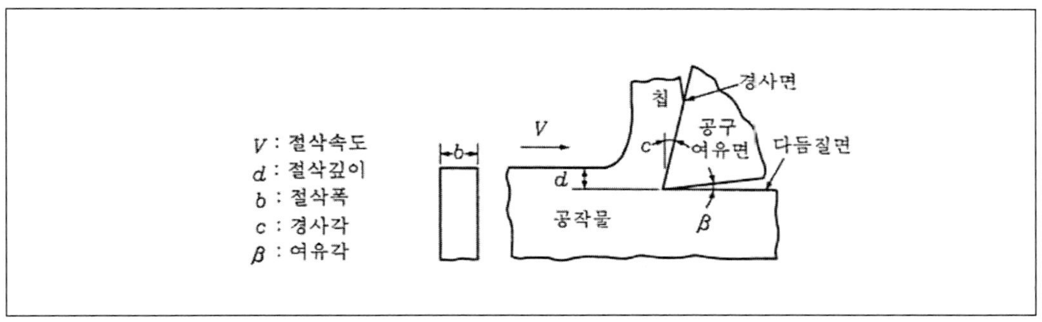

그림 7-7 2차원 절삭모형(직교절삭)

속한다. 그러나 보통 절삭가공의 대부분은 복잡한 3차원 절삭이다. [그림 7.7]은 2차원 절삭모형을 나타낸 것이다.

7.4.2 3차원 절삭

[그림 7.6 (b)]와 같이 절삭저항이 공구의 진행방향과 직각방향 및 절삭날의 방

향으로 작용하는 것을 3차원 절삭(oblique cutting)이라 하며, 절삭날이 공구의 진행방향과 직각이 아니고 임의각 i 만큼 경사지게 되는 경우이다.

7.5 칩생성과 구성인선

7.5.1 **칩의 생성**(chip formation)

칩이 어떻게 생기는가를 살펴보기로 한다. 깎여지는 재료는 [그림 7.8]과 같이 2차원 모형으로 제시되어 있는 것처럼 공구가 전진함으로써 압력이 전해진다. 그리고 공구의 앞에 있는 재료부분은 그 어떤 변형을 시작한다. 그리고 깎여지는 재료에서 분리하면서 칩(chip)으로 변화하여 공구의 경사면을 미끄러지면서 흘러 나간다.

[그림 7.8]와 같이 ABCD의 재료부분이 있다고 생각하고 공구의 날끝의 A에서 B점으로 전진했다고 하면 ◇ABCD는 ◇A'BCD'로 변형한다. 그리고 이것이 칩이 되는 것이다. 전단면은 유동형 칩에 있어서는 거의 일정한 경사를 가지고 잇따라 생겨나고 있다. 이 경사를 전단각이라고 말하며 ϕ로 표시한다.

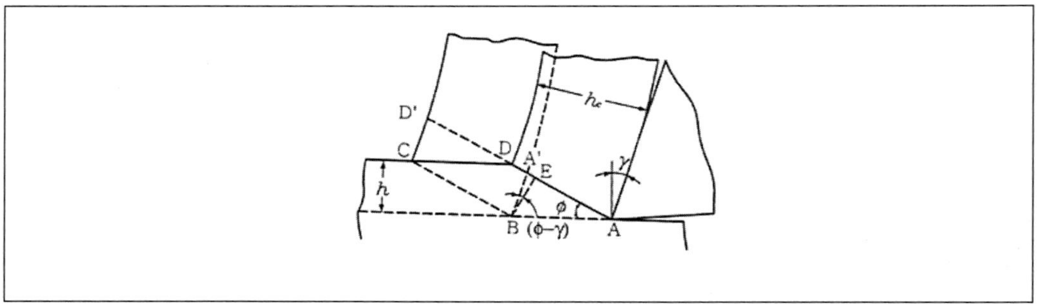

그림 7-8 절삭에 있어서의 전단 변형

칩이 생기는 모양은 공작물 및 절삭 공구의 재질, 절삭속도, 공구의 모양, 절삭깊이 등에 따라 달라지는데, 다음과 같이 4가지 기본형으로 분류하고 있다.

① 유동형 칩(flow type chip)
② 전단형 칩(shear type chip)
③ 열단형 칩(tear type chip)
④ 균열형 칩(crack type chip)

(1) 유동형 칩(flow type chip)

연속하여 긴 칩이 흐르는 것처럼 나올 때, 이 칩을 유동형 칩이라고 한다. 표면은 한결같고 요철이 거의 없고 두께는 일정하다. 유동형 칩이 생성될 때에는 ① 절삭날에 가해지는 힘이 안정되고 있어서 깎은 후의 면은 평활해지고 좋은 다듬질면을 얻을 수 있다. ② 진동에 의한 공구손상도 적기 때문에 공구의 수명도 길어진다. ③ 다만 이 칩은 잘 꺾이지 않고 연속되기 쉬우므로 다듬질면에 상처를 주거나 피삭재에 엉켜서 회전하여 작업자에게 상처를 주는 일이 있으므로 칩을 파단시키는 방법을 생각하지 않으면 안된다.

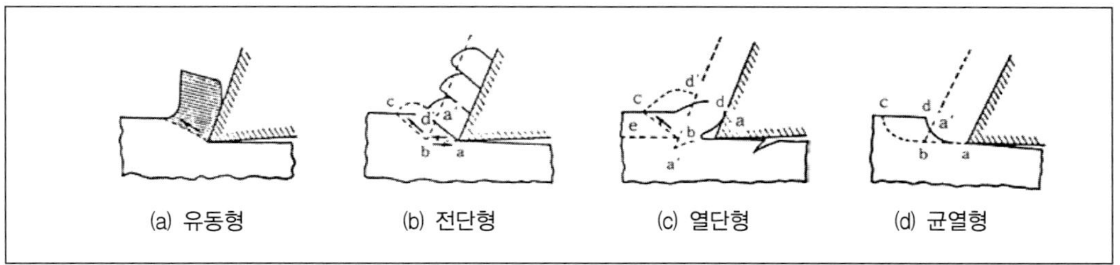

그림 7-9 칩 생성의 기본형태

(2) 전단형 칩(shear type chip)

절삭날의 경사면과 접촉하여 마찰한 면은 거의 평활하지만 그 반대쪽의 칩 표면은 톱니와 같이 들쑥날쑥하며 또한 주기적으로 깊이가 잘록한 형태로 되어 있다. 비교적 연한 재료를 작은 상면 경사각으로 절삭시 자주 생긴다. 아무튼 전단형 칩이 생겨나는 것 같은 절삭상태에서는 칩 두께의 변동에 따라 공구나 절삭날에 가해지는 힘도 변동하므로 가공 후의 다듬질면에 대한 거칠기도 유동형 칩의 경우보다 거칠어지고 공구의 손상도 일어나기 쉽다.

(3) 열단형 칩(tear type chip)

경작형 칩이라고도 하며 점성이 큰 재질을 작은 경사각의 공구로 절삭할 때, 절삭 깊이가 클 때는 칩이 날끝에 달라붙어 유동이 어려워진다. 공구의 진행에 따른 점착현상의 증가로 날끝 앞쪽에서 터짐이 일어나거나 가공한 면을 뜯어낸 것과 같은 자리를 남기고 절삭력의 변동이 커지므로 좋지 못한 결과를 가져온다.

(4) 균열형 칩(crack type chip)

주철과 같은 취성의 재료를 저속으로 절삭할 때 순간적으로 공구날끝 앞에서 그림과 같이 공작물에 균열이 일어나고 이때 발생하는 칩으로 인한 진동 때문에 작은 파손이 생겨 깎인 면도 매우 불량하다.

7.5.2 구성인선(built-up edge)

구성인선이란 경사면과 여유면의 일부와 절삭날에 고착된 퇴적물이며, 공구절삭날을 대신하여 절삭작용을 하는 것을 말한다. 즉, 연강, 스테인레스강 및 알루미늄 등의 연한 재료(인성을 지닌 재료)를 절삭할 때 칩과 공구경사면 사이의 높은 압력과 큰 마찰저항 및 절삭열에 의하여 칩의 일부가 가공경화하여 이상 변질물로서 날끝 앞에 퇴적하여 마치 절삭날과 같은 작용을 하여 공작물을 절삭하게 되는데 이것을 구성인선이라고 한다. 구성인선이 공구끝에 형성되면 이것이 절삭에 관여하여 공구에 채터(chatter)을 일으킬 뿐만 아니라 가공표면의 정밀도를 저하시킨다. 구성인선은 발생, 성장, 분열, 탈락의 과정을 반복한다. 이 주기의 시간은 1/100초 정도로 짧다. 즉 1초간에 100회 성장하고 탈락하는 셈이다. 탈락에 있어서는 대부분이 칩과 더불어 제거되는데 일부는 절삭면에 잔류하여 다듬질면 조도를 거칠게 한다. 또 다듬질면을 기계부품으로 사용할 때는 가공경화를 받은 구성인선의 파단은 상대금속을 마모시키므로 좋지 않다.

7.5.3 구성인선 발생에 따른 영향

[그림 7.10]와 같이 구성인선은 둥근 날끝을 하고 있는 관계로 이것에 의해 절삭

된 다듬질면은 필연적으로 거칠게 된다. 또 이 때에는 구성인선의 절삭날은 공구의 날끝보다 아랫쪽에 있는 관계로 예정의 절삭깊이 이상으로 공작물을 절삭하게 되므로 제품의 정밀도를 저하시킨다. 즉 [그림 7.10]과 같이 과절삭 상태로 된다.

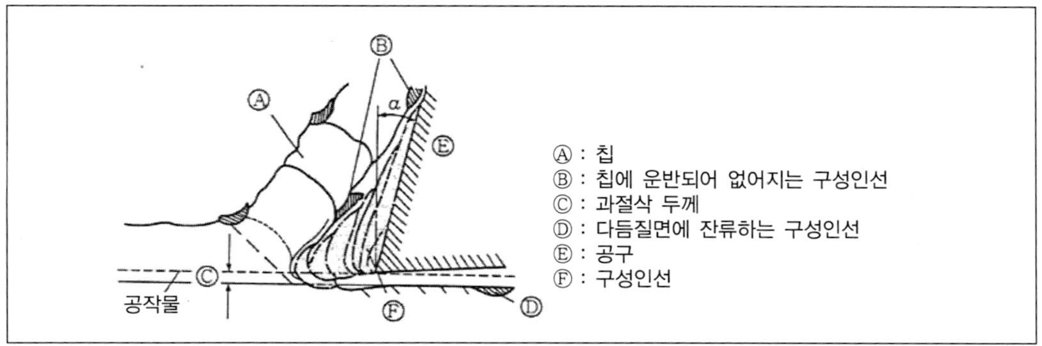

그림 7-10 구성인선의 성장의 실제

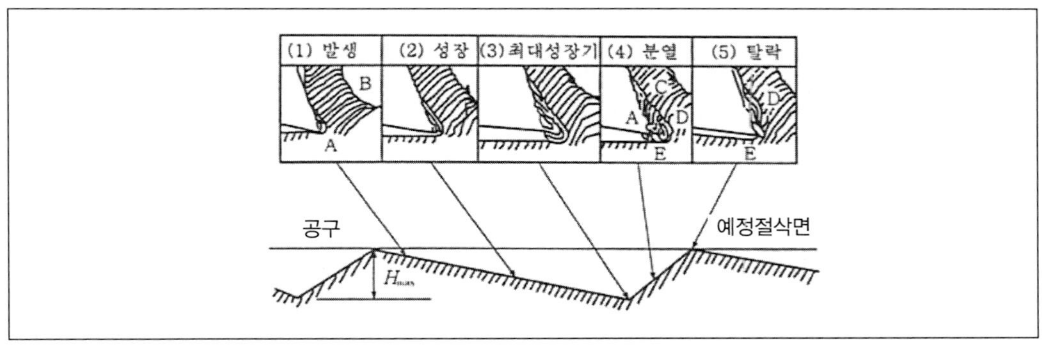

그림 7-11 구성인선의 성장분열과 다듬질면 조도

[그림 7.12]는 선삭공구에 대한 조도곡선의 예이다. v = 120 m/min 이상에서 구성인선을 소실하게 되는 것을 알 수 있다.

일반적으로 절삭온도가 공작물 재료의 재결정 온도 이상이 되는 조건에서는 구성인선의 발생은 없거나 적어도 크게 성장하지는 않는다고 한다. 절삭온도는 120 m/min 이상의 고속절삭에서는 충분히 높아지므로 구성인선에 의한 다듬질면의 흩어짐은 적어진다. 고속절삭으로 다듬질면 조도가 개선되는 것은 이 때문이다.

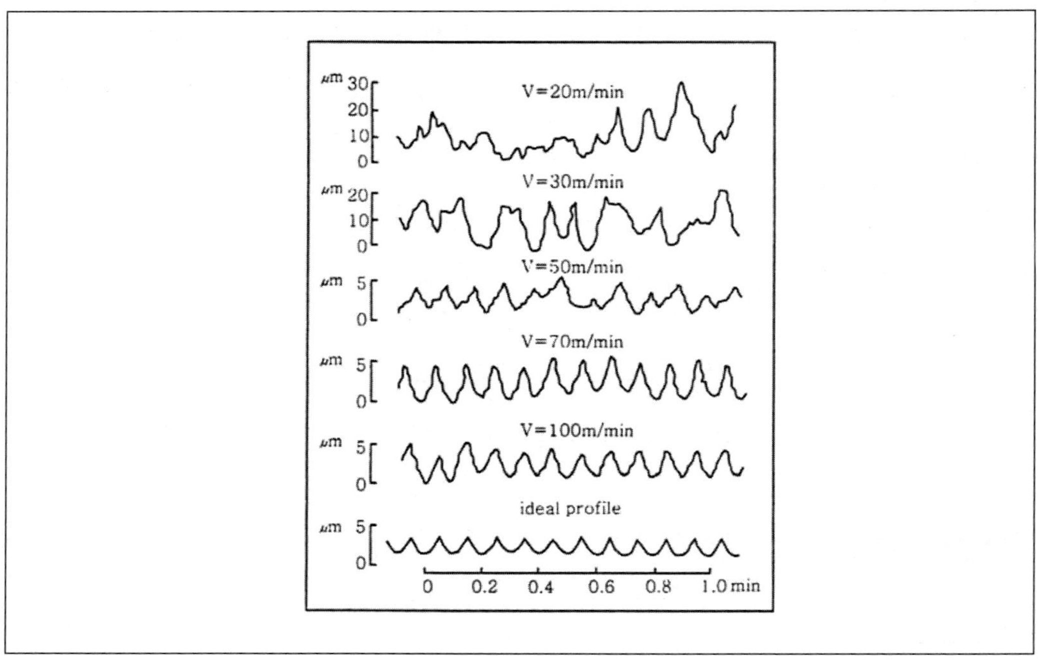

그림 7-12 선삭 다듬질면 형상의 절삭속도에 의한 변화

7.5.4 구성인선의 방지법

구성인선이 발생되지 않기 위해서는 다음과 같은 방법이 있다.

① 공구의 경사면을 윤활하게 하여 깎여지는 재료의 용착을 방지한다. 절삭유제나 깎기 쉬운 개량을 가한(쾌삭재료)를 선정하면 이 목적에 부합시킬 수 있다.

② 절삭온도를 높인다. 깎여지는 재료의 재결정온도(가공경화한 금속재료를 가열하면 변형된 입자가 미세한 다각형상의 결정입자로 변하기 시작하는 온도) 이상이 되면 가공경화는 없어지고 구성날끝도 없어진다. 절삭온도를 올리기 위해서는 절삭 에너지를 많이 사용하면 된다. 절삭속도를 빨리하고 절입이나 이송을 많이 하는 것이다. 또한 좀더 직접적으로 온도를 올리기 위해서는 그 부분을 가열하든가, 가열한 피삭재를 깎으면 된다. 실제로 가열하면서 깎는 고온 절삭법도 몇 가지가 연구되고 있다.

③ 절삭성을 양호하게 한다. 이 방법은 경우에 따라서는 역효과가 되므로 유의

할 필요가 있다. 왜냐하면 절삭성을 양호하게 하면 절삭온도는 일반적으로 내려가는 경향에 있으며 (2)에서 기술한 내용에 반하기 때문이다.

구체적인 방법으로서는 절삭공구의 경사각을 크게 한다. 절입이송을 적게하며 절삭유에 의한 윤활을 하는 것 등이다. 이러한 것은 절삭조건으로서 선정할 수 없는 경우가 있다. 스로워웨이식 바이트(throw away type bite) 등으로는 경사각을 변경시킬 수 없다. 그러나 이러한 방법은 적어도 구성날 끝을 소형으로 하고 그 나쁜 영향을 억제하는데 있어서 유용하다.

④ 고속절삭을 한다. 특히 절삭속도의 증대는 효과가 크고 어떤 속도이상(연강에서 120～150m / min)이 되면 소멸된다.

⑤ 마찰계수가 작은 절삭공구를 사용한다(초경합금 공구, 세라믹)

7.6 절삭저항

7.6.1 **절삭저항**(cutting resistance)

공구에 의해서 공작물을 절삭하는 것은 공작물에 큰 소성변화를 주어서 칩을 분리하는 것이며 이때 공구는 공작물로 인하여 큰 저항을 받는다. 이 저항이 절삭저항이다. 그 방향과 크기는 공작방법이나 절삭조건, 가공재료의 종류에 따라서 여러 가지로 달라진다.

[그림 7.13]은 선반으로 원형봉(bar)을 절삭할 때의 절삭저항을 나타낸 것이다. 공구에는 F의 절삭저항이 작용한다. 절삭저항 F는 공구의 절삭방향으로 작용하는 주분력 F1, 공구의 축방향으로 작용하는 배분력 F3, 이송방향으로 작용하는 이송분력 F2의 3분력으로 나눠서 생각하는 것이 보통이다. 주분력 F1은 주절삭력이라고도 하며 가장 큰 값을 나타낸다. 각 분력의 크기를 비교하면 $F_1 : F_2 : F_3 =$ (10) : (1～2) : (2～4) 로서, 이송분력이 가장 작은 값임을 알 수 있다.

절삭저항의 대소는 직접 절삭에 필요한 동력의 대소를 결정하는 것이며, 또 절삭의 난이성, 즉 공작재료의 피삭성 판정의 한 기준이 된다. 기타 공구의 형상, 각도, 절삭깊이, 이송, 절삭속도와 같은 절삭조건이 적합여부를 아는 데 있어서도 중요한 역할을 하는 것이다. 또한 최근에는 자동가공에 있어서 절삭가공에 절삭상태의 모니터를 절삭력으로 실시하도록 시도하게 되었다.

[그림 7.14]은 절삭면적(절삭깊이×이송/rev)과 절삭저항의 관계를 탄소강에 대하여 측정한 것을 나타낸 것이다.

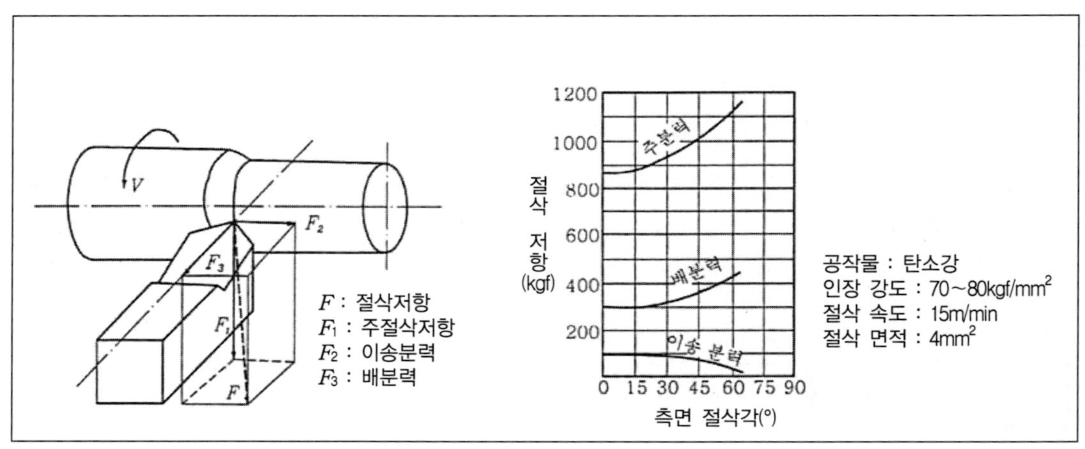

그림 7-13 절삭저항의 3분력

그림 7-14 절삭저항의 3분력

7.7 절삭온도(cutting temperature)

7.7.1 절삭온도의 발생

절삭할 때 공급된 에너지는 여러 가지 형태의 일로 소비되며, 이 소비에너지의 대부분은 열로 변한다. 이때 발생된 열의 일부는 칩에 의하여 제거되고, 일부는 공구에 전달되며, 일부는 대기중으로 방열되거나 절삭유에 의해 제거된다. 이때 공작물 내부에 잔류되어 있는 일정한 양의 열을 절삭온도라 한다. 절삭에서 나타나는 열은 다음 3가지로 생각할 수 있다[그림 7.15].

① 전단면에서 전단 소성변형에 의한 열(전단면 A, B부분에서 나타나는 전단변형과 칩의 소성변형)
② 칩과 공구 상면과의 마찰열(칩의 경사표면 AC에 대하여 가압하면서 통과시 생기는 마찰)
③ 공구선단이 절삭표면인 AO면을 통과할 때(공작물에서 칩이 분리될 때) 생기는 마찰등으로 열이 생기게 된다.

절삭온도가 높아지면 공구의 날끝 온도가 상승하여 공구가 빨리 마모가 되고 공구수명이 짧아질 뿐만 아니라, 공작물도 온도상승에 의한 열팽창으로 가공치수가 달라지는 나쁜 영향을 받게 된다. 이와 같이 공구의 온도가 상승하면 필연적으로 공구재료의 연화와 그 마모가 생겨 공구의 수명은 매우 짧아지게 된다. 일반적으로 공구의 내구력에 대해서 가장 큰 영향이 미치는 것은 절삭속도라고 알려져 있는데 이것은 절삭속도의 상승으로 말미암아 공구날끝의 온도가 상승하여 그로 인해 공구의 연화와 마모를 초래하기 때문이다. 이와같이 절삭온도는 공구의 수명에 가장 큰 영향을 주는 것이며 절삭연구에 있어서 중요시되는 이유도 여기에 있다. 특히 근래 고속절삭이 일반화하였으므로 절삭온도의 문제가 더욱 주목을 끌게 되었다.

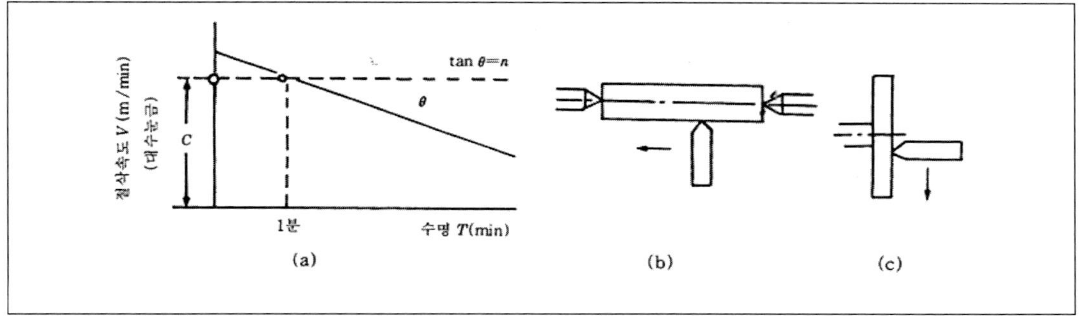

그림 7-15 2차원 절삭의 절삭열의 발생

7.7.2 절삭속도와 절삭공구의 온도

[그림 7.16]는 절삭온도와 절삭속도와의 관계를 밀링커터로 고속절삭시험연구한 결과를 나타낸 것으로서 절삭공구의 온도는 절삭속도가 빨라지면 높아지나, 공구에 따른 어느 일정 범위를 넘으면 그림 7.16과 같이 공구의 날끝온도가 오히려 떨어지는 현상을 나타내기도 한다. 여기에서 각종 공구재료에 따라서 절삭이 불가능한 속도범위가 나타나며, 이 범위를 넘으면 다시 절삭이 가능하게 된다. 예로서 황동은 고속도강 공구도 절삭할 때 약 50m / min에서 400m / min의 속도범위에서는 절삭이 불가능하다. 그러나 이 범위를 넘으면 다시 절삭이 가능하게 된다. 또한 공작물을 200~800℃ 정도로 가열시켜 절삭을 하면, 재료의 경도가 떨어져 절삭저항도 감소하는 기계적 성질을 이용하는 고온절삭(hot machining)이 있고, 이와 반대로 공작물을 −20~−150℃ 정도로 냉각시켜 절삭하면 공구의 마모가 적어지고

절삭성능이 오히려 향상되는 재료를 이용하는 저온절삭(cold machining)도 있다.

공구재료가 발전함에 따라 절삭속도는 높아졌다. 예로서 연강재료는 탄소공구강을 사용하였을 때는 절삭속도 10m / min 정도이나, 고속도강은 30m / min 정도이고, 초경질 합금인 경우는 100m / min 이상의 절삭속도로 가공하게 되었다. 절삭속도가 빠르면 가공능률은 향상되나, 절삭온도가 높아져 공구의 마모가 빨라진다. 이와 같이 상반되는 결함을 줄이기 위하여 고온에서도 연화되지 않는 공구재료를 선택하게 되고, 공구의 온도상승을 막기 위하여 적합한 절삭유를 사용하게 된다.

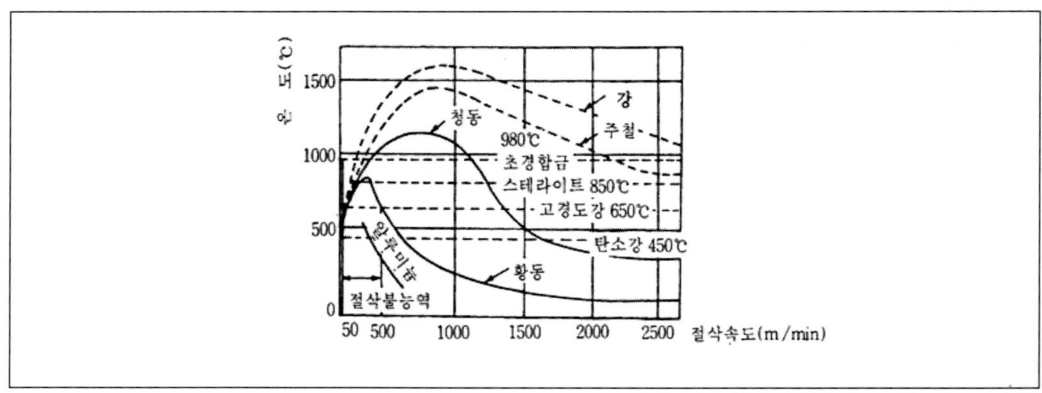

그림 7-16 절삭속도와 공구끝의 온도

7.7.3 절삭온도의 측정

① 칩의 색깔로 판정하는 방법

절삭온도에 의해서 칩이 고온도로 되어 온도에 따른 색깔을 나타내는 것이며 그 색깔에 의해서 온도를 아는 방법으로 대략의 값을 아는데 사용할 따름이다.

② 서어모 컬러(thermo-colour)에 의하는 방법

themo-colour의 방법은 이것을 공구 또는 공작물에 칠해놓으면 그 온도에 따라서 변색하므로 이것도 근사치를 아는데 사용된다.

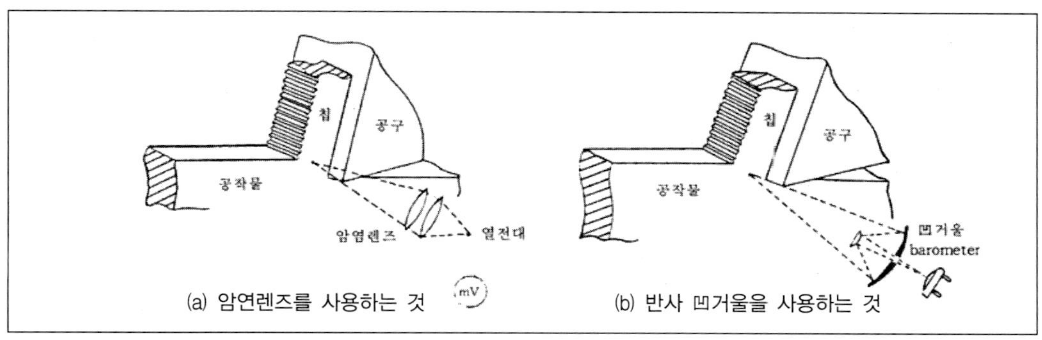

(a) 암연렌즈를 사용하는 것 (b) 반사 凹거울을 사용하는 것

그림 7-17 적외선 검출에 의한 chip 소성영역의 온도측정

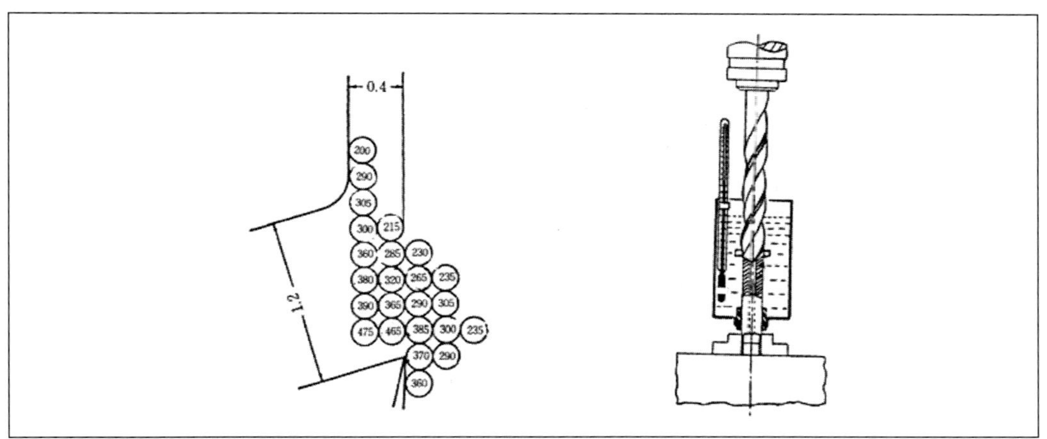

그림 7-18 공작물에서의 절삭온도

그림 7-19 칼로리미터를 사용하는 분포절삭열의 측정법

③ 복사온도계를 사용하는 방법

Schwerd가 시작한 방법으로서 [그림 7.17]과 같이 절삭부로부터의 열복사를 렌즈에 의해서 검출하여 열전대의 온도상승을 측정하는 것이며 [그림 7.18]과 같은 절삭부 각처의 온도분포를 측정할 스 있다. 렌즈로서는 열선의 흡수가 적은 암염렌즈가 사용되었다. 최근에는 열전대대신에 PbS셀 In-Sn 검출소자를 지닌 방사온도계 또는 현미온도계에 의해 정밀도가 좋은 측정을 할 수 있도록 되어 있다.

[그림 7.17(a)]와 같이 암염렌즈를 사용하여 소성영역내의 미소부분에서 열

선을 미소열전대 위에 집중시키는 방법, [그림 7.17(b)]와 같이 반사경을 사용하는 광학계에 의해, 열선을 광전도소자 또는 Thermister barometer소자 위에 집중시키는 방법 등이 있다.

④ 칼로리미터(calorimeter)를 사용하는 방법

칼로리미터를 사용하는 방법은 가공으로 인해 발생하는 열량을 [그림 7,19]의 예와 같이 칼로리미터에 의해 측정하는 방법이다. 칩, 공구에 흡수되는 열량도 별도로 측정하여 해석을 한다(공기중에서 방열되어 정밀측정이 곤란하다).

⑤ 공구속에 열전대(thermo-couple)을 삽입하는 방법

공구속에 열전대를 삽입하여 공구의 온도를 측정하는 것이며, 절삭날 가까이에 가는 구멍을 뚫고 이것에 열전대를 넣는 것이다. 이것으로는 공구날끝 근방의 온도밖에 알 수 없고 공구의 강도를 해치며 펀칭이 곤란하다는 등의 결점이 있으므로 많이 사용되지 않으나 최근에는 방전가공법이나 초음파 가공법의 발전에 따라서 초경 바이트에도 쉽게 가는 구멍을 뚫는 것이 가능하게 되었으므로 [그림 7,19]과 같이 방전가공, 초음파가공 등으로 공구에다 가는 구멍을 뚫어 여기에도 측면을 절연한 열전대선을 삽입하여 저부와 용접하거나 접촉시킨다. 구멍 위치를 변화시키면 공구내 온도분포를 구할 수 있다.

⑥ 공구와 공작물을 열전대(thermo-couple)로 하는 방법

일반적으로 가장 널리 사용되는 방법으로 공작물과 공구를 열전대로 하고 [그림 7.21]과 같이 하여 절삭온도를 측정한다. 이 방법으로는 공구와 칩이 접촉하는 부위의 평균온도를 알 수 있고 측정 정밀도, 감도 모두 우수하다. 측정방법으로 칩-공구사이의 접촉면 평균온도를 측정하는 것이 가장 쉬우며, [그림 7.21]에 그 방법을 표시한다. 공구와 공작물 재료는 다른 열전능을 가짐으로 그림과 같이 이것을 결합시켜 열전대 회로를 형성시키면, 절삭점의 온도상승에 의한 열기전력이 생긴다. 따라서 칩 또는 공작물에서 뽑은 가는 봉과 공구재를 결합시켜 열전대로 하여, 이것에 의해 먼저 교정곡선을 구해 두면 절삭시의 절삭점 평균온도를 측정할 수 있다. 그리고 그림의 경우

열전대 냉접점은 실온이다. 이 방법에서 측정되는 온도는 공구경사면 및 여유면 · 접촉부를 통한 어떤 종류의 평균온도이며, 공구마모나 칩의 변형응력에 미치는 온도영향의 검토 등, 개개 부분의 온도 내지는 온도분포를 필요로 하는 경우에는 적당하지 않는다. 그러나 측정이 간단하여 절삭온도라고 하면 이 방법으로 측정된 온도를 말하는 일이 많다.

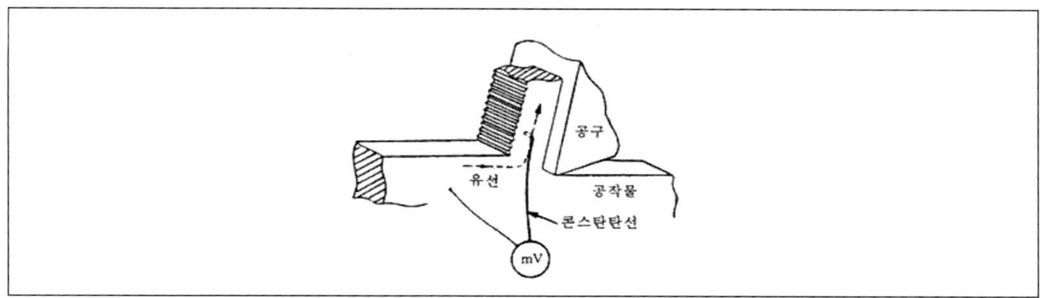

그림 7-20 삽입열전대에 의한 chip 소성영역의 온도측정

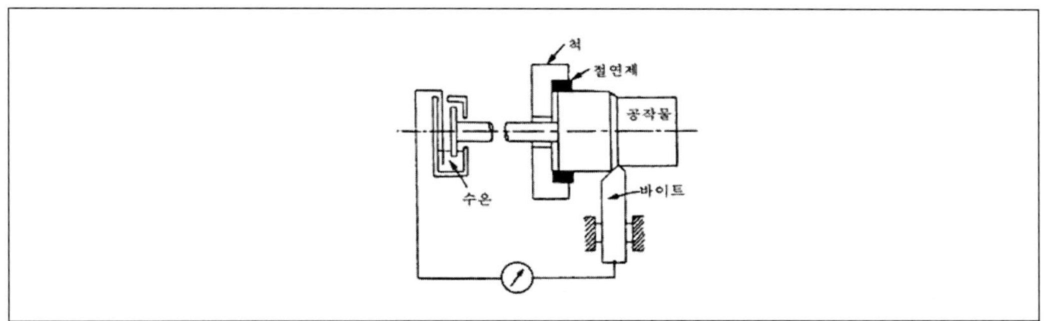

그림 7-21 공구·공작물 열전대 날끝온도의 측정법

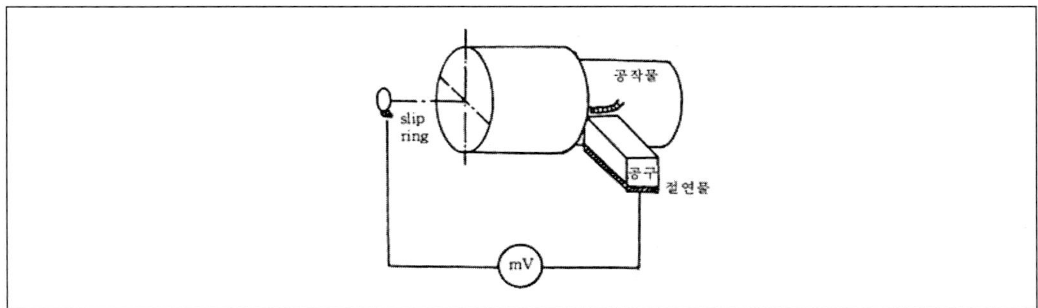

그림 7-22 공구·공작물 열전대 방식의 절삭온도 측정

7.7.4 절삭조건과 절삭온도의 관계

[그림 7.23]는 절삭속도 V의 영향에 관해서 이론(실선) 및 실험값(파선)을 구한 것인데 거의 $V^{1/2}$에 비례하여 $\overline{\theta_t}$ 가 증가하는 것이 표시되어 있다. 이런 경우의 공구, 공작물, 칩으로 에너지 배분비율은 [그림 7.24]과 같으며 높은 절삭속도는 대부분이 칩에 의해서 열이 제거된다는 것을 표시하고 있다.

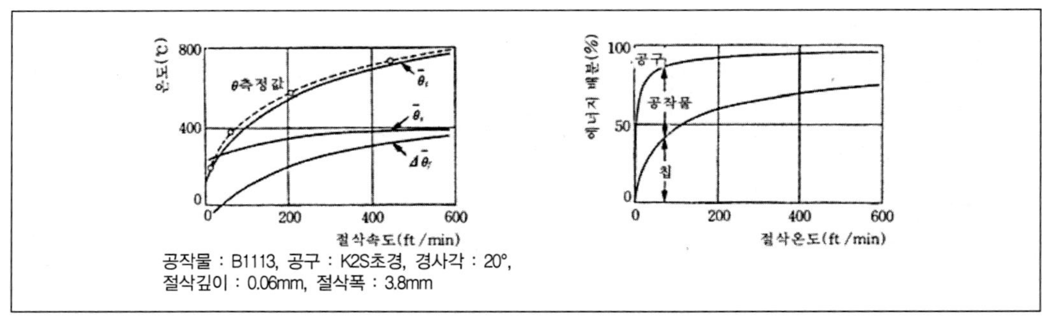

그림 7-23 절삭속도와 절삭온도의 관계

그림 7-24 절삭열의 배분

7.7.5 절삭온도와 공구수명

다음에 기술하는 바와 같이 절속속도 V와 공구수명 T간에 다음에 표시한 Taylor의 수명방정식의 관계가 있다.

$$VT^n = C$$

여기서 n, C는 상수

절삭온도 Θ와 공구수명 T의 관계는 형식적으로 다음과 같이 표시할 수 있다.

$$\theta T^{n-n_\theta} = C'$$

여기서 C'는 상수, 강재에 대한 많은 실험에 의하면 $(n \cdot n_\Theta)$는 1/10~1/20인 것을 알 수 있다. C'는 피삭성이 좋은 재료를 절삭할 때에는 크다. Θ를 C, T를 min의 단위로 할 경우 절삭깊이 1mm, 이송 0.32mm/rev, 건식절삭에 있어서의 C'의 값은 탄소강, 각종 합금강에 대해서 1,000∼1,600(초경합금 P10), 800∼1,200(P20), 900∼1,200(K10)인 것이 구해지고 있다.

식 (17)에서 $(n \cdot n_\Theta)$가 매우 작은 값으로 되어있는 것은 절삭온도의 약간의 변화가 공구수명에 큰 변화를 가져다 준다는 것을 의미한다. 실제의 절삭에 있어서 수명을 늘리기 위해서는 절삭온도를 되도록 낮게 하는 것이 좋으며 일반적으로는 절삭액을 충분히 부어서 냉각효과를 올리는 것이 무엇보다 중요하게 된다.

7.8 공구의 수명(tool life)

7.8.1 공구수명의 개요

절삭공구를 계속 사용하여 절삭날이 마모가 되면 절삭성이 저하될 뿐만 아니라 가공 치수의 정밀도가 떨어지고 표면거칠기가 나빠지며 소요 절삭동력이 증가하게 된다. 이와 같이 절삭날이 손상될 때까지의 실제 절삭시간의 합을 공구수명으로 하며, 분(min)으로 나타낸다. 즉, 공구의 수명이란 공구 절삭날의 재연마 또는 교환할 때까지의 절삭시간으로 표시된다.

공구수명을 판정하는 기준으로 다음과 같은 항목이 사용되는 경우가 많다.

① 공구의 마모량이 어떤 일정값에 달한 경우
② 공구절삭날에 치핑(chipping)이 생긴 경우
③ 다듬질면 거칠기, 치수정밀도 등의 규격치 값을 넘는 경우

이밖에 거스러미(burr)의 발생, 칩 형상의 변화 등으로 공구수명을 판단하는 경우도 있다. 어쨌든 공구수명의 판단기준이 되는 것은 공구의 손상과 밀접하게 관계되어 있다. 실제작업에서는 ②, ③에서 판단하나, 연구 수준에서는 ①의 공구마모량을 측정하여 판단하는 경우가 많다.

7.8.2 공구의 마모

(1) 공구마모의 제특성

절삭공구의 마모는 기계부품의 마모와는 다르며, 다음의 같은 가혹한 조건에 놓여 있다.

① 경사면의 마찰응력은 칩의 전단강도에 가까운 값을 가지며, 여유면의 마모부에서도 같은 상태라고 생각되고 있다.
② 접촉면의 온도는 800~1000℃ 정도의 고온이다.

이러한 조건으로 인해 절삭공구 교환이 잦아지게 되고, 기계가공에 있어서 공구에 드는 비용은 대단히 많게 된다.

(2) 공구의 마모 형태

공구는 물리적·화학적 반응으로 인하여 마모가 발생하며, 실제의 형태로서 다음 3가지 종류로 나누어 생각할 수 있다.

① 경사면 마모(crater wear)

[그림 7.25]에 표시된 바와 같이 칩이 절삭공구의 경사면상을 슬라이드 할 때 공구상면에 오목 파진 부분이 생기게 된다.
즉, 변형에 의하여 현저하게 가공경화된 칩에 의한 공구표면이 긁히는 작용으로 인하여 절삭되어 떨어지거나 또는 고온·고압 등으로 공구가 절착과 융착을 일으켜서 그 표층이 절삭도중에 떨어져 나가므로 융착마모로 생각할 수 있다. 크레이터링(cratering)은 유동형 칩을 만드는 경우에 주로 발생하며, 크레이터의 발생, 성장을 지연시키는 방법은 공구날 위의 압력을 감소시키는 것이다. 경사각이 크면 클수록 공구날 위의 압력이 감소되며 공구상면의 칩의 흐름에 대한 저항을 감소시킨다.

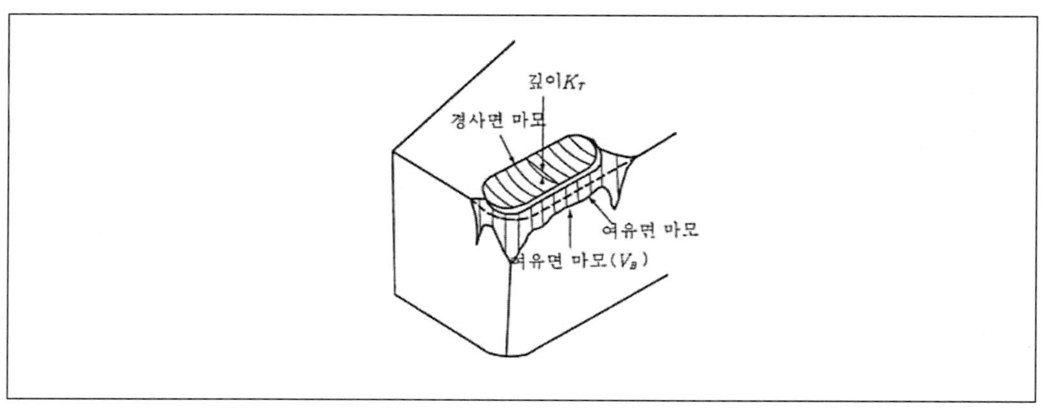

그림 7-25 경사면 마모

② 여유면 마모(flank wear)

절삭공구의 여유면이 절삭면에 평행하게 마모되는 것을 말하며, 여유면과 절삭면과의 마찰에 의하여 일어난다. 주철을 절삭할 때와 같이 분말상 칩이 생길 때에는 특히 뚜렷하고 다른 경우에도 다소 발생한다. 본래 공구에는 여유각이 있으므로 플랭크의 가공면에 대한 마찰량은 [그림 7.28(c)]의 여유면 마모의 폭으로 표시하는 것이 보통이다. 여유면 마모는 가공면이 공구측면에 접하고 연삭작용이 이루어지는 과정에서 자주 나타나며, 공구의 측면 마모로 인하여 가공면은 거칠어진다.

위의 2가지 마모, 즉 경사면 마모(crater wear)의 척도로서 평균깊이 KT로 표시하면, 여유면 마모(flank wear)의 척도로서는 평균 폭 VB로 표시한다. 양자의 마모는 [그림 7.26]에 표시한 경과를 거치며 VB, KT가 급증하기 직전에 공구를 교환 또는 재연마하는 것이 보통이다. 가장 일반적으로 채용되고 있는 마모량의 척도는 VB이며, 이 값이 0.2~1mm가 되었을 때 공구수명으로 하여 공구는 교환 또는 재연마된다.

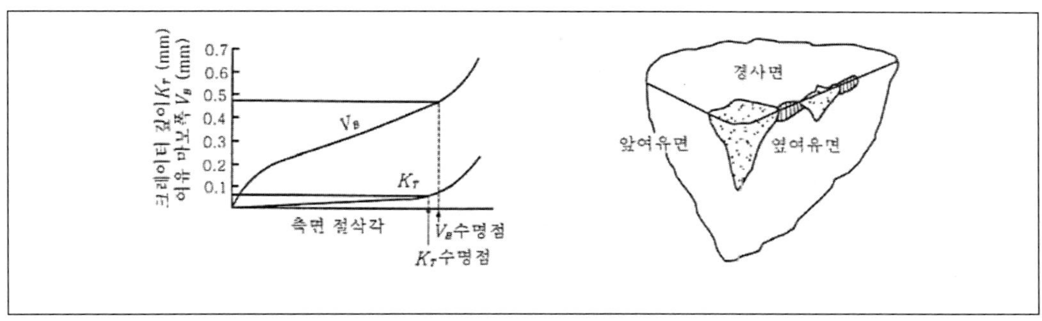

그림 7-26 마모경과

그림 7-27 공구의 손상형태

VB의 기준값 크기는 가공면 품질을 중시하는 작업에서는 작게, 공구의 경제성을 생각할 때에는 크게 취한다. 경사면의 마모깊이 KT를 기준으로 할 때는 K = 50μm으로 취해질 때가 많은데 측정이 번거로운 점도 있어서 전자만큼 일반적인 것이 아니다.

③ 치핑(chipping)

경도가 매우 높고 인성이 부족한 공구에서는 [그림 7.27]과 같이 절삭날 모서리를 따라서 갖가지 형상의 손상이 발생하기 쉽다. 칩 용착이 심한 경우, 진동이 심한 경우 단속절삭인 경우, 공구가 급열·급냉되어 열충격이 심한 경우에 일어나기 쉽다(크기가 10분의 수mm 이하인 것을 치핑, 그것보다 큰 것을 손상과 구별하여 부를 때가 있다).

[그림 7.28]는 절삭에 있어서 여유면 마모와 경사면 마모의 예를 구체적으로 나타낸 것이다. 또한, [그림 7.29]은 각종 공구 손상의 종류와 [표 7.1]는 공구 손상의 원인을 구체적으로 설명한 것이다.

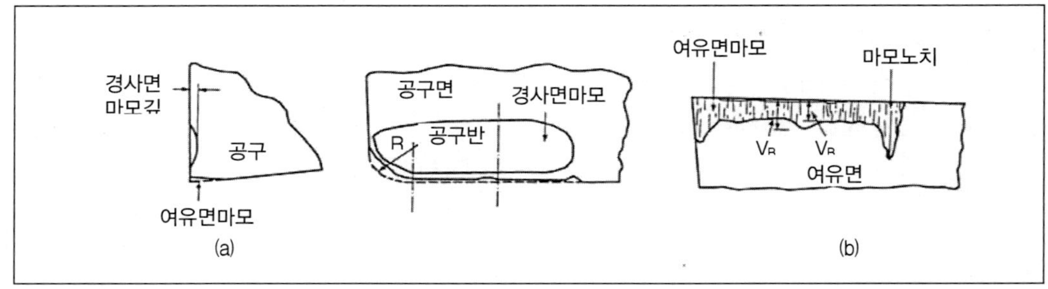

그림 7-28 절삭에 있어서 경사면 마모와 여유면 마모의 예

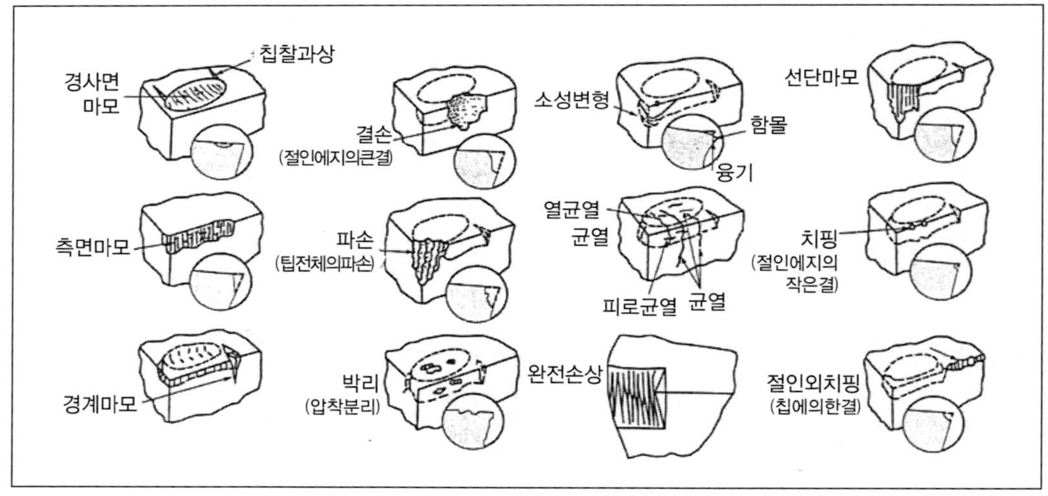

그림 7-29 공구 손상의 종류

표 7-1 공구 손상의 원인

<table>
<tr><td rowspan="9">공구손상의 종류</td><td rowspan="4">마모</td><td>플랭크 마모
(여유면 마모)</td><td>공구여유면과 피삭재와의 접촉으로 발생되는 기계적마모.(공구 수명 판정 기준과 가장관계가 깊다)</td></tr>
<tr><td>크레이터 마모
(경사면 마모)</td><td>칩과 경사면이 마찰에 의해 고온·고압으로 생긴 열적마모(강, 주강, 닥타일 주철과 같이 긴칩이 배출되는 피삭재의 경우에 주로 발생)</td></tr>
<tr><td>경계마모</td><td>피삭재와 공구의 접촉 경계부(황절인과 전절인)에 발생되는 마모</td></tr>
<tr><td>선단마모</td><td>인선마모(에지마모라고도 함)</td></tr>
<tr><td colspan="2">치 핑</td><td>기계적·열적충격, 칩에 의한 압착과 용착 및 자상으로 인하여 생긴 작은 결(결)</td></tr>
<tr><td colspan="2">결 손</td><td>절인에 나타나는 큰 결</td></tr>
<tr><td colspan="2">파 손</td><td>팁전체의 파단</td></tr>
<tr><td colspan="2">절 손</td><td>드릴,엔드밀과 같은 긴공구의 파단</td></tr>
<tr><td colspan="2">박리(압착분리)</td><td>경사면과 여유면의 표면이 벗겨지거나 균열이 일어나 떨어져 나가는 손상</td></tr>
<tr><td rowspan="4">공구손상의 종류</td><td colspan="2">소성변형</td><td>공구의 인선에 집중적인 열이 발생하여 절인에 연화되어 함몰되는 현상(고정도재나 내열강의 절삭에서 많이 발생)</td></tr>
<tr><td rowspan="2">균열</td><td>열 균 열</td><td>경사면에 발생하는 경우가 많고, 최초에는 절인에 직각 방향으로 일어나지만 균열이 증가하면서 평행 방향으로 발생하여 팁이 "U" 형상으로 떨어져 나감.</td></tr>
<tr><td>피로균열</td><td>단속 절삭시에 수반되는 충격력과 절삭력으로 인하여 반복적인 기계적 응력이 작용하여 절인에 평행하게 발생되는 균열(열 균열에 비해 절인에 근접하게 일어난다)</td></tr>
<tr><td colspan="2">완전손상</td><td>마모가 진행되면서 팁의 상당부분이 떨어져나가 절삭이 불가능한 상태</td></tr>
</table>

7.9 절삭공구 재료

7,9.1 절삭공구 재료의 개요

공작기계를 이용한 금속의 절삭 가공에 있어서 그 가공의 효율성을 결정하는 가장 중요한 요소 가운데 하나는 절삭 공구의 재질이다. 절삭공구 재질의 발달은 절삭시 요구되는 상온과 고온에서의 높은 경도와 인성을 갖는 재종 개발의 역사라고 할 수 있다.

19세기 초의 탄소공구강 개발로부터 고속도강(HSS)의 금속재료에서 1940년대에서는 탄화텅스텐(WC)을 이용한 초경합금, 1960년대의 세라믹, 1970년대의 탄화티탄늄(TiC)를 이용한 서멧(cermet) 개발이 이루어졌다. 또한 CVD 및 PVD 코팅에 의한 공구가 개발되었다. 최근에는 다이아몬드, 입방정질화붕소(CBN)까지 등장하여 초경합금 공구보다 훨씬 높은 가공속도를 낼 수 있게 되었다. 아무리 공작기계의 정밀도 및 강성이 뛰어나다 할지라도 공구의 성능이 따라가지 못할 때에는 그 앞의 모든 노력이 결실을 거두기가 어렵다.

절삭 공구에 요구되는 성능을 요약하면, 첫째로 고정밀 가공용 공구, 둘째로는 생산성을 높일 수 있는 공구(즉, 고속·고이송에서 수명이 긴 공구), 그리고 셋째로는 산업의 다양화에 따른 피삭재의 변화에 민감한 공구, 즉 난삭재 가공이 가능한 공구로 분류할 수 있다. 효율적인 절삭가공은 공구의 재질, 형상 그리고 그에 따른 적절한 절삭조건 선정에 의해서만 가능하게 된다. 각각의 요구사항들이 [그림 7.30]에 잘 나타나 있다.

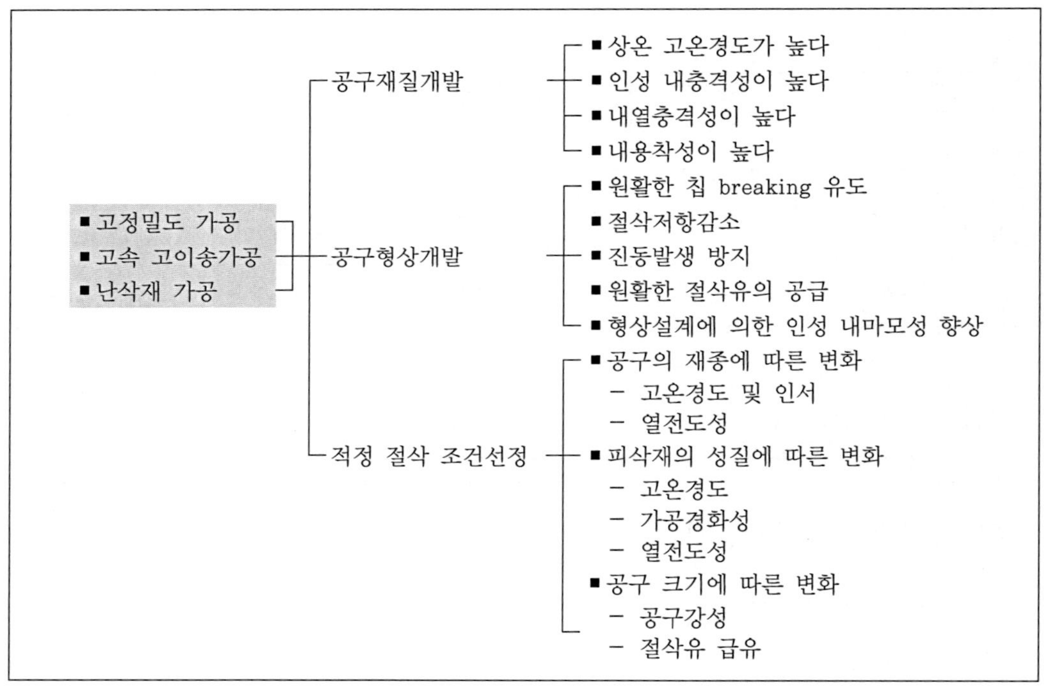

그림 7-30 절삭가공의 발달에 따른 공구 및 사용조건

7.9.2 공구재료의 종류 및 특성

현재 절삭공구재료로서 사용되고 있는 것을 분류하여 보며 탄소공구강, 합금공

구강, 고속도강, 초경합금, 주조합금, 피복초경합금, 서멧, 세라믹, 다이아몬드, CBN공구 등 다양하다.

(1) 탄소공구강(carbon tool steel)

탄소공구강은 0.9~1.5 %의 탄소를 함유한 탄소강이며, 담금질하여 경도와 강도, 강성을 크게 하여 공구로 사용한다. 그러나 날끝의 온도가 200 ℃ 부근에 달하면 뜨임 효과를 가지게 되어 경도 저하로 사용이 불가능하게 된다. 최근에는 총형공구나 특수목적용으로 사용된다. 공구재료의 경우 JIS에서는 [표 7.2]와 같이 규정되어 있다.(예 : 쇠톱날)

(2) 합금공구강(alloy tool steel)

탄소공구강에 Cr, W, Ni, V, Co, Mo, Mn 등의 성분을 첨가한 것으로 탄소공구강보다 절삭성능이 좋고 내마멸성과 고온 경도가 높다. 450 ℃ 정도까지 경도를 유지한다. KS규격은 [표 7.3]와 같다.

표 7-2 탄소공구강의 종류, 조성, 경도 및 용도예

기호	화 학 성 분(%)					용 도	퀜칭 경도 (H_{RC})
	C	Si	Mn	P	S		
SK 1	1.30~1.50	0.35이하	0.50이하	0.030이하	0.030이하	경질 절삭공구, 면도날, 줄 등	63이상
SK 2	1.10~1.30	〃	〃	〃	〃	절삭공구, 밀링 공구, 드릴, 소형 punch, 면도날	63이상
SK 3	1.00~1.10	〃	〃	〃	〃	tap, 다이스재, 게이지용	63이상
SK 4	0.90~1.00	〃	〃	〃	〃	목공용 공구, 도끼, band saw	61이상
SK 5	0.80~0.90	〃	〃	〃	〃	각인 snap, band saw 등	59이상
SK 6	0.70~0.80	〃	〃	〃	〃	각인, snap, 둥근톱 등	56이상
SK 7	0.60~0.70	〃	〃	〃	〃	snap, press용 knife	54이상

표 7-3 합금공구강의 종류, 조성, 경도 및 용도예

기호	화 학 성 분(%)									용 도	퀜칭 경도 (H_{RC})
	C	Si	Mn	P	S	Ni	Cr	W	V		
SKS 1	1.30~1.40	0.35 이하	0.50 이하	0.030 이하	0.030 이하	-	0.050~1.00	4.00~5.00	-	절삭공구, 냉간 drawing 다이스	63이상
SKS 11	1.20~1.30	〃	〃	〃	〃	-	0.20~0.50	3.00~4.00	0.10~0.30	절삭공구, 냉간 drawing 다이스	62이상
SKS 2	1.00~1.10	〃	0.80 이하	〃	〃	-	0.50~1.00	1.00~1.50	-	tap(현) drill, cutter	61이상
SKS 21	〃	〃	0.50 이하	〃	〃	-	0.20~0.50	0.50~1.00	0.10~0.25	tap, drill, cutter	61이상
SKS 5	1.75~0.85	〃	〃	〃	〃	0.70~1.30	0.50 이하	-	-	톱날, band saw	45이상
SKS 51	〃	〃	〃	〃	〃	1.30~2.00	〃	-	-	톱날	45이상
SKS 7	1.10~1.20	〃	〃	〃	〃	-	0.20~0.50	2.00~2.50	-	톱날	62이상
SKS 8	1.30~1.50	〃	〃	〃	〃	-	〃	-	-	줄재료	63이상

(비고) 1. 각종 불순물로 인해서 Ni 0.25%(SKS 5 및 SKS 51은 남고) Cu 0.25%을 초과해서는 안된다.
2. SKS 1, SKS 2 및 SKS 7에는 V0.25% 이하 함유해서 지장없다.

(3) 고속도강(high speed steel)

고속도강은 0.8% 정도의 탄소강에 텅스텐, 크롬, 바나듐을 합금시킨 것이며, 적당한 열처리에 의해 현저하게 경화되며 날이 600 ℃ 정도의 고온에 달하여도 절삭할 수 있어 절삭공구로서 처음으로 큰 진보를 가져왔던 공구재료로서 현재도 많이 사용되고 있으며 W 18 %, Cr 4 %, V 1 %의 조성의 것은 18-4-1 표준형 고속도강이라 한다. 이밖에 Co를 함유한 것, W의 일부를 Mo로 대치한 것들도 있다. 고속도강의 열처리는 상당히 염격하여 재질에 적합한 열처리를 하지 않으면 충분한 경도를 얻을 수 없다. 고속도강은 저속 중 절삭용, 밀링커터, 호브, 브로치, 드릴 등에 많이 사용된다. 또 초경공구에 비해 염가이므로 대형의 총형공구, 호브, 브로치 등에 유리하다. 또 연삭성형이 용이하고 정밀한 날끝을 만들 수 있다.

JIS에서는 [표 7.4]과 같이 규정되어 있다. 이 표에서 SKH-2종은 19-14-1 고속도강이라 불리우는 기본재료의 종류이며, W-18%, Cr-4%, V-1%를 함유하고 있다. SKH-3~5종은 Co-고속도강이라 불리우는 것으로 18-14-1강에 코발트를 첨가하여 칩, 공작물 재료에 대한 내용착상이 우수하다. SKH-6종은 저텅

스텐 고속도강이라 불리우며 고가인 텅스텐을 줄이고, 바다듐을 증가시켜 SKH－2종과 같은 성능을 가지도록 한 것이다.

표 7-4 고속도강의 종류, 조성, 경도 및 용도예

기호	화 학 성 분(%)										용 도	퀜칭경도 (H_{RC})
	C	Si	Mn	P	S	Cr	Mo	W	V			
SKH 2	0.70~0.85	0.35 이하	0.60 이하	0.030 이하	0.030 이하	3.50~4.50	–	17.00~19.00	0.80~1.20	–	강력 절삭용 공구 drill용	62이상
SKH 3	〃	〃	〃	〃	〃	–	–	〃	〃	4.50~5.50	Co양의 증가에 따라 중절삭	63이상
SKH 4A	〃	〃	〃	〃	〃	–	–	〃	1.00~1.50	9.00~11.00		64이상
SKH 4B	〃	0.85 이상	0.06 이하	〃	〃	–	–	18.00~20.00	〃	14.00~16.00		64이상
SKH 5	0.20~0.40	0.35 이하	0.06 이하	〃	〃	0.70~1.30	–	17.00~22.00	〃	16.00~17.00		64이상
SKH 6	0.70~0.85	〃	〃	〃	〃	1.30~2.00	–	10.00~12.00	1.60~2.00	–	SKH2와 같이 사용	62이상
SKH 8	0.70~0.80	〃	〃	〃	〃	–	–	17.00~19.00	0.80~1.20	2.00~3.00	SKH2와 SKH3과의 중간절삭 능력	62이상
SKH 9	0.75~0.90	〃	〃	〃	〃	–	4.00~6.00	6.00~7.00	1.80~2.30	–		62이상

SKH－8종은 저 Co인 Co－고속도강이며, SKH－9종은 Mo－고속도강이라 불리우며, 텅스텐 양을 줄이고 몰리브덴이 첨가되어 있다. 이외에 실제로 여러 종류가 있지만 가장 많이 사용되고 있는 것은 Co－고속도강이라 해도 좋을 정도이다.

(4) 주조합금(cast alloy tool steel)

주조합금의 대표적인 것으로 스텔라이트(stellite)가 있다. 이것은 Co, W, Cr, C 등을 주조하여 만든 합금으로, 단조가 열처리가 되지 않으면서도 매우 단단하다. 주조작업에서 성형한 것을 연삭으로 다듬질하여 그대로 사용한다. 그러나 단단한 만큼 취성이 있고 값이 비싸다.

절삭성능적으로 고속도강과 초경합금의 중간에 위치하는 것으로서 그 주성분은 [표 7.5]과 같다. 표에서 기타 성분은 Fe, Ni, Mn, V, Cd, B 등이다. 이 재료는 Co－기합금의 특성으로서 고온경도가 저하하지 않는 것이 특징이며, [그림 7.31(a)]에 표시한 것과 같이 상온경도는 탄소공구강이나 고속도강보다 낮지만, 500~800℃의 적열시의 경도는 상온시와 큰 차이없이 유지된다.

표 7-5 절삭공구용 stellite의 조성과 경도

성분 / 기호	CO(%)	Cr(%)	W(%)	C(%)	기타(%)	경도(HRC)
A	38	30	18	2.0	12	62.5
B	41	32	17	2.5	5	61
C	52	30	11	2.5	4	60
D	53	31	10	1.5	4	58

종속 절삭영역의 절삭온도는 500~800℃ 정도이므로 이 합금의 초경합금과 고속도강의 중간적 성능을 가진다는 것을 알 수 있다. 또 주의해야 할 점은 탄소공구강, 고속도강은 열처리에 의해서 경도가 주어지므로 절삭온도가 템퍼링(tempering)온도 이상으로 되면 공구의 경도는 급격히 저하된다.

이것에 대해서 스텔라이트, 초경합금에서는 공정점(각각 1,200℃, 1,320℃(WC−Co계)) 이하에서는 조직변화가 없으며, 이런 의미에서의 경도 저하는 생기지 않는다. 따라서 재열처리가 필요 없고 고절삭 온도영역에서 연속적 사용이 가능한 이유이다.

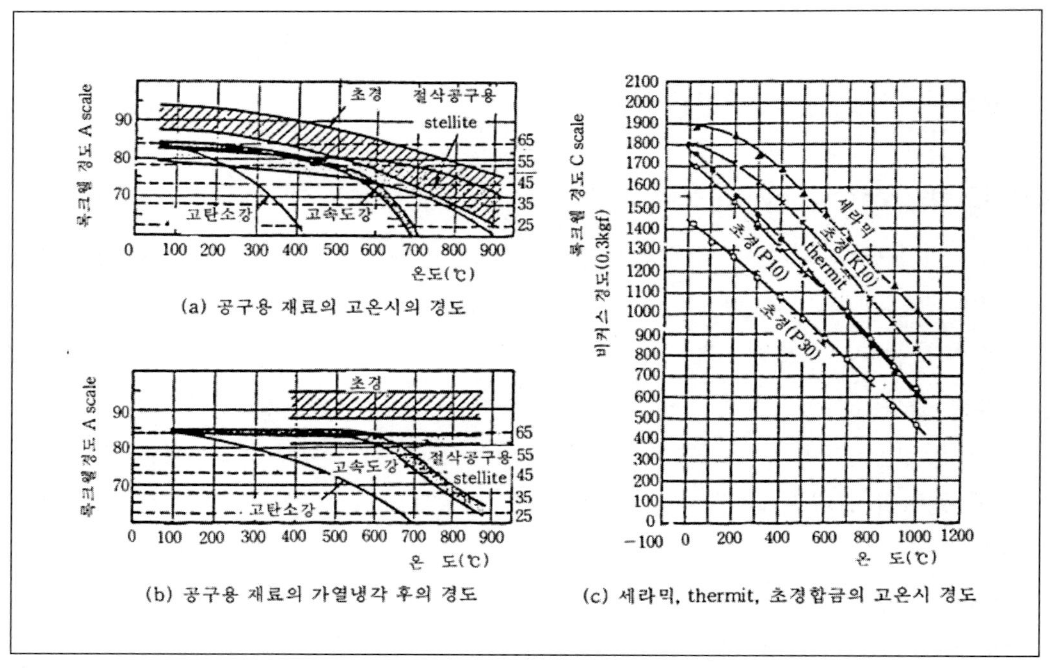

그림 7-31 각종 공구재료의 고온경도 특성

[그림 7.31(b)]는 이 차이를 나타낸 것이다. 그리고 스텔라이트는 상술한 고온경도 특성으로부터 내열부품재료로서 사용되는 일이 많으며, 최근 절삭공구로서는 사용되지 않고 있다.

(5) 초경합금(cemented carbide steel)

초경합금의 기본 성분은 탄화텅스텐(WC)이며, 여기에 티탄(Ti), 탈탄(Ta) 등의 탄화물의 분말을 Co 또는 Ni분말과 혼합하여 프레스로 성형한 후 약 1400 ℃ 이상의 고온에서 소결한 것이다. 800 ℃ 정도의 고온까지도 경도가 저하되지 않으므로 고속도강에 비하여 3～5배 정도까지 절삭속도를 높일 수 있다. Co는 WC분말을 결합하는 역할을 한다. WC는 칩에 의하여 크레이터가 공구상면에 나타난다. 크레이터를 줄이기 위해 Ti 또는 Ta을 포함시키면 칩이 WC 공구에 용착하는 것을 방지하여 공구의 열전달을 감소시키므로 칩에 의하여 열이 많이 빠지고 공구는 저온을 유지한다. 초경합금은 고온, 고속절삭에서도 높은 경도를 유지하므로 절삭공구재료로 뛰어나게 좋은 특징이 있으며 특히 탄화티탄계는 강재를 절삭하는 데 좋다. 다만, 진동이나 충격을 받으면 부서지기 쉬우므로 주의해야 한다.

초경합금은 공구 팁, 삽입날 형식으로 사용하며 강공구 홀더에 연납땜 또는 기계적 고정방식을 택한다. 팁 모양은 삼각형, 사각형, 원형, 부등변 사각형 등이 있고, 한 끝이 마모 또는 그 밖의 이유로 사용할 수 없으면 돌려붙여서 사용한다.

최근에는 WC공구의 표면에 탄화티탄(TiC), 질화티탄(TiN), 알루미나(Al_2O_3) 등의 코팅을 입힌 코티드 초경합금 공구가 보급되고 있는 실정이다.[코팅 두께는 2～15 ㎛ 정도임]

코티드 초경합금(coated carbide steel)은 초경합금의 모재 위에 경질재료인 TiC, TiN, AL2O3와 같은 세라믹을 입힌 재료로서 초경공구의 급격한 품질향상을 이끌어가고 있다. 제조방법에 따라서 CVD(Chemical Vapor Deposition, 화학증착법)과 PVD(Physical Vapor Deposition, 물리증착법)의 두 가지로 구분된다. CVD법은 반응가스에 열에너지를 공급하여 열성분에 합성(1000 ℃)에 의한 화학반응을 일으켜 증기압이 낮은 원소를 생성, 모세표면에 증착시킨다. CVD법에 의한 초경공구는 요구되는 고인성을 위한 모재 위에 경질물질에 의한 표면의 내마모성을 갖춤으로서 인서트(insert)와 같은 1회용 공구에 가장 이상적이다. 선반가공과 같은 내마모성을 요구하는 경우에는 상당한 공구수명 연장효과가 있는 반면 밀링

가공에서와 같은 내충격성을 요구하는 경우에는 상당한 공구수명 연장효과가 있는 반면 밀링가공에서와 같은 내충격성을 요구하는 경우에는 코팅층의 취성으로 인해서 적용이 어려웠으나 최근에 코팅의 발달에 따라 밀링에도 적용이 되고 있다. 특히 코팅모재의 내충격성의 급격한 향상으로 밀링가공에서 새로운 영역을 확보하고 있어서 초경재종의 절삭공구로서의 새로운 가능성을 제시하고 있다. PVD법은 고진공상태에서 열에너지 대신 전기에너지를 공급하여 이온(ion)을 생성, 모재표면에 증착시킨다. PVD법에 의한 코팅은 비교적 저온(400～600 ℃)이기 때문에 모재의 인성 저하가 없고 납땜(brazing)에 의한 납접공구의 경우에도 brazing부의 연화가 발생치 않기 때문에 엔드밀, 드릴과 같은 재연삭 가능한 공구에 적용 가능하다. 코티드 초경 합금공구는 TiC, TiN 과 같은 피복재의 우수한 열적 성질로 인하여 스텐레스강이나 내열합금의 절삭시에 특히 우수한 특성을 갖는다.

(6) 서멧(cermets)

서멧은 Ceramic과 Metal의 합성어로서 세라믹인 Tic, TiCN 또는 TiN의 경질재료에 금속인 Ni 및 Co의 결합상을 이용 첨가한 소결재료이다. 이 재질은 초경합금보다 고온강도가 높고 내산화성, 내용착성이 뛰어나서 고속절삭이 가능하고 긴 수명을 갖는다. 서멧의 개발은 1995년 미국 포드사에 의해서 TiC 서멧이 주류를 이루었지만 1970년대에는 TiC-TiN 서멧의 연구가 왕성하였다. TiN의 첨가는 입자성장을 저지하며 열충격저항과 내산화성을 증가시켜 고온에서 공구의 특성을 향상시킨다. 초경합금에 비하여 고온경도는 뛰어나지만 인성이 다소 떨어진다. 그러나 최근에 인성의 향상이 활발히 이루어지고 있어서 절삭공구의 새로운 영역을 확보하고 있다. 고속가공에서 피삭재와의 친화성이 작아서 미려한 면을 기대할 수 있다. 마무리면 형성 작업에 관해서는 절삭날의 경계마모와 마모성이 크게 향상되어서 고정밀도 가공에 크게 공헌한다. 최근에는 서멧 solid 앤드밀이 개발되어 정밀 마무리 작업을 위한 연삭작업을 대체할 수 있다.

(7) 세라믹

세라믹 절삭공구는 고순도 초미립의 Al_2O_3, Si_3N_4 등을 주성분으로 하여 ZrO_3, TiC 등을 첨가하여 정밀하게 제어된 공정을 통하여 미세한 조직으로서 내열성 및 내마모성이 우수하다. 세라믹 공구는 1938년 독일의 Degussa사가 Al_2OR_3계 세라믹을 시판한 것이 처음이었다. 세라믹스 공구는 고온경도와 강도가 높고 고온 화학안정성도 풍부하여 산화마모나 피삭재와의 활산마모가 잘 생기지 않지만 최대의 난점으로는 상온에서의 인성이 작아서 날부가 결손하기 쉬운 점이 있다.

(8) CBN공구(cubic boron nitride tool), 입방 질화 붕소 공구

다이아몬드 다음가는 경도를 지닌 공구로서 CBN의 미소분말 초고온, 고압(2000 ℃, 7만 기압)으로 소결한 공구로서 최근에 많이 사용하고 있는 소재이다. CBN은 초경합금이나 세라믹보다도 고경도, 고열전도율, 저열팽창률의 장점을 갖고 있으며 다이아몬드 공구와는 달리 공기중에도 안전된 물질로서 철과의 반응성이 작으므로 고온으로 되는 철계금속의 절삭에는 이상적인 특성을 갖고 있다.

절삭가공 분야에서 현재까지의 일반적인 상식은 열처리 후의 고경도의 각종 난삭재료는 비능률적으로 경제적인 절삭이 곤란하여 부득이 열처리 전에 절삭가공을 하고 열처리한 후 연삭가공을 할 수밖에 없었다. 또한 알루미늄(Al)의 연삭가공에 있어서는 로딩(lodaing) 작용 등 어려운 점이 있어 절삭가공으로 완성하는 것이 능률적으로 볼 수 있다. 이러한 때에 CBN공구에 출현으로 각종 난삭재료, 고속도강, 퀜칭강(담금질강), 내열강 등의 절삭공구로서 해결할 수 있게 되었고, 또한 연삭숫돌의 재료로서 SiC계, Al_2O_3계보다 장점을 많이 가지고 있어 각종 난삭재 연삭가공에 많이 활용되고 있다.[그림 7.32 참조]

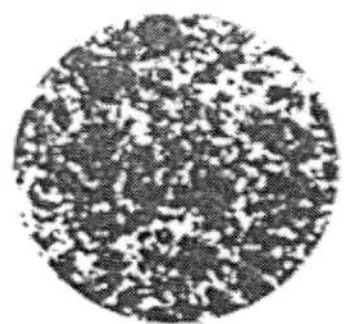

그림 7-32 CBN 소결체의 조직사진

(9) 다이아몬드(diamond) 공구

다이아몬드 공구는 절삭가공하기에 곤란한 연성재료의 고정도 표면 다듬질과 같은 특수한 목적에 때때로 사용된다. 다이아몬드는 고속도이며, 금속에 대한 융착성이 적으므로 절삭시 마찰계수가 적으며, 구성인선도 생기기 어렵다. 따라서 다듬질면이 양호하다. 그러나 값이 고가이며 결손의 위험이 높고 연마가 어려운 결점이 있다. 또 공기중에서는 815 ℃(1500 °F) 정도에서 CO_2로 분해되므로 철계금속 및 절삭온도가 높은 중절삭에는 적당하지 못하다. 다이아몬드의 일반적인 성질은 다음과 같다.

① 알려져 있는 물질 중에서 가장 경도가 크다(HB : 7000)
② 어떤 순수한 물질보다도 열팽창이 적다.
③ 열전도율이 크다(강의 2배, 알루미늄의 1/3배).
④ 공기중에서 815 ℃로 가열하면 연소하여 CO_2로 된다.
⑤ 금속에 대한 마찰계수가 적다.

표 7-6 다이아몬드 바이트의 선삭 절삭속도 및 이송

가 공 물 재 질	절삭속도 V(m / min)	이송 S(mm)
• Aluminium	200~1500	0.05~0.1
• Aluminium Alloys	200~1800	0.05~0.4
• Bronze	100~1000	0.05~0.4
• Rubber	100~ 500	0.1~ 0.6
• Tungsten Carbide(presintered)	100~ 600	0.05~0.2
• cERAMICS	100~ 900	0.05~0.2
• Plastics	100~ 800	0.05~0.4
• Copper	100~1000	0.05~0.5
• Magnesium Alloys	200~1000	0.05~0.4
• Brass	100~1500	0.05~0.4
• Gun Metal	100~ 800	0.05~0.5
• Zinc	100~ 800	0.05~0.5

(10) 피복초경합금(coated tungsten carbide tool material)

피복초경공구는 초경합금을 모재로 하여 그 표면에 TiC, TiCN, TiN, Al_2O_3 등의 세라믹스를 2~15 μm의 두께로 피복한 것으로 인성이 우수한 초경합금과 내마모성, 내열성이 우수한 세라믹스를 조합시킴으로써 종래의 초경공구 성능을 비약적으로 향상시킨 획기적인 재료이다.

7.9.3 절삭 유제의 이용 기술

절삭유제는 절삭 가공 영역에 직접 작용하여 주로 냉각, 윤활, 칩 처리의 효과를 갖는다. 이들 3가지의 효과 중 냉각과 윤활은 절삭 영역에 대한 절삭 유제의 침입성과 큰 관련이 있다.[그림 7.33참조]

냉각재를 이용하는 목적은 공구의 마모(손상) 속도를 저하시켜 공구의 장수명화를 도모하는 일이다. 따라서 유제의 침입성을 고려할 경우에는 공구에 여유면 마모가 존재하는 상태를 대상으로 하지 않으면 의미가 없다. 그래서 우선은 [그림 7.33]에 나타낸 정상적인 2차원 절삭 상태를 다루기로 한다. 일반적으로 절삭 유제가 경사면을 따라 날끝까지 침입하기는 매우 어렵게 되어 있다. 그러면 [그림 7.33]의 상태에서 절삭 유제는 과연 날끝 부근까지 침입할 수 있을까? 이 문제에 대해서는 [그림 7.34]와 하나의 가능성을 나타내고 있다. [그림 7.34]에는 선삭에서의 공구 진동과 여유면 온도를 실측한 값이 나타나 있다. 여유면 온도가 약 300K를 나타낼 때는 세라믹 공구의 여유면에 노출된 백금선과 다듬질면이 분리되어 여유면에 틈새가 생겼음을 의미한다. 이 접촉 상태를 모델화한 것이 [그림 7.35]이다.

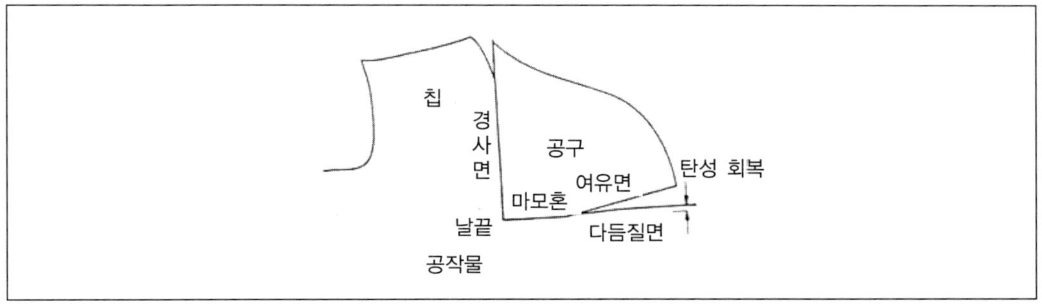

그림 7-33 여유면 마모가 있을 경우의 절삭 상태

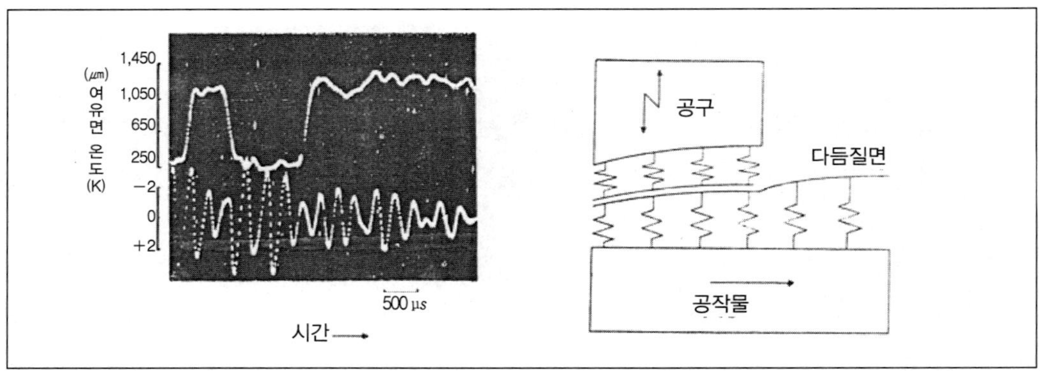

그림 7-34 공구 진동

그림 7-35 여유면 마모흔과 공작물의 접촉 모델

이송이 작으면 그만큼 작은 진폭으로 공구 여유면이 다듬질면에서 떨어진다. 따라서 다듬질면과 공구 여유면 사이에 진공 상태의 에어포켓(air pocket)이 생기면 대기압으로 인해 유제가 침입하게 된다. 그러나 공구가 수 kHz로 진동하고 있는 상태에서는 대기압만으로 유제가 날끝 부근까지 침입할 수 있을지 어떨지는 의문이다. 고압 냉각재에 의하면 침입성이 상당히 개선되는가 하는 점이 앞으로 고압 냉각제의 이용 기술을 크게 좌우할 것이라고 생각한다.

Chapter 8

선반가공

선반가공

8.1 선반의 개요

선반(lathe)은 주축에 고정한 공작물을 회전시키고 공구대에 설치된 바이트에 절삭 깊이와 이송을 주어 공작물을 절삭하는 공작기계로서, 초기(B.C 1000년경)에는 인력으로 기계를 돌리고 바이트를 손으로 잡고 절삭하는 것으로써 구조가 매우 간단하였으며, 겨우 목재 제품을 가공할 정도로 치수・형상 등의 정확성이 없었다. 그후 현재 널리 사용되고 있는 구조를 가진 선반이 1792년 영국의 기술자 모스레이(Henry Maudslay)에 의해 개발되어 비로소 금속가공용 선반으로 발전하게 되었다.

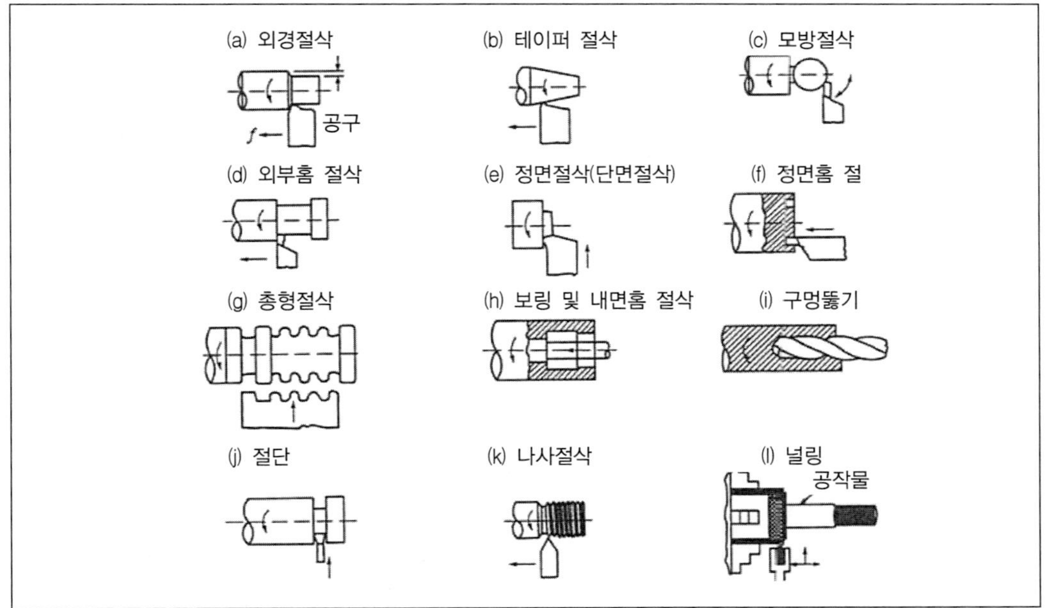

그림 8-1 각종 선삭 작업

선삭(turning)이란 공작물을 회전시키면서 절삭한다는 뜻이며, [그림 8.1]에 나타낸 바와 같이, 선삭작업은 그 활용범위가 매우 넓으며 다양한 형상으로의 가공이 가능하다.

① 외경절삭(turning) : 축, 핀, 핸들 등 각종 기계 부품들의 외면을 가공하는 가장 일반적인 형태의 선삭작업이다.

② 단면(정면)절삭(facing) : 다른 부품과의 연결 등의 목적으로 단면을 편평하게 가공하거나, 혹은 O-링 자리와 같은 단면상의 홈을 가공하는 작업

③ 총형공구(form tool)를 이용한 절삭 : 기능 혹은 외양상의 이유로 독특한 형상을 가진 제품을 이와 동일한 형상의 총형공구로 가공하는 것

④ 보링(boring) : 이미 뚫어진 구멍을 더 크게 확장시키거나, 혹은 내면의 홈을 가공하는 작업

⑤ 드릴링(drilling) : 구멍을 뚫는 작업

⑥ 절단(parting : Cutting-off) : 가공이 완료된 제품을 분리시키는 작업

⑦ 나사절삭(threading) : 공작물의 외면이나 내면에 나사를 내는 작업

⑧ 널링(knurling) : 미끄러짐을 방지할 목적으로 원통형 표면에 규칙적인 모양의 무늬를 새기는 작업

8.2 선반의 구성요소

선반은 여러 가지 기계요소들과 부속품들로 구성되어 있으며, 그 중요한 구성 요소들은 다음과 같다.

① 베드(bed) : 다른 모든 중요 구성요소들을 지지하는 역할을 한다.

② 왕복대(Carriage : carriage assembly) : 가로이송대(cross-slide), 공구대(tool post), 에어프론(apron)의 조립품으로 베드상의 안내면(slide way)을 따라 이동한다. 절삭공구는 공구대에 설치되며, 공구대는 일반적으로 공구의 위치조정을 위하여 회전 가능한 복식 공구대(compound rest) 위에 설치된다.

③ 주축대(headstock) : 베드에 고정되어 있으며, 주축(spindle : 스핀들) 및 이송봉(feed rod)을 여러 가지 회전속도로 돌리기 위하여 모터, 풀리, V-벨트, 기어 등의 동력공급 및 전달장치들을 장착하고 있다[그림 8.2 참조].

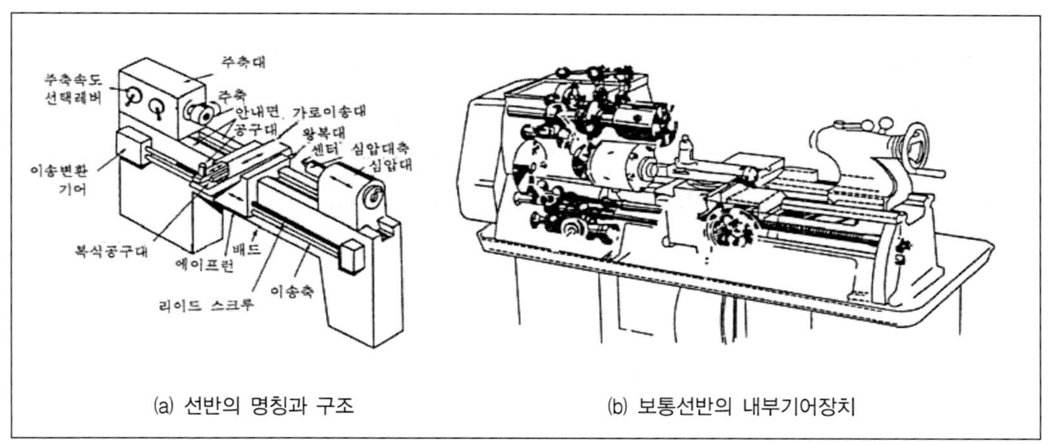

(a) 선반의 명칭과 구조 (b) 보통선반의 내부기어장치

그림 8-2 선반의 구성요소

8.2.1 베드(bed)

베드는 골격(rid)이 있는 상자형의 주물로서 그 위에 주축대, 심압대, 왕복대 및 공작물 등을 지지하며, 절삭운동의 저항 및 안내작용을 하는 구조로 되어 있다. 베드는 주축대의 회전운동, 절삭력, 상부의 중량 등으로 인하여 진동 및 휨 등이 생기기 쉬운 관계로 충분한 강도가 필요하며 칩의 처리와 절삭유의 회수 등을 고려하여 그 형태를 결정한다.

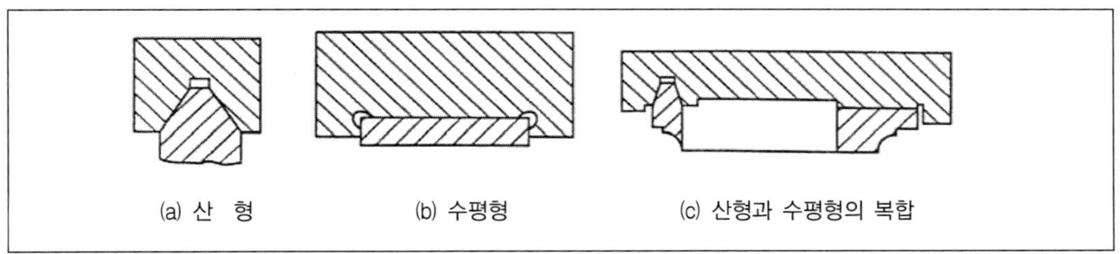

(a) 산 형 (b) 수평형 (c) 산형과 수평형의 복합

그림 8-3 베드의 형상

베드의 형상은 [그림 8.3(a)]의 산형(미국식), 그림 (b)와 같은 수평형(영국식)의 두 종류가 대표적이다. 최근에는 [그림 8.3(c)]와 같이 미·영국식을 합한 절충식으로서 복합형 베드가 사용되고 있다. 베드의 리브형식에는 평행형, 지그재그형, 십자형 등이 있다[그림 8.4 참조].

표 8-1 영국식, 미국식 베드의 비교

영국식 베드(평형)	미국식 베드(산형)
1. 왕복대와 접촉하는 면적이 넓어 중절삭에 좋다. 2. 베드의 마모에 의해 정밀도가 현저히 떨어진다. 3. 베드면이 평평하여 접촉면이 크므로 슬라이딩이 좋지 않다. 4. 절삭칩이 쌓여 베드면에 상처가 생기기 쉽다. 5. 단위 면적당의 압력이 적어 베드의 마모가 적다.	1. 절삭력과 자중으로 왕복대는 베드 산형을 밀면서 이동하므로 진동이 없다. 2. 베드면이 마모되어도 정밀도의 영향이 미소하다. 3. 접촉면이 적으므로 왕복대의 슬라이딩이 좋다. 4. 베드면이 산형이므로 절삭칩이 쌓이지 않아 베드면에 상처가 생기는 일이 적다. 5. 정밀도가 높은 가공에 알맞다.

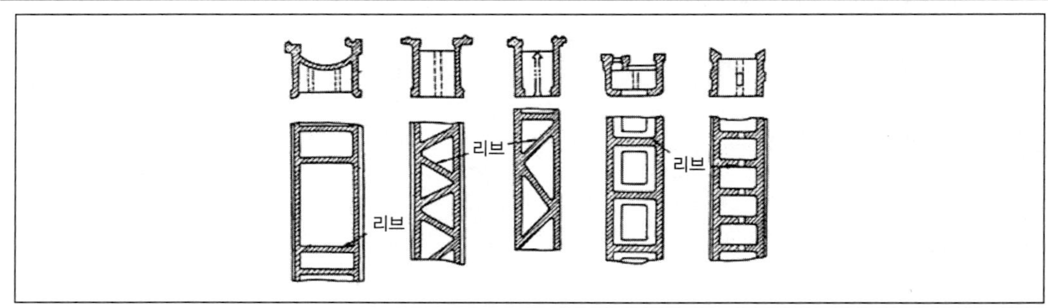

그림 8-4 베드의 리브 형식

8.2.2 왕복대(carriage)

왕복대는 베드의 안내면 상에 놓여지고, 주축대와 심압대의 사이에 위치하며, 좌우 왕복운동을 한다. 왕복대를 구성하는 구조는 [그림 8.5]와 같다.

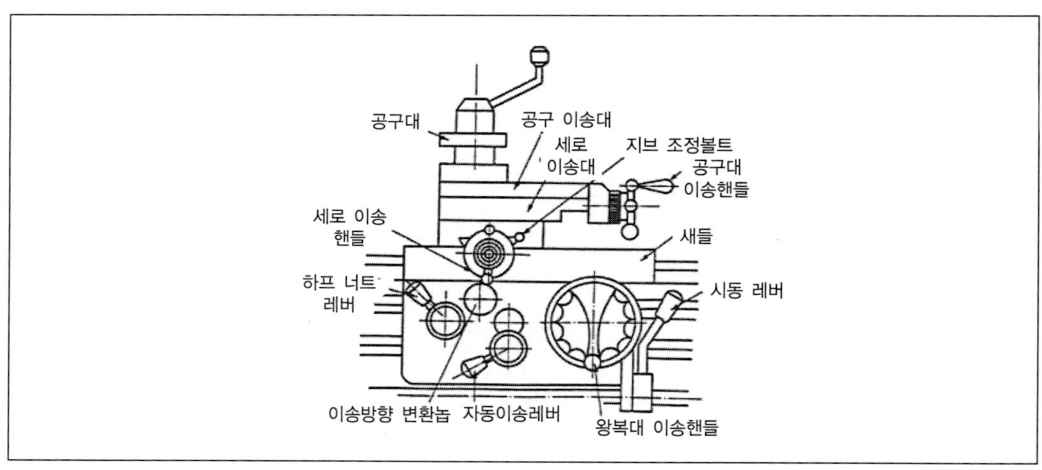

그림 8-5 왕복대의 구조

왕복대는 새들, 에이프런, 공구대 등으로 구성되어 있으며, 몸체는 I자 형의 새들을 통하여 베드 안내면에 놓여 있고, 그 위에 공구대가 있다. 새들은 베드 위를 왕복하고 바이트에 가로 이송을 주는 부분으로 그 위에 가로 이송대가 있다.

8.2.3 심압대(tail stock)

주축대와 상대되는 베드 위에 있으며 센터작업을 할 때 공작물을 지지하거나 드릴, 리머, 탭 등의 공구를 심압축의 테이퍼 구멍에 끼워서 작업을 하는 역할을 하며, 구조는 [그림 8.6]과 같다.

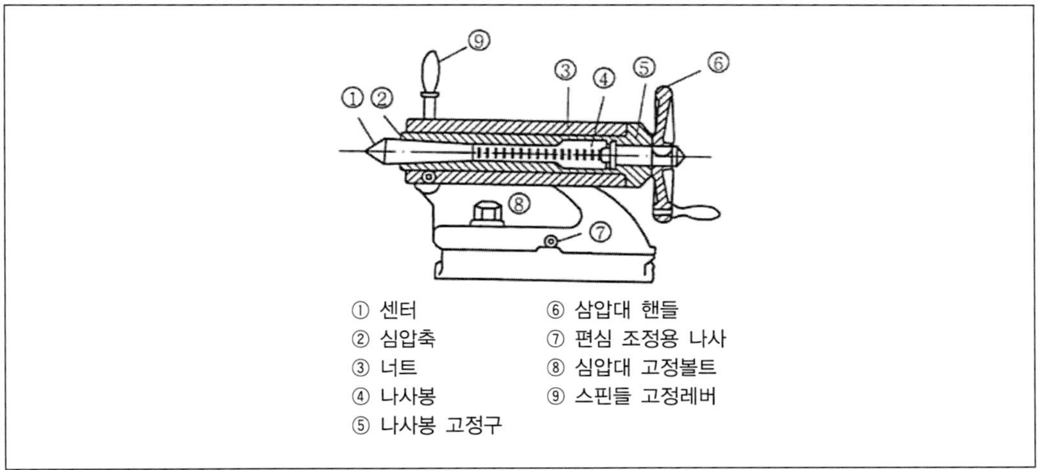

그림 8-6 심압대

8.2.4 주축대(head stock)

주축대는 가공물을 고정시켜 회전하고 회전수의 변경, 바이트를 자동이송시키는 원동력 등을 전달하는 원천이 된다. 보통 주철로 된 박스 속의 중앙위치에 주축이 있고, 주축의 회전을 변속시키는 장치 및 왕복대에 이송을 변환시켜 주는 장치와 리이드 스크루(screw)에 동력을 전달하기 위한 기어장치 등을 갖추고 있다. [그림 8.7]은 테이퍼 롤러 베어링을 사용한 선반주축의 예이다. 주축의 내부는 중공으로 되어 있고 모오스 테이퍼(morse taper)로 되어 있어 센터(center) 등을 끼울 수 있도록 되어 있다. 중공축으로 하는 이유는 다음과 같다.

① 굽힘과 비틀림에 대한 강성이 크다.
② 중량이 가벼우므로 베어링에 걸리는 하중이 감소한다.
③ 긴 공작물의 가공이 편리하다.
④ 콜릿척의 사용이 쉽다.
⑤ 센터의 장착 및 착탈이 편리하다.

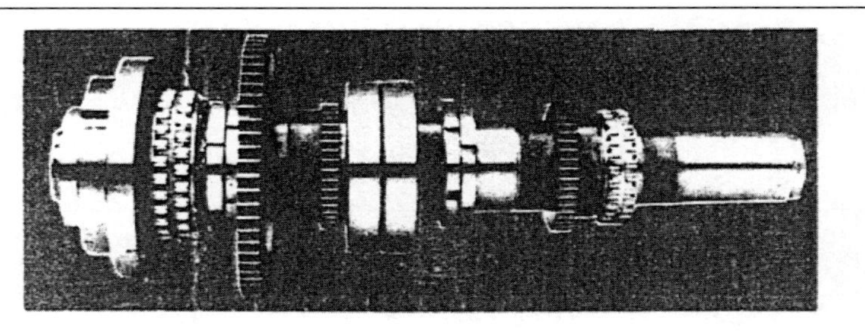

그림 8-7 테이퍼 롤러 베어링을 사용한 선반의 주축

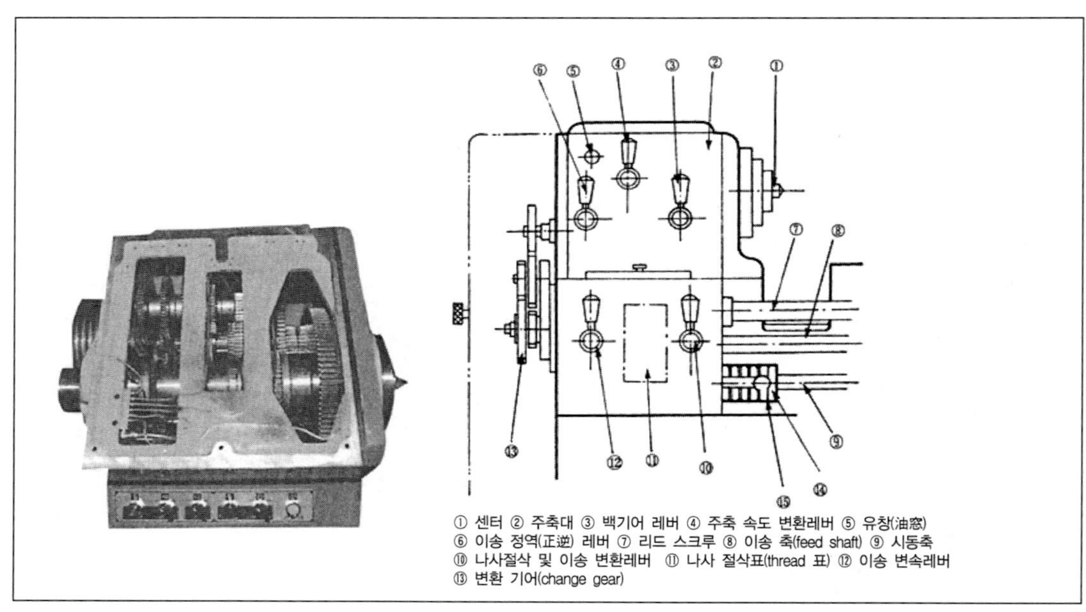

그림 8-8 (a) 주축대의 내부 구조 (b) 주축대의 외부 구조

[그림 8.8 (a)]는 주축대의 내부 구조 그림이고, [그림 8.8(b)]는 주축대의 외부 구조를 나타낸 것이다.

주축의 앞부분은 가공품을 지지하기 위하여 돌림판·면판·척 등의 장착 및 착탈이 쉽도록 여러 가지 형식으로 되어 있다. [그림 8.9]는 선반주축단의 형태를 나타낸 것이다.

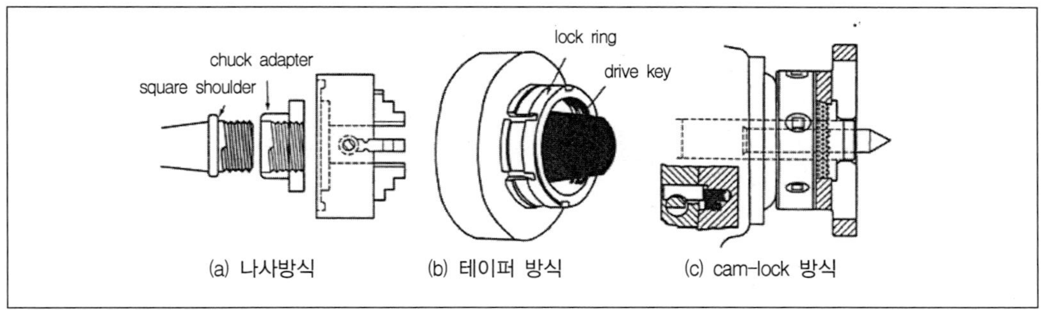

그림 8-9 주축단의 형태

8.2.5 이송기구(feed mechanism)

주축대의 주축 회전운동을 리드 스크루(lead screw) 또는 이송축(feed rod)에 전달할 때 기어의 연결로서 전달된다. 절삭 작업에 사용되는 선반의 이송은 다음과 같다.

(1) 수동이송(hand feed)

[그림 8.10]에서 핸들 ①은 피니언 ②에 연결되어 ①의 운동은 ②에 전달되며 기어 ③은 항상 ②에 맞물리므로 ③의 기어가 회전한다. ③과 동시에 ⑤가 고정되고 ⑤와 래크 ⑥이 맞물려 있으므로 왕복대는 베드 방향에 좌우로 이동한다. 또한 핸들 ⑬은 수나사 ⑭와 암나사로 인하여 공구대와 일체되어 전후 방향으로 이동을 한다.

(2) 자동이송(automatic feed)

① 좌우 자동이송 : [그림 8.10]에서 주축의 회전은 이송축 ⑦에 전달되고 ⑧의 웜은 이송축상을 좌우로 이동한다. ⑧은 ⑨의 웜 기어에 연결이 되고 ⑨의 뒤쪽에는 ⑩의 마찰 클러치가 있어 ⑫의 좌우 자동이송용 노브(knob)를 조작하면 ⑨와 ⑪이 일체가 되고 이것이 ⑪의 피니언에서 ③의 스퍼 기어로 회전이

전달되어 동일 축상에 있는 ⑤ 피니언으로 연결되어 ⑥의 래크 기어에 의하여 왕복대가 좌우로 자동이송을 하게 된다.

② 전후 자동이송 : [그림 8.10]에서 주축의 회전은 이송축 ⑦에 전달되고 ⑮의 베벨 피니언에 회전이 전달되어 ㉒의 전후 자동이송용 노브(knob)를 조작하면 ⑮-⑯-⑰-⑱-⑲-⑳-㉑로 연결되어 전후 이송용 나사축 ⑭의 회전에 의하여 전후 자동이송을 하게 된다.

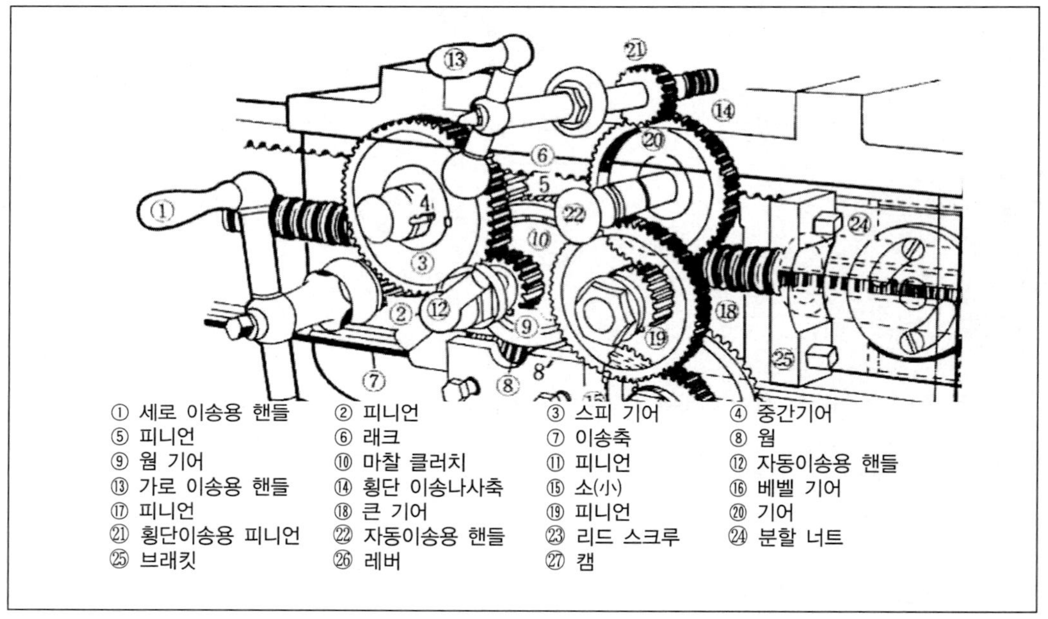

그림 8-10 에이프런(apron)의 내부

(3) 나사절삭 시 이송(screw cutting feed)

[그림 8.11]은 하프 너트 또는 스플릿 너트(split nut)를 표시한 것으로 너트가 둘로 갈라져 있으며, 에이프런 내부에 있는 안내홈에 끼워져 외부의 레버에 의해 열리고 닫힌다. 핸들 H를 회전시켜 C부에 있는 a, c 및 b, d를 연결하고 다시 핸들을 돌려서 하프 너트를 닫고 나사를 깎는다.

구식 선반은 [그림 8.12]와 같이 변환기어(change gear), 텀블러기어(tumbler gear)에서 이송속도와 이송방향을 얻게 된다. 변환기어는 리이드 스크루와 이송축의 회전속도를 변환시키는 것이며, 한 조의 변환기어가 각 선반에 장치된다. 그리고 텀블러 기어는 리이드 스크루와 이송축의 회전방향을 변환시킨다.

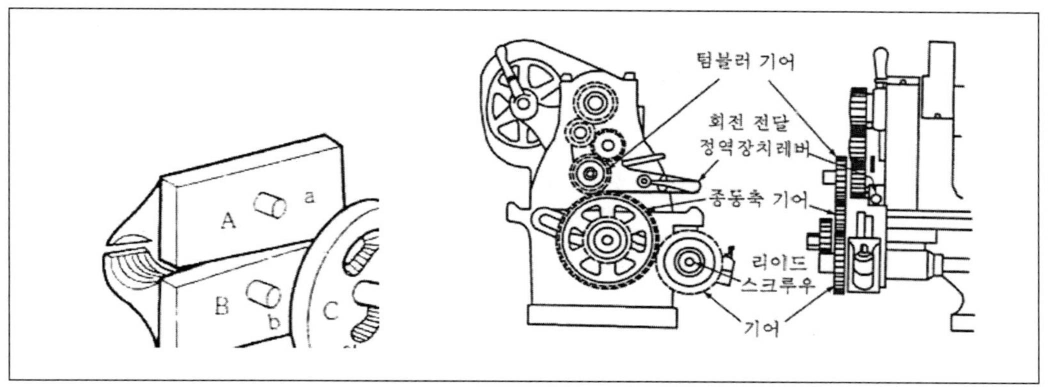

그림 8-11 하프 너트

그림 8-12 변환기어식 이송기구

[그림 8.13]은 노튼(norton) 식 속도변환장치로서 양축 사이의 기어를 임의의 장소에서 결합시킬 수 있으므로 최근의 선반에 많이 적용되고 있다. 이 방법은 선반에 부착된 제원표에 따라 레벨로 조작할 수 있어 구식 선반에 비교하면 조작이 간단하고 시간이 단축되어 매우 편리하다.

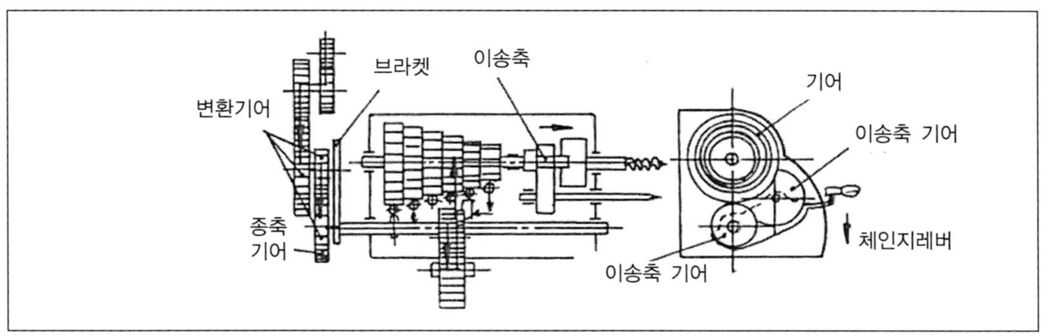

그림 8-13 노튼식 속도 변환장치

또한 주축대 아래에 있는 기어 박스의 변속장치는 [그림 8.14]와 같이 노튼식 기구로 기어의 수를 감소시킬 수 있는 기구로서 미터 및 인치 나사를 절삭할 때(나사 절삭표 참조) 이송변속레버에 의하여 조작 및 나사절삭이 되도록 구성되어 있다.

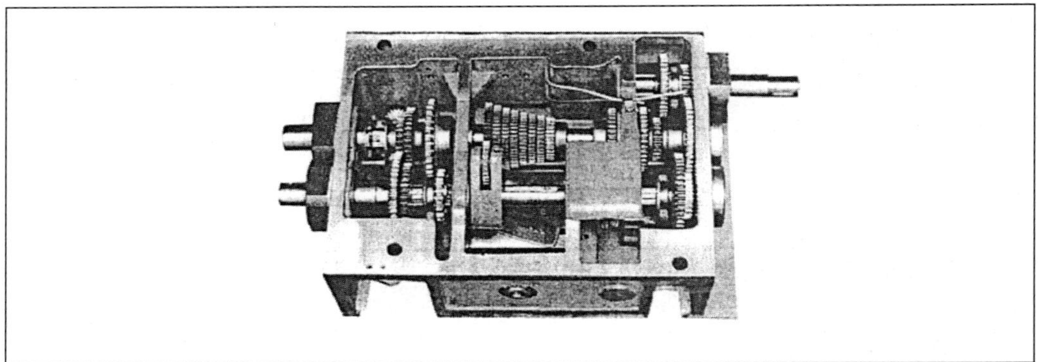

그림 8-14 기어변속장치

8.3 선반의 종류와 크기 표시 방법

8.3.1 선반의 종류

선반의 종류는 작업 목적, 구동방식, 기계의 크기, 작업방식 등 각 기준에 따라 여러 가지로 분류하고 있으며 주된 것은 다음과 같다.

(1) 보통선반(engine lathe)

보통선반은 선반의 기본이 될 뿐만 아니라 가장 많이 쓰이고 있는 선반이다. 작업의 범위가 넓은 공작기계의 기본적인 구조와 기능을 가진 대표적인 기계이다. 엔진선반이라고 부르는 이유는 초기선반이 별도로 설치된 엔진으로부터 벨트(belt)를 통하여 동력을 받았기 때문이다.

보통선반의 특성은 다음과 같다.

① 형태가 단순하고 광범위하게 사용된다.
② 모든 작동이 수동이므로 숙련된 작업자를 필요로 한다.
③ 반복되는 작업이나 대량생산에는 비효율적이다.

(2) 탁상선반(bench lathe)

작은 부품을 절삭할 때에 탁상에 설치하여 작업하는 소형의 선반으로 특히 정밀 소형 기계 및 시계 부품 등을 가공하는 일이 많다. 베드길이는 보통 900mm 이하이다.

(3) 정면선반(face lathe)

길이가 짧고 지름이 큰 공작물을 절삭하는 데 사용하는 선반으로 베드의 길이가 짧고, 심압대가 없는 경우가 많다.[그림 8.16 참조]

(4) 수직선반(vertical lathe)

주축이 수직으로 되어 있으며, 테이블이 수평으로 되어 있어 공작물의 설치가 용이하며, 작업하기가 편리하고 공구의 길이방향 이송이 수직방향으로 되어 있다. 중량이 큰 대형 공작물이나 지름이 크고 폭이 좁으며, 불균형한 공작물 및 내면절삭 등의 가공에 적합하다.[그림 8.15 참조]

그림 8-15 수직 선반

그림 8-16 정면 선반

(5) 모방선반(copying lathe : tracer lathe)

유압식 또는 전기적 방법으로 작동되는 별도의 자동모방 장치를 이용하여 특수한 형상을 한 공작물을 능률적으로 선삭하기 위하여 실물 또는 실물과 같은 형판(Template)을 설치하고, 바이트가 형판을 따라 움직이게 하여 절삭가공하는 선반이다. 모델과 바이트의 위치를 결정한 후부터는 여러 개의 공작물을 같은 형상·치수로 자동 절삭할 수 있고, 또 가공 도중에 공작물의 치수측정을 할 필요가 없어 작업이 빠르고 정확하다[그림 8.17 참조].

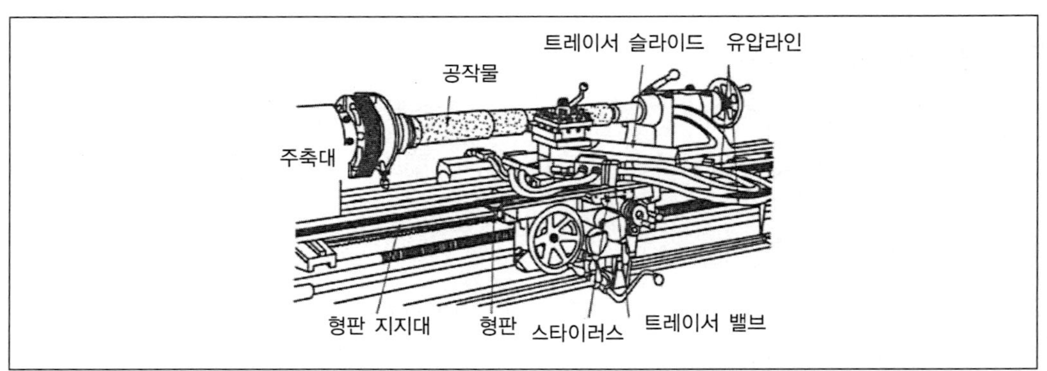

그림 8-17 모방선반(유압식)

(6) 터릿선반(turret lathe)

보통선반의 심압대 대신에 회전 공구대를 가진 대량생산용의 선반으로 많은 공구를 가공순서대로 터릿 공구대에 장치하여 차례로 공구대를 돌려서 가공하여 공구대가 1회전하면 가공이 끝난다.

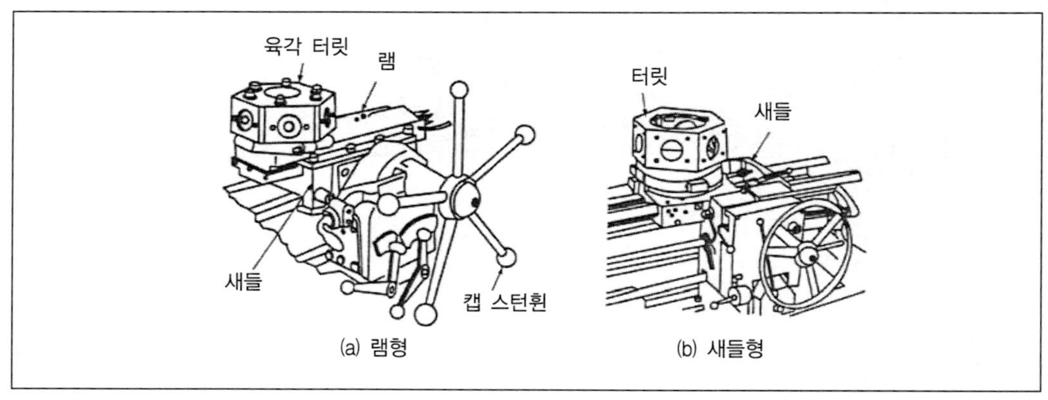

그림 8-18 터릿선반

공구장치에 시간이 걸리지만 한 번 공구를 장치하여 위치가 결정되면 모든 공작물의 치수를 측정할 필요가 없고, 숙련공이 아니라도 쉽게 같은 정밀도의 제품을 다량으로 만들 수 있으며, 외경절삭, 단면절삭, 드릴작업, 나사절삭, 계단절삭 등 수개의 작업을 일괄작업으로 하여 한 개의 물품을 제작할 수 있고, 터릿의 모양에 따라 육각형 · 드럼형 등으로 분류하며, 이 형식에는 램형과 새들형이 있는데 램형은 소형에 새들형은 대형에 주로 사용된다[그림 8.18 참조]. [그림 8.19]는 터릿선반의 작업공정의 예로서 (a)는 제작할 공작물을 표시하고 (b)는 터릿공구의 배치를 표시한 것이다.

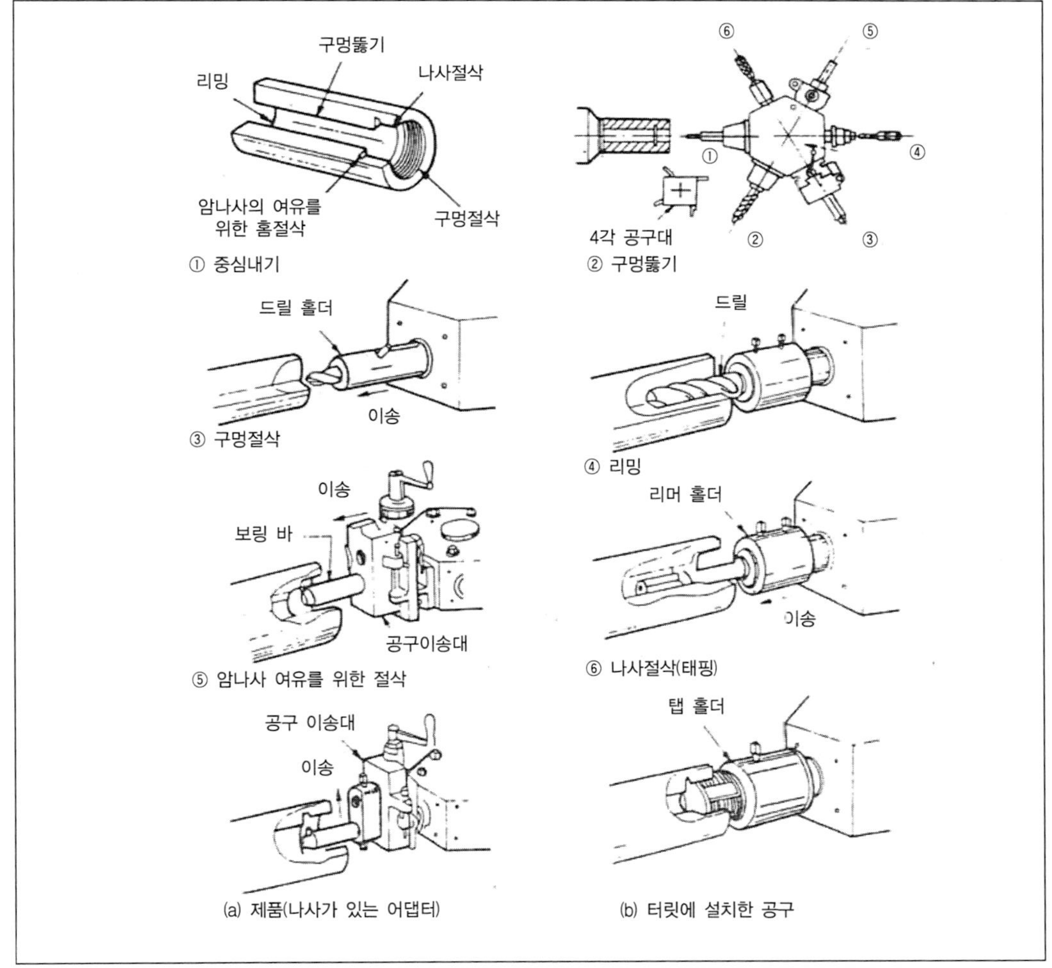

그림 8-19 터릿선반 작업 공정의 예

(7) 자동선반(automatic lathe)

터릿선반보다 일보 발전한 자동선반은 캠이나 유압기구를 이용하여 선반의 조작을 자동화한 대량생산용의 선반으로 재료의 이송 및 바이트의 이송 등을 한 번 조정해 놓으면, 자동적으로 제품이 깎여 나오고 재료를 물린 다음 다시 반복 가공한다. 따라서, 가끔 치수만 측정, 검사하고 긴 재료가 완전 소모되거나 치수가 틀릴 경우만 기계를 정지시켜 재료 및 공구를 갈아 끼운다. 보통선반이나 터릿선반은 한 대에 한 사람의 작업자가 필요하지만, 자동선반에서는 한 작업자가 여러 대의 선반을 조작할 수 있다. [그림 8.20]은 척 선단부에서 로딩(loading)이 어려운 긴 공작물(pipe 또는 bar)을 호퍼 박스(hopper box)에 적재시키면 자동적으로 loading→cutting→unloading System으로 구성된 유압 자동선반이다.

그림 8-20 자동선반

(8) 컴퓨터 수치제어 선반 (CNC lathe)

전자공학에 기초를 둔 전자계산의 정보처리 기술과 서보기구에 의한 기술이 선반과 결합되어 절삭에 필요한 모든 정보를 수치적으로 그 지령에 따라 절삭공구와 새들의 운동을 제어하도록 제작한 것[그림 8.21 참조].

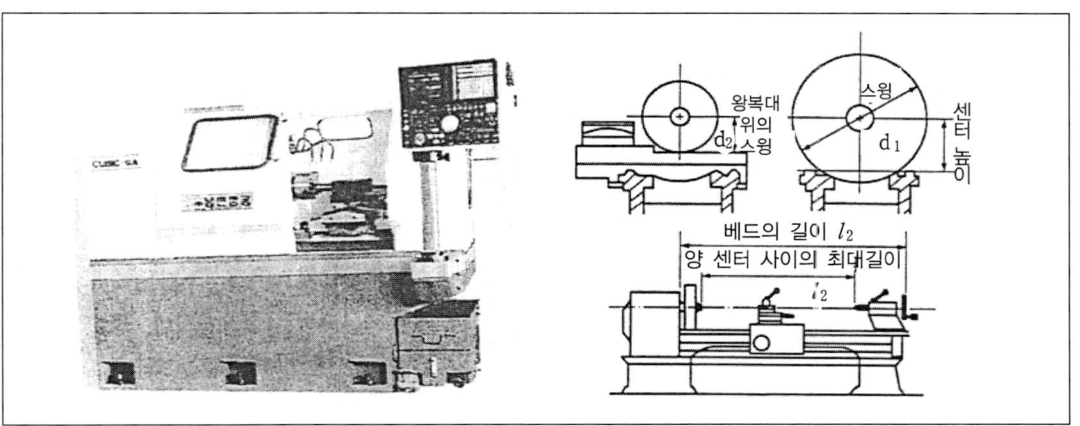

그림 8-21 NC 선반 그림 8-22 선반의 크기

8.3.2 선반의 크기 표시 방법

선반의 크기를 나타내는 방법 : 보통선반에서는 [그림 8,22]와 같이 베드위의 스윙(가공할 수 있는 공작물의 최대직경), d_1, 양센타 사이의 최대거리 l_1, 왕복대 위의 스윙 d_2로 표시하며 현장에서는 관습상 베드의 길이 l_2로 표시하는 경우도 있다.

8.3.3 선삭공구의 종류 및 절삭날의 형상

(1) 선삭공구의 종류

선반용 절삭공구 흔히 바이트(bite)라고 불리는 것으로서 바이트는 그 모양, 용도, 구조, 재질 등에 따라 나누어진다. [그림 8.23]은 선반가공에서 주로 쓰이는 바이트를 모양, 용도에 의하여 분류한 보기이다. 또한 바이트를 구조상으로 나누면 ① 날부분과 자루부분을 같은 재질로 만든 것을 단체 바이트(solid bite)라 하는데, 요즈음은 거의 사용되지 않으며, ② 공구재료(일반적으로 팁이라 부름)를 바이트 본체인 생크(shank)에 납 등을 사용하여 경납땜한 납땜바이트(welded tool, brazing type bite), ③ 공구재료의 한쪽을 생크(shank)에 기계적(나사나쐐기, 누름쇠)으로 고정한 클램프 바이트(clamped bite)가 있다. 최근에 많이 사용하고 있는 스로어웨이용 바이트(throw away type bite)는 이 분야에 속한다. 스로어웨이용 바이트는 팁을 재연삭하지 않고 새로운 팁과 교환하는 형식으로 가공능률이 향상되고 공구비가 절감된다. [그림 8.24]는 스로어웨이용 바이트의 날 고정방식의 한 "예"를 나타낸 것이다.

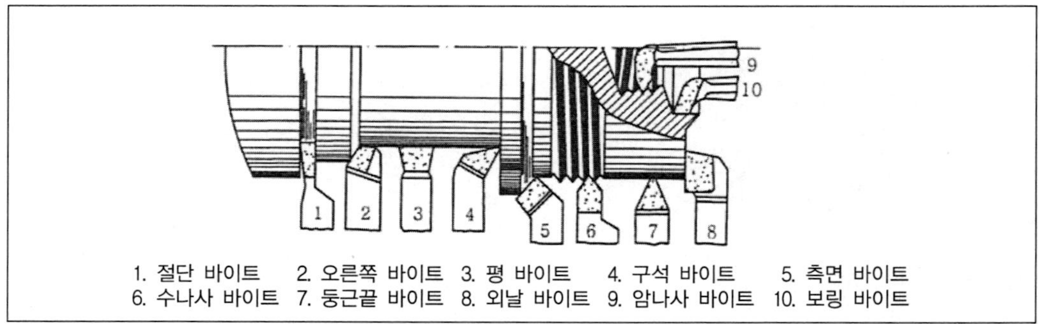

그림 8-23 모양, 용도에 따른 바이트의 종류

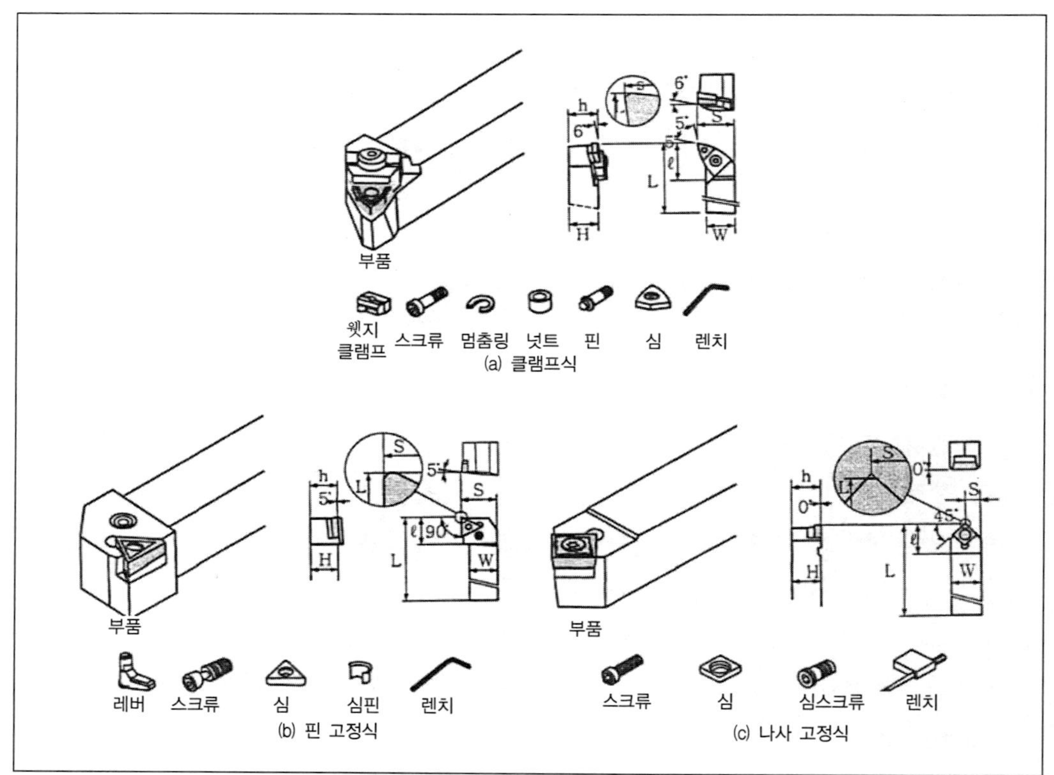

그림 8-24 스로어웨이 바이트 날 고정 방식

바이트날의 재질은 고속도강 또는 초경합금을 주로 사용하였으나 최근에는 절삭가공의 고속화 추세에 따라 초경합급 위에 알루미나(Al_2O_3), 탄화티탄(TiC), 질화티탄(TiN) 등을 화학 증착시킨 코팅초경합금, 서멧(cermet), CBN(cubic boron nitride) 등 고온경도가 높고 인성이 뛰어난 재질이 많이 사용됨으로써 고속정밀가공이 가능하게 되었다.

8.3.4 칩 브레이커(chip breaker)

초경 바이트로 일반강을 고속절삭할 때 직선 형상을 한 칩과 나선 형상으로 된 칩들은 계속 이어져 공작물에 잠겨 다듬면과 바이트에 상처를 주고, 또 절삭유의 급유와 절삭작업을 방해한다. 기계를 정지시켜 칩의 처리를 한다는 것은 비능률적이므로 절삭칩이 절단되어 방해가 되지 않게 하는 것이 칩 브레이커이다.

(1) 클램프형 칩 브레이커(상치형)

클램프 바이트에 사용되며 팁의 경사면에 칩 브레이커로서 인성이 높은 초경합금편을 붙인 것이며 초경 팁을 나사로 고정한 것이다.

(2) 연삭형 칩 브레이커(홈형)

초경 팁을 경납땜한 바이트의 칩 브레이커는 다이아몬드 숫돌로 팁의 경사면을 연마하여 성형하는 것이 보통이며 [그림 8.26]은 각종 칩 브레이커의 형상이다.

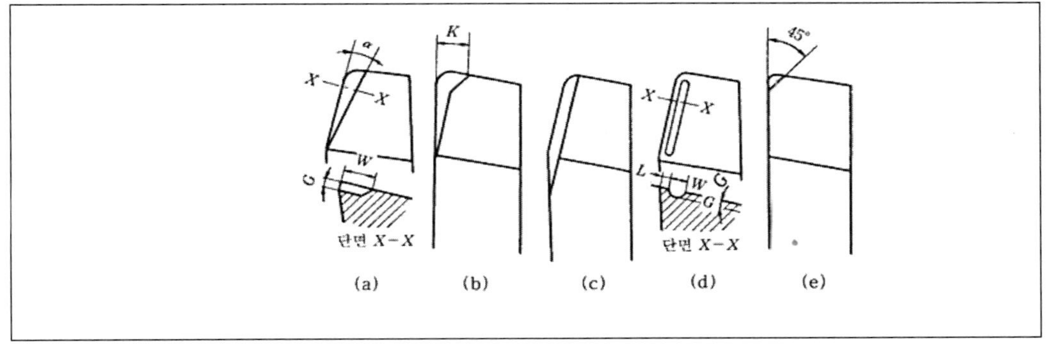

그림 8-25 칩 브레이커의 종류

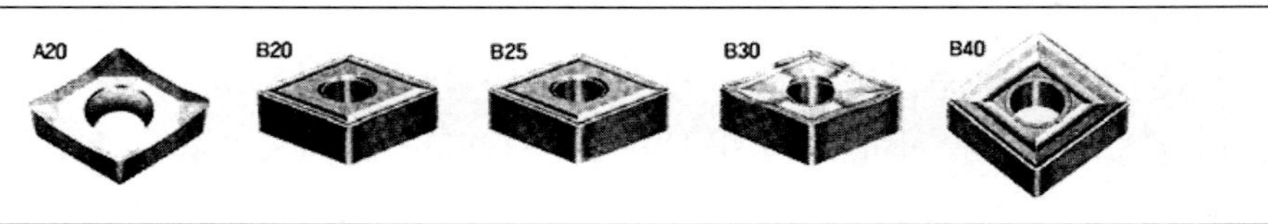

그림 8-26 각종 인서트 칩 브레이커

① 각 턱형(angular shoulder type)

이것은 [그림 8.25 (a)]와 같으며, 가장 많이 사용되는 형식이다. 턱과 절삭날 사이의 각 α는 6∼15°이며, 8°가 보통 채택된다. α, *W*, *G*의 값은 절삭속도, 이송, 절삭깊이 및 피절삭재료에 따라 다르다. 일반적으로 $W=2.5\sim5.5$mm, $G=0.4\sim1.6$mm이며, 턱의 반지름은 *G* 와 같다. [그림 8.25 (b)]의 폭 *K*는 바이트끝 반지름의 1.5배로 한다.

② 평행 턱형(parallel shoulder type)

[그림 8,25 (c)]는 절삭날과 평행한 턱을 가진 칩 브레이커를 도시한 것이다. 측면 절사날각이 없는 곧은 공구에도 이 형식의 것이 사용된다. 이것은 굽은 칩의 바이트 턱에 닿아서 부러지게 된다.

③ 홈형(groove type)

[그림 8.25 (d)]는 바이트 상면에 홈을 파서 만든 칩 브레이커이다. 홈과 절삭날 사이에는 랜드(land, 평단부) *L*이 있다. 랜드 *L*, 홈의 폭 *W*, 홈의 깊이 *G*는 이송, 절삭깊이 및 피절삭재료에 따라서 변하며, 평균치는 다음과 같다.

$L=0.8$mm, $G=0.8$mm, $W=1.6$mm

④ 45° 턱 형(45° shoulder type)

[그림 8.25 (e)]의 최대 절삭깊이 0.8mm인 경절삭, 즉 다듬질가공에 사용되는 칩 브레이커의 형식이다. 턱의 각은 45°이고 최대폭은 1.6mm이다. 칩 브레이커 상면은 모두 정밀하게 다듬어야 하며, 호닝(honing) 다듬질을 하면 공구의 수명이 연장된다.

8.4 선반용 부속품과 부속장치(accessories and attachment)

8.4.1 센터 작업용 부속품

(1) 센터(center)

센터는 공작물을 지지하는 부속장치(attachment)이며, 양질의 탄소강 또는 고속도강, 특수공구강으로 만들며 열처리를 하여 경화한 것을 적당히 어닐링(annealing)하여 인성(thoughness)을 부여한 후 사용한다. 센터는 주축에 삽입하여 사용하는 회전센터(live center)와 심압대 축에 삽입하여 사용하는 정지센터(dead center)가 있다. 보통 센터의 구멍은 모스 테이퍼(morse taper)로 되어 있으며[표 8.2 참조] 센터의 자루부분의 테이퍼는 $\frac{1}{32} \sim \frac{1}{8}$ 정도이나 일반적으로 모스테이퍼 $\frac{1}{20}$ 을 많이 사용한다. 센터의 선단은 원추형을 형성하며 그 각도는 미국식으로 주로 60° 이며 정밀가공 또는 소, 중형의 공작물 가공에 사용되고, 영국식은 75° 또는 90° 이며 공작물의 중량이 많고, 대형 공작물가공에 주로 사용된다. [그림 8.27]은 각종 센터의 종류를 나타낸 것이다.

표 8-2 모스 테이퍼의 규격

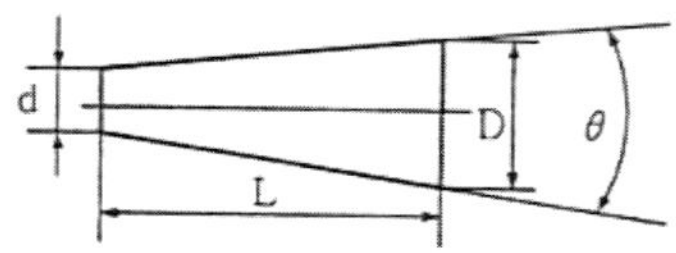

번호	테 이 퍼	Θ	D(mm)	d(mm)	L(mm)
2	1/20.020=0.04995	2°51′18″	17.781	14.534	65
3	1/19.922=0.05020	2°52′34″	23.826	19.760	81
4	1/19.254=0.05194	2°56′38″	31.269	25.909	103.2
5	1/19.002=0.05263	3°0′6″	44.401	37.470	131.7

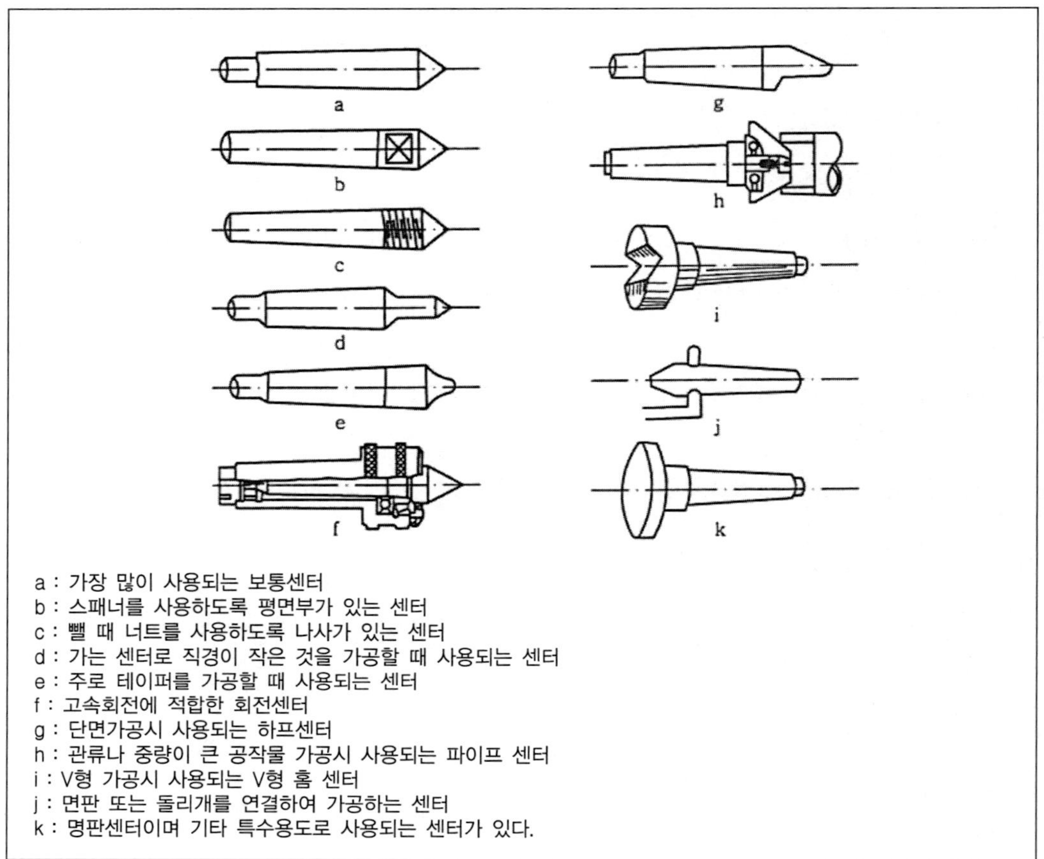

그림 8-27 센터의 종류

(2) 센터 드릴(center drill)

공작물에 센터의 끝이 들어가는 구멍을 뚫는 드릴이다. 센터 구멍의 모양은 공작물의 가공 목적과 방법에 따라 적당한 모양으로 하며, 그 크기는 공작물의 무게, 가공중 절삭력에 견딜 수 있어야 한다. 일반적으로 센터 드릴의 크기는 [표 8.3]와 같이 공작물의 지름에 따라 정한다. 또한 [그림 8.28]는 센터 구멍작업의 예로서 다음과 같다.

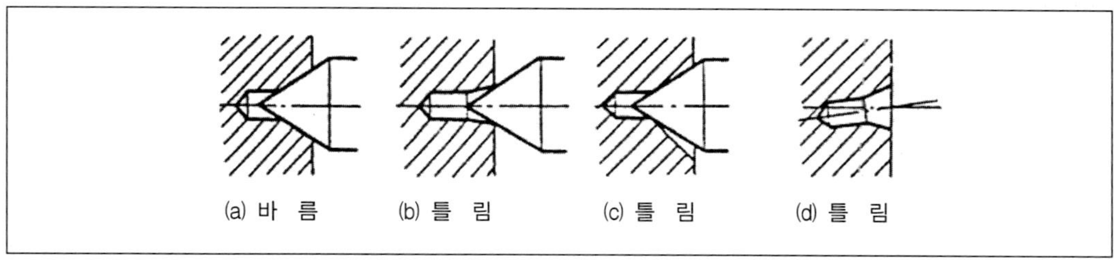

그림 8-28 센터구멍 작업의 예

표 8-3 공작물의 지름과 센터 드릴

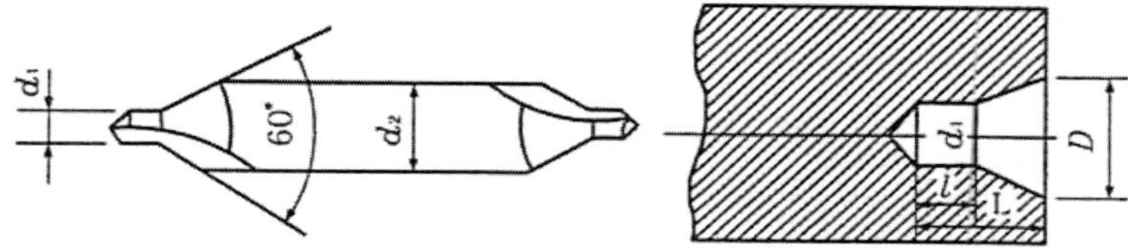

공작물지름 (mm)	호칭치수 d_1(mm)	호칭치수 d_2(mm)	D(mm)	L(mm)	l(mm)
5이하	0.7	3.5	2	2	0.8
5~15	1	4	2.5	2.5	1.2
10~25	1.5	5	4	4	1.8
20~35	2	6	5	5	2.4
30~45	2.5	8	6.5	6.5	3
35~60	3	10	8	8	3.6
40~80	4	12	10	10	4.8
60~100	5	14	12	12	6
80~140	6	18	15	15	7.2

(3) 돌림판(driving plate)과 돌리개(lathe dog)

돌림판과 돌림개는 양센터 작업시 주축의 회전을 공작물에 전달하기 위하여 함께 사용된다. 돌림판은 주축 끝 나사부에 고정하며, 돌림개는 공작물에 고정한다.

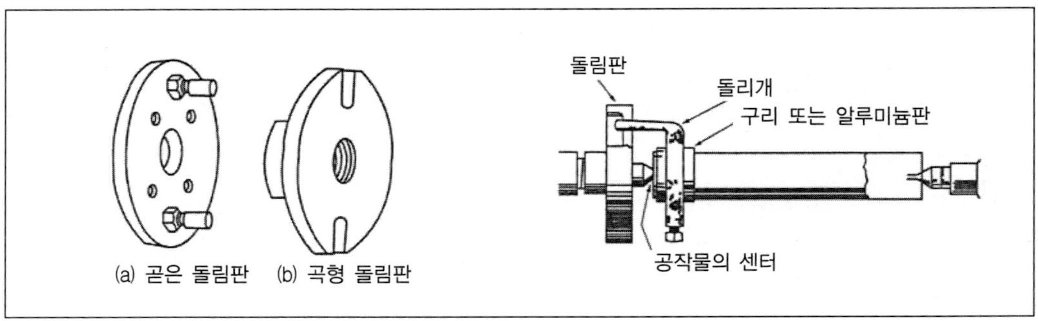

그림 8-29 돌림판의 종류

그림 8-30 양센터 작업의 예

또한 돌리개의 종류는 [그림 8.31]와 같다.

① **곧은 돌리개**(straight tail dog) : 원형 단면절삭시 편리
② **굽힘 돌리개**(bent tail dog) : 원형 단면절삭시 편리
③ **클램프 돌리개**(clamp dog) : 4각형 단면절삭시 편리

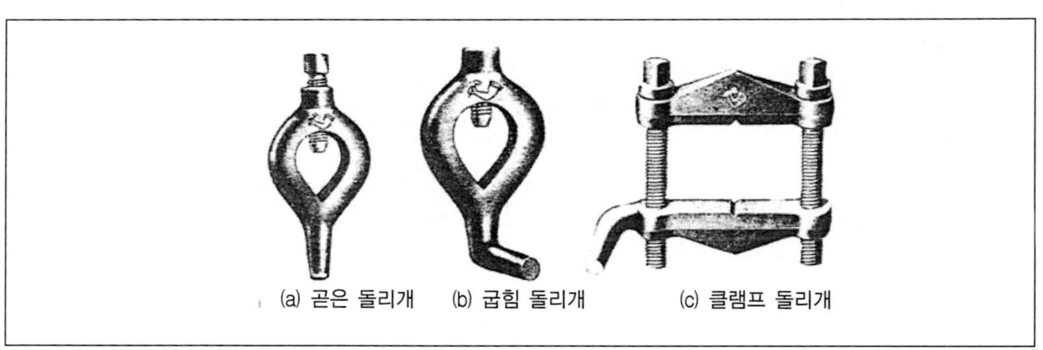

그림 8-31 돌리개의 종류

(4) 면판(face plate)

면판은 [그림 8.32]과 같이 돌림판과 비슷하나 돌림판보다 크며, 여러 개의 구멍과 가늘고 긴 홈이 있어 이 구멍을 이용하여 척으로 고정할 수 없는 대형공작물이나 복잡한 형상의 공작물을 볼트나 클램프 또는 각판으로서 고정하여 가공한다. 공작물이 중심에서 균형이 맞지 않을 때에는 반드시 대각선 방향에 균형추를 달아서 무게의 균형을 잡고 가공한다.

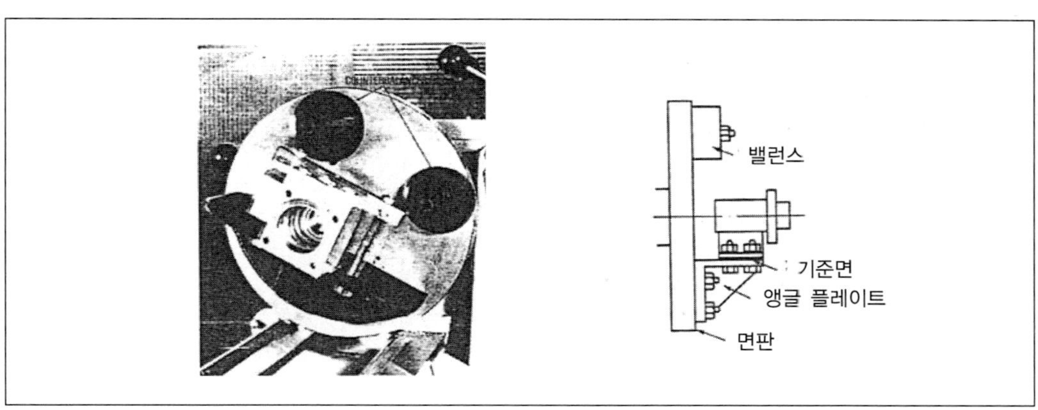

그림 8-32 면판 장착의 예와 면판 작업의 예

(5) 방진구(work rest)

가늘고 긴 공작물을 가공할 경우 공작물은 자중 및 절삭력으로 인하여 휘거나 처짐(deflection)이 생기고 진동(vibration)을 일으켜 균일한 지름을 가진 진원 단면의 절삭가공이 곤란하다. 이것을 방지하기 위하여 방진구를 사용한다. 방진구의 종류는 고정식 방진구(fixed steady rest)과 이동식 방진구(follow steady rest)가 있다[그림 8.33].

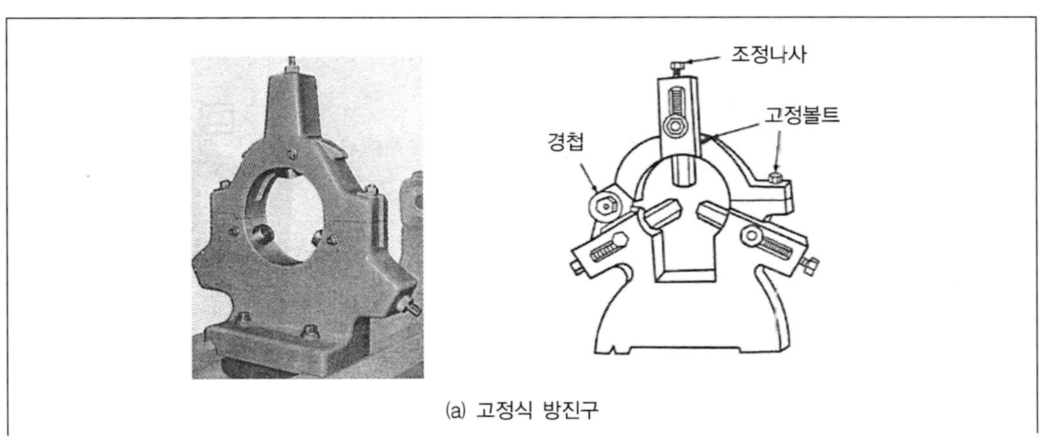

(a) 고정식 방진구

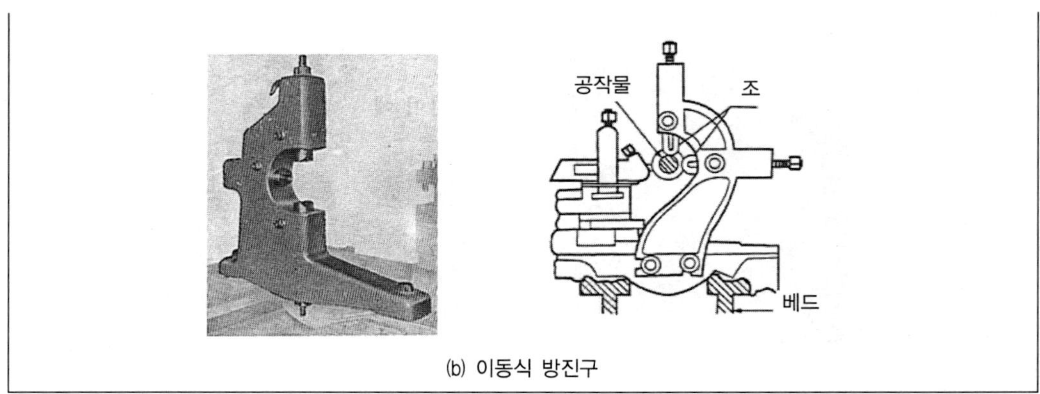

(b) 이동식 방진구

그림 8-33 방진구

(6) 심봉(mandrel)

심봉은 기어, 벨트 풀리 등 구멍이 있는 소재의 공작물에 구멍가공이 먼저 되었을 때 측면이나 외주면을 중심 구멍에 대하여 직각이나 동심원으로 가공하기 위하여 쓰는 공구이다. 사용방법은 심봉을 가공된 소재의 구멍에 넣고 고정시킨 후 양 센터로 지지하여 측면이나 외주면을 절삭 가공한다.

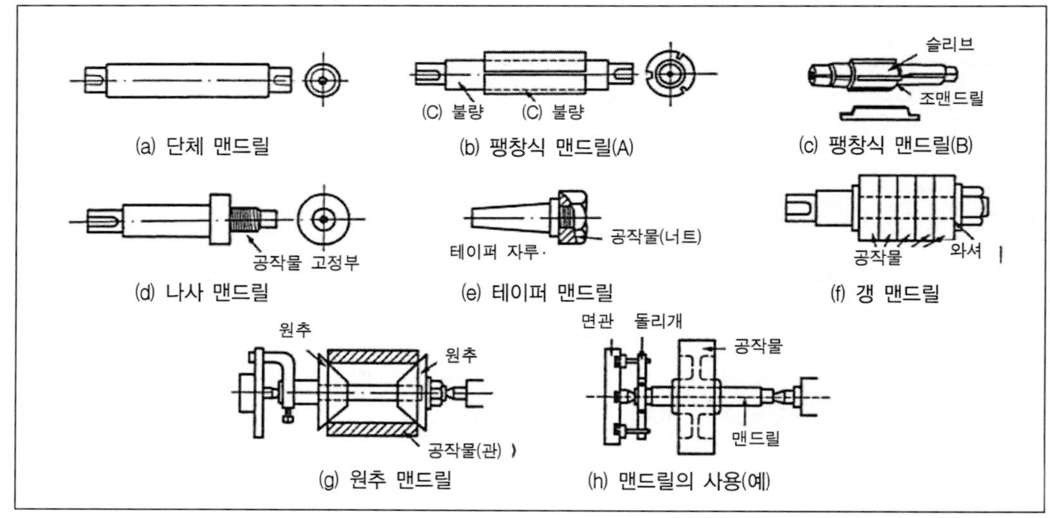

그림 8-34 여러 가지 맨드릴

8.4.2 척 작업용 부속품

척(chuck)은 선반의 주축단에 설치되어 공작물을 고정하고 회전시키는 역할을 하는 부속품으로 일종의 원통형 바이스라고 할 수 있다.

(1) 단동 척(independent chuck)

단동 척은 [그림 8.35]와 같이 4개의 조가 각각 단독으로 움직일 수 있으므로, 불규칙한 모양의 공작물을 고정하는 데 편리하다. 그러나 센터를 정확하게 맞추는 데는 오랜 시간과 숙련이 필요하다.

(2) 연동 척(universal chuck)

연동 척은 [그림 8.36]과 같이 보통 조가 3개 있으며, 이 조는 동시에 3개의 조가 방사형으로 같은 거리를 움직이므로 원형, 정삼각형, 정육각형 등 3의 배수로 이어지는 형태의 공작물을 고정하는 데 편리하지만, 고정력은 단동 척보다 약하며, 조가 마모되면 척의 정밀도가 저하되는 결점이 있다. 스크롤 척(scroll chuck)이라고도 한다.

그림 8-35 단동 척

그림 8-36 연동 척

(3) 복동 척(combination chuck)

복동 척은 단동 척과 연동 척의 두 가지 작용을 할 수 있는 것으로 조를 개별적으로 조절할 수 있으며, 또 전체를 동시에 움직일 수 있어 불규칙한 형상의 것을 다량 가공할 때 편리하다[그림 8.37].

(4) 전자석 척(magnetic chuck)

전자석을 이용하여 척면을 자화시켜 공작물을 흡착 고정시키는 척으로 가공물은 자성체에 한하여 다른 척으로 고정시키기 곤란한 얇은 판이나 피스톤링과 같은 공작물을 절삭할 때 사용한다. 전자장치를 작동시키는 핸들이 있어 공작물을 쉽게 고정할 수 있지만 절삭깊이를 깊게 할 수 없는 결점이 있다[그림 8.38].

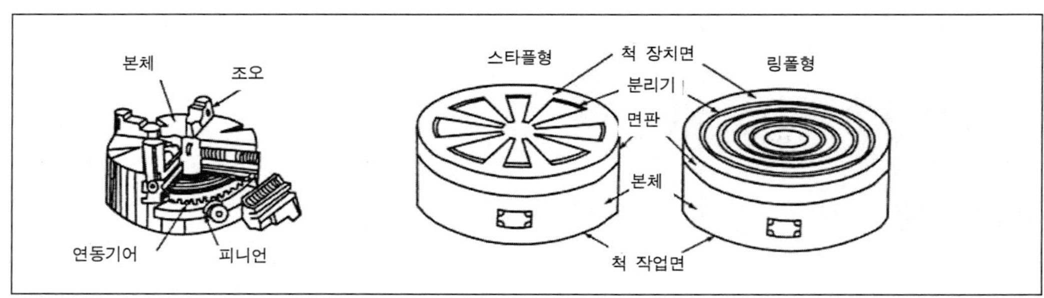

그림 8-37 복동 척 그림 8-38 전자석 척

(5) 유압 척(hydraulic chuck), 공기 척(air chuck)

유압 척은 NC선반에 사용되는 척으로서, 유압식은 개폐하도록 되어 있기 때문에 이를 제어할 수 있는 유압장치가 별도로 필요하다. 공작물의 착탈이 쉬워 생산능률을 높일 수 있고 또 척에는 소프트 조(soft jaw)를 사용하기 때문에 가공정밀도도 높일 수 있으며 지름 차가 큰 가공물도 용이하게 척에 물릴 수 있다.

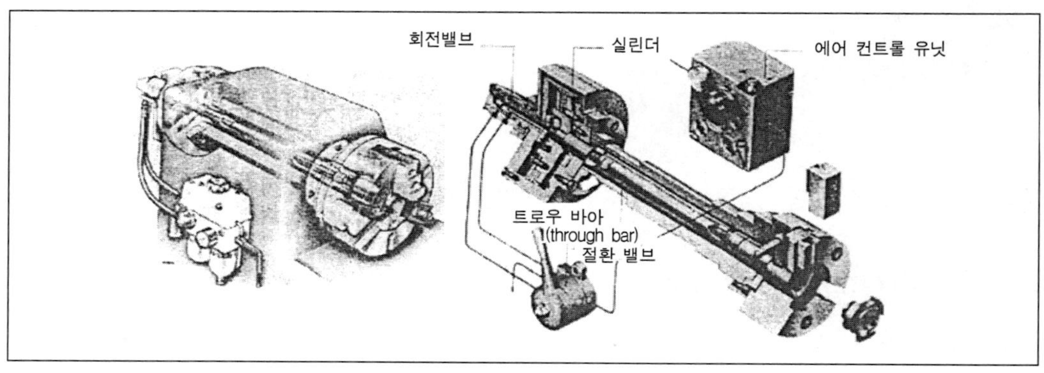

그림 8-39 유압 척 및 공기 척

또한 유압 대신에 압축공기로 피스톤을 작동하고 이 운동으로 척의 조를 조작하여 공작물을 고정하는 것을 공기 척(air chuck)이라 한다. 공기 척은 주로 자동선반, 터릿선반, 모방선반 등에 사용된다[그림 8.39].

(6) 콜릿 척(collet chuck)

[그림 8.40]와 같이 지름이 작은 환봉이나 각봉재를 가공할 때 편리하여 터릿선반이나 자동선반에 널리 사용되고 있다. 지름이 작은 환봉을 대량생산하기 위하여 보통선반에 사용할 때에는 스핀들 테이퍼 구멍에 슬리브를 설치하고 여기에 척을 끼운다. 콜릿 구멍은 원, 사각, 그 밖에 기하학적 모양으로 만든다.

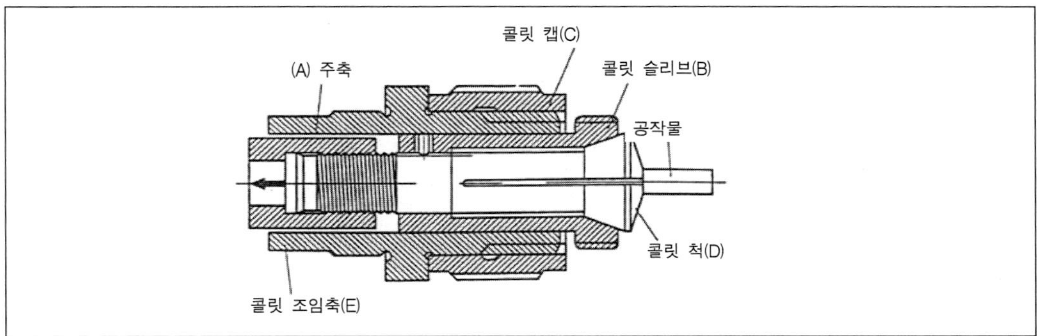

그림 8-40 콜릿 척

Chapter 9

밀링가공

밀링가공

9.1 밀링머신의 개요

밀링가공은 밀링커터(milling cutter)라고 하는 다인으로 구성된 회전 절삭공구로 공작물을 이송하여 원하는 현상으로 절삭하는 방식이다. 공작물은 테이블에 고정되며 테이블은 세로방향 가로방향 및 상하방향으로 이동된다.

밀링가공은 사용범위가 넓으며 할 수 있는 작업에는 [그림 9.1]에서와 같이 평면가공, 홈가공, 곡면가공, 단면가공, 기어치형가공 등 다양하다.

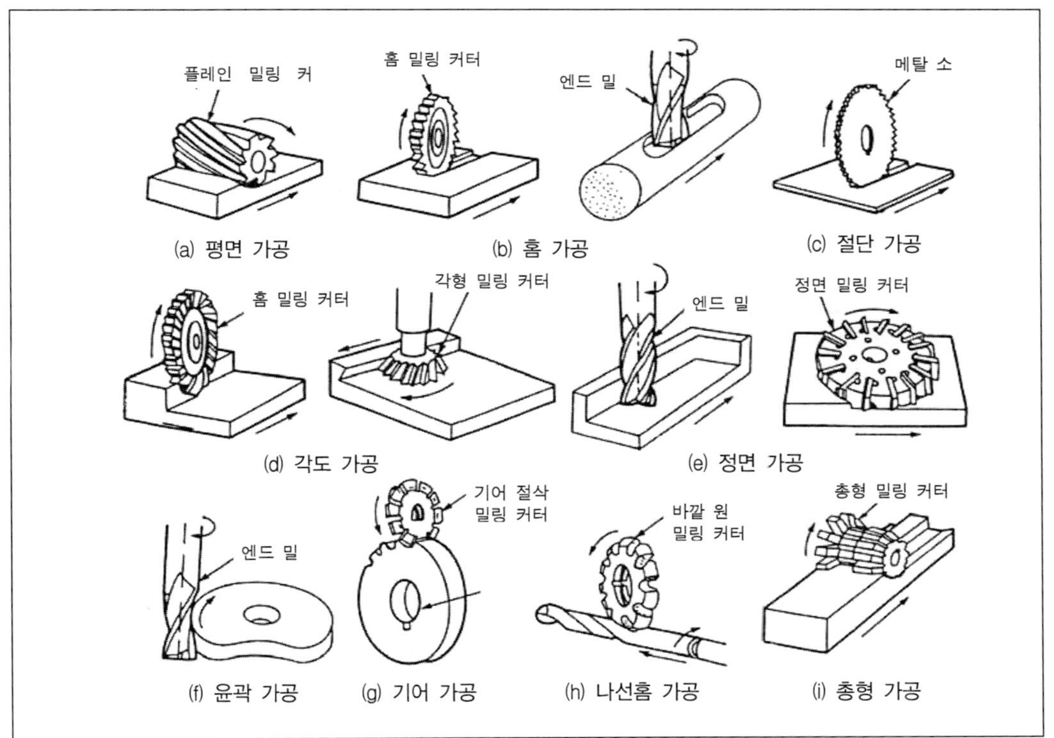

그림 9-1 밀링가공의 종류 및 커터의 용도

밀링머신에서는 평면은 물론 불규칙하고 복잡한 면도 절삭할 수 있으며, 드릴의 홈이나 기어의 치형 절삭 및 커터나 부속 장치의 사용 방법에 따라 여러 가지 가공을 할 수 있다. 또한, 밀링커터의 재질과 가공 기술이 발전하여 생산 능률의 향상 및 정밀도도 높아졌으며, 가공 분야가 매우 넓어져 가고 있다.

9.1.1 밀링머신의 종류

밀링머신은 여러 가지 형식 및 크기를 가지고 있으며, 그 사용 목적과 형상에 따라서 분류한다. 표준형 밀링머신의 크기를 표시하는 방법(밀링머신의 규격)은 전후, 좌우, 상하의 최대 이송거리로 나타내며, 이들의 크기에 따라 번호를 붙여 그 크기를 나타내고 사용목적에 따라 다음과 같이 분류된다.

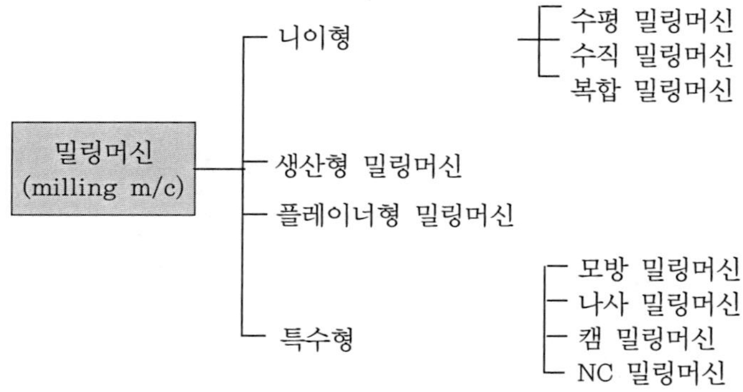

표 9-1 밀링머신의 규격(이동거리 : mm)

규 격 번 호(No)	No.0	No.1	No.2	No.3	No.4
테이블(표)의 좌우 이동	450	550	700	850	1,050
새들(saddle)의 전후 이동	150	200	250	300	350
니이(knee)의 상하 이동	300	400	400	450	450

(1) 니이형 밀링머신

일반적으로 가장 많이 쓰이는 밀링머신이며 기둥, 니(knee), 테이블 등으로 구성되어 있다. 공작물을 고정하는 테이블은 전후, 좌우, 상하로 이동할 수 있어 공작물을 입체적으로 가공할 수 있다. 니이형 밀링머신의 주요구성요소들의 역할은 다음과 같다.

• 테이블 : 공작물을 설치하는 곳
• 새들(saddle) : 작업대를 지지하며 폭방향으로 움직인다.
• 니(knee) : 새들을 지지하며, 절삭 깊이를 조정할 수 있도록 작업대에 상하운동을 준다.
• 오버암(overarm) : 수평형에만 있으며, 평밀링커터를 설치하기 위한 부속장치인 다양한 길이의 아버(arbor)를 설치할 수 있도록 조정이 가능한 구조로 되어 있다.
• 주축대 : 주축과 커터홀더를 포함하고 있다. 수직형 밀링머신에는 주축다가 고정된 형태와 상하로 이동이 가능한 형태가 있으며, 경사면을 가공하기 위하여 주축대를 일정 각도까지 회전시킬 수 있는 형태도 있다.

① 수직 밀링머신(vertical milling machine)

수직 밀링머신은 [그림 9.2]과 같이 주축이 수직으로 설치되어 있으며, 니이, 기둥, 새들 및 테이블은 수평 밀링머신과 동일한 구조로 되어 있다. 커터 또는 엔드밀)을 사용하여 홈가공 및 측면가공을 하고 정면커터로 평면가공을 능률적으로 할 수 있다.

주축은 고정식 구조로 되어 있으나 버티칼헤드(vertical head) 우측에 있는 핸들로 상하이송시킴으로 드릴링, 다이싱킹(die sinking) 등이 용이하다.

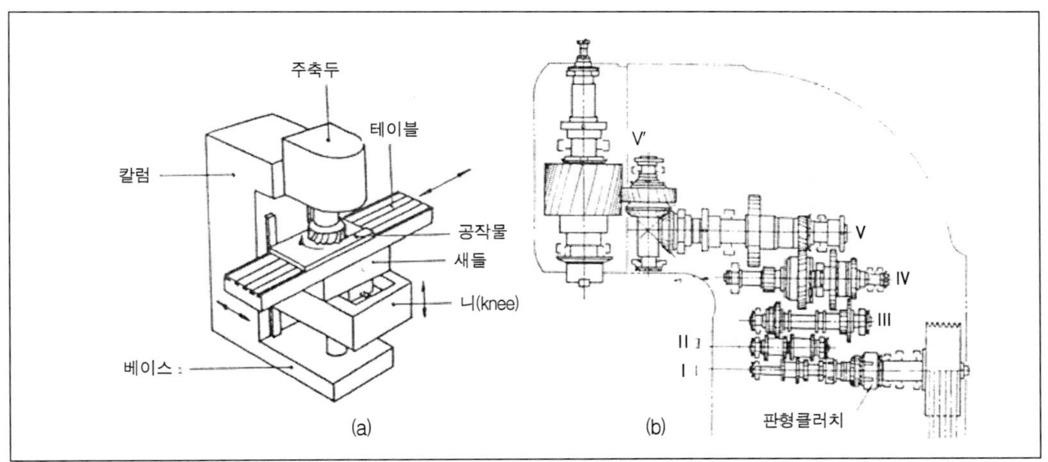

그림 9-2 수직 밀링머신

② 수평 밀링머신(horizontal milling machine)

수평 밀링머신은 [그림 9.3]과 같이 아버(arbor)가 주축과 함께 수평으로 설치되어 있다. 니이는 컬럼의 슬라이드면을 따라 상하로 움직이고, 니이 위의 새들은 전, 후로 이동하며, 새들위의 테이블은 좌, 우로 이동할 수 있도록 구성되어 있다.

따라서 테이블은 상하운동, 전후운동, 좌우운동이 가능하므로 테이블 위에 고정된 공작물은 필요한 방향으로 이송하며 가공할 수 있다.

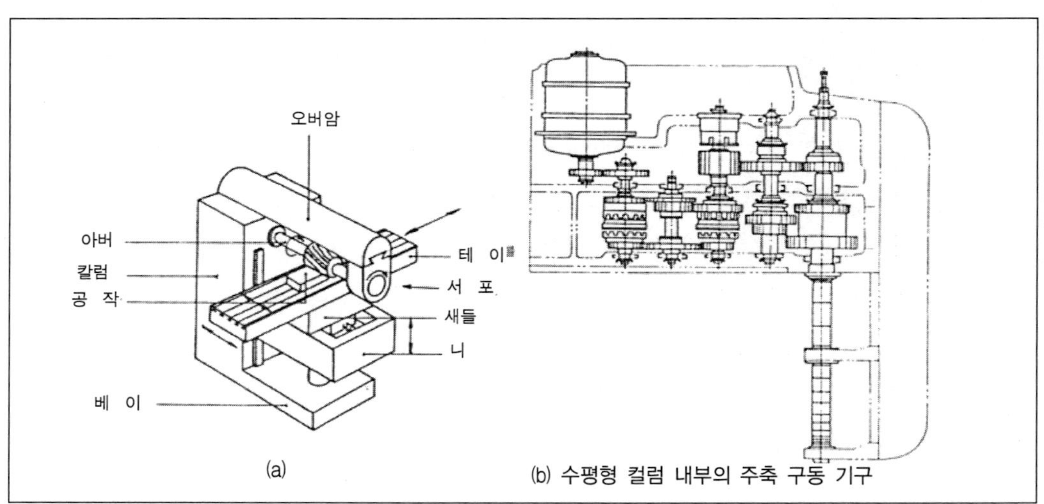

그림 9-3 수평 밀링머신

③ 만능(복합) 밀링머신(universal vertical milling machine)

만능 밀링머신은 수평 밀링머신과 거의 같으나, 중요한 차이점은 테이블의 수평면 내에서 일정한 각도로(30° 정도) 선회할 수 있는 것과 테이블이 상하

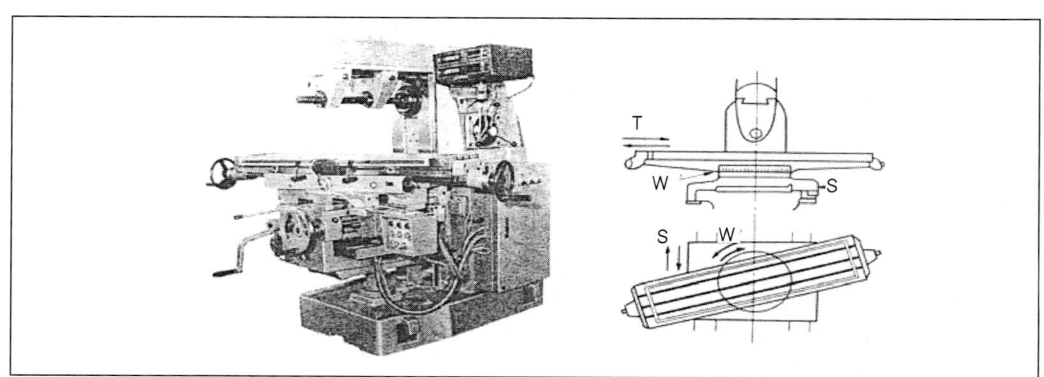

그림 9-4 만능(복합) 밀링머신

로 경사하는 것, 또는 주축 헤드가 임의의 각도로 경사하는 것 등의 구조로 되어 있고, 일반적으로 분할대와 비틀림홈 절삭용의 기어 장치를 갖춘 것이다. [그림 9.4]에서 테이블 T와 새들S의 중간에 회전대가 구비되어 있어 테이블을 임의의 방향에, 또 어떤 각도로도 변위시킬 수 있다.

(2) 생산형 밀링머신(production type milling machine)

생산형 밀링머신은 생산 능률을 증가시키기 위하여, 주축 헤드의 수에 따라서 단두형, 쌍두형, 3개 이상 있는 다두형 및 회전 테이블식 생산형 밀링머신으로 구분하여, [그림 9.5]와 같이 테이블의 좌우 이동과 스핀들의 회전운동으로 가공한다. 니형에서와 같은 테이블의 상하이동 운동은 없으나 단능화되고 강력하다. [그림 9.6]은 다두형 밀링머신이다.

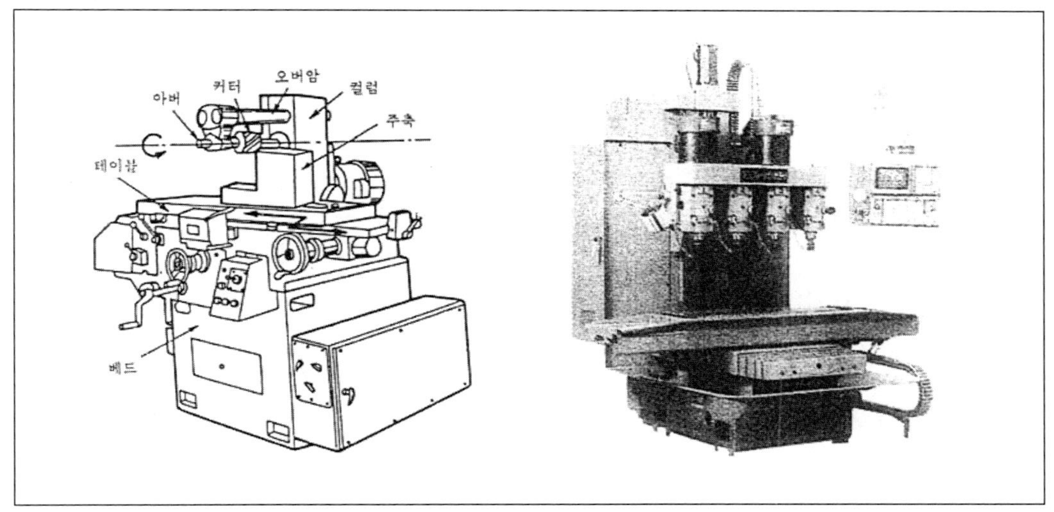

그림 9-5 생산형 일링머신(단두형)

그림 9-6 다두형 밀링머신

(3) 플라노 밀러(plano-miller)

플라노 밀러는 플레이너(평삭기)와 밀링머신을 합성한 것과 같은 기계이다. 형태는 평삭기와 비슷하나, 절삭작업은 밀링이다. 베드형 밀링머신을 상당히 크게 한 것으로 생각하면 된다. [그림 9.7 참조]

칼럼을 베드, 테이블의 양측에 2개 세우고 거기에 가로빔을 건너지른 양쪽 연결식을 쌍주식이라고 한다. 칼럼을 한쪽에 한 개만으로 하고, 거기에 가로빔을 받치는 형식을 단주식형이라고 한다.

그림 9-7 플라노 밀러

(4) 특수 밀링머신(special milling machine)

① 모방 밀링머신(profile milling machine)

모방 장치를 사용하여 프레스, 단조, 주조용 금형 등의 복잡한 모양의 것을 정밀도가 높고 능률적으로 가공할 수 있는 구조로 되어 있다.

② 공구 밀링머신(tool milling machine)

수평식 밀링머신과 비슷하나 테이블이 임의의 자세로 고정되어 복잡한 형상의 공구인 지그, 게이지, 다이 등을 가공하는 소형 밀링머신이다.

③ 나사 밀링머신(thread milling machine)

나사 밀링머신은 나사를 가공하는 전용 밀링머신으로서 작동이 간단하고 가공능률이 좋으며, 깨끗한 다듬질면의 나사를 가공할 수 있다.

④ CNC 밀링머신(CNC milling machine)

CNC 밀링머신은 윤곽 제어에 의한 평면 캠, 원통 캠, 판 케이지 등을 가공하는데 효과적이다.

9.2 절삭조건

9.2.1 절삭속도

(1) 절삭속도

밀링 가공의 절삭속도 v를 구하는 식은 다음과 같다[그림 9.8, 표 9.2 참조].

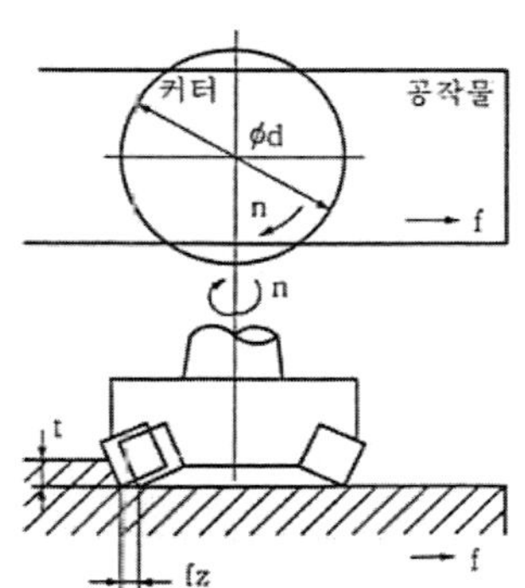

그림 9-8 절삭속도

$$v=\frac{\pi dn}{1000},\qquad n=\frac{1000v}{\pi d}(\mathrm{rpm})$$

여기서, v : 절삭속도(m/min)
d : 밀링커터의 지름(mm)
n : 주축의 회전수(rpm)

표 9-2 밀링커터의 절삭속도(단위 : m/min)

공작물 재 질	고속도강	초경합금 (거친 절삭)	초경합금 (다듬질깍기)	공작물 재 질	고속도강	초경합금 (거친 절삭)	초경합금 (다듬질깍기)
주철 무른 것	32	50~60	120~150	청 동	50	75~150	150~240
굳은 것	24	30~60	75~100	구 리	50	150~140	240~300
가단 주 철	24	30~75	50~100	알루미늄	150	95~300	300~1200
강 무른 것	27	50~70	150	에보나이트	60	240	450
굳은 것	15	25	30	페놀수지	50	150	210
황동 무른 것	60	240	180	파 이 버	40	140	200
굳은 것	50	150	300				

(2) 이송(feed)

밀링 가공의 테이블 이송 속도는 밀링커터날 1개 마다의 이송을 기준으로 하여 다음 식으로 구할 수 있다.

$$f=f_z\times z\times n(\mathrm{mm/min})$$

여기서, f : 테이블의 이송 속도(mm/min)

f_z : 밀링커터날 1개 마다의 이송(mm)

z : 밀링커터의 날 수

n : 밀링커터의 회전 수(rpm)

[그림 9.9]은 커터의 이송을 나타낸 것이다.

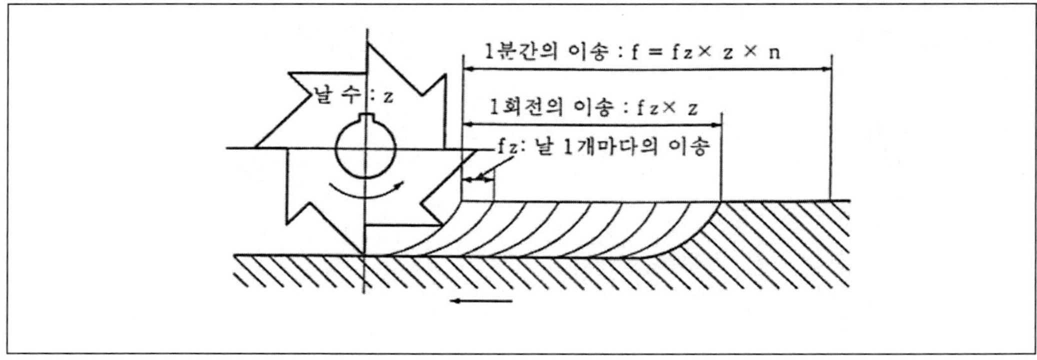

그림 9-9 밀링에서의 이송

9.2.2 절삭깊이(depth of cut)

절삭 깊이는 거친 절삭과 다듬 절삭에 따라 다르게 된다. 또, 최대 절삭 깊이는 밀링 머신의 강성이나 동력의 크기, 종류, 공작물의 고정 상태 등에 따라서도 다르지만, 대략 5 mm 이하로 하고, 이것 이상일 때에는 2회 이상으로 나누어서 가공하는 것이 좋다. 또 다듬 절삭일 때에는 절삭 깊이를 너무 작게 하면 날끝의 마멸이 커지므로 0.3~0.5 mm 이상으로 한다.

예제 1

주철제를 초경합금의 정면 밀링커터로 거친 절삭을 할 경우의 테이블의 이송량은 얼마로 하면 되는가?(단, 밀링커터의 외경을 100 mm f_z=0.2 날수는 8로 한다.)

풀이

표 6.2에서 $v = 50$ m/min로 하면

$$n = \frac{1000 \times 50}{3.14 \times 100} \fallingdotseq 159(\text{rpm})$$

$$\therefore f = fz \times z \times n = 0.2 \times 8 \times 159 = 254.4\,\text{mm/min}$$

예제 2

절삭속도 30 m/min, 밀링커터날수 10, 지름 150 mm 1날당 이송 0.2 mm로 밀링가공시 테이블 이송량은?

풀이

$$n = \frac{1000 \times 30}{3.14 \times 150} = 63.69(\text{rpm})$$

$$f = fz \times z \times n = 0.2 \times 10 \times 63.69 = 127.4\,\text{mm/min}$$

② 절삭저항

밀링 작업에서 절삭력을 절삭 방향의 주분력 P1, 축 방향의 분력 P2, 축에 직각인 반경방향의 분력 P3로 분해할 수 있다. [그림 9.10]은 밀링 절삭의 3분력을 표시한다.

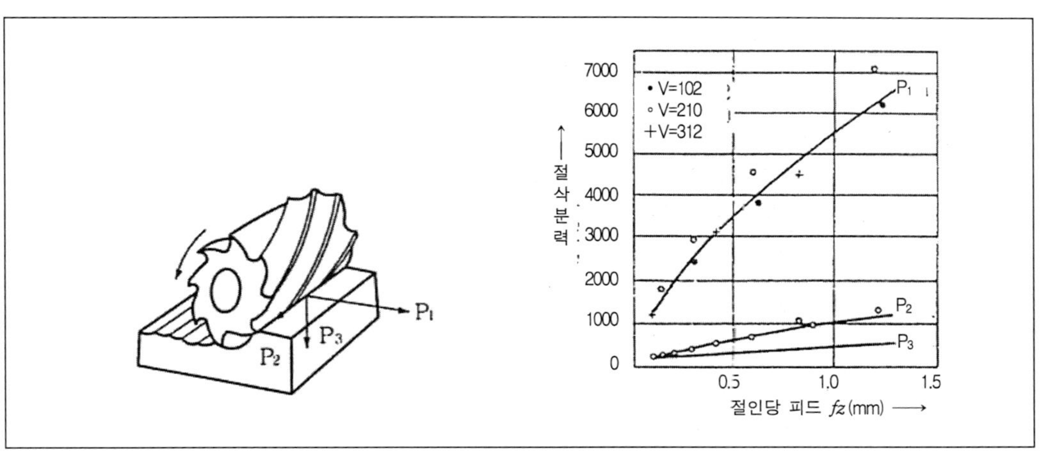

그림 9-10 밀링절삭의 3분력

그림 9-11 절삭분력과 절인당 피드 관계

밀링 작업에서 절삭저항에 미치는 경사각, 칩 두께 등에 관한 영향은 선반의 경우와 같은 방법으로 취급할 수 있다.

일반적으로 1개당의 피드 및 절삭 깊이가 크게 됨에 따라 절삭저항은 크게 된다. [그림 9.11]는 절삭의 3분력과 절인 1개당의 피드와의 관계를 나타낸 것이다.

③ 절삭날 수의 선정

ⓐ 일반적인 절삭날 수

절삭날 수는 통상 주철 절삭용으로는 크게, 절삭저항이 큰 강절삭에는 작은 값을 취하는 경우가 많다. 정면 밀링의 직경을 25 mm로 나눈 값(직경을 인치로 표시한 것에 가까운 값)을 N이라 하면 주철용은 대략 2N으로, 강철이나 알루미늄 합금의 절삭에서는 N 또는 N+2 정도로 설정되는 것이 일반적이다. 스로어웨이식 정면 밀링에서는 피삭재에 따라 팁 재료를 바꾸는 것만으로 주철이나 강절삭 모두에 적용되는 범용형이 많이 사용된다. 이런 경우 1.5 N 정도의 값을 취하는 일이 많고 절삭날 삽입식에 비해 주철 절삭에서는 절삭날 수가 적게 느껴지며 강절삭에서는 약간 많은 것으로 되는 경향이 있다. 이러한 스로어웨이식 정면 밀링에서는 절삭날 한 개당의 이송량을 조정해서 그 결정을 보충하도록 해야 한다.

ⓑ 동시절삭 절삭날 수

절삭 중이나 정면 밀링의 절삭날 중에서 동시에 칩을 배출하고 있는 절삭날 수 를 동시절삭 절삭날 수라 부른다.

[그림 9.12]에 나타난 바와 같은 공작물상에 있어서 절삭날 궤적선의 길이를 정면 밀링의 절삭날 피치로 나눈 값으로 나타내게 되며 이 값이 1이상이면 선행하는 절삭날이 공작물 밖으로 나가지 않고 절삭을 계속하고 있는 중에 다음 절삭날이 절삭을 개시하게 된다.

또 동시절삭 절삭날 수가 1이하이면 선행하는 절삭날이 절삭을 끝내고 피삭재의 밖으로 나간 후에 다음번 절삭날이 절삭을 개시하게 된다.

따라서 절삭의 안정성이라는 점에서 볼 때 이 값은 1이상인 것이 바람직하며, 가능하면 1.8~2.5 정도의 값이 좋다.

한편 절삭저항은 동시절삭 절삭날 수에 비례해서 증가하므로 큰 직경의 정면 밀링 등에서는 절삭폭을 크게 한 경우에도 동시절삭 절삭날 수가 증가하지 않도록 절삭날 수 자체를 조정해서 설정하는 예도 있다.

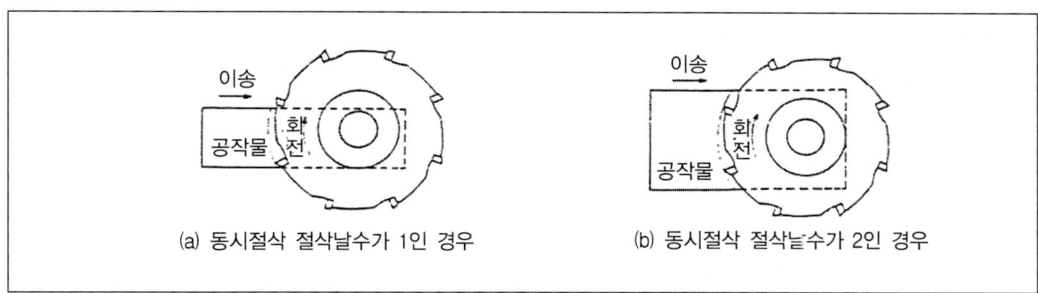

그림 9-12 동시절삭 절삭날 수

9.2.3 밀링 절삭방법

(1) 밀링커터의 절삭방향

원주날 밀링 가공에 있어서 밀링커터의 회전방향과 반대방향으로 공작물을 이송하는 것을 상향 밀링(up milling)이라 하고, 또 밀링커터의 회전방향과 같은 방향으로 공작물을 이송하는 것을 하향 밀링(down milling)이라 한다.

[그림 9.13]은 상향 밀링과 하향 밀링을 [표 9.3]은 상향 밀링과 하향 밀링을 비교한 것이다.

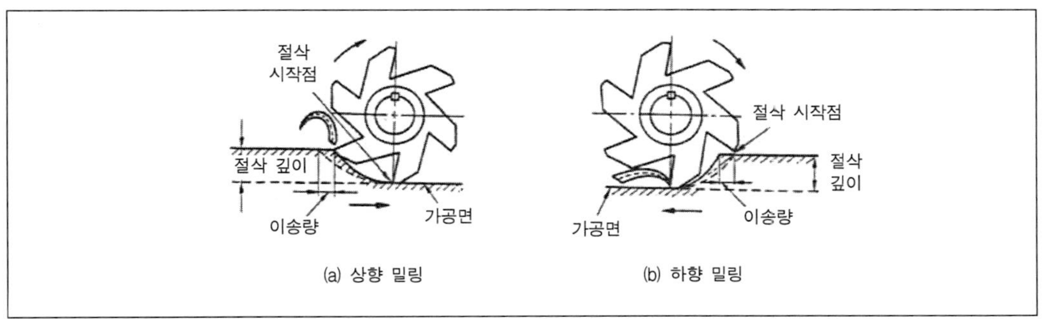

그림 9-13 상향 밀링과 하향 밀링

표 9-3 상향 밀링과 하향 밀링의 비교

	상 향 절 삭	하 향 절 삭
장점	① 칩이 날을 방해하지 않는다. ② 밀링커터의 진행 방향과 테이블의 이송 방향이 반대이므로 이송 기구의 백래시가 제거된다.	① 커터가 공작물을 아래로 누르는 것과 같은 작용을 하므로 공작물 고정이 간단하다. ② 커터의 마모가 적고 또한 동력 소비가 적다. ③ 가공면이 깨끗하다.
단점	① 커터가 공작물을 올리는 작용을 하므로 공작물을 견고히 고정해야 한다. ② 커터의 수명이 짧다. ③ 동력의 낭비가 많다. ④ 가공면이 깨끗하지 못하다.	① 칩이 커터와 공작물 사이에 끼어 절삭을 방해한다. ② 떨림이 나타나 공작물과 커터를 손상시키며 백래시(back lash)제거 장치가 없으면 작업을 할 수 없다.

(2) 백래시(back-lash)

상향절삭에서는 [그림 9.14]와 같이 절삭저항의 수평분력은 테이블의 이송나사에 의한 수평이송력과 반대방향이 되어 테이블 너트와 이송나사의 플랭크(flank)는 서로 밀어붙이는 상태가 된다.

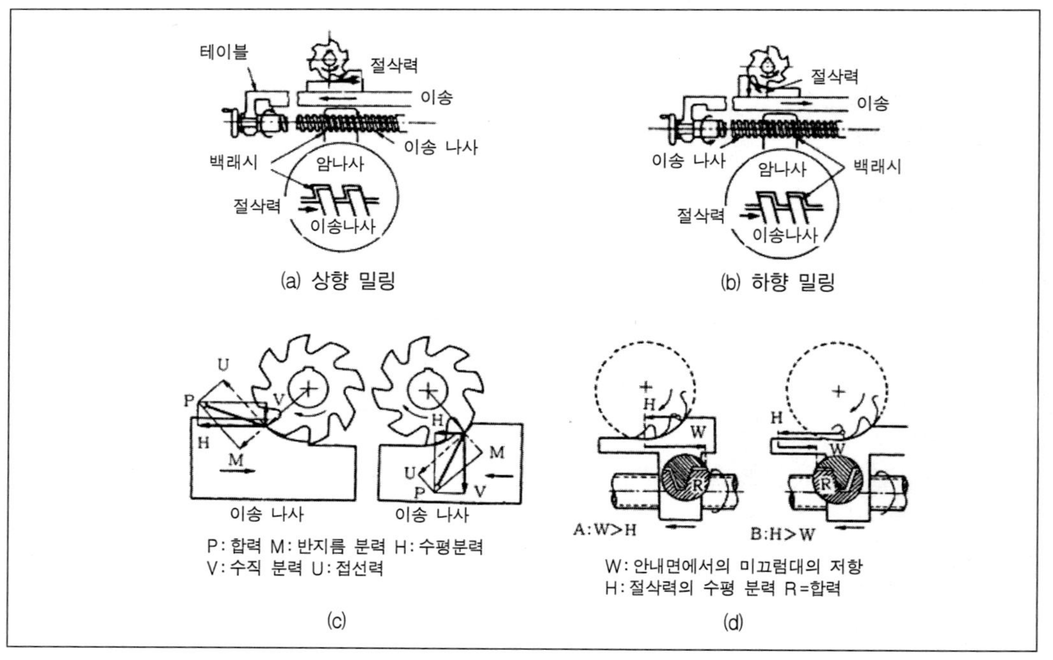

그림 9-14 이송나사의 백래시

그러므로 상향 밀링에서는 [그림 9.14(a)]와 같이 이송나사의 백래시(back lash)가 절삭력을 받아도 절삭에 영향을 주지 않도록 되어 있다. 그러나 하향 밀링 때에는 [그림 9.14(b)]와 같이 양 힘의 방향은 같은 방향이 되므로 절삭력의 영향을 받게 되어 공작물에 절삭력을 가하면 백래시량만큼 이동으로 이송량이 급격하게 크게 되어 절삭 상태가 불안정하게 된다. 즉, 떨림(chatter)이 나타나 공작물과 커터에 손상을 시킨다. 이러한 경우에는 백래시를 제거해야 한다. 하향절삭인 경우에는 이송나사의 백래시를 없애는 장치가 붙어있다. 하향 절삭은 수평형 밀링머신에 의한 작업에 많기 때문에 수평형 밀링머신에는 거의 다 붙어 있으나 수직식 밀링머신에는 제거장치가 없는 것도 있다.

[그림 9.15]는 백래시 제거장치의 보기를 나타낸 것으로, 여기에는 고정 암나사 외에 다른 또 하나의 백래시 제거용 암나사가 있어, 핸들을 돌리면 나사 기어에 의하여 이 암나사가 돌아 백래시를 제거한다.

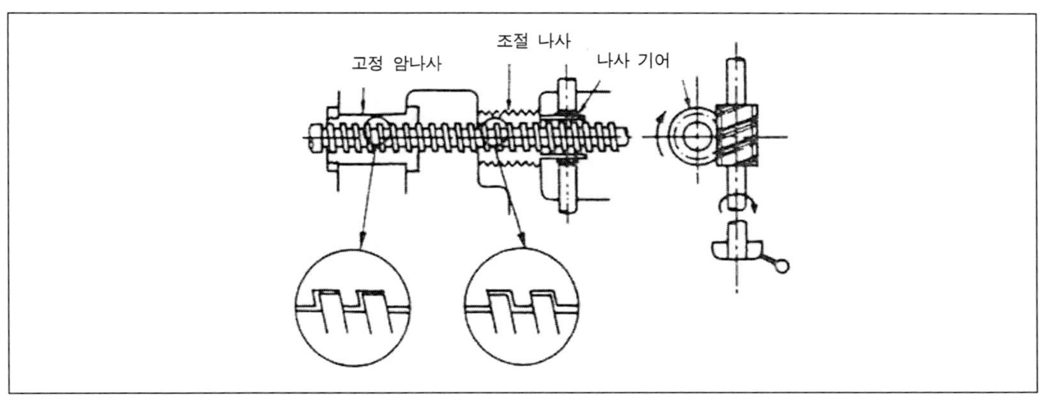

그림 9-15 백래시 제거장치의 기구도

9.3 밀링 커터(milling cutter)

9.3.1 밀링 커터의 분류

밀링 커터는 다른 절삭 공구와 달리 많은 종류가 있다. 이것을 엄밀하게 체계적으로 분류하기는 어려우나 ① 구조에 의한 분류, ② 절삭날의 위치에 의한 분류,

③ 릴리빙 방법에 의한 분류, ④ 장치방법에 의한 분류 등으로 나눌 수 있다.

9.3.2 밀링 커터의 종류와 용도

(1) 평면 밀링 커터(plane milling cutter)

원통의 원주에 절삭날을 가진 것으로 밀링 커터 축과 평행한 평면을 절삭하는데 쓰이며, 곧은 날과 비틀림날이 있다. 비틀림날의 나선각은 보통 15°～30° 가량 경사져 있으며 이것은 절삭사항의 변동을 적게 하기 위해서이다.

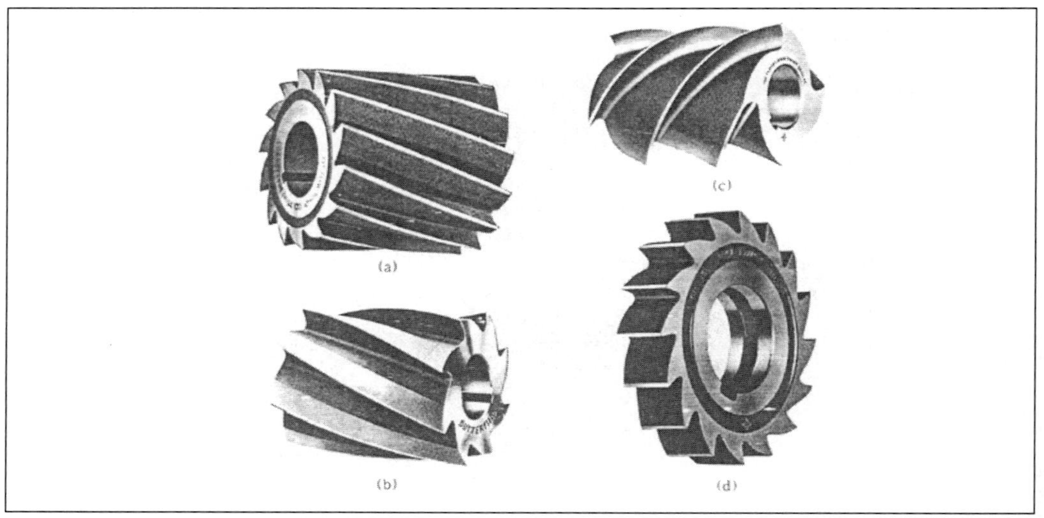

그림 9-16 평면 밀링 커터

[그림 9.16(a)]는 경절삭용 나선각 15°～25° 정도, (b)는 중절삭용 나선각 25°～45° 정도, (c)는 나선각이 45°～60° 또는 그 이상의 것으로 헬리컬 밀(helical mill)이라 한다. (d)는 곧은 날 평면 밀링 커터로서 주로 홈 절삭을 하는데 쓰인다. 홈절삭 밀링 커터(slotting milling cutter)라고도 한다.

(2) 측면 밀링 커터(side milling cutter)

원주와 측면에 날이 있는 커터로서 다음과 같은 종류가 있다.

① 측면 밀링 커터(side milling cutter) : 비교적 날 폭이 좁으며, 날은 원주와

양측에 있다. 홈파기, 정면 밀링에 사용한다[그림 9.17(a)].

② 엇갈린 날 밀링 커터(staggered-tooth milling cutter) : 좁은 원통형 커터로서 서로 반대방향으로 나선 날이 엇갈려 있다. 키이홈, 그 밖에 홈파기 가공에 사용되고, 쾌삭성이 있으며 공작물을 긁거나 파고들지 않는다[그림 9.17(b)].

그림 9-17 평면 밀링 커터

③ 반측면 밀링 커터(half side milling cutter) : 정면 밀링, 그 밖에 커터 한 측면에만 날이 필요한 가공에 사용되며, 원주날은 곧은 것과 나선의 것이 있으며, 원주날은 실제 절삭을 하며 측면날은 다듬질을 한다[그림 9.17(c)].

④ 조립날 홈파기 커터(interlocking slotting cutter) : 측면 밀링 커터와 같은 2개의 커터를 조립하여 날이 엇갈리게 한 것으로, 두 커터 사이에 간격조절판을 끼워서 폭의 조절을 할 수 있다.

(3) 메탈 슬리팅 소오(metal slitting saw)

얇은 플레인 밀링 커터이며, 양측은 중심을 향하여 약간 테이퍼져 있어서 공작물과 공구가 닿지 않도록 여유를 두고 있다. 절단과 홈파기에 쓰이며 폭은 1 / 32～3 / 16" (0.8～5mm)범위에 있다.

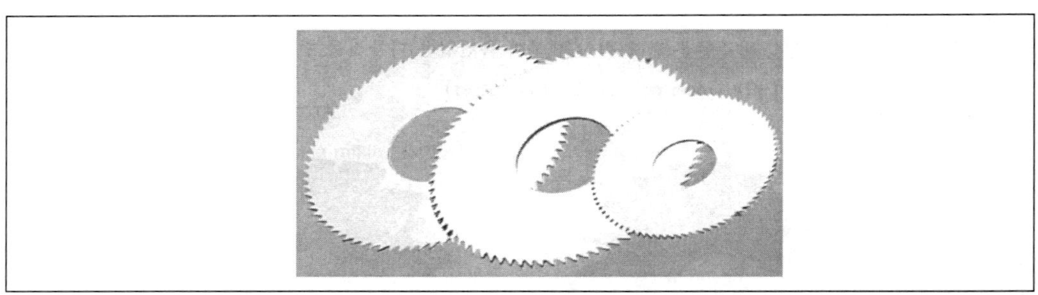

그림 9-18 메탈 슬리팅 소오

(4) 엔드 밀(end mill)

엔드 밀은 정면 커터와 같이 단면과 원주방향에 절인이 있다. 일반적으로 가공물의 외측 홈부 또는 좁은 평면 등의 가공에 사용된다. 절인은 직선인(直線刃), 좌측 비틀림 인선(刃線), 우측 비틀림 인선 등이 있다. 엔드 밀은 테이퍼 자루와 일체가 되어 밀링 머신의 주축테이퍼 공부(孔部)에 압입하여 사용하게 되어 있다.

[그림 9.19]은 각종 엔드 밀을 표시한다. 특히 엔드 밀의 지름이 큰 경우에는 자루(shank)와 절인이 별개로 되어 있으며, 셀 엔드 밀(shell end mill)이라고 한다.

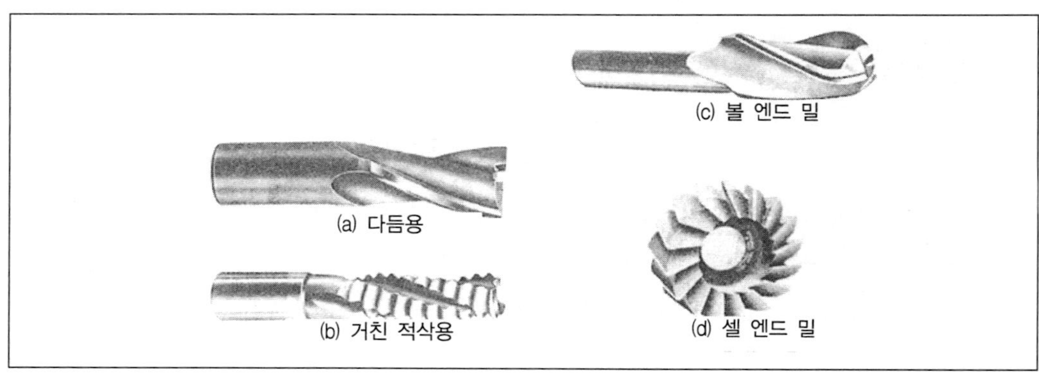

그림 9-19 앤드 밀

(5) 각 밀링 커터(angle milling cutter)

① 편각 커터(single angle cutter)

[그림 9.20(a)]와 같이 원추면 위에 날이 있으며, 45°, 50°, 60°, 70°, 80°의 날의 경사각이 공구 측면에 대하여 있다.

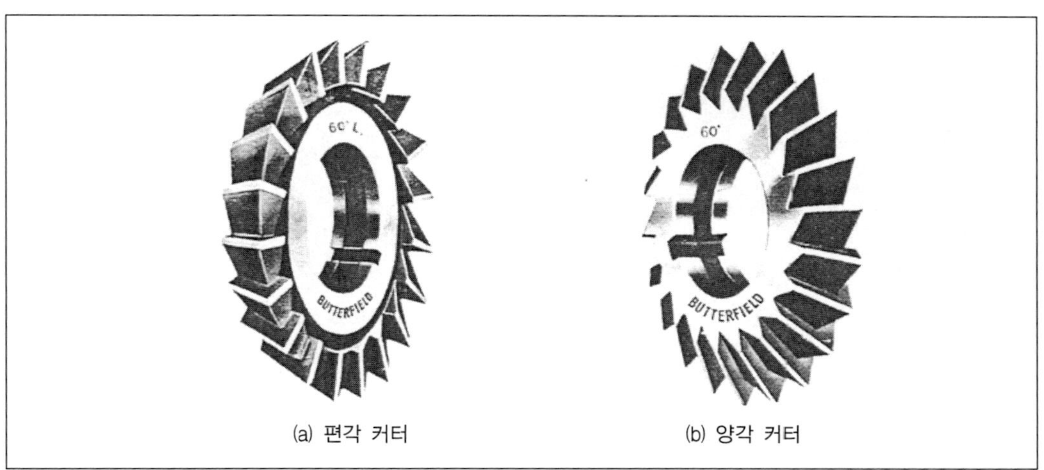

(a) 편각 커터 (b) 양각 커터

그림 9-20 각 밀링 커터

② 양각 커터(double angle cutter)

[그림 9.20(b)]와 같이 V형 날을 가지며, 측면에 대하여 경사진 두 원추면에 45°, 60°, 90°로 되어 있으며 주먹맞춤(dovetail), 홈, V홈, 래칫바퀴(ratchet wheel), 리머(reamer)의 홈 등을 가공하는데 사용된다.

(6) 정면 밀링 커터(face milling cutter)

외주와 정면에 절삭날이 있으며 밀링 커터축에 수직인 평면을 가공할 때 쓰인다. 정면 밀링 커터는 절삭 능률과 다듬질면 정밀도가 우수한 초경 밀링 커터를 많이 사용하며, 구조적으로는 우수한 초경 밀링 커터를 많이 사용하며, 구조적으로는 납땜식, 심은날식, 스로어웨어(throw away)식이 있으나, 최근에는 공구 관리의 간소화를 위해 스로어웨이 밀링커터를 널리 사용한다.[그림 9.21]

(7) 슬래브 밀링 커터(slab milling cutter)

절삭량을 크게 하여 평면절삭하는 밀링 커터이며, 플레인 밀링 커터의 비틀림 날에다 홈을 내어 절삭칩이 끊어지게 한 것이다[(그림 9.22)].

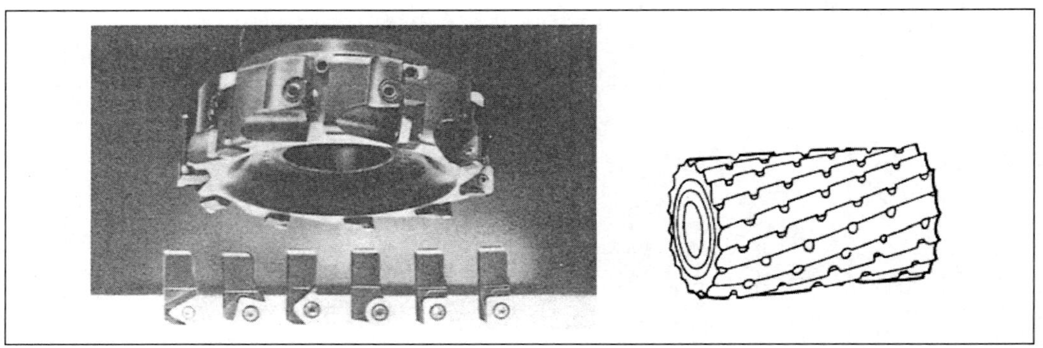

그림 9-21 정면 밀링 커터 **그림 9-22** 슬래브 밀

(8) 더브테일 밀링 커터(dovetail milling cutter)

더브테일 부분을 가공하는 밀링 커터이다[그림 9.23].

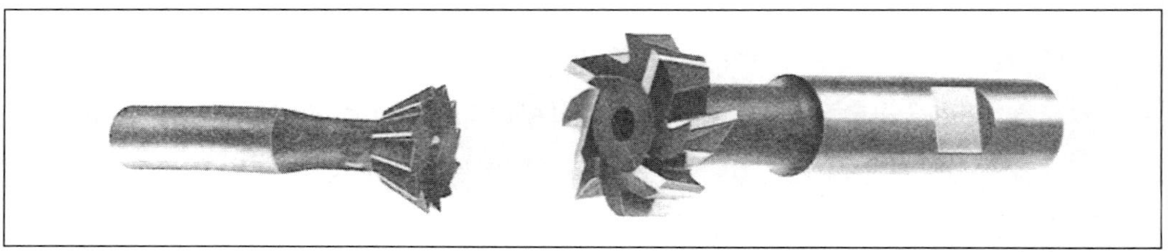

그림 9-23 더브테일 커터 **그림 9-24** T홈 커터

(9) T홈 밀링 커터(T-slot milling cutter)

T홈 가공에 쓰인다. 엔드 밀이나 사이드 커터 등으로 좁은 홈 윗부분을 가공한 후 홈 아래의 넓은 홈을 가공하는 특수한 목적의 자루붙이 커터이다.

(10) 플라이 커터(fly cutter)

플라이 커터는 [그림 9.25]와 같이 아버에 고정하여 사용하는 단인공구이며, 날은 요구되는 모양으로 연삭하여 사용한다. 이것은 수량이 적은 공작물의 특수한 형상을 가진부분을 가공할 경우 총형 밀링 커터로 만들어 사용한다. 주로 실험실이나 공구실에서 적합한 다인 공구가 없을 때 곧 만들어 사용할 수 있다.

(11) 총형 밀링 커터(form milling cutter)

절삭할 공작물의 단면 형상과 같은 윤곽의 절인을 가진 밀링 커터를 총형 밀링 커터라고 한다. 가공 부분의 형상이 특수한 경우에는 그에 맞추어 제작하여야 하지만 특정의 형상의 것은 규격 공구로 하여 시판되고 있다. 이에는 반원형의 홈을 절삭할 때 사용하는 외환 밀링 커터(convex cutter), 블록형의 반원형 부분을 절삭할 때는 내환 밀링 커터(concave cutter), 기어의 이(tooth)를 절삭할 때는 인벌류트 밀링 커터, 스플라인의 홈을 절삭 할 때는 스폴라인 홈 가공용 밀링 커터, 리머나 탭의 홈을 깍을 때는 홈 가공을 밀링 커터 등이 있다.[그림 9.25]

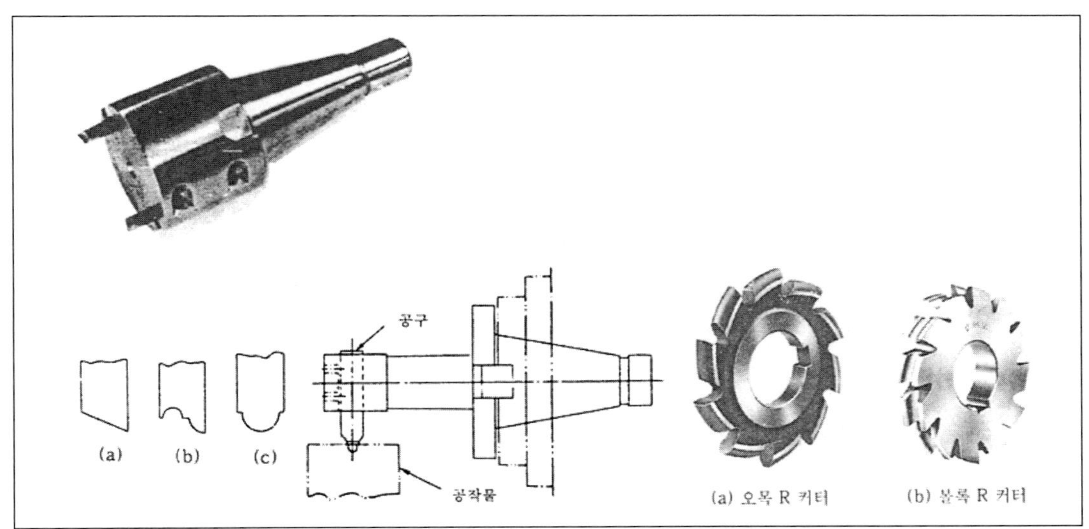

그림 9-25 플라이 커터 및 장착의 예

그림 9-26 총형 커터

Chapter 10

드릴링 머신

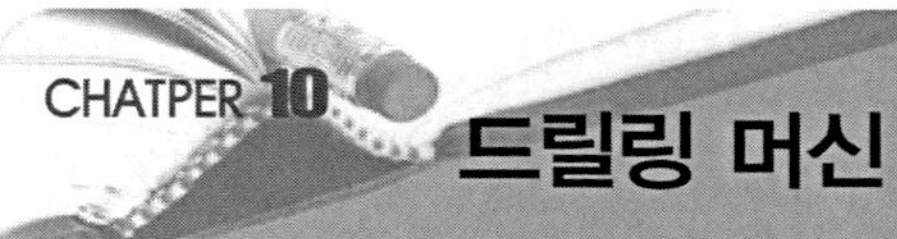

CHATPER 10 드릴링 머신

10.1 개요(introduction)

드릴링 머신은 주로 구멍 뚫는 작업뿐만 아니라, 태핑, 리밍 등 작은 구멍의 가공에 필요한 여러 가지 일반적인 작업에 이용된다. 드릴링 머신은 주로 수직형이며, [그림 10.1]과 같은 구조가 가장 보편적인 형태이다.

테이블은 이동이 가능하며 고정구를 부착할 수 있게 표면에 홈이 파여져 있다. 공작물은 테이블 위에 직접 고정되거나, 혹은 테이블 위에 설치된 바이스에 의해 고정된다. 드릴링 토크는 공작물을 회전시킬 만큼 충분히 클 수 있으므로, 작업의 안전 및 정확성을 기하기 위해 공작물은 반드시 제대로 고정되어야 한다.

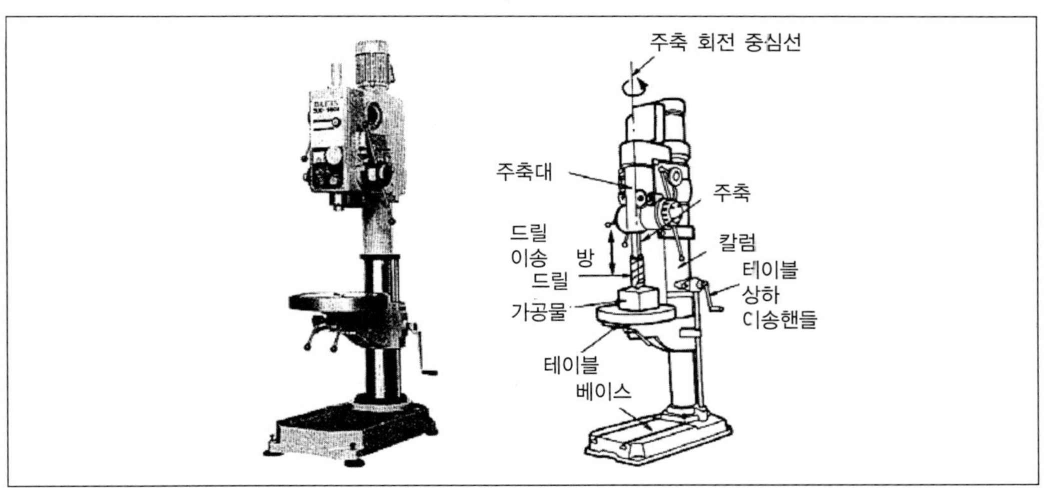

그림 10-1 드릴링 머신의 구조

적절한 절삭속도를 얻기 위해서는 드릴링 머신의 주축 회전속도를 드릴의 크기에 따라 다양하게 조정할 수 있어야 한다. 풀리, 기어박스, 혹은 가변속도식 모터가 이러한 조정의 수단으로 이용되고 있다. 드릴 프레스의 크기는 일반적으로 테이블에 설치할 수 있는 공작물의 최대직경으로 표시되며 대략 150mm에서 1250mm 사이의 값이다.

[그림 10.2]는 드릴링 머신에 의한 가공의 종류를 나타낸 것이다.

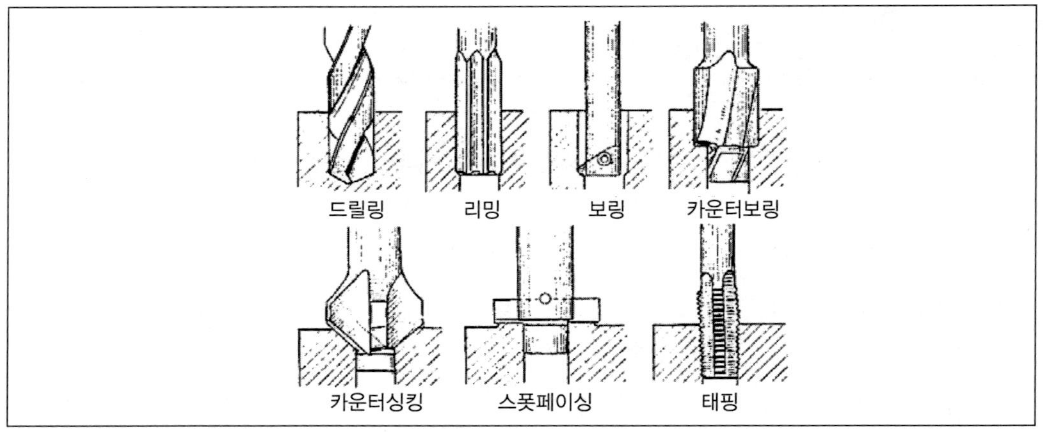

그림 10-2 드릴링 가공의 종류

① 드릴 가공(drilling) : 드릴로 구멍을 뚫는 작업으로 드릴링 머신의 주된 작업이다.

② 리머 가공(reaming) : 드릴로 뚫은 구멍의 내면을 리이머로 다듬는 작업이다. 정밀도를 향상시킨다.

③ 보링(boring) : 이미 뚫린 구멍이나 주조한 구멍을 각각 용도에 따라 크기나 정밀도로 넓히는 작업이다.

④ 카운터 보링(counter borning) : 작은 나사 머리, 볼트의 머리를 공작물에 묻히게 하기 위한 턱이 있는 구멍 뚫기의 가공이다.

⑤ 카운터 싱킹(counter sinking) : 접시머리 나사의 머리부를 묻히게 하기 위하여 원뿔 자리를 내는 가공이다.

⑥ 스폿 페이싱(spot facing) : 볼트 머리나 너트 등이 닿는 부분을 깎아서 자리를 만드는 가공

⑦ 탭 가공(tapping) : 드릴로 뚫은 구멍에 탭을 사용하여 암나사를 내는 가공

10.1.1 드릴링 머신의 종류 및 구조

(1) 탁상 드릴링 머신(bench type drilling machine)

베이스를 탁상 위에 올려 놓고 볼트로 단단히 고정시키고, 공작물을 테이블에 고정하여 작업한다. 테이블은 칼럼을 따라 상하 이동을 하며, 주축은 상부에 있는 전동기로부터 회전이 되며, 전동장치에는 기어를 사용하지 않고 V벨트로 주축을 회전시키고 변속은 단차로 이루어진다. 드릴의 지름이 비교적 작고(13mm 이하) 구멍이 깊지 않은 가공에 적합하며 드릴의 이송은 수동으로 한다[그림 10.3].

(2) 직립 드릴링 머신(upright drilling machine)

직립 드릴링 머신은 비교적 대형공작물의 구멍을 뚫을 때 필요한 공작기계로 단차식과 기어식이 있다. 테이블은 칼럼의 상하 이동 및 칼럼을 중심으로 선회할 수 있고, 그 자체도 회전이 된다. 공작물은 크기가 작을 때는 테이블 위에 고정하고, 공작물이 너무 클 때는 베이스 위로 바로 고정한다. 주축 역회전 장치가 있어 태핑을 할 수 있으며, 스핀들의 하부에는 보통 모스테이퍼가 있어 드릴 소켓을 직접 압입하든가 드릴 척을 이용할 수 있다[그림 10.3].

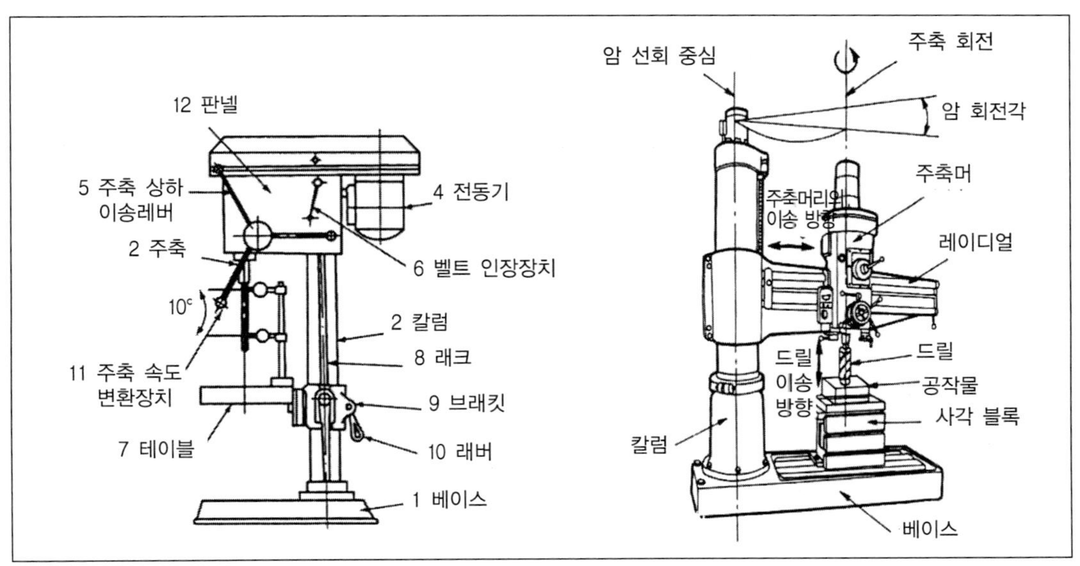

그림 10-3 탁상 드릴링 머신

그림 10-4 레이디얼 드릴링 머신

(3) 레이디얼 드릴링 머신(radial drilling machine)

레이디얼 드릴싱 머신은 비교적 대형이며 무거운 공작물의 구멍 뚫기를 사용한다. 적립된 칼럼의 중심에 암을 선회시켜 주축 헤드는 암에 따라 수평으로 이동하므로, 주축은 그 범위 안에서 임의의 위치까지 도달할 수 있다. 레이디얼 드릴링 머신의 크기는 보통 드릴 가공이 가능한 최대 지름과 칼럼 표면에서 주축 중심까지의 최대 거리로 표시한다[그림 10.4].

(4) 다축 드릴링 머신(multiple spindle drilling machine)

다수의 구멍을 동시 가공 및 다른 작업을 할 때 능률적이다. 다축 드릴링 장치를 장착한 것은 정밀도가 높고 일정한 제품을 대량생산 할 수 있으며, 작업자를 1인 다역의 효율화 작업으로 원가 및 공정을 대폭 절감할 수 있다[그림 10.5].

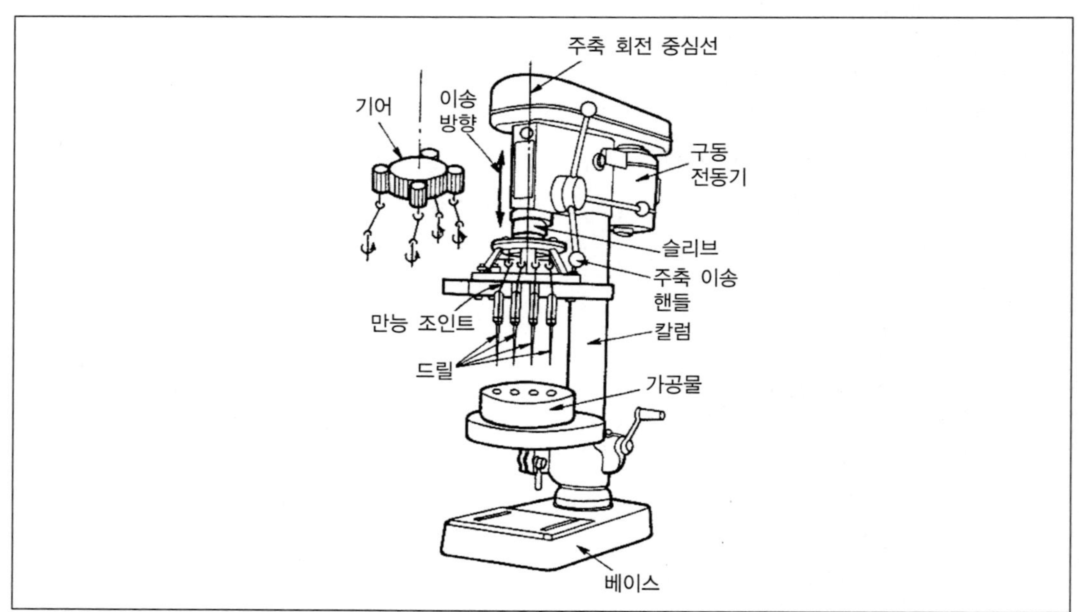

그림 10-5 다축 드릴링 머신

[그림 10.6]은 다축 드릴링 장치를 나타낸 것으로서, 정밀도가 높고 일정한 제품을 대량생산 할 수 있으며, 작업자를 1인 다역의 효율화 작업으로 원가 및 공정을 대폭 절감할 수 있다.

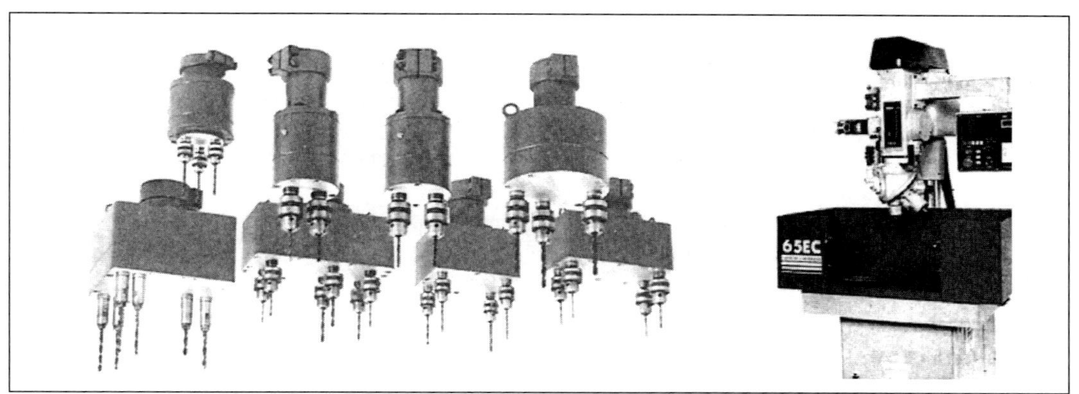

그림 10-6 다축 드릴링 장치

그림 10-7 터릿 드릴링 머신

(5) 다두 드릴링 머신(multi-head drilling machine)

다두 드릴링 머신은 직립 드릴링 머신의 상부기구를 같은 베드 위에 여러 개 나란히 장치한 것이며, 개개의 스핀들에 드릴 그 밖에 여러 가지 공구를 끼워 드릴가공, 리이머 가공, 탭가공 등을 순서에 따라 연속적으로 작업할 수 있다.

(6) 터릿 드릴링 머신(turret drilling machine)

최근에는 [그림 10.7]과 같은 터릿 드릴링 머신이 많이 사용되고 있다. 특징은 다음과 같다.

① 가공조건을 생각하지 않아도 자동적으로 결정되므로 미숙련공도 프로그램 및 조작을 간단하게 할 수 있다.
② 버튼(button)의 조작으로 드릴링, 리이밍, 테이퍼 가공, 등 연속가공 및 1축 자동가공, 수동가공이 가능하고 전용과 범용성을 겸비한 드릴링 머신이다.
③ 각 스핀들마다 이송속도, 급속 이동 절삭, 가공모드(드릴가공, 테이퍼 가공 등)를 전면 조작 패널에서 간단히 설정할 수 있다.

(7) 만능 포터블 드릴링 머신(universal portable drilling machine)

주요 특징은 다음과 같다.

① 스핀들 헤드가 어떤 방향으로도 자유자재로 돌려짐
② 아암이 칼럼상에서 상하 기울어지며 360° 회전
③ 공작물의 어떤 면에서도 효율적인 드릴링 가능
④ 공작물의 어떤 방향으로도 각도진 드릴링이 가능[그림 10.8]

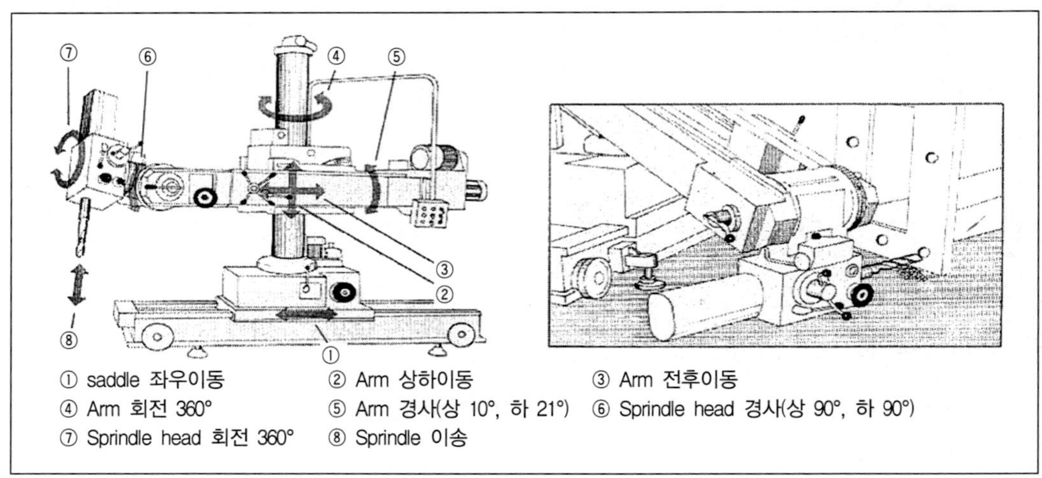

그림 10-8 만능 포터블 드릴링 머신

10.1.2 드릴의 종류와 용도

(1) 드릴의 종류

드릴은 크게 4가지로 분류하면 트위스트 드릴, 평 드릴, 특수 드릴, 경질합금 드릴로 나누며, 그 형상은 [그림 10.9]와 같다.

① 트위스트 드릴(twist drill) : 가장 널리 쓰이는 드릴로서 2개의 비틀림 날이 회전 날 끝으로 되어 있어 절삭성이 매우 좋다.

② 평 드릴(flat drill) : 둥근봉의 선단을 납작하게 만들어 날을 붙인 것이며, 가장 간단한 형식으로 보통 연한 재질을 가진 공작물의 구멍을 뚫을 때 사용된다.

③ 곧은 홈 드릴(straight flute drill) : 홈이 직선으로 파여진 드릴로서 선단의 각도가 0°이므로 황동이나 얇은 판의 구멍을 뚫을 때 사용된다.

④ 유공 드릴(oil tublar drill) : 트위스트 드릴의 내부에 기름구멍을 만든 것으

로서 기름의 공급과 칩의 배출이 용이하므로 깊은 구멍을 뚫을 때 사용한다.

⑤ 코어 드릴(core drill) : 이미 뚫린 구멍을 넓힐 때 사용한다. 외주 부근에만 3~4개의 날을 가지며 중심부에는 날이 없으므로 새로 구멍을 뚫을 때는 사용이 불가능하다.

⑥ 스텝 드릴(step drill) : 2개의 날을 가진 드릴 선단부를 외경보다 가늘게 하여 그 단부를 평면 또는 경사면으로 만든 드릴이며, 대량 생산작업에서 그 공정수를 줄이기 위해 사용된다.

⑦ 콤비네이션 드릴(combination drill) : 드릴에 리이머, 탭 등의 날을 동일 중심축으로 한 드릴로서 드릴링, 리이밍의 작업을 계속 전진하여 구멍면에 나사를 낼 수 있는 복합 드릴이다.

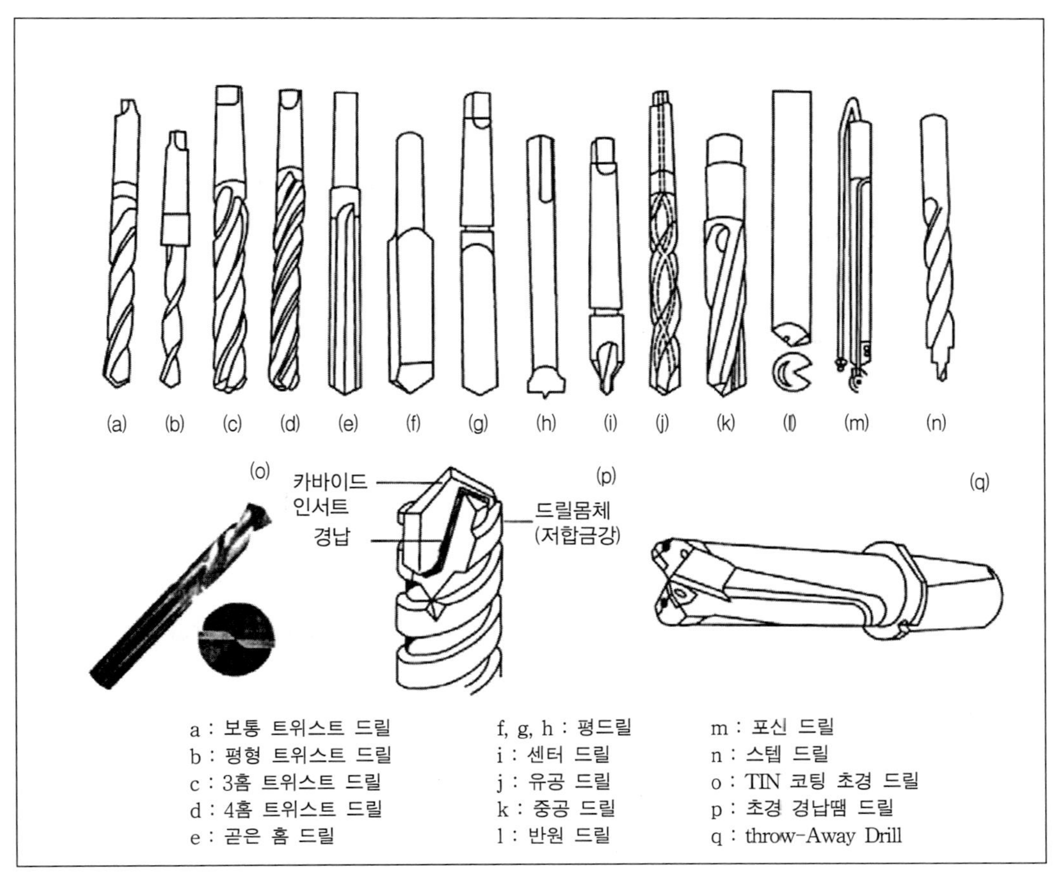

그림 10-9 각종 드릴의 종류

⑧ 건 드릴(gun drill) : 구멍의 직경이 20배 이상의 깊은 구멍을 가공하기 위하여(총신가공용) 곧은 날 드릴과 유공 드릴의 원리를 조합

⑨ tin코팅 초경 드릴(tin coated drill) : 강, 주철용, 재연삭 및 고속 가공이 용이하다.

⑩ 초경경납땜 드릴 : 초경합금 팁을 경납땜 한 것으로서 특히 뚫린 구멍이 정확한 것이 요구될 때 및 화이버(fiber)와 같이 발열이 많은 재료, 알루미늄과 같은 비철금속에도 특수한 성능을 발휘할 수 있다.

⑪ 스로우 어웨이(throw-away drill) : 절삭날의 독특한 디자인으로서 공작물에 좀 더 많은 절삭력을 가할 수 있으며, 이송절삭 선택을 할 수 있다.

(2) 드릴의 각부 명칭 및 각도

드릴의 각부 명칭과 각도를 [그림 10.10]에 표시한다.

드릴의 선단은 원추형이고 선단의 트위스트 홈이 서로 만나는 부분에 2개의 절삭날이 있다. 이 트위스트 드릴의 인선각은 연강용에 대해서는 118°를 표준하고 있다. 공작물의 재질에 따라서 [표 10.1]과 같은 것들이 사용되는데 일반적으로 가공재료가 굳을수록 인선각은 크게 한다.

표 10-1 드릴날 끝의 각도(단위 : °)

공작물의 재질	선 단 각	여 유 각	비틀림각
주 철	90~118	12~15	20~32
강 (저 탄 고 강)	118	12~15	20~32
구리 및 구리 합금	110~113	10~15	30~40
알 루 미 늄 합 금	90~120	12	17~20
표 준 드 릴	118	12~15	20~32

① 드릴 끝(drill point) : 드릴의 끝부분이며, 원추형이다. 절삭날은 이 부분에서 연삭한다.

② 몸통(body) : 드릴의 본체가 되는 부분이며, 홈이 있다.

③ 홈(flute) : 드릴의 본체에 직선 도는 나선으로 파여진 홈이며, 칩을 배출하고 또, 절삭유를 공급하는 통로가 된다.

④ 생크(shank) : 드릴 고정구에 맞추어 드릴을 고정하는 부분

⑤ 탱(tang) : 테이퍼 자루끝을 납작하게 한 부분으로서, 드릴에 회전력을 주며, 드릴과 소켓이 맞는 테이퍼부를 손상시키지 않고 드릴을 돌려주는 역할을 한다.

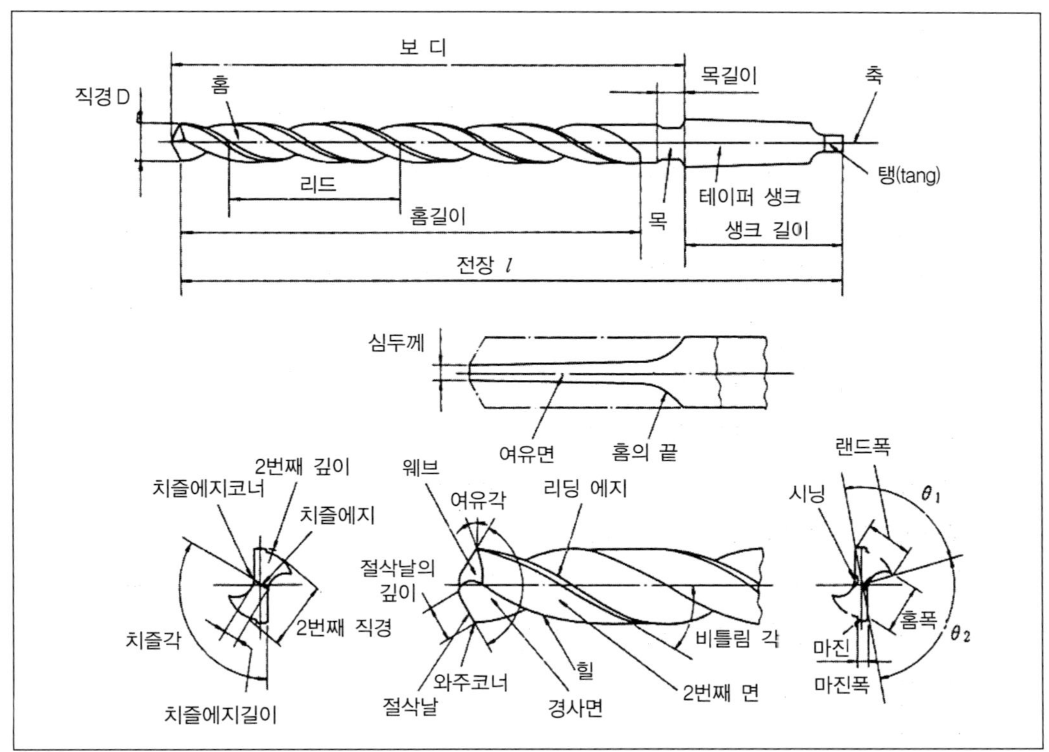

그림 10-10 드릴 각부의 명칭

⑥ 치즐에지(chiseledge) : 드릴 끝에서 두 절삭날이 만나는 지점이다.

⑦ 절삭날(lips) : 드릴 끝에서 드릴링 할 때 재료를 깍아내는 날부분이다.

⑧ 마진(margin) : 드릴의 홈을 따라서 나타나 있는 좁은 면으로, 드릴의 크기를 정하며 예비적인 날의 역할 또는 날의 강도를 보강하는 역할을 한다.

⑨ 웨브(web) : 홈과 홈 사이의 두께를 말하며 자루쪽으로 갈수록 두꺼워진다.

⑩ 선단각(point angel) : 드릴 끝에서 절삭 날이 이루는 각이다. 보통 118° 정도이다(연강).

⑪ 홈 나선각(helix angle) : 드릴의 중심축과 비틀림 사이에 이루는 각이다.

⑫ 몸통여유(body diameter clearance) : 마진보다 지름을 작게 한 드릴 몸통부

분이며, 절삭할 때 공작물에 드릴 몸통이 닿지 않도록 여유를 두기 위한 부분이다.

⑬ 날 여유각(lip clearance angle) : 절삭날이 장애를 받지 않고 재료에 먹어 들어가도록 절삭날에 주어진 여유각이다. 보통 10~15° 정도이다.

⑭ 전장(overall length) : 전체 길이

⑮ 랜드(land) 마진 윗부분 : 드릴에는 3가지 여유(relief)가 고려되어야 하는데 이것이 적당하지 못하면 공작물과 드릴사이에 마찰이 커져서 절삭이 곤란해지거나 드릴이 파손되는 결과를 초래한다[그림 10.11].

⑯ 백 테이퍼(back taper) : 드릴의 선단보다 자루쪽으로 갈수록 약간의 테이퍼를 준 것으로 구멍과 드릴이 접촉하지 않도록 한 테이퍼이다. 드릴의 지름이 5 mm 이상인 것에 한하여 0.04~0.01 mm/100 mm 정도로 지름을 작게 하고 있다.

⑰ 여유면(land relief) : 드릴의 원주 부분과 뚫린 구멍이 마찰을 일으키지 않도록 여유를 두는 것이다.

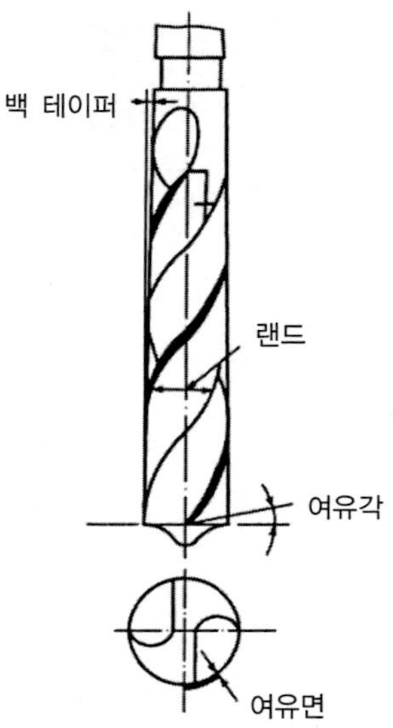

Fig. 10-11 드릴의 여유

10.2 드릴링을 위한 툴링(tooling)

(1) 드릴 척

드릴 척은 13 mm까지의 소직경 스트레이트 섕크드릴용이며, 사용은 간편용이하기 때문에 지금까지도 많이 사용되고 있으나, 날 끝의 흔들림 정도가 콜릿 홀더와 비교하여 용도가 한정되어 있다.

(2) 데이터 1 콜릿 홀더

데이터 1 콜릿 홀더는 드릴 척을 대신하고, 또한 싱크로 탭이나, 엔드 밀 가공도

가능한 보지구(保持具)로 개발되었다. 주요특징은 고정도, 고파지력, 1개의 콜릿 조임폭이 크기 때문에 레이아웃시 매우 심플한 툴링을 구성할 수 있다. 또한, 공작물과의 간섭이 적은 슬림한 외경이다. 또한 고속 회전 가공에서도 충분히 사용할 수 있고, 축 대칭 구조로 되어 있다.

① 본체의 구조

본체 [그림 10.12, 10.13]은 끝단부에서의 공작물과의 간섭을 적게 하기 위해, 콜릿의 인상기구를 설치하고 있다. 그 결과 외경 치수는 21 mm(7형 콜릿용)/30 mm(12형 콜릿형)가 되고 드릴 척에 비해 매우 소형으로 되어 있다. 또한 A형 본체의 너트는 동일 위치에서 회전하는 구조로 되어 있고, 콜릿의 조임을 행하여도 항상 외경 형상이 변화하는 경우는 없다. B형 본체는 콜릿의 조임이 후방으로부터 이루어지며 약간 손이 가지만, 그만큼 본체가 매우 심플해지며 강성을 높이기 위해 본체의 두께를 증가시킬 수 있는 등 용이하다. 동시에 구성 부품이 중심부에 집중되어 있기 때문에 특별히 밸런스가 필요한 고속 회전가공에 적합하다.

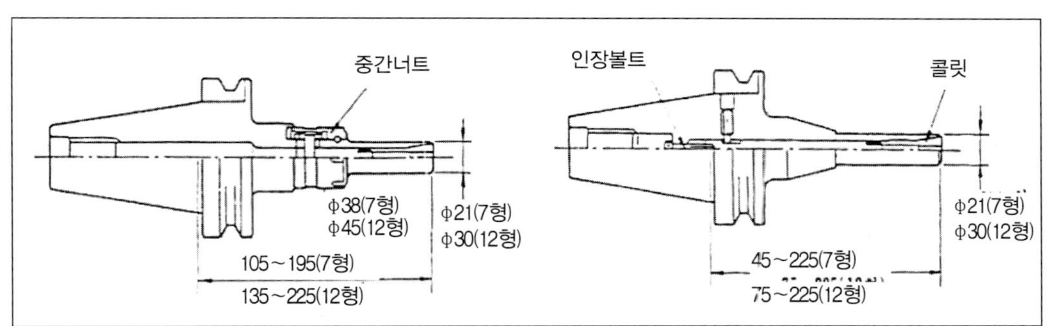

그림 10-12 A형 본체 치수도

그림 10-13 B형 본치 치수도

② 콜릿[그림 10.14]

데이터 1 콜릿의 형상은 공구를 파지하는 테이퍼부와 후단부에는 가이드가 되는 스트레이트부를 갖는 싱글 테이퍼 콜릿이다. 동일한 파지 범위의 더블 테이퍼 콜릿보다는 길지만, 가이드부를 갖기 때문에 정도가 개선되고 있다. 콜릿의 분할수를 최적화함(PAT)으로 콜릿 1개로 최대 2 mm의 조임폭을 얻고 있다. 이 커다란 조임폭을 이용함으로서 5개의 콜릿으로 2.5~12 mm까지 정도를 조일 수 있다[그림 10.15].

[그림 10.16]은 절삭테스트 방법을 나타낸 것이다.

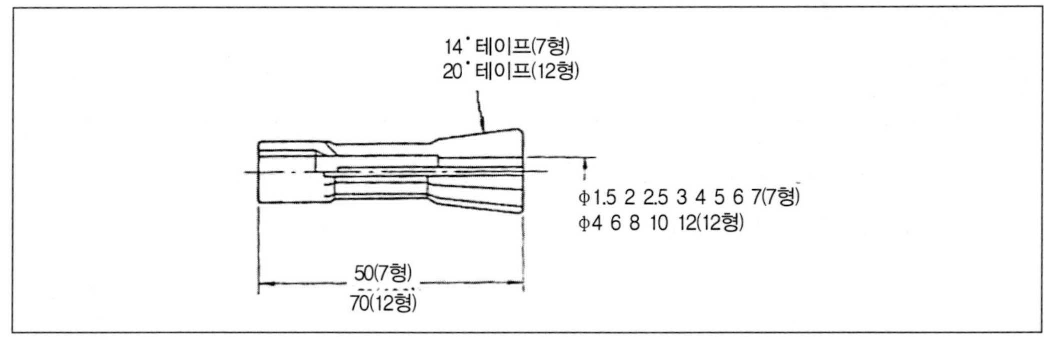

그림 10-14 데이터 1 콜릿 치수도

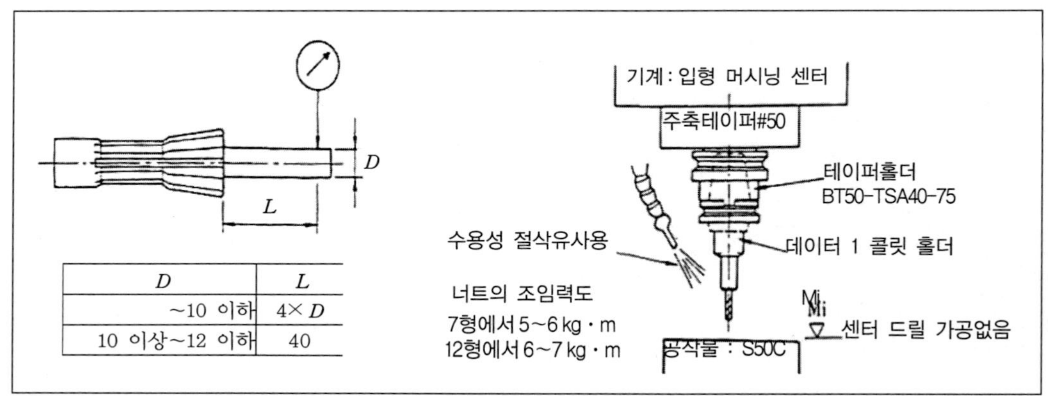

D	L
~10 이하	4× D
10 이상~12 이하	40

그림 10-15 콜릿의 정밀도 규격

그림 10-16 데이터 1콜릿 홀더 절삭 테스트 방법

[표 10.2]에 각 콜릿의 사양을 나타냈다. [표 10.3]은 드릴 절삭데이터를 나타낸 것이다.

표 10-2 콜릿 사양

코렛트		내 경	조임 폭(ϕ)	척킹 범위(ϕ)
형 식	코 드			
7형	D 7-1.5 -2 -2.5 -3	1.5 2 2.5 3	0.5	1~1.5 1.5~2 2~2.5 2.5~3
	-4 -5 -6 -7	4 5 6 7	1	3~4 4~5 5~6 6~7
12형	D12-4	4	1.5	2.5~4
	- 6 - 8 -10 -12	6 8 10 12	2	4~6 6~8 8~10 10~12

표 10-3 드릴 절삭 데이터

항 No.	사용데이터 콜릿 사용 드릴	사용데이터 1콜릿 홀더	사용 드릴	회전수 (min-1)	절삭속도 (m/min)	이 송 (mm/rev)	가공깊이 (mm)	결과비고
1	BT 40 DTA 12-135	D 12-12	ϕ12 하이스 트위스트 드릴	663	25	0.4	36	34가공구멍 슬립없음
2	↑	↑	ϕ10 하이스 코팅드릴	795	25	0.4	30	34가공구멍 슬립없음
3	BT 40 DTA 7-105	D 7-7	ϕ7 하이스 트위스트 드릴	1,137	25	0.3	21	15가공구멍 슬립없음 날끈마모
4	↑	↑	ϕ6 하이스 트위스트 드릴	1,326	25	0.3	18	40가공구멍 슬립없음
5	BT 40 DTA 12-135	D 12-12	ϕ12 초경 3날 드릴	2,650	100	0.2	20	90가공구멍 슬립없음
6	↑	↑	ϕ10 초경 3날 드릴	3,180	100	0.15	20	191가공구멍 슬립없음
7	BT 40 DTA 7-105	D 7-7	ϕ7 초경 드릴	2,738	60	0.3	15	75가공구멍 슬립없음
8	↑	↑	ϕ6 초경 3날 드릴	4,000	75	0.1	15	155구멍 가공째에 드릴 파손 슬립없음

10.3 드릴링 머신 작업

(1) 드릴의 고정법

① 드릴을 직접 주축에 고정하는 방법

드릴의 지름이 어느 정도 커지면 자루부가 테이퍼로 되어 있어서 이것이 주축의 테이퍼 구멍에 맞을 때는 직접 드릴의 자루를 주축에 박아서 고정시킨다.

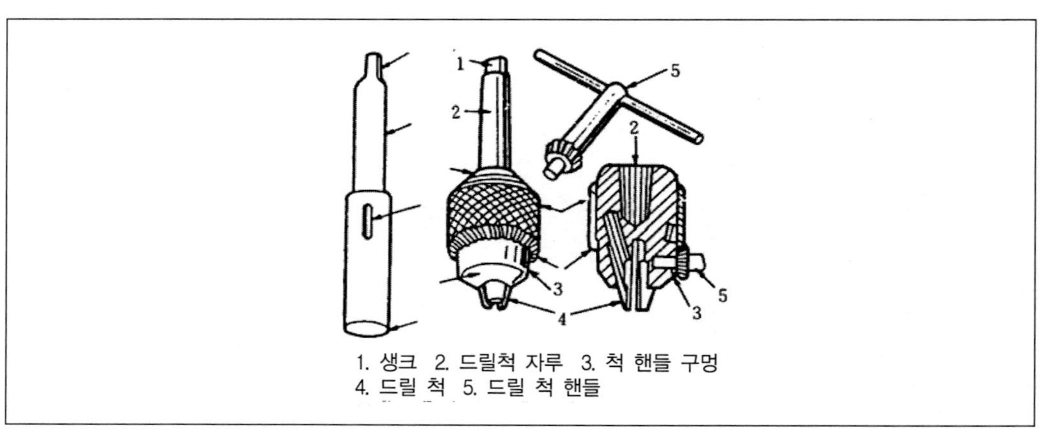

그림 10-17 드릴 척의 구조

② 소켓 또는 슬리브를 사용하는 방법

드릴의 자루부가 주축 구멍에 맞지 않을 때에 슬리브 또는 소켓을 주축에 박고 거기에다 드릴을 꽂아서 고정한다.

③ 드릴척을 사용하는 방법

지름이 작은 드릴은 자루가 스트레이트로 되어 있어서 주축구멍에 맞지 않으므로 주축에 맞는 드릴척의 자루를 주축에 꽂아서 고정한 다음, 드릴을 척에 고정하는 방식이다.

(2) 공작물의 고정법

드릴 머신에 공작물을 고정하는 데는 클램프, 바이스 및 지그 등을 사용한다. 공작물을 클램핑 하는 데는 여러 가지 클램프, 볼트, 평행봉 등을 사용하면 간편하다. 그러나, 정확히 공작물을 위치시키는 데는 시간과 숙련이 필요하다. 그래서 신속하고 정확한 가공을 하고 대량생산에 이용할 수 있도록 지그를 사용한다.

① 플레이트 지그(plate jig)

플랜지와 같은 평면에 많은 구멍을 뚫을 때 사용하는 관상지그를 플레이트 지그라고 한다. 공작물의 외측에 잘 맞도록 만들고, 나사와지지 공구로 고정한다. [그림 10.18]은 비교적 간단한 플레이트 지그를 표시한다. 즉 플랜지에 볼트 구멍을 뚫을 때의 작업을 표시한다. J는 지그이고 B는 부시(bush), C는 가공물을 나타낸다. B는 드릴을 안내하는 안내 부시라고 하며, 이것의 형상은 [그림 10.18]의 A와 같다. 부시의 재료는 탄소강으로 만들고 열처리하여 사용한다.

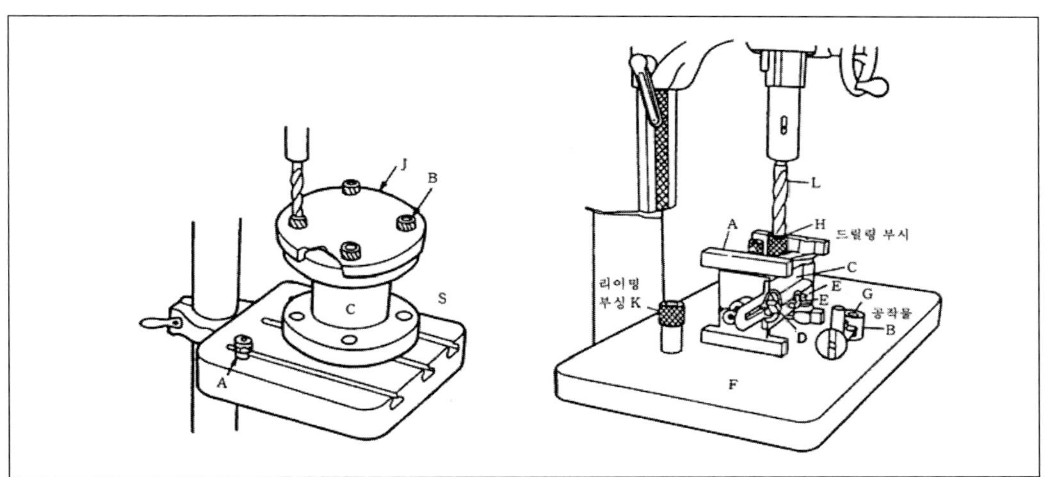

그림 10-18 플레이트 지그 작업

그림 10-19 박스 지그 작업

② 박스 지그(box jig)

복잡한 가공물에 구멍을 뚫을 때 사용하는 것이다. 가공물은 상자형으로 만든 체대에 나사 또는 지지구로써 정확히 고정하도록 되어있다. 이것은 일면의 드릴링뿐만 아니라 이면도 할 수 있도록 외부를 안내하는 것이므로 정확히 가공, 다듬질한 것이 아니면 안된다. 일반적으로 지구는 상당히 중량이 있는 것이므로 자중으로 충분히 위치를 유지할 수 있다[그림 10.19].

③ 심공 드릴 가공(deep hole drilling)

심공 드릴 가공은 총신, 중공 주축, 사출기의 실린더 등을 가공하는 데에 이용되고 있다. 구멍의 길이가 길수록 공작물과 드릴을 지지하기 곤란하며, 칩의 배출이 곤란하다. 일반적으로 사용되고 있는 깊은 구멍의 드릴 가공은, 지름이 작은것($\phi 3 \sim \phi 20$mm)은 [그림 10.20(a)]와 같은 건 드릴(gun drill)이 쓰이는데, 드릴에 뚫린 구멍으로 절삭유를 공급하면 칩은 드릴 외부의 홈을 따라 절유와 함께 흘러 나오게 된다. 지름이 큰 것($\phi 20 \sim \phi 65$mm)은 그림 (b)와 같은 BTA(boring and trepanning association system) 방법이 많이 쓰이고, 절삭유를 드릴 튜브와 가공되는 구멍 사이로 압송함으로써 칩이 드릴 튜브를 통하여 흘러나오게 한 것이다.

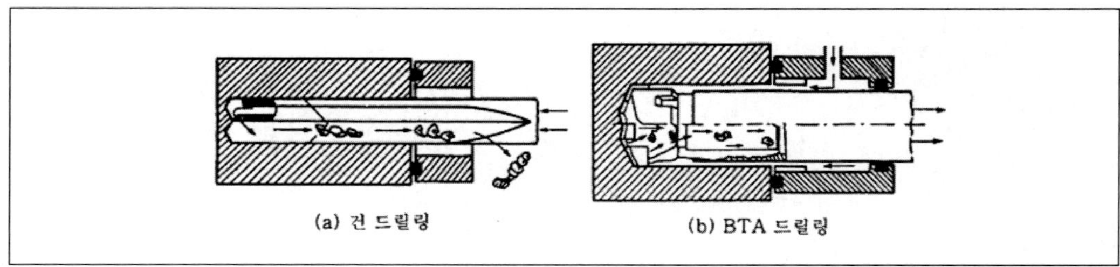

그림 10-20 심공 구멍 드릴링

Chapter 11

보링머신

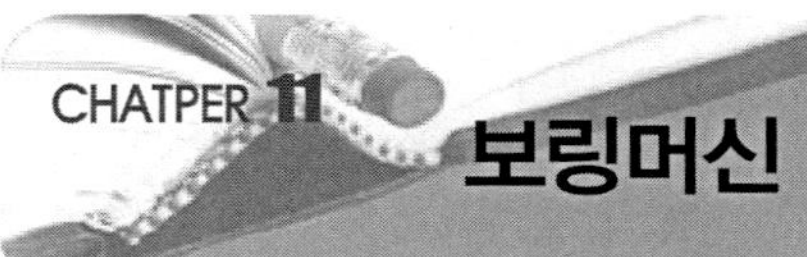

CHATPER 11 보링머신

11.1 보링머신의 개요

보링머신(boring)은 드릴링이나 단조 및 주조 등에 의하여 가공된 구멍을 보다 정밀한 치수와 형태로 확대 가공하는 것으로 보링 머신에서 뿐만 아니라 선반가공, 드릴링 머신 등에서 가공하는 작업이다. 일반적으로 보링에서는 공작물을 고정시키고 절삭공구를 회전시켜 가공하는 방식으로 형상이 복잡한 대형 공작물 가공에 적합하다[그림 11.1].

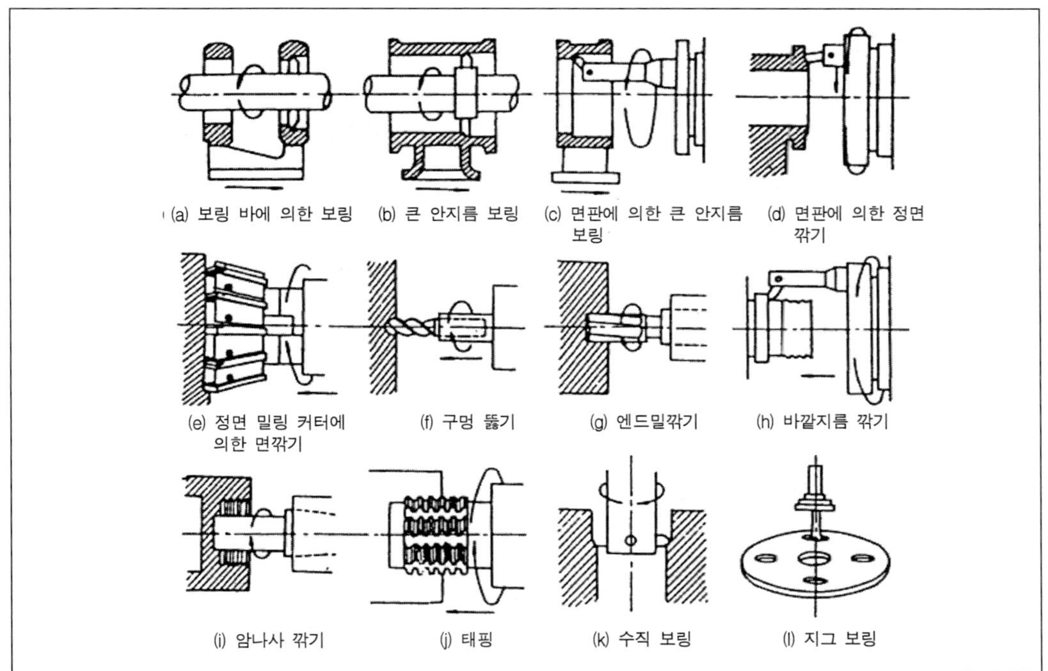

그림 11-1 보링 작업의 예

11.2 보링머신의 종류

보링머신은 구조와 작업지능에 따라 종류가 있으나 그 중에서 수평식 보링머신이 일반적으로 많이 쓰이는 편이다.

11.2.1 수평식 보링머신(horizontal boring machine)

주축이 수평으로 설치된 것을 말하며 주축이 수직방향으로 설치된 것은 수직식 보링머신이며, 2개의 칼럼사이에 가로, 세로이송이 가능한 테이블과 상하 및 좌우 이송이 가능한 주축대가 있다. 그리고 구조에 따라 테이블형, 플로어형, 플레이너형, 이동형으로 분류된다[그림 11.2].

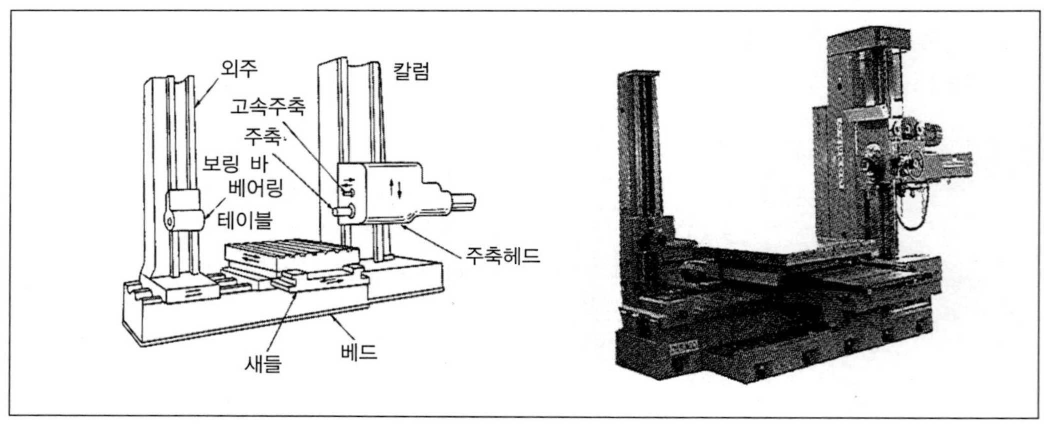

그림 11-2 보링 작업의 예

(1) 테이블형

테이블이 새들안내면 위를 스핀들과 평행하고 직각방향으로 보링 이외의 기계가공이 요구되는 일반 공작에 사용된다[그림 11.3].

(2) 플로어형

공작물을 고정할 수 있는 넓은 플로어판이 있어 테이블형에서 가공하기 어려운 대형공작물을 고정하기에 적합하다. 주축대는 컬럼을 따라 상하로 이동되며 칼럼은 베드 위에서 이동한다[그림 11.4].

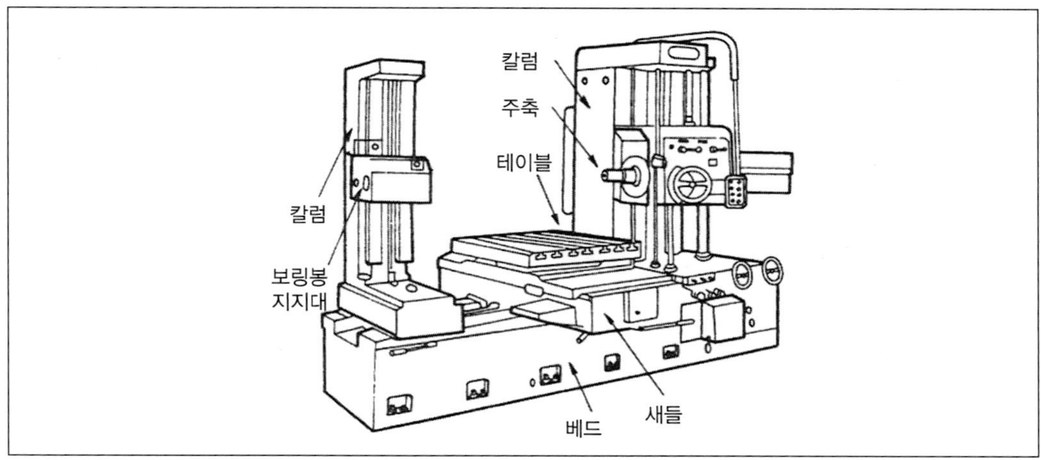

그림 11-3 테이블형 보링머신

(3) 플레이너형

테이블형과 비슷하나 새들이 없고, 길이방향의 이송은 베드상의 안내면을 따라 칼럼이 이동한다. 중량이 큰 공작물을 정밀하게 가공할 때 사용된다[그림 11.5].

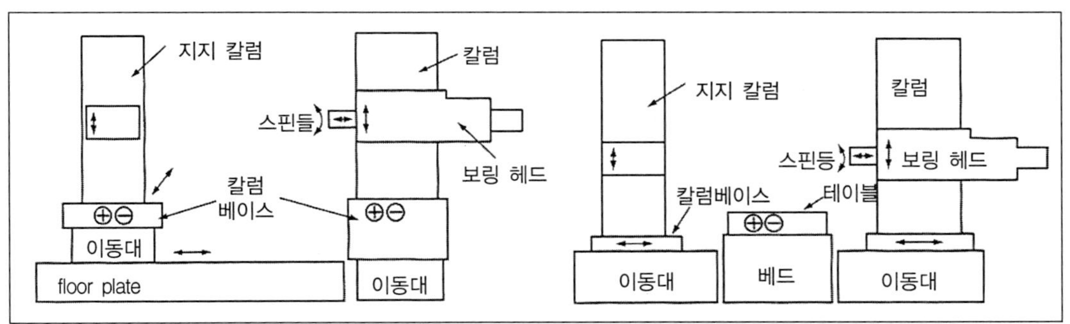

그림 11-4 플로어형 보링머신

그림 11-5 플레이너형 보링머신

(4) 이동형

공작물 가까이 이동하여 작업하는 것으로 큰 기계의 수리에 적합하다.

11.2.2 수직식 보링머신(vertical boring machine)

베이스 위에 회전 테이블이 수평으로 설치되고, 크로스레일(cross rail)이 칼럼 안내면을 따라 상하로 이동한다. 칼럼에서 사이드 헤드가 설치되어 공작물 측면(외주) 가공이 가능하다[그림 11.6].

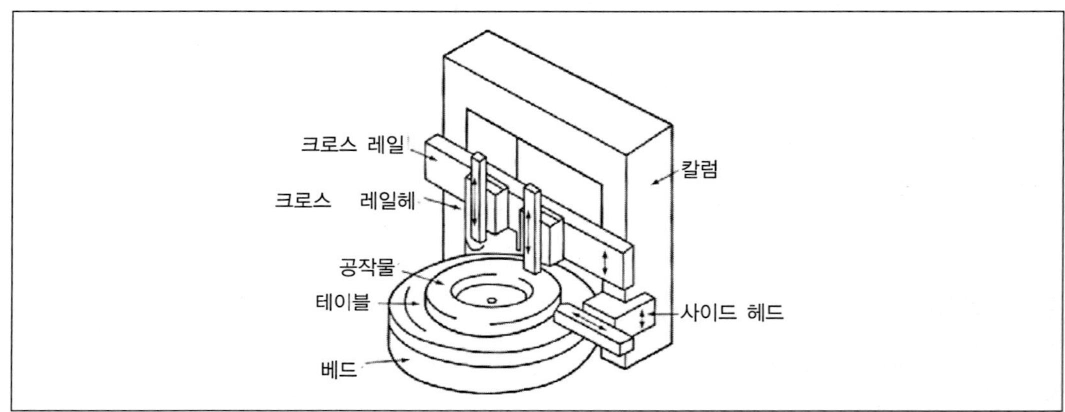

그림 11-6 수직식 보링머신

11.2.3 지그 보링머신(jig boring machine)

치공구, 다이, 게이지 등의 가공이나 정밀부품의 가공에 적합한 기계이며, 헤드스톡(head stock)이 크로스레일의 안내면을 따라 좌우로 이동되고 크로스레일은 칼럼의 안내면을 따라 상하로 이동된다.

또한 테이블과 주축대의 위치를 정밀하게 정하기 위하여 나사식 측정장치, 표준봉 게이지와 다이얼 게이지, 현미경을 사용한 광학장치 그리고 전기적 계측장치 중에서 선택된 것이 사용되어 높은 가공정밀도를 갖는다. 지그 보링머신에는 앞에서 설명된 쌍주형과 단주형이 있다. 가공 중 진동, 변형을 방지하기 위하여 튼튼한 기초 위에서 설치하고 항온실에서 작업한다.[그림 11.7].

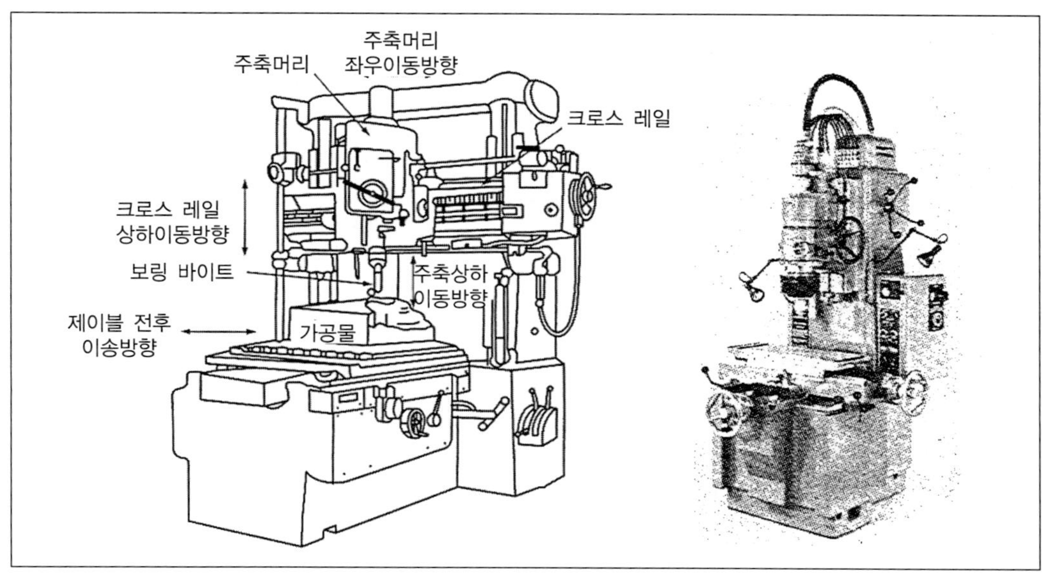

그림 11-7 쌍주형 지그 보링머신

11.2.4 CNC 보링머신(CNC boring machine)

최근에는 [그림 11.8]과 같은 CNC 보링머신의 출현으로 보링 작업뿐만 아니라 리밍 작업, 단면절삭, 외경절삭, 나사절삭 등 다양한 작업을 정밀하게 가공할 수 있게 되어 항공기산업, 자동차산업에 획기적인 발전이 되고 있다.

그림 11-8 CNC 보링머신

11.3 보링 공구

보링머신에서 사용하는 바이트는 선반용 바이트와 거의 같은 구조이나, 구멍의 내면을 가공하게 되므로, 가공하는 구멍의 지름에 알맞은 충분한 여유값을 두어야 한다.

공구재료는 고속도강, 초경합금강 등이 쓰인다. 보링용 절삭공구는 [그림 11.9]와 같이 여러 가지 형태의 보링 바(boring bar)에 고정하여 사용한다. 주축에 가까이 있는 지름이 작고 길이가 짧은 구멍에는 [그림 11.9(a)]와 같은 한쪽 지지용 바이트가 쓰인다. 일반적으로 [그림 11.9(b)]와 같은 보링 바에 직접 보링 바이트를 나사로 고정한 것을 사용한다. 큰 구멍에 대해서는 커터를 직접 보링 바에 고정할 수 없으므로 보링 헤드(boring head) 또는 블록형 커터를 이용하고, 여기에 2개 이상의 바이트를 고정한다. [그림 11.9(c)]는 역방향 이송에서도 보링이 가능한 것이며, [그림 11.9(d)]는 절삭날끝의 위치를 조정할 수 있는 마이크로 조절형이다.

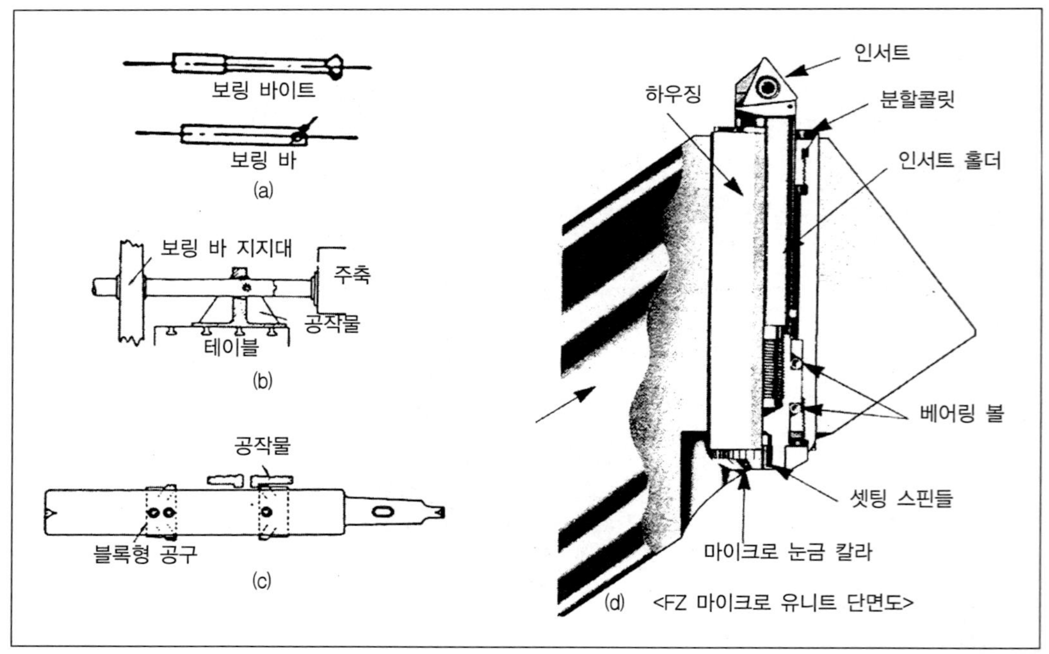

그림 11-9 각종 보링 바

[그림 11.10]은 보링 바의 구체적인 형태를 나타낸 것이다.

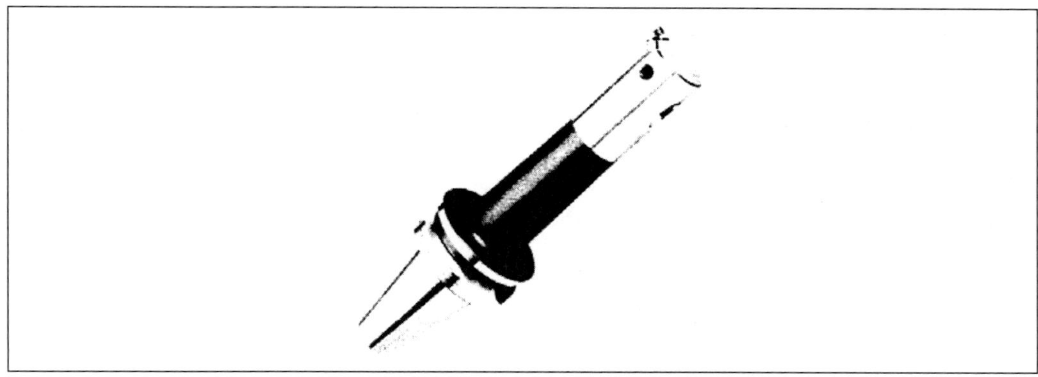

그림 11-10 보링 바

[그림 11.11]은 흔히 사용되는 보링 공구대로서 바이트는 보통 2개를 고정할 수 있다.

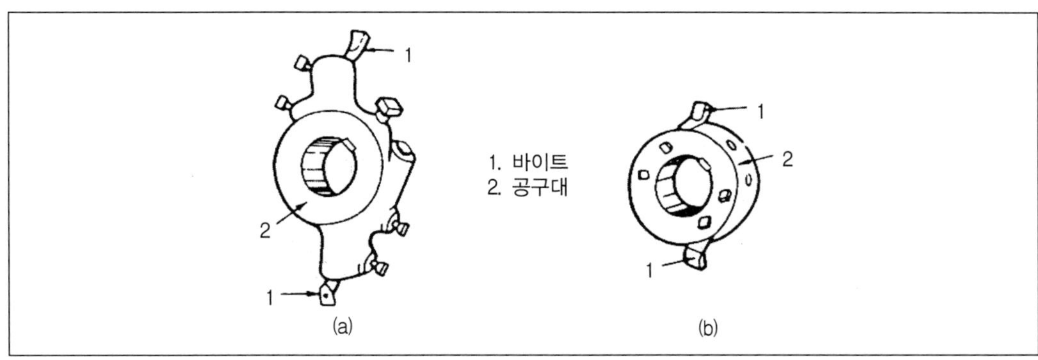

그림 11-11 보링 바

Chapter 12

평삭가공

평삭가공

12.1 평삭가공

셰이퍼, 슬로터 및 플레이너가 평면을 가공한다는 데에는 공통점을 갖고 있으나, 셰이퍼와 슬로터에서는 소형물을 가공하며 공작물에 이송을 주고, 플레이너에서는 대형물을 가공하고 공구에 이송을 준다. 공구의 이송은 귀환 행정 때에 주며, 여러 가지 기준면 및 안내면이 될 평면 가공에 주로 사용된다.

플레이너 가공의 종류와 절삭 방법은 셰이퍼의 경우와 거의 같으나, 셰이퍼에 비하여 큰 공작물을 가공하는 데 쓰이는 점이 다르다.

12.2 플레이너(planer)

플레이너는 공작물을 설치한 테이블을 왕복 운동시켜서 큰 공작물의 평면부를 가공하는 공작 기계로서 선반의 베드, 대형 정반 등의 가공에 편리하다. 플레이너에서 할 수 있는 작업은 수평면 절삭, 경사면 절삭 등이다.

12.2.1 플레이너의 구조와 기능

크로스 레일은 기둥 앞면에 수평으로 설치하고, 기둥의 미끄럼면을 따라 상하로 이동한다. 이 크로스 레일에는 1개 또는 2개의 정면 공구대가 장치되어 이송된다. 때로는 기둥 아래쪽에도 수평 방향으로 공구대가 장치되며, 공작물의 옆면을 절삭할 수 있게 되어 있다. 테이블은 긴 베드의 미끄럼 홈 위에 놓이고 그 위에 공작물을 고정하여 직선 운동을 한다. 미끄럼 홈에는 큰 압력이 작용하여 테이블이 고속 운동을 하므로, 윤활에 세심한 주의를 해야 한다.

12.2.2 플레이너의 종류

플레이너는 기둥의 수에 따라 쌍주식 플레이너와 단주식 플레이너, 특수 플레이너로 나뉜다.

(1) 쌍주식 플레이너

쌍주식 플레이너는 [그림 12.1]과 같이 기둥이 베드 양쪽에 배치되어 문 모양을 한 구조이다. 쌍주식 플레이너는 기둥 사이의 거리에 따라 공작물의 크기가 제한되지만, 구조상 강력 절삭이 가능하다.

(2) 단주식 플레이너

단주식 플레이너는 [그림 12.2]와 같이 기둥이 베드의 한쪽 옆면에 있고, 크로스 레일(crosse rail)이 외팔보로 되어 있는 구조이다. 단주식 플레이너에서는 폭이 넓은 공작물을 가공할 수 있다.

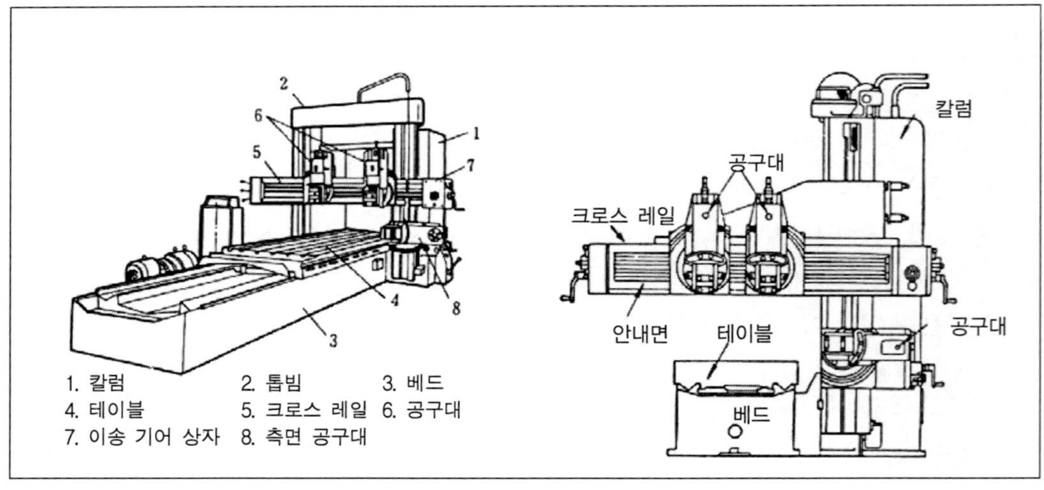

그림 12-1 쌍주식 플레이너

그림 12-2 단주식 플레이너

(3) 특수 플레이너

특별히 큰 가공물을 절삭하기 위하여 [그림12.3]과 같이 베드의 측면에 따라 피드 5를 만들어 높이가 과대하고 테이블 위에 올려놓기가 불가능한 이형(異形)의 공작물 6을 가공하는 특수한 기계이고 이와 같은 목적으로 1, 2, 3 보조 장치나 4와 같은 고정 시트를 부속시켜 피트 5를 이용하는 형식의 기계를 피트 플레이너(pit planer)라 한다.

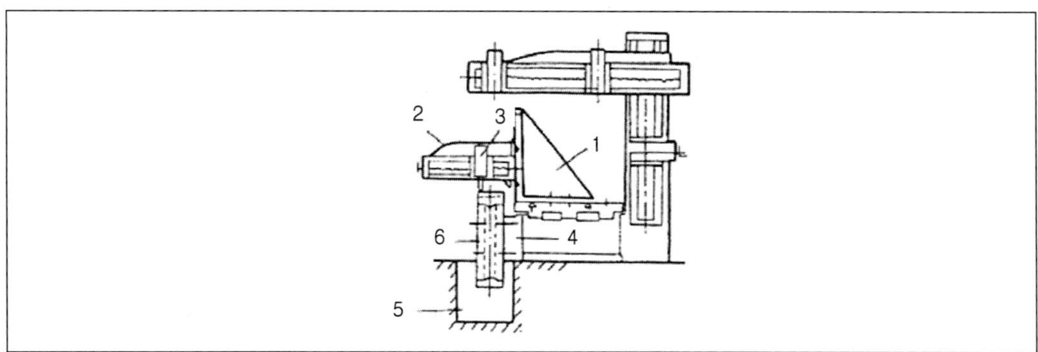

그림 12-3 피트 플레이너(pit planer)

12.3 셰이퍼

셰이퍼는 [그림 12.4]와 같이 바이트가 고정된 램이 왕복 운동을 하고, 공작물은 바이트의 운동 방향에 대하여 직각을 유지하면서 이송된다. 셰이퍼는 구조가 간단하고 취급이 용이하여 평면을 가공하는 데 많이 사용된다.

셰이퍼의 크기는 주로 램의 최대 행정으로 표시할 때가 많은데 400, 500, 600, 700 mm 등의 것들이 있다.

12.3.1 셰이퍼의 종류

셰이퍼를 일반 구조에 의하여 분류하면 다음과 같다.

(1) 수평형 셰이퍼(전진 절삭)

① 보통형(plain shaper) : 생산용
② 만능형(universal shaper) : 공구실용

(2) 수평형 셰이퍼(후진절삭)

(3) 치직립형 셰이퍼

① 슬로터(slotter)
② 키이 시이터(key seater)

(4) 치차절삭용 셰이퍼(gear shaper)

구동은 전동기와 벨트, 유압구동기구 등을 이용하며, 램의 왕복기구로는 크랭크 기구가 일반적으로 사용된다.

12.3.2 셰이퍼의 구조와 기능

(1) 셰이퍼의 구조

셰이퍼의 형식에는 수평식과 수직식이 있는데, 수평식 셰이퍼 중에서 많이 사용되는 것으로 크랭크식 셰이퍼와 유압 셰이퍼가 있다[그림 12.4].

(2) 급속 귀환 기구

급속 귀환 기구는 [그림 12.5]와 같이 크랭크 기어와 로크 암에 의한 것이 널리 사용된다. 이 기구는 절삭 행정에 비하여 귀환 행정의 속도를 빠르게 하여 귀환 행정에서의 시간을 단축시킨다. 이 기구는 크랭크 핀이 일정한 속도로 회전하고 있을 때, 절삭 행정에서는 핀이 중심각 α만큼 돌고, 귀환 행정에서는 β만큼 돌게 된다.

따라서 항상 $\alpha > \beta$이므로, 귀환 행정에 요하는 시간이 절삭 행정에 요하는 시간보다 짧아진다.

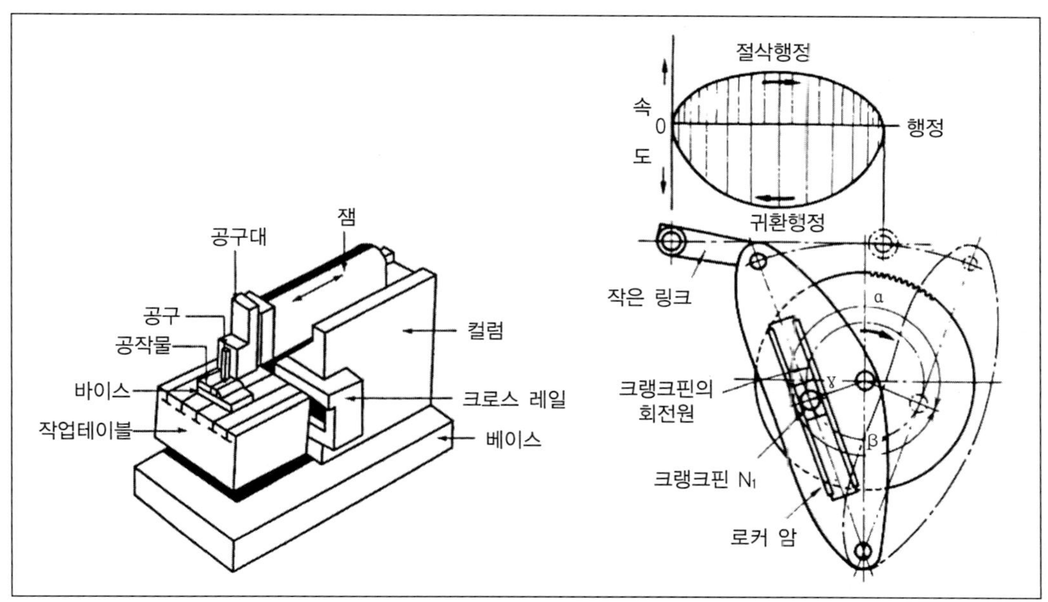

그림 12-4 셰이퍼의 구조

그림 12-5 급속 귀환 기구

(3) 램(ram)의 운동 기구

공작물의 길이에 맞추어 램의 행정 길이를 조절하려면 [그림 12.6]과 같이 행정 조절축을 돌리면 너트 N1(크랭크 핀)이 이동하여 크랭크의 반지름 γ가 변화한다. 크랭크 핀은 로커 암의 홈 안을 미끄러지면서 회전 운동을 한다.

(4) 공구대(바이트의 설치)

[그림 12.7]의 공구대에서 바이트의 절삭 깊이는 공구대의 이송 핸들을 돌려서 한다. 각도를 가공하기 위하여 공구대를 경사시켜야 할 때에는 공구대 죔 너트를 풀어 각도 눈금을 보면서 돌림판을 돌려 절삭 깊이 방향을 정하여 고정한다. [그림 12.7의 (a)]는 중절삭에서 바이트가 굽어도 날끝이 공작물에 파고들지 않도록 설치한 것이고, [그림 12.7의 (b)]는 가능한 짧게 돌출시켜 떨림을 방지한 것이며, [그림 12.7의 (c)]는 절삭 저항으로 바이트가 오른쪽으로 선회하여도 날끝이 공작물에 파고들지 않도록 한 것이다.

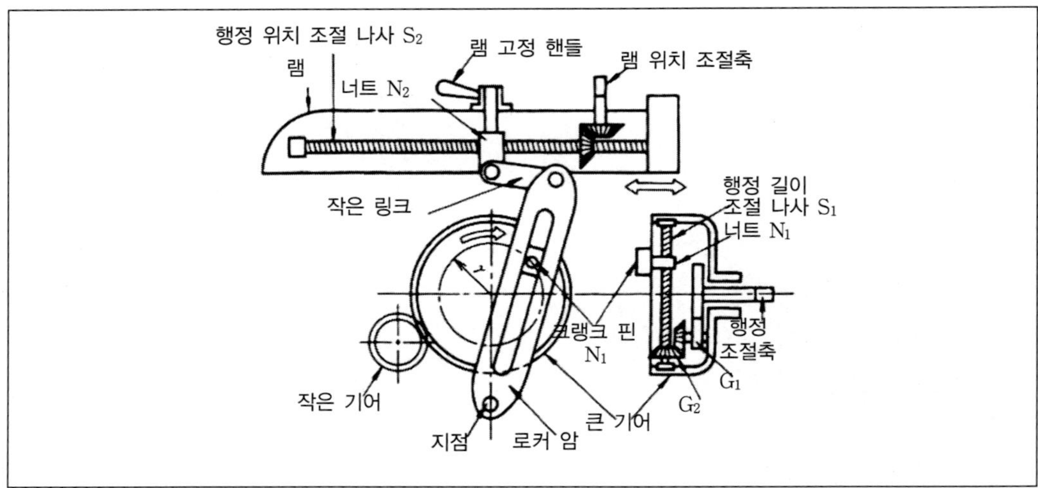

그림 12-6 램의 운동 기구의 내부 구조

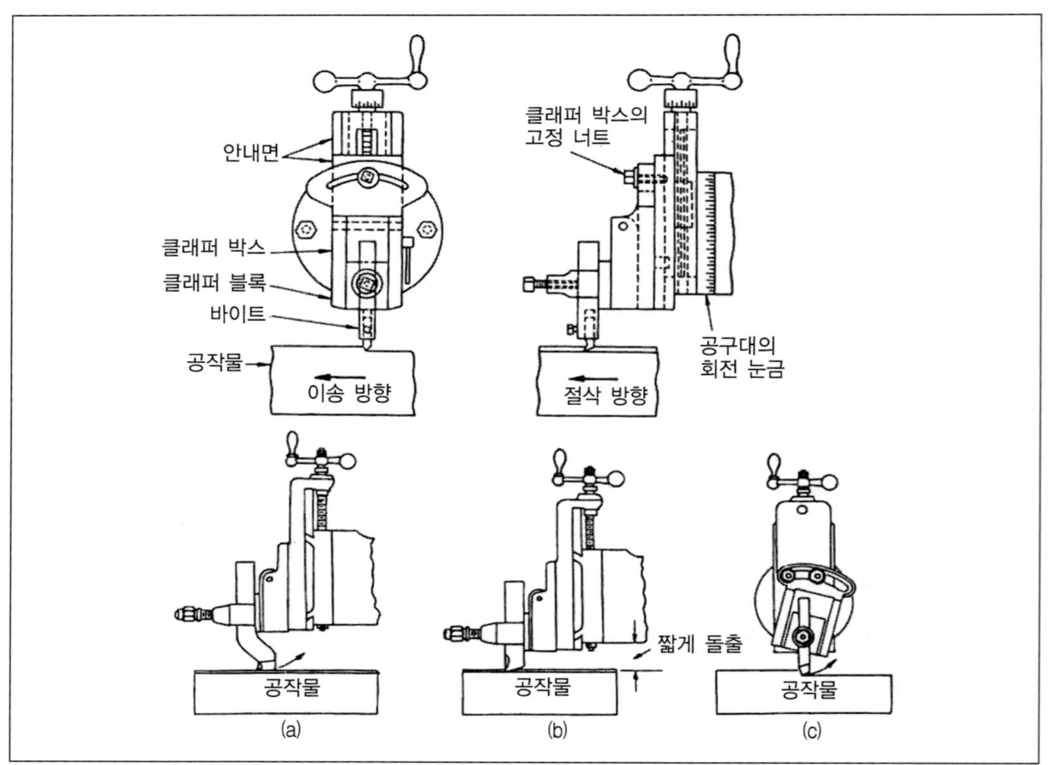

그림 12-7 바이트의 설치방법

12.3.3 셰이퍼 작업

[그림 12.8]은 셰이퍼 가공 방식을 나타낸 것이다.

(1) 절삭 속도

절삭 속도는 절삭 행정에서의 바이트의 속도를 m/min으로 나타낸다. 셰이퍼 가공을 하려면 우선 공작물과 바이트의 재질에 따라 여기에 적절한 절삭 속도의 범위를 정하고 이것에 따라 램의 매분 왕복 횟수를 계산한다.

절삭 속도를 v (m/ min) 라고 하면, 다음 관계식이 성립한다.

$$v = \frac{nL}{1000k} \quad \text{또는,} \quad n = \frac{1000kv}{L}$$

여기서, n : 램(바이트)의 1분 간의 왕복 횟수(stroke/min)

L : 행정의 길이(mm)

k : 절삭 행정의 시간과 바이트 1왕복의 시간과의 비$\left(\text{보통 } k = \frac{3}{5} \sim \frac{2}{3}\right)$

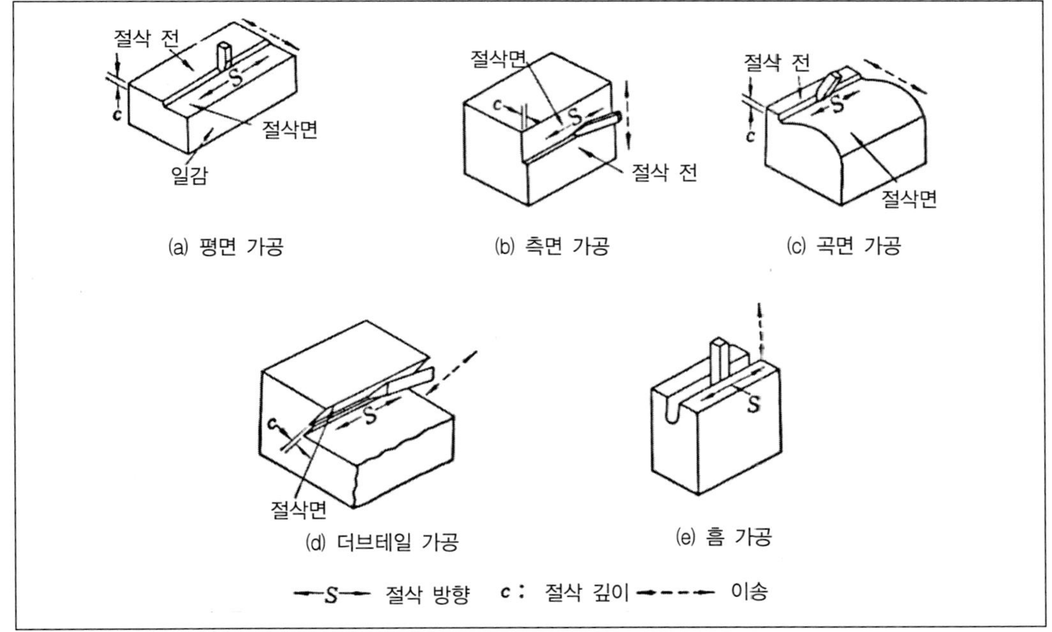

그림 12-8 셰이퍼 가공 방식

(2) 이송 및 절삭 깊이

① 이송

바이트가 1왕복할 때마다 공작물(테이블)이 램의 행정 방향과 직각의 방향으로 이동하는 거리(mm)를 말한다.

② 절삭 깊이

바이트가 1회의 왕복으로 공작물을 깎는 깊이를 절삭 깊이라 한다. 거칠게 깎을 때의 절삭 깊이는 강재일 때에는 1.5~3 mm로 하고, 주철재일 때에는 3~5 mm 정도로 한다[그림 12.9].

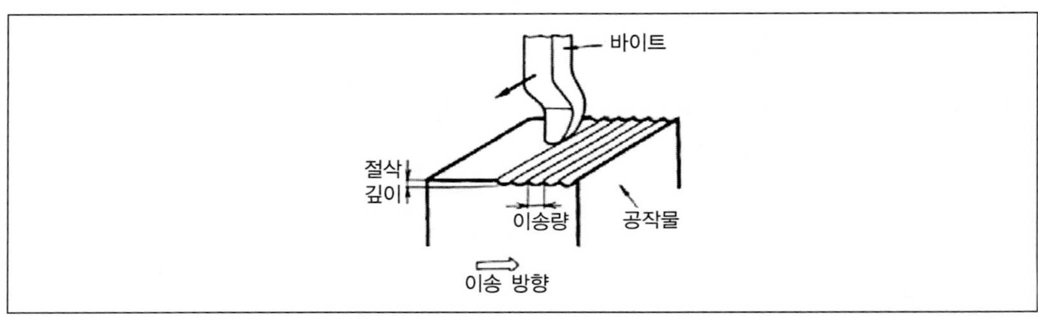

그림 12-9 이송과 절삭 깊이

12.4 슬로터(slotter)

슬로터는 셰이퍼를 직립형으로 한 공작기계이며, 그 운동 기구도 거의 같다. 슬로터의 크기는 램의 최대 행정, 테이블의 크기, 테이블의 이동 거리 및 원형 테이블의 지름으로 나타낸다. 램은 적당한 각도로 기울일 수 있고, 경사면을 절삭할 수도 있다. 원형 테이블은 선회하므로 분할 작업이 되며, 내접 기어 등의 분할 절삭이 가능하다. 따라서 구멍의 내면이나 곡면 외에 내접 기어, 스플라인 구멍 등을 가공한다[그림 12.10].

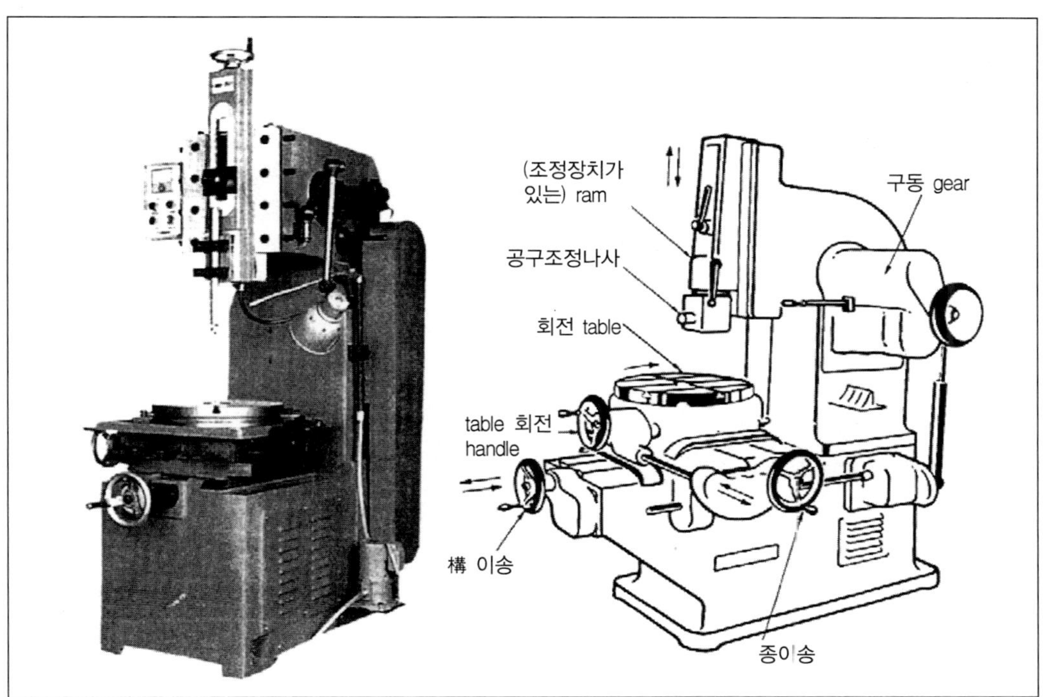

그림 12-10 슬로터

Chapter 13

브로치 및 호빙 머신

CHATPER 13 브로치 및 호빙 머신

13.1 브로치(broach) 가공

브로치라는 공구를 사용하여 공작물의 내면에 일정 모양의 각 또는 홈을 가공하는 것으로 지극히 복잡한 형상을 한 구멍도 정밀하게 가공할 수 있어 대량생산에 널리 사용되고 있다. 단점으로는 공구 형상이 복잡하여 제작이 어렵고 가격이 비싸고 절삭속도가 최대 15m/min 정도로 느리다.

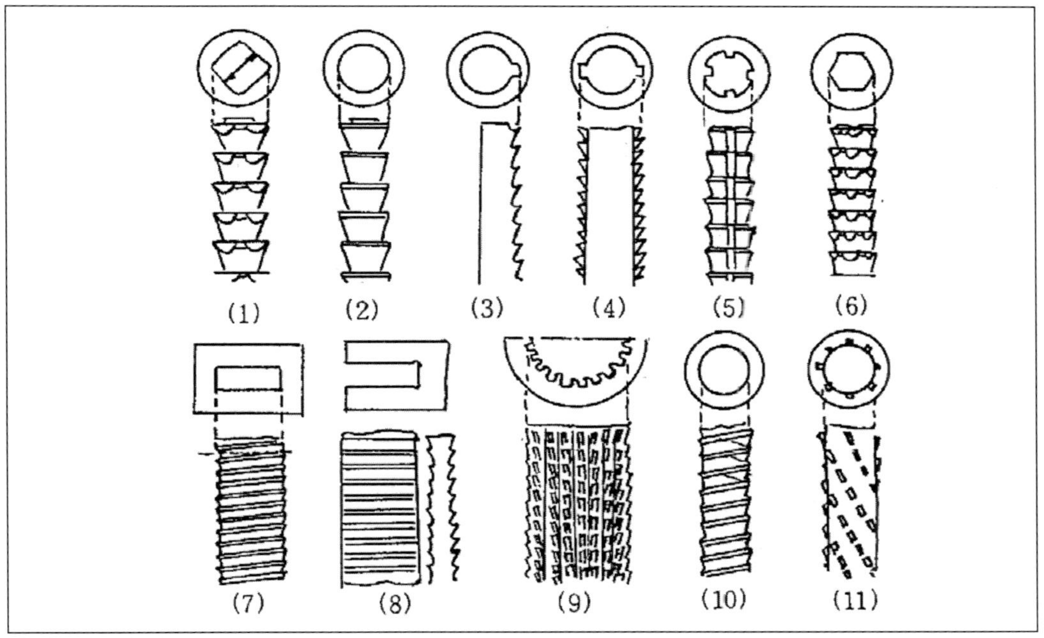

그림 13-1 각종 브로치 가공 형상

13.1.1 브로칭 머신

브로칭 머신은 운동 방향에 따라 수직식과 수평식으로 구분하며, 브로치의 절삭 방향에 따라 인발식과 압입식으로 나눈다. 브로칭 머신의 크기는 최대 행정과 사용할 수 있는 최대 하중으로 나타낸다.

① 수직식 브로칭 머신

수직식 브로칭 머신은 공작물의 지지가 용이하고 작은 공작물의 가공에 적합하며 자동화에 의한 대량 생산용으로 많이 사용되고 있으나 행정이 큰 작업에는 불편하다,

② 수평식 브로칭 머신

행정이 클 때에도 사용이 용이하나 설치 면적이 커진다.

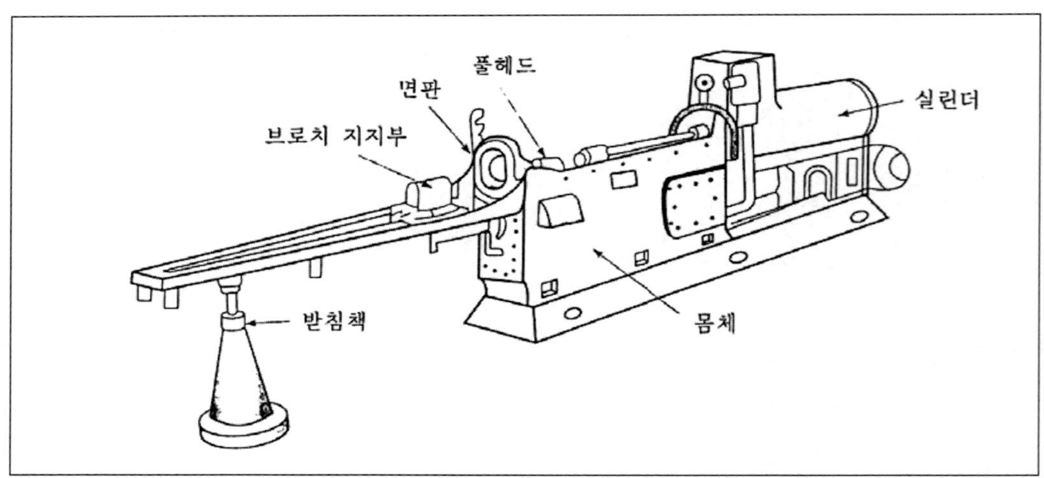

그림 13-2 수평식 브로칭 머신

③ 연속식 브로칭 머신

브로치가 터널 내에 고정되어 공작물이 브로치가 장착된 터널을 통과하면서 공작물의 표면이 가공된다. 가공 속도가 매우 빠르고 대량 생산에 적합하다.

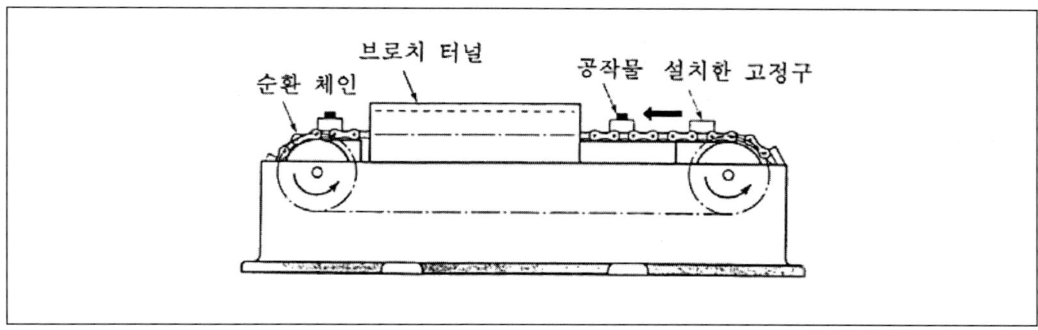

그림 13-3 연속식 브로칭 머신

13.1.2 브로치 공구

브로치는 보통 자루부, 절삭부, 평행부 및 후단부의 4부분으로 되어 있고, 자루부는 브로칭 머신에 고정하기 위한 것으로 고정부와 안내부로 구성되어 있다. 절삭부는 실제 가공하는 날이 있는 부분으로 거친 날, 중간 날, 다듬 날의 3 부분으로 되어 있고, 처음부분은 가공 전의 공작물과 거의 치수가 같고 점점 치수가 커져 공작물을 필요한 모양으로 절삭하고 다듬 날로 원하는 치수로 다듬질하게 되어 있다.

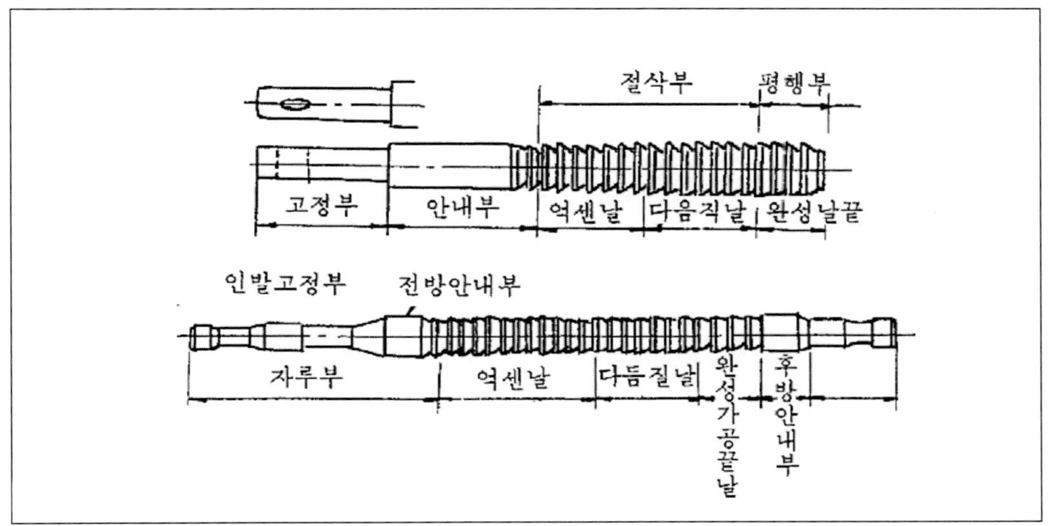

그림 13-4 브로치 각부의 명칭

13.2 호빙(hobbing) 머신

호브라는 공구를 이용하여 창성법으로 기어를 깎는 기계로, 호빙 머신의 크기는 가공할 수 있는 기어의 최대 피치원의 지름과 기어 폭 및 최대 모듈로 표시한다. 주로 웜 기어,스퍼 기어, 헬리컬 기어 등을 가공한다. 가공 원리는 호브를 웜(worm), 가공물을 웜 기어(worm gear)로 회전시켜 가공한다.

그림 13-5 호빙 머신

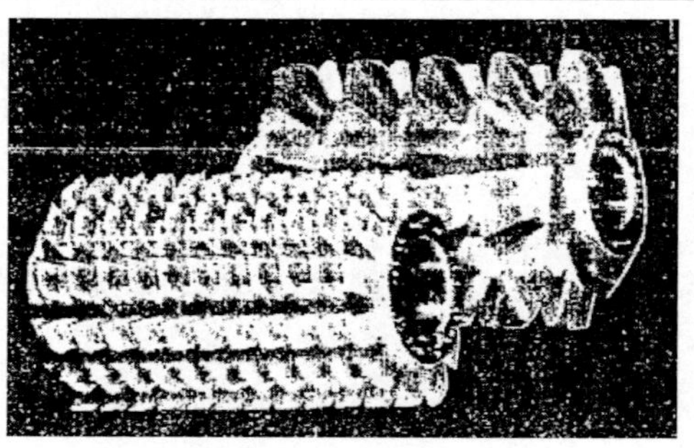

그림 13-6 호브

Chapter 14

정밀 입자 가공

정밀 입자 가공

14.1 정밀 입자 가공의 개요

절삭 가공이나 연삭 가공에 의해 가공된 면을 연삭입자 또는 숫돌편을 사용하여 더욱 고정밀도의 치수 및 다듬질 면으로 가공하는 방법을 정밀입자 가공이라 한다. 정밀입자 가공의 특징은 공구를 일정한 깊이까지 강제적으로 절삭하는 것이 아니고, 일정한 힘, 또는 압력으로서 절삭가공이 이루어지는 압력제어형의 가공으로서 미세한 가공량의 조절을 쉽게 할 수 있다.

14.2 정밀 입자 가공의 종류

정밀 입자 가공에는 호닝(honing), 액체호닝(liquid honing), 래핑(lapping), 슈퍼 피니싱(super finishing)등이 있다.

14.2.1 호닝(honing)

(1) 호닝의 개요

호닝은 원통 내면의 정밀 다듬질의 일종으로서, 보링 또는 연삭기 등으로 내면 연삭한 것을 능률적으로 진원도, 진직도 및 표면 거칠기를 향상시키기 위한 것으로서, [그림 14.1]과 같이 직사각형 단면의 긴 숫돌을 지지봉의 끝에 방사방향으로 붙여 놓은 혼(hone)을 구멍에 넣어, 회전운동과 축방향의 운동을 동시에 시키며 구멍의 내면을 정밀하게 다듬질하는 가공이다. 내연 기관이나 액압장치의 실린더, 고속 베어링면 등의 내면을 다듬질하는 데 널리 응용되고 있다. 최근에는 원통의 외면, 평면, 크랭크축, 기어 등의 곡면에도 적용되고 있다. 치수 정밀도는 3~10㎛, 표면 거칠기는 1~4㎛ 정도로 높일 수 있다.

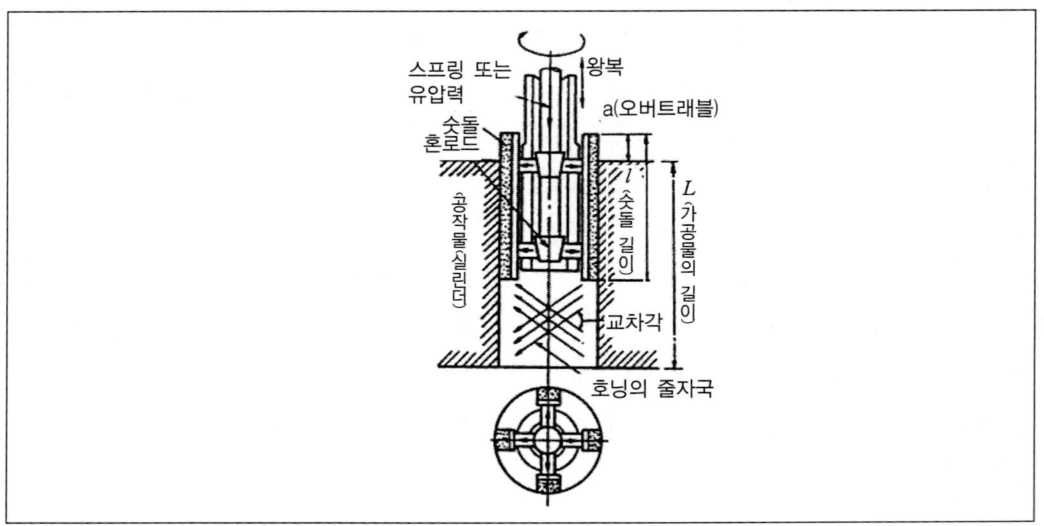

그림 14-1 호닝의 개념도

(2) 호닝 머신의 구조

호닝 머신의 구조는 혼을 회전과 왕복운동을 시켜 공작물의 원통내면을 유압 또는 스프링으로 압력을 주어 가공하게 되어 있다. 호닝 머신에는 수직형과 수평형이 있으며, 주로 수직형이 사용된다. 수평형은 구멍지름이 작고 긴 공작물 가공에 사용된다. 또한 다기통을 동시에 호닝하기 위한 다축호닝머신도 있다. [그림 14.2]는 실린더 호닝에 사용되는 단축 수직형 호닝 머신의 각부 명칭을 [그림 14.3]은 커넥팅로드를 호닝하는 다축호닝머신을 나타낸 것이다.

(3) 호닝 숫돌

연삭입자는 일반적으로 WA 또는 GC를 쓰는데 최근에는 다이아몬드나 CBN의 사용도 급격히 증가하고 있다. 이들의 공작물 재질에 의한 적당한 구분 사용은 강, 주강에는 WA주철, 비금속에 대하여는 GC를 쓰고, 다이어몬드 주철이나 조경합금에 CBN은 고경도의 경화강에 적합하다. 결합제는 비트리파이드 본드가 일반적이며, 다이어몬드 숫돌에서는 레지노이드 본드가 많고 CBN 숫돌은 레지노이드, 비트리파이드가 사용된다. 호닝에서 얻어지는 다듬질면 거칠기는 원칙적으로 숫돌의 입도에 의하여 결정된다고 생각되지만, 다른 많은 조건에 따라서도 약간의 영향을 받는다. 예를 들면 호닝 가공시간, 연삭량, 숫돌 압력, 절삭속도, 숫돌 결합도, 가공물재질, 강도 등에 따라 숫돌입자 날의 연삭성이나 절삭깊이가 변하고 호닝면의 다듬질면 거칠기가 좌우된다.

(4) 호닝조건

호닝속도는 공작물의 표면을 통과하는 입자의 속도이며, 이것은 혼의 회전속도와 왕복 속도의 합성 속도이다. 혼의 원주속도는 연삭작업 1/40 정도로 40~70m/min 정도이며, 왕복속도는 원주속도의 1/2~1/5 정도이다. 숫돌은 회전과 동시에 왕복 운동을 하므로, [그림 14.4]와 같은 입자의 운동 경로가 나타나며, 이 무늬의 교차각 α는 거친 호닝에서는 40~60°, 다듬 호닝에서는 20~40°이다.

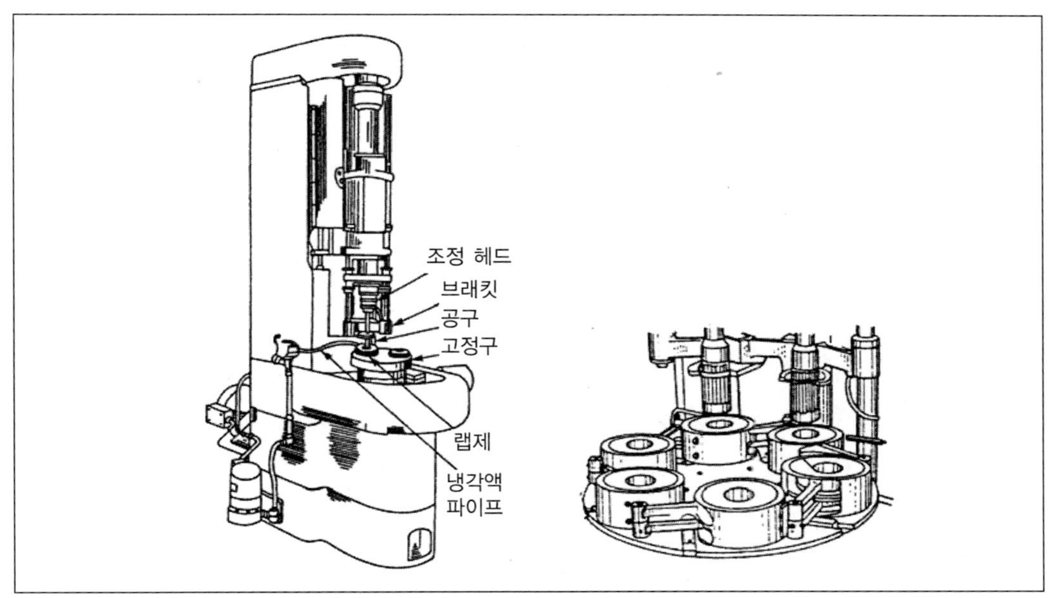

그림 14-2 단축 수직형 호닝 머신 **그림 14-3** 단축 호닝 머신

호닝에서 10kgf/cm^2 이상, 다듬 호닝에서는 4~6kgf/cm^2 정도이고, 레지노이

드 결합제 숫돌에서는 그 $\frac{1}{10}$ 정도로 한다. 호닝 여유는 거친 호닝에서는 0.05~0.1mm, 다듬 호닝에서는 0.005~0.025mm 정도이다. 호닝으로 깍아내는 두께는 5~25㎛ 정도이며 거친 호닝에서는 25~50㎛까지도 연삭한다.

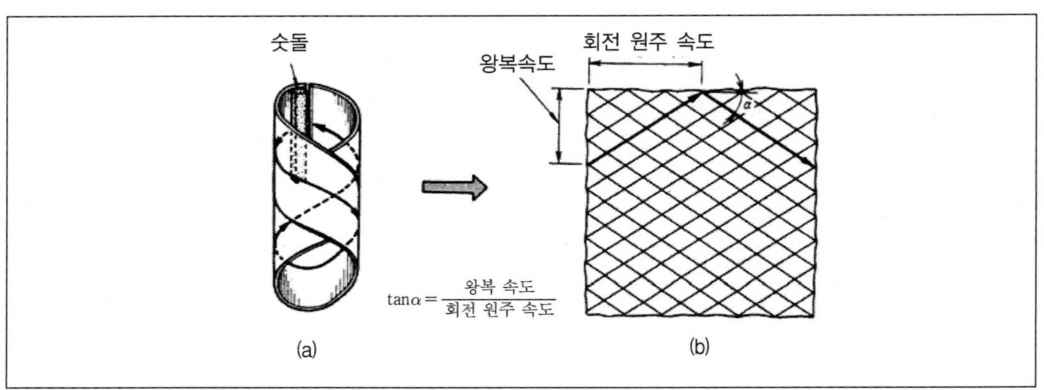

그림 14-4 혼 입자의 운동

14.2.2 액체 호닝(liquid honing)

(1) 액체 호닝의 개요

액체 호닝은 [그림 14.5]와 같이 연마제를 가공액과 혼합한 것을 압축 공기를 이용하여 노즐을 통하여 고속도로 공작물 표면에 분사시켜 미려한 다듬면을 얻는 가공법이다. 이 액체 호우닝은 짧은 시간에 매근해지나 광택이 적은 다듬질면을 얻게 되며, 피이닝 효과(peening effect)가 있고, 복잡한 모양의 공작물 표면 다듬질이 가능하다. 특히, 공작물 표면의 산화막이나 도료 등을 제거할 수 있는 이점이 있어 도장이나 도금의 바탕을 깨끗이 다듬는데 유리하다.

(2) 연마제와 가공액

연마제로는 SiC, Al_2O_3, 규사 등의 분말을 사용하며, 가공액으로는 물에 방청제를 첨가한 것을 사용한다. 연마제의 입도는 표면 다듬질 정도에 따라 적절히 선택한다.

(3) 액체 호닝 조건

다듬표면은 연마제의 농도, 공기압력, 분사시간, 노즐과 공작물과의 거리, 그리고 분사각에 따라 다르다.

공기압력은 보통 3.5~7.0kgf/cm^2 정도이며, 압력이 높을수록 가공 능률이 좋다.

연마제는 다량을 가공면에 분사하며, 그 양은 지름 12mm 노즐에 있어 매분당 5~7kgf 정도로 한다. 연마제와 가공액과의 혼합비는 용적으로 1:2 정도일 때 능률이 가장 좋다.

분사 노즐과 공작물 사이의 거리는 보통 60~80mm이며, 얇은 판을 가공할 때에는 적어도 200mm의 거리를 두어야 한다. 또, 다듬면에 대한 분사각도 중요한 조건이며, 철강의 경우 40~50° 정도가 가장 능률적이다. 다듬면은 분사각이 클수록 거칠어진다.

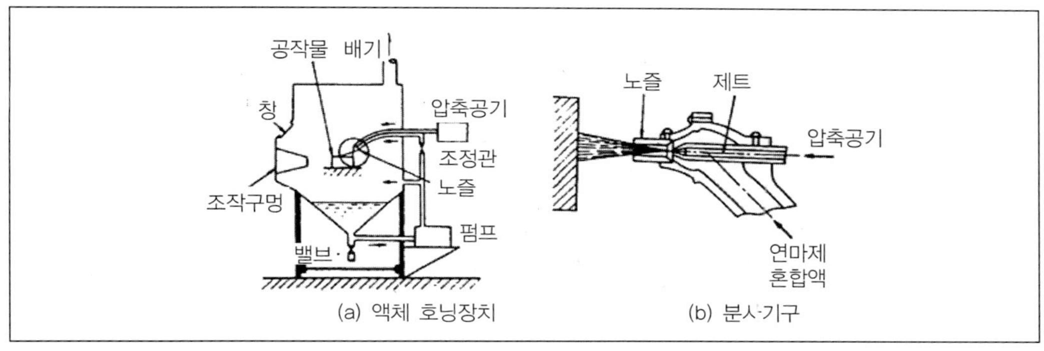

그림 14-5 액체 호닝의 원리

14.2.3 래핑(lapping)

(1) 래핑의 개요

래핑 작업은 마모 현상을 가공에 응용한 것으로서, 일반적으로 공작물과 랩공구(lap tool) 사이에 미분말 상태의 랩제와 윤활제를 넣고 이들 사이에 상대운동을 시켜 표면을 매끈하게 가공하는 방법을 래핑 가공(lapping work)이라고 한다. [그림 14.6]

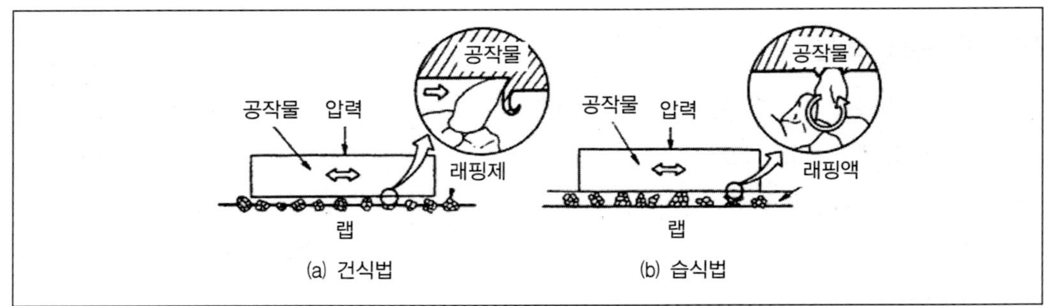

그림 14-6 래핑 방식

(2) 랩, 랩제 및 래핑유

① 랩(lap)

랩은 랩제를 그 표면에 묻힌 상태에서 공작물 표면과 마찰하여 공작물의 표면정 밀도를 높이는 공구이다. 그 재질은 공작물의 경도보다 연한 것이 사용되며, 보통 주철제가 많고, 연강이나 구리 합금이 것도 있다.

랩의 모양은 작업 목적에 따라 여러 가지가 있으나 습식법에 사용되는 랩은 [그림 14.7(a)]와 같이 면에 홈이 있어 래핑제나 래핑액을 공작물과 랩 접촉면에 균일하게 퍼지게 하고, 나머지는 빠져나가도록 되어 있다. [그림 14.7(b)]은 구멍용 랩이며, [그림 14.7(c)]는 축의 바깥면을 래핑하는데 쓰이는 랩이다.

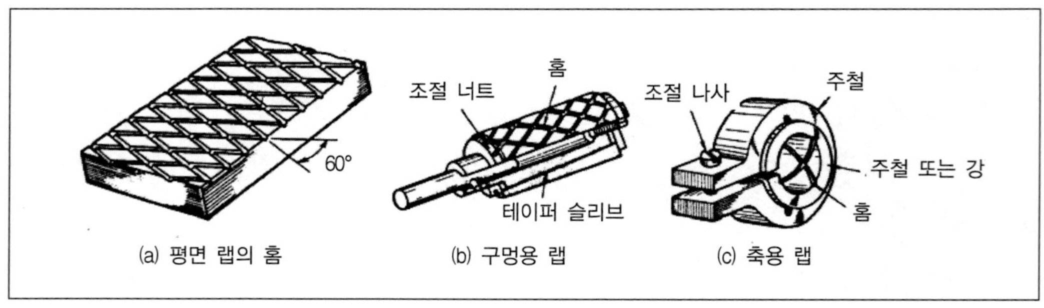

그림 14-7 랩의 종류

② 랩제 및 래핑유(lapping powder and lap oil)

작업에 적합한 입자와 래핑유를 선택함은 래핑의 중요한 요소가 된다. 랩제는 래핑분말(lapping powder)이라고도 한다. SiC, Fe_2O_3은 비교적 금속, 유리, 수정 등에 적합하며, Al_2O_3은 강에, 다듬질 래핑에는 Cr_2O이 적합하다. 래핑유는 랩제와 섞어서 사용하는 것으로, 입자를 지지하며 동시에 분리시키고 공작물에 윤활을 주어 긁히는 것을 방지한다. 주철 랩으로 경화강을 래핑할 때는 래핑유로 유류를 사용한다. 보통은 석유와 기계류를 혼합한 것이 많이 쓰인다. 율, 수정 등에는 물이 사용되고 있다. 올리브유, 돈유, 경유, 벤졸 등도 사용하는 예가 있으며, 그리이스(grease)는 연한 재료를 래핑하는 데 쓰인다. 래핑유와 랩제와의 혼합비는 같은 양을 표준으로 하되 공작물 가공면의 모양 또는 면적에 따라 실험적으로 정한다.

(3) 래핑방식(lapping method)

랩제를 사용하는 방식에 따라서 다음과 같이 2종류로 나눌 수 있다.

① 습식 래핑법(wet method)

랩제와 기름을 혼합하여 가공물에 주입하면서 래핑작업을 하는 방법으로, 주로 억센 랩으로 비교적 고압력, 고속도에서 가공하는 일이 많다. 스플라인 홈부(spline hole), 초경질합금, 보석 및 유리 등의 특수재료에 사용한다. [그림 14.6(b)]

② 건식 래핑법(dry method)

랩을 랩제 중에 파묻었다가 이것을 꺼내어 랩제를 닦은 다음 주로 건조상태에서 래핑작업을 한다. 이것은 주로 습식 래핑한 후에 표면을 더욱 매끈하게 가공하기 위항 사용된다. 이 방식은 블록 게이지 제작에 사용된다. 보통가공 표면의 거칠기는 0.02~0.0125㎛ 정도이다.[그림 14.6(a)].

(4) 래핑작업과 래핑 머신

① 래핑작업

래핑에는 손작업으로 하는 핸드 래핑(hand lapping)과 래핑 머신을 사용하는 기계 래핑(machine lapping)이 있다. 핸드 래핑은 선반이나 드릴링 머신을 이용하기도 한다. 또, 수량이 적거나 적합한 전용 기계가 없을 때에는 손 래핑을 할 수밖에 없다. [그림 14.8]은 핸드 래핑작업의 예이다.

핸드 래핑에 사용하는 랩은 그 모양이 아주 간단하며, 평면 래핑에는 평면 랩 위에 래핑입자를 놓고 공작물을 손으로 잡아 8자형으로 운동시키며 래핑한다. 원통 래핑은 둥근 봉의 외경과 거의 같은 내경을 가진 랩을 공작물에 맞추고 죔나사로 정밀히 조절하고, 손잡이를 잡고 축 방향으로 움직여 전길이를 래핑한다. 내면 래핑을 하는 데는 원통형 랩에 회전운동을 주며 공작물을 손으로 붙잡고 축 방향으로 왕복운동을 시켜 작업한다. 이때 랩의 길이는 공작물의 구멍 길이보다 약간 길게 한다. 래핑속도는 래핑 입자가 비산되지 않는 정도로 한다. 건식 래핑에서는 50~80m/min 정도며 너무 바르면 열이 발생하고, 열처리 표면층이 변질된 염려가 있다. 래핑압력은 습식에서는 0.5kgf/cm^2 정도이며, 너무 압력이 높으면 래핑액이 밀려 나가므로 건식래핑이 된다. 건식일 때에는 강철의 경우 1.0~1.5kgf/cm^2, 주철의 경우 이보다 낮게 한다. 래핑 다듬여유는 0.01~0.02mm 정도로 한다.

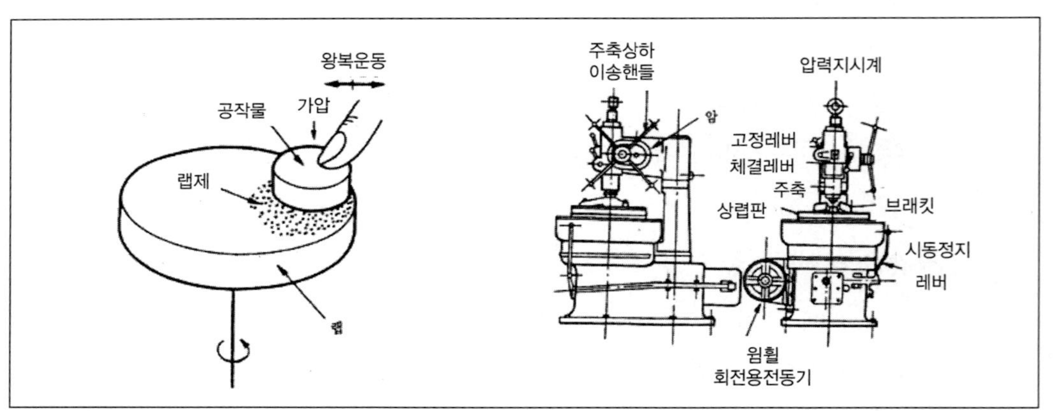

그림 14-8 핸드 래핑 작업

그림 14-9 수직형 래핑 머신

② 래핑 머신(lapping machine)

래핑 머신에는 수직형 래핑 머신, 연삭 래핑 머신, 센터 구멍래핑 머신, 강구 래핑 머신, 센터리스 래핑 머신, 기어 래핑 머신 등이 있다. 래핑 머신은 랩을 지지해 주는 축의 방향에 따라 수직식과 수평식이 있다. 또, 랩은 한쪽 면을 사용하는 것과 양쪽 면을 사용하는 것이 있다. 래핑은 연삭으로 정밀하게 다듬질한 원통면, 평면 또는 기어의 잇면까지도 다시 매끈하게 연마해 준다. 평면 및 원통 외면의 래핑에 널리 사용되는 래핑 머신은 래핑판의 중심선이 수직으로 된 수직형 래핑 머신이다. 그 구조는 [그림 14.9]와 같이 상 랩판과 상대하여 회전하고 있는 하 랩판이 있고, 공작물은 그들 랩판 사이에서 편심으로 회전하고 있는 홀더에 끼어 다듬질하게 된다. 이때 상 랩판은 회전하지 않고 브래킷으로 주축에 연결되어 있으며, 그 상하 위치는 래크와 피니언으로 수동 조절할 수 있게 되어 있다. 보통 상하 랩판은 주철로 되어 있고 기계의 크기는 랩판의 지름, 압력으로 나타낸다.

[그림 14.10]은 평면래핑 공작물 홀더를 나타낸 것이며, (a)는 평면 래핑의 한 예이다. 위 아래 랩판 사이에 공작물 홀더로 공작물을 지지하고 상랩판으로 공작물을 누른다. 공작물은 랩면을 구르며 미끄럼 운동을 하여 래핑이 된다. [그림 14.10(b)]은 평면 래핑용 공작물 홀더의 한 예이다. 이 홀더는 자전하면서 공전하고, 여기에 고정된 공작물은 그물눈 모양으로 래핑이 된다.

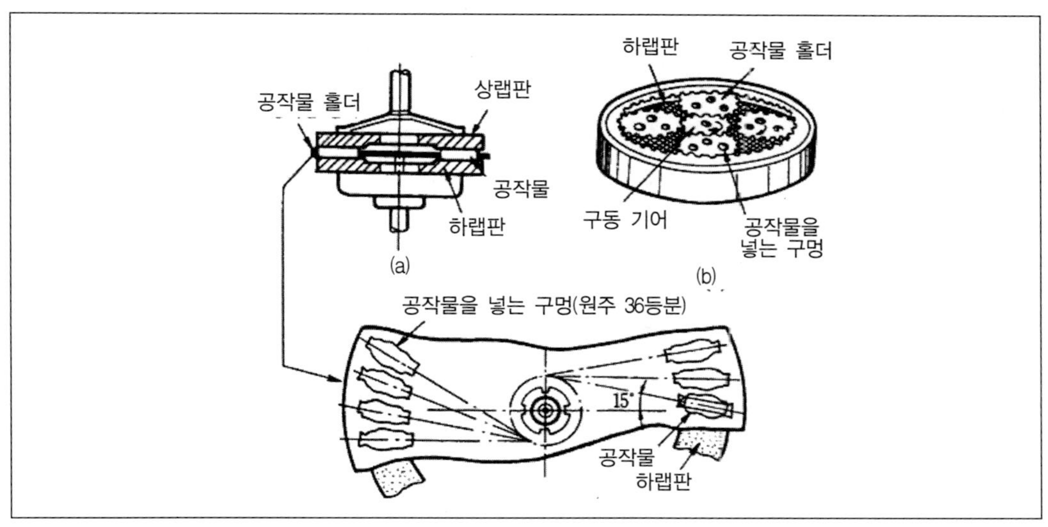

그림 14-10 평면 래핑용 공작물 홀더

14.2.4 슈퍼 피니싱(super finishing)

(1) 슈퍼 피니싱의 개요

슈퍼 피니싱은 입도가 작고, 연한 숫돌을 작은 압력으로 가공물의 표면에 가압하면서 공작물에 피드를 주고, 또 숫돌을 진동하면서 공작물을 완성가공하는 방법을 말한다. 슈퍼 미니싱에 의한 가공면은 매끈하고, 방향성이 없고, 또한 가공에 의한 표면의 변질부가 지극히 적다. [그림 14.11]은 원통외면을 다듬질할 때의 공작물과 숫돌의 운동관계를 표시한 것이다. 호닝과 같이 기름숫돌에 의해 공작물의 표면에서 미세한 칩을 깎아내어 치수 정밀도가 높은 다듬질을 얻는 방법으로 숫돌은 공작물에 가압 장치에 의해 밀어붙여지고 매분 수백~수천의 진동수, 진폭이 수 mm의 진동을 하면서 화살표방향으로 이송된다.

한편 공작물은 회전되고 있으며 전표면이 균일하게 다듬질되는 것이다. 원통외면 이외의 내면이나 평면, 곡면에 대해서도 슈퍼 피니싱 작업을 실시하고 있으나, 특히 중요한 축의 베어링, 접촉부, 각종 게이지, 각종 롤러, 초정밀 가공 등에 실용화되어가고 있다.

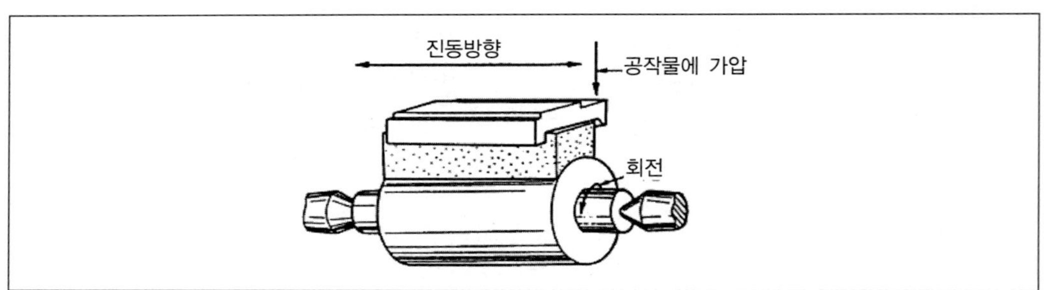

그림 14-11 원통면의 슈퍼 피니싱

(2) 슈퍼 피니싱용 숫돌

슈퍼 피니싱은 숫돌에 의해 가장 큰 영향을 받는다. 따라서 숫돌의 선택에 있어서 기준이 되는 인자 즉 숫돌입자, 입도, 결합도, 결합제, 조직에 대하여 살펴본다.

① 숫돌 입자 및 입도

숫돌재료로 Al_2O_3계와 SiC계가 사용되는 것은 연삭의 경우와 유사하며, 가공물의 재질에 따라 용도가 다르다. 인장강도가 적은 가공물에는 SiC계를 사용하고, 인장강도 및 경도가 큰 가공물에는 Al_2O_3계를 사용하고 입도는 #80, 220, 240, 320, 400, 500, 600, 800 등이다.

② 숫돌의 결합도 및 조직

숫돌의 결합도는 연삭에 사용하는 것보다 연한 것을 선택하고 그 기준은 절삭 조건이나 공작물에 따라 다르다. 결합도가 높은 숫돌은 눈메움을 일으키는 경향이 많고 연한 숫돌에 대해서는 연삭 입자가 탈락되기 쉬우므로 절삭성이 좋고 반면에 다듬질면은 거칠다. 숫돌의 조직은 숫돌 표면에 있는 연삭 이자의 대소에 따라 절삭 능률이 좌우되며, 일반적으로 입자의 조직은 No.11～12의 조직이 적당하다.

(3) 숫돌과 가공물의 상대 운동

숫돌의 운동은 초기 가공에는 작은 진폭에 진동수를 크게 하여 왕복운동을 시키고, 그 정도는 진폭=1.5㎜, 진동수=500사이클, 그리고 후기 가공에는 진폭을 다소 크게 하고 진동수를 줄인다. 이때는 진폭=5㎜, 진동수=100 사이클 정도로 한다. 가공속도가 크면 진동수도 크게 하여 2500 정도까지도 사용할 수 있다.

가공물의 주속과 숫돌의 진동수는 입자의 궤적과 가공물의 원주방향이 형성하는 초대 교차각 30～60°를 기준으로 하고 숫돌입자의 속도는 5～30m/min으로 한다.

ⓐ 초기가공

억센숫돌에 의한 거친가공의 가공물, 속도는 5～10m/min

ⓑ 후기가공

미세한 입자의 숫돌을 사용하는 매끈한 가공물, 속도는 15～30m/min

(4) 숫돌압력

숫돌압력은 가공물의 경도, 숫돌 결합도, 운동조건, 전가공의 거칠기, 가공시간 등에 따라 적당히 선택한다. 숫돌 소모량에는 숫돌 압력에 대한 임계현상이 있다.

즉, 압력이 적을 때는 숫돌의 소모는 숫돌입자 날 선단부의 파쇄만으로 소모량이 적으나, 일정압력(1.5kgf/cm^2) 이상이 되면 숫돌입자는 파쇄 외에 탈락하기 시작한다.

제1단 가공(작업의 도중에서 작업 조건을 바꾸지 않고 일정 조건하에서 슈퍼 피니싱을 하는 방법)일 때는 사용 숫돌의 임계압력을 구하여 이것보다 다소 적은 압력을 적용하면 좋다. 보통은 1.0~2.0kgf/cm^2 정도이다.

제2단 가공(거친 가공과 다듬질 가공의 두 공정으로 나누어 각각의 작업 조건을 바꾸어 슈퍼 피니싱 하는 방법)일 때 임계압력보다 높은 압력으로 또 다듬질 가공일 때는 임계압력보다 낮은 압력을 사용하면 좋으므로 보통 거친 가공에서는 2.5~5.0kgf/cm^2, 다듬질 가공에서는 0.5~1.5kgf/cm^2 정도가 사용된다.

(5) 가공액

슈퍼 피니싱에 있어서는 숫돌압력이 낮고 또 절삭속도가 느리므로 발열은 적다. 따라서 가공액은 보통의 연삭작업과 같은 냉각작용을 시킬 필요가 있다. 슈퍼 피니싱 할 때의 가공액의 역할은 다음과 같다.

- 탈락 숫돌입자가 칩을 흘러내리게 한다.
- 숫돌입자 선단은 잘 윤활시켜 그 절삭 작용을 돕는다.
- 다듬질 공정에서는 절삭 작용을 제어하여 숫돌을 적당히 눈메움시킨다.

이러한 목적을 위하여 보통 경우에 스핀들유, 머신유, 터빈유 등을 10~30% 혼입한 레드우드(redwood) 점도(상온) 35~45S 정도의 것이 쓰인다.

대개 혼합율 20% 경우가 가장 좋은 결과를 준다. 연삭에 쓰이는 유화유(乳化油) 계통의 것은 숫돌이 심한 가공 막힘을 일으켜, 절삭 능률이 낮으므로 부적당하다.

Chapter 15

특수가공

특수가공

15.1 특수가공법의 개요

일반적으로 가공법은 소성가공, 주조, 용접, 기계가공 등을 이용하여 기계를 제작하기 위한 재료 가공을 한다. 최근에는 신소재의 개발 및 기계부품의 내구성을 증가시키기 위하여 종래보다 내마멸성이 크고 내열성이 강한 재료들이 사용되고 있는데, 이 재료들은 절삭과 연삭으로서는 가공이 곤란하여 종래의 가공방법과는 가공원리가 전혀 다른 가공법이 요구되었다. 이와 같이 절삭과 연삭과는 가공 방식이 다른 가공방법을 총칭하여 특수가공법이라 한다.

15.2 기계적 특수가공

15.2.1 워터 제트(water jet) 가공

(1) 워터 제트 가공의 개요

워터 제트 가공은 분진 및 열이 잘 발생하지 않고 절단면의 찌그러짐이나 변형이 적은 고 에너지 가공법의 하나로서 주목되고 있으며, 워터 제트에는 맑은 물에만 의존하는 애쿼제트(aqua jet)와 연마재를 혼입시키는 어브레시브 제트(abrasive jet)가 있다. [그림 15.1]은 워터 제트 가공시스템을 나타낸 것이다.

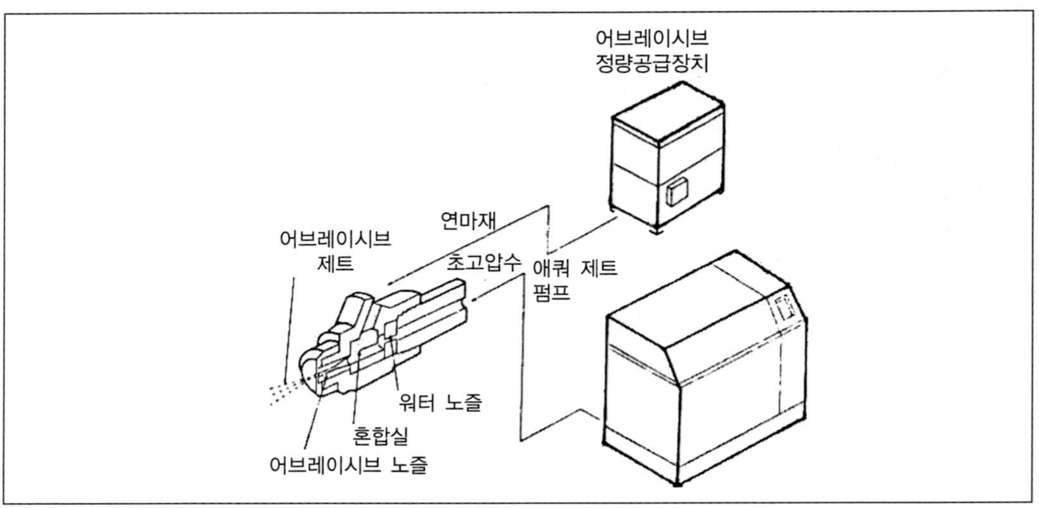

그림 15-1 워터 제트 가공시스템

가공성능은 공작물 재질이외에 워터제트의 파라미터 설정에 의하여 크게 좌우된다. 주요 파라미터로서는 다음과 같은 항목들을 들 수 있다.

① 초 고압수의 토출압력 및 분사수량
② 노즐의 형상 및 가공물의 이동속도(절단속도)
③ 연마제의 유무 또는 그 공급량
④ 연마제의 종류와 입도

(2) 가공의 특징

① 애쿼 제트 가공

- 공구로 절단할 때와 같은 절단면의 찌그러짐이나 변형, 스트레인이 없으므로, 고무, 우레탄, 프린트 기판 등의 가공에 적합하다.
- 가공시 발열이 적어 발화, 폭발의 위험성이 있는 작업에 대하여 안전하다.
- 노즐 지름이 0.1~0.5 mm로 작으므로 절단여유가 적어 특히 고가의 재료에 대하여 유효하다.
- 레이저 절단과 같은 냄새, 그을림, 늘어붙는 것이 없으므로 작업환경의 개선에 적합하다.
- 가공물과 노즐은 비접촉이기 때문에 공구절단과 비교하여 공구의 마모, 막힘이 없다.

② 어브레이시브 제트 가공

애쿼 제트 가공의 특징 이외에 다음 사항을 들 수 있다.

- 금속의 절단이 가능 : 티탄, 인코넬, 철강재
- 광물질의 절단이 가능 : 콘크리트, 석재
- 복합체의 절단이 가능 : 철근 콘크리트, 코팅 플레이트, 제진강판

③ 워터 제트 가공이 곤란한 분야

- 워터제트는 대기 중에서 확산되기 때문에 속이 빈구조(파이프)에서 윗면과 아랫면의 절단 상황이 일치되기가 곤란하다.
- 수동 공구화는 제트의 반력 및 안전성면에서 사용이 곤란하며, 절단기구(로봇, 매니퓰레이터)가 필수적이다.

15.2.2 배럴 가공(barrel finishing)

배럴 가공은 배럴(회전하는 상자)에 공작물과 숫돌입자, 공작액, 콤파운드 등을 함께 넣어 공작물이 입자와 충돌하는 동안에 그 표면의 요철을 제거하여 매끈한 가공면을 얻는 방법이다. 배럴가공은 소형 주물 또는 단조물의 표면을 청정 및 연마하는데 주로 사용되었으나 점차 개량되어 정밀가공의 일부분으로 사용되고 있다. 배럴가공은 회전형과 진동형으로 구분할 수 있다.

① 회전형 배럴

[그림 15.2]와 같이 매분 100~200 회전하는 터릿 위에 배럴을 설치하고 터릿의 회전에 의한 원심력과 터릿 내에서 자전하는 배럴에 의해 가공을 한다. 배럴 형상은 보통 6~8각이다.

② 진동형 배럴

배럴을 진동시킴으로서 다듬질 가공하는 것으로서 [그림 15.3]과 같이 U형 단면의 용기 하부에 고정된 편심회전체에 의해 상하, 좌우로 진동을 주어 가공한다. 회전형에 비해 가공능률은 10배 정도로서 거친 다듬질에 적합하다. 진동조건은 진폭 3~9 mm, 진동수 20~60 사이클이 일반적이다.

- 미디어(media)

완성 가공을 촉진 및 조절할 수 있는 매개물로서 숫돌입자, 석영, 모래, 금속, 나무, 가죽 등이 사용된다. 미디어의 가공작용은 연삭의 효과, 녹이나 스케일의 제거, 표면의 광택 등이다.

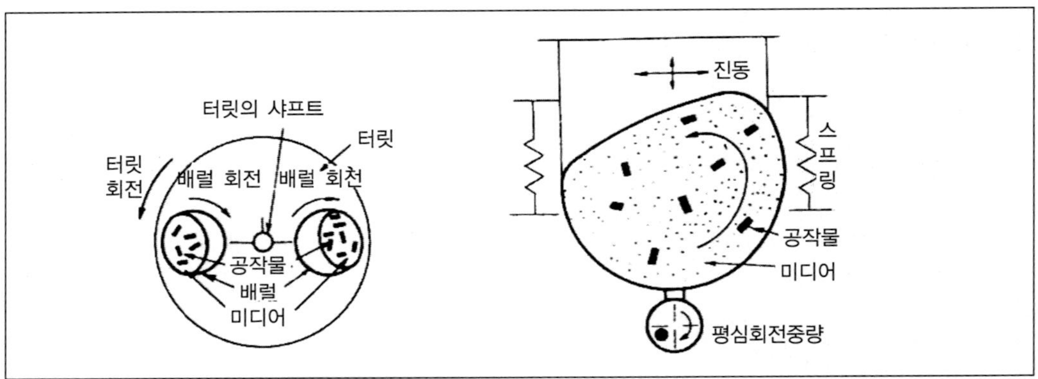

그림 15-2 회전배럴의 개념도

그림 15-3 진동배럴의 개념도

15.2.3 버니싱(burnishing)

버니싱은 이미 가공되어 있는 구멍에 다소 큰 볼을 구멍에 압입하여 절삭가공에서 생긴 가공흔적을 경면과 같이 정밀도를 높이는 가공이다. 일반적으로 연질 재료에는 강구를 강재에는 초경합금 볼을 사용한다. 가공면은 압축응력이 발생하여 피로강도가 향상되는 효과를 얻을 수 있다[그림 15.4].

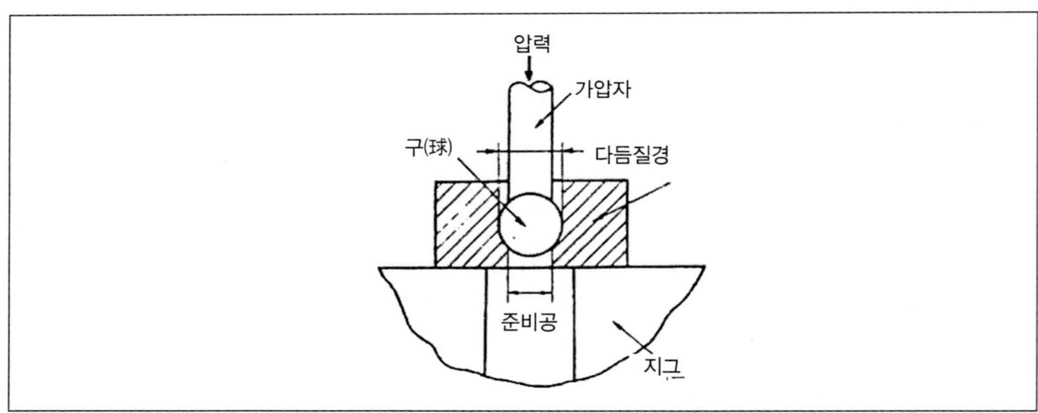

그림 15-4 버니싱 가공

15.2.4 롤러 다듬질 가공(surface roll finishing)

[그림 15.5]과 같이 롤러를 회전하는 공작물에 압착하여 이송하여 공작물 표면에 소성변형을 일으키면서 요철을 감소시켜 매끈한 다듬면을 얻는다. 즉, 전가공에서 생긴 거친 다듬질면을 매끈하게 하고 치수 정밀도를 향상시키는 가공법이다.

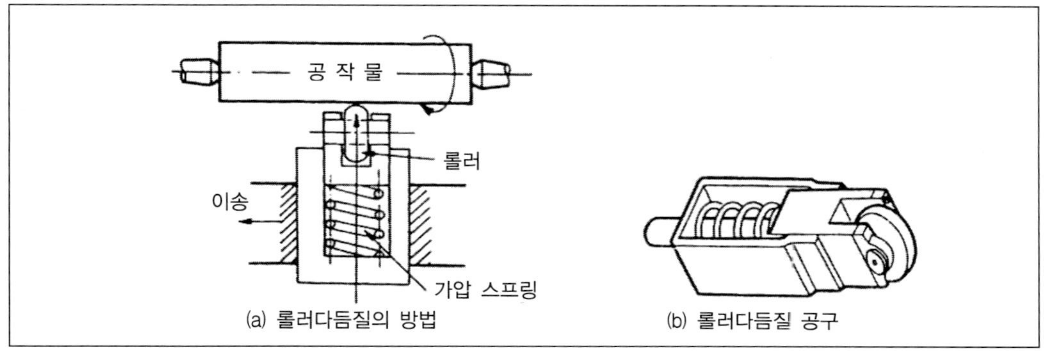

그림 15-5 롤러 다듬질

15.2.5 숏 피닝(shot-peening)

경화된 철의 작은 볼(shot)을 공작물의 표면에 분사하여 그 표면을 매끈하게 하는 동시에 피로 강도나 기계적 성질을 향상시키는 가공을 말한다. 숏 분사기는 압축공기를 이용한 것과 원심력을 이용하여 숏을 분사시킨다. 숏에는 칠드 주철 숏, 가단주철 숏, 컷와이어 숏 등이 있으며 공기 분사식의 공기압은 4 kg/cm^2 이상이면 오히려 재료의 표면조직을 파괴한다. 분사각은 90도(degree)일 때 가공층의 두께가 가장 두꺼워진다[그림 15.6].

15.2.6 폴리싱과 버핑(polishing and buffing)

폴리싱은 목재, 가죽, 직물 등의 탄성이 있는 재료로 된 바퀴 표면에 부착시킨 미세한 연삭입자로서 연삭 작용을 하게 하여 공작물의 표면을 버핑하기 전에 다듬는 방법이다. 버핑은 일종의 유연연삭으로서 전공정에서 얻은 표면을 다듬는 작업이다. 보통 모, 직물 등으로 원반을 만들고 이것에 윤활제를 섞은 미세한 연삭입자의 연삭작용으로 공작물의 표면을 매끈하게 광택을 내는 작업이다. 연삭입자는 WA, GC를 사용하며, 폴리싱과 버핑의 속도는 2000~5000 m/min 정도의 고속도로로 회전시킨다.

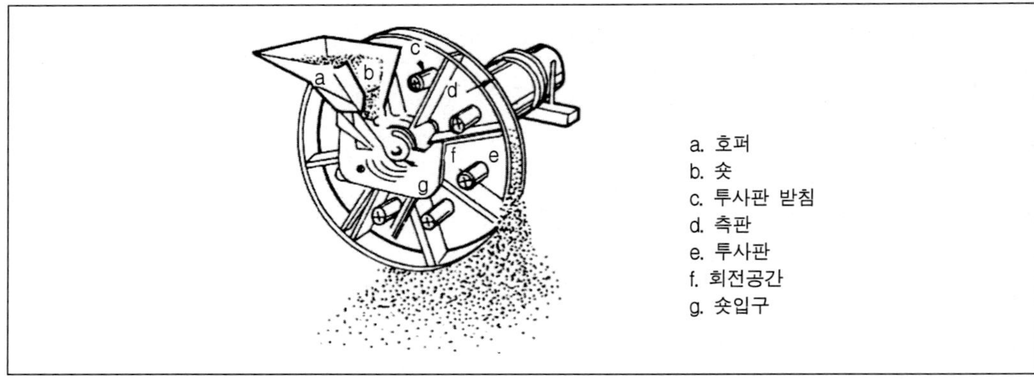

그림 15-6 분사식 숏 피닝기

15.3 전기적 특수가공

15.3.1 초음파 가공(ultra-sonic machining)

(1) 초음파 가공의 개요

초음파는 보통 사람의 귀에 들리지 않을 정도로 주파수가 높은 소리를 말하는데 약 16 kHz/sec 이상의 음파를 초음파라 한다. 즉, 초음파의 실태는 매질 속을 전파하는 탄성진동파라 할 수 있다. 초음파 가공의 원리는 1927년에 발견되었는데 현재와 같은 초음파 가공기가 개발된 것은 제2차 세계대전 후이다. 일반적으로 초음파가공이라 하면 초음파 연삭입자 가공을 말한다.

(2) 초음파 가공의 원리

[그림 15.7]은 초음파 가공의 원리를 나타낸 것으로서, 초음파 진동을 발생시키는 진동자에 접합되어 있는 진동폭 확대용의 금속 폰(phon) 선단의 공구를 공작물에 대하여 수직으로 대고 공작물과의 사이에 연삭입자와 액체의 혼합물을 가하면

서 초음파 진동(일반적으로 18~30 kHz의 주파수가 사용됨)을 하고 있는 공구를 일정한 정압으로 공작물과 접촉시키면 연삭입자가 공구의 진동에 의한 해머링 작용에 의하여 공작물에 미세한 가공 조각을 발생시키면서 공구의 형상에 따른 형으로 가공해 간다. 1 진동당의 가공량은 적지만 매초 수만 회의 가공을 반복하므로 상당한 속도로 가공이 진행된다.

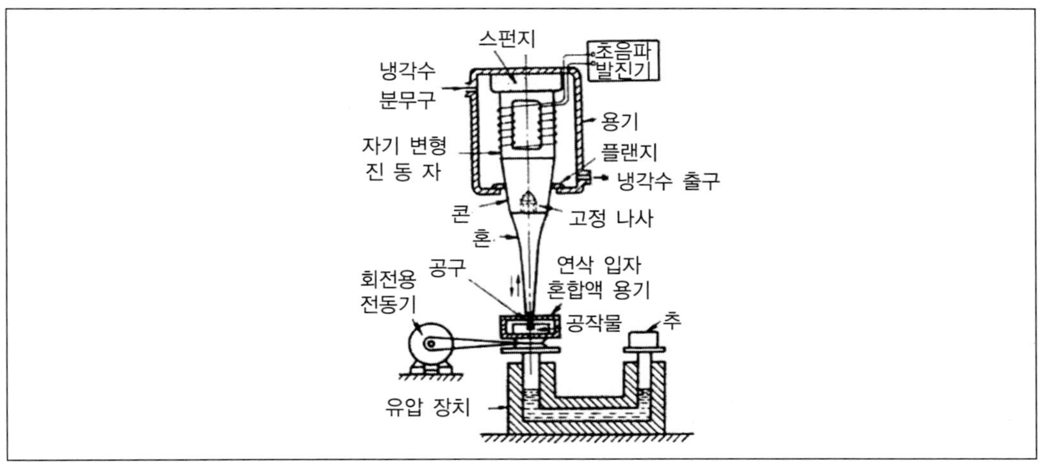

그림 15-7 초음파 가공의 원리

(3) 초음파 가공기의 구성

초음파 가공기는 초음파 발진기, 진동계, 공구, 공작물지지대, 연삭입자 공급부 등으로 구성되어 있다[그림 15.8]. 현재 주로 사용되고 있는 초음파의 발생방법은 발진기 등으로 전기적 진동에너지를 발생시켜 이들을 진동자라고 하는 전기음향변환기에 가하여 기계적 진동에너지로 변환하여 이진동자에 접하는 음향전달 매질 속(매체 속)으로 초음파를 방사하는 방법이다.

(4) 초음파 가공의 적용 및 특징

초음파 가공은 금속, 비금속, 도체, 부도체 모두 가능한데 초경합금 등의 경질 금속의 가공에 적합하다. 현재 주로 보석, 반도체 등의 가공에 이용되고 있다. 이 가공법의 특징은 공구에 의한 충격작용에서 연삭입자가 공작물을 미세하게 깨뜨리고 부수어 가공하므로 전기적 양도체 불량도체를 막론하고 경질, 연질의 금속 및 비금속의 드릴링(둥근 구멍, 모가 난 구멍 등), 절단, 조작, 표면 다듬질 등을 가공할 수 있다. 또한 미세한 연삭 입자에 의한 미크론적인 가공법이므로 공작물에 미치는 충격력의 범위는 근소하며 가공 스트레인(strain)이 거의 남지 않는다.

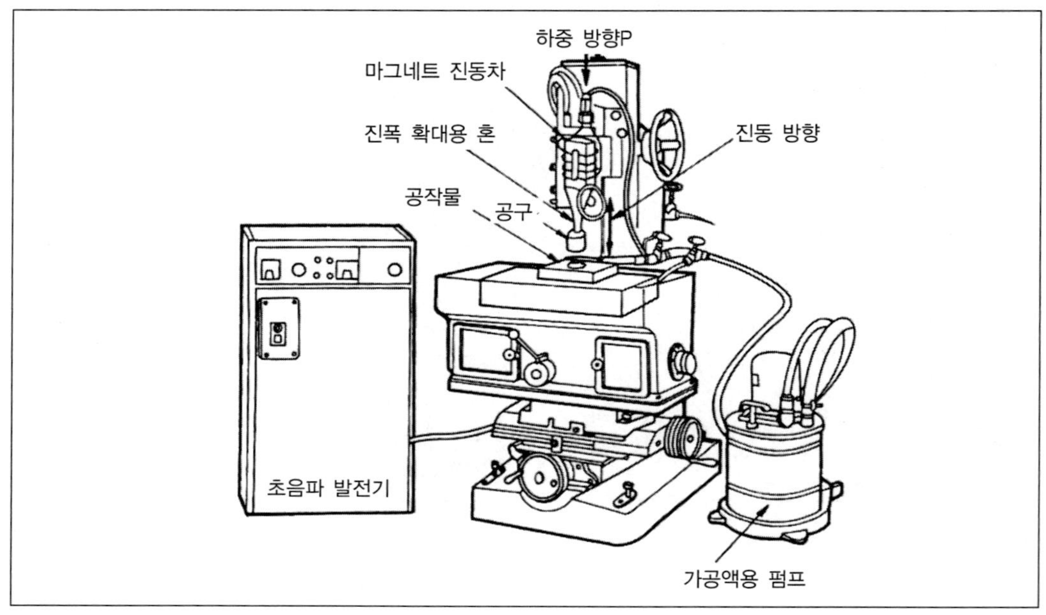

그림 15-8 초음파 가공기

15.3.2 **방전가공**(electric discharge machining : EDM)

(1) 방전가공의 개요

방전가공은 가공액 중에서의 방전에 의하여 직접 기계가공을 하는 가공법으로 방전전극의 소모현상을 이용한 것이다. 일반적인 기계가공은 공작물의 경도보다 높은 경도의 공구를 사용하여 가공하나, 방전가공은 공작과 공구(전극)가 직접 접촉함이 없이 상호간에 일정한 간격을 유지하면서 그 사이에서 물리적으로 가공함으로, 공작물의 재질, 경도와는 무관하게 전기가 통하는 물체는 어느 재료이든 가공이 가능하다.

(2) 방전가공의 원리

방전가공은 공작물의 모양에 따라 알맞게 맞는 전극(공구)과 공작물 사이에 방전을 시켜 구멍뚫기, 조각, 절단, 그 밖의 가공을 하는 방법이다. 즉, [그림 15.9]과 같이 직류 전원(VD)으로부터 콘덴서(C)를 충전시켜주고 전극과 공작물을 절연성의 액체(보통 : 석유, 경유)중에서 극히 미소한 간극으로 접근시켜주면 이 미소 간격(gap : 5~10μm 정도)을 통해 방전이 발생한다. 전압이 0이 되면 계속 충전을 하면서 이를 반복하는 것이다.

한편, 공구로 사용되는 전극도 스파크 방전으로 조금씩 소모되므로, 적절한 간격을 유지할 수 있도록 정밀한 제어기구가 필요하다. 전극은 가공이 쉽고 열전도도가 좋아야하며, 용융점이 높을수록 좋은 것이다. 전극으로는 구리나 흑연 등이 쓰이고 있으며, 그밖에 구리-텅스텐, 은-텡스턴 등이 쓰일 때도 있다. 제거된 재료는 칩이 되어 미분상태로 가공액 중에 부유물이 떠있기 때문에 펌프로 가공액을 순환시키며 부유물을 필터로 걸러내고 있다.

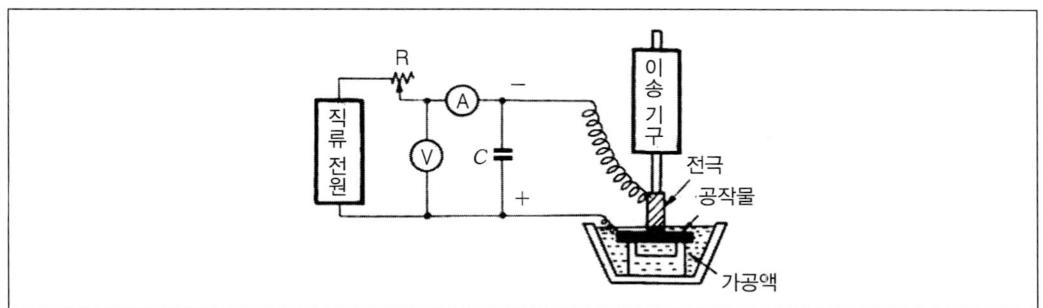

그림 15-9 직류 컨덴서 방전 가공기의 원리

[그림 15.10]은 방전가공기의 개념도를 나타낸 것이며 가공기 본체의 기본구성은 방전을 위한 펄스전원회로, 공구전극, 공작물, 가공기 몸체, 가공 스크랩의 여과장치를 포함한 가공액 순환계, 그리고 가공현상을 제어한기 위한 전극이송 서보기구, 공작물 또는 전극위치 결정기구로 되어있다. 가공기의 능력은 가공류의 크기, 공작물 최대 중량, 전원 용량 등으로 표시된다. 또 가공 정밀도를 좌우하는 것으로는 방전현상 이외에 기계강성, 위치결정 정밀도 등이 중요 인자가 된다.

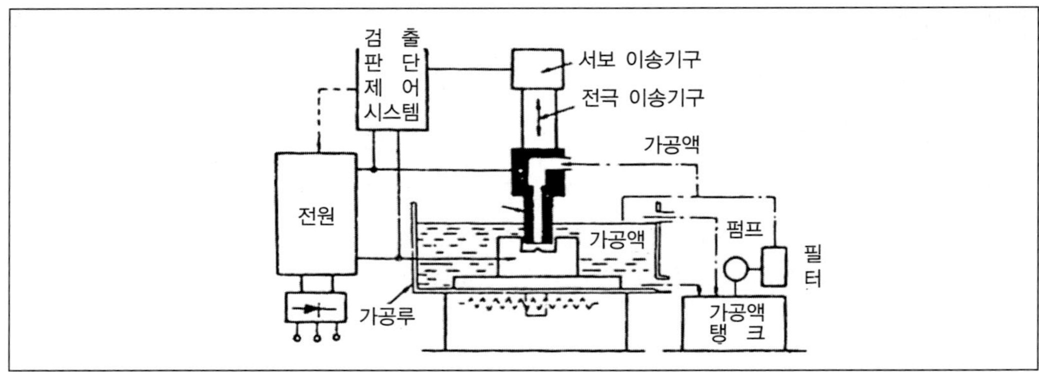

그림 15-10 방전가공기 개념도

(3) 방전가공의 특징

방전가공의 특징은 높은 경도를 갖는 재질에 현저하게 우수한 성능을 발휘하는 것이며, 경질합금, 단금질된 고속도강, 내열강, 스테일리스 강철, 다이아몬드, 수정 등의 각종 재질의 절단, 천공, 연마 등에 이용된다. 또 열의 영향이 적으므로 가공 변질층이 얇고 내마멸성, 내부식이 높은 표면을 얻을 수 있다. [그림 15.11]는 방전 가공물의 예이며, [그림 15.12]은 흑연전극의 예를 나타낸 것이다.

그림 15-11 방전 가공물의 예

그림 15-12 흑연 전극의 예

15.3.3 와이어 컷 방전 가공기

프레스 다이, 압출 다이, 테이퍼 가공 등 매우 폭넓은 가공을 할 수 있는 와이어 컷 방전은 지름 0.05~0.25 mm의 가는 황동선 등을 전극으로 사용하고, 이 와이어에 장력을 주어 감으면서 [그림 15.13]와 같이 요구하는 윤곽선을 따라 이동시켜 간다. 이때, 와이어와 공작물 사이에 방전을 발생시켜 가공하는 기계를 와이어 컷 방전가공기라고 한다.

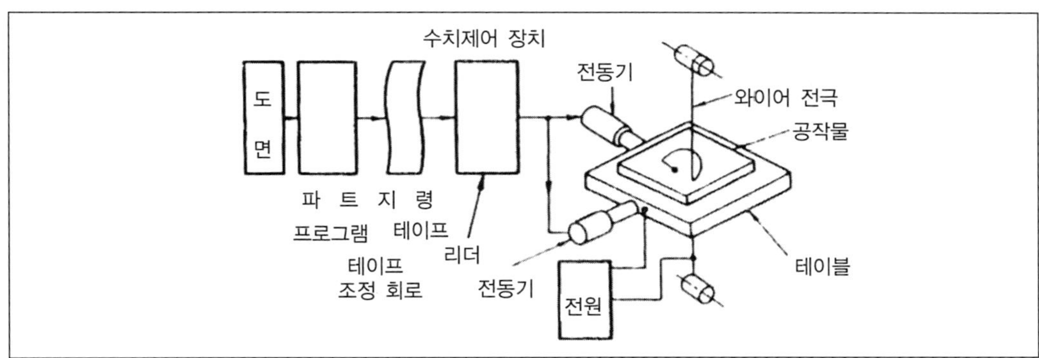

그림 15-13 와이어 컷 방전 가공의 원리

와이어 컷 방전가공기의 절삭 작용은 마치 실톱이 공작물을 자르는 2차원 윤곽 절삭방법과 비슷하다. [그림 15.14]는 와이어 방전가공물의 예를 나타낸 것이다.

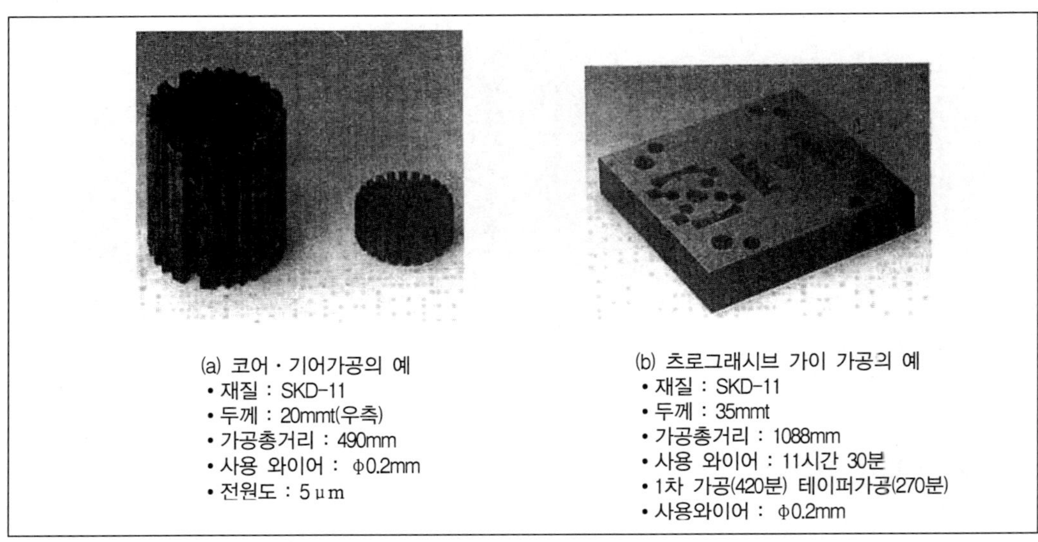

그림 15-14 와이어 컷 방전 가공의 예

15.3.4 전해 연마(electrolytic polishing)

전해연마는 전기도금과는 반대로 공작물을 양극으로 하여 전해액 중에서 양극의 용출을 이용하여 표면을 매끈하게 다듬질하는 방법을 전해연마라고 한다.

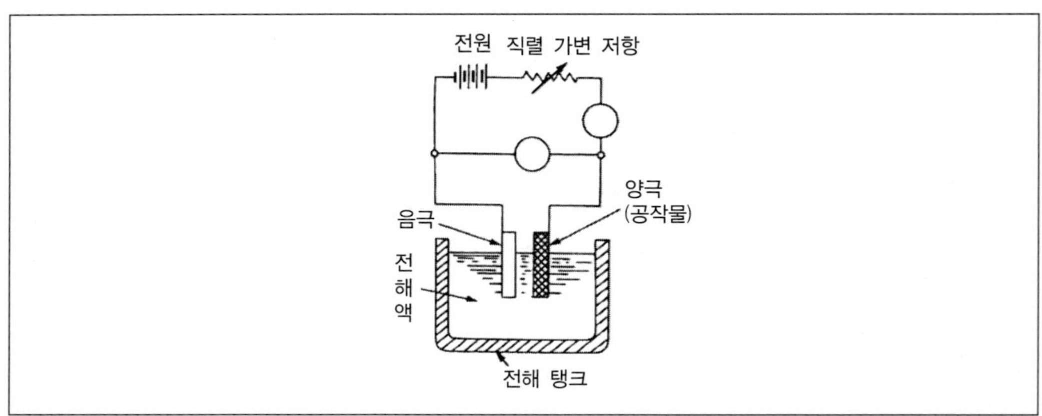

그림 15-15 전해 연마

전해액은 공작물에 따라서 인산, 황산, 질산, 무수크롬산, 과염소산 등을 단독 또는 적당히 혼합하여 사용한다. 이 방법은 치수, 형상 정밀도의 향상은 별로 기대할 수 없으나 기계적 부하가 적게 걸리는 얇은 공작물의 다듣질이나 기계 연마할 수 없는 형상의 가공, 동시 다량 가공에 적합하다.

[그림 15.15]은 전해연마의 원리를 나타낸 것으로서, 전해장치에서 어느 정도 전압을 늘리면(1 A/cm^2 정도의 전류를 보냄으로서 전기에 의한 화학적 용해작용을 일으킴) 공작물에서 용출한 이온과 전해액에 의해 비중점성, 전기저항이 높은 에멀션이 생성하고 이것이 오목부를 덮어 그 부분에서의 공작물의 용출을 방해하여 결과적으로 볼록부가 우선적으로 용출하여 매끈함이 이루어진다. 전해연마의 주요 특징은 다음과 같다.

① 철과 강의 전해연마는 다른 금속에 비하여 어렵다. 강에는 불활성 탄소를 함유하고 있으므로 가공이 어렵고, 주철은 유리 탄소를 함유하고 있어 가공이 불가능하며, 탄소량이 적을수록 유리하다.
② 연질의 금속, 알루미늄, 동, 황동 등은 물론 청동, 카드뮴, 코발트, 크롬, 저탄소강, 스테인리스강, 니켈, 텅스텐 등을 용이하게 연마할 수 있다.
③ 알루미늄 및 그 합금은 연하기 때문에 기계가공으로 광택면을 얻기가 어려우나, 전해 연마를 하면 거울과 같은 매끄러운 면을 얻을 수 있다.
④ 내마멸성, 내부식성이 좋아진다.

15.3.5 **전해연삭**(electro chemical grinding, ECG)

전해연마에서 나타난 양극 생성물(공작물의 표면에 생긴 생성피막)을 연삭숫돌을 사용하여 기계적 방법으로 제거하여 전해가공하는 가공법을 전해연삭이라고 한다. 즉, 전해 작용과 기계의 연삭 작업을 복합시킨 가공방법이라 할 수 있다. 가공법은 [그림 15.16]과 같이 연삭 입자는 전극 숫돌바퀴와 가공물 사이의 간격을 일정하게 유지하고 생성 피막을 제거하여, 가공량을 증가하는데 도움을 준다. 이 때 연삭작용도 일부가 생기거나, 대부분은 전해로 가공된다. 전해연삭은 가공속도가 빠르고 숫돌의 소모가 적으며, 가공면이 연삭 다듬질보다 우수하다. 전해 연삭의 적용은 초경합금과 같은 경질재료, 숫돌소모가 큰 특수강, 가공경화를 일으키기 쉬운 재료, 열에 민감한 재료를 가공하는데 적합하다. 평면 이외에 원통 및 내면연삭도 할 수 있으며, 가공 변질 및 표면 거칠기가 적으므로 매우 능률적인 연삭법이다. [그림 15.16]은 전해 연삭장치의 구성을 나타낸 것이다.

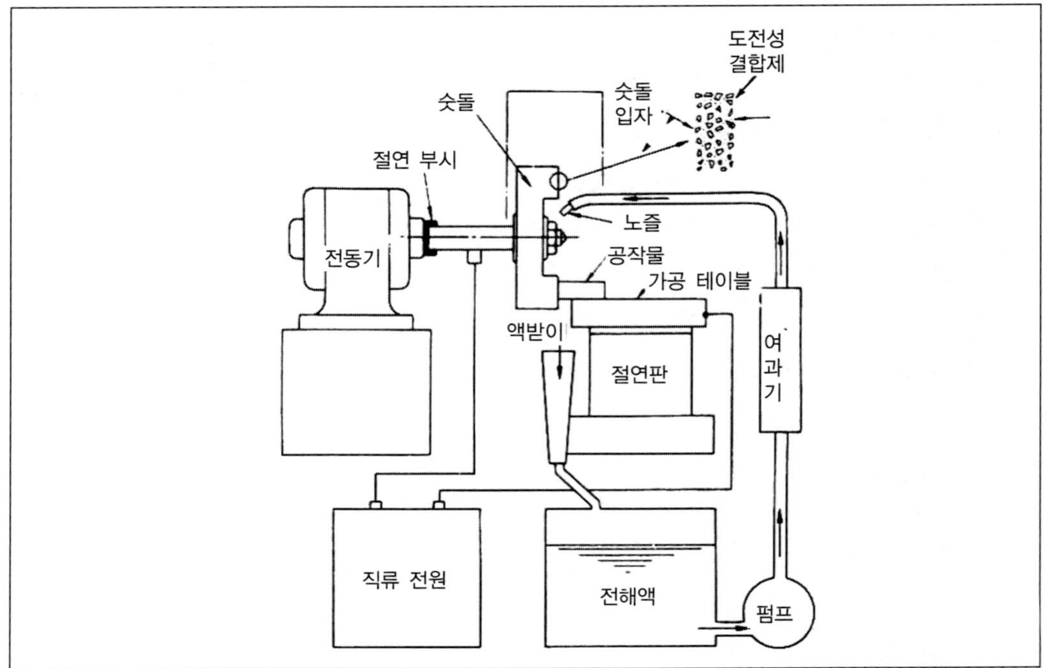

그림 15-16 전해 연삭 장치의 구성

15.3.6 **전자 빔 가공**(electron beam maching)

진공 중에서 텅스텐 필라멘트의 음극을 고온으로 하면 전자의 방출이 생긴다. 이 방출 전자가 한 방향으로 유동하는 것이 전자 빔이다. 전자빔을 물체에 충돌시키면 전자의 운동에너지가 열로 변하여 고온이 얻어진다. 이 고온을 이용하여 가공하는 방법을 전자 빔 가공이라 한다.

전자 빔 가공은 [그림 15.17]과 같이 구성되어 있으며, 10-6 mmHg 정도의 진공 실내의 전자총에서 높은 전압으로 높은 에너지를 가진 열전자를 렌즈를 통해 가는 빔으로 만들어 공작물에 집중 투사시키면, 투사점의 표면층에 침입하여 운동에너지가 순간적으로 고온으로 변환되어 국부적인 고열을 얻을 수 있다. 이 고열에 의하여 용해 분출 또는 증발현상을 이용하여 가공한다. 가공의 적용은 미소구멍, 내화 비금속 재료의 구멍, 깊은 구멍의 가공, 세라믹 및 금속의 표면에 미세한 홈가공, 열 전도가 다른 금속의 용접, 일반적인 용접으로는 불가능한 좁고 깊은 장소의 용접 등에 이용된다.

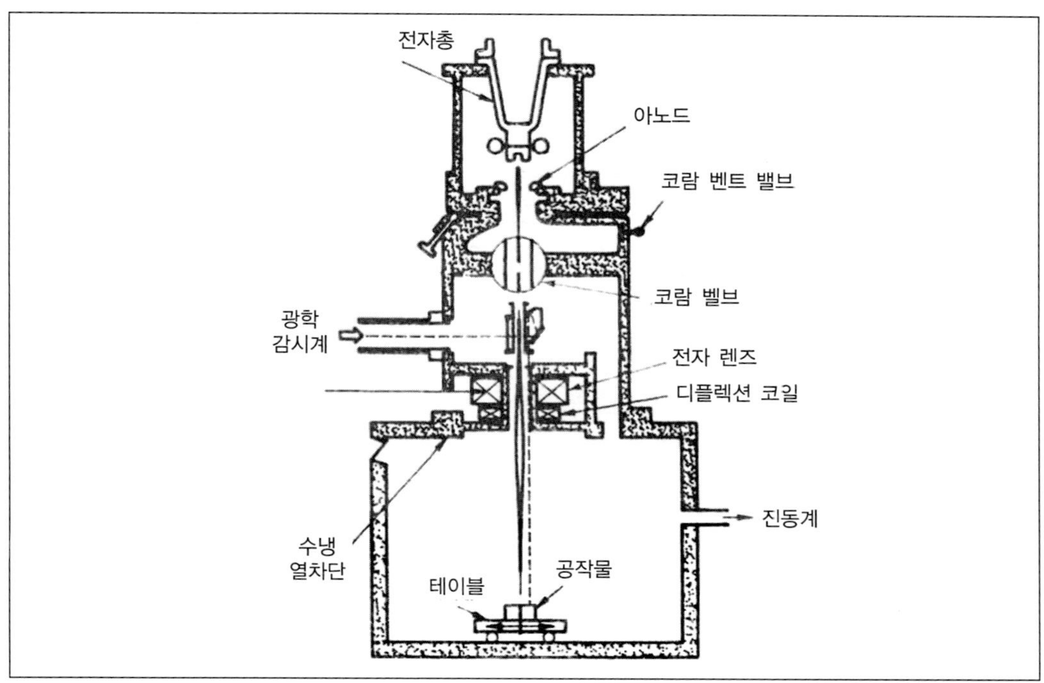

그림 15-17 전자 빔 가공 장치의 구조

15.3.7 **레이저 가공**(laser machining)

레이저는 1960년경에 최초로 개발되어 여러 분야에서 응용되어 실용화가 이루어지고 있으며, 계속 발전하고 있는 분야이다.

(1) 레이저 가공의 원리

레이저 광(光)을 렌즈, 반사경 등으로 집적하여 그 집점 위치에 공작물을 세팅하면 가공부분에 빛의 흡수에 의하여 국부적, 순간적으로 고속가열되어 증발 또는 용해 제거된다. 이와 같은 원리를 이용하여 대기 중에서 비접촉으로 가공하는 것을 레이저 가공이라 한다.

(2) 레이저 가공기의 구성

[그림 15.18]는 레이저 가공기의 구성을 나타내는 개념으로서, 전원부, 발광부(광공 진부), 집광부, 공작물과 이동테이블, 모니터 TV를 포함한 관찰부로 구성되어 있다.

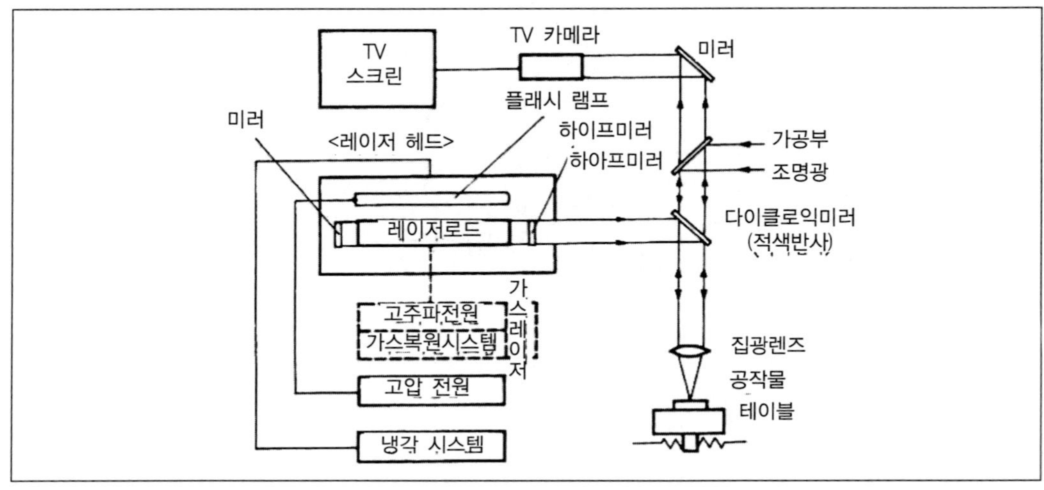

그림 15-18 레이저 가공기의 구성

가공에 사용되는 레이저의 종류는 빔 형태의 레이저광을 발진하는 발진 재료에 따라 고체레이저, 기체레이저, 액체 레이저, 반도체 레이저 등으로 분류되나 공업적으로 널리 이용되는 것은 고체 레이저와 기체 레이저이다. [표 15.1]는 실용되고 있는 레이저의 종류를 나타낸 것이다.

표 15-1 레이저의 종류

레이저의 종류		모 체	활성 입자	레이저의 종류		모 체	활성 입자
고 체 레이저	루비	Al_2O_3	Cr^{3+}	기 체 레이저	He−Ne	He−Ne	He−Ne
	YAG	$Y_3Al_2O_{12}$	Nd^{3+}		A	A	A^+
	유리	유리	Nd^{2+}		CO_2	CO_2−He−N_2	CO_2
	$CaWO_4$	$CaWO_4$	Nd^{3+}				

(3) 레이저 가공의 적용

레이저 가공의 응용은 다음과 같다.

① 구멍가공

다이아몬드의 선긋기와 미소 구멍가공(ϕ0.01~1.0 mm), 시계용 보석베어링의 구멍가공, 세라믹, 초경 합금 등

② 절단 및 홈가공

③ 투명체 속가공

반도체 부품이나 실험기기 등의 밀봉된 유리 용기내의 공작물을 분해하지 않고 가공이 가능하다.

④ 용접 등에 적용한다.

[표 15.2]은 레이저 가공과 전자 빔 가공을 비교하여 정리한 것이다.

표 15-2 전자 빔과 레이저 빔의 비교

구 분	전자 빔 가공	레이저 가공
가공 분위기	진공을 필요로 한다.	진공을 필요로 하지 않으므로 작업성이 좋아지며, 공작물의 치수에 대한 제한이 적어 응용범위가 넓다.
전자 상태	전자적으로 자유로이 편향이 가능하다.	전기적으로 중성이므로 편향이 곤란함
빔의 스폿 사이즈	스폿 사이즈를 작게 하는데 용이하다.	스폿 사이즈의 크기를 수 μm 이하로 하기가 어렵다.
파워 밀도	연속 출력의 점에서 레이저보다 우세 하다.	CO_2 레이저의 경우 10 kW 이상의 연속 발진이 가능하여져서 향후 개선이 기대됨
가공 재료 두께	관입의 깊이가 커서 두꺼운 재료 가공이 가능하다.	CO_2 레이저의 경우 그출력의 레이저를 사용하면 개선이 가능함
가 공 율	1% 이하의 상당히 낮은 값이다.	수천 %에 달하는 높은 가공율이 발휘된다.
설 비 비	진공 챔버 및 진공 펌프 장치로 인하여 고가임	전자 빔 장치에 비해 설비비가 저렴함.
위 험 성	X선을 발생시킬 염려가 있다.	전자 빔과 같은 X선을 발생시킬 염려가 없다.

(4) 레이저 가공의 특징

레이저 가공의 특징은 레이저 광 그 자체가 가지고 있는 성질에 의하여 결정된다고 할 수 있다. 레이저의 특징은 빛이 일반적으로 가지고 있는 특징과 레이저 특유의 것이 합쳐서 만들어진다.

① 빛의 일반적인 특징

㉠ 집광이 용이

렌즈 등에서 미소면적에 빛 에너지 로스를 적게 집광이 용이하므로 고밀도 에너지 가공이 가능하다.

㉡ 반사가 용이

미러 등에서 빛 에너지 손실이 적은 반사가 쉬우므로 발진기의 구조나 가공장소까지의 광로를 자유롭게 얻을 수 있다.

㉢ 진공, 기체 속을 막론하고 전송이 가능

발진기에서 가공위치까지의 전송방법이 간단하게 되는 것과 가공장소의 분위기가 자유롭게 되어 사용이 편리한 기기로 제작하기 쉽다.

② 레이저로서의 특징

㉠ 파장이 단일하다.

단일 파장이므로 광학부품에 존재하는 파장별로 지연, 굴절, 감쇠 등에 의한 특성의 불균일이 없으므로 성능 등의 안전성이 양호하다.

㉡ 지향성이 좋다.

긴 거리를 보내도 일산이 작기 때문에 로스가 적은 전송이 가능하다. 레이저광은 이상과 같은 특징이 있기 때문에 가공에서도 이와 같은 이점을 최대한으로 살린 사용방법이 여러 가지로 연구되고 있다.

Chapter 16

연삭가공

CHATPER 16 연삭가공

16.1 개요(introduction)

연삭가공은 매우 단단하고 미세한 연삭 입자를 결합하여 만든 연삭숫돌을 고속 회전시켜 공작물의 평면이나 원통 면을 극히 소량씩 절삭 가공하는 정밀 가공법의 하나이다.

연삭가공은 연삭 입자의 예리한 모서리의 하나 하나가 각각 밀링커터의 날과 같이 작용하여 정밀한 표면을 완성하게 된다. 연삭가공으로는 일반 금속 재료는 물론, 절삭가공하기 어려운 담금질한 강이나 초경합금과 같은 단단한 금속재료도 가공할 수 있으며, 치수 정밀도가 높고 매끈한 다듬질 면을 얻을 수 있다. [그림 16.1]은 연삭가공의 구성요소 및 연삭가공의 종류와 형식을 나타낸 것이다.

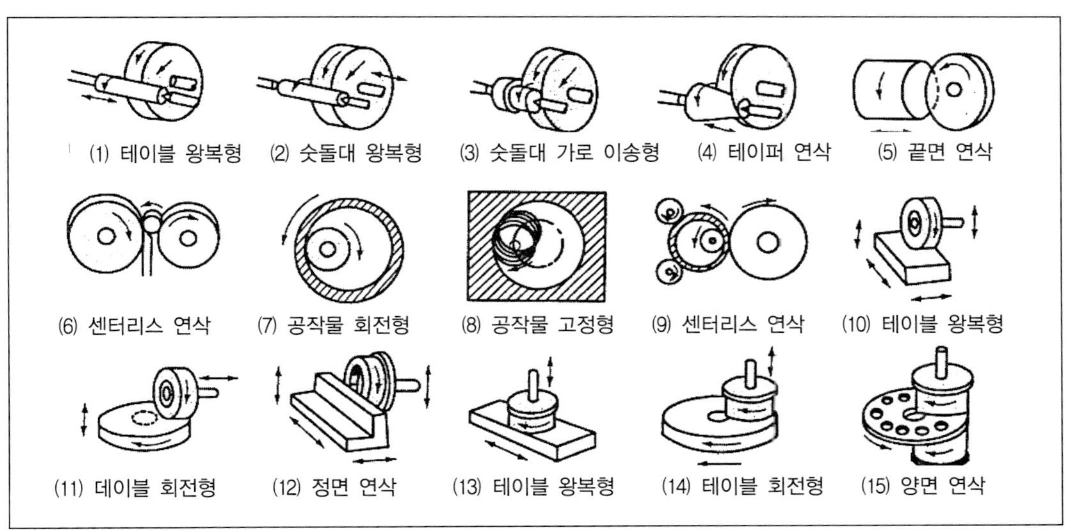

그림 16-1 연삭가공의 구성요소 및 연삭가공의 종류와 형식

16.1 연삭기의 종류

16.2.1 원통 연삭기(cylindrical grinding machine)

(1) 원통 연삭기의 개요

원통 연삭기는 원통형 공작물의 외면 및 측면 등을 주로 연삭한다. 또한 원통 연삭기에 내면 연삭장치를 설치한 것을 만능 원통 연삭기라 한다.

연삭기의 주요부는 베드, 테이블 위에 놓인 주축대와 심압대, 숫돌대 및 테이블 이송 기구 등이다. 연삭 깊이를 넣는 방법으로는 기어 구동법과 유압구동법이 있으며, 생산성을 높이기 위하여 자동 치수 조절장치를 이용하여 숫돌대의 급속 전진 → 거친 연삭 → 다듬 연삭 → 정지 → 스파크 아웃 → 급속 후퇴 → 정지 등의 자동 사이클 운동을 하는 형식도 있다.

한편, 원통 연삭방식에는 트래버스(traverse) 연삭법과 플런지(plunge) 연삭법이 있다.

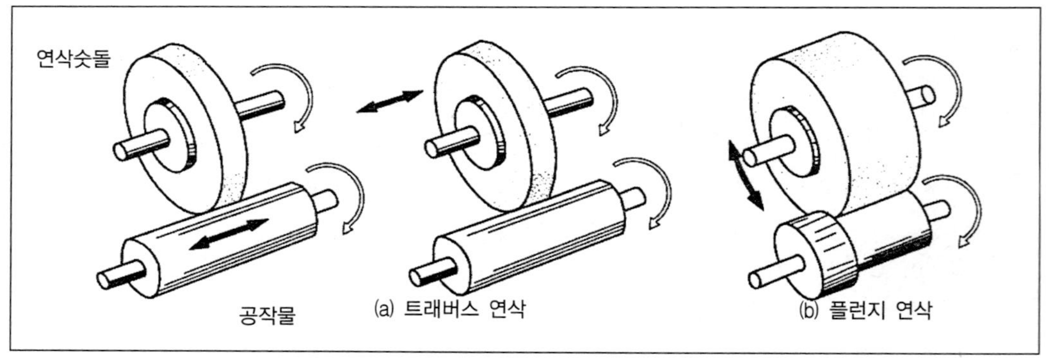

그림 16-2 원통 연삭방식

① 트래버스 연삭

[그림 16.2(a)]와 같이 연삭숫돌은 일정한 위치에서 회전시키고 공작물을 회전시키면서 좌우로 이동하거나 연삭숫돌을 좌우로 이동하여 연삭하는 방식이다.

② 플런지 연삭

[그림 16.2(b)]와 같이 공작물은 그 자리에서 회전시키고 숫돌 바퀴에 회전과 전후이송을 주어 연삭하는 방식이다.

(2) 센터리스 연삭기(centerless grinding machine)

① 센터리스 연삭의 원리

센터리스 연삭기는 센터를 내기 어려운 공작물의 외경을 연삭하는 데 있어서 센터나 척을 사용하지 않고 연삭가공하는 기계로서. 가늘고 긴 공작물을 지지하는 데에 센터를 사용하지 않는 것이 특징이다.

센터리스 연삭의 원리는 [그림 16.3]과 같이 연삭숫돌과 조정숫돌 사이에 공작물을 삽입하고 받침판으로 지지하면서 연삭하는 연삭기이다. 조정숫돌은 고무결합제를 사용한 것으로 공작물과 조정숫돌의 마찰력에 의하여 공작물을 회전시키고, 조정숫돌의 공작물에 대한 압력으로 공작물의 회전속도를 조정한다.

센터리스 연삭은 공작물을 연속적으로 밀어 넣을 수 있고, 한 번 조정하여 두면 작업이 자동적으로 이루어지므로, 피스톤 핀, 베어링 레이스, 롤러와 같은 부품이나 테이퍼 핀 및 드릴 자루와 같이 테이퍼진 부품의 대량생산에 적합하다.

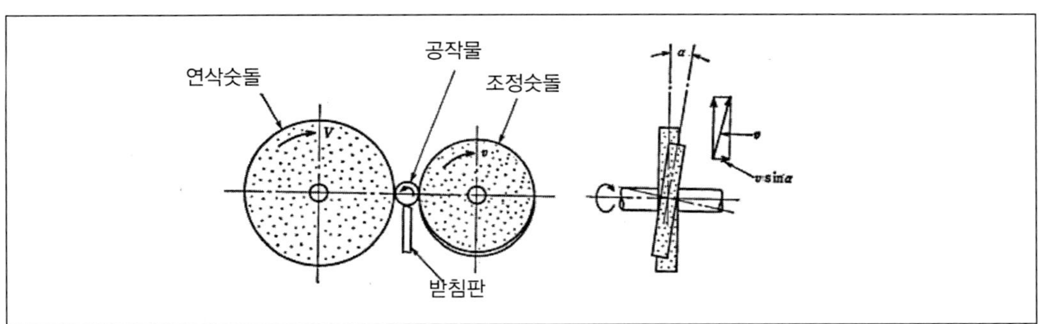

그림 16-3 센터리스 연삭의 원리

② 연삭방식

ⓐ **통과 이송법**(through feed method)

지름이 같은 공작물을 연삭숫돌과 조정 숫돌 사이로 통과시켜 숫돌 한쪽에서 반대쪽으로 빠져나가는 동안에 자동적으로 이송되어 연삭을 한다. 공작물 이송은 [그림 16.4]와 같이 조정숫돌로 한다.

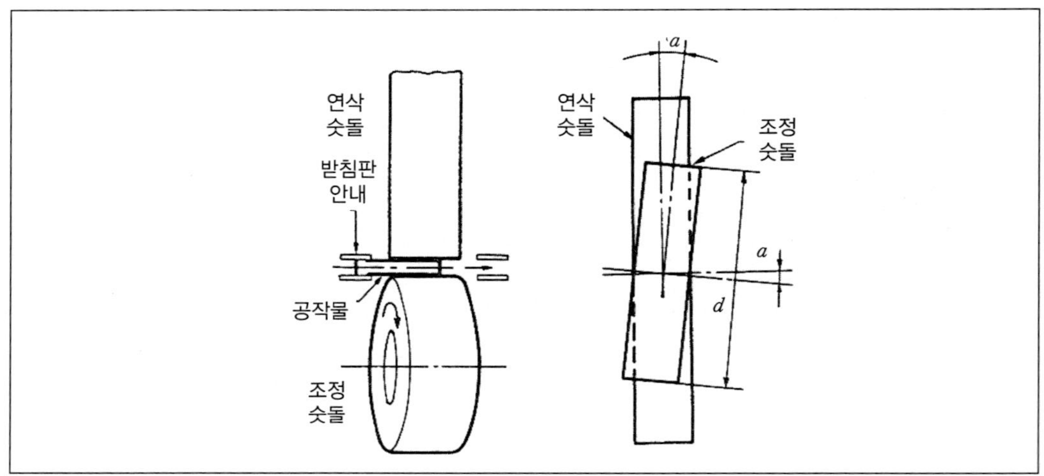

그림 16-4 통과 이송법의 원리

조정숫돌은 연삭숫돌 측에 대해서 α=1~5° 정도로 경사시킨다. 조정 숫돌은 공작물 회전과 이송을 주는 일을 한다. 조정 숫돌 바퀴 1회전으로 공작물이 이송되는 길이 f(mm)와 이송속도 v(m/min)는 다음과 같다.

$$f = \pi d \sin\alpha$$

여기서, d : 조정 숫돌 바퀴의 지름(mm),

α : 연삭 숫돌 바퀴에 대한 조정 숫돌 바퀴의 경사각(°)

$$v = \frac{\pi d n \sin\alpha}{1000} [\mathrm{m/min}]$$

여기서, v : 공작물의 이송속도,

n : 조정숫돌의 회전수(rpm)

ⓑ 전후 이송법(infeed method)

전후 이송법은 연삭숫돌 바퀴의 나비보다 짧은 공작물, 턱붙이 또는 끝면 플랜지붙이, 테이퍼가 있는 것, 곡선 윤곽들이 있는 것들은 통과 이송이 되지 않으므로 받침판 위에 올려놓고 조정숫돌 바퀴를 접근시키거나 수평으로 이송하여 연삭하는 방식이다. [그림 16.5]은 전후 이송 법의 원리를 나타낸 것이며, 공작물을 한쪽으로 가볍게 누르기 위하여 0.5~1.5° 정도로 약간 경사시킨다.

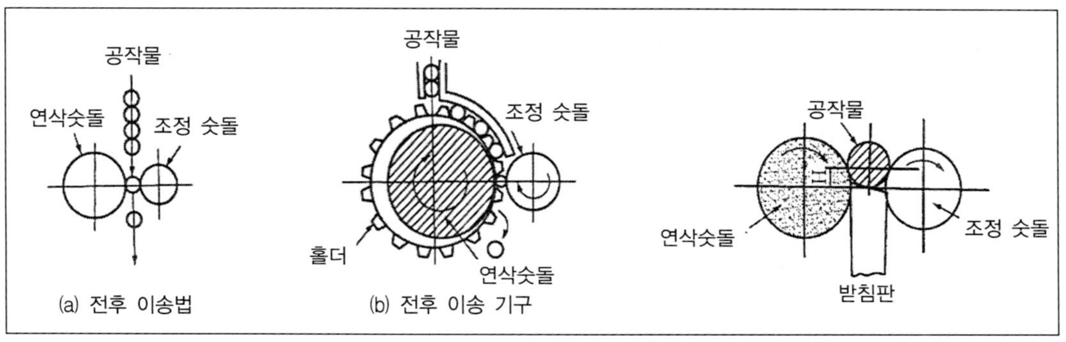

그림 16-5 전후 이송법의 원리

그림 16-6 지지판의 위치

③ 받침판의 위치

공작물의 회전방향과 연삭숫돌의 방향은 반대이며(때로는 동일방향) 받침판의 형상과 위치는 [그림 16.6]과 같이 $\frac{1}{2}\times$(공작물의 지름) $\doteqdot H < 15$ mm의 조건에 있다. H가 크면 진원으로 연삭되지만 진동이 생기기 쉽다.

(3) 내면 연삭기

① 연삭방법

연삭방법에는 [그림 16.7]과 같이 보통형, 유성형 및 센터리스형이 있다.

ⓐ 보통형 : 공작물에 회전운동을 주어 연삭하는 방식이다.

ⓑ 유성형 : 공작물은 정지시키고 숫돌 축이 회전연삭 운동과 동시에 공전 운동을 하는 방식이다.

ⓒ 센터리스형 : 특수한 연삭기를 사용하여 공작물을 고정하지 않은 상태에서 연삭하는 방식이다. 이 방법은 전용 연삭기에 의한 소형, 대량생산에 이용된다.

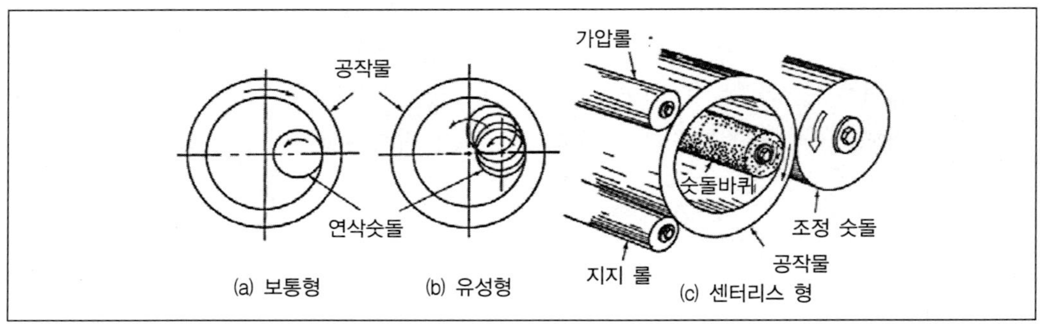

그림 16-7 내면 연삭방식

② 내면 연삭기의 구조

내면 연삭기는 주로 공작물의 구멍을 연삭하는 연삭기로서, 숫돌의 바깥 지름은 구멍의 지름보다 작아야 하며, 바깥지름 연삭에 비하여 가공면의 정밀도가 다소 떨어진다.

숫돌의 축방향의 세로 이송은 [그림 16.8]와 같이 숫돌대 또는 주축대의 왕복 직선 운동으로 하게 된다. 숫돌 축은 고속회전을 하기 때문에 회전정밀도가 높은 구조로 되어 있으며, 정밀한 볼 베어링을 사용하여 고속회전에서 강력 연삭에 견디고 발열, 진동이 없도록 되어 있다.

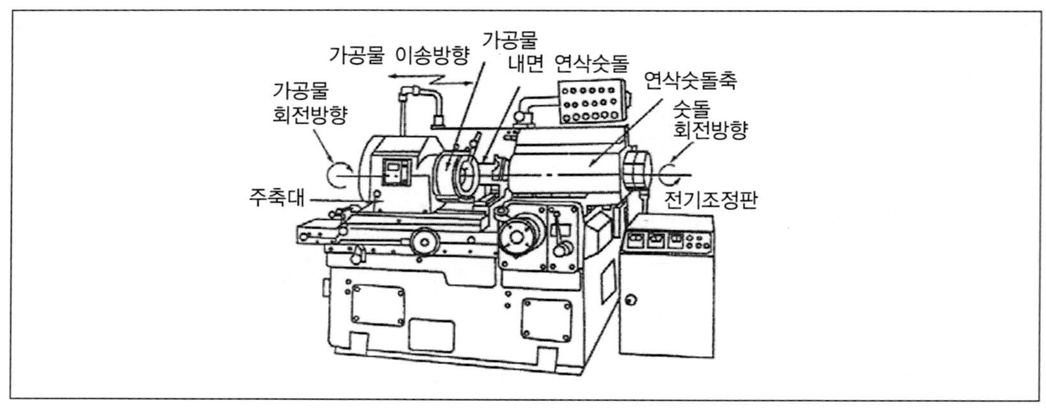

그림 16-8 내면 연삭기의 구조

16.2.2 평면 연삭기

[그림 16.9]과 같이 평면 연삭에 사용하는 연삭기로서 다음과 같이 분류할 수 있다

(1) 수평형 평면 연삭기

평형숫돌의 원통면으로 연삭하는 것으로 평면 연삭기의 테이블이 왕복운동을 하며 테이블 위에는 마그네틱 척이 장치되는 것이 보통이다. 평면을 가공하는 연삭기에서 연삭숫돌의 원주를 사용하는 것은 절삭량이 적으므로 소형 가공물의 정밀가공에 적합하고, 연삭숫돌의 측면을 이용해서 절삭하는 것은 절삭량이 많으므로 대형 가공물에 사용된다. 또한 연삭기의 테이블이 왕복운동과 회전운동으로 조합해서 다음 4가지로 구분된다.

① 제1형 : 주축이 수평식이고, 테이블이 왕복운동
② 제2형 : 주축은 수평식이고, 테이블이 회전운동
③ 제3형 : 주축이 수직식이고, 테이블이 왕복운동
④ 제4형 : 주축은 수직식이고, 테이블이 회전운동

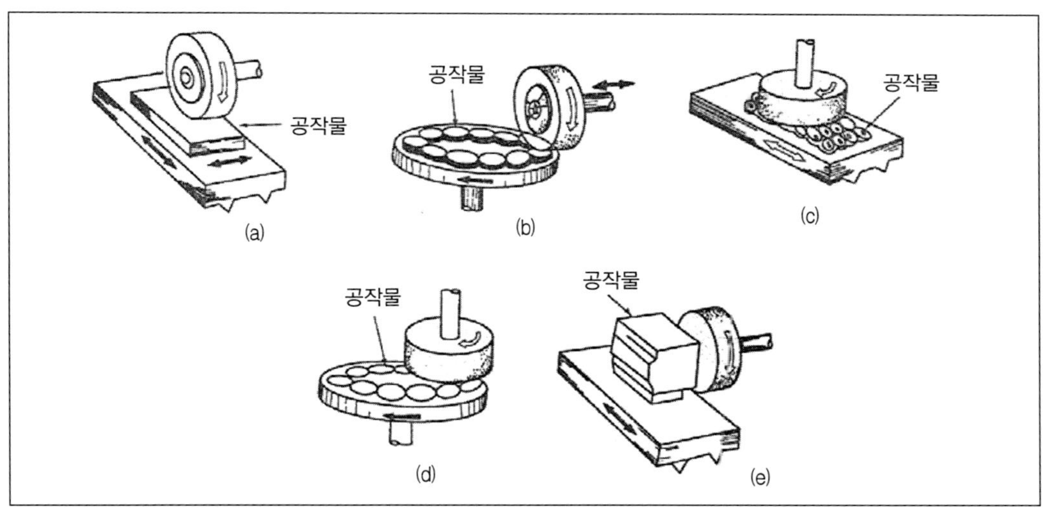

그림 16-9 평면 연삭방식

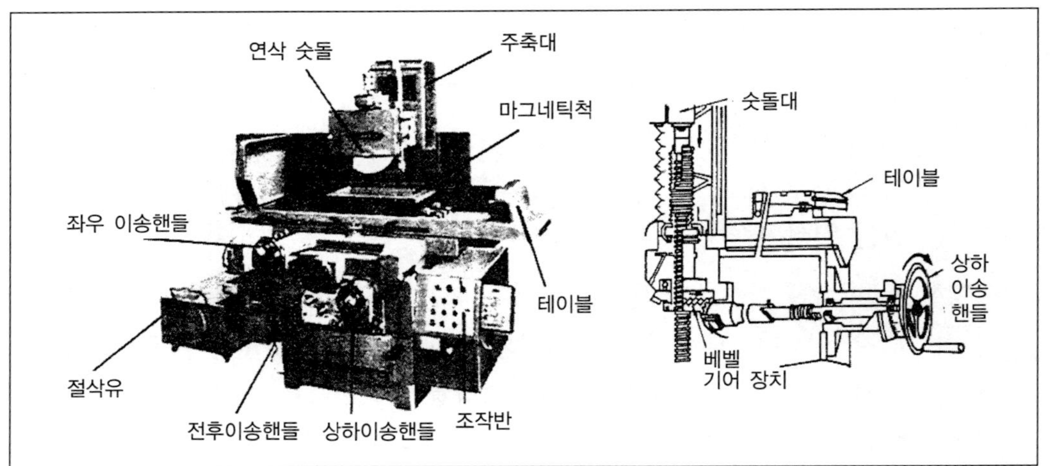

그림 16-10 수평형 평면 연삭기의 구조

(2) 수직형 평면 연삭기

수직형 평면 연삭기는 숫돌바퀴가 수직축에 끼워지고 원형 테이블이 회전하게되어 있다. 공작물은 테이블 위에 설치된 마그네틱 척에 의하여 고정된다. 테이블 회전형은 연속회전으로 테이블 왕복형에 비하여 속도를 높일 수 있고, 절삭 깊이도 연속적으로 가할 수 있어 매우 능률적이다. 이것은 소형 공작물을 많이 놓고 동시에 연삭할 때 주로 쓰인다[그림 16.11, 16.12].

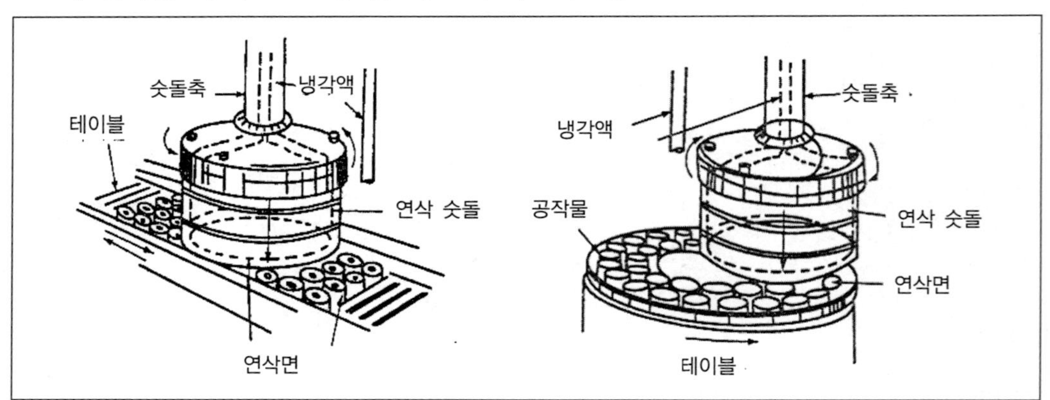

그림 16-11 수직형 왕복 테이블

그림 16-12 수직형 회전 테이블

수직형 연삭기에서는 숫돌축이 테이블에 대하여 수직이므로 경연삭의 경우에는

[그림 16.13(a)]와 같이 연삭하는 것이 연삭정밀도를 좋게 할 수 있지만, 중연삭의 경우에는 [그림 16.13(b)]와 같이 기울여 연삭하는 것이 발열을 억제할 수 있다. [그림 16.13]는 평면 연삭무늬를 나타낸 것이다.

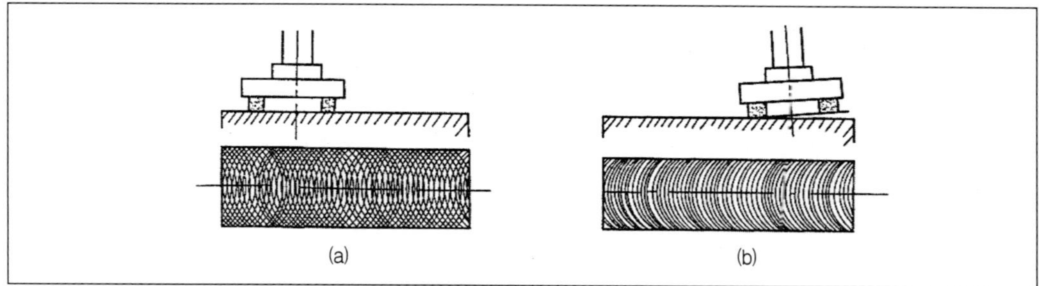

그림 16-13 평면 연삭 무늬

16.2.3 공구 연삭기

공구연삭이란, 여러 가지 가공용 절삭공구를 연삭하는 것을 총칭하여 공구연삭이라 하며, 원통 연삭과 평면 연삭을 이용한 연삭법이다. 공구연삭기는 연삭할 공작물 형상이 복잡하고 높은 정밀도가 요구되므로 특수한 기계와 기술이 필요하다. 공구연삭기에는 다음 종류들이 있다.

(1) 만능 공구 연삭기

만능 공구 연삭기는 여러 가지 부속장치를 이용하여 절삭 공구의 정확한 공구각을 연삭하기 위하여 사용되는 연삭기이며, 초경합금 공구, 드릴, 리머, 밀링커터, 호브 등을 연삭한다.

밀링 커터를 연삭하는데 있어서 여유각은 평형 숫돌과 테이퍼 컵형 숫돌로 연삭하는 두가지 방법이 있다. 평형 숫돌로 연삭할 때는 테이퍼 컵형 숫돌로 연삭할 때와 달리 여유각은 커진다[그림 16.14]. [그림 16.15]은 각종 공구연삭의 예이다.

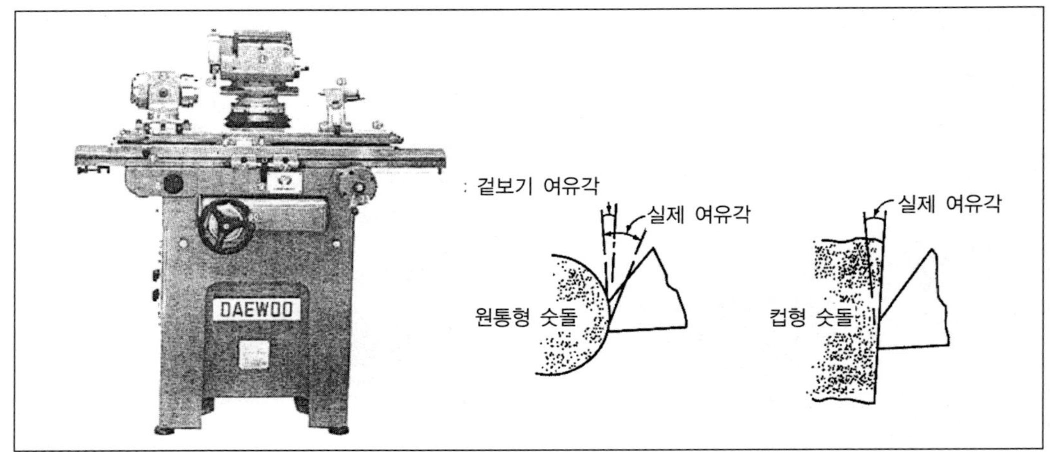

그림 16-14 만능 공구 연삭기

그림 16-15 숫돌의 모양과 여유각

(2) 드릴 및 엔드 밀 전용 연삭기

드릴 및 엔드 밀의 날끝을 손으로 연삭하면 날끝각을 정확히 맞출 수 없으므로, [그림 16.16]와 같은 드릴 및 엔드 밀 전용 연삭기를 사용하여 여기에 드릴 및 엔드 밀을 고정하여 회전시키면서 날끝과 여유면을 정확하게 연삭한다.

(3) 초경 공구 연삭기

이 연삭기의 숫돌바퀴는 다이아몬드 숫돌이 쓰이는데, 절삭능률은 매우 좋으나 값이 비싸므로 일반 숫돌바퀴로는 연삭이 곤란한 재료인 초경질 합금공구 등의 연삭에 많이 쓰인다.

(4) 기어 연삭기

기술의 발달에 따른 기계의 고속화에 따라 기어의 높은 정밀도와 고속회전에 따른 진동 및 소음 방지 등이 요구되고 있다. 고속회전과 큰 하중을 받는 기어는 일반적으로 이를 ① 절삭한 다음 ② 열처리를 하고, 다시 ③ 기어 연삭기로 가공하여 매우 정밀하게 다듬질 가공하는 경우가 많다.

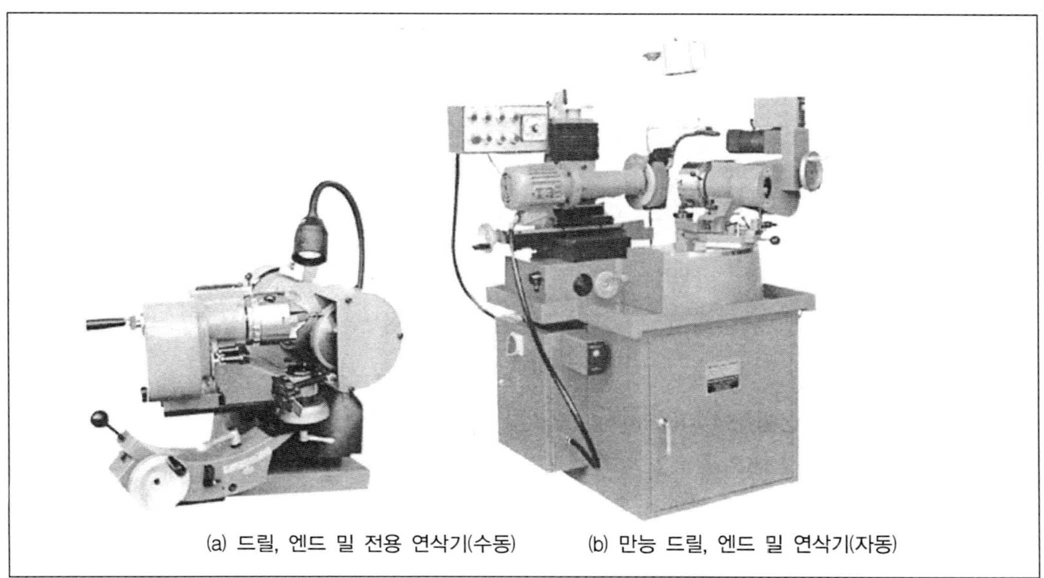

(a) 드릴, 엔드 밀 전용 연삭기(수동) (b) 만능 드릴, 엔드 밀 연삭기(자동)

그림 16-16 드릴 및 엔드 밀 전용 연삭기

16.2.4 **특수 연삭기**(special grinding machine)

(1) 나사 연삭기(thread grinding machine)

나사 게이지, 탭 검사기, 공구, 측정기의 이송나사, 그 밖의 특히 고도의 정밀도를 요하는 기계 부분품을 정밀가공하는데 널이 사용된다. 나사연삭기는 특히 리드 스크루를 구비하고, 또한 연삭 숫돌 주변의 나사홈을 수정하기 위하여 특수한 다이어몬드 드레서(diamond dresser)장치 또는 롤러나사 장치를 부속으로 사용한다.

나사연삭 방법에는 다음과 같은 방법이 있다.

① 단식 나사 연삭방법(single edge wheel)
② 다임 나사 연삭방법(multi-edge wheel)
③ 센터리스 나사 연삭방법(centerless type wheel)

[그림 16.17]는 나사 연삭방법을 나타낸 것이다.

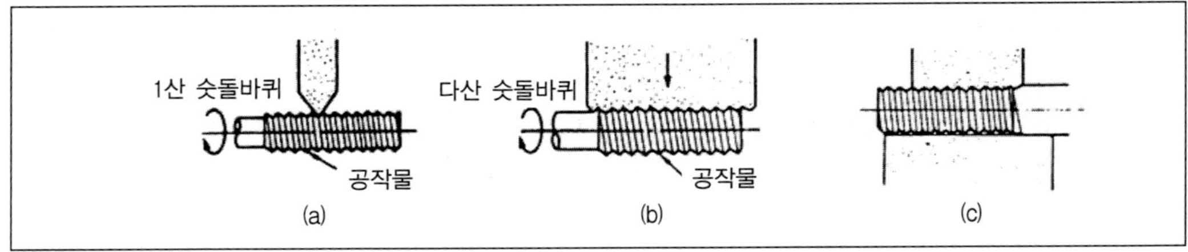

그림 16-17 나사 연삭방법

(2) 성형 연삭기(forming grinding machine)

[그림 16.18]은 성형 연삭기의 구조를 나타낸 것으로 테이블은 전후, 좌우 이송을 하고 주축은 상하운동을 하면서 볼 슬라이드 방식 및 특수수지 부착방지 등 다양한 기종이 현장에서 사용되며 특히, 금형가공에서 고정밀도, 정밀가공에 적합한 공작기계이다.

(3) 캠 연삭기(cam grinding machine)

내연기관 캠축의 캠을 연삭하는데 사용된다. 마스터 캠(master cam)이 있어 공작물의 윤곽을 자동적으로 연삭하는 모방 연삭기이다.

16.3 연삭 숫돌(grinding wheel)

16.3.1 연삭 숫돌의 개요

연삭가공을 올바르게 실시하려면 무엇보다도 연삭 숫돌에 관한 지식이 필요하다. 연삭 숫돌은 연삭가공의 공구가 되며, 작업은 밀링가공에 쓰이는 밀링커터의 역할을 한다고 볼 수 있다. 숫돌은 연삭 입자를 결합제로 결합하며, 여러 가지 모양으로 만든다.

일반 절삭공구와 다른 점은, 일반 절삭공구는 날이 마멸되면 절삭작업을 계속할 수 없으나, 연삭 숫돌은 연삭이 계속됨에 따라 입자의 날끝이 마멸되면 그 숫돌 입자에 가해지는 연삭 저항의 증가로 그 강도가 이 저항에 이겨내지 못하여 입자의 일부가 부서져 나가고 예리한 날이 새로 생긴다(자생작용).

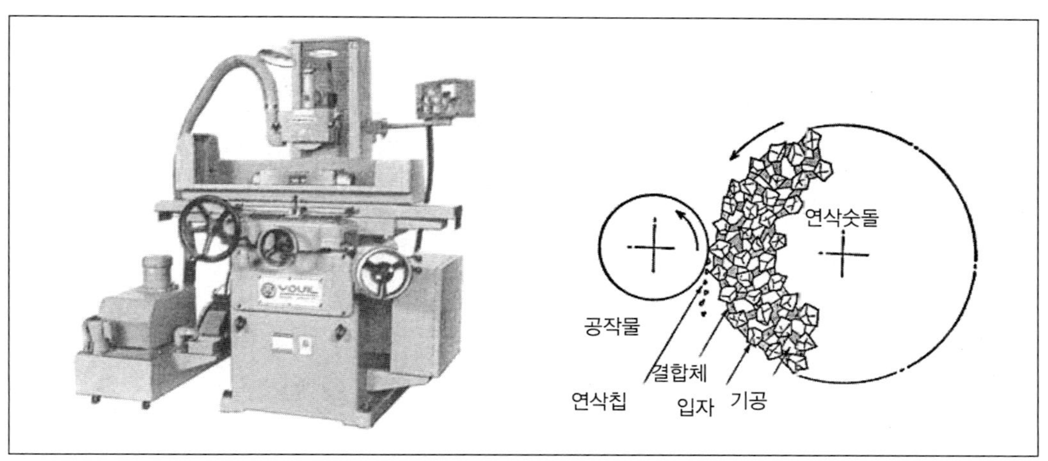

그림 16-18 성형 연삭기

그림 16-19 연삭 숫돌의 구성과 연삭 작용

연삭 숫돌은 현재 인조 연삭 숫돌 재료만이 사용되고 있다. 천연 숫돌 입자는 품질이 일정하지 않고 값이 비싸므로 그 재질, 결합제의 종류, 제작방법 및 조건 등에 따라 적당한 연삭 숫돌을 선택해야 한다. 또한 그 구성은 [그림 16.19]과 같이 입자와 결합제, 기공의 3요소로 되어 있다. 입자는 바이트나 밀링커터의 절삭날과 같은 공작물을 깎아내는 경도가 높은 광물질의 결정체이며, 결합제는 입자를 고정한다.

입자와 결합제 사이의 기공은 절삭 칩이 빠져나가는 공간이 되며, 연삭열을 억제하는 효과가 있다. 이상의 3요소는 다음과 같이 5가지의 인자로 구성되어 있다.

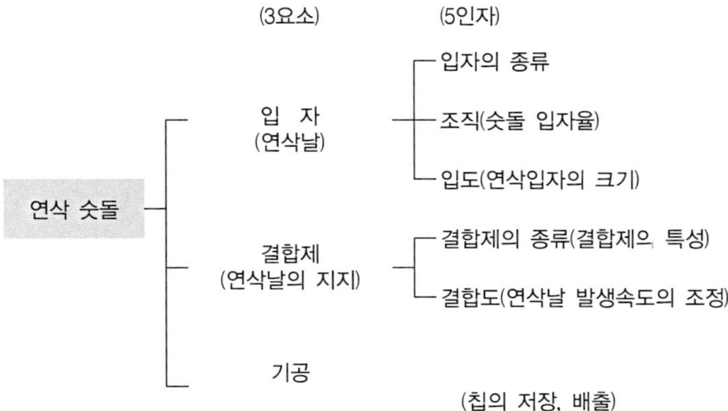

16.3.2 연삭 숫돌의 표시법

숫돌바퀴의 성질은 여러 가지의 요소를 조합하므로써 정해진다. 따라서, 숫돌바퀴를 표시할 때에는 구성요소를 부호에 따라 일정한 순서로 나열하여 표시하는데, 그 순서는 다음과 같다.

숫돌입자, 입도, 결합도, 조직, 결합제, 모양 및 연삭면의 모양, 치수(바깥지름×두께×구멍지름), 회전시험 원주속도 및 사용 원주속도 범위, 제조자 이름, 제조번호, 제조년월일 등[그림 16.20]

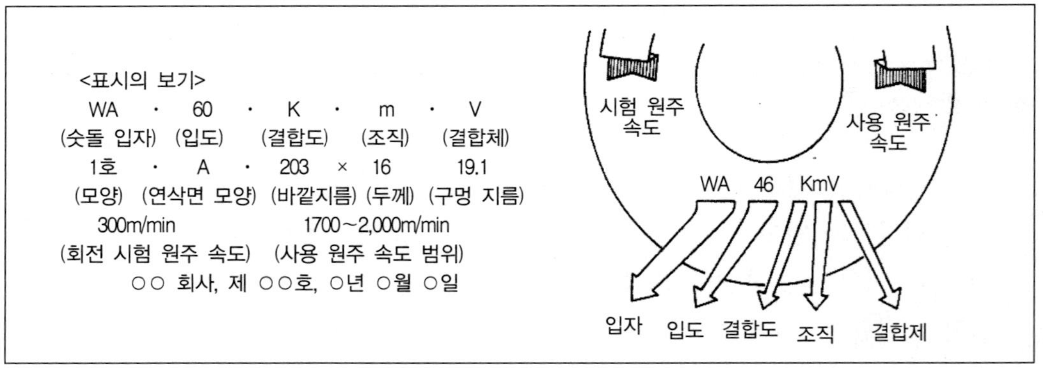

그림 16-20 숫돌 바퀴의 표시 예

16.3.3 숫돌 바퀴의 선택 기준

공작물의 크기・모양, 재질, 다듬질면 상태, 공작물의 원주 속도 및 접촉 면적, 숫돌 바퀴의 크기 등에 따라 연삭 숫돌 입자의 입도, 결합도, 조직, 결합제 및 숫돌 바퀴의 모양 등이 달라진다. 숫돌 바퀴의 선택은 [표 16.1]을 이용하면 편리하다.

표 16-1 일반 금속 재료에 대한 숫돌 바퀴의 선택 기준

재 료	연삭 숫돌	재 료	연삭 숫돌
밀링 커터 : 탄소강	A. 46. K. m. V	주 철	C. 36. K. m. V
고속도강	A. 60. J. m. V	황 동	C. 36. L. m. V
드릴 : 고속도강	WA. 46. M. m. V	초경 합금 공구	GC. 20. R. w. B
탭 : 고속도강	A. 60. N. m. V	(거친 연삭)	
		초경 합금 공구	GC. 36. M. w. B
선반 바이트 :	A. 24. L. m. V	(다듬 연삭)	
고속도강	WA. 46. K. m. V	담금질 연삭	
바깥지름 연삭 :	WA. 46. K. m. V	냉각 압연 롤	
고속도강, 경화강	A. 46. L. m. V	거친 연삭	C. 150. L. m. B
스테인레스강	C. 46. M. m. V	다듬 연삭	C. 320. J. m. E

16.3.4 연삭 숫돌의 수정

(1) 드레싱(dressing)

연삭 숫돌을 정상상태에서 사용할 때 숫돌입자의 끝이 무디게 되면 파괴 또는 탈락하여 항상 새로운 숫돌입자가 표면에 나타나 연삭을 계속할 수 있다. 그러나 정상작업을 하지 못할 때에는 [그림 16.21]와 같이 눈메움(loading), 무딤(glazing), 입자 탈락 등이 나타난다. 드레싱은 이와 같은 현상을 제거하는 일이다.

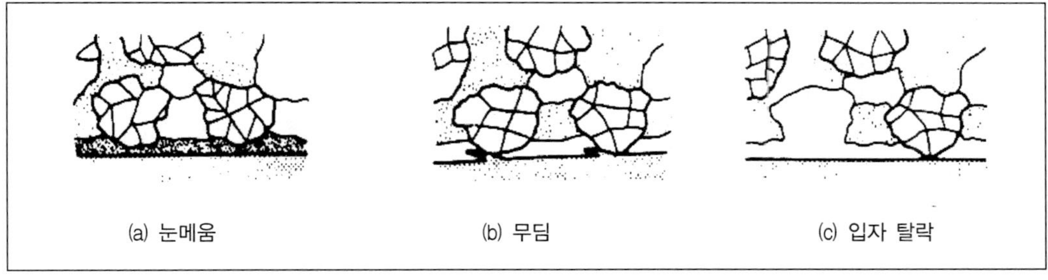

그림 16-21 연삭 숫돌의 수정 요인

① 눈메움(loading)

결합도가 높은 숫돌에 구리와 같이 연한 금속을 연삭할 때 숫돌표면의 기공에 칩이 메워지게 되어 연삭이 잘 안되는 현상을 말한다[그림 16.21(a)]. 또한 이

현상이 일어나면 연삭성능이 떨어지고, 다듬면에 떨림 자리가 나타난다.

② 무딤(glazing)

숫돌 표면이 매끈해져서 연삭성능이 떨어지고, 마찰에 의한 발열이 커지며, 과열로 인한 변색이 공작물 표면에 나타나는 현상을 말한다.

③ 입자 탈락

숫돌바퀴의 결합도가 그 작업에 대하여 지나치게 낮을 경우에는 숫돌입자의 파쇄가 충분하게 일어나기 전에 결합제가 파쇄되어 숫돌입자가 입자 그대로 떨어져 나가게 되는 현상으로서 공작물을 깎아 내는 양에 비하여 숫돌의 마멸이 심하게 된다. 이와 같이, 숫돌입자가 작은 연삭력에 의하여 쉽게 탈락하는 상태를 입자 탈락현상이라 한다.
이와 같이 연삭성이 나빠진 숫돌면에 새로운 입자를 발생시켜 주는 작업을 드레싱이라 하고 이에 사용되는 공구는 다음과 같다.

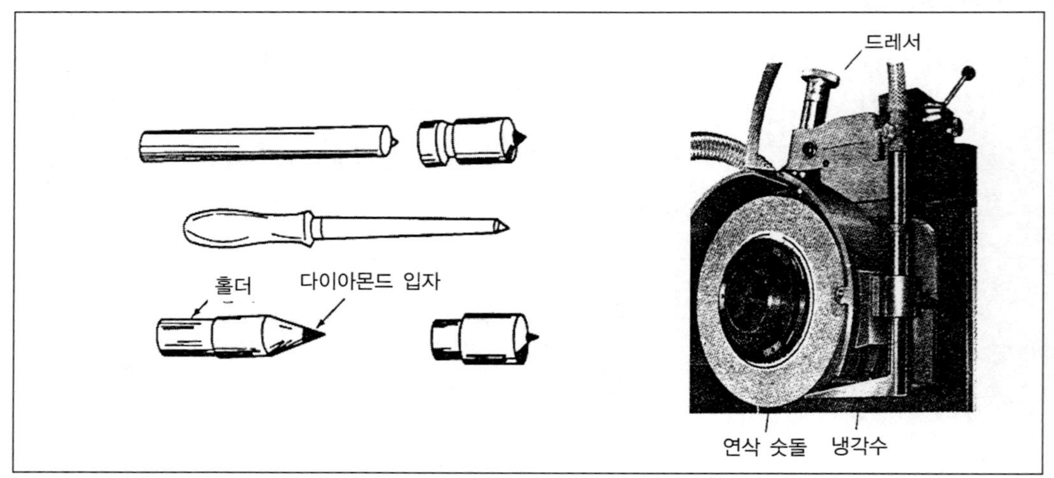

그림 16-22 다이아몬드 드레서의 종류　　**그림 16-23** 드레서의 설치 예

• 다이아몬드 드레서(diamond dresser)

현재 가장 많이 사용되는 드레서로 [그림 16.22]과 같이 1개 또는 몇 개의 다이아몬드를 동시에 연삭 숫돌면에 접촉해서 사용되며, 절삭 깊이는 0.025 mm, 이송량은 250 m/min를 넘지 않도록 사용한다. 다이아몬드 드레서 작업

은 숫돌면에 대하여 약간 기울여 사용한다. [그림 16.23]은 드레서가 설치된 "예"이다.

(2) 트루잉(truing)

연삭 숫돌바퀴의 트루잉은 일반적으로 좋은 조건에서 연삭 가공을 할 때도 숫돌바퀴의 질이 균일하지 못하거나, 공작물의 영향을 받아 숫돌바퀴의 모양이 점차 변하므로, 이것을 정확한 모양으로 깎아 내어야 하는데, 이 작업을 트루잉이라 한다. 트루잉을 하면 동시에 드레싱도 된다. 트루잉에도 다이아몬드 드레서를 사용한다.

[그림 16.24]는 트루잉의 한 예로서 [그림 16.24(a)]와 같이 각의 선단에서부터 트루잉 하는 것이 좋다. [그림 16.24(b)]와 같이 하면 끝의 각이 파손되기 쉽다.

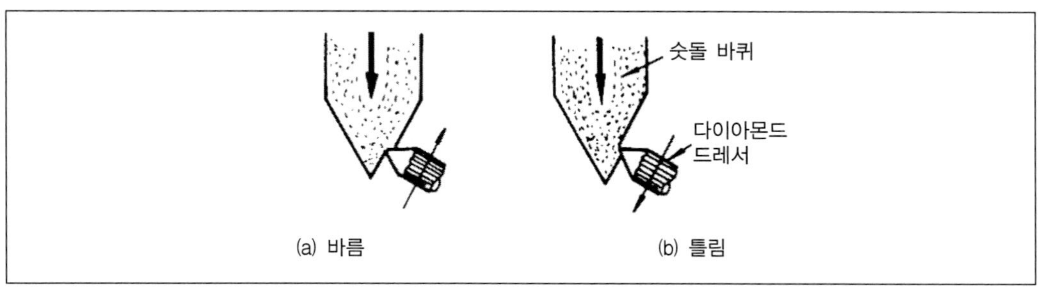

그림 16-24 예리한 각의 트루잉

16.4 연삭작업

16.4.1 연삭조건

숫돌의 원주속도, 절삭깊이, 이송은 서로 관련을 맺고 있으므로 연삭작용에 여러 가지 영향을 미치게 된다. 공작물의 재질 또는 숫돌의 성질에 의해서 이들을 적당히 결정하여야 한다.

(1) 숫돌의 원주속도

숫돌 바퀴의 회전수 n은 다음 식으로 구할 수 있다.

$$n = \frac{1000v}{\pi d}(\text{rpm})$$

여기서, v : 원주속도(m/min), d : 숫돌 바퀴의 바깥지름(mm)

실제의 연삭속도는 숫돌바퀴의 원주속도와 공작물의 운동방향의 원주속도를 합성한 것이어야 한다.

표 16-2 연삭숫돌의 표준 원주속도

가공의 종류	숫돌의 주속 m/min	가공의 종류	숫돌의 주속 m/min
외경 연삭	1,600~2,000	공 구 연 삭	1,400~1,800
내경 연삭	600~1,800	절 단 연 삭 기	1,100~1,1400
평면 연삭	1,200~1,800	초경 합금 연삭	1,400~1,650

(2) 공작물의 원주속도

가공물의 원주속도는 그 재질에 따라 광범위하게 변하나, 대체로 6~48 m/min의 사이에서 적당한 값을 실험해서 구하여 사용한다. [표 16.3]은 가공물의 표준원주속도이다.

표 16-3 공작물의 원주속도(단위 : m/min)

가공 / 재료	외면 연삭		내면 연삭
	거친 연삭	다듬 연삭	
담 금 질 강	12~15	10~12	15~20
합 금 강	10~13	9~12	20~25
강	9~12	8~10	12~18
주 철	15~18	10~12	20
황동, 청동	15~18	18~25	30
알 루 미 늄	20~30	18~25	35
초 경 합 금	15~20	10~18	25

(3) 연삭 깊이

공작물의 재질, 연삭 방법, 연삭 정밀도 등에 따라 연삭 깊이를 가감하여야 한다. [표 16.4]는 통상 사용하고 있는 연삭 깊이의 값을 나타낸 것이다.

표 16-4 연삭 깊이(단위 : mm)

가공의 종류	거친 연삭	다듬 연삭
원통 강철	0.02~0.05	0.0025~0.005
원통 주철	0.05~0.15	0.005~0.02
내면	0.02~0.04	0.005~0.01
평면	0.01~0.07	0.005~0.01
공구	0.03~0.05	0.005~0.01

(4) 이송량

연삭면은 이송을 적게 하면 많은 연삭 숫돌입자가 공작물에 접하므로 다듬질 정도가 높아진다. 극단의 경우로 공작물의 1회전하는 동안의 이송이 숫돌의 폭보다 크면 나선상으로 연삭되므로 공작물 1회전마다의 이송은 숫돌의 폭 이하로 하여야 한다. 숫돌의 폭 B에 대한 공작물 1회전마다 이송율 f(mm/rev)라 하면 이송의 표준치는 대략 다음과 같다.

강	$f = (1/3 \sim 3/4)B$
주철	$f = (3/4 \sim 4/5)B$이며,
다듬질 연삭에서는	$f = (1/4 \sim 1/3)B$가 적당하다.

공작물 1회전 마다의 이송량 f(mm/rev)에서 이송속도 f' (m/min)는 다음 식으로 구한다.

$$f' = \frac{f \cdot n}{1,000} \quad (n : \text{공작물의 회전수 rpm})$$

일반적으로 이송속도의 표준치는 거칠은 연삭에서 1~2m/min, 다듬질 연삭에서는 0.2~0.4m/min의 범위에서 연삭한다.

(5) 연삭 여유

연삭 여유는 전 가공에 의한 면의 거칠기, 공작물의 모양, 치수, 열처리 등에 따라 다르나 되도록 작을수록 좋다[표 16.5, 16.6 참조].

(6) 연삭 작업의 결함과 그의 원인 및 대책

연삭 작업에 있어서 연삭 조건 또는 연삭기의 사용 방법이 적절하지 못하여 생기는 가장 일반적인 결함과 그의 원인, 대책에 관하여 정리하여 보면 [표 16.7]과 같다.

표 16-5 원통 연삭의 연삭 여유(단위 : mm)

공작물의 지 름	공작물의 길이										
	50	100	150	200	250	350	450	600	750	900	1,000
3	0.15	0.17									
6	0.15	0.20	0.25								
9	0.17	0.20	0.25	0.30	0.33						
12	0.20	0.22	0.28	0.30	0.33	0.38	0.40				
20	0.20	0.22	0.28	0.33	0.35	0.40	0.43	0.45			
25	0.22	0.25	0.30	0.33	0.35	0.40	0.45	0.48	0.50		
32	0.22	0.28	0.30	0.35	0.38	0.43	0.45	0.48	0.50	0.55	
38	0.25	0.28	0.33	0.35	0.40	0.43	0.45	0.48	0.53	0.58	0.60
50	0.30	0.33	0.35	0.40	0.43	0.45	0.48	0.53	0.55	0.60	0.70
75	0.38	0.40	0.43	0.45	0.48	0.50	0.55	0.60	0.63	0.68	0.80
100	0.43	0.45	0.48	0.50	0.53	0.58	0.63	0.68	0.70	0.75	0.90
150	0.50	0.53	0.58	0.60	0.63	0.68	0.73	0.78	0.80	0.85	0.90
200	0.60	0.63	0.68	0.70	0.73	0.78	0.83	0.88	0.90	0.95	1.00
250	0.68	0.70	0.75	0.78	0.80	0.83	0.88	0.93	1.00	1.05	1.10

표 16-6 평면 연삭의 연삭 여유

공작물의 재 질	공 작 물 의 길 이					
	100이하	200이하	500이하	1,000이하	1,500이하	2,000이하
구 리	0.5	1.0	1.5	2.0	2.5	3.0
주 철	0.3	0.5	1.8	0.8	1.0	1.0

표 16-7 연삭 작업의 결함과 원인, 대책

결 함	원 인	대 책
원통도 불량	테이블 운동의 정도 불량	정도(情度)검사, 수리, 미끄럼 면의 윤활을 양호하게 할 것
	작업법 불량	수직 이송연삭에서는 공작물에서 떨어지지 않도록, 플런지 컷에서는 숫돌의 폭을 공작물보다 크게 함
떨림 (chattering)	숫돌, 숫돌축 관계 불균형	숫돌차의 균형을 취하고, 숫돌차의 측면 트루잉, 벨트풀리의 평행 검사를 할 것.
	숫돌차의 결합도가 단단하다.	숫돌을 연한 것으로 하고 공작물의 속도를 빠르게 할 것
	숫돌의 눈 데움	숫돌을 드레싱한다.
	센터, 방진구의 사용법 불량	센터 수정, 윤활을 정확히 하고 방진구를 정확히 사용한다.
거칠은 가공면	숫돌의 결합도가 연함.	단단한 숫돌차를 사용한다. 공작물의 속도를 늦게 한다.
	숫돌의 입도가 커짐	가는 입도의 숫돌차를 사용한다.
	숫돌차 고정의 풀림 연삭기의 정밀도 불량	새로운 흡수지를 플랜지 안쪽에 끼운다. 정밀도를 검사하여 정확한 윤활을 한다.
	공작물과 숫돌차면의 불평형	드레서의 고정을 올바르게 확실히 할 것
	공작물과 숫돌차 면의 불평형	드레싱 마지막에는 절입하지 말고 숫돌차면을 왕복시킨다.

Chapter 17

NC(Numerical Control)

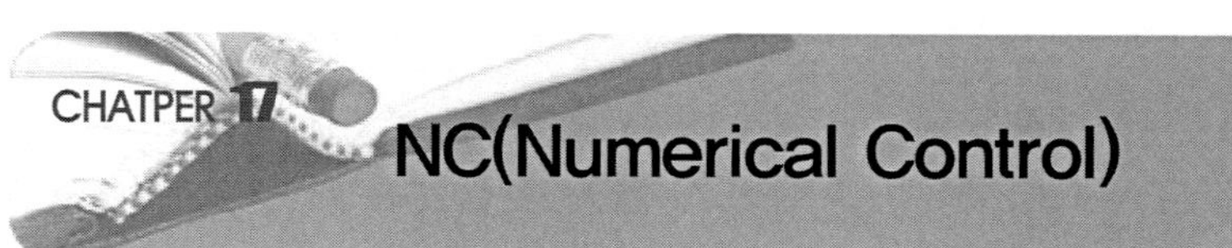

CHATPER 17 NC(Numerical Control)

17.1 개요

NC라는 것은 Numerical Control의 약어로서 수치제어라고 한다 수치제어란 숫자나 기호로서 구성된 정보를 매개 수단으로 하여 기계의 운전을 자동제어 한다는 뜻이며, 수치제어 공작기계를 NC 공작기계라고 한다.

즉, 시스템에 수치자료 형태로 코드화된 지령을 직접 줌으로서 기계요소의 움직임을 제어하는 방법이다. 시스템은 이 자료를 해석하여 출력신호로 변환시킨다.

이 신호들은 축의 회전 및 정지, 공구교환, 공작물의 공구의 경로이동, 절삭유 공급 및 중지 등의 제어를 실행한다(그림 17.1 참조).

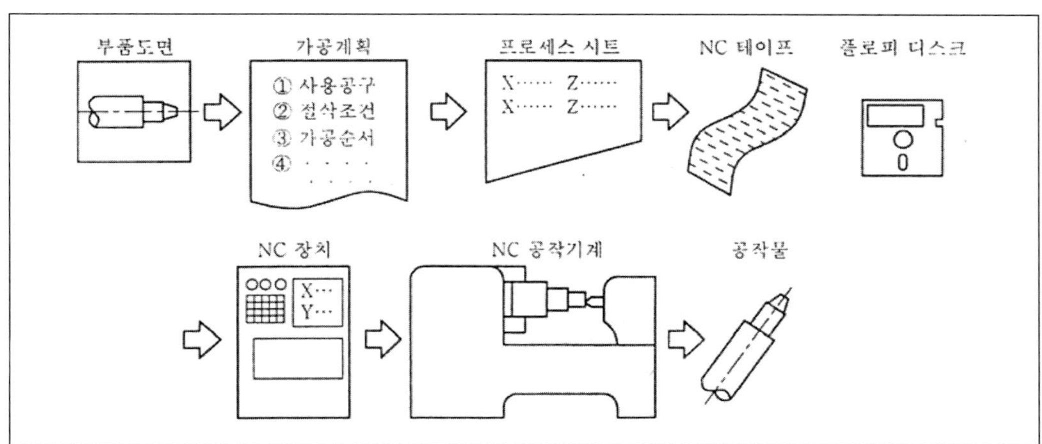

그림 17-1 프로그램에서 가공까지의 흐름

(1) 기계의 수치제어의 중요성 평가

① 범용기계가공의 공정은 먼저 작업자가 부품의 작업도면을 연구한 후에 적절

한 공정변수(절삭속도, 이송 ,절삭깊이, 절삭유 등)를 정하고, 작업순서를 결정한 다음 척과 같은 고정장치에 공작물을 물리고 나서 가공공정을 행한다. 이러한 종래의 방법은 숙련된 작업자를 필요로 하며 작업자의 실수가능성 때문에 부품의 질이 낮아질 수 있다. 부품의 질은 작업자에 따라 혹은 같은 작업자일지라도 시간에 따라 달라질 수 도 있다. 예로서 범용공작기계는 복잡한 2차원 3차원의 형상을 가공하려면 동시에 2개 또는 3개의 손잡이를 서로 관련시켜 조작하여야 하므로 고도의 숙련도가 요구되고 정밀도의 저하 및 가공시간도 많이 걸린다.

② 그러나, 수치제어 가공은 공구의 운동을 명령 정보에 의해 2축, 3축, 4축 및 5축을 동시에 제어 할 수 있으므로 복잡한 형상을 짧은 시간에 정밀도가 높은 가공을 할 수 있다. 또한 프로그램이 변경되면 가공내용이 쉽게 바뀌어지므로 기능의 유연성이 있어 다품종 중 소량 생산에 적합하다.

최근에는 제품의 질과 가공비용절감에 대한 관심이 높아 공정의 변동성과 이로 인한 품질에 미치는 영향은 더 이상 받아들여질 수가 없다. 이러한 문제는 기계가공 작업의 수치제어를 통해서 해결될 수 있다.

(2) 수치제어의 장단점

1) 장점

① 작업의 가변성 치수정확도로 복잡한 모양을 생산할 수 있는 능력
② 반복성이 있고 불량품 손실의 감소와 생산속도 생산성 품질이 우수
③ 형판 및 치공구가 필요없으므로 공구비용절감
④ 미니컴퓨터와 디지털 정보를 사용하여 기계조정이 쉽다.
⑤ 설치와 가공에 필요한 준비시간이 줄어든다.
⑥ 프로그램은 빠른 시간에 준비할 수 있고 마이크로 프로세서를 사용하여 어느 때나 원하는 프로그램을 불러올 수 있다.
⑦ 작업자의 숙련도를 크게 요구하지 않으며 작업장에서 다른 작업을 병행할 수 있는 시간이 많아진다.

2) 단점

장비의 고가 와 프로그래밍이 필요하며, 특별한 유지 및 훈련된 작업자가 필요하다는 점이다. 그러나, 이러한 단점들은 보통 수치제어의 전체적인 경제적인 장점들에 의해 보상된다.

(3) NC 공작기계의 역사(history)

NC의 처음 시도는 1801년 프랑스의 Joseph Jaquard에 의하여 펀치카드의 지령으로 직물기계의 무늬제작을 한 것 이였으나 실제적으로 NC를 발명한 것은 미국의 John T. Parson이다.

그는 2차 세계대전 후 파즌스라는 작은 회사를 경영하면서 미공군에 헬리콥터 날개의 윤곽을 검사하는 판게이지를 제작하고 있었는데, 이 검사게이지 제작에는 다수의 구멍을 정확한 위치로 뚫고 구멍연결 못의 튀어나온 부분을 줄로 갈아서 매끄러운 윤곽으로 완성해 갔는데, 이 일의 능률을 높이기 위해서 이 다수의 점 데이터를 펀치카드로 해놓고 그 카드로 기계를 제어한 것이 NC 공작기계를 고안하게 된 것이다(그림 17.2 참조).

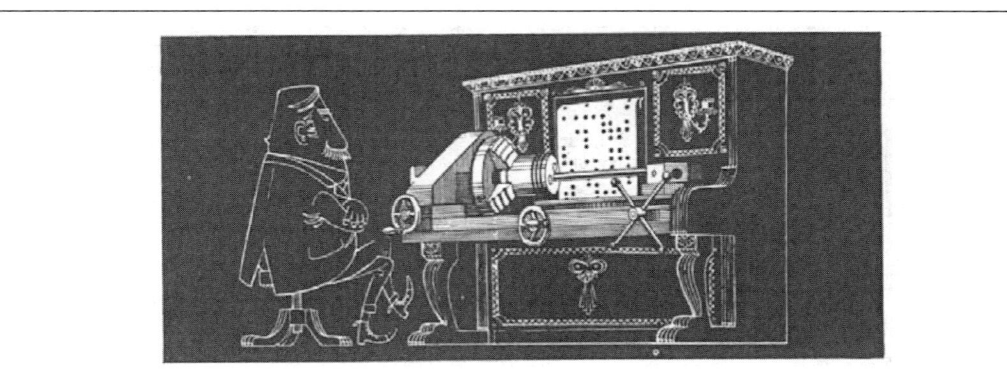

그림 17-2 초기의 NC 공작기계

그 결과 1948년 미공군은 파즌즈 회사에 대하여 NC에 관한 가능성 여부를 검토하였고, 1949년 미국 M.I.T 공과대학의 연구팀이 참가하여 3년 후에 밀링에 수치제어장치를 설치하여 최초의 진공간식 NC 공작기계를 탄생시킨 것이다. 이와 같이 만들어진 NC 공작기계는 NC장치의 발달, 즉 전자분야의 발달과 더불어 급속한 발전을 거듭하게 되었다(표 17.1 참조).

▶ NC의 발달 과정을 4단계로 분류를 하면 다음과 같다.

제1단계 : 공작기계1대를 NC 1대로 단순제어하는 단계(NC)
제2단계 : 공작기계1대를NC 1대로 제어하는 복잡기능 수행단계(CNC)
제3단계 : 여러 대의 공작기계를 컴퓨터 1대로 제어하는 단계(DNC)
제4단계 : 여러 대의 공작기계를 컴퓨터 1대로 제어하는 생산관리 수행단계(FMS)

표 17-1 NC 공작기계의 발전과정

구 분	미 국	일 본	한 국
NC 기초 연구시작	1947:John C. Parsons 헬리콥터의 날개 제작중에 착상 1948:미공군이 Parson Co.와 NC의 가능성 조사연구를 계약 1949:Parsons Co.와 MIT에서 연구	1955:동경공업대학에서 NC 공작기계 연구 개시	1973:KIST에서 연구 시작
시제품생산	1952:MIT에서 최초의 NC 공작기계를 공개운전	1958:부사사 NC 터릿펀치 press 개발 1958:목야 제작소와 부사통가 NC 밀링머신 시제품 개발	1976:KIST의 NC 선반 발표
공업화	1955:최초의 자동 프로그램 시스템 발표	1959:일립정밀에서 NC 밀링머신 생산	1977:화천기공사에서 WNCL-300을 한국공작기계전에 출품
상품화	1958:Pratt & Whithey Co.에서 NC 드릴링 발표 1960:미국 공작기계전에서 (Chicago Show)NC 기계 출품(5% 약 100대)	1960:동경 국제 공작기계전에서 NC 보링머신을 비롯한 각종 NC 기계 출품	1978:NC 선반외 2종 27대 수출 1979:NC 선반외 1종 32대 수출
적응 응용 제어	1958:Kearney & Trecker Co. 머시닝 센터개발 공개 (밀워키 matic)	1961:일립제작소 머시닝 센터 1호 개발 1964:일립 ATC부 머시닝 센터 제작	1981:통일산업 국산 머시닝 센터 한국 기계전에 출품
군제어관리	1965:IBM 전국에 NC 공작기계 5000대 가동 IC의 대량적 사용 1965:Sunderstrand corp Computer Control "Omnicontrol 발표"	1968:이께가이, 후지쓰와 협력하여 군관리 시스템 개발 ·국제전람회에 마끼노, 히다찌, 미쓰비시 등 ATC부 머시닝 센터 출품	1981:KAIST와 미국의 MIT, 일본의 일본공업 기술원과 FMS를 위한 자동소프트웨어 공동연구 계획에 대하여 발표

(4) NC의 경제성

NC 공작기계는 일반적으로 다품종종소량 생산 및 항공기 부품과 같이 복잡한 형상의 부품가공에 유리하다고 알려져 있다. 따라서 여기에서는 NC 공작기계의 경제성이 대하여 살펴본다.

1) 다품종 중소량 생산의 경우

1개의 로트(lot)에 대한 제품 수량이 적은 경우 범용공작기계의 초기비용은 작게 소요되지만 생산수량이 증가하여도 생산비용이 증가하게 되고 전용기의 경우는 초기비용은 많지만 생산수량이 증가하여도 생산비용의 증가는 완만하게 된다. 따라서 대량생산에는 전용기의 사용이 적당함을 알 수 있다. 그러나 NC 공작기계의 경우는 소량 및 중량 정도의 생산에 적당하며 연구에 의하면 1로트의 수량이 20~100개 정도의 중소량생산에 적합한 것으로 발표된 바 있다.

1로트의 제품 수량을 가로축, 생산비용을 세로축으로 하여, 작업준비에 있어서의 비용과 공구의 비용을 수량이 0인 초기비용으로 나타내며 [그림 17.3]과 같이 된다.

2) 복잡한 부품 생산의 경우

5축 제어 NC 공작기계에서는 지금까지 불가능하였던 형상까지도 가공이 가능하게 되었다.

[그림 17.4]는 부품의 형상과 로트당 생산수량에 따른 기종의 선정을 나타낸 것이다.

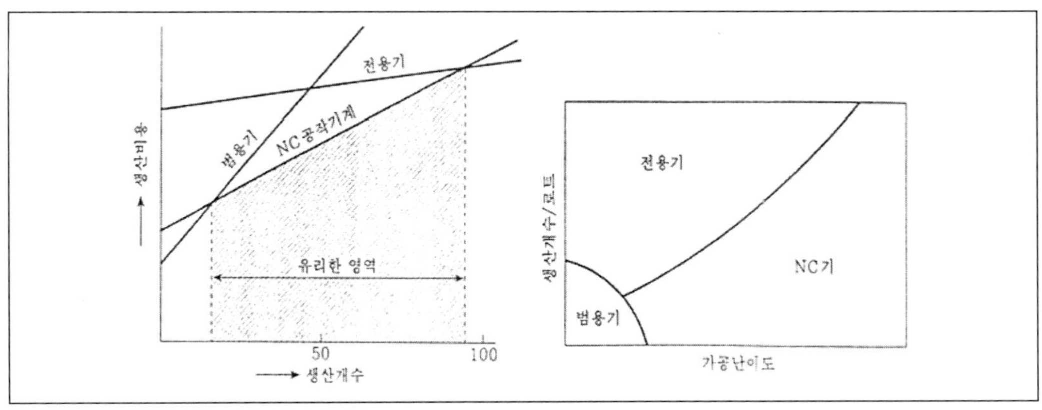

그림 17-3 CNC 공작기계의 최적생산개수

그림 17-4 생산로트와 부품가공 난이도

여기에서 나타난 바와 같이 NC 공작기계에서는 복잡한 형상을 가지고 있는 부품에 가공의 우수함을 잘 나타내 주고 있다.

이와 같은 NC의 특성은 전자기술의 발전에 따른 NC의 성능 향상으로 더욱 그 영역이 증가할 것으로 예상이 된다.

17.2 NC 시스템(NC System)

NC 시스템은 하드웨어(hardware)와 소프트웨어(software)로 분류된다. 하드웨어는 공작기계의 본체, 제어장치 및 주변기기로 구성되며, 주변기기로는 서보(servo)기구, 검출기, 제어용 컴퓨터, 인터페이스(interface) 회로 등이 있다.

소프트웨어는 NC 공작기계를 운전하기 위해 필요로 하는 NC 데이터 작성에 관한 모든 사항을 포함하며, 일반적으로 공정순서 결정, 치공구 선정, 절삭방법 및 조건 등을 포함한 프로그래밍 기술과 자동 프로그래밍 시스템을 말한다. 다시 말해서 소프트웨어는 부품의 가공도면에 나타난 정보(형상, 치수, 가공기호 등)를 NC 장치가 이해할 수 있는 내용으로 변환시키는 과정으로 NC 테이프, 플로피디스크 및 프로그램 장치 등을 이용한다.

[그림 17.5]는 NC 공작기계의 가공순서와 NC 시스템의 전체적인 구성을 나타낸다.

그림에서 보는 바와 같이 NC 테이프를 작성하는 NC 파트 프로그래밍 작성방법은 수동 프로그래밍과 자동 프로그래밍의 두가지 방법이 있으며, 작성된 NC 지령 테이프는 각 축에 연결된 서보기구를 구동시켜, 공작물과 공구의 상태운동을 통해서 가공물을 가공한다.

① 부품도면 : 설계된 NC 기계가공을 하기 위한 설계도

② 가공계획 : 부품도면이 가공하는 범위와 파트 프로그래밍 및 NC 가공을 위한 가공계획을 세운다.

③ 파트 프로그래밍 : NC 공작기계를 운전하려면 부품도면을 NC 공작기계가 알 수 있도록 정보를 제공하여야 하는데 이 역할에는 NC 테이프, 플로피 디스크(floppy disk) 등을 사용하여 정보를 제공한다.

④ 지령 테이프(NC 테이프) : 프로그래밍한 것을 NC 공작기계에 입력시키기 위

한 하나의 수단으로서 일종의 종이테이프이다. 지령테이프는 공구의 경로, 이송속도, 준비기능, 보조기능 등이 코드(code)화 되어 천공된다.

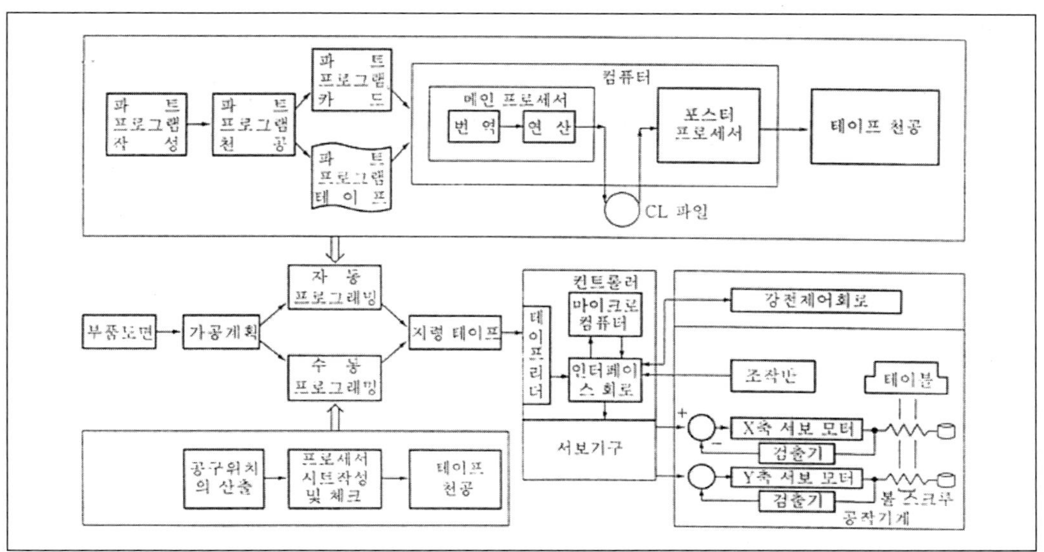

그림 17-5 NC 시스템의 구성

⑤ 컨트롤러(controller) : 컨트롤러는 NC 테이프에 기록된 언어 즉 정보를 받아서 펄스(pulse)화 시킨다. 이 펄스화된 정보는 서보기구에 전달되어 여러 가지 제어역할을 한다.

⑥ 서보기구와 서보모터 : 마이크로 컴퓨터에서 번역 연산된 정보는 다시 인터페이스 회로를 거쳐서 펄스화되고, 이 펄스화된 정보는 서보기구에 전달되어 서보모터를 작동시킨다. 서보모터는 펄스에 의한 지령에 의하여 각각의 대응하는 회전운동을 한다.

⑦ 볼 스크루(ball screw) : 볼 스크루는 서보모터에 연결되어 있어 서보모터의 회전운동을 받아 NC 공작기계의 테이블을 직선운동시키는 일종의 나사이다.

⑧ 리졸버(resolver) : 리졸버는 NC 공작기계의 움직임을 전기적인 신호로 표시하는 일종의 회전 피드백 장치이다.

⑨ 서보기구 : 공구이송제어, 속도 및 위치제어를 행하는 사람의 손과 발에 해당하는 부분

⑩ 인터페이스 회로 : 테이프 리더로 읽은 정보를 내장된 마이크로 컴퓨터에 전달하고, 한편으로 마이크로 컴퓨터에서 정보를 받아서 서보기구에 펄스화하여 정보를 보내는 장치로 일종의 매개역할을 하는 전기적인 회로이다.

⑪ 마이크로 컴퓨터 : 인터페이스 회로를 통하여 입력된 정보를 번역, 연산을 물론, 입력된 프로그램의 기억, 편집, 지령, 자기진단을 할 수 있는 내장된 컴퓨터 장치이다.

17.3 CNC와 DNC

(1) CNC

NC 장치에서 처리하는 입・출력 제어, 연산 처리, 서보 제어, 보정 등의 기능을 처음에는 개개의 전자 부품들의 조합에 따른 전자회로로 짜여 있었으나, 컴퓨터 기술과 반도체 기술의 발전과 함께 신뢰성과 가격, 기능 등이 크게 진보되어 소형화가 실현되자, NC 장치 내에 컴퓨터를 내장하여 이들 기능들의 대부분을 프로그램화된 논리회로로 행할 수 있게 되었다.

이와 같이, NC 장치 내에 컴퓨터를 내장한 NC를 CNC(computer NC)라고 한다.

CNC 공작기계는 NC 기계와 외형이 비슷하고 프로그램 입력방법은 같으나, NC 기계는 매제품 가공마다 천공 테이프로 리더기를 통해 명령문과 데이터가 입력되지만 CNC에서는 명령문과 데이터가 한번 입력되면 컴퓨터 기억장치에 저장될 뿐만 아니라, 입력 방법에도 리더기 외에 디스켓이나 컴퓨터 통신 등 다양하게 사용된다.

그러나 가장 큰 차이점은 NC 기계는 각종 논리소자와 기억소자를 조합해 만든 전자회로에 의해 필요한 기능을 발휘하는 제어장치이므로 제한된 기능만 수행할 뿐만 아니라 기능의 변경이 거의 불가능한 데 비해, CNC 제어장치는 프로그래밍만으로 쉽게 기능이 변경되므로 유연성이 높고, 계산 능력도 훨씬 크다.

[그림 17.6]은 CNC 시스템의 기본 구성을 나타낸 것이다.

CNC의 장점은 다음과 같다.

① 공작기계가 가공물을 가공하고 있는 중에도 파트 프로그램의 수정이 가능

② 인치 단위의 프로그램을 쉽게 미터 단위로 자동 변환할 수 있다.

③ 가공에 자주 사용되는 파트 프로그램을 사용자가 매크로(macro) 형태로 짜서 컴퓨터의 기억장치에 저장해 두고, 필요할 때 항상 불러 쓸 수 있다.

④ 전체 생산 시스템의 CNC는 컴퓨터와 생산 공장과의 상호 연결이 쉽다.

⑤ 고장 발생시 자기 진단을 할 수 있으며, 고장 발생 시기와 상황을 파악할 수 있다.

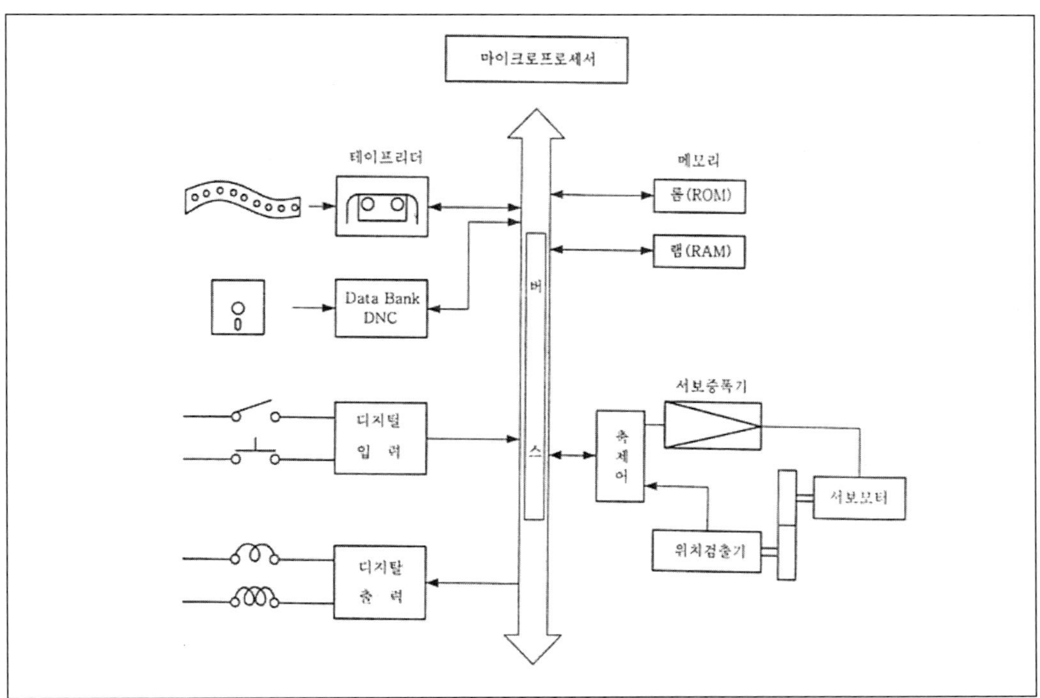

그림 17-6 주조 공정

(3) DNC

천공 테이프를 이용하여 각 기계에 입력하여 공작기계를 제어하던 데이터를 컴퓨터의 기억장치에 기억시켜 놓고, 통신선을 이용해 1대의 컴퓨터에서 여러 대의 CNC 공작기계를 직접 제어하는 것을 DNC(direct numerical control)라고 한다. 따라서, DNC를 사용하면 CNC 공작기계의 제어장치의 기억용량이 부족해 가공이 어려운 금형과 같은 복잡한 공작을 쉽게 가공할 수 있고, 또 주변장치도 동시에 제어하여 통합된 자동 가공 시스템을 구성할 수 있다.

[그림 17.7]는 DNC 시스템의 구성을 나타낸 것으로, 보통 ① 중앙 컴퓨터, ② CNC 프로그램을 저장하는 기억장치, ③ 통신선, ④ 공작기계를 기본 요소로 하여 개개의 공작기계를 한 군으로 모아 생산성을 향상시키고자 하는 목적을 가지고 있다.

결국에는 생산 실적을 파악, 각 기계의 운전 스케줄을 조작하는 등 전체 공정을 운영하고 제어하는 논리 시스템이다.

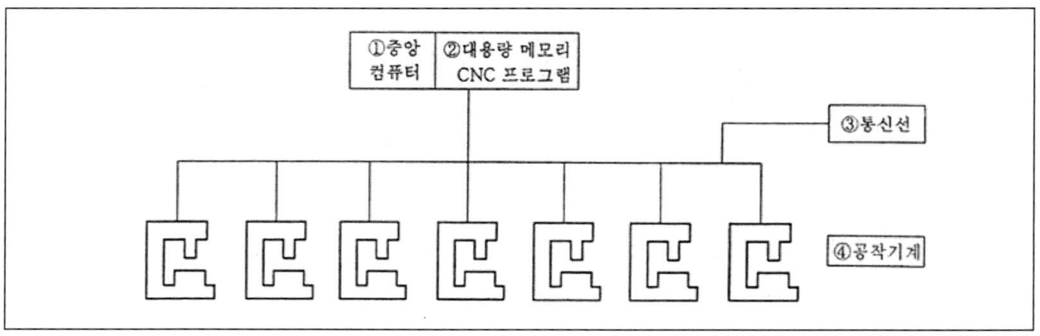

그림 17-7 DNC의 기본적인 구성

DNC의 장점은 다음과 같다.

① 천공 테이프를 사용하지 않는다.
② 유연성과 높은 계산 능력을 가지고 있다.
③ CNC 프로그램 등을 컴퓨터 파일로 저장할 수 있다.
④ 공장에서 생산성에 관계되는 데이터를 수집하고, 일괄 처리할 수 있다.
⑤ 공장 자동화의 기반이 된다.

17.4 NC 프로그래밍

프로그래밍이란, CNC 공작기계의 프로그램 형식에 맞추어서 공구의 통로를 명령하는 테이프를 만드는 것을 말한다. 즉, 사람이 이해하기 쉽도록 되어 있는 도면을 CNC 장치가 이해할 수 있는 표현형식으로 바꾸어 주는 작업이다. 그러므로 프로그래밍을 하기 위해서는 가공할 제품의 도면을 분석하고, 어떤 공작기계로, 어떤 가공공정으로, 어떤 장치로 어떻게 고정하며, 어떤 공구를 사용해서 어떤 가공 조건으로 등의 사항들을 결정해야 한다.

[그림 17.8]은 프로그래밍의 순서를 나타낸 것이다.

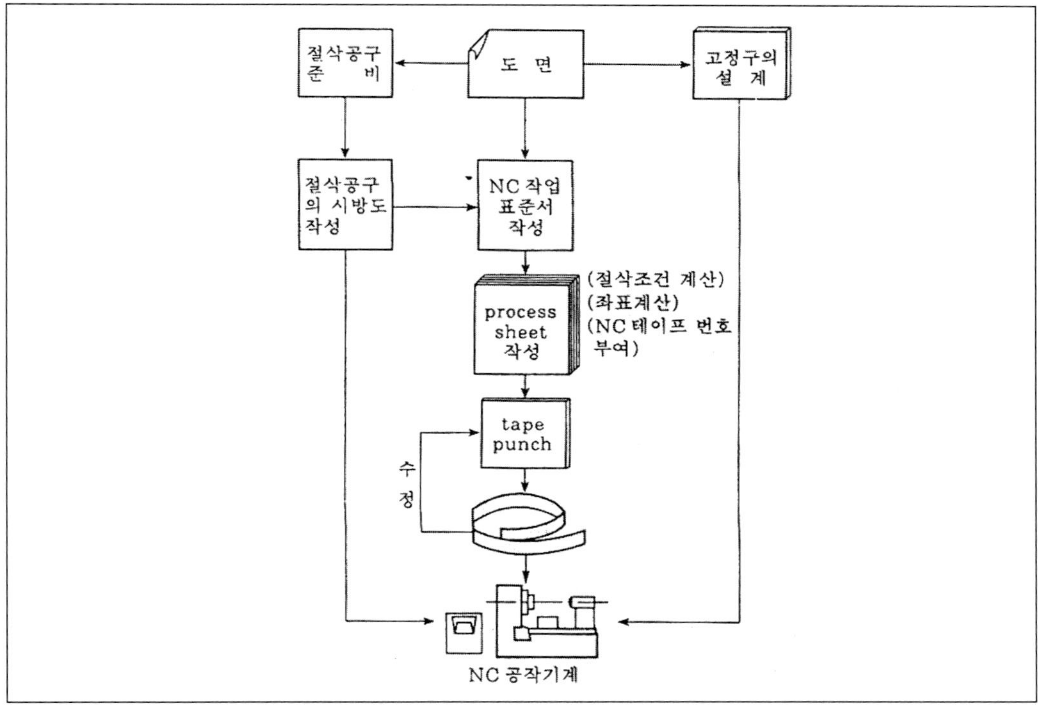

그림 17-8 프로그래밍의 순서

(1) NC 프로그램의 의미

NC 프로그램이란 NC 기계를 조작하기 위한 모든 지령을 하나의 체계화된 데이터(part program)로 나타낸 것을 뜻한다.

제품 도면에 표기된 형상을 NC 기계에서 가공하기 위한 절차를 NC 프로그래밍이라 하는데, 이는 다음의 4단계를 거친다.

① 설계된 도면의 해독
② NC 가공을 위한 공정계획 작성
③ NC 지령어를 이용한 파트 프로그램 작성
④ NC 코드의 테이프화

(2) NC 가공을 위한 공정계획

NC 가공을 위한 공정계획을 얼마나 효율적으로 수행하느냐에 따라 NC 가공의 생명(생산성, 정밀성)이 좌우된다.

이러한 공정계획에는

① 제품도면에서 NC 가공 부위를 선정
② 해당 가공부위에 적합한 NC 기계, 공구(절삭방법), 치구(治具) 등의 선정
③ 절삭가공 순서(시작점, 황삭계획, 정삭계획 등)의 결정
④ 실제 NC 공구(절삭공구, 어댑터, 홀더 등)의 선정
⑤ 절삭조건(스핀들 속도, 이송속도, 절입깊이 등)의 결정

등에 관한 사항을 프로그래머가 수행하는 것을 의미한다.

(3) 수동 프로그래밍

NC기계의 조작은 컨트롤러(controller)가 수행하므로 이 경우에 작업지시서는 NC 컨트롤러가 이해할 수 있는 언어로 작성되어야 한다.

NC 컨트롤러가 이해할 수 있는 언어를 "NC 코드"라 하며, NC 코드를 이용한 작업지시서의 작성을 수동 프로그래밍이라 한다.

수동 프로그래밍을 하기 위해서는 일반적으로 다음과 같은 프로그램 작성단계를 거친다.

① 파트 프로그램에 사용되는 치수의 단위결정 : G21/G20
② 좌표값을 정의하는 방식 결정: G90/G91
③ 기계 좌표계에서 공작물 좌표계 설정: G50, G92
④ 가공 시작점까지 급속이송 동작: G00
⑤ 주어진 절삭조건으로 공구이송(실제 절삭가공) : G01/G02/G03/G04
⑥ 가공 완료점에서 공구교환지점까지 급속이송 : G00
⑦ 가공 종료 : M00, M01, M02, M30

(4) 자동 프로그래밍

수동 프로그래밍은 공구위치의 계산을 프로그래머가 직접 수행하여 작업 지시서를 작성하나, 자동 프로그래밍은 사람이 이해하기 쉬운 "언어"(예, APT, FAPT)로 파트 프로그램을 작성하여 NC 코드로 번역하는 컴퓨터 프로그램으로서 이를 자동

프로그래밍이라 한다.

수동 프로그램에서는 공구가 이동할 점의 좌표를 순차적으로 지정하는 반면, 자동 프로그램에서는 가공하고자 하는 형상(도형)을 미리 정의하고 공구로 하여금 정의된 도형을 따라 가도록 지령하는 방식을 채택하고 있다.

즉, 자동 프로그램을 작성하기 위해서는

① 도면에서 가공부위의 형상(도형)을 정의
② 공구 출발점과 공구 경로를 계획하고 운동을 정의
③ 파트 프로그램 언어의 구문에 따라 파트 프로그램 작성

의 순서를 거친다.

[그림 17.9]는 자동 프로그램 작성순서를 보여주고 있다.

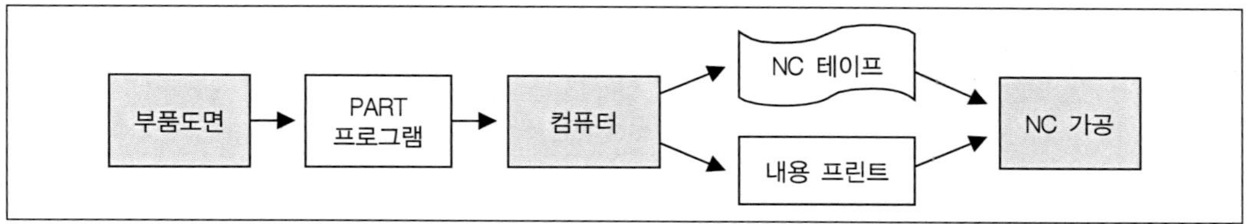

그림 17-9 자동 프로그램 순서

자동 프로그램을 수행함으로써 다음과 같은 장점을 들 수 있다.

① NC 테이프 작성까지의 노력과 시간단축
② 신뢰도가 높은 NC 테이프 작성이 가능
③ 인간이 해결하기 어려운 복잡한 계산을 컴퓨터가 수행
④ 프로그램 검증이 용이하고 프로그램상 오류의 축소

17.5 CNC 선반

17.5.1 CNC 선반의 개요

수치 제어 선반은 수치제어 장치가 판독한 지령에 따라 길이 방향과 가로 방향의 이송을 제어하고공구 경로가 수치제어 방식으로 이루어지는 선반을 말한다.

특징은 주축의 무단 제어, 자동 공구 교환, 이상 시 경고 발생, 자기 진단 기능

등을 가지며, 고마력, 고속화로 기계 능률을 높이고, 나아가 공작물 공작물 자동 착탈 장치, 공구 마멸 감지, 가공 여유 검출 등을 추구 하고 있다.

17.5.2 CNC 선반의 기능

(1) 좌표값 명령

CNC 선반에서는 공구대의 전후 방향을 X축, 길이 방향을 Z축으로 한다.

(2) 준비기능(Preparatory function) : G

표 17-2 CNC 선반의 준비 기능

G-코드 (code)	그룹 (group)	G-코드의 지속성	기능
■ G 00	01	model (계속 유효)	위치결정(급속이송) : 전원 ON이면 기본값은 정해짐
■ G 01			직선가공(절삭이용)
G 02			원호가공(시계방향, CW)
G 03			원호가공(반시계방향, CCW)
G 04	00	one shot (계속 유효)	일시정지(dwell : 휴지)
G 10			데이터(data)설정 (공구 보정량 설정)
G 20	06	model (계속 유효)	inch 입력
■ G 21			metric 입력
■ G 22	04		금지(경계)구역 설정(ON)
G 23			금지(경계)구역 설정 취소(OFF)
G 27	00	one shot (계속 유효)	원점복귀확인
G 28			자동원점복귀
G 29			원점으로부터 복귀
G 30			제2, 제3, 제4 원점 복귀
G 32	01	model (계속 유효)	나사절삭 기능(반드시 G97 명령 사용)
■ G 40	07		공구인선 반지름 보정〈좌측〉
G 41			공구인선 반지름 보정〈우측〉
G 42			공구인선 반지름 보정〈우측〉

G 50	00	one shot (계속 유효)	공작물 좌표계 설정, 주축 최고 회전수 설정
G 70			정삭 사이클
G 71			안지름, 바깥지름 황삭 사이클
G 72			단면황삭 사이클
G 73			형상 반복 사이클
G 74			단면 홈 가공 사이클(펙 드릴링 : Z방향
G 75			X방향 홈 가공 사이클
G 76			나사가공 사이클
G 90	01	model (계속 유효)	안지름 바깥지름 절삭 사이클
G 92			나사절삭 사이클
G 94			단면절삭 사이클
G 96	02		원주속도 일정 제어(m/min)
■ G 97			원주속도 일정 제어 취소, 회전수 일정(rpm)
G 98	05		분당 이송 지정(mm/min)
■ G 99			회전당 이송 지정(mm/rev)

■ : 전원을 공급할 때 설정되는 G코드를 나타낸다.

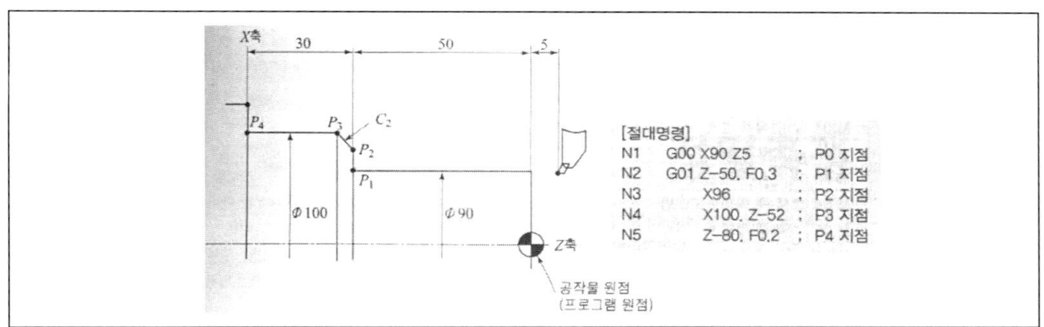

그림 17-10 직선가공

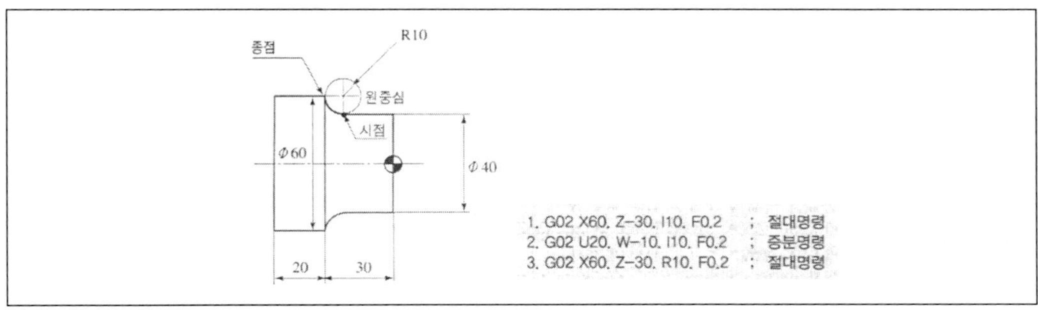

그림 17-11 원호가공

(3) 이송기능(feed function) : F

이송기능이란, 일감과 공구의 상대속도를 지정하는 것이다. 일반적으로 CNC선반에서는 회전당 이송으로 CNC밀링이나 머시닝 센터에서는 분당 이송을 사용한다.

① G98 G01 Z100. F20 ; 공구 이송이 1분당 20mm 이송

② G99 G01 Z100. F0.3 ; 공구 이송이 1회전당 0.3mm 이송

(4) 보조기능(miscellaneous function) : M

제어장치의 명령에 따라 CNC공작기계가 가지고 있는 보조 기능을 제어(ON/OFF)하는 기능이다.

표 7-3 보조기능

M코드	의미	적용기종	M코드	의미	적용기종
M 00	프로그램 정지	선반, 밀링	M 09	절삭유 공급 중지	선반, 밀링
M 01	선택적 정지	선반, 밀링	M 19	주축 일방향 정지	밀링
M 02	프로그램 끝	선반, 밀링	M 30	프로그램 끝 및 재개	선반, 밀링
M 03	주축 정회전(CW)	선반, 밀링	M 40	주축 기어 중립	선반
M 04	주축 역회전(CCW)	선반, 밀링	M 41	주축 기어 저속	선반
M 05	주축 정지	선반, 밀링	M 42	주축 기어 고속	선반
M 06	공구교환	밀링	M 98	보조 프로그램 호출	선반, 밀링
M 08	절삭유 공급 시작	선반, 밀링	M 99	주 프로그램 호출	선반, 밀링

※ 주의 : 기계제작회사에 따라 M코드의 차이가 있을 수도 있다.

(5) 주축 기능(spindle-speed function, S) : (G96, G97)

주축의 회전수 명령방법에는 두 가지가 있다.

① G96 S150 M03 ; v = 150m/min(원주속도 일정 제어)

② G97 S150 M03 ; n = 150rpm(회전수 일정 제어)

여기서, v : 절삭속도(m/min)

n : 회전수(rpm)

[예] G50 X250, Z300, S2000 T0100 M42; (M42는 기종에 따라 선택)
G96 S100 M03; ……127.3rpm
G100 X100 Z80. T0101; ……318.3rpm
G 01 X20 FO. 2; ……1591.5rpm
X10; ……3183.1rpm(G50에 명령된 최고 속도로 회전, 2000rpm)
X0; ……무한대(G50에 명령된 최고 속도로 회전, 2000rpm)

(6) 공구 기능(tool function) : T

T □ □ △ △

17.6 머시닝 센터

17.6.1 머시닝 센터의 개요

머시닝센터(machining center)는 수치제어 장치가 개발되면서 생긴 새로운 기종으로, 공작물의 가공 면에 구멍 뚫기, 보링, 평면 가공, 태핑 등 선반, 밀링머신, 드릴링머신, 보링머신에서 하던 각종 작업을 복합적으로 수행할 수 있으며 그 기능이 다양하다.

따라서 오랜 시간 동안 자동 운전이 가능할 뿐만 아니라 복합 공작 기계로서 자동 공작물 교환 장치(AWC), 로봇 및 자동 창고 등과 함께 기계 공장 전체의 무인화 시스템을 구축하여 공장 자동화를 만드는데 중요한 역할을 담당하는 수치 제어 공작기계이다.

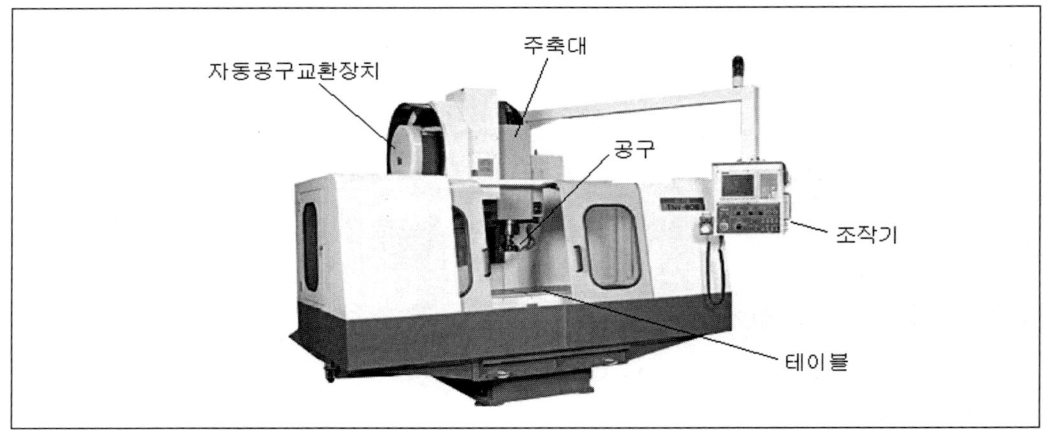

그림 17-12 머시닝 센터

17.6.2 머시닝센터의 구성

① 자동공구 교환장치 [automatic tool changer : ATC]

자동공구 교환 장치는 제품의 가공 차례에 따라 필요한 공구들을 자동적으로 바꾸어 주는 장치이다. 즉 복합 공작 기계의 경우 1대가 구멍을 뚫고, 나사를 깎고, 파고, 면을 절삭하는 등 각종 공작 기능을 갖고 있는데 이를 위한 공구를 필요에 따라 자동적으로 교환하는 장치를 말한다.

② 자동 공작물 교환 장치[automatic pallet changer : APC]

1대의 공작 기계로 하나 또는 여러 종류의 공작물을 대량으로 가공하려면 공작물이 교체될 때마다 공작물과 공구의 고정 및 위치 결정에 소요되는 시간이 많이 걸린다. 따라서 공작물을 고정시킨 고정 지그 전체를 운반해 공작 기계에 부착하고 제거하는 일을 하는 것이 자동 공작물 교환 장치라고 한다.

③ NC 로터리 테이블

테이블 윗면에 4축 제어용으로 설치하며, 기계의 자체 컨트롤러로서 제어가 가능하고 윤곽 제어 및 캠가공 등 다양한 기계가공을 쉽게 할수 있는 장치로 테이블을 필요한 각도로 회전시켜 가공할 수 있다.

④ 칩 처리 장치(칩 이송 장치)

장시간 연속적으로 가동되는 머시닝센터에서 발생하는 많은 양의 칩을 기계 밖으로 자동으로 배출 시키는 기능을 한다.

⑤ 머시닝센터의 구분

머시닝센터는 스핀들(주축)의 방향에 따라 크게 두 가지 종류로 구분한다. 주축이 수직방향인 수직형 머시닝센터, 주축이 수평방향인 수평형 머시닝 센터가 있다.

17.6.3 머시닝 센터 프로그래밍

표 7-4 G - code(준비기능)

G-Code	Group	기능	G-Code	Group	기능
G00	01	급속위치결정	G73	09	펙드릴링사이클
G01		직선절삭이송	G74		역탭핑사이클
G02		원호절삭이송	G76		정밀보링
G03			G80		고정사이클취소
G04	00	이송정지기능	G81		드릴링사이클
G05		고속사이클가공	G82		〃
G15	17	극좌표 취소	G83		펙드릴링사이클
G16		극좌표 지정	G84		탭핑사이클
G17	02	X-Y평면 지정	G85		리밍사이클
G18		X-Z평면 지정	G86		보링사이클
G19		Y-Z평면 지정	G87		펙보링사이클
G28	00	자동 원점복귀	G88		브링사이클
G30		제2원점복귀	G89		보링사이클
G33	01	나사절삭사이클	G90	03	절대치 지령
G40	07	공구경보정취소	G91		증분치 지령
G41		공구경좌측보정	G92	00	공작물좌표계
G42		공구경우측보정	G94	13	분당 이송
G43	08	공구길이보정	G95		1전당 이송
G49		공구길이보정취소	G96	10	주속일정제어
G54~G59	14	공작물좌표계	G97		회전수일정제어
G68	16	좌표회전	G98	20	고정사이클초기점복귀
G69		좌표회전 취소	G99		고정사이클 R점복귀

(1) G00 : 급속 위치 결정

공구가 현재 위치에서 지령된 값으로 급속으로 이동한다. 이송 속도는 각축의 모터와 볼스크류의 피치로 결정이 되며 외부 버튼으로 속도를 조절할 수 있다.

주로 먼 거리를 비절삭으로 이동할 때, 공구교환 지점으로 빠르게 보낼 때

① 지령 형식

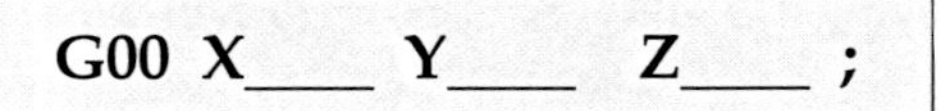
G00 X____ Y____ Z____ ;

② 프로그램에서의 사용 예

```
O1234;
G90 G80 G40;
G54;
G97 S1500 M03;
G43 G00 X0 Y0 Z100.0 H01;
G81 G98 X50.0 Y50.0 Z-31.0 R3.0 F100;
G80;
M05;
M02;
```

(2) G01 : 직선 절삭

공구가 현재 위치에서 지령된 위치로 절삭하면서 이동한다. 이송 속도는 공작물의 재질, 공구의 재질, 공구의 지름, 가공면의 표면거칠기, 주축 회전수 등에 따라 결정한다. 수평으로 절삭 이동할 때, 수직으로 절삭 이동할 때, 모따기, 대각선으로 절삭 이동할 때 사용한다.

① 지령 형식

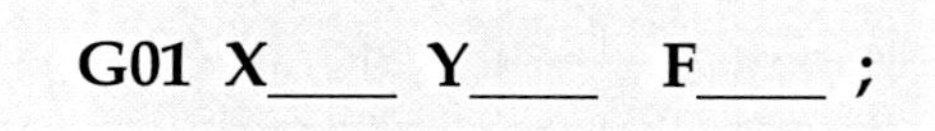
G01 X____ Y____ F____ ;

X, Y : 가고자 하는 지점의 좌표 값

F : 이송속도로서 1분 동안에 공구가 이동하는 거리를 말하며,

가공 시간과 가장 밀접한 관련이 있다.(mm/min)
맨 처음 지령하는 G01 블록에는 반드시 F값을
지령해야하며, 지령하지 않으면 이송을 하지 않는다.

② 프로그램에서의 사용 예

```
O1234;
G90 G80 G40;
G54;
G97 S1500 M03;
G43 G00 X0 Y0 Z100.0 H01;
X50.0 Y50.0 ;
Z5.0 ;
G01 Z-5.0 F300 ;
X10.0;
Y10.0;
G00 Z100.0;
M05;
M02;
```

Chapter 18

열처리 (Heat Treatment)

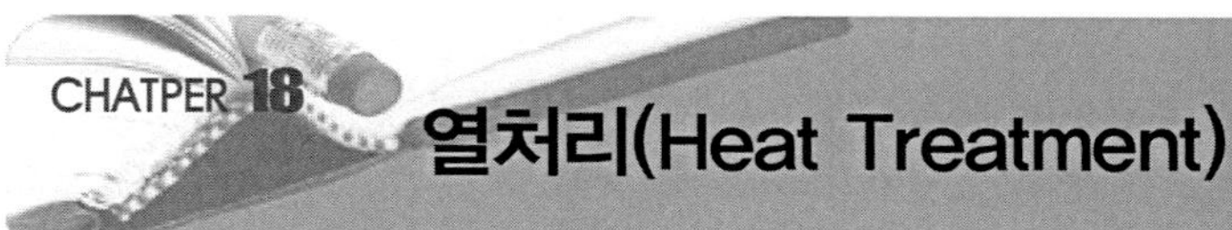

열처리(Heat Treatment)

18.1 개요(introduction)

열처리(heat treatment)라 함은 금속을 적당한 온도를 가열 및 냉각시켜 사용 목적에 적합한 성질로 개선하는 것을 말한다.

일반적으로 열처리 기술은 제조 공정의 최종 단계에서 실시하여 각종 재료로 만들어진 각종 부품 및 제품의 내마모성, 내충격성, 내구성, 유연성 등을 향상시키는 중요한 역할을 한다. 따라서, 열처리 기술은 기계 공업, 자동차 공업, 전기・전자 공업 등 산업의 발전에 근간이 되고 있으며, 관련 부품 및 제품의 품질과 성능, 원가 등에 큰 영향을 미치는 생산 기반 기술이다.

18.2 열처리의 종류(classifications)

강(steel)은 열처리 효과가 가장 큰 재료로서 다음과 같은 여러 가지 기본 열처리 방법이 적용된다.

① 퀜칭(quenching) : 급랭시켜 재질을 경화한다.

② 템퍼링(tempering) : 퀜칭한 것에 인성(靭性)을 부여한다.

③ 어닐링(annealing) : 재질을 연하게 하고 균일하게 한다.

④ 노멀라이징(normalizing) : 소재를 균일하게하며 표준화 한다.

이와 같은 열처리 과정은 가공하려는 재료 및 온도에 따라 다르다. 일반적으로 금속을 열처리 경화(hardening)할 때 다음과 같은 방식의 열처리를 한다.

ⓐ 계단 열처리(interrupted heat treatment)
ⓑ 항온 열처리(isothermal heat treatment)
ⓒ 연속 냉각 열처리(continuous cooling heat treatment)
ⓓ 표면 경화 열처리(surface hardening treatment)

이 외에 특수 열처리로서 그 재료의 기계적 성질을 변화시킬 수도 있다.

18.3 열처리 방법의 예

[그림 18.1]은 탄소강소재를 담금질할 때의 방법을 나타낸 것으로서 적당한 현상의 탄소강 소재를 약 800℃로 일정시간 가열 후 10~30℃의 물속에 담금질한다.

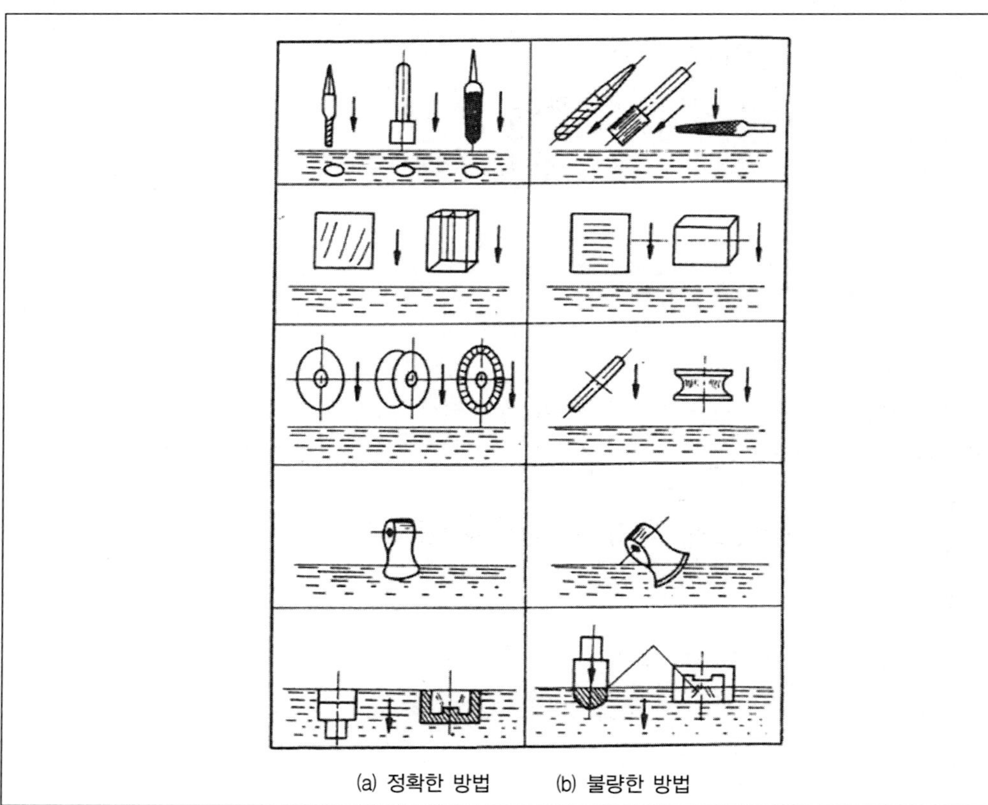

그림 18-1 담금질 방법의 예

이때 담금질에 의한 변형을 방지하려면 다음과 같은 사항에 유의하여야 한다.

① 열처리한 소재를 액중에 가라앉게 하지 말 것
② 가열된 소재를 냉각액 중에서 급격히 흔들 것
③ 소재를 대칭되는 축 방향으로 냉각액 중에 넣을 것(축은 수직으로, 기어류(gear)는 수평으로 급랭시킬 것)
④ 스핀들(spindle)과 같은 중공 물품은 구멍을 막고 작업할 것
⑤ 복잡한 형상, 두꺼운 이형 단면의 소재는 최대 단면 부분이 먼저 냉각액에 닿도록 할 것 등이다.

18.4 열처리 설비

열처리에 필요한 설비에는 다음과 같은 가열로, 냉각 장치 및 고온계 등이 있다.

18.4.1 가열로(heat trreatment furnace)

널리 사용되는 가열로를 구조상으로 분류하면 다음과 같으며 사용연료로는 석탄, 코크스, 가스, 중유 및 전기 등을 사용한다.

(1) 담금질, 뜨임, 불림용

머플로(mufle furnace)[그림 18.2], 전기 저항로[그림 18.4] 연속 가열로, 염욕로[그림 18.5] 등

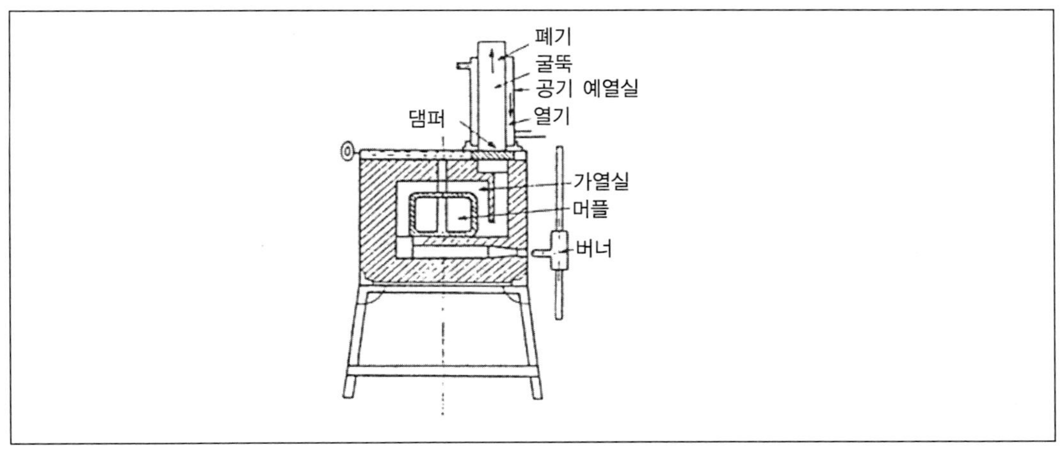

그림 18-2 머플로

(2) 풀림용

반사로[그림 18.3]

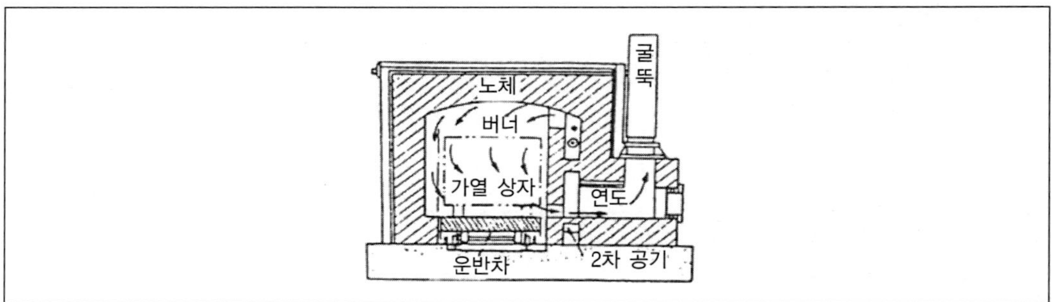

그림 18-3 반사로

◎ 가열로의 구비조건

① 온도 조절이 용이하여야 한다.
② 노 내의 온도 분포가 균일해야 한다.
③ 간접 가열에 의해 산화 및 탈탄 등이 없어야 한다.

18.4.2 염욕로(salt bath)

열처리 중 공기중의 산소와 재료의 표면이 접함으로서 표면의 산화 및 탈탄 등을 제거할 목적으로 각종 염을 용융하여 유지하며 이를 이용하여 가열하는 열처리로이다. 이러한 염욕로의 특징은 아래와 같다.[그림 18.5 참조]

① 가열로의 산화 및 탈탄 등이 방지된다.
② 전극의 간격 조절로 온도 조절이 용이하다.
③ 균일하게 가열되어 변형이나 균열의 가능성이 없다.
④ 대류 및 복사에 의한 가열보다 4~5배 빨리 가열된다.
⑤ 노의 설비비가 적다.

[표 18.1]은 염욕로의 온도 범위에 따른 용도이다.

표 18-1 염욕로의 적용 범위

조 성	용융점(℃)	적용 온도(℃)	용 도
22% NaNo + 78% KNO	254	<550	뜨임용
60% BaCl + 40% KCl	660	550~950	탄소강 담금질용
70% BaCl + 30%NaBO	940	1100~1300	고속도강 담금질용

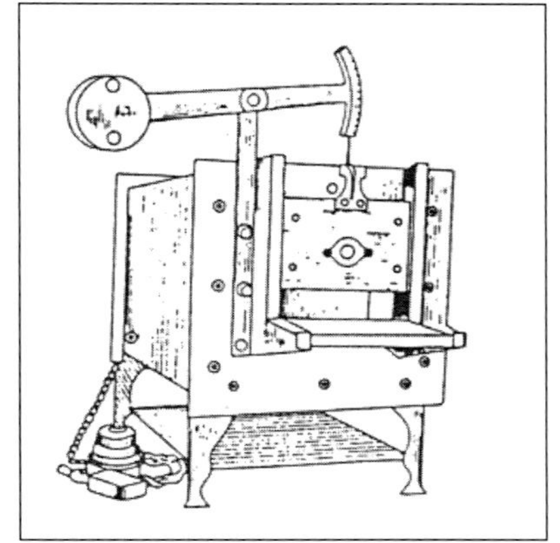

그림 18-4 전기 저항 머플로

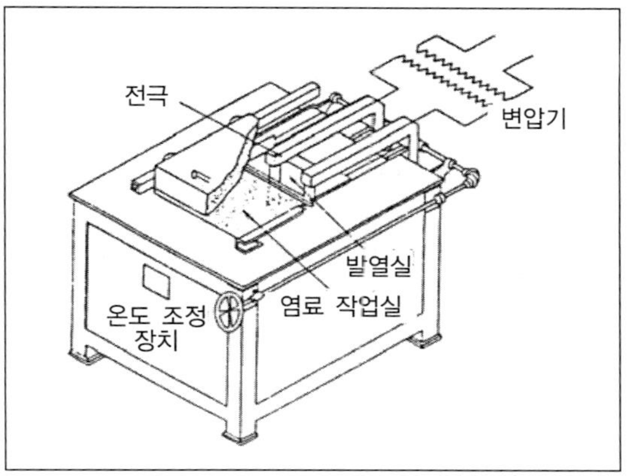

그림 18-5 전기 저항 염욕로

18.4.3 냉각 장치(quenching equipment)

냉각 속도가 빠를수록 열처리 효과는 크다. 냉각액 중 중요한 것은 물과 기름이며, 물이 가장 널리 사용된다. 온도를 조정하면 여러 가지 목적을 달성할 수 있다. 일반적으로 사용되는 냉각액의 냉각 효과가 적은 것부터 나열하면 기름, 물, 소금물, 묽은 황산 용액 등이나 온도를 조절하면 여러 가지 목적에 사용할 수 있다. 냉각액은 항상 일정한 온도를 유지하도록 하기 위하여 각종의 사용 목적에 따라 특수 설비를 하여야 하며 가능하면 냉각조(cooling tank)를 크게 하고 냉각액을 잘 순환할 수 있게 하여 온도를 일정하게 유지하는 것이 좋다.

18.4.4 고온계(pyrometer)

열처리에서 가장 중요한 것은 열처리 로의 온도 측정으로 열을 장 관리하는 것이라 할 수 있다. 따라서 열처리 노내의 온도 측정을 위하여서는 각종 온도 측정 장치를 사용한다. 가장 일반적으로 온도 계기로서는 전기 저항식 온도계 및 열전대식 온도계 등이 있으나 일반적으로 열전대식 고온계가 사용되며 2개의 상이한 금속을 접합하였을 때 그 접점에서 발생하는 기전력에 의하여 온도를 측정한다.

18.5 열처리의 원리(principle of heart treatment)

금속이 열에 의해 성질이 변한다는 사실은 과거 경험에 의하여 알려지고 있었다. 그러나 오늘날에 와서는 원자의 구조나 원자들의 배열들에 의해 보다 더 과학적으로 이 기술을 이해하게 되었다. 따라서, 열처리 기술을 습득하기 위해서는 과거에 알아 왔던 것보다 훨씬 더 광범위한 분야를 알지 않으면 안되게 되었다. 다음에 열거하는 사항들은 열처리를 이해하는데 매우 큰 비중을 차지한다고 할 수 있다.

18.5.1 철강재료의 분류

공업용으로 쓰이는 철강 재료에는 광석이나 제조 과정으로부터 철 이외의 여러 가지 원소 즉 탄소, 규소, 망간, 인, 황 등이 함유되며, 이들을 철강의 5원소라고 한다.

그 중에서 탄소는 함유량이 가장 많으며, 철강의 성질에 미치는 영향이 대단히 크므로 철 재료를 분류하는 데에는 탄소의 함유량에 따라 분류하고 있다.

철강 재료를 탄소 함유량에 따라 분류하면 순철(pure iron), 강(steel), 주철(cast iron)로 크게 나눌 수 있다.

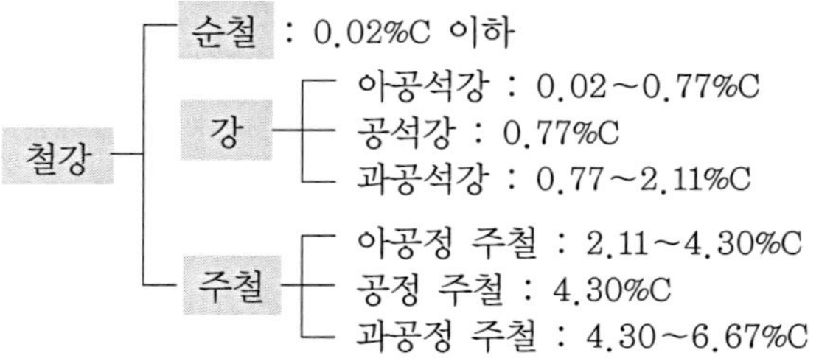

18.5.2 금속의 결정구조

금속은 결정체이므로 원자를 3차원적으로 규칙적인 배열을 할 수 있으며, 일반적으로 [그림 18.6]과 같이 면심 입방격자(FCC), 조밀 육방격자(HCP), 체심 입방격자(BCC)의 3종류로 구분할 수 있다.

(1) 면심 입방격자(face-centered lattice, FCC)

면심 입방격자는 [그림 18.6(a)]와 같이 입방체의 각 정점과 각 면의 중심에 원자가 위치하고 있는 것이다. 주요 금속의 결정구조를 [표 18.2]에 나타내었으며 면심 일방격자는 전성과 연성이 좋다.

(2) 조밀 육방격자(hexagonal close packed lattice, HCP)

조밀 육방격자는 [그림 18.6(b)]와 같이 정육각주의 정점과 상하면의 중심 및 정육각주를 형성하고 있는 6개의 정삼각주의 체중심을 하나 건너로 원자가 위치하고 있으며, 모든 조밀육방격자 구조의 금속은 다른 구조의 것에 비해 연성이 떨어진다.

표 18-2 주요 금속의 결정 구조

결정 구조	주요 금속
면심입방형	Au, Ag, Cu, Al, Fe(γ), Ni
조밀육방형	Zn, Ti(α), Mg, Co
체심입방형	Cr, Fe(α), Na, Mo, V

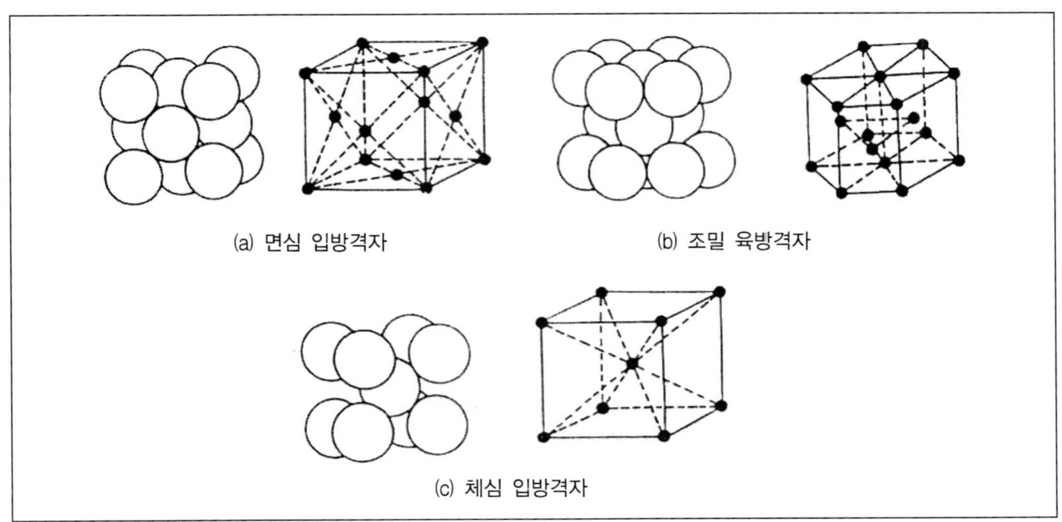

그림 18-6 결정구조의 종류

(3) 체심 입방격자(body-centered lattice, BCC)

체심 입방격자는 [그림 18.6(c)]와 같이 입방체의 각 정점과 체중심에 원자가 위치하고 있는 간단한 격자구조를 가진 것이다. 이 격자구조를 가지는 금속은 전성과 연성이 면심 입방격자 구조의 금속 다음으로 좋다.

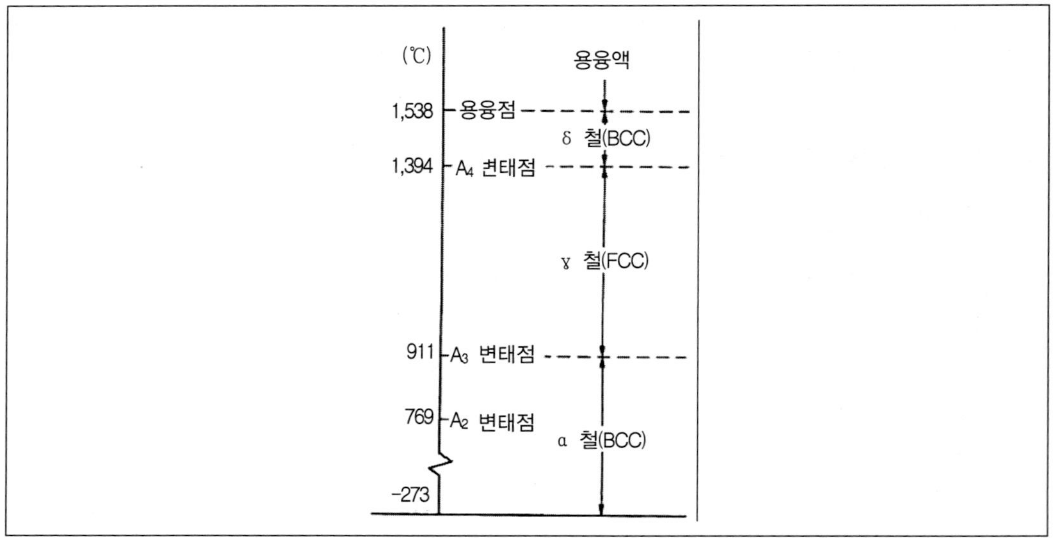

그림 18-7 순철의 변태

일반적으로 철은 상온에서 체심 입방구조로 이루어져 있으며, 이러한 구조를 가진 철을 α철이라 한다. 이 α철은 911℃까지는 안정하나 온도가 더 올라가면 면심 입방격자 구조를 갖는 γ철로 변한다. 이 γ철은 1394℃까지는 안정된 상태로 존재하지만 그 이상의 온도로부터 융점(1538℃)까지의 사이에서는 다시 체심 입방격자 구조를 갖는 δ철로 변한다. 이와 같이 순철은 911℃와 1394℃에서 구조 변화를 일으키며, α철은 상온에서 강자성체이나 768℃ 이상에서는 상자성체로 변한다[그림 18.7].

18.5.3 고용과 확산

불순물이 전혀없는 순금속을 얻는 것은 매우 어려운 일이며, 거의 모든 금속이 불순물을 포함하고 있다. 또한, 하나의 금속에 다른 원소를 의도적으로 참가함으로써 여러 가지 다양한 성질을 갖는 합금을 얻을 수 있다.

고용체에는 [그림 18.8]과 같이 침입형과 치환형이 있다. 침입형 고용체란 용매 금속원자의 결정 사이에 형성되는 틈새에 용질원자가 끼어들어 고용체를 형성한 것이다. 그러므로 용질원자는 직경이 매우 작아야 한다. 예를 들어 철의 경우에는 철원자보다 직경이 매우 작은 산소, 수소, 질소, 탄소 등의 원소가 침입형으로 고용된다.

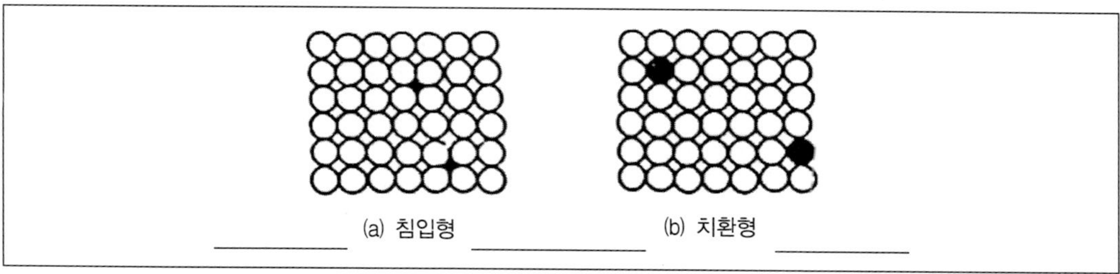

그림 18-8 고용체중에 용질원자가 들어가는 방법

강은 주로 철-탄소 원자로 이루어지는데 철원자의 직경은 약 2.5Å이고, 탄소원자는 1.5Å이므로 상온에서는 탄소를 거의 고용하지 못한다. 그러나 1147℃에서 존재하는 γ철에는 최대 2.4% 정도의 탄소를 고용할 수 있다. 이것을 원자수로 표시하면 1000개의 철에 대해 약 100개의 탄소가 고용할 수 있음을 의미하는 것으로 γ철은 빈틈이 매우 많은 면심입방격자임을 알 수 있다. 그러나 이 강을 800℃로 가열하면 0.8%의 탄소를 고용한 γ철(이 철을 오스테나이트라고 함)이 된다. 이와 같이 온도가 증가함에 따라 탄소원자는 농도가 낮은 쪽으로부터 높은 쪽으로 이동하게 되며, 이를 확산이라 한다. [그림 18.9]는 니켈이 도금된 철을 가열할 때 니켈과 철이 서로 확산하게 됨을 보여주는 그림이다.

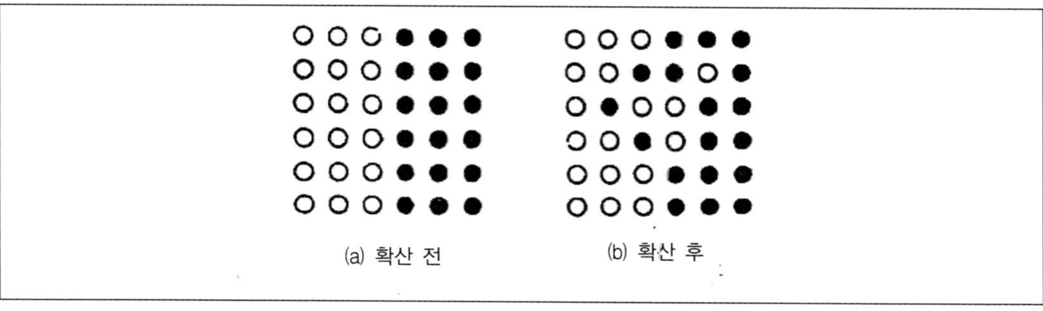

그림 18-9 도금시 도금경계의 원자배열

18.5.4 금속의 상변태

같은 성분의 금속이라도 고체 상태에서 하나 이상의 결정 구조를 가지게 되는데, 이러한 결정 구조는 온도 또는 압력의 변화에 의하여 달라지게 된다. 이와 같이, 같은 물질이 한 결정 구조에서 다른 결정 구조로 그 상이 변하는 것을 변태(transformation)라 하며, 변태가 일어나는 온도를 변태점(transformation point)이라 한다.

(1) 동소 변태

탄소는 화합 탄소와 흑연이 두 상태로 존재한다. 이와 같이, 서로 다른 상태로 존재하는 동일 원소의 두 고체를 동소체(allotropy)라 한다. 동소체는 원자 배열이 변화에 따라 나타나는 현상으로 이러한 현상을 동소 변태(allotropic transformation) 또는 격자 변태라 한다[그림 18.10].

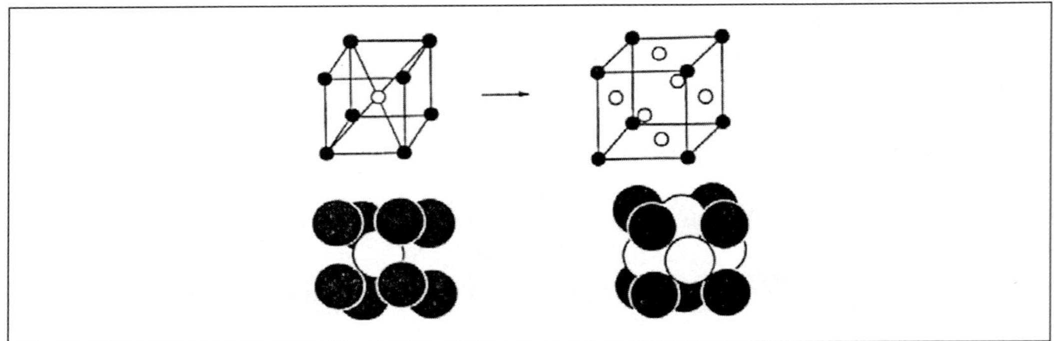

그림 18-10 동소 변태

(2) 자기 변태

철(Fe), 코발트(Co), 니켈(Ni) 등과 같은 강자성체인 금속을 가열하면, 일정한 온도 이상에서 금속이 결정 구조는 변하지 않으나 자성을 잃고 상자성체로 자성이 변하는데, 이와 같은 변태를 자기 변태(magnetic transformation)라 한다. 따라서, 자기 변태는 상의 변화가 아닌 단순한 에너지적인 변화이다[그림 18.11].

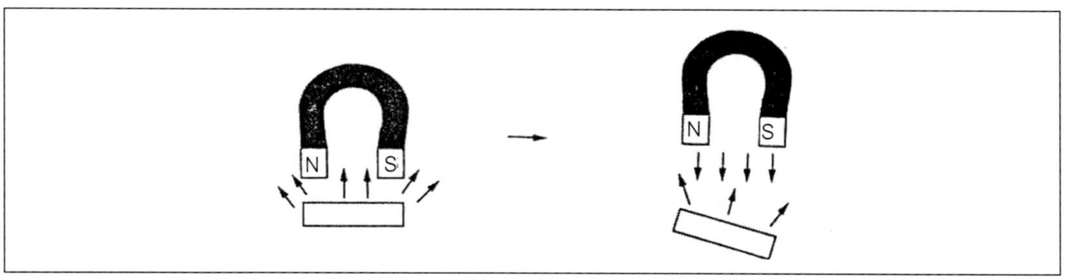

그림 18-11 자기 변태

예를 들면, 철은 상온에서는 강자성체이나 768℃ 부근이 되면 상자성체로 변하는 자기 변태가 일어나는데, 이 변태 온도를 A2 변태점이라 한다.

18.5.5 탄소강의 현미경 조직

강은 탄소 함유량과 냉각 속도 등에 따라 조성된 조직에 의해 그 성질이 현저히 달라진다. 강의 현미경 조직도 [그림 18.13]과 같이 순철의 경우와는 매우 다르게 나타난다[그림 18.12과 비교].

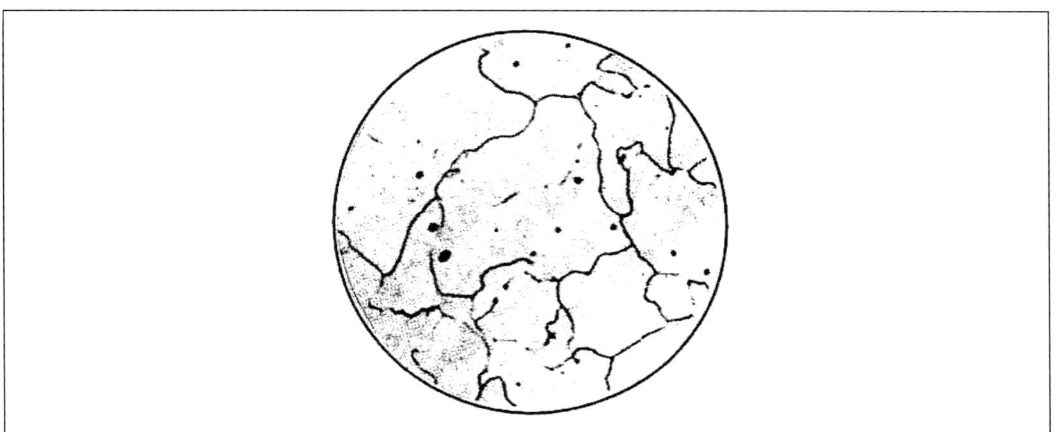

그림 18-12 순철의 현미경 조직

탄소강의 조직은 질산(HNO3) 또는 피크린산 용액으로 부식(etching)시킨 후 현미경으로 검사한다. C 〈 0.86%의 재료는 상온에서 페라이트(ferrite)와 펄라이트(pearlite)라고 하는 2종의 종합조직으로 되어있다. 탄소 함유량이 증가함에 따라 펄라이트의 양이 증가되고, 페라이트양은 감소되며, C=0.86% 에서는 페라이트는 소실되고 전부 펄라이트로 되며, C>0.86% 에서는 펄라이트와 유리된 시멘타이트 (cementite) 조직으로 된다.

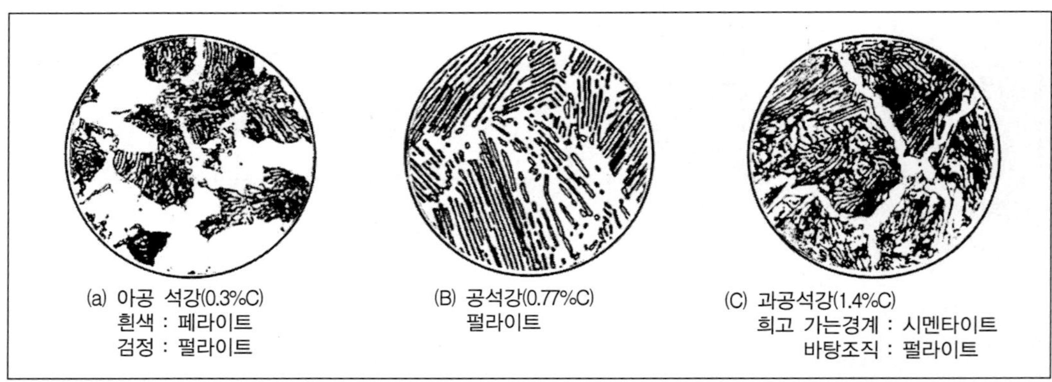

그림 18-13 탄소강의 현미경 조직

(1) 서냉조직

① 페라이트(ferrite) : 탄소를 함유하지 않은 철로서 현미경조직은 백색으로 보이며, 강철 조직에 비하여 경도와 강도가 작다.

② 펄라이트(pearlite) : 페라이트와 탄화철(Fe3C)이 서로 파상으로 배치된 조직으로 그 현미경 조직은 흑백으로 된 파상선을 형성하고 있다. 이 결정 조직은 강하고 또한 질긴 성질이 있다.

③ 시멘타이트(cementite) : 탄화철(Fe3C)로서 침상 또는 망상조직을 형성하며, 탄소강 또는 주철 중에 섞여 있다. 매우 경도가 큰 조직으로 여린 취성(brittleness)이 있다.

(2) 급냉조직

① 오스테나이트(austenite) : 급냉시킨 조직으로서 탄소가 감마철 중에 고용 또는 용해되어 있는 상태의 현미경조직이다.

② 마텐자이트(martensite) : 급냉된 조직으로서 침상조직을 형성하며, 경도가 가장 큰 열처리 조직이다.

③ 트루스타이트(troostite) : 오스테나이트를 냉각할 때 마르텐사이트를 거쳐서 점점 탄화철이 큰 입자로 나타나는 조직으로서 알파철과 탄화철의 혼합된 조직이다. 경도는 상당히 크나 마르텐사이트보다는 작다.

④ 솔바이트(sorbite) : 서냉으로 된 조직으로 트루스타이트보다 A1 변태가 더 높은 온도에서 완료되어 경도가 작고, 질이 트루스타이트보다는 연하나 매우 직기도 탄성이 큰 조직이다.

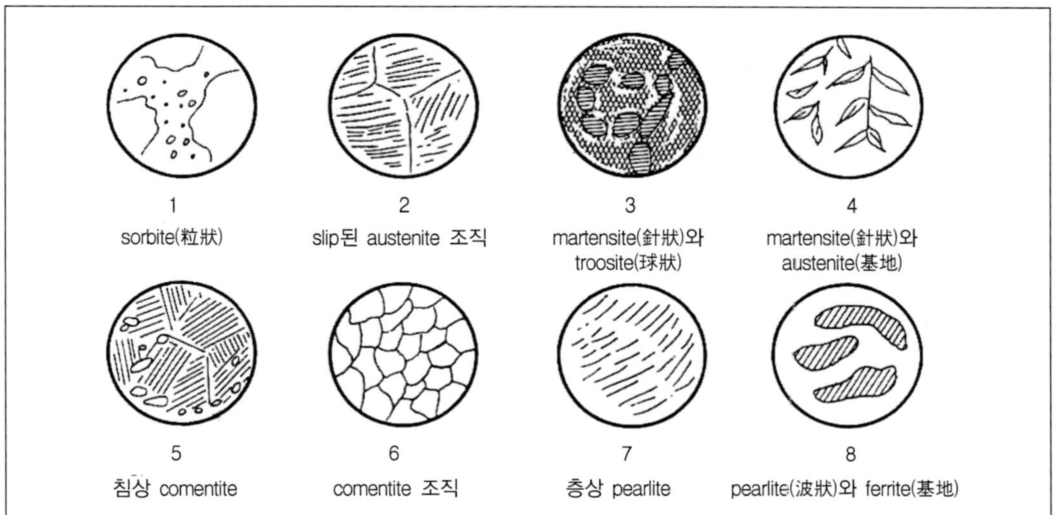

그림 18-14 강철의 현미경 조직

⑤ 펄라이트(서서히 냉각된 pearlite) : 오스테나이트를 매우 천천히 냉각하면, A1 변태가 700℃ 부근에서 완료되어 그 조직은 α철과 시멘타이트의 파상의 혼합조직이 된다. 강철 조직으로서는 가장 연하고 연성이 크며 절삭성과 상온가공성이 좋다.

[그림 18.14]는 실용적으로 많이 나타나는 각종 조직의 특성을 표시한 열처리 조직의 예이다.

18.5.6 Fe-C 상태도

[그림 18.15]과 같이 가로축을 Fe와 C의 2원 합금 조성(%)으로 하고 세로축을 온도(℃)로 하였을 때 각 조성의 비율에 따라 나타내는 합금의 변태점을 연결하여 만든 선도를 철-탄소계 평형 상태도(Fe-C diagram)라 한다.

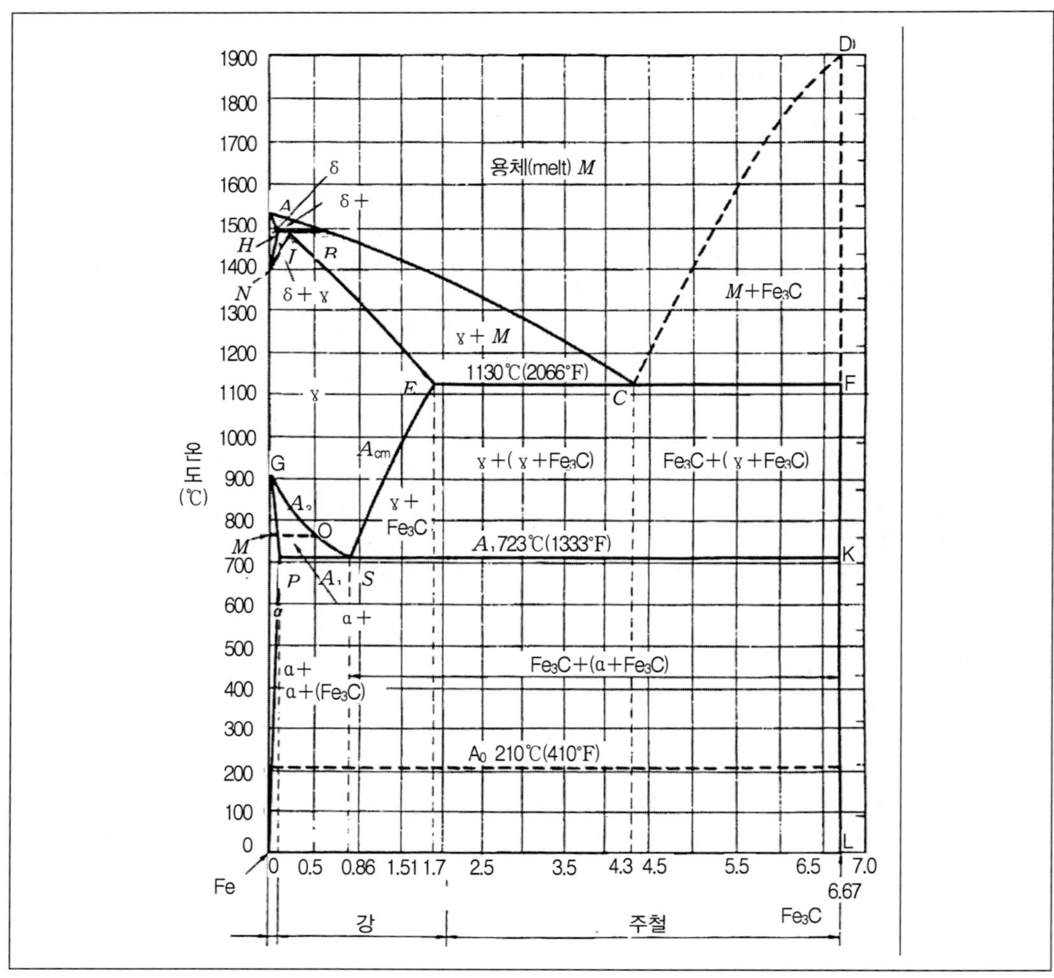

그림 18-15 Fe-C 평형 상태도

표 18-3 Fe-C 평형 상태도의 각점과 선

A	순철의 융점(1,538℃)
N	순철의 A4 변태점. α철 ⇄γ철(1,394℃)
AB	δ페라이트(δ철에 C가 약간 고용한 것)에 대한 액상선이며, 융체에서 δ페라이트가 정출하기 시작하는 온도
AH	δ페라이트에 대한 고상선이며, 0.09%C이하의 강에 있어서 δ페라이트의 정출이 완료하는 온도
HN	δ페라이트가 오스테나이트로 변하하기 시작하는 온도
JN	δ페라이트가 오스테나이트로 변화가 끝나는 온도

HJB	포정선(peritectic)이며, 1,495℃에 있어서 0.17%(J점)~0.53%(B점)의 강에는 다음과 같이 포정 반응이 일어난다. δ페라이트(H) + 융체(B) ⇄ 오스테나이트(J)
BC	오스테나이트에 대한 액산성이며, 융액으로부터 시멘타이트가 정출하기 시작하는 온도
JE	오스테나이트에 대한 고상선이며, 오스테나이트의정출이 완료되는 온도
CD	시멘타이트에 대한 액상선이며, 융액으로부터 시멘타이트가 정출하기 시작하는 온도
ECF	오스테나이트와 시멘타이트의 공정선이며, 이 온도에서 융액 ⇄ 오스테나이트(E) + Fe3C(F)의 반응에 의해 융액으로부터 오스테나이트와 Fe3C(F)가 동시에 정출한다.
C	공정점(1,148℃, 4.3%℃). 이 조성은 공정 조직(Ledeburite)으로 된다.
E	오스테나이트에 대한 C의 최대 용해도(1,148℃, 2.11%C), 이 점에서 철과 주철로 구분된다.
ES	오스테나이트에 대한 Fe3C의 용해도 곡선. 오스테나이트로부터 Fe3C가 석출하기 시작하는 온도이며, Acm선이라고 부른다.
G	순철의 A3 변태점. γ철 ⇄ α철(912℃)
GS	오스테나이트로부터 페라이트가 석출하기 시작하는 온도이며, A3 선이라고 한다.
S	공석점(0.77%, 723℃)
PSK	공직선 EH는 A1선 이라고 하며, 이 온도(723℃)에서 오스테나이트(S) ⇄ 페라이트(P) + Fe3C(K)의 반응에 딸 펄라이트(pearlite)가 생성된다.
GP	오스테나이트로부터 페라이트로의 변태가 완료되는 온도
P	페라이트에 고용하는 C의 최대 고용도(727℃, 0.028%C)
PQ	페라이트에 대한 Fe3C의 용해도 곡선, 상온에서 C의 고용도는 .007ppm 이하이다.
M	순철의 A2 변태점
MO	강의 A2 변태점(768℃)

철과 탄소의 합금은 액상선[그림 18.15의 ABCD선] 이상이 온도에서는 완전히 용융 상태로 되며, 그 이하의 온도에서는 융체와 고체의 혼합상태로 된다. 또한, 고 상선(AHJECF선) 이하의 온도에서는 완전한 고체상태가 된다. 완전히 응고된 합금은 냉각되는 과정에서 탄소량이 E점 보다 적은 탄소량을 함유할 경우에는 γ고용체만의 영역을 통과하게 되지만, 반대로 E점 보다 많은 탄소량을 함유할 경우에는 이 γ고용체 영역만을 통과하지는 않는다. 이러한 차이에 따라 탄소량이 E점 보다 적은 합금을 강이라고 부르며, E점 보다 많은 합금을 주철이라고 한다. 따라서 강의 열처리는 고상선(AHJE선) 이하의 온도에서 실시하는 처리라고 할 수 있다.

[그림 18.15]에 표시되어 있는 선가 점의 의미는 [표 18.3]와 같다.

18.6 탄소강의 열처리

18.6.1 담금질(quenching)

탄소강의 강도 및 경도를 높이기 위하여 오스테나이트 구역 온도로 가열한 다음 물이나 기름 등의 냉각제 중에서 급냉하는 열처리를 담금질(quenching)이라 한다.

담금질에 의하여 탄소강이 경화하는 정도는 냉각 속도, 탄소 함유량 및 담금질 온도에 따라 달라진다.

(1) 담금질 온도

아공석강의 경우에는 A_{c3} 변태점(가열시의 A_3 변태), 과공석강의 경우에는 A_{c1}변태점(가열시의 A_1 변태) 이상으로 가열하여 오스테나이트나 그와 혼합된 조직을 얻은 다음, 서냉하면 오스테나이트를 거쳐 트루스타이트, 솔바이트, 펄라이트의 순으로 조직이 변한다. 그러나 냉각 속도를 크게 하면 그 중간 조직인 마텐자이트, 트루스타이트, 솔바이트 등에서 멈추게 된다. 냉각 속도의 차이에 따른 변화를 나타내면,

오스테나이트(austenite, A)(냉각 속도 가장 빠른 경우) → 마텐자이트(martensite,M) → 트루스타이트(troostite,T) → 솔바이트(sorbite, S) → 펄라이트(pearlite, P)(냉각 속도가 가장 느린 경우)

이고, 경도가 강한 순서는

마텐자이트 > 트루스타이트 > 솔바이트 > 펄라이트

순으로 냉각 속도가 빠르면 빠를수록 경도가 커진다.

[그림 18.16]은 탄소강의 탄소 함유량과 담금질 온도의 관계를 표시한 것이다.

온도가 너무 낮으면 담금질 효과가 적고, 너무 높으면, 재질이 변하기 때문에 보통 A_{c321} 변태점보다 20~30℃ 더 높은 온도에서 행한다.

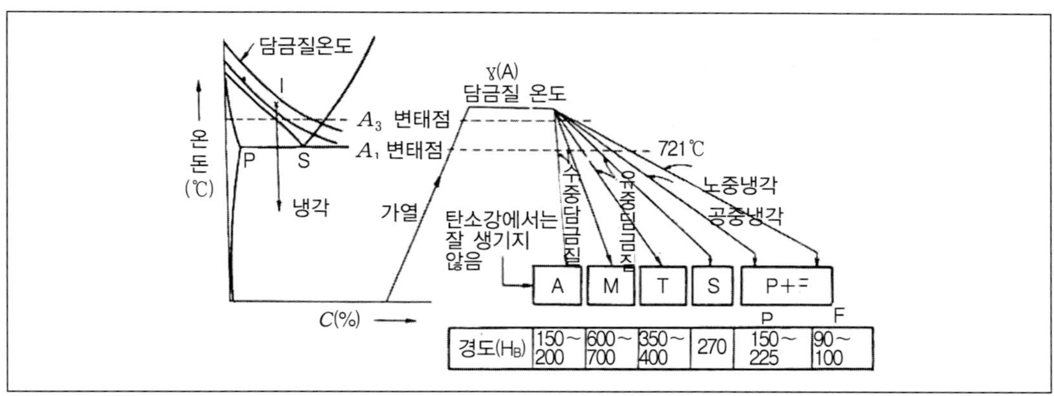

그림 18–16 0.8% C 탄소강의 냉각 속도와 조직 및 경도의 관계

(2) 냉각 속도(Cooling rate)

담금질의 효과는 냉각액에 따라 크게 다르다. 즉, 냉각액의 비열, 열전도도, 점성, 휘발성과 그의 온도에 따라 다르다. 일반적으로 물이나 기름이 많이 사용되며, 물은 기름에 비하여 냉각 속도는 크나, 기름은 120℃ 정도에서도 담금질 효과의 변화가 적고, 물은 30℃이상만 되면 현저히 저하된다.

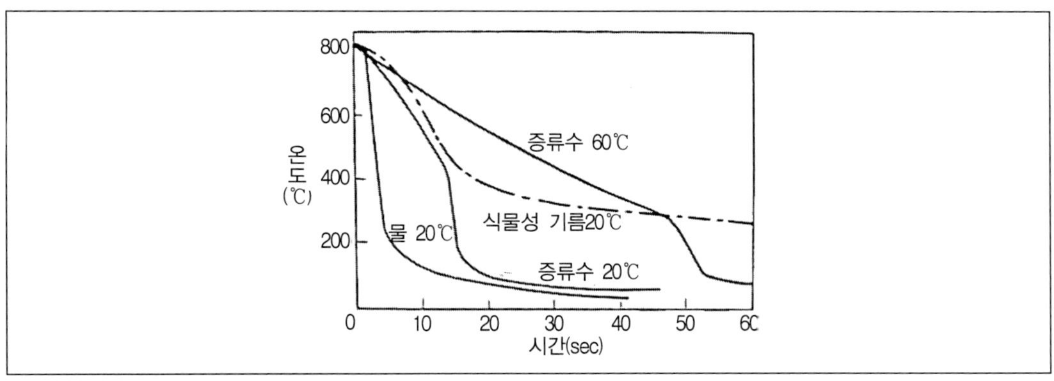

그림 18–17 각종 액의 냉각 속도

냉각 능력이 적은 액에는 유류, 비눗물 등이 있고, 큰 것에는 염수, NaOH 용액, 황산 등이 있다. 냉각 작업에 있어서 가열물을 액 중에서 흔들어 주거나 냉각액을 저어 주어 물체에서 열 전도성이 나쁜 증기를 털어 주는 것이 담금질 효과를 크게 한다. [그림 18.17]는 냉각액과 냉각 속도와의 관계를 나타낸 것이다.

(3) 담금질의 질량 효과와 경화능 시험

① 질량 효과

질량의 대소에 따라 담금질 효과가 다른 현상을 질량 효과(mass effect)라 한다. 시험 결과 질량 효과가 작다는 것은 질량이 작은 강편과 같이 내부와 외부의 냉각 속도 차가 작아 내부와 외부 조직의 차이가 없이 열처리가 잘 된다는 것이고, 반대로 질량 효과가 크다는 것은 질량이 큰 강편에서와 같이 내부와 외부 조직의 차이가 생긴다는 것을 뜻한다. 즉, 큰 강편은 작은 것에 비하여 냉각 속도가 느리므로 담금질 효과가 적고, 작은 강편은 담금질 효과가 크다.

일반적으로, 탄소강은 질량 효과가 크며, 니켈(Ni), 크롬(Cr), 망간(Mn), 몰리브덴(Mo) 등을 함유한 특수강은 임계 냉각 속도가 낮으므로 질량 효과도 작다.

② 경화능 시험

재료에 따라 담금질이 어느 정도 잘 되느냐하는 성질을 나타낼 때 경화능(hard- enability)이라 하고, 강의 열처리 효과는 경화능과 담금질재의 냉각능에 의해 결정된다.

경화능의 측정에는 여러 가지 방법이 있으나, 담금질재의 종류에 관계없는 값으로서 이상적으로 급냉시켰을 경우의 임계 지름(ideal critical diameter)을 계산하여 강의 경화능을 나타낸다. 일반적으로는 [그림 18.18(a)]와 같은 시험 장치에 의한 조미니 시험(Jominy test)이 널리 이용되고 있다.

조미니 시험편은 [그림 18.18]와 같이 지름 25 mm, 길이 100 mm의 원형봉을 사용하여 임계 온도 구역까지 가열한 다음 수직으로 고정시키고, 바로 밑의 12 mm정도 떨어진 곳에서 25℃의 물을 65 mm 높이로 분사시켜 전체가 냉각되게 한 다음, 이것을 길이 방향으로 0.4 mm 정도 연마하고, 이 연마 면에 대하여 담금질한 끝에서부터 경도를 조사한다. [그림 18.18(b)]는 담금질한 끝 부분에서의 거리와 경도 관계를 기록, 조사한 예이다.

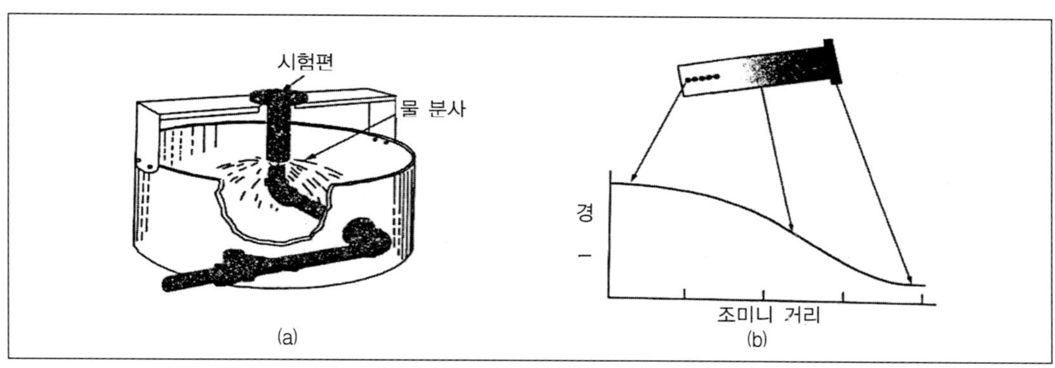

그림 18-18 경화능 시험 장치의 시험값

18.6.2 뜨임(tempering)

뜨임이란 강을 오스테나이트 상태에서 켄칭(즉, 급냉)하면 매우 단단한 마텐자이트로된다. 그러나 이렇게 하여 얻어진 마텐자이트에는 취성이 있으므로, 이 취성을 없애기 위해 A1점 이하의 온도로 재차 가열하여 약간의 경도를 희생하더라고 인성을 주는 방법을 말한다.

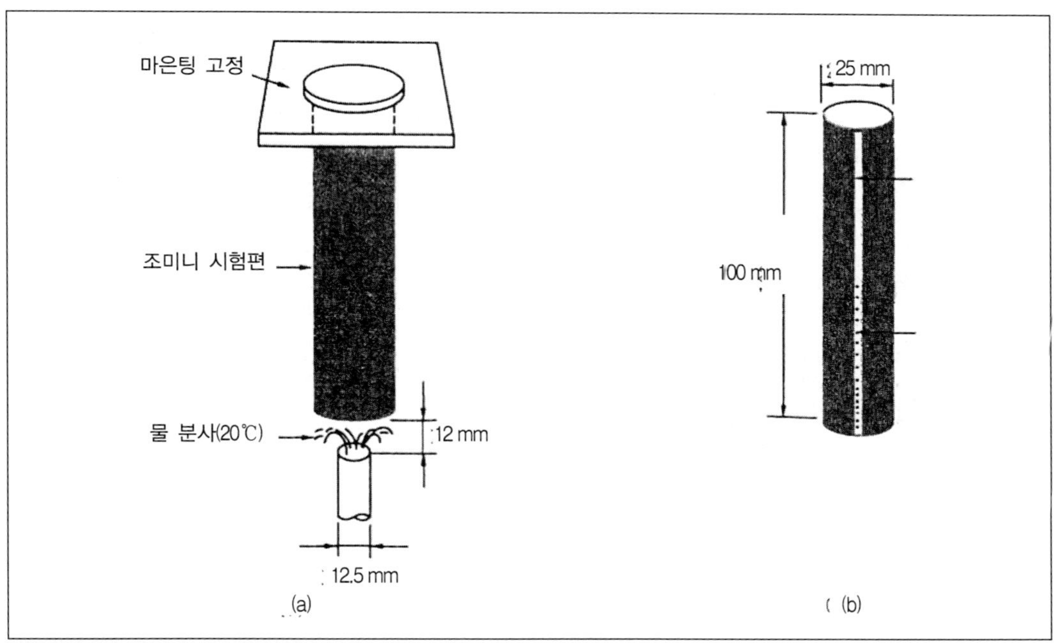

그림 18-19 조미니 시험편

[그림 18.20]는 뜨임(tempering)에 의한 조직변화를 표시한 것이 마텐자이트 조직은 탄소를 무리하게 고용한 α철이므로, 가열을 하면 이러한 불안정한 탄소가 미세한 탄화물 입자로 석출하게 된다. 400℃ 부근의 온도로 가열하여 나타나는 조직을 트루스타이트(troostite)라 하며, 600℃에서 뜨임하면 석출한 탄화물의 결정립이 응집하여 커다란 결정립이 되어 경도는 비교적 내려가지만 인성이 매우 큰 소르바이트(sorbite) 조직이 된다.

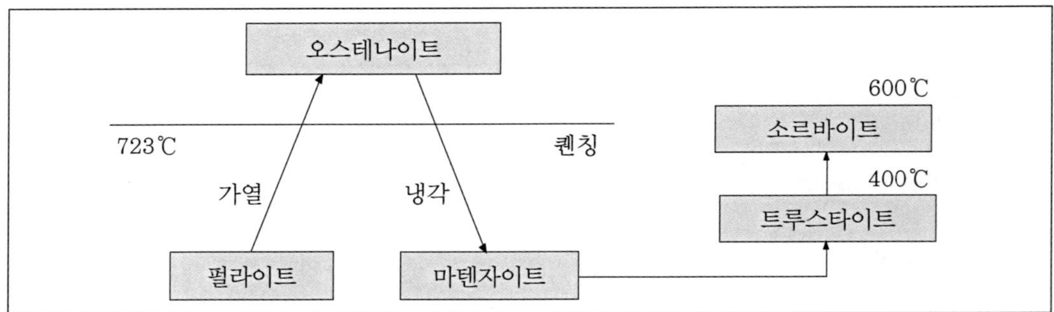

그림 18-20 템퍼링에 따른 조직 변화

표 18-4 뜨임한 조직의 변태

열처리 조직명	온도 범위
오스테나이트 → 마텐자이트	100～300℃
마텐자이트 → 트루스타이트	200～400℃
트루스타이트 → 소르바이트	400～600℃
솔바이트 → 펄라이트	600～700℃

18.6.3 풀림(annealing)

기계 가공을 하기 위해 단단한 재료를 연하게 하거나 내부 응력을 제거하기 위하여 [그림 18.21]과 같이 A3～A1 변태점보다 30～50℃ 높은 온도로 가열하여 오스테나아트로 변화시킨 다음, 이것을 노 중이나 재 속에서 서서히 냉각시켜 연화시키는 작업을 말한다. 어닐링의 종류에는 A_1 변태점보다 높은 온도로 가열하는 고온 풀림과 A_1 변태점보다 낮은 온도에서 풀림하는 저온 풀림이 있다.

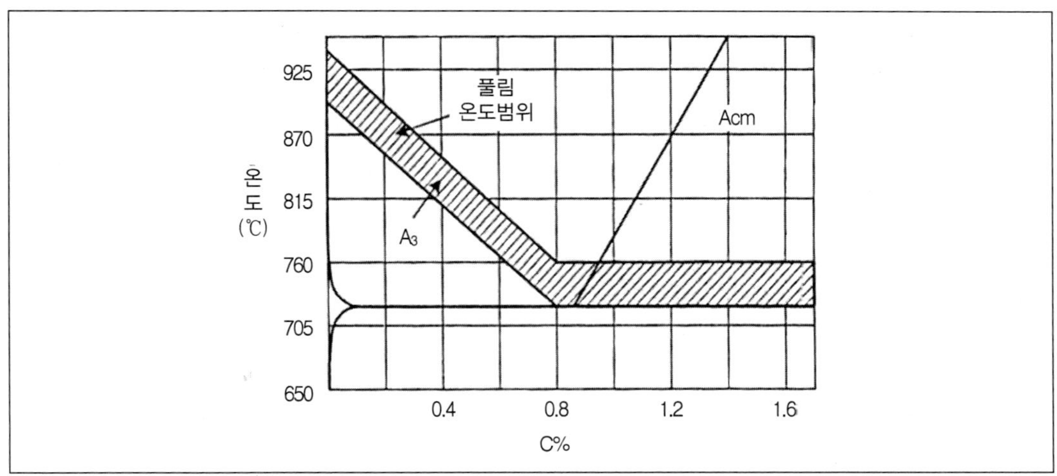

그림 18-21 탄소강의 풀림온도

표 18-5 풀림 온도(압연재)

탄소함유량(%)	온도(℃)
0.12 이하	875～925
0.12～0.20	840～870
0.20～0.49	815～840
0.50～1.00	790～815
1.00～1.50	800

18.6.4 불림(normalizing)

강을 열간 가공하거나 열처리를 할 때 필요 이상의 고온으로 가열하면 γ고용체의 결정 입자가 조대해져 기계적 성질이 나빠진다. 이러한 조직을 A3 변태점 또는 Acm 선보다 30～50℃ 높은 온도로 가열한 다음, 일정한 시간을 유지하면 균일한 오스테나이트 조직으로 된다.

그 다음, 안정된 공기 중에서 냉각시키면 미세하고 불림 균일한 표준화된 조직을 얻을 수 있는데, 이러한 열처리 조작을 불림이라 한다.

[그림 18.22]은 탄소강의 불림 및 풀림 온도의 범위를 나타낸 것이다.

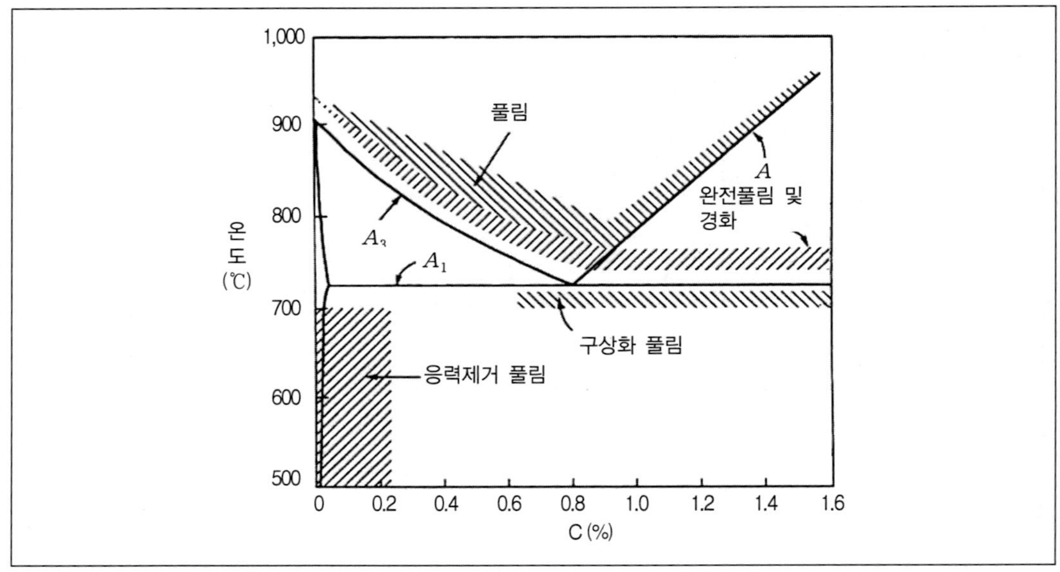

그림 18-22 탄소강의 불림 및 풀림 온도

18.6.5 항온 열처리(isothermal heat treatment)

담금질과 뜨임의 두 가지 열처리를 동시에 하는 열처리 방법이며, [그림 18.23]에서 AB간을 가열하여 오스테나이트로 되게 하고, 이를 균일하고 완전한 오스테나이트가 되도록 BC간을 유지한 후, CD간은 염욕로에서 급냉하여 담금질한다. 뜨임 온도에서 DE 간을 유지한 후, 공냉하여 뜨임을 행한다.

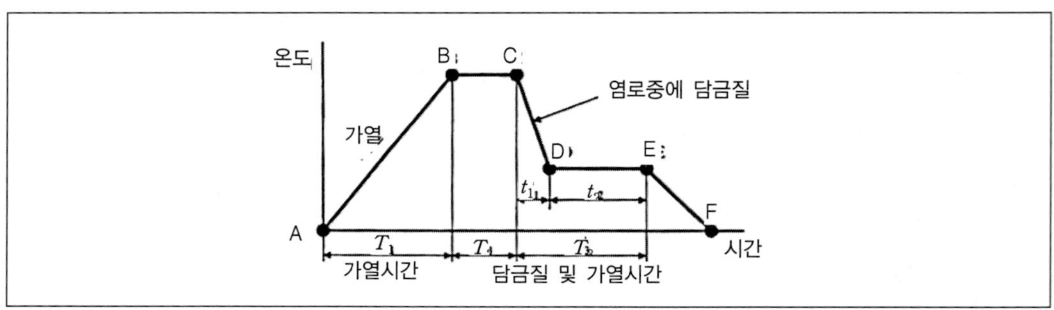

그림 18-23 항온 열처리에서의 가열 및 냉각

[그림 18.24]는 강의 항온 변태 선도(isothermal transformation diagram)로서 TTT곡선(Time-Temperature-Transformation diagram, S곡선 또는 C곡선이라고도 부른다. 이 곡선을 이용하여 온도와 냉각 속도를 적당히 조정하고 유지시

킴으로서 재료가 필요로 하는 조직을 얻을 수 있다.

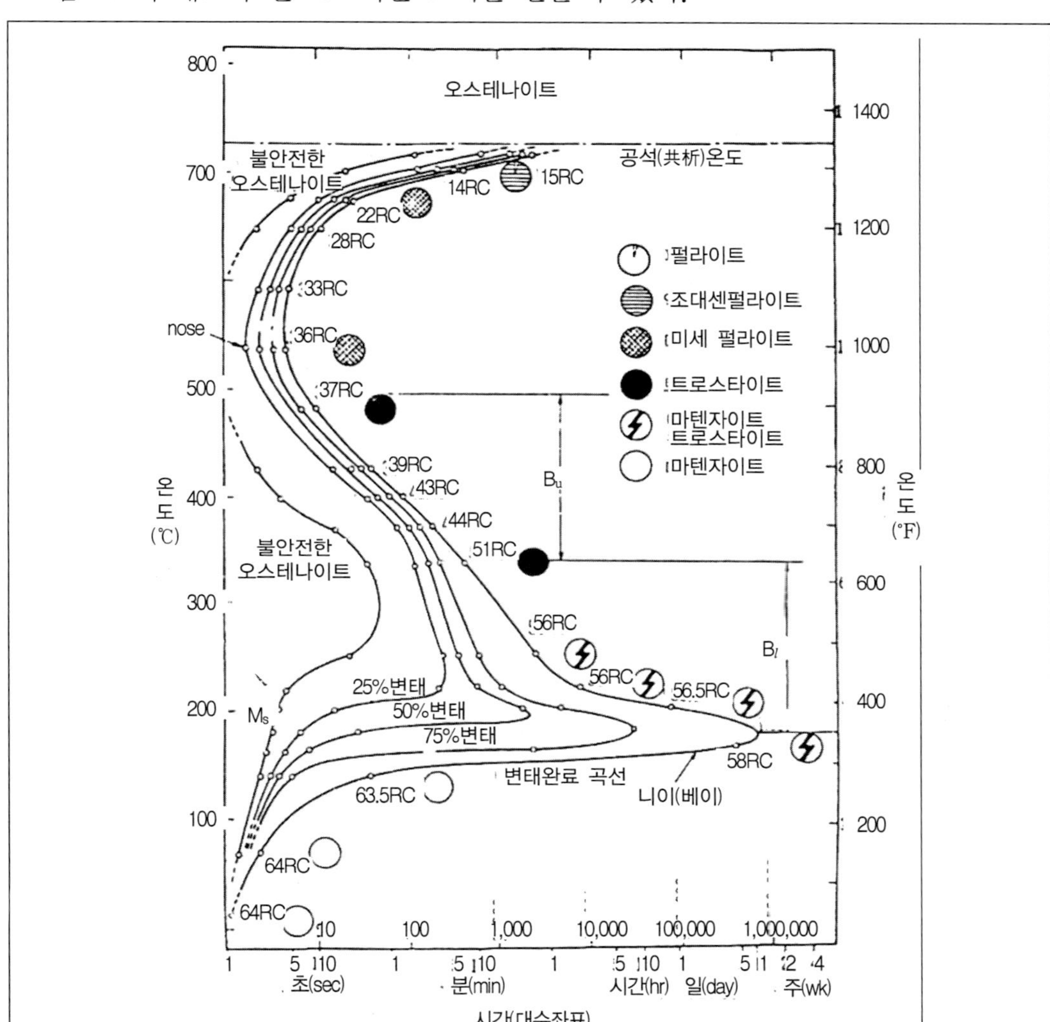

그림 18-24 강의 항온 변태 선도(Bain의 S곡선, TTT곡선

(1) 마퀜칭(marquenching)

Ms 바로 위의 온도에서 염욕로 등에 담금질하여 강의 내외의 온도가 동일하도록 항온 유지하고 꺼내어 공냉하는 방법이며, 수중 담금질에 비하여 경도는 다소 떨어지나 담금질 균열 등이 생기지 않는다. 합금강, 고탄소강, 침탄부 등의 담금질에 적합하며, 너무 오래 유지하면 마퀜칭의 효과가 떨어진다[그림 18.25].

(2) 오스템퍼링(austempering)

[그림 18.26]과 같이 Ms 상부 과냉 오스테나이트에 변태가 완료될 때까지 항온 유지하여 베이나이트(bainite)를 충분히 석출시킨 후 공냉하며, 이것을 베이나이트 담금질이라고도 한다. 공구강과 고탄소강에 유효하다.

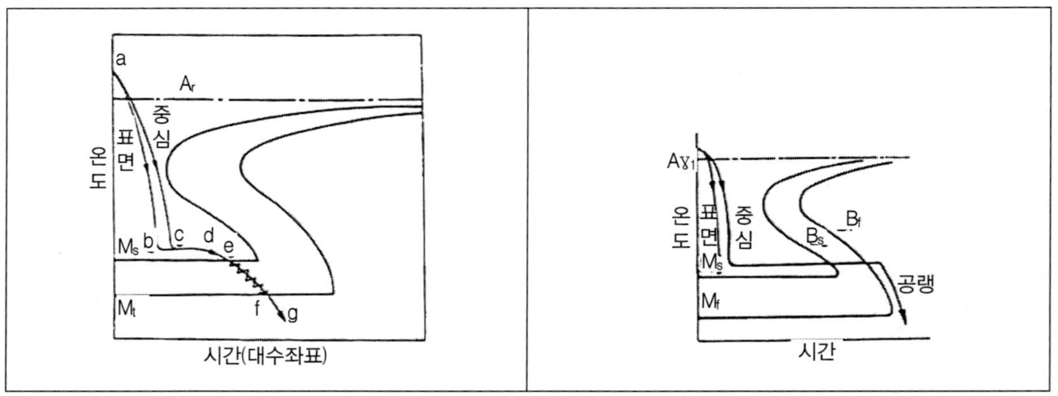

그림 18-25 마퀜칭(marquenching) 열처리 선도 그림 18-26 오스템퍼링(austempering) 열처리 선도

(3) 마템퍼링(martempering)

오스템퍼링(austempering)보다 낮은 온도(Ms 이하)인 100~200℃에서 항온 유지한 후에 공냉하는 열처리로서, 오스테나이트에서 마텐자이트와 베이나이트의 혼합조직으로 변한다. [그림 18.27]는 이를 표시한 것이며, 경도가 상당히 크고 인성이 매우 크게 된다. 결점으로는 유지 시간이 길어 대형의 것에는 부적당하다.

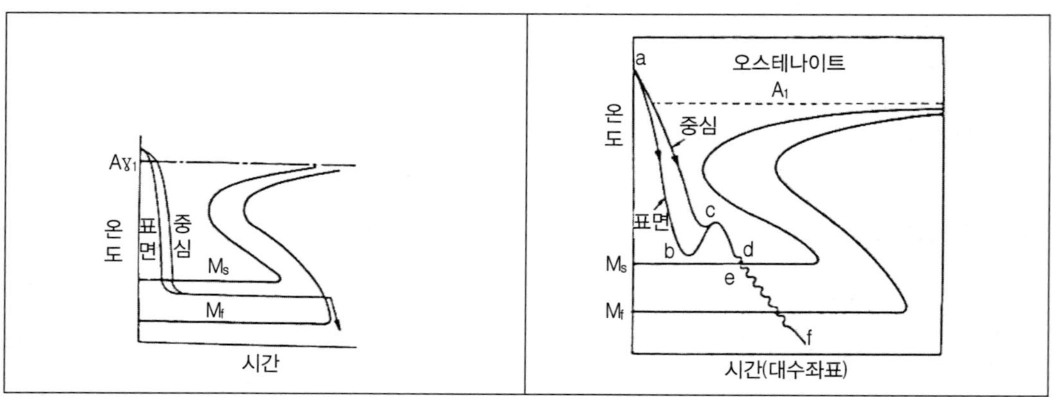

그림 18-27 마템퍼링(martempering) 그림 18-28 인상 담금질(time quenching)

(4) 인상 담금질(time quenching)

[그림 18.28]과 같이 ab 간은 물 또는 기름에 담금질하여 물체가 300~400℃로 냉각된 후 꺼내어 표면의 온도가 bc 간에서 상승하고, 다시 물 또는 기름 속에서 cf 간에서 냉각한다.

물 또는 기름 중에서 유지 시간은 수냉의 경우 두께 3mm당 1sec, 유냉의 경우 1mm당 1sec의 비율로 한다. 탄소 공구강 등에 이용된다.

18.7 표면강화법(surface hardening treatment)

지금까지 알아 본 열처리 공정은 미세 조직의 변경과 경화에 의한 재료의 전체적인 성질을 변화시키는 공정이었다. 그러나 많은 경우에 표면의 성질만 바꾸는 것이 필요한 경우가 있다. 이러한 성질을 고루 갖추기 위하여 침탄용 강이나 질화용 강을 사용하여 표면 강도만을 높이는 법을 표면 경화라 한다.

18.7.1 화염 담금질(flame hardening)

탄소강을 사용하여 사전에 구조용강으로서의 목적에 알맞게 열처리를 한 다음 필요한 부분만을 산소-아세틸렌 화염 등으로 급속히 가열하여 표면층이 오스테나이트가 되었을 때 냉각수를 분사, 급냉하여 표면층만을 담금질하여 경화시키는 방법을 화염 담금질이라 하며 중심부는 변태하지 않는 조직 그대로의 이중조직을 만든다.

이 방법에 의하면 0.4% C 전후의 구조용 탄소강으로도 합금강과 같은 성질의 재료를 얻을 수 있다. 표면 경화하는 깊이는 가열되어 오스테나이트 조직으로 된 깊이로 결정되므로 ① 화염의 온도, ② 가열시간, ③ 화염의 이동 속도 등에 따라 다르다.

(1) 화염 담금질의 깊이

일반적으로 단면의 두께 및 용도에 따라 1.5~6mm까지 가능

예 기어의 잇면, 캠, 나사, 크랭크 축, 선반 베드 등의 미끄럼면의 국부 경화에 이용됨

(2) 화염 담금질에 이용되는 장치

① [그림 18.29(a)]와 같은 화구를 사용
② [그림 18.29(b)]와 같이 로커 암(roker arm)이 국부 담금질
③ [그림 18.29(c)]와 같이 평면 담금질
④ [그림 18.29(d)]와 같이 축의 담금질 등에 사용

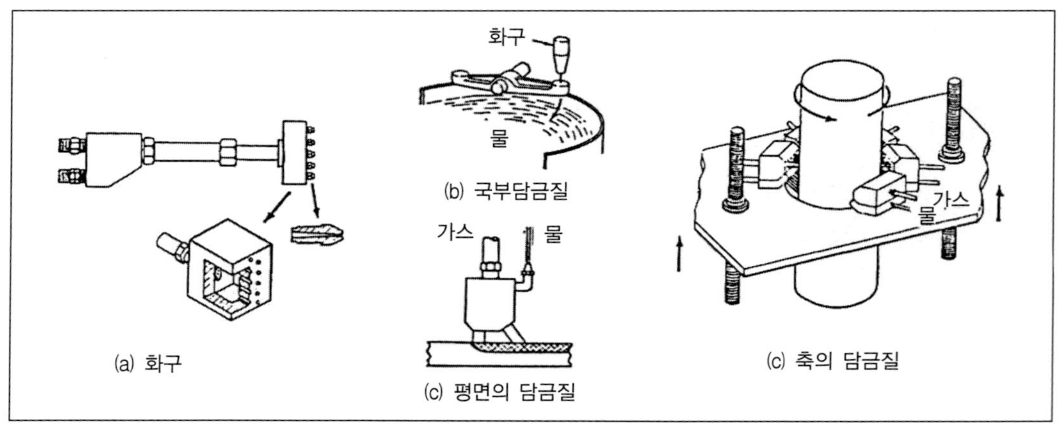

그림 18-29 화염 경화 장치

18.7.2 **고주파 담금질**(induction hardening)

(1) 고주파 담금질의 경화 원리

열원으로 고주파 전류를 이용한 표면경화열처리를 고주파 담금질이라 한다.

(2) 가열방법

[그림 18.30]과 같이 담금질 할 부품의 모양에 알맞은 유도자(: inductor)에 1차 고주파 전류를 통하고, 2차 쪽에 강재 부품을 놓아 담금질 할 표면에 유도 전류를 발생시키면 맴돌이 전류(eddy current) 대부분이 표면 효과(skin effect)에 의해 강재 표면층에 집중되어 이 부분만 가열된다. 고주파 담금질은 표면만 가열함으로써 전체로서의 변형은 작으나, 급열이나 급냉으로 인하여 재료가 비틀리거나 균열

을 일으키는 경우가 많으므로, 미리 불림을 하는 것이 좋다.

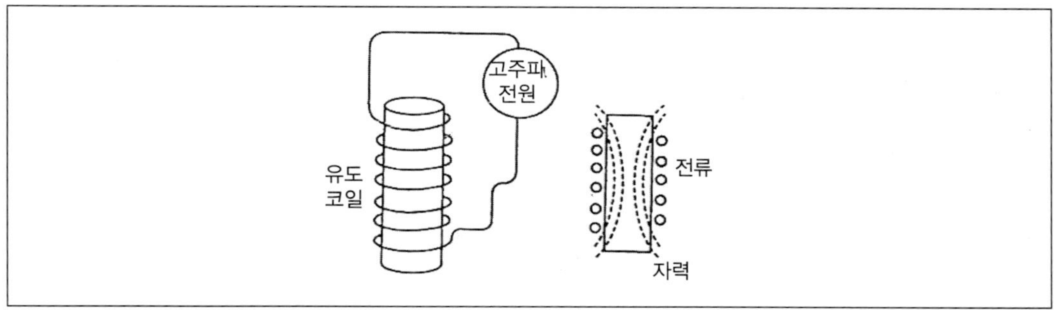

그림 18-30 고주파 유도의 원리

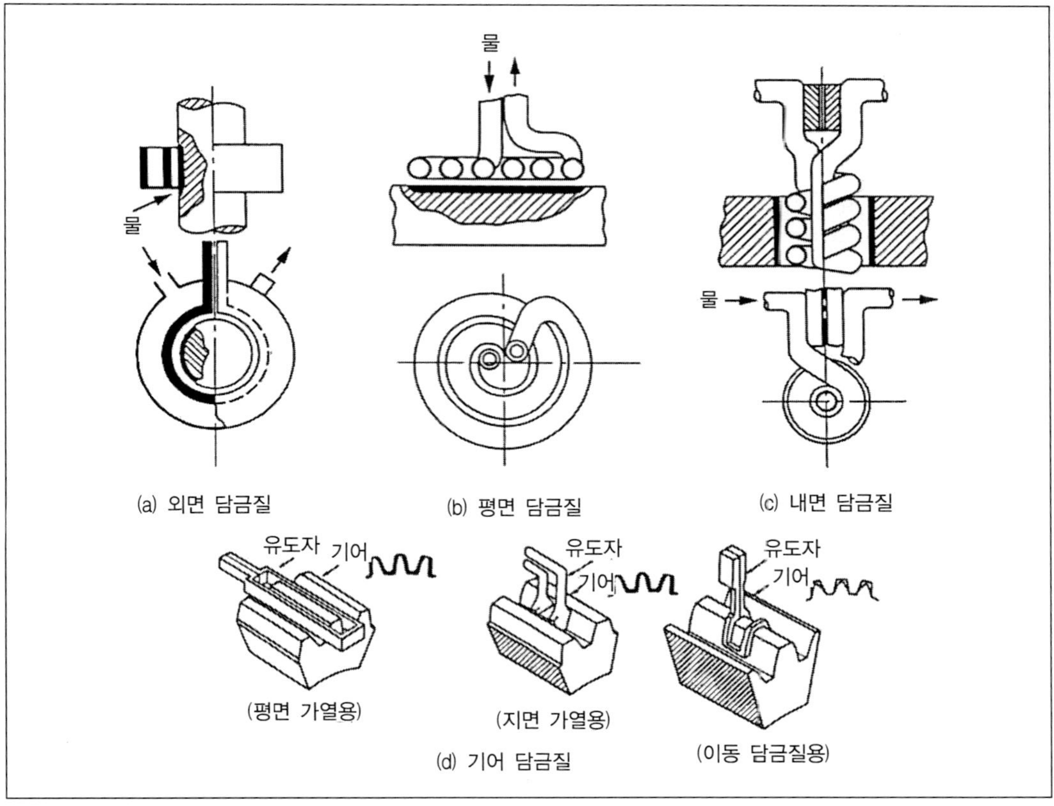

그림 18-31 유도자의 종류

(3) 고주파 담금질의 특징

내부 온도가 낮고 상태에서 가열된 표면을 급냉하게 됨으로써, 물품의 크기에 따른 질량효과 문제는 없다. 따라서 지름이 큰 경우에도 담금질성이 낮은 값이 싼 탄소강을 사용할 수 있다.

(4) 유도자의 구조

담금질 할 부품의 모양에 따라 [그림 18.31]과 같은 것이 있다. 고주파 담금질장치는 담금질 방식에 따라 정치식과 이동식이 있다. 정치식은 유도자에 접하고 있는 표면이 담금질 온도로 가열되면 고주파 전류를 차단하고 유도자의 내측에서 냉각수를 분사하거나 물속에 떨어뜨려 강제를 급냉한다. 또한 이동식에서는 강재의 표면을 가열한 상태에서 강재 또는 유도자의 표면에 따라 이동하고 유도자가 지나가는 가열 부분을 냉각하는 방식이다.

[그림 18.32]은 원통형 축을 자동으로 이동 담금질 할 때 사용되는 고주파 전자동 담금질장치의 보기로서 작은 출력으로 넓은 면적의 담금질이 가능하다.

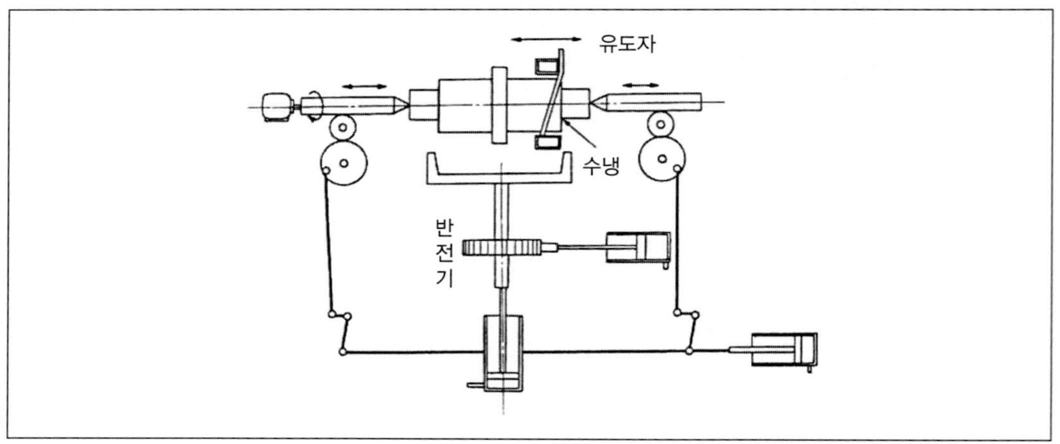

그림 18-32 고주파 전자동 담금질 장치의 보기

18.7.3 강의 침탄 경화

강재의 표면만을 단단한 재질로 하기 위한 표면경화법으로 0.2% C이하의 저탄소강 또는 저탄소합금강을 침탄제속에 파묻고 오스테나이트 범위로 가열하여 그 표면에 탄소를 침입, 확산시켜 그 표면층만을 고탄소의 조성으로 하는 방법을 침탄(carburizing)이라 한다.

(1) 고체 침탄

침탄하려고 하는 제품(저탄소강)을 철제의 침탄 상자에 넣고 이 속에 숯이나 코크스가루 등의 침탄제와 탄산바륨($BaCO_3$) 등의 침탄 촉진제를 혼합하여 밀폐시킨 다음, 이 용기를 침탄로에서 900~950℃로 몇 시간 동안 가열하면 표면층이 침탄되는데, 이 방법을 고체 침탄(solid carburizing)이라 한다.

① 침탄 작용 : 침탄 상자 내의 공기 중의 탄소와 침탄제가 작용하여 생기는 일산화탄소(CO)와 이산화탄소(CO_2)에 의해서 철의 표면에 반응이 일어난다. 우선 산소가 탄소에 작용하면 다음과 같이 CO를 발생하고 이 CO는 철강의 표면에서 분해하여 탄소를 만든다.

$$\gamma - Fe + 2CO \rightarrow \gamma - Fe(C) + CO_2$$
$$CO_2 + C \rightarrow 2CO$$

즉, 일산화탄소는 오스테나이트 상태의 철(γ-Fe)에 작용해서 탄소를 고용한다. 이와 같이 표면에 탄소가 들어가게 되면 오스테나이트는 탄소를 고용하게 되므로 탄소함유량이 낮은 내부로 확산하게 된다.

② 침탄 촉진제 : 침탄제는 그 종류와 사용량에 따라 침탄 깊이 현미경 조직 등에 영향을 준다. [그림 18.33]는 목탄분말에 $BaCO_3$를 혼합한 침탄제로, 순철을 950℃에서 2시간 침탄하였을 때, 침탄층의 침탄량과 침탄 깊이와이 관계를 조사한 결과이다. $BaCO_3$을 첨가하지 않았을 때에는 침탄량은 낮으나 $BaCO_3$의 양이 많아짐에 따라 표면이 탄소량과 침탄 깊이가 증가하고 있음을 알 수 있다.

일반적으로 사용하는 촉진제로는 $BaCO_3$ 외에 Na2CO_3 또는 이들을 혼합하여 사용한다.

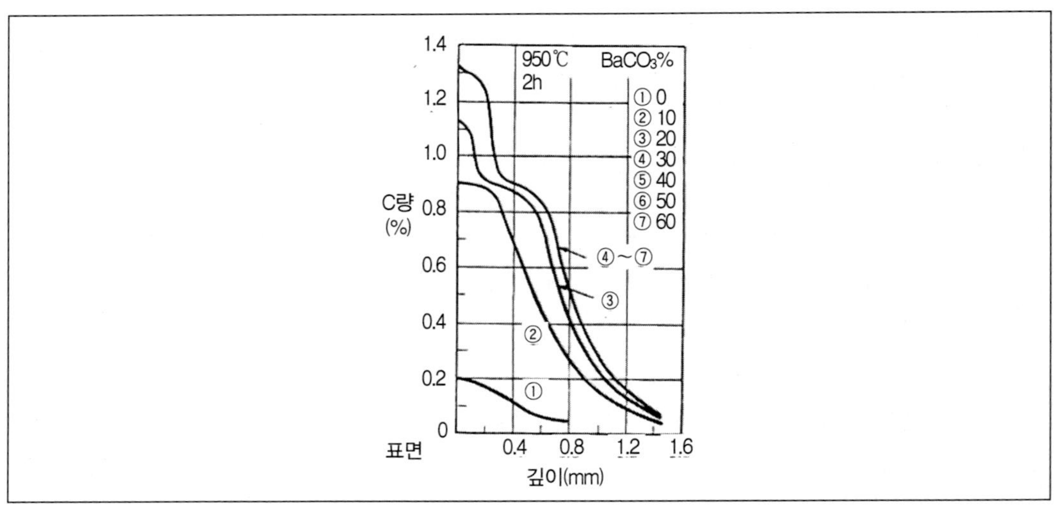

그림 18-33 침탄제의 조성과 침탄 깊이

(2) 가스 침탄

가스 침탄은 목탄이나 $BaCO_3$ 대신에 매탄가스(CH_4)나 프로판가스(C_3H_8)와 같은 탄화수소계의 가스로 침탄하는 방법으로 다음과 같은 반응에 의하여 침탄된다.

$$\gamma - Fe + CH_4 \rightarrow \gamma - Fe(C) + 2H_2$$

탄화수소계의 가스에는 천연가스 [주로 methane(CH)], 도시가스, 에탄(ethane, C_2H_6), 프로판(propane, C_3H_8) 등이 있으며 모두 침탄용 가스로 사용할 수 있다.

가스 침탄법은 침탄하려는 부품을 침탄 가스로 충만한 노안에서 가열한다. 이 때의 침탄 가스의 성분과 온도에 따라 탄소 함유량이 결정되기 때문에, 가스를 적당히 조절하면 일정한 탄소 함유량을 가진 침탄층을 얻을 수 있다.

(3) 침탄후의 열처리

침탄후 담금질한 강은 잔류 응력의 제거와 불안정한 마텐자이트의 안정화를 위하여 뜨임처리를 하게 되는데 저온 뜨임에 의한 인성과 경도의 저하를 고려하여 보통 100~150℃에서 뜨임처리를 한다. 그러나, 경도가 다소 저하되어도 좋은 경우에는 200℃ 정도로 가열한 다음 유냉처리 한다. [표 18.6]는 침탄 후의 열처리 조건의 예이다.

표 18-6 표면 경화강의 열처리

강 종	기 호	열처리(℃) 담금질 1차	열처리(℃) 담금질 2차	뜨 임
Ni-Cr강	SNC 415	850~900 기름	740~790 물	150~200공기
	SNC 815	830~880 기름	750~800 기름	150~200공기
Ni-Cr-Mo강	SNCM 220	850~900 기름	800~850 기름	150~200공기
	SNCM 415	850~900 기름	780~830 기름	150~200공기
	SNCM 420	850~900 기름	770~820 기름	150~200공기
	SNCM 815	830~880 기름(공기)	750~800 기름	150~200공기
	SNCM 616	850~900 공기(기름)	770~830 공기(기름)	150~200공기
Cr강	SCr 415	850~900 기름	800~850 기름(물)	150~200공기
	SCr 420	850~900 기름	800~850 기름(물)	150~200공기
Cr-Mo강	SCM 415	850~900 기름	800~850 기름	150~200공기
	SCM 420	850~900 기름	800~850 기름	150~200공기
	SCM 421	850~900 기름	800~850 기름	150~200공기

[주] KS D 3707, 3708, 3709, 3711-1997

18.7.4 강의 질화 경화(nitriding)

강재 표면에 질소(N)를 침투시켜 매우 단단한 질소화합물(Fe_2N)의 층을 형성하는 표면경화법으로서, 담금질과 뜨임 등의 열처리를 완료한 다음 약 500℃로 장시간 가열 질화·경화만을 한다. 따라서 침탄의 경우와 같이 침탄처리 후 담금질이 필요 없으므로 다른 방법에 비해 열처리에 의한 변형도 매우 작으며 내마멸성, 내식성 및 피로 강도 등이 우수하다.

(1) 질화 방법

질화 알루미늄(Al) 또는 크롬(Cr) 등을 함유한 질화용 강을 암모니아가스(NH_3) 중에서 약 500℃로 장시간 가열하여 강의 표면에 단단하고 내식성이 높은 질소 화합물을 만들어 표면을 경화하는 방법이며, 다음과 같은 반응에 의해 500℃에서 생긴 발생기의 질소가 강의 내부에 확산하면서 Fe 또는 합금원소와 강하게 반응하여 질화물을 만든다.

$$NH_3 \rightleftarrows N + 3H$$

암모니아가스를 가열하면 500℃ 정도에서 분해하여 질소가스를 낸다. 이 때 생기는 원자 상태의 질소는 반응성이 강하므로 Fe 또는 Al, Cr 등의 첨가원소와 화합하여 질화물이 생겨서 대단히 굳고, 내마멸성이나 내식성이 우수한 표면층을 만든다.

준비된 질화용 제품은 질화 상자에 넣고 밀폐한 다음 NH_3를 보내어, 상자 내의 공기를 NH_3와 교체한 다음 질화로에 넣고 온도를 520±10℃로 유지하면서 50~100시간 동안 질화하고, 소요의 질화 시간이 끝나면 암모니아를 통하면서 노안의 온도를 낮추고 실온에서 NH_3를 닫아 질화공정을 끝낸다. 질화층의 경도는 500℃ 정도까지는 크게 변화가 없으므로 내연 기관의 흡입 및 배기 밸브 등 고온 경도가 요구되는 제품에 사용된다. [그림 18.34]은 예로서, 질화 상자는 13% Cr 등의 내열강으로 만든 것이 사용된다.

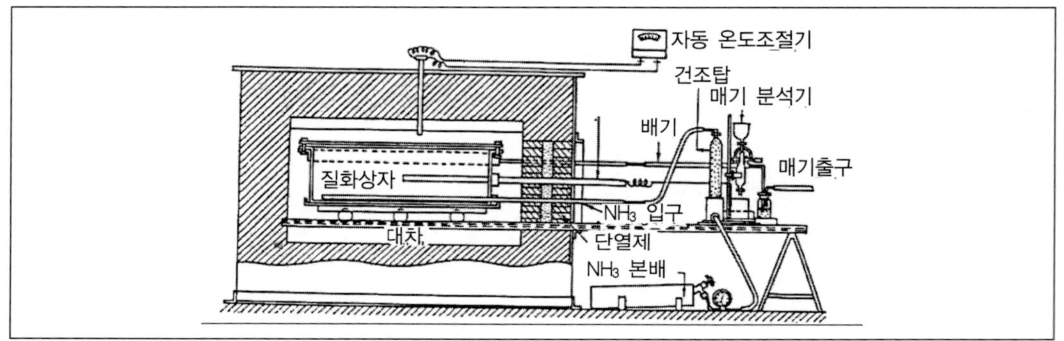

그림 18-34 질화로의 구조

[그림 18.35]은 질화강을 510~650℃의 온도에서 질화한 것으로 각기 다른 온도에서 질화깊이와 경도의 관계를 나타낸 것이다. 여기서 질화온도가 높아지면 질화깊이와 경도가 낮아짐을 나타내고 있다.

[그림 18.36]는 질화용 강을 500℃에서 25~100시간 질화했을 때의 질화층의 경도 변화를 나타낸 것이다. 이와 같이 질화시간이 길수록 경화깊이가 큼을 알 수 있다.

질화층은 특별한 질화물에 의해 생긴 것이므로 500℃ 부근까지 온도가 올라가도 연해지지 않는다.

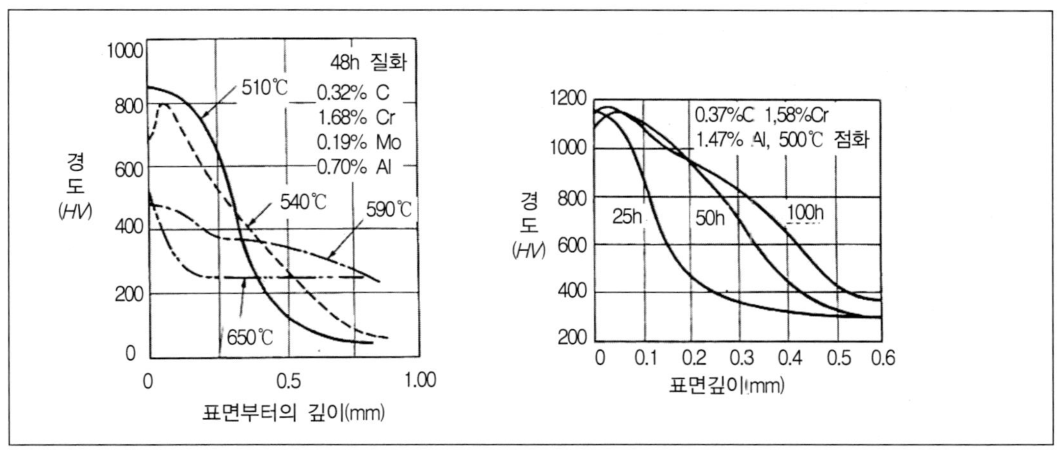

그림 18-35 질화온도와 질화층의 경도

그림 18-36 질화시간과 질화층의 경도

Chapter 19

기계재료 실험법

기계재료 실험법

19.1 금속, 합금의 응고와 응고조직

19.1.1 상의 변태점

(1) 용융과 응고

대부분의 금속·합금은 상온에서는 고체이고 또 그 구성원자가 결정구조로 되어 있다. 이들의 구성원자는 서로의 원자간의 결합력에 의해 맺어져 있고, 또 이 원자를 격자점을 중심으로 진동하고 있다. 이 열 진동은 온도가 높으면 증가하고, 고온이 되어, 열 진동이 격하게 되면 원자는 격자점에 머물러 있게 된다. 이 상태가 용융상태이다. 이처럼 금속·합금을 가열하면 고상에서 액상으로 상의 변화가 일어나지만 이 고상→액상의 변화를 용융 또는 융해라 한다. 융해를 일으키는 온도를 융점(melting point), 또는 용융점이라 한다. 이 변화가 일어나기 위해서는 원자간의 결합력 이상의 운동에너지가 필요하다. 이처럼 고상에서 액상으로 변화하기 위해 필요한 에너지를 융해열 또는 융해잠열(latent heat of melting)이라 한다. 한편, 용융금속은 이처럼 많은 운동에너지를 보유하고 있지만 용융금속을 냉각해가면 이 운동의 에너지를 잃고, 원자간 결합력에 의해 각 원자가 특정의 배열을 시작한다. 이것이 액상→고상의 변화이다. 이 액상에서 고상으로 변하는 것을 응고(soldification freezing), 응고가 시작되는 온도를 응고점(freezing point)이라 한다. 응고하기 위해서는 용융금속이 갖고 있는 운동 에너지를 방출하지만, 이것은 응고 잠열(latent heat of freezing)이라 한다.

(2) 상변화와 상태점

대부분의 금속 원소는 온도가 높아짐에 따라 고체가 액체나 기체로 변화하는 것을 볼 수 있다. 그러나 같은 성분의 금속이라도 고체 상태에서 결정구조가 변화되어 하나 이상의 결정 구조를 가지게 되는데, Fe, Co, Ti 등이 이에 속한다. 이러한 결정 구조는 온도 또는 압력의 변화에 의하여 달라지게 된다.

이와 같이 같은 물질이 한 결정 구조에서 다른 결정 구조로 그 상이 변하는 것을 변태(transformation)라 하며, 변태가 일어나는 온도를 변태점(transformation point)이라 한다. 변태점의 측정법에는 열분석법, 전기저항 측정법, 열팽창계법, 자기 분석법 등이 있다.

한편, 고체금속에서도 고체상태에 있어서 그 금속을 구성하고 있는 원자의 배열이 변하는 상태가 있다. Fe는 상온(실온)에서는 체심입방구조 $\alpha-Fe$이지만, 고온의 910℃가 되면 면심입방구조 $r-Fe$로 된다. 이처럼 체심입방의 Fe에서 면심입방의 Fe의 변화도 변태이다.

탄소는 화합 탄소와 흑연의 두 상태로 존재한다. 이와 같이 서로 다른 상태로 존재하는 동일 원소의 두 고체를 동소체(allotropy)라 하는데, 동소체에 있어서 원자 배열이 바뀌는 것을 동소변태(allotropic transfortion) 또는 격자 변태라 한다.

Fe, Co, Ni 등과 같은 강자성체인 금속을 가열하면 일정한 온도 이상에서 금속의 결정 구조는 변하지 않으나 자성을 잃고 상자성체로 자성이 변하는데, 이와 같은 변태를 자기 변태(magnetic transformation)라 한다. 따라서, 자기 변태는 상의 변화가 아닌 단순한 에너지적인 변화인 것이다.

(3) 변태점의 측정

금속의 변태점 측정은 측정 대상 물질을 연속적으로 서서히 가열 또는 냉각하면서 어떤 성질의 변화를 측정 추적하여 성질의 비연속적 변화점을 찾아내는 측정이다. 소량의 순금속을 가열하면서 시간 경과와 금속의 온도 변화를 시간－온도 곡선으로 도시한 것이 [그림 19.1]이다. [그림 19.1]의 a 금속을 용융할 때 시간경과에 따른 온도변화를 그래프로 나타내었다.

[그림 19.1]의 b는 용융되어 있는 금속을 천천히 냉각하여, 시간 경과와 온도변화를 가열과 같은 모습으로 도시한 것이다. 양 그림 모두 곡선상에 온도정체부(bc)가 보인다. 이것은 상변태가 일어나는 경우, 가열시는 가열에 의해 주어진 열은 원자의 결합력을 떨어뜨리기 위한 에너지로서 사용되고, 냉각시는 원자가 가지고 있는 운동 에너지를 방출하기 위해 금속 그 자체의 온도는 변하지 않기 때문이다. 그림 중 b에서 변태가 개시되고, c로 변태가 종료된다. 금속을 일정한 속도로 가열

냉각시킬 때, 변태가 일어나게 되면 변태에 필요한 에너지를 열로 흡수하거나 방출하게 되는데, 변태가 완전히 끝날 때까지 열의 흡수나 방출로 인하여 온도의 상승 또는 강하가 일시 정지된다.

열분석이란 위의 원리를 이용하여 일정한 속도로 가열, 또는 냉각 시 온도와 시간과의 관계 곡선을 만들고, 이를 분석 조사하여 변태점을 알아내는 방법이다

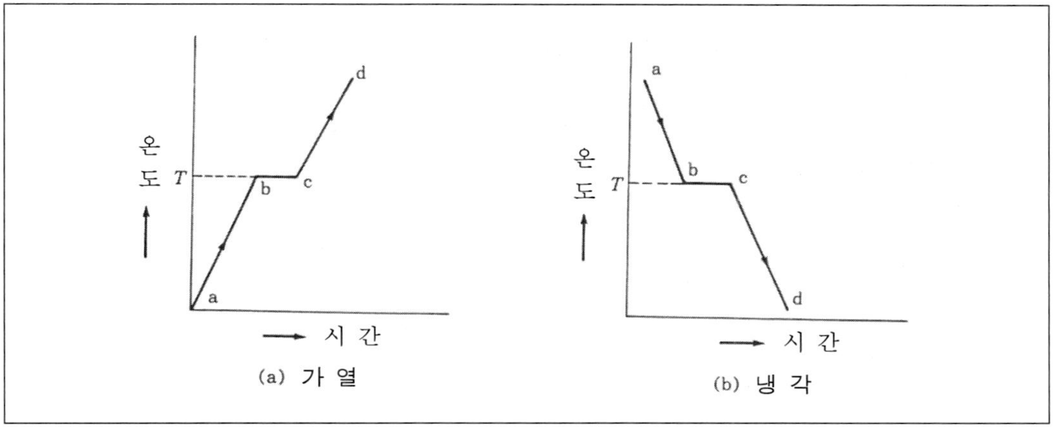

그림 19-1 순금속의 가열냉각곡선

19.1.2 순금속의 응고조직

용융순금속을 응고점까지 냉각하면 용융금속이 응고가 시작될 때 최초로 작은 집합이 발생한다. 이것을 결정의 핵(nucleus)이라 한다. 응고점에서 발생한 결정핵으로부터 결정이 성장하고 이어서 전부가 결정체로 되어 응고가 완료한다. [그림 19.2]는 순금속의 결정발생과 성장과정을 표시한 것으로 응고점에서 결정의 핵이 발생하고 [그림 19.2 (*a*)] 이 핵이 성장할 때 나무가지와 같은 돌출부가 생기고 가지에서 작은 가지가 생겨, 점점 커져가며 성장하여 [그림 19.2 (*b*, *c*)]로 된다. 이 같은 응고과정으로 돌출한 부분이 점차로 성장해가는 나뭇가지와 같은 모양으로 성장해 가는 것을 수지상정(dendrite)이라 한다.

몇 개의 결정 가지로부터 성장한 결정은 상호 충돌하고, 그것이 결정입계가 되어 전체가 응고 [그림 19.2 (*d*)]한다. 초기에 다수의 결정핵이 발생하면 많은 결정가지가 서로의 성장을 방해하므로 결정은 가늘고 미세하게되고, 핵발생수는 줄이고, 결정을 충분히 성장시키는 결정은 크게 조립으로 된다. 이같은 결정립의 크기는 금

속의 성질에 영향을 준다. 일반적으로 결정립이 미세한 편이 기계적 성질에는 뛰어나다.

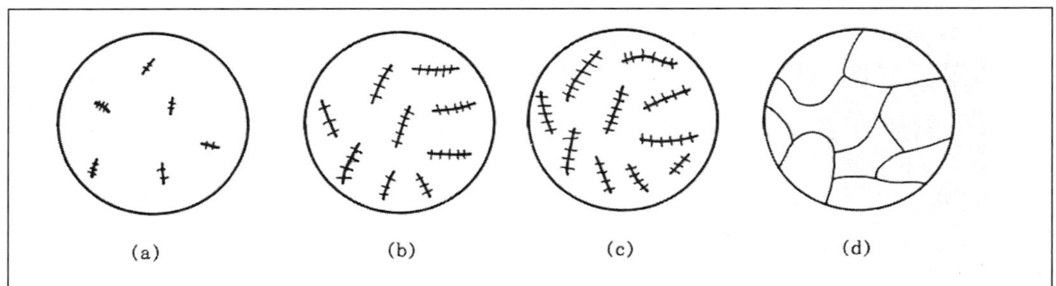

그림 19-2 순금속의 응고과정

(1) 결정입도

결정립의 크기를 결정입도라 하지만, 결정립의 크기표현 방법으로 입도번호 N으로 표시한다. 결정립의 크기를 1mm^{2}중에 존재하는 결정립의 수를 측정하고, 다음 식으로 입도번호를 정의하고 있다.

$$2^{N+3} = n$$

이 식에서 N을 입도번호라 하며 n은 $1mm^2$당 결정립수를 말한다. 위식으로부터

$$(N+3)\log 2 = \log n$$

$$N = \frac{\log n}{0.301} - 3$$

이 된다.

따라서 n이 적을수록 연한 재질이 되고 n이 클수록 미세조직이 된다.

(2) 결정입계

많은 결정체의 개개의 결정립은 단결정이고, 개개의 결정 중에서의 원자는 규칙적으로 배열되어 있지만 개개의 결정립은 방향이 다르기 때문에 각 결정립 사이에는 경계면이 존재한다. 즉, 이 면을 경계로 하고 양측의 결정은 방위가 다르기 때

문에 결정입계는 격자결함이다. 결정입계의 원자 배열에 대해서는 그 양측의 원자 배열방향에 따라 여러 가지 경우가 있다.

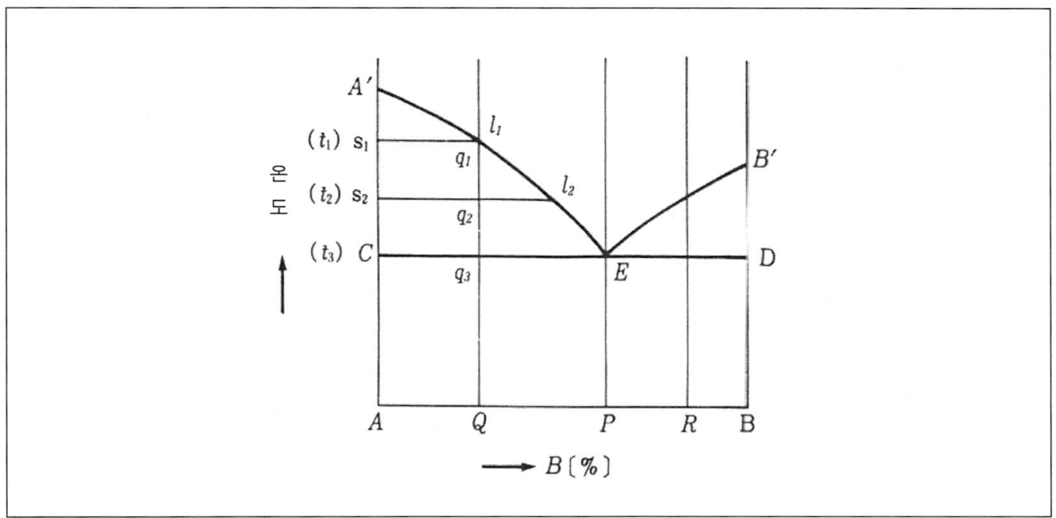

그림 19-3 공정형 상태도

19.1.3 공정형상태도

용융상태에서는 성분금속은 서로 완전히 용해하지만, 고체상태로는 완전히 융화가 되지 않는 합금이 있다. 이것은 융체에서부터 다른 조성의 고상이 정출하는 것이 된다.

즉,균일한 융체→고상 I +고상II 의 형의 응고이다. 이처럼 응고시에 한가지의 액상이 전부동시에 두 개의 고상으로 변화하는 상변태를 공정반응이라 한다. [그림 19.3]은 이런 공정 반응이 일어나는 경우의 상태도이다. E점을 공정점, E점이 나타나는 온도를 공정온도, CED선을 공정선이라 한다. A',B'는 성분금속 A 및 B의 용융점이므로 $A'EB'$곡선이 액상선이고 CED가 고상선이다.

19.1.4 포정형 상태도

용융상태에서는 완전히 용해하지만, 고체상태에서는 일부용해하고 포정반응이 일어나는 경우의 상태도이다. 포장반응으로 생기는 포정계의 경우는 [그림 19.4]와 같은 상태도가 된다. 포정반응의 한 예로서 조성 c_o의 합금 X에 대하여 생각하자.

점 a에서 융체로 존재한 것이 냉각함에 따라 b점에서 고용체를 α정출하기 시작하며, 이때의 용액의 조성은 T_AE 선상에서 E쪽으로 변하고 α 고용체의 조성은 T_AD 선상의 D쪽으로 변한다. 이 합금은 T_p의 포정온도(peritectic temperature)에 도달하면 조성 C_a 의 α상과 조성 C_E의 액체가 반응하여 조성 C_β의 β상이 생성하는 포정반응이 일어난다.

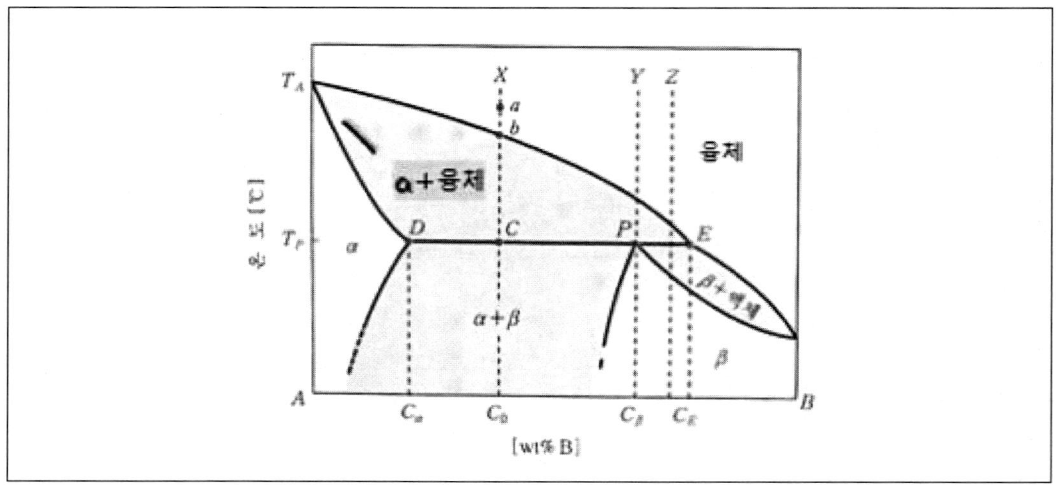

그림 19-4 포정계 상태도

$$\alpha(C_a) + L(C_E) \underset{\text{가열}}{\overset{\text{냉각}}{\rightleftarrows}} \beta(C_\beta)$$

이 반응은 3상이 평형이므로 불변계이며 $F = 0$, 즉 일정한 온도에서만 존재한다. T_P를 지났을 때의 α상의 상대량은 다음과 같다.

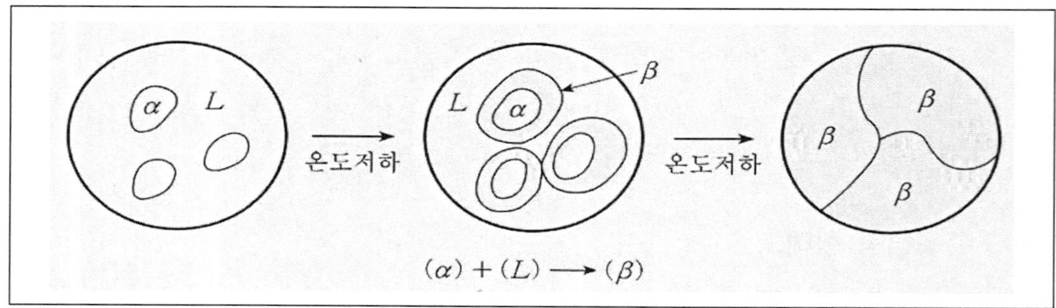

그림 19-5 포성반응의 과정

$$\text{고상 } \alpha[\%] = \frac{C_\beta - C_o}{C_\beta - C_a} \times 100\%$$

포정조성(peritectic composition) C_β의 성분을 가진 합금 Y에서는 T_P상에 존재하는 α상 전부와 융체 전부가 동시에 없어져서 단일의 β상이 된다. 합금 Z의 경우는 α상이 먼저 없어진다고 할 수 있으며 조성 C_E이상의 합금에서는 포정반응이 없다. [그림 19.5]는 이러한 포정반응의 과정을 도식적으로 나타낸 것이다.

이러한 포정반응을 하는 합금계는 상당히 많은데 Fe-C, Al-Cu, Pt-Ag, Ag-Sn 등이 가장 대표적이며, [그림 19.6]은 $Pt-Ag$의 상태도를 나타낸 것이다.

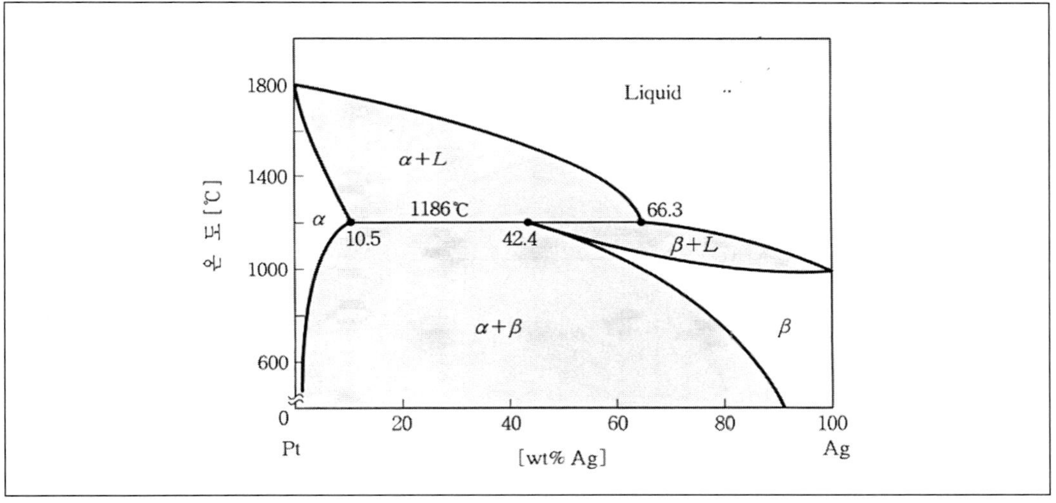

그림 19-6 Pt-Ag 상태도

19.1.5 공석형 상태도

하나의 고용체로부터 2개의 고체가 동시에 석출하여 생긴 혼합물을 공석정이라 하며 공석정의 조직은 페라이트와 시멘타이트의 층상 조직으로 된다.

$$\text{고상} \rightarrow \text{신고상 } (A) + \text{신고상 } (B)$$

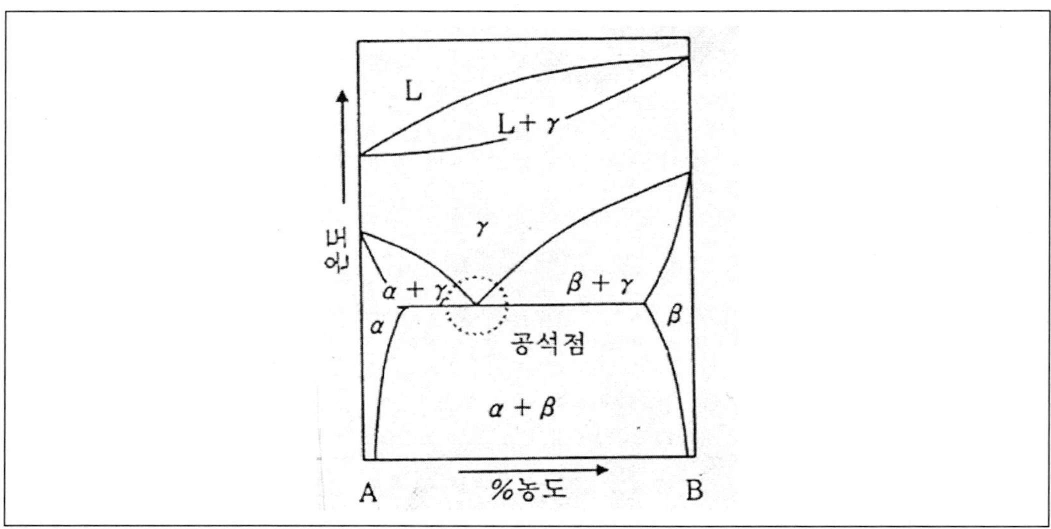

그림 19-7 공석형 상태도

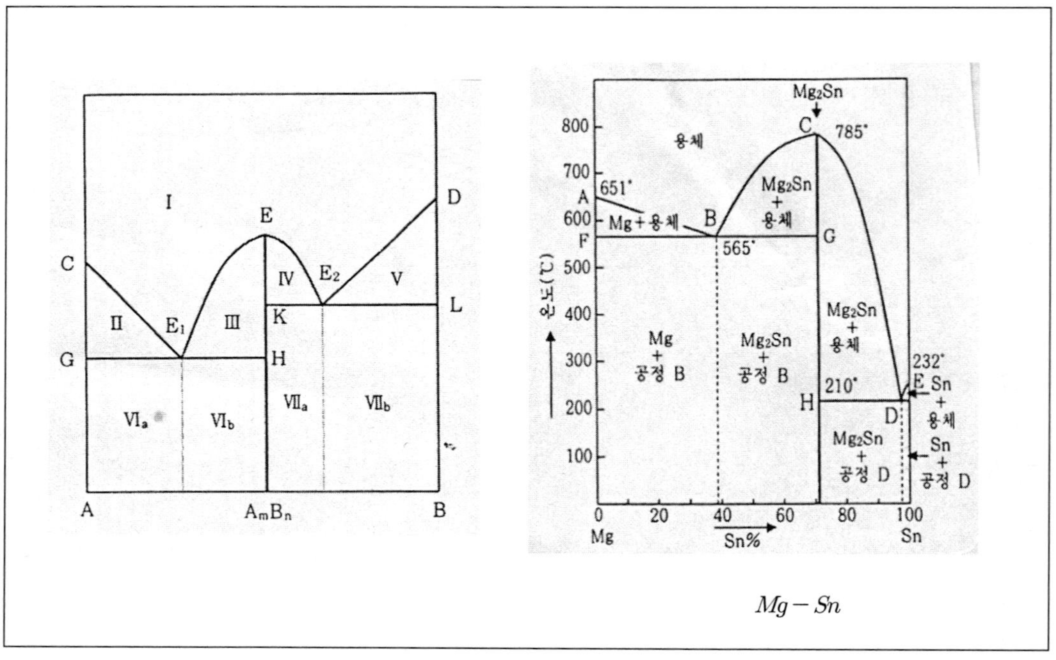

Mg − Sn

19.1.6 금속간 화합물

2종 이상의 금속원소가 간단한 원자비로 결합해 본래의 성질과는 다른 별개의 물질이 형성되며 규칙적인 결정격자점을 보유할 때 이 때 화합물(intermetallic compound)을 금속간 화합물이라 하고 일반적으로 $AmBn$의 화학식으로 표기한다.

19.2 금속재료의 시험과 기계적 성질

19.2.1 금속 재료 시험

(1) 인장 시험(Tensile Test)

1) 인장 시험 방법

인장 시험은 강재의 기계적 특성을 평가하는 가장 일반적인 방법이다. 인장 시험은 금속이 가진 성질 중에서 인장 응력(Tensile Stress)에 대한 저항성을 평가 하는 것이다. 즉, 당기는 힘에 얼마나 잘 저항할 수 있는 가를 확인하는 것이다. 인장 시험에 사용되는 시편은 일정한 단면적과 거리를 측정할 수 있는 형상의 시편이면, 그 모양이 환봉(Round Bar), 판재(Plate), 파이프(Pipe) 등 어느 형태라도 제한이 없다.

표면에 요철이나 결함이 없는 시편을 제작하고, 이를 인장 시험기 혹은 만능 시험기를 사용하여 잡아당기면서 시험을 진행한다.

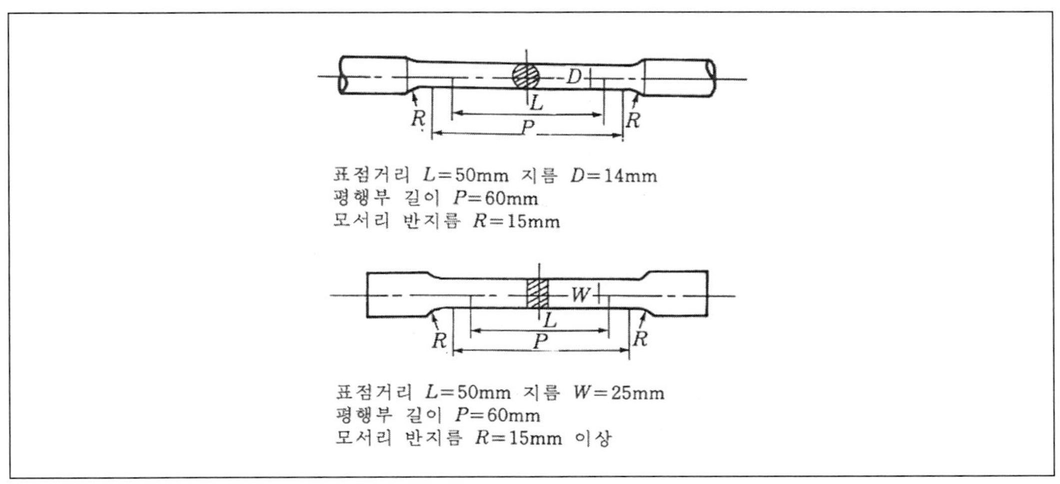

그림 19-10 KS 인장시험편

시험을 통해 측정할 수 있는 내용은 재료의 인장 강도(Tensile Strength), 항복점(Yield Stress), 단면 수축률(Area Reduction Ratio), 연신률(Elongation)등이다. [그림 19.11]은 AWS에서 추천하는 환봉 형태의 인장 시편의 표준 크기이다. 인장 시험을 통해 강재의 항복강도와 인장 강도 및 탄성한계와 연신율을 확인할 수 있다.

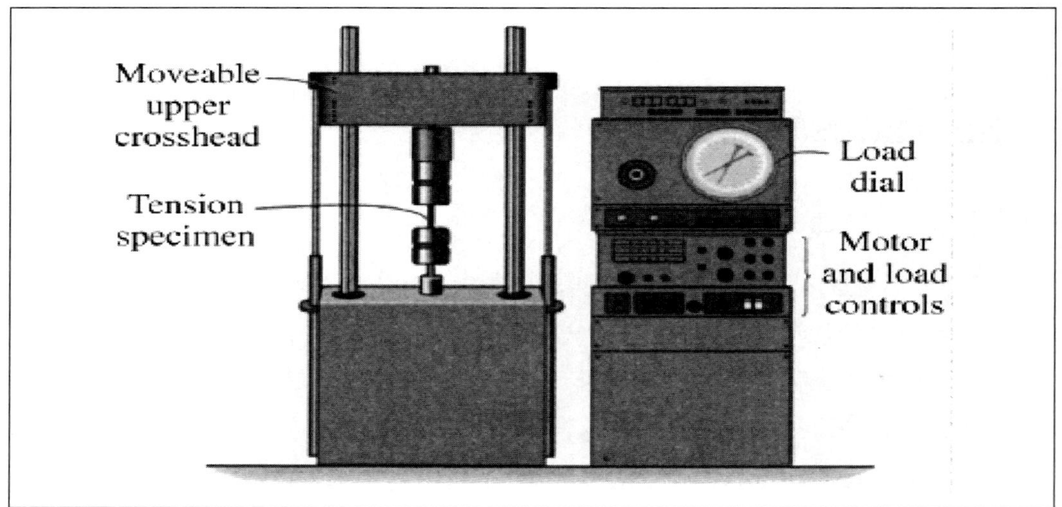

그림 19-11 인장시험기

(2) 인장 시험 곡선

인장 시험은 시편에 인장 응력을 가하면서 실시된다. 힘을 가해서 당기게 되면 시험편은 늘어나게 되고, 이때 하중과 변형과의 관계를 나타낸 곡선이 얻어지는데 이것을 응력-변형 선도(Stress-Strain Curve)라 한다. [그림 19.12]는 인장 응력과 변형과의 관계를 도식으로 표시한 것이다.

[그림 19.12]에서 ①번 곡선은 일반적인 탄소강에서 볼 수 있는 응력과 변형의 관계이고, ②의 경우는 낮은 힘만으로도 쉽게 변형이 발생되는 구리, 알루미늄 등의 강종에서 볼 수 있는 응력과 변형의 특징이다. 인장 시험 곡선으로 통해 강종의 다양한 특성이 손쉽게 평가될 수 있다.

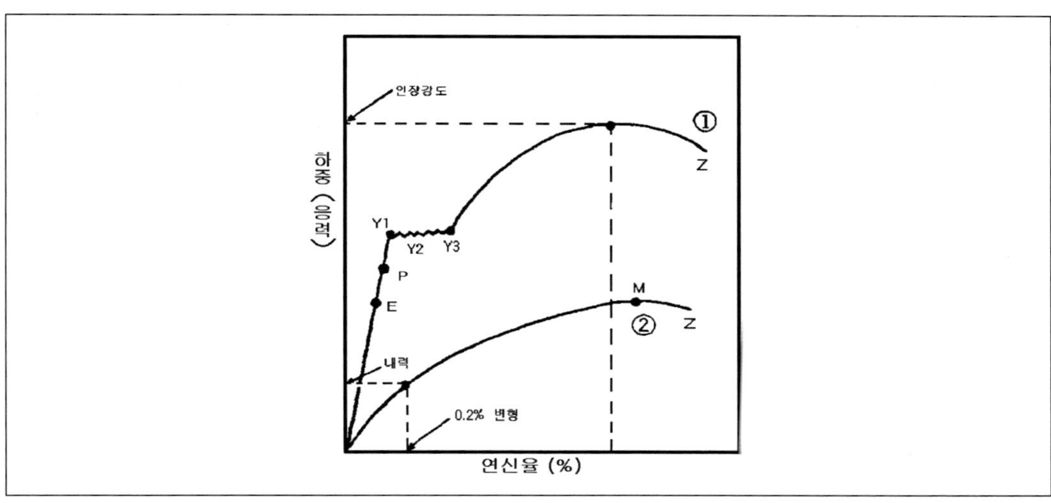

그림 19-12 인장 시험 곡선

(3) 연신율

연신율은 시험전에 시편에 표시한 표점 거리와 파단 이후에 늘어난 거리를 측정하여 이를 분율로 평가한다. 연신이 작다는 것은 그만큼 취성 파괴에 민감할 수 있다는 것이며, 기계가공 성형의 어려움을 의미하게 된다.

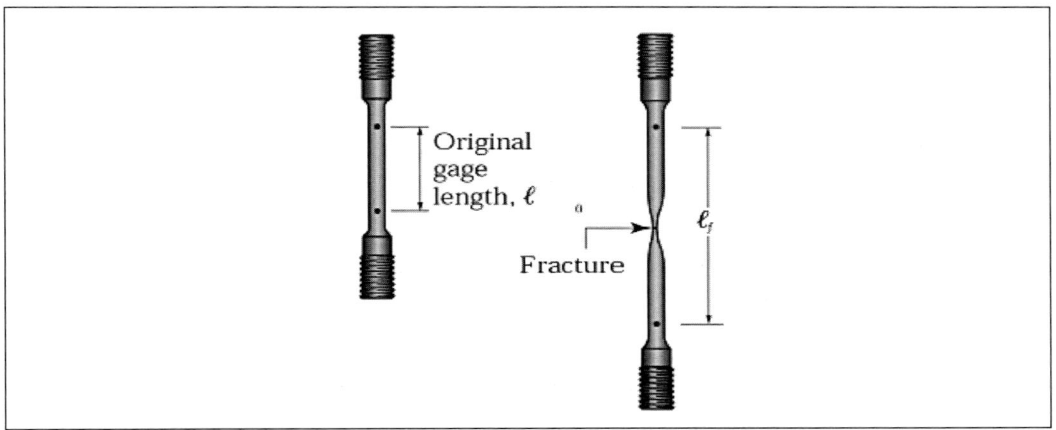

그림 19-13 연신율의 측정

(4) 탄성 한도 및 비례 한도

강에 힘을 가하여 당기게 되면 어느 정도의 변형까지는 힘을 제거하면 다시 원래의 위치로 돌아가는 탄성의 성질을 가지게 된다.

위 [그림 19.13]에서 점 E는 탄성 한도 점이며 점 E의 하중을 시험편의 원 단면적으로 나눈 값이 탄성한도 이다.

E(세로 탄성율) = (응력(σ))/(연신율(ξ))

E를 영률(Youngs moduls)이라고 부르며, 또한 점 P까지는 가해지는 하중과 시편이 변화하는 변형률이 비례하면서 나타나므로 이를 비례 한도점이라고 한다.

(5) 포아송 비(Poisson's Ratio)

탄성 구역에서의 변형은 세로 방향에 연신이 생기면 가로 방향에는 수축이 생긴다.

$$\nu = \frac{-e'}{e}$$

e : 세로 방향의 변형량
e' : 가로 방향의 변형량

그리고, 각 방향의 치수 변화의 비는 재료 고유의 값을 나타낸다. 이 치수 변화의 비를 포아송 비(Poisson's Ratio)라 한다.

e와 e'는 한쪽이 정(正)이 되면 다른 쪽은 부가 된다.

v의 값은 금속의 경우 보통 0.2~0.4 이다. 주요 금속의 포아송 비는 [표 19.1]과 같다.

표 19-1 주요 금속의 포아송 비

금속	탄성률(E) (kg/mm²)	탄성률의 온도 계수(dE/dT)(kg/mm²/℃)	강성률(G) (kg/mm²)	Poisson's Ratio(v)
Al	7.03 X 10^3	− 3.09	2.53 X 10^3	0.33
Cu	11.25	− 3.87	4.50	0.36
Ni	21.09	− 7.03	8.09	0.30
Pb	1.62	− 1.90	0.63	0.40
Fe	21.09	− 5.62	7.80	0.28
W	39.73	− 4.22	16.03	0.27
Ti	11.81	− 7.03	4.57	0.31

(6) 항복점(Yielding Point)

하중이 작용하면 하중과 연신율 관계는 비례 관계로 존재하지 않는다. Y1에서 돌연 하중이 증가 없이 급격한 변형이 발생하여 Y3점까지 변형이 진행된다.

이렇게 맨처음 하중의 변화와 비례하지 않고, 급격한 변형의 증가가 나타나는 점 Y1를 상항복점(Upper Yield Point)라고 하고, 이러한 하중과 변형과의 관계가 그림 상에서 종료되는 Y_3을 하항복점(Lower Yield Point)라고 한다.

(7) 인장 강도(Tensile Strength)

인장강도(Tensile Strength)란 시험 재료가 견디어낸 최대의 인장 응력을 시편의 원단면적(A0)으로 나눈 값을 말한다.

이 최대 인장 응력점 이상에서 시험을 지속하면 시험편의 단면적이 국부적으로 줄어들면서 마침내 파단(rupture)에 이르게 된다.

인장강도(σ)＝(kg/mm2)　　P : 하중(kg), A0 : 원단면적(mm2)

(8) 연신율(Elongation)

인장 시험편에서 파단후의 표점 거리와 처음 표점 거리간의 늘어남을 연신 또는 신장(Elongation)이라 하는데 이는 다음식에 의한다.

연신율(ξ) = x 100(%)L : 초기 표점 거리, L_1 : 파단 후 늘어난 표점 거리

(9) 단면 수축률(Reduction of Area)

시험 재료가 인장 응력에 의하여 늘어나면서 파단에 이르게 되면 시험편의 단면이 수축하는 과정을 겪게 된다. 파단 후의 시험편의 최소 단면적을 처음 단면적에 대하여 비교한 것을 단면 수축률(Reduction of Area)이라 한다.

Ø : 단면수축율(%),

단면 수축률(Ø) = x 100(%)　A0 : 원단면적(mm2),

A1 : 수축한 최소단면적(mm²)

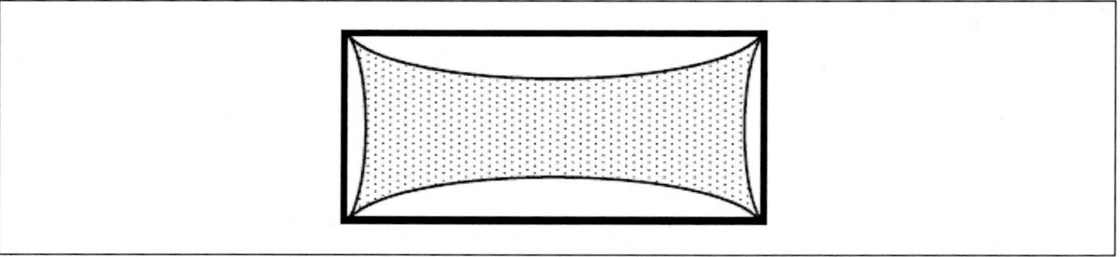

그림 19-14 인장 시험 이후에 수축된 단면

1) 굽힘 시험(Bending Test)

용접부에 내재되어 있는 결함의 유무를 조사하기 위하여 굽힘 시험을 한다.

굽힘 시험은 시험편을 적당한 크기로 절취하여서 자유 굽힘이나 형 굽힘에 의하여 용접부를 구부리는 것이다. 굽힘에 의하여 용접부 표면에 나타나는 균열의 유무와 크기에 의하여 용접부의 건전성을 평가하는 것이며, 시험편 굽힘 방법에는 표면 굽힘, 뒷면(이면)굽힘 및 측면 굽힘(두꺼운 판의 경우)의 3종류가 있다.

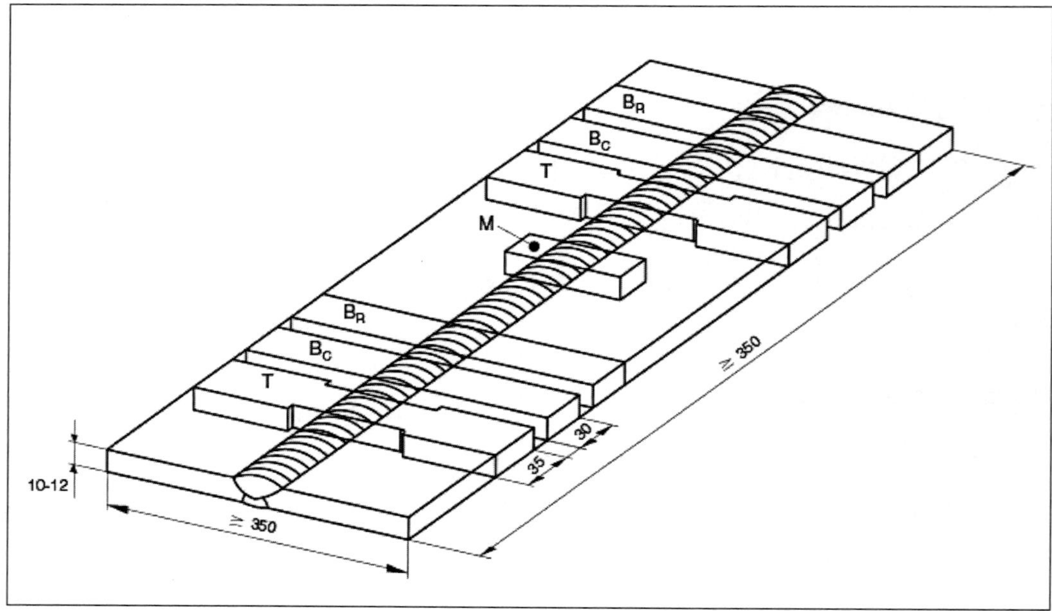

그림 19-15 용접부 굽힘 시험 시편 준비

2) 충격 인성 시험(Impact Test)

강재는 파단의 양상이 연성 파괴와 취성 파괴로 구분된다. 연성 파괴는 인장시험에서 확인되는 것과 같이 연신을 동반한 파괴를 의미하고 취성 파괴는 이러한 연신이 거의 없이 발생하는 파단을 의미한다.

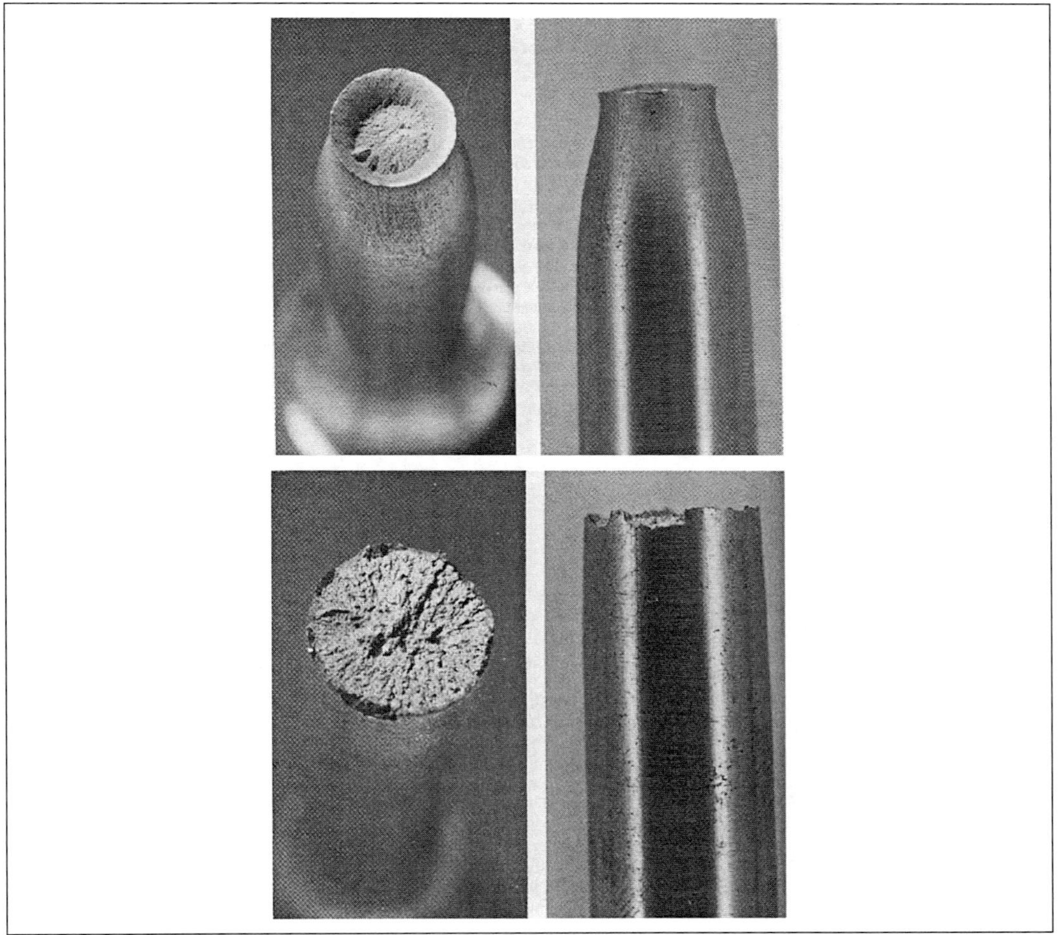

그림 19-16

취성 파괴의 위험성은 예측이 불가하고, 파단의 결과가 구조물의 부재를 관통하는 직접적인 균열을 발생하게 된다. 강재가 취성 파괴에 견디는 능력을 인성으로 평가한다. 인성은 금속재료가 노출되는 온도가 낮을수록 낮아지는 경향이 있으며, 연성 파괴와 취성 파괴의 경계 온도를 천이온도라고 부른다.

재료가 충격에 견디는 저항을 인성(Toughness)이라고 하며 인성을 알아보는 방법으로는 샤르피식(Charpy type)과 아이조드식(Izod type)이 있으며 이들은 다음 [그림 19.16]과 같은 U 또는 V 노치 충격 시험편을 이용하고 있다. 시험편이 파단할 때까지 흡수하는 충격에너지가 클수록 인성이 큰 것이며 동일한 재료일 때는 인장 시험에서 연신율이 큰 것이 일반적으로 크게 나타나고 있다.

Charpy Type과 Izod Type의 차이점은 시편을 고정시키는 방식의 차이이다. Charpy Type은 시편의 양쪽 끝단을 고정시키지만 Izod Type은 시편의 한쪽만을 고정하여 충격을 가한다. Charpy Type의 충격 시험기는 아래 [그림 19.17]의 형태를 유지하고 있으며 가장 널리 사용되는 방식이다. 정확한 실험 결과를 얻기 위해서는 시편의 정밀한 가공이 필수적이다.

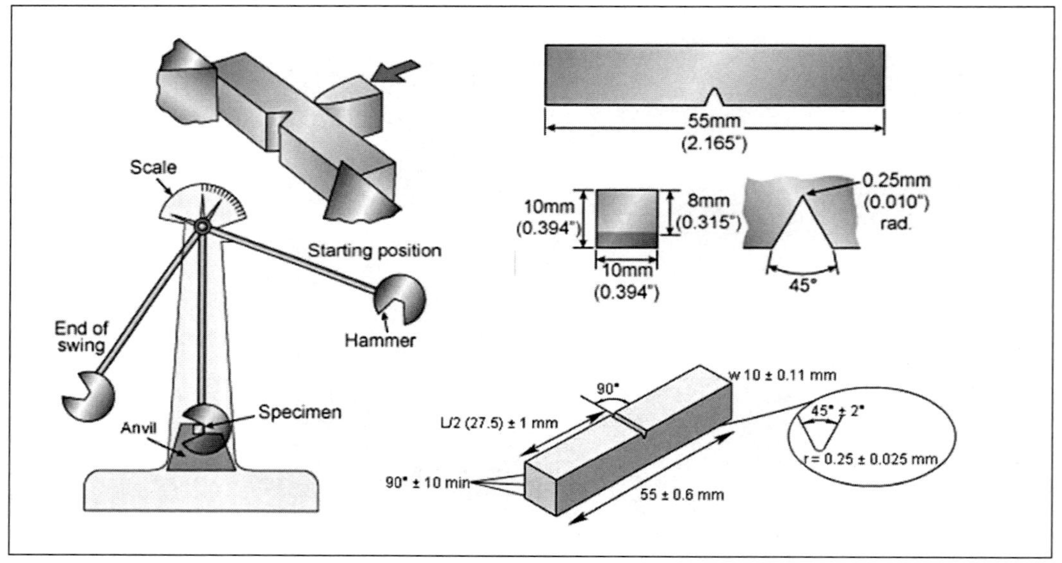

그림 19-17

시편에 형성된 Notch의 각도와 대칭성이 정확하게 이루어 져야 시편에 가해지는 충격에너지를 시편의 전면에서 고르게 흡수할 수 있게 된다. 또한 시편 표면에는 가공된 Notch이외의 어떠한 결함도 존재하지 않도록 하여야 한다. 예전에는 Milling Machine 등을 사용하여 기계적으로 홈(Notch) 가공을 하였으나, 최근에는 가공의 정밀도를 확보하기 위해 방전 Wire 가공 등을 사용한다.

(10) 경도 시험(Hardness Test)

1) 경도의 정의 및 일반

일반적으로 경도는 흔히 변형에 대한 저항성을 의미하며, 금속에서의 경도는 그들의 소성 변형, 즉 영구 변형에 대한 저항성을 나타낸다. 재료 시험의 역학에 관여하는 사람에게 경도는 압흔에 대한 저항을 뜻하며, 설계 공학자에게 그것은 종종 금속의 열처리나 강도에 관한 정보를 나타낼 수 있는 측정하기 쉽고 규정할 수 있는 값을 의미한다. 경도 측정 방법은 다음의 세 가지로 구분된다.

① 긁기 경도(Scratch Hardness)

긁기 경도는 광물 학자에게 주된 관심거리이다. 이러한 경도 측정법으로는 여러 가지 광물끼리의 상대적인 긁힘 능력을 평가할 수 있다. 긁기 경도는 모스(Mohs) 스케일에 의해 측정된다. 이것은 그들의 긁힘 흔적을 낼 수 있는 능력에 따라서 배열된 10개의 표준 광물들로 구성되어 있다. 이 스케일에서 가장 연한 광물은 활석(긁기 경도 1)이며, 다이아몬드는 10의 경도를 가진다. 손톱은 약 2의 값을, 소준(Annealing) 열처리된 구리는 3의 값을, 마르텐사이트(Martensite)는 7의 경도를 갖는다. 모스(Mohs) 경도계는 고경도 구역에서의 간격이 그렇게 넓지 않기 때문에 금속에는 적당하지 않다. 대부분의 경한 금속들은 모스 경도 4~8정도이다. 다른 형태의 긁기 경도 시험은 주어진 하중하에서 다이아몬드 끝(Stylus)으로 표면에 지나가는 흔적을 만든 후, 긁힌 흔적의 깊이나 너비를 측정한다. 이것은 작은 구성 요소의 상대적 경도를 측정하기에는 유용하지만, 높은 재현성이나 정확성을 요하는 곳에는 알맞지 않다.

② 반발 경도(Rebound Hardness)

반발 경도는 동적 경도 측정이라고도 부르며, 흔히 압자(Indicater)를 금속의 표면에 떨어뜨려, 경도를 이것의 충격 에너지로써 나타낸다. 반발 경도 시험기의 가장 일반적인 제품인 쇼어(Shore)경도계는 압자의 반발 높이로 경도를 나타낸다.

③ 압흔 경도(Indentation Hardness)

압흔 경도만은 금속에서 공학적으로 매우 중요하다. 따라서 가장 널리 알려진 브리넬, 비커스 , 로크웰 경도를 중심으로 이하에서 보다 자세하게 설명한다.

(11) 경도 시험의 종류

① 브리넬 경도(Brinell Hardness)

구형의 압입자를 일정한 하중으로 시편에 압입하므로써 경도값을 측정하는 방법이다. 이 방법은 압입자의 크기뿐만 아니라 통상 시험 하중도 다른 경도 시험법에 비해 크기 때문에 얇은 부품, 특히 표면만의 경도를 알고자 하는 경우에는 적합지 않으며 주물제품 등 비교적 불 균일하고 형상이 큰 재료의 경도 측정에 주로 사용된다. 경도 값을 기계 가공 작업시에 절삭성을 평가하는 기준으로도 사용된다. 경도가 높을수록 절삭성은 나쁘지만 반대로 내마모성은 우수한 특징을 보인다.

처음으로 널리 수용되고 표준화된 압흔 경도기는 1900년 J.A. Brinell에 의해서 제안되었다. 브리넬(Brinell) 경도계는 일반적으로 3,000kg의 하중하에서 10mm직경의 강구로 금속 표면에 흔적을 남긴다. 연한 금속에서는 너무 깊은 흔적을 피하기 위해서 하중을 500kg으로 줄이고, 매우 경한 금속에서는 압자의 변형을 최소화하기 위하여 텅스텐 탄화물로 된 구를 사용한다. 하중은 보통 30초의 일정 시간 동안(ASTM E 10에서는 10 ~ 15초가 표준) 가하고, 하중을 제거한 후 저배율 현미경으로 압흔 자국을 측정한다. 압흔의 직경을 직각으로 각각 읽어 이들의 평균을 얻으며, 압흔이 위치할 표면은 비교적 편평하고 먼지나 흠이 없어야 한다. 브리넬 경도값(Brinell Hardness Number, BHN)은 하중 P를 압흔 표면적(Surface Area)으로 나눈 값으로 표시된다.

이것은 다음과 같은 형태로 표시된다.

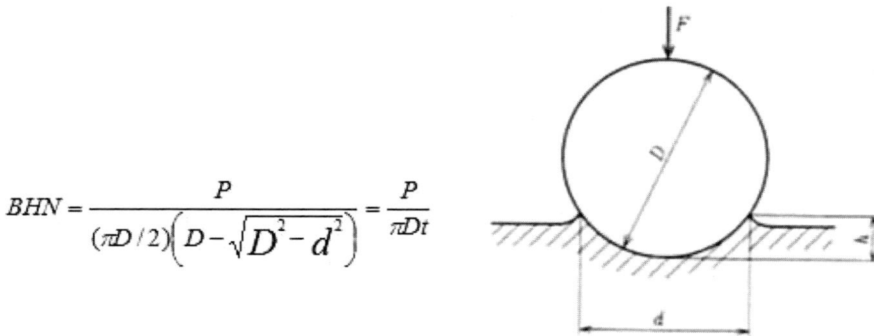

$$BHN = \frac{P}{(\pi D/2)\left(D - \sqrt{D^2 - d^2}\right)} = \frac{P}{\pi Dt}$$

여기서

P = 부과 하중(kg), D = 볼의 직경(mm),

d = 압흔 직경(mm), t = 압흔 깊이(mm)

BHN의 단위는 mm^2 당의 kg임을 주시한다.
그러나 이렇게 얻어진 브리넬 경도값은 압흔의 표면위의 평균 압력으로 주어지지 않으므로 만족할 만한 물리적 개념은 되지 못한다.
브리넬 압흔은 크기가 비교적 크기 때문에 국부적인 불균질성의 평균값을 읽을 수 있는 장점을 갖는다. 또한, 브리넬 경도시험은 다른 경도 시험법에 비해 표면의 긁힘이나 거칠기에 덜 영향을 받는다. 이에 반하여 비교적 큰 치수의 브리넬압흔은 작은 물체, 좁은 면적, 압흔이 파괴를 유발할 수도 있는 부품에서 이 시험법의 사용을 불가능케 한다.

② **로크웰 경도**(Rockwell Hardness)

이 시험법은 2개의 하중 하에서의 압흔의 깊이로 경도를 측정한다. 처음에 10kg의 작은 하중을 시편이 자리잡도록 부과하는데, 이것은 표면 준비에 필요한 면적을 최소화하고 압자에 의한 융기나 내려앉는 경향을 감소시키기 위해서이다. 다음 주하중이 부과되는데, 이 때 압흔의 깊이는 임의의 경도수로 다이알 게이지상에 자동적으로 기록된다. 다이얼은 100눈금으로 되어 있고, 각 눈금은 0.002mm의 압흔 깊이를 나타낸다. 다이얼은 깊이가 적을 때 높은 경도값이 나오게 되어 있다. 이것은 앞서 서술된 다른 경도수와 같다. 그러나 의 단위kg/mm^{2}를 갖는 브리넬과 비커스 경도와는 달리 로크웰 경도값은 완전히 임의적인 수이다.

한 가지의 하중과 압자의 조합으로는 넓은 경도 범위를 다 다룰 수 있는 만족한 결과는 얻지 못한다. 브레일 입자(Brale Indenter)라 하는 압자로는 끝이 약간 둥근 원뿔형 120°다이아몬드와 1.6mm와 3.2mm지름의 강구가 흔히 사용된다. 주하중으로는 60, 100, 150kg이 사용된다. 로크웰 경도는 하중과 압자에 모두 의존하기 때문에 사용하는 조합을 표시해야 한다.

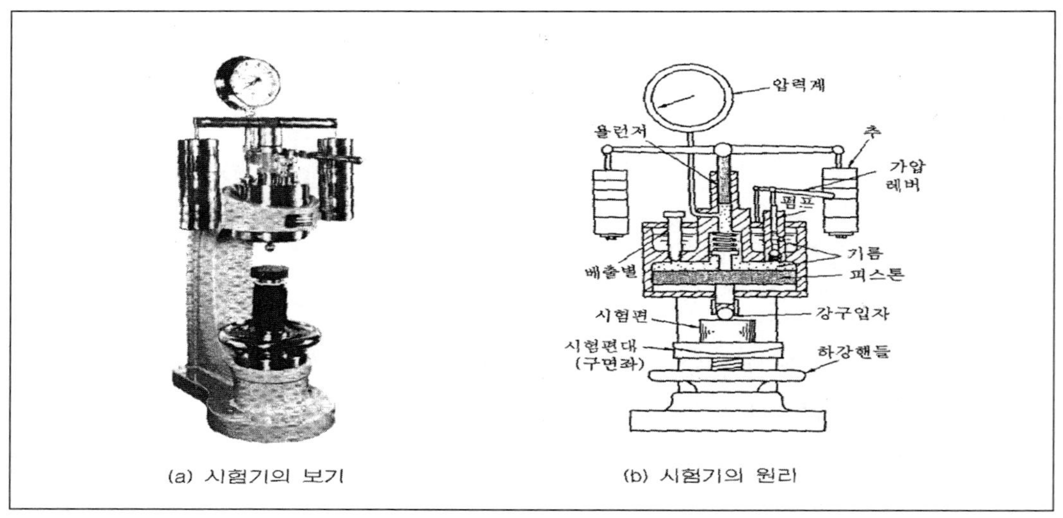

그림 19–18 로크웰 경도시험기

따라서, 경도 숫자 앞에 사용된 하중과 압자의 조합을 쓰도록 한다. 숫자 앞에 표시가 없는 로크웰 경도수는 의미가 없다. 경화된 강은 다이아몬드 압자와 150kg의 주하중으로 C눈금으로 시험된다. C눈금의 유용한 범위는 약 RC 20에서 RC 70 정도 까지이다. 연한 재료는 보통 1.6mm지름의 강구와 100kg 주하중으로 B눈금으로 시험된다. 이 눈금의 유효 범위는 RB 0에서 RB 100까지이다.

로크웰 경도는 측정법이 간단하고 신속하여 널리 이용되고 있으나 하중의 속도, 하중유지시간, 압자형태의 오차 및 변형량의 지시장치 등에 의한 오차의 영향에 주의하여야 한다. [표 19.2]은 로크웰 경도의 예를 표시한 것이다.

표 19-2 로크웰 경도의 예

scale 기호	압 자	기준하중 [N(kgf)]	시험하중 [N(kgf)]	HR 구하는 법	적 용 예
A D C	다이아몬드 원뿔 꼭지각 $3\pi/4$ 선단반지름 0.2 mm	98.1(10)	588(60) 981(100) 1,470(150)	$H_R = 100 - 500\ h$	초경합금박, 강판 C보다 가벼운 하중용 B100 이상, C70 이하
F B G	강구 1.59 mm 지름	98.1(10)	588(60) 981(100) 1,470(150)	$H_R = 130 - 500\ h$	초경량 금속(베어링) B1~B100 B보다 단단한 금속
15N 30N 45N	다이아몬드 원뿔 꼭지각 $3\pi/4$ 선단반지름 0.2 mm	29.4(3)	147(15) 294(30) 441(45)	$H_R = 100 - 1,000\ h$	질화강, 그밖의 단단한 재료, 박판
15T 30T 45T	강구 1.5875 mm 지름		147(15) 294(30) 441(45)		동, 황동, 청동의 박판

③ 비커스 경도(Vickers Hardness)

비커스 경도 시험은 밑변이 정사각형인 피라미드를 압자로 사용한다. 피라미드의 마주보는 면 사이의 각은 136도이다. 이 각은 브리넬 경도 시험에서 구지름에 대한 압흔 지름의 가장 적당한 비율에 접근하도록 선택된 것이다. (대부분의 경도 시험에서 d/D는 0.25와 0.50사이이다. d=0.375D인 다이아몬드-피라미드 입자를 썼을 때 원추의 각은 136도이다. 따라서 브리넬 압흔이 수직으로 침투했을 때에는 DPH와 BHN은 거의 동일하다.) 압자의 형태 때문에 이 시험을 흔히 다이아몬드-피라미드 경도 시험(diamnod-pyramid hardness test)이라고 한다.

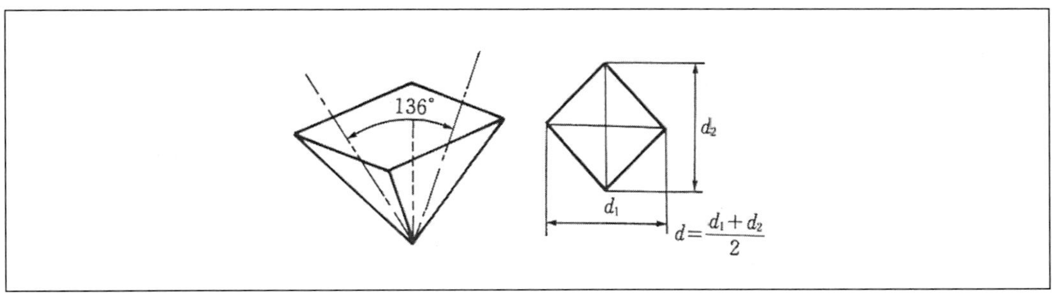

그림 19-19 비커스경도의 압자

다이아몬드-피라미드 경도수(DPH), 또는 비커스 경도수(VHN, 또는 VPH)는 부과 하중을 압흔의 표면적으로 나눈 것으로 정의된다. 사실상 이 면적은 압흔의 대각선 길이를 현미경으로 측정한 값으로부터 계산되며, DPH는 다음 식으로 구한다.

$$DPH = \frac{2\Psi n(\theta/2)}{T^2} = \frac{1.}{}$$

여기서

P = 부과하중(kg),

L = 대각선 평균 길이(mm),

Θ= 다이아몬드의 마주보는 면의 사이각 = 136°

비커스 경도 시험은 주어진 하중으로 5의 DPH를 갖는 매우 연한 금속에서부터 1500의 DPH를 갖는 극히 경한 금속까지 쓸 수 있기 때문에 연구시 많이 사용되고 있다. 로크웰 경도 시험이나 브리넬 경도 시험에서는, 한쪽 끝의 눈금에서의 측정이 다른 한쪽 끝 눈금에서의 측정과 엄격히 비교될 수 없기 때문에 경도값의 어떤 점에서 하중이나 압자를 바꿀 필요가 있다. 이러한 장점에도 불구하고, 비커스 경도 시험은 느리고, 주의 깊은 표면 준비를 요하고, 대각선 길이의 측정에서 개인적 오차가 크기 때문에 일반적인 반복 시험에서는 널리 수용되지 못하고 있다. 비커스 경도 실험법이 ASTM E92에 서술되어 있다.

다이아몬드-피라미드 압자로 찍은 완전한 압흔은 정사각형이다. 그러나 브리넬압흔에서도 서술된 것에 해당하는 비정상적인 압흔이 피라미드 압흔에서도 흔히 관찰된다. [그림 19.20 (b)] 형태의 압흔은 피라미드 평면 주위의 금속이 쏙 들어간 결과이다. 이러한 조건은 어닐링된 금속에서 관찰되며, 이 때 대각선 길이는 과대 평가된다.

[그림 19.20(C)]의 불룩한 모양의 압흔은 냉간 가공된 금속에서 관찰된다. 그것은 압자면 주위의 금속이 융기하거나 쌓이기 때문이다. 이런 경우의 대

각선 측정값은 작은 접촉 면적을 나타내어 높은 값의 경도값을 얻는 오류를 범한다.

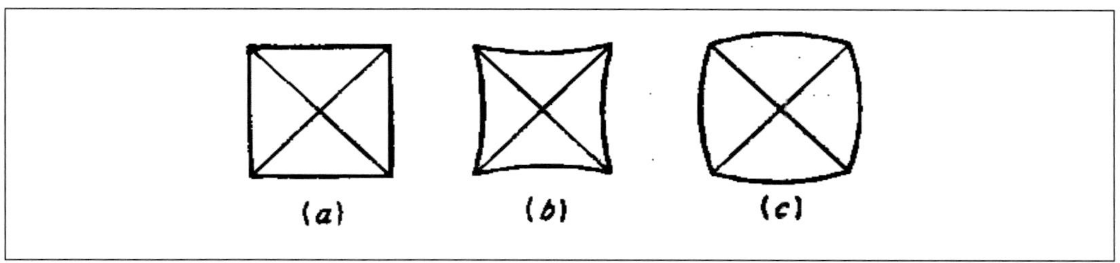

그림 19-20

(12) 피로 시험(Fatigue Test)

재료가 인장 강도나 항복점으로부터 계산한 안전 하중 상태에서도 작은 힘이 계속적으로 반복하여 작용하면 파괴를 일으키는 일이 있다. 이와 같은 파괴를 피로 파괴라 한다.

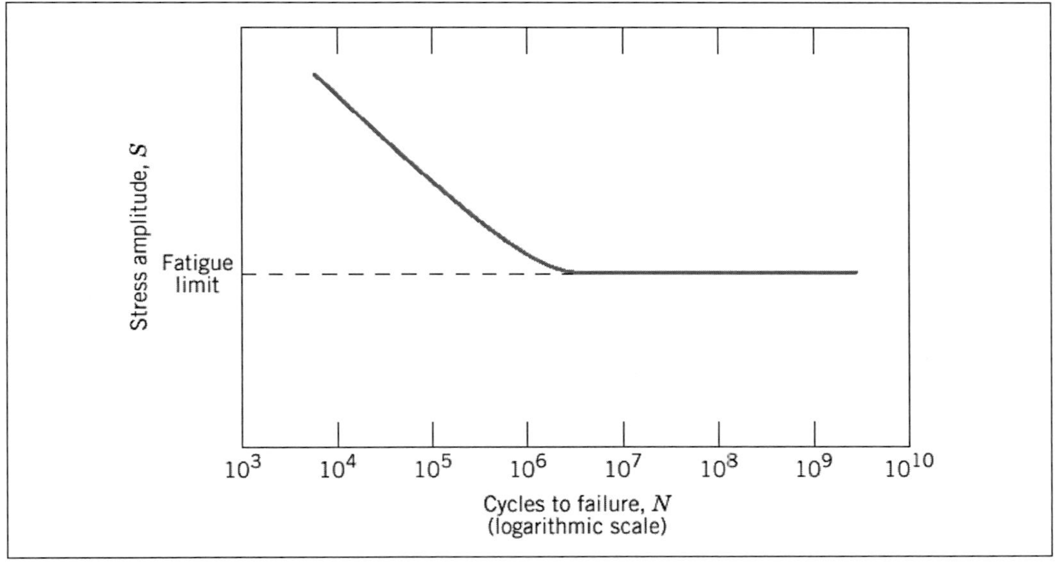

그림 19-21

그러나 하중이 어떤 값보다 작을 때에는 무수히 많은 반복 하중이 작용하여도 재료가 파단하지 않는다. 영구히 재료가 파단하지 않는 응력 중에서 가장 큰 것을 피로 한도(Fatigue Limit)라 한다.

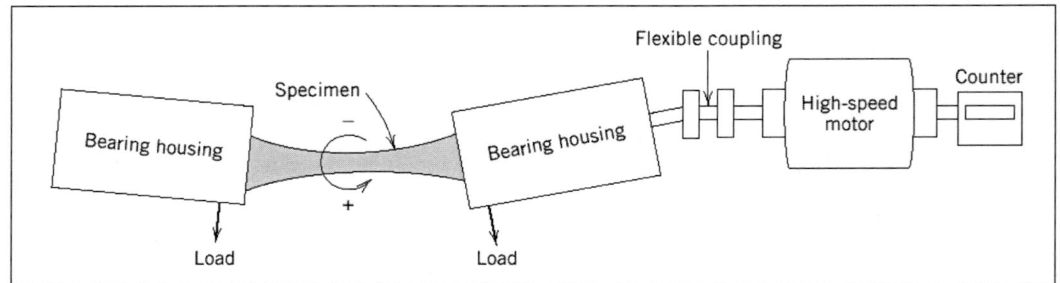

그림 19-22

피로 한도는 강재의 인장 강도를 통해서도 구할 수 있는데, 인장강도가 350Mpa~550Mpa 정도의 강인 경우에 피로 한도는 인장 강도의 약 절반에 해당하며, 만약 부품 내부에 결함이 있거나 노치와 같이 응력이 집중될 수 있는 곳이 있다면 이러한 기준은 달라질 수 있다.

용접이음 시험편에서는 명확한 평단부가 나타나기 어려우므로 2×10^6 회~ 2×10^7 회 정도에서 파단이 발생하지 않는 최고의 하중을 구하는 경우가 많다. 피로 시험에 영향을 주는 것은 시편의 형상, 다듬질 정도, 가공법, 열처리 상태 등에 따라 결정된다.

그림 19-23

피로 시험은 작은 크기의 시편을 가지고 진행할 경우에 치수 효과에 의해 정확한 측정과 평가가 어려운 측면이 있어서 대형 구조물인 경우에는 아예 실물 크기의 시편을 만들어서 직접 반복 하중을 걸어서 피로 시험을 하기도 한다.

(13) 크리프 시험(Creep Test)

금속 재료를 상온에서 사용할 경우에는 인장 시험을 통해 기계적 성질을 확인하고 적용할 수 있으나, 고온에서는 강재의 변형을 유발하지 않을 수준의 낮은 응력이라고 해도 장시간 사용과정에서 변형을 유발하면서 파단에 이르게 될 수 있다. 이렇게 낮은 응력하에서 장시간 사용시에 변형이 생기는 현상을 크리프(Creep)라고 하며 온도가 상승할수록 이런 경향이 커지게 되기 때문에 고온에 사용하는 재료의 특성 평가시에 주요한 검사 항목이 된다.

그래서 크리프 시험은 하중과 온도를 결합한 조건에서 실험을 실시하며 일정 시간후에 크리프 변형 또는 정상 크리프 속도를 구하는 경우와 시험편이 파단될 때까지 시험을 항 응력-파단 시간 곡선을 구하는 크리프 파단시험(Creep Rupture Test) 방법이 있으며, 일정 크리프 속도에 대한 한계 응력인 크리프 한계를 구하기도 한다. [그림 19.24]은 정하중 상태에서 온도를 높이면서 변형을 측정하는 크리프 시험기의 개요를 보여주고 있다.

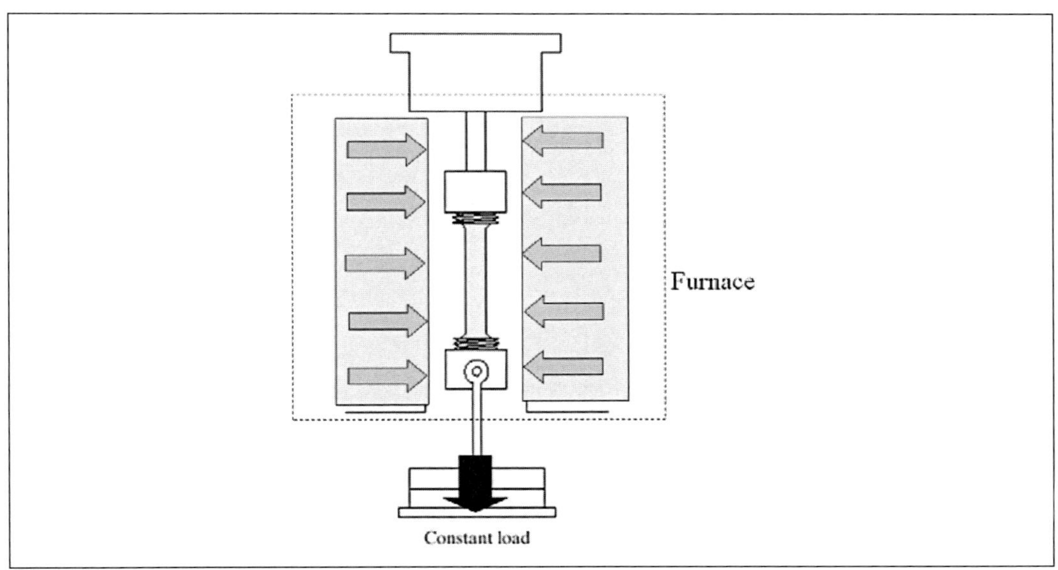

그림 19-24 기계제작 공정

(14) 하중의 방향

대부분의 금속재료 크리프 파단 시험은 일축 인장 하에 행하여 진다. 인장 응력하에서 실시하는 크리프 시험은 연성재료에 적합하고 압축 시험은 취성이 있고 결함에 민감한 재료에 더 적합하다. 압축에서는 부재에 가해진 응력에 수직인 균열이 인장 응력을 가할 경우처럼 전파되지 않는다. 따라서 압축 시험을 하면 재료의 고유한 소성변형을 측정할 수 있다. 일반적으로 하중의 방향은 여러 가지 크리프 성질에 별로 영향을 주지 않는다. 예를 들면 연성재료의 일정유지 크리프 속도가 있다. 그러나 이러한 재료에서도 3 단계 크리프와 파단의 시작이 인장과 비교하여 압축에서는 대체로 지연된다.

이러한 지연은 미세 구조적인 결함의 효과가 최소화되기 때문이다. 취성 재료에서는 인장과 압축 사이의 양상의 차이가 결함의 효과 때문에 매우 클 수가 있다. 따라서 취성 재료의 인장특성을 압축 크리프 시험을 하여 평가하고자 할 때는 세심한 주의를 하여야 한다.

(15) 시험편의 형상과 크기

일축 인장 크리프 파단 시험용 시편은 인장시험에 사용되는 시편과 같다. 나사나 테이퍼를 낸 그립(Grip)의 봉 시험편이나 핀과 크레비스 그립(Crevice Grip)이 달린 판재시험편이 전형적이다. 그러나 많은 다른 형태나 크기의 시편들도 큰 문제없이 사용되고 있다.

19.2.2 소성가공에 의한 기계적 성질

(1) 소성가공

기계는 그것을 구성하고 있는 부재에 종종 가공을 하고 치수, 형상을 만들어 조립하고 있다.

이와 같이, 재료가 외력에 의해 변형되는 성질을 소성(Plasticity)이라 하고, 이 성질을 이용한 변형을 소성 변형(Plastic deformation)이라 하며, 탄성한도 이하의 외력에 의한 탄성변형(elastic de- formation)과 구분하고 있다. 소성변형을 응용한 가공법에는 [그림 19.25]와 같이 압연, 압축, 인발, 프레스 가공, 단조 등이 있으며 이들 가공법을 총칭하여 소성가공이라 한다.

금속 재료의 탄성 변형은 원자 사이의 거리 변화에 기인하는 것이나, 소성 변형은 결정의 변형에 그 원인이 있다. 외력이 가해지면 결정 내에서 인접하여 있는 평행한 격자면에 서로 미끄럼이 일어나며, 이러한 미끄럼이 여러 개 중복되어 변형이 일어난다. 금속은 이와 같은 소성의 특징을 지니고 있으므로, 이 성질을 이용한 단조, 압연, 인발, 압출 등 여러 가지 소성 가공법에 의하여 금속 및 합금의 판, 관, 봉, 선 및 단조품 등이 만들어진다.

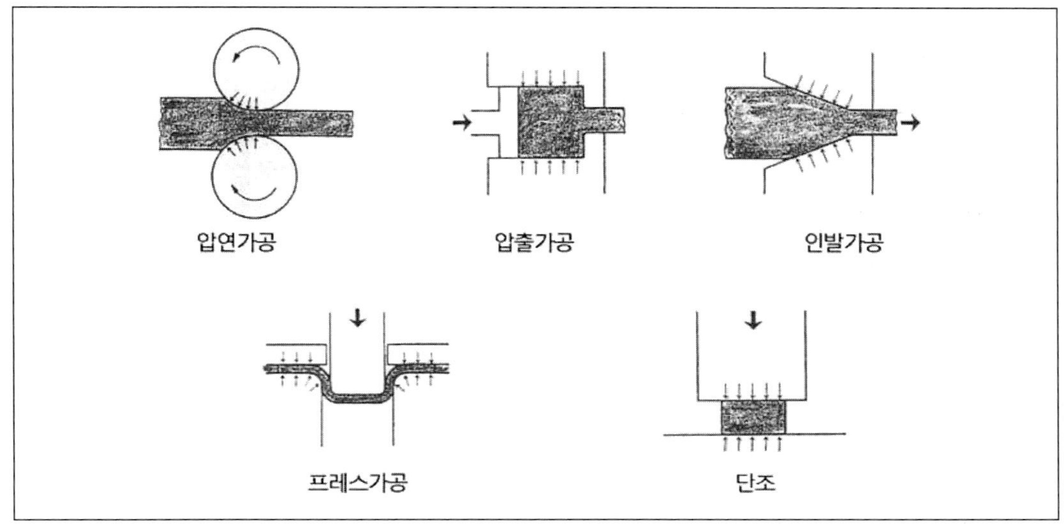

그림 19-25 주요 소성가공법

(2) 가공경화와 풀림(annealing)

[그림 19.26]은 7.3황동(Cu와 Zn의 합금)에 냉간가공을 한 경우의 가공도와 기계적 성질을 조사한 결과로 냉간가공도율을 높이면 인장강도, 항복응력, 경도는 증가하고, 반대로 연신이 감소하는 것을 알 수 있다. 이 경향은 금속 전반에 보여지는 성질로 금속을 가공하면 강도는 증가하나 그 반면에 여리게 되는 성질이 있다. 이 현상을 가공경화(work-hardening)라 한다.

이와 같이 가공에 의해 경화한 재료를 가열해가면 가공에 따라 변화한 기계적 성질이 가공전의 상태로 되돌아온다. 이런 열조작을 풀림(annealing)이라 한다.

[그림 19.27]은 50%가공한 7.3황동의 풀림 열처리를 행하였을 때 기계적 성질의 변화를 제시한 결과로 300℃ 가까이 까지는 가공 상태의 기계적 성질을 지키고 있지만 300℃근처부터 급속히 변하는 것이 보여진다. 인장강도 σ_B, 항복응력 $\sigma_{0.2}$,

경도 H_V는 급속히 감소하고 연신율 δ은 급속히 증가해서 가공전의 상태로 돌아온다. 이 경향은 가공경화한 금속, 합금에 공통된 성질로 가열에의한 연화 현상은 재료에 따라 일정한 온도에서 급속히 일어난다.

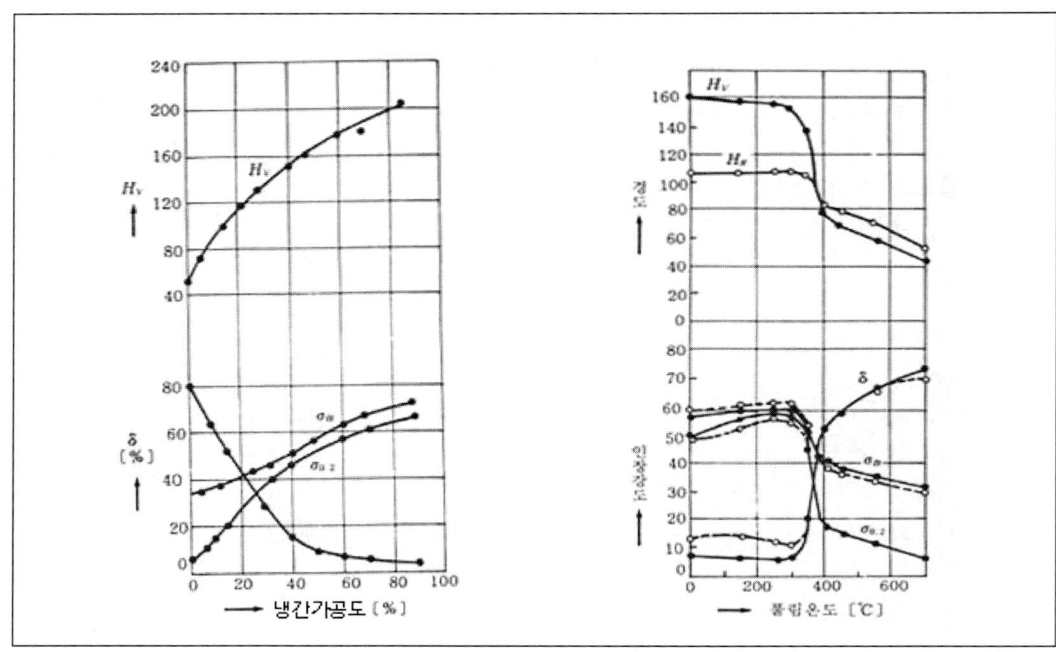

그림 19-26 기계제작 공정

그림 19-27 기계제작 공정

[그림 19.28]는 이 과정을 정성적으로 설명한 그림이다. 가열에 의해 연화하는 과정은 회복, 재결정, 결정립의 성장이라 하고 세 가지의 과정을 갖고 있다.

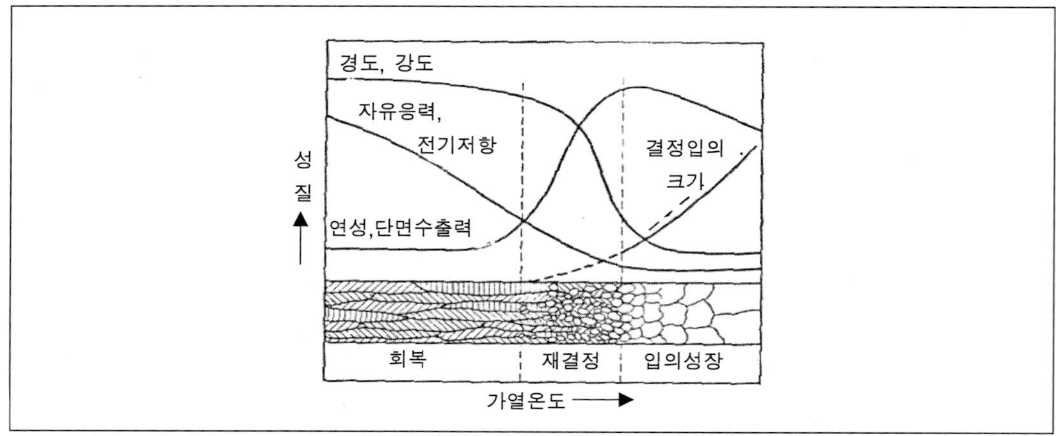

그림 19-28 냉간 가공한 금속의 풀림에 의한 성질의 변화

① 회복 (recovery)

냉간가공을 계속하면 가공경화가 일어나서 더 이상 냉간가공이 불가능해진다. [그림 19.29]에서 T_1까지는 강도, 경도, 연신의 변화는 거의 없지만, 전기저항과 같은 물리적 성질은 점차 가공전의 상태로 되돌아간다. 가공한 재료를 고온으로 가열하면, 내부 응력의 제거, 연화, 재결정, 결정입자의 성장과 같은 네 가지의 현상이 일어난다. 특히 연화 현상은 재결정 이전의 것과, 재결정에 직접 관계되어 일어나는 것으로 구분하는데, 앞의 현상을 회복(recovery)이라 한다.

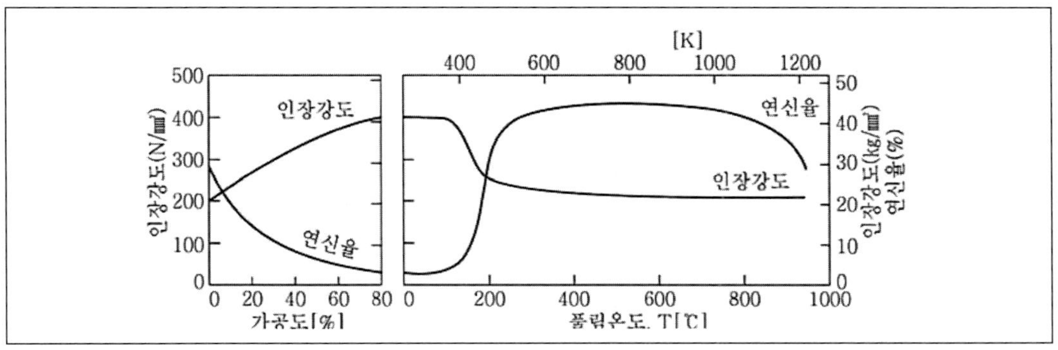

그림 19-29 냉간가공과 풀림에 의한 Cu의 성질변화

② 재결정 (recrystallization)

가공경화된 금속 재료를 가열하면 그 내부에 새로운 결정립의 핵이 생기고 이것이 성장하여 전체가 변형이 없는 결정립으로 치환되어 다시 연화되는데, 이 과정을 재결정이라한다. 재결정온도(recrystallization temperature)는 재결정이 일어나는 온도라 할 수 있으나 그 금속의 가공도에 따라 변할 뿐 아니라, 가열온도, 가열시간 등이 관련된다. 따라서 금속마다의 재결정온도를 얼마라고 표기하는 것은 엄밀한 의미에서 정확한 표현이 아니다.

③ 결정립의 성장

냉간가공으로 변형이 생긴 결정립이 재결정으로 변형이 없는 결정립으로 모두치환 된 후에도 다시풀림을 계속하면 결정립의 모양이나 크기에 변화가 생기는데 이것을 결정립 성장(grain growth)이라 한다. 결정립이 커지면 기계적 성질을 악화시킨다.

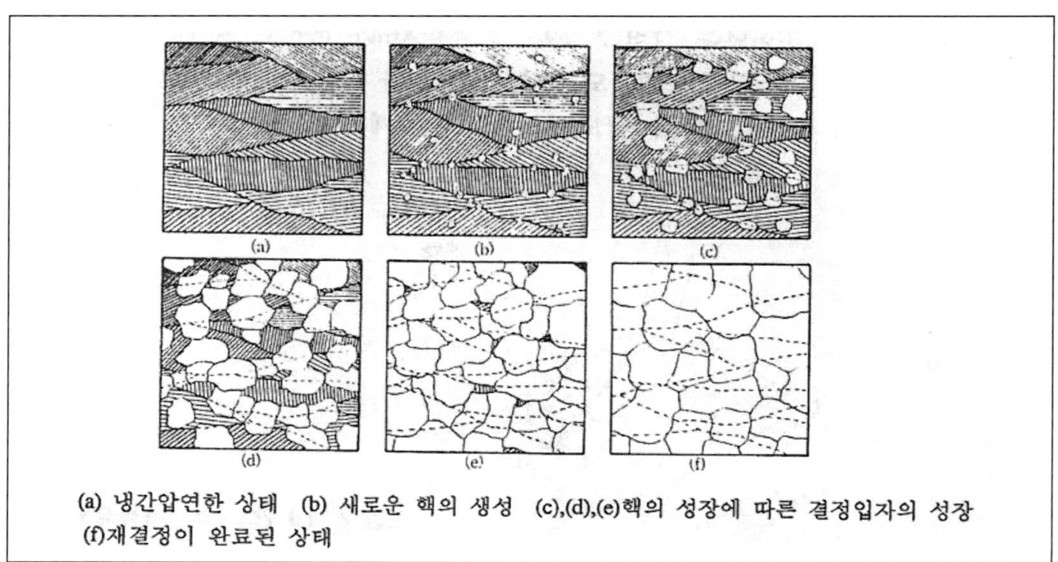

그림 19-30 재결정에서의 핵생성과 결정입자의 성장과정

④ 가공도와 재결정

주된 금속의 재결정온도를 [표 19.4]에서 표시한다.

표 19-4 재결정온도

금속	재결정온도		
Au		~	200
Ag		~	200
Cu	200	~	250
Ni	530	~	660
Al	150	~	200
Fe	350	~	500
Mo		~	900
W		~	1200
Zn	15	~	50
Sn	0	~	25
Pb		~	0
Mg		~	150

재결정온도란 재결정이 시작하는 최저의 온도지만, 그 온도는 가공도, 가열시간의 크기에 의해 다르다. 재결정이 일어나는 조건은 가공도가 크고, 가열온도가 낮

으면 재결정에 의한 결정립은 미세하게 된다. 재결정온도 이상으로 재료를 가공하면 가공에 의해 결정에 변형을 생성하고 경화해도 곧 재결정에 의해 연화해 경화되지 않는다. 그래서 재결정온도이상으로 행하는 가공을 열간가공이라 한다.

재결정온도 이하에서의 가공을 냉간가공이라 한다.

19.3.3 금속 재료의 변형

금속원자는 특유한 원자배열, 결정구조를 갖고 있다. 이것에 소성변형을 주면 이 원자 배열이 어떻게 될까. 즉, 결정구조와 변형의 기구에 대해서 아는 것은 재료의 강인화의 방법을 아는 중요한 사고방식이다.

(1) 금속의 미끄럼 변형

많은 금속재료는 다결정체이지만 이것들의 다결정체에 외력을 가하고 소성변형을 주었을 때 개개의 결정입내에서 원자가 어떻게 될까를 알기 위해, 단결정체에 외력을 가했을 때의 변형에 대해 생각해 본다.

표면을 연마한 금속을 인장해보면 그 표면에 미세한 선이 관측된다. 이것을 미끄럼선(slip line)이라 부른다.

미끄럼선의 구조는 [그림 19.31]에서처럼 트럼프를 미끄러지게 하듯 원자면이 미끄러져 있는 것이 보인다.

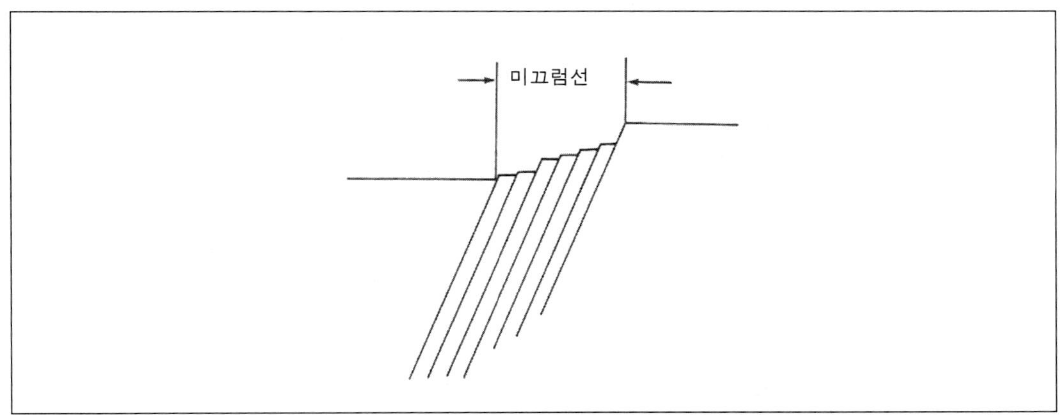

그림 19-31 미끄럼선의 구조

결정에 외력을 가하면 이와 같이 금속의 결정내에 원자의 배열에 어긋남이 생기고 그것이 표면층에 단계상으로 되어 있지만 미끄럼선이다. 단결정에 외력을 가하면, 결정의 어떤 특정한 면이 미끄럼을 일으키고 변형을 일으키는 것으로서, 이 같은 변형을 미끄럼변형(Slip deformation)이라 한다.

[그림 19.32]에는 미끄럼면의 상하의 원자층이 한 번에 움직이는 것을 생각할 수 있지만 미끄럼은 상하의 원자가 조금씩 움직이고 정확히 지렁이의 전동운동과 같은 방법으로 움직인다는 생각이 도입된다.

b
변형전
a
변형후

그림 19-32 미끄럼에 의한 변형

[그림 19.33]은 그 과정을 표시한다. [그림 19.33(a)]에서 있어서 도시한 미끄럼면에 좌측부터 미끄럼이 일어난다.

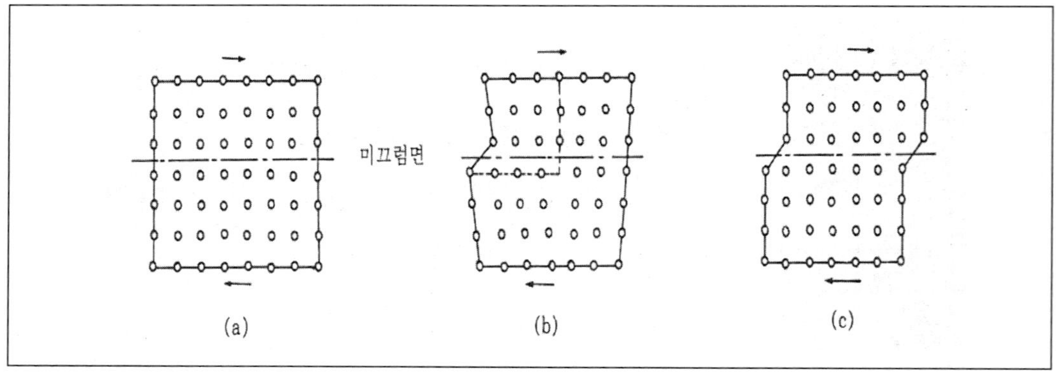

그림 19-33

그 도중의 상태를 표시한 [그림 19.33(b)]에서 미끄러진 부분과 미끄러지지 않은 부분의 경계에서는 원자배열에 어긋남이 일어난다. 이 부분이 전위이다. 더욱이 미끄럼이 진행한 것이 [그림 19.33(c)]로 완전히 상하가 1원자 벗어난다.

(2) 쌍정에 의한 변형

금속의 변형에는 미끄럼에 의한 변형 외에 쌍정(twin)에 의한 변형이 있다 쌍정이란 특정의 평면을 경계로 해서, 그 면부터의 위치에 비례한 만큼 원자가 벗어나기 때문에 일어나는 것으로 특정면을 경계로하여 민접한 결정격자가 처음의 결정과 경면적 대창의 원자배렬로 되는 것을 말한다.

(3) 금속의 파괴

일체인 금속재료가 파면(불연속면)을 형성하여 불리되는 형상이다. 궁극적으로는 원자간 결합이 단절되어 일어나는 것으로, 파단면은 전체 파면이 동시에 형성되지 않고 금속에 따라 갖고 있는 고유의 약점, 또는 소성변형 등에 따라 생기는 파괴열의 발생과 이들의 성장과 관련인자에 의해 형성되는데 그 형상은 매우 복잡하게 나타난다.

다결정체인 금속재료에 있어서는 거시적 형태에서는 연성 파괴(ductile fracture)와 취성파괴(brittle fracture)으로 나눈다.

연성이 있는 재료는 파괴되기까지의 소성변형이 크고 파괴전에 국부적 단면수축이 생겨 그 위치에서 파단 된다. 그러나 파괴 될 때까지 생기는 소성변형이 작은 금속은 단면수축이 거의 일어나지 않고 돌연 파괴되면서 분리된다. 이와 같은 파괴를 취성파괴라 한다. 특히 중요한 것은 연성금속의 취성파괴이다. 이밖에도 반복작용에 의한 재료파괴는 기계재료에서는 자주 볼 수 있는 형식의 파괴이다.

또한 금속의 파면은 [그림 19.34(a)]와 같이 연성의 경우와 [그림 19-34(b)]와 같은 벽개파면 그리고 [그림 19.34(c)]와 같은 전단파 이 있다.

전단 파면은 인장축에 대해 거의 직각으로 연신과 줄음이 매우 적다. 그러나 벽개파면은 중앙부는 인장축에 어느정도 직각을 이루고 있으나 주변은 인장축과 45° 정도의 각을 갖는 경사면을 이루어 [그림 19.35]와 같이 「cup and cone 상의 파면」을 하고 있다. 이와 같은 파단형식을 인성파괴라고도 하며 연강에서 관찰된다.

취성파괴는 유리나 석영과 같이 소성변형을 수반하지 않는 파단형식이며 금속재료의 경우에는 [그림 19.34]의 (b)와 같이 파단에서 다소의 소성변형이 수반되는 것이 일반적이다.

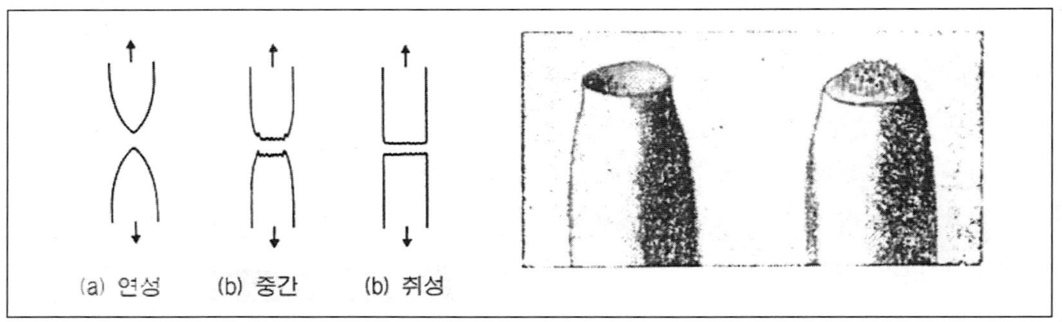

그림 19-34

단원별 기출문제

제2장 주조

단원별 기출문제

1 목형이 대단히 크고, 대칭형상을 갖는 주조품의 목형으로 다음 중 가장 적합한 것은?

㉮ 현형　　㉯ 부분 목형
㉰ 골조 목형　　㉱ 코어 목형

2 주조품을 제작하기 위한 모형(pattern)의 종류 중 주물형상이 크고 소량의 주조품을 요구할 때 그 형상의 골격을 제작한 후 그 간격의 공간을 점토 등의 물질로 메꾸어 제작하는 모형은?

㉮ 코어 모형　　㉯ 부분 모형
㉰ 매치 플레이트 모형　　㉱ 골조 모형

3 벨트 풀리와 같은 원형 모양의 주형 제작에 편리한 주형법은?

㉮ 혼성 주형법　　㉯ 회전 주형법
㉰ 조립 주형법　　㉱ 고르게 주형법

4 목형의 종류에서 현형에 속하는 것이 아닌 것은?

㉮ 단체형(one piece pattern)　　㉯ 분할형(split pattern)
㉰ 조립형(built up pattern)　　㉱ 회전형(sweeping pattern)

5 주조형 목형(원형)을 실물치수보다 크게 만드는 이유로 다음 중 가장 중요한 것은?

㉮ 수축 여유와 가공 여유를 고려하기 때문이다.
㉯ 잔형을 덧붙임 하여야 하기 때문이다.
㉰ 코어를 넣어야 하기 때문이다.
㉱ 주형의 치수가 크기 때문이다.

6 **주형에서 코어(core) 받침대가 사용되는 주요 이유가 아닌 것은?**

㉮ 코어의 자중 ㉯ 주형의 자중
㉰ 쇳물의 부력 ㉱ 쇳물의 압상력(押上力)

7 **사형주조에 비교한 다이캐스팅의 장점 설명으로 틀린 것은?**

㉮ 주물의 형상이 정확하고 끝손질할 필요가 거의 없다.
㉯ 아연, 알루미늄 합금의 대량 생산용으로 사용한다.
㉰ 대형 주물의 주조에 적합하다.
㉱ 단면이 얇은 주물의 주조가 가능하다.

8 **목형의 중량이 15kg_f일 때 주물의 중량은 몇 kg_f인가? (단, 주물의 비중은 7.2이고, 목형의 비중은 0.5이다.)**

㉮ 7.5 ㉯ 108
㉰ 180 ㉱ 216

9 **목형의 무게가 5.2kg_f이고, 목형의 비중이 0.45인 육송을 사용한 주형에서 주조한 제품의 주철의 비중을 7.4라고 하면 주철의 무게는 몇 kg_f인가?**

㉮ 45.2 ㉯ 56.7
㉰ 72.8 ㉱ 85.5

10 **목형의 중량이 3.0kg_f일 때 6·4황동 주물의 중량은 약 몇 kg_f인가? (단, 목형의 비중은 0.4, Cu의 비중은 8.9, Zn의 비중은 7.0이다.)**

㉮ 54.13 ㉯ 58.22
㉰ 61.05 ㉱ 67.05

11 **주물에서 기공(blow hole)의 유무를 검사하는 일반적인 방법이 아닌 것은?**

㉮ 자기 탐상법 ㉯ 현미경 탐상법
㉰ 초음파 탐상법 ㉱ 방사선 탐상법

12 다음 중 주물사의 시험항목에 들지 않는 것은?

㉮ 강도 ㉯ 건조도
㉰ 경도 ㉱ 통기도

13 다음 중 주물에 기공(blow hole)의 유무를 검사하는 방법이 아닌 것은?

㉮ 자기 탐상법 ㉯ 방사선 탐상법
㉰ 형광 탐상법 ㉱ 초음파 탐상법

14 용융금속을 금속 주형에 고속, 고압으로 주입하여 정밀도가 높은 알루미늄 합금 주물을 다량 생산하고자 할 때 가장 적합한 주조방법은?

㉮ 칠드 주조 ㉯ 원심 주조법
㉰ 다이캐스팅 ㉱ 셀 주조

15 정밀 금속 주형에 Ai합금, Cu합금, Zu합금, Mg합금 등의 용융금속을 고속, 고압으로 주입하여 주물을 얻는 방법의 주조법은?

㉮ 원심주조법 ㉯ 셀몰드법
㉰ 다이캐스팅 ㉱ 인베스트먼트법

16 사형주조와 비교한 다이캐스팅의 장점에 관한 설명으로 옳지 않은 것은?

㉮ 단면이 얇은 주물의 주조가 가능하다.
㉯ 제품의 크기가 대형주물 주조에 적합하다
㉰ 아연,알루미늄 합금의 대량 생산용으로 사용한다.
㉱ 주물의 형상이 정확하고 끝손질할 필요가 거의 없다.

17 다음 중 큐폴라의 규격에 해당하는 것은?

㉮ 매시간당 용해되는 철의 무게
㉯ 24시간당 용해되는 철의 무게
㉰ 1회에 용해할 수 있는 철의 무게
㉱ 1회 용해하는데 사용된 코크스의 무게

18 도가니로의 규격은 어떻게 표시하는가?

㉮ 시간당 용해 가능한 구리의 중량 (kg_f)

㉯ 시간당 용해 가능한 구리의 부피(m^3)

㉰ 한 번에 용해 가능한 구리의 중량(kg_f)

㉱ 한 번에 용해 가능한 구리의 부피(m^3)

19 축열실과 반사로를 사용하여 장입물을 용해 정련하는 방법으로 우수한 강을 얻을 수 있고 다량 생산에 적합한 용해로는?

㉮ 도가니로 ㉯ 전로

㉰ 평로 ㉱ 전기로

1 재료에 탄성한계를 넘어서 외력을 가하면 외력을 제거하여도 복원되지 않는 소성 변형을 일으키는 성질로 소성가공에 이용되는 성질은?

㉮ 가소성　㉯ 취성　㉰ 역극성　㉱ 절삭성

2 일반적으로 열간가공과 냉간가공을 구분하는 온도는?

㉮ 연성 온도　㉯ 취송 온도　㉰ 재결정 온도　㉱ A1 변태 온도

3 냉간 가공의 특징이 아닌 것은?

㉮ 가공 면이 매끄럽고 곱다.　㉯ 가공도가 크다.
㉰ 연신율이 작아진다.　㉱ 제품의 치수가 정확하다.

4 냉간가공에 대한 설명으로 틀린 것은?

㉮ 가공면이 깨끗하고 정확한 치수가공이 가능하다.
㉯ 열간가공에 비해 짧은 시간 내에 강력한 가공이 가능하다.
㉰ 재료의 변형저항이 크므로 동력소모가 많다.
㉱ 재료 내부에 응력이 잔류하게 되어 자연 균열(season crack)이 발생할 수가 있다.

5 다음 중 상온(냉간) 가공에 비교되는 고온(열간) 가공에 관련된 설명으로 올바른 것은?

㉮ 미세결정의 형성이 끝나는 재결정 온도보다 다소 높은 온도에서 작업한다.
㉯ 강에서는 임계 범위보다 높은 온도에서 작업한다.
㉰ 가공경화를 일으켜 강도와 경도가 증가한다.
㉱ 강의 경우 보통 1040° C이며, 최저 재결정온도보다 낮아야 한다.

6 **소성가공법 중 냉간가공과 비교한 열간 가공의 특징이 아닌 것은?**

㉮ 가공면이 아름답고 정밀한 형상의 가공면을 얻는다.
㉯ 재결정온도 이상으로 가열하므로 가공이 쉽다.
㉰ 거친 가공에 적합하다.
㉱ 표면이 가열되어 있어 산화로 인해 정밀 가공이 어렵다.

7 **다음 중 다이나 롤러를 사용하여 재료를 회전시키면서 압력을 가하여 제품을 만드는 가공방법으로 나사 등의 가공에 가장 적합한 가공방법은?**

㉮ 압연가공 ㉯ 압출가공
㉰ 프레스가공 ㉱ 전조가공

8 **2개의 회전하고 있는 롤러 사이에 소재를 통과시켜 단면적을 감소시켜 길이를 늘리는 소성가공 방법은?**

㉮ 압출 ㉯ 인발
㉰ 압연 ㉱ 단조

9 **다음 중 소성가공에 해당되지 않는 것은?**

㉮ 압연가공 ㉯ 단조가공
㉰ 주조가공 ㉱ 인발가공

10 **소성 가공의 종류가 아닌 것은?**

㉮ 인발가공 ㉯ 압출가공
㉰ 전단가공 ㉱ 밀링가공

11 **스프링 백 현상은 다음 어느 작업시 가장 많이 발생하는가?**

㉮ 용접 ㉯ 프레스
㉰ 절삭 ㉱ 열처리

12 압출가공에 대한 설명이다. 거리가 먼 것은?

㉮ 속이 빈 용기를 만드는 데는 충격압출이 적합하다.
㉯ 압출에 의한 표면 결함은 소재온도가 가공속도를 늦춤으로써 방지할 수 있다.
㉰ 단면의 형태가 다양한 직선, 곡선 제품의 생산이 가능하다.
㉱ 납 파이프나 건전지 케이스를 생산하는데 적합하다.

13 금속 파이프 또는 소재를 컨테이너 속에 넣고 강한 압력으로 다이(die)를 통과시켜 축 방향으로 일정한 단면을 가진 소재로 가공하는 방법은?

㉮ 프레스 가공 ㉯ 선반가공
㉰ 압출가공 ㉱ 전조가공

14 일명 드로잉이라고도 하며 소재를 테이퍼 다이스(taper dies)를 통과시켜 봉재, 선재, 관재를 가공하는 방법은?

㉮ 단조 ㉯ 압연
㉰ 인발 ㉱ 전단

15 다음은 전단가공의 종류에 대한 설명이다. 틀린 것은?

㉮ 블랭킹(blanking) : 펀치로 판재를 필요한 치수의 모양으로 따내는 작업
㉯ 전단(shearing) : 판재를 필요한 길이의 치수로 절단하는 작업
㉰ 셰이빙(shaving) : 드로잉을 한 제품의 귀 또는 단조품의 거스러미를 제거하는 작업
㉱ 피어싱(piercing) : 필요한 치수 모양으로 구멍을 만드는 작업

16 프레스 가공을 분류할 때 전단가공의 종류에 속하지 않는 것은?

㉮ 엠보싱(embossing) ㉯ 블랭킹(blanking)
㉰ 트리밍(trimming) ㉱ 셰이빙(shaving)

17 프레스 가공에서 굽힘 작업에 속하지 않는 것은?

㉮ 비딩(beading) ㉯ 플랜징(flanging)
㉰ 엠보싱(embossing) ㉱ 셰이빙(shaving)

18 프레스 전단작업에서 판재를 펀치로 뽑기 하는 작업은?

㉮ 노칭(notching) ㉯ 트리밍(trimming)
㉰ 브로칭(broaching) ㉱ 블랭킹(blanking)

19 액압프레스의 용량을 Q, 단조물의 유효 단면적을 A, 단조 시 프레스 효율을 η라 할 때 재료의 변형저항 σ_e를 나타내는 식은?

㉮ $\sigma_e = \dfrac{Q \times \eta}{A}$ ㉯ $\sigma_e = \dfrac{A \times \eta}{Q}$
㉰ $\sigma_e = \dfrac{A \times Q}{\eta}$ ㉱ $\sigma_e = \dfrac{\eta}{A \times Q}$

20 유압 프레스에서 용량이 5kN이고 프레스 효율이80%, 단조율의 유효단면적이 300mm² 일 때, 단조 재료의 변형저항은 약 몇 N/mm² 인가?

㉮ 10.3 ㉯ 13.3
㉰ 15.3 ㉱ 16.7

21 소성 가공법에서 판금 가공의 종류가 아닌 것은?

㉮ 굽힘 가공 ㉯ 타출 가공
㉰ 압출 가공 ㉱ 전단 가공

22 판금 가공의 종류에 해당되지 않는 것은?

㉮ 접합 가공 ㉯ 단조 가공
㉰ 성형 가공 ㉱ 전단 가공

제4장 용접

단원별 기출문제

1 화염온도가 가장 높고 발열량에 비하여 가격도 저렴하여 가스용접에 많이 사용하는 가스는?

㉮ 수소 ㉯ 프로판
㉰ 이산화탄소 ㉱ 아세틸렌

2 가스용접에서 아세틸렌 발생기의 형식에 맞지 않은 것은?

① 주수식 ② 침투식
③ 투입식 ④ 침지식

3 2개의 금속편 끝을 각각 용융점 근처까지 가열하여 양끝을 접촉시켜 압력을 가하여 접합시키는 작업은?

㉮ 단조 ㉯ 압출
㉰ 압연 ㉱ 압접

4 전기 저항 용접으로 원판상의 전극에 재료를 끼워 가압하면서 전류를 통하게 하여 접합하는 용접 방법은?

㉮ 프로젝션 용접 ㉯ 심 용접
㉰ 맞대기 용접 ㉱ 테르밋 용접

5 용접법에서 모재를 맞대어 놓고 이음부에 동일 재질의 얇은 박판을 대고 가압하는 용접은 무엇인가?

㉮ 맞대기 심 용접 ㉯ 매시 심 용접
㉰ 포일 심 용접 ㉱ 인터랙 심 용접

6 다음 중 용접의 종류 중 압접(Pressure welding)에 해당하는 것은?

㉮ 미그용접 ㉯ 원자수소용접
㉰ 레이저용접 ㉱ 스폿용접

7 가스 용접에서 용제(Flux)를 사용하지 않아도 되는 것은?

㉮ 주철 ㉯ 연강
㉰ 반경강 ㉱ 구리합금

8 아크 용접에서 용접 입열이란 무엇을 말하는가?

㉮ 용접봉에서 모재로 용융금속이 옮겨가는 상태
㉯ 단위 시간당 소비되는 용접봉의 중량
㉰ 용접봉이 녹기 시작하는 온도
㉱ 용접부에 외부에서 주어지는 열량

9 아크 용접에서 언더 컷(under cut)은 다음 어느 조건에서 가장 많이 나타나는가?

㉮ 고 전압, 고 용접속도
㉯ 전류 부족, 저 용접속도
㉰ 고 용접속도, 전류 과대
㉱ 저 용접속도, 전류 과대

10 다음 중 아크용접에서 언더컷(under cut)이 가장 많이 나타나는 조건은?

㉮ 운봉불량, 전류 과대일 때
㉯ 고전압, 고용접 속도일 때
㉰ 전류 부족, 저용접 속도일 때
㉱ 피복제 조성 불량, 전류 부족일 때

11 **아크 용접에서 언더컷의 발생 원인으로 틀린 것은?**

㉮ 아크길이가 너무 길 때
㉯ 부적당한 용접봉을 사용했을 때
㉰ 용접전류가 너무 낮을 때
㉱ 용접봉 선택이 불량했을 때

12 **피복금속 아크용접에서 용입 불량이 나타나는 원인으로 거리가 먼 것은?**

㉮ 이음 설계에 결함이 있을 때
㉯ 용접 속도가 너무 느릴 때
㉰ 용접 전류가 너무 낮을 때
㉱ 용접봉 선택이 불량할 때

13 **아크 용접 작업에서 용접 결함과 가장 거리가 먼 것은?**

㉮ 운봉 속도　　㉯ 아크의 길이
㉰ 전류의 세기　　㉱ 용접봉 심선의 길이

14 **용접부의 결함이 생기는 그 원인을 설명한 것으로 틀린 것은?**

㉮ 기공 : 용접봉에 습기가 있었다.
㉯ 언더컷 : 운동속도가 불량했다.
㉰ 오버랩 : 전류가 과대했다.
㉱ 슬래그 섞임 : 슬래그 유동성이 좋았다.

15 **자동차 제작 시 자동화가 용이해서 자동차 차체 용접에 가장 많이 사용되는 용접은?**

㉮ 산소 용접　　㉯ 아크 용접
㉰ 레이저 용접　　㉱ 스폿 용접

16 자동차 산업 등에 널리 이용되고 있는 점용접(Spot welding)의 특징이 아닌 것은?

㉮ 표면이 평평하고 외관이 아름답다.
㉯ 재료가 절약된다.
㉰ 구멍을 가공할 필요가 없다.
㉱ 변형 발생이 크다.

17 점 용접(spot welding)의 3대 요소가 아닌 것은?

㉮ 가압력 ㉯ 통전시간
㉰ 전도율 ㉱ 용접전류

18 저항 점용접은 사용이 간편하고 용접 자동화가 용이하므로 자동차 산업현장에서 널리 이용되고 있다. 이러한 점용접의 품질을 평가하는 방법으로 거리가 먼 것은?

㉮ 피로 시험 ㉯ 마멸 시험
㉰ 초음파 탐상시험 ㉱ 인장 시험

19 용접봉에서 피복제의 역할이 아닌 것은?

㉮ 아크를 안정시킨다.
㉯ 용착 금속의 급냉을 방지한다.
㉰ 용착 금속의 탈산 · 정련작용을 한다.
㉱ 용융점이 높은 무거운 슬래그를 만든다.

20 아크 용접 피복제의 역할로 옳지 않은 곳은?

㉮ 용착 금속의 탈산 정련 작용을 한다.
㉯ 용적을 미세화하고 용착효율을 높인다.
㉰ 용융금속에 필요한 원소를 보충시켜 준다.
㉱ 슬래그가 되어 용융금속을 급냉시켜 조직을 튼튼하게 한다.

21 전기용접봉의 피복제 중 내균열성이 가장 좋은 것은?

㉮ 철분산화철계 ㉯ 저수소계
㉰ 일미나이트계 ㉱ 고산화티탄계

22 전기 저항용접의 종류가 아닌 것은?

㉮ 점(spot) 용접 ㉯ 시임(seam)용접
㉰ 프로젝션(projection) 용접 ㉱ 플라즈마(plasma) 용접

23 두 재료를 천천히 가까이 접촉시키면 접촉점에 단락 대전류가 흘러 접촉저항과 대전류 밀도에 의하여 국부적으로 발열하여 잠시 과열 용융되어 불꽃이 비산하면서 용접되는 방법은?

㉮ 플래시 용접 ㉯ 아크 용접
㉰ 프로젝션 용접 ㉱ 시임 용접

25 잠호 용접이라고도 하며, 전자동 용접으로 용접부에 용제를 쌓아 두고 그 속에 전극 와이어를 넣어 모재와의 사이에 아크를 발생시켜 용제와 모재를 용융시켜 용접하는 방식의 용접은?

㉮ 불활성 가스 아크용접
㉯ 탄산가스 아크용접
㉰ 서브머지드 아크 용접
㉱ 일렉트로 슬래그 용접

26 서브머지드 아크용접의 특징 설명으로 틀린 것은?

㉮ 용접 홈의 가공 정밀도가 좋아야 한다.
㉯ 일정 조건하에서 용접이 시공되므로 강도가 크고 신뢰도가 높다.
㉰ 열에너지의 손실이 적고 용접속도가 수동용접과 비교하여 10배 정도 이상이다.
㉱ 비드가 불규칙할 경우와 하향용접 이외의 경우에도 매우 적합한 자동용접이다.

27 **다음 용접부의 검사 중 비파괴 검사법에 해당하는 것은?**

㉮ 인장 시험 ㉯ 피로 시험
㉰ 화학 분석 ㉱ 침투 탐상 검사

28 **다음은 피복금속 아크 용접봉에 대한 설명이다. 설명 내용이 틀린 것은?**

㉮ 피복제가 연소한 후 생성된 물질이 용접부를 보호하는 방법에는 가스 발생식과 슬래그 생성식이 있다.
㉯ 심선은 모재와 동일한 재질을 사용하고 불순물이 적어야 한다.
㉰ 피복제는 아크를 안정시키고 융착금속을 공기로부터 보호하여 산화와 질화현상을 억제한다.
㉱ 피복 배합제의 아크 안정제로는 탄산바륨(BaCO3), 셀룰로스가 사용된다.

29 **알루미늄 분말, 산화철 분말과 점화제의 혼합 반응으로 열을 발생시켜 용접시키는 방법은?**

㉮ 테르밋 용접 ㉯ 일렉트로 슬랙 용접
㉰ 피복 아크 용접 ㉱ 불활성 가스 아크 용접

30 **다음 중에서 가스절단이 가장 쉬운 금속은?**

㉮ 구리 ㉯ 알루미늄
㉰ 주철 ㉱ 연강

제5장 수기가공
제6장 정밀측정

단원별 기출문제

1 기계의 분진이나 쇠 부스러기를 청소하기 위해서 사용하는 공구로 다음 중 가장 적당한 것은?

㉮ 줄 ㉯ 스크레이퍼
㉰ 정 ㉱ 브러시

2 수기 가공에서 수나사를 가공하는 공구는 ?

㉮ 탭 ㉯ 리머
㉰ 다이스 ㉱ 스크레이퍼

3 일반적으로 손다듬질 가공에 해당되지 않는 것은?

㉮ 해머링 ㉯ 스크레이핑
㉰ 파일링 ㉱ 호닝

4 다음 금긋기용 공구 중 가공물의 중심을 잡거나 정반위에서 가공물을 이동시켜 평행선을 그을 때 사용되는 공구의 명칭은?

㉮ 리머 ㉯ 펀치
㉰ 서피스 게이지 ㉱ 스크레이퍼

5 다음 중 금긋기 작업 공구로 가장 거리가 먼 것은?

㉮ 서피스 게이지 ㉯ 콤파스
㉰ V 블록 ㉱ 사인 바

6 공작기계로 가공된 평탄한 면을 더욱 정밀하게 다듬질하는 공구로 공작기계의 베드, 미끄럼면, 측정용 정밀 정반 등 최종 마무리 가공에 사용되는 수공구는?

㉮ 리머 ㉯ 정
㉰ 다이스 ㉱ 스크레이퍼

7 선반이나 연삭기 작업에서 봉재의 중심을 구하기 위해 금긋기 작업을 하는 데 사용되는 공구와 관계가 먼 것은?

㉮ V 블록 ㉯ 서피스 게이지
㉰ 캘리퍼스 ㉱ 마이크로미터

8 드릴로 뚫은 구멍을 정확한 치수로 다듬는데 사용되는 수공구는 ?

㉮ 탭 ㉯ 다이스
㉰ 정 ㉱ 리머

9 수작업에서 탭(tap)과 다이스(dies)를 이용하여야 하는 작업은 ?

㉮ 나사깎기 작업 ㉯ 리머 작업
㉰ 스크레이퍼 작업 ㉱ 금긋기 작업

10 암나사를 가공하는 탭(tap)을 사용하여 가공할 때 일반적으로 최종 다듬질에 사용하는 것은?

㉮ 3번 탭 ㉯ 2번 탭
㉰ 1번 탭 ㉱ 0번 탭

11 수기 가공 공구의 센터 펀치에 대해서 기술한 것으로 틀린 것은?

㉮ 펀치의 선단은 열처리한다.
㉯ 드릴로 구멍을 뚫을 자리 표시에 사용한다.
㉰ 선단은 약 40° 로 한다,
㉱ 펀치의 선단을 목표물에 수직으로 고정하고 펀칭한다.

12 **60° 센터 게이지는 무엇을 할 때 사용하는 가?**

㉮ 바이트의 중심을 맞추는 게이지이다.
㉯ 미터나사를 깎을 때 바이트의 각도를 맞추는 게이지이다.
㉰ 60° 의 테이퍼를 깎을 때 사용하는 게이지이다.
㉱ 위트 워어드 나사를 깎을 때 바이트의 각도를 맞추는 게이지 인다.

13 **정확도와 정밀도에 대한 설명으로 틀린 것은?**

㉮ 정확도는 참값에 대한 한쪽으로 치우침이 작은 정도를 뜻한다.
㉯ 정밀도는 측정치의 흩어짐이 작은 정도를 뜻한다.
㉰ 정밀도는 모표준편차로 나타낼 수 있다.
㉱ 정확도는 계통적 오차보다는 우연오차에 의한 원인이 크다.

14 **다음 측정기 중 아들자와 어미자로 되어 있지 않는 것은?**

㉮ 버니어캘리퍼스 ㉯ 마이크로미터
㉰ 하이트 게이지 ㉱ 다이얼 게이지

15 **다음 중 회전축의 흔들림 검사에 가장 적합한 측정기는?**

㉮ 블록 게이지 ㉯ 버니어 캘리퍼스
㉰ 마이크로미터 ㉱ 다이얼 게이지

16 **다음 중 실제 치수와 표준 치수와의 차이를 측정하는 데 사용되는 측정기는?**

㉮ 블록 게이지 ㉯ 실린더 게이지
㉰ 마이크로미터 ㉱ 캘리퍼스

17 마이크로미터의 측정면이나 블록 게이지의 측정면과 같이 비교적 작고, 정밀도가 높은 측정물의 평면도 검사에 사용하는 측정기로 다음 중 가장 적합한 것은?

㉮ 윤곽 투영기(profile projector)
㉯ 오토 콜리미터(auto-collimator)
㉰ 콤비네이션 세트(combination set)
㉱ 옵티컬 플랫(optical flat)

18 독일형 버니어 캘리퍼스라고도 부르며 슬라이더가 홈형으로 내측면의 측정이 가능하고 최소 1/50mm로 측정할 수 있는 것은?

㉮ M1형 ㉯ M2형
㉰ CB형 ㉱ CM형

19 어미자 1눈금이 0.5mm일 때, 12mm를 25등분하여 아들자의 눈금으로 사용하는 버니어 캘리퍼스는 몇 mm까지 읽을 수 있는가?

㉮ 12.5mm ㉯ 6mm
㉰ 0.2mm ㉱ 0.02mm

20 사용하는 측정기의 최소 측정단위가 1 ㎛이면 몇 mm까지 측정이 가능한가?

㉮ $\frac{1}{100}$ ㉯ $\frac{1}{1000}$
㉰ $\frac{1}{10000}$ ㉱ $\frac{1}{1000000}$

21 버니어캘리퍼스의 어미자에 새겨진 1mm의 19눈금(19mm)을 아들자에서 20등분할 때 어미자와 아들자의 1눈금크기의 차이는?

㉮ $\frac{1}{50}mm$ ㉯ $\frac{1}{20}mm$
㉰ $\frac{1}{24}mm$ ㉱ $\frac{1}{25}mm$

22 다음 그림과 같이 측정된 버니어캘리퍼스의 측정값은? (단, 아들자의 최소눈금은 1/50mm이다.)

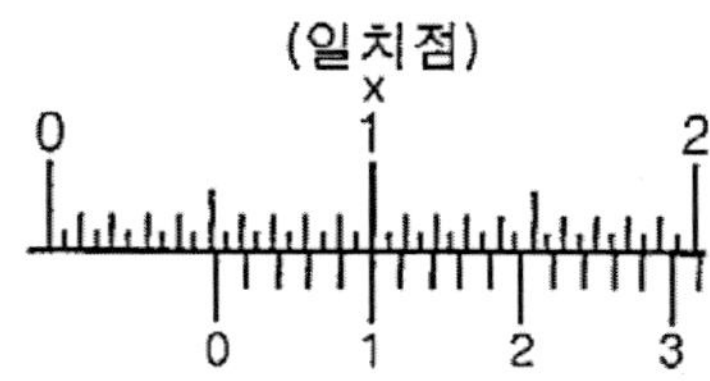

㉮ 5.01mm ㉯ 5.05mm ㉰ 5.10mm ㉱ 5.15mm

23 어미자의 최소 눈금이 1mm이고, 어미자 49mm를 50등분한 아들자 버니어캘리퍼스의 최소 측정값은?

㉮ 0.01mm ㉯ 0.02mm ㉰ 0.025mm ㉱ 0.05mm

24 길이 측정기가 아닌 것은?

㉮ 사인 바 ㉯ 마이크로미터
㉰ 하이트 게이지 ㉱ 버니어 캘리퍼스

25 마이크로미터 스핀들 나사의 피치가 0.5mm이고 딤블의 원주 눈금이 50등분 되어 있으면 최소 측정값은 몇 mm인가?

㉮ 0.01 ㉯ 0.05 ㉰ 0.001 ㉱ 0.005

26 0.01mm를 측정할 수 있는 마이크로미터의 딤블을 2눈금 회전시켰을 때 스핀들의 움직인 양은 몇 mm인가? (단, 마이크로미터 딤블의 원주는 50등분 되어 있고 피치는 0.5mm이다.)

㉮ 0.02 ㉯ 0.025 ㉰ 0.5 ㉱ 0.1

27 마이크로미터에서 스핀들 나사의 피치가 0.5mm이고 딤블을 100등분하였다면 측정가능한 정밀도는 몇 mm인가?

㉮ 0.01mm ㉯ 0.05mm ㉰ 0.001mm ㉱ 0.005mm

28 L = 50 mm의 사인바(sine bar)에 의하여 경사각 θ =200를 만드는 데 필요한 게이지블록의 높이차(h)는 약 몇 mm로 조합하여야 하는가?

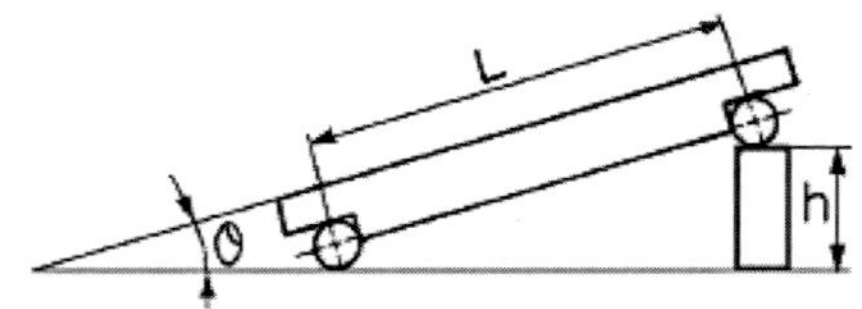

㉮ 16.40 ㉯ 17.10 ㉰ 18.20 ㉱ 19.30

29 외측 마이크로미터에서 측정력을 일정하게 하는 것은?

㉮ 딤블
㉯ 앤빌
㉰ 래칫 스톱
㉱ 클램프

30 다이얼 게이지는 어떤 측정기에 속하는가?

㉮ 전장 측정기
㉯ 단면 측정기
㉰ 비교 측정기
㉱ 각도 측정기

31 한계 게이지 측정방식의 특징 중 잘못된 것은?

㉮ 개인차가 없고 측정 시간이 절약된다.
㉯ 경험이 필요치 않다.
㉰ 측정이 쉽고 대량 생산에 적합하다.
㉱ 눈금이 없어 측정 실패율이 높다.

32 한계 게이지 측정방식의 특징 설명 중 잘못된 것은?

㉮ 합격 불합격 판정을 쉽게 할 수 있다.
㉯ 제품의 실제 치수를 읽을 수 없다..
㉰ 대량 측정에 적합하다.
㉱ 1개의 치수마다 4개의 게이지가 필요하다.

33 **한계 게이지의 마멸 여유는 어느 쪽에 두는 가?**

㉮ 정지 측 ㉯ 통과 측
㉰ 양쪽 다 준다. ㉱ 양쪽 다 안준다.

34 **다음 중 다이얼 게이지로 측정하는 것이 가장 적합한 것은?**

㉮ 캠축의 휨 ㉯ 피스톤의 외경
㉰ 나사의 피치 ㉱ 피스톤과 실린더의 간극

35 **3침법이란 나사의 무엇을 측정하는 방법인가?**

㉮ 골지름 ㉯ 피치
㉰ 유효지름 ㉱ 바깥지름

36 **공기 마이크로미터의 장점에 대한 설명으로 잘못된 것은?**

㉮ 배율이 높다.
㉯ 타원, 테이퍼, 편심 등의 측정을 간단히 할 수 있다.
㉰ 내경 측정에 있어 정도가 높은 측정을 할 수 있다.
㉱ 비교 측정기가 아니기 때문에 마스터는 필요없다.

제7장 절삭이론

단원별 기출문제

1 공작기계로 공작물을 절삭할 때는 절삭저항이 발생하는데 절삭저항에 해당되지 않는 것은?

㉮ 주분력 ㉯ 배분력
㉰ 횡분력(이송분력) ㉱ 치핑(chipping)

2 선반의 3분력의 크기가 순서대로 된 것은?

㉮ 주분력 > 배분력 > 이송분력
㉯ 주분력 > 이송분력 > 배분력
㉰ 배분력 > 주분력 > 이송분력
㉱ 배분력 > 이송분력 > 주분력

3 연성 재료의 절삭가공시 절삭저항이 가장 적고 절삭 가공면이 매끈한 칩의 형식은?

㉮ 전단형 ㉯ 유동형
㉰ 균열형 ㉱ 열단형

4 취성이 재료를 큰 경사각의 바이트로 저속 절삭할 때 발생하는 일반적인 칩의 형태는?

㉮ 전단형 ㉯ 유동형
㉰ 균열형 ㉱ 열단형

5 절삭가공에서 발생하는 칩의 일반적인 형태가 절삭력으로 가공된 면이 뜯어낸 것과 같은 형태의 표면이나 땅을 파는 것과 같이 불규칙한 면으로 가공되는 일명 열단형 칩이라고도 하는 칩은?

㉮ 유동형 칩 ㉯ 경작형 칩
㉰ 전단형 칩 ㉱ 균열형 칩

6 절삭공구의 수명이 종료되어 공구를 다시 연삭하거나 새로운 절삭공구로 바꾸기 위한 공구수명 판정방법이 잘못된 것은?

㉮ 가공 면에 광택이 있는 색조나 반점이 생길 때
㉯ 공구인선의 마모가 일정량에 도달하였을 때
㉰ 완성치수의 변화량이 일정량에 도달했을 때
㉱ 절삭저항의 이송분력과 배분력이 급격히 감소할 때

7 절삭공구 수명 T와 속도 V 사이에 다음 관계식으로 옳은 것은?

㉮ $\frac{VT}{n} = C$　　㉯ $VT^n = C$
㉰ $CT^{\frac{1}{n}} = V$　　㉱ $TV^n = C$

8 공작물의 표면 거칠기와 치수 정밀도에 미치는 요소가 아닌 것은?

㉮ 절석 속도　　㉯ 절삭 깊이
㉰ 절삭유　　㉱ 칩 브레이커

9 절삭공구 인선의 파손 중에서 공구 인선의 일부가 미세하게 탈락되는 현상을 무엇이라 하는가?

㉮ 크레이터 마모　　㉯ 플랭크 마모
㉰ 치핑　　㉱ 구성인선

10 공구 마멸 중에서 공구 날의 윗면이 칩의 마찰로 오목하게 파이는 현상을 무엇이라 하는 가?

㉮ 크레이터 마모　　㉯ 구성인선
㉰ 플랭크 마모　　㉱ 치핑

11 바이트의 연마 불량이나 납땜 방법이 불량의 주원인으로 나타나기 쉬운 바이트의 결손은?

㉮ 치핑(chipping) ㉯ 브레이킹(breaking)
㉰ 크랙(crack) ㉱ 크레이터(crater)

12 구성인선에 대한 일반적인 설명으로 틀린 것은?

㉮ 절삭저항이 커진다.
㉯ 가공면을 거칠게 한다.
㉰ 바이트의 수명을 짧게 한다.
㉱ 절삭속도를 작게 하면 방지된다.

13 선반 작업에서 발생하는 구성인선(Built-up edge)의 감소대책으로 옳은 것은?

㉮ 절삭깊이를 깊게 한다.
㉯ 상면 경사각을 작게 한다.
㉰ 절삭 속도를 고속으로 한다.
㉱ 마찰 저항이 큰 공구를 사용한다.

14 선반가공 중에 발생할 수 있는 구성인선을 방지할 수 있는 대책으로 거리가 먼 것은?

㉮ 절삭 깊이를 적게 한다.
㉯ 경사각을 적게 한다.
㉰ 절삭공구의 인선을 예리하게 한다.
㉱ 절삭속도를 크게 한다.

15 선반작업에서 구성인선을 감소시키기 위한 방법으로 옳은 것은?

㉮ 윤활성이 좋은 절삭유제를 사용한다.
㉯ 공구의 경사각을 작게 한다.
㉰ 절삭속도를 작게 한다.
㉱ 절삭깊이를 크게 한다.

16 빌트 업 에지(Built-up edge)의 발생을 억제하는 데 역행하는 것은?

㉮ 칩 두께의 증대
㉯ 바이트 상면 경사각의 증대
㉰ 절삭속도의 증대
㉱ 작당한 윤활유의 사용

17 빌트 업 에지(Built-up edge)의 영향이 아닌 것은?

㉮ 절삭저항이 커진다.
㉯ 다듬질 면을 거칠게 한다.
㉰ 바이트의 수명을 짧게 한다.
㉱ 치수 정밀도가 좋아진다.

18 공작물을 절삭할 때 절삭온도의 측정 방법으로 틀린 것은?

㉮ 공구 현마경에 의한 측정
㉯ 칩의 색깔에 의한 측정
㉰ 열량계에 의한 측정
㉱ 열전대에 의한 측정

19 절삭 공구의 구비 조건에 해당되지 않는 것은?

㉮ 강인성이 클 것
㉯ 마찰계수가 클 것
㉰ 내마모성이 클 것
㉱ 고온에서 경도가 저하되지 않을 것

20 **절삭 공구의 구비 조건에 틀린 것은?**

㉮ 취성이 클 것
㉯ 마찰계수가 적을 것
㉰ 내마모성이 클 것
㉱ 고온에서 경도가 감소되지 않을 것

21 **절삭 공구가 가져야 할 기계적 성질은?**

㉮ 강인성, 내마모성, 고온경도
㉯ 충격성, 담금성, 내열성
㉰ 경도성, 강도성, 인장성
㉱ 경도성, 강도성, 고온취성

22 **고탄소강을 공구강으로 사용하는 이유로 가장 적합한 것은?**

㉮ 경도를 필요로 하기 때문에
㉯ 전성을 필요로 하기 때문에
㉰ 인성을 필요로 하기 때문에
㉱ 충격에 견뎌야 하기 때문에

23 **재질이 W, Cr, V, Co 등을 주성분으로 하는 바이트는 ?**

㉮ 합금 공구강 바이트 ㉯ 고속도강 바이트
㉰ 초경합금 바이트 ㉱ 세라믹 바이트

24 **절삭제의 구비 조건이 아닌 것은 ?**

㉮ 마찰성이 클 것 ㉯ 냉각성이 높을 것
㉰ 윤활성이 좋을 것 ㉱ 세척성이 좋을 것

25 **절삭유로서 구비해야할 조건이 아닌 것은 ?**

㉮ 화학적 변화가 클 것
㉯ 마찰계수가 낮을 것
㉰ 유막의 내압력이 높을 것
㉱ 절삭유의 표면장력이 작고 칩의 생성부까지 잘 침투할 수 있을 것

26 **기계가공에서 절삭성능을 향상시키기 위한 절삭제의 작용으로 틀린 것은?**

㉮ 세척 작용　　㉯ 윤활 작용
㉰ 냉각 작용　　㉱ 밀폐 작용

27 **절석유제의 사용 목적에 대한 일반적인 설명으로 틀린 것은?**

㉮ 절삭공구를 냉각시켜 공구의 경도 저하를 막는다.
㉯ 칩의 제거를 용이하게 하여 절삭작업을 쉽게 한다.
㉰ 공구의 마모를 줄이고 윤활 및 세척작용으로 가공표면을 좋게 한다.
㉱ 공구와 가공물의 친화력 향상으로 정밀도를 높게 한다.

제8장 선반가공 단원별 기출문제

1 선반의 베드를 가능한 한 짧게 하여 주로 공작물의 면 절삭에 쓰이는 것으로 길이가 짧고 직경이 큰 공작물의 가공에 주로 쓰이는 것은?

㉮ 수직 선반 ㉯ 터릿 선반
㉰ 정면 선반 ㉱ 모방 선반

2 대형의 가공물이나 불규칙한 가공물을 편리하게 가공할 수 있는 가장 적당한 선반은?

㉮ 공구 선반 ㉯ 탁상 선반
㉰ 보통 선반 ㉱ 수직 선반

3 테이블이 수평면 내에서 회전하는 것으로, 공구의 길이 방향 이송이 수직으로 되어 있고 대형 중량물을 깎는 데 쓰이는 선반은?

㉮ 수직 선반 ㉯ 크랭크축 선반
㉰ 모방 선반 ㉱ 공구 선반

4 절삭공구를 육각형 모양의 드럼에 가공 공정 순서대로 장착하고 동일 치수의 제품을 대량생산하고자 할 때 사용하는 공작기계로 가장 적합한 선반은?

㉮ 탁상 선반 ㉯ 정면 선반
㉰ 수직 선반 ㉱ 터릿 선반

5 각종 선반에 대한 각각의 설명으로 옳지 않은 것은?

㉮ 수치제어 선반 : 자동 모방 장치를 이용하여, 단지 모형이나 형판만을 따라 바이트를 안내하며 절삭하는 선반이다.
㉯ 차축 선반 : 면판붙이 주축대를 2대 마주세운 구조로 철도 차량용 차축을 깎는 선반이다.
㉰ 터릿 선반 : 볼트, 작은 나사 및 핀과같이 작은 공작물을 터릿을 사용하여 대량 생산하거나 능률적인 가공을 하는선반이다.
㉱ 크랭크축 선반 : 크랭크축의 베어링 저널 부분과 크랭크 핀을 깎는 선반이다.

6 터릿 선반 등에 널리 사용되며, 보통 선반에서는 주축의 테이퍼 구멍에 슬리브를 꽂은 다음 여기에 끼워 사용하는 것은?

㉮ 연동척 ㉯ 마그네틱 척
㉰ 콜릿 척 ㉱ 단동 척

7 다음 중 선반에서 4대 주요 구성부분이 아닌 것은?

㉮ 주축대 ㉯ 베드
㉰ 바이트 ㉱ 왕복대

8 선반에서 일반적으로 할 수 있는 작업은?

㉮ 나사 절삭 ㉯ 사각 추 가공
㉰ 기어 절삭 ㉱ 묻힘 키 홈 가공

9 선반에서 가공할 수 있는 작업이 아닌 것은?

㉮ 기어 절삭 ㉯ 테이퍼 절삭
㉰ 보링 ㉱ 총형 절삭

10 선반 척(chuck)의 크기를 옳게 나타낸 것은?

㉮ 조오의 수 ㉯ 척의 무게
㉰ 척의 부피 ㉱ 척의 바깥 지름

11 선반의 부속장치로 심압축에 꽂아서 사용하는 것으로 선단이 원뿔형이고 대형 가공물에 사용되며, 자루부는 테이프로 되어 있는 것은?

㉮ 척(chuck) ㉯ 센터(center)
㉰ 심봉(mandrel) ㉱ 돌림판(driving plate)

12 선반 작업 시 재료의 크기가 대형이고 중량이 무거울 때, 센터(center) 끝의 각도는?

㉮ 45° ㉯ 60°
㉰ 90° ㉱ 120°

13 선반의 부속 장치 중 구멍이 있는 공작물에서 그 구멍을 기준으로 하여 가공할 때 사용하는 부속품은?

㉮ 돌리개(dog) ㉯ 심봉(mandrel)
㉰ 방진구 (work rest) ㉱ 면판(face plate)

14 가늘고 긴 공작물을 심압대 센터로 지지하고 깎을 때 사용하는 것은?

㉮ 면판 ㉯ 돌리개
㉰ 방진구 ㉱ 맨드릴

15 선반에서 기어, 벨트 풀리 등의 소재와 같이 구멍이 뚫린 공작물의 바깥 원통면이나 옆면을 가공할 때 사용하는 부속품은?

㉮ 맨드릴 ㉯ 연동척
㉰ 방진구 ㉱ 돌리개

16 선반에서 길이가 긴 물체를 가공할 때 방진구를 사용하는 데 일반적으로 지름의 몇배 이상일 때 사용하는 가?

㉮ 8배 ㉯ 10배
㉰ 14배 ㉱ 20배

17 보통 선반을 구성하고 있는 부분에 해당되지 않는 것은?

㉮ 주축대 ㉯ 테이블
㉰ 베드 ㉱ 심압대

18 다음 중 선반 베드의 재질로 가장 적합한 것은?

㉮ 고급 주철
㉯ 탄소 공구강
㉰ 연강
㉱ 초경합금

19 선반에서 양센터 작업 시 주축의 회전을 공작물에 전달하기 위하여 사용되는 것은?

㉮ 센터 드릴
㉯ 돌리개
㉰ 면판
㉱ 방진구

20 선반의 부속품 중에서 돌리개의 종류가 아닌 것은?

㉮ 평행(클램프) 돌리개
㉯ 곧은 돌리개
㉰ 브로치 돌리개
㉱ 굽은(곡형) 돌리깨

21 보통 선반에서 보링(boring) 작업을 할 때 각장 많이 사용되는 공구는?

㉮ 바이트
㉯ 엔드밀
㉰ 탭
㉱ 필터

22 선반에 의한 절삭가공에서 이송(feed)과 가장 관계가 없는 것은?

㉮ 단위는 회전당 이송(mm/rev)으로 나타낸다.
㉯ 공작물의 매 회전마다 바이트가 이동되는 거리를 의미한다.
㉰ 이론적으로는 이송이 작을 수록 표면 거칠기가 좋아진다.
㉱ 바이트로 공작물 표면으로부터 절삭해 들어가는 깊이를 말한다.

23 선반작업에서 공작물의 지름을 D(mm), 1분간의 회전수를 N(rpm)이라고 할 때, 절삭속도 V는 몇 m/min인가?

㉮ $V = \pi DN$
㉯ $V = \frac{\pi DN}{1000}$
㉰ $V = \frac{\pi D}{1000N}$
㉱ $V = \frac{\pi N}{1000D}$

24 선반을 이용하여 300rpm으로 지름이 45cm인 환봉을 절삭하려 한다. 이 때 절삭 속도는 약 몇 m/min인가?

㉮ 254　　㉯ 25.4
㉰ 424　　㉱ 42.4

25 지름이 100mm인 탄소강재를 선반 가공할 때 1회 가공 소요 시간은 약 몇 초인가? (단, 회전수는 40rpm이고 이송은 0.3mm/rev이며 탄소강재의 길이는 50mm이다.)

㉮ 20초　　㉯ 25초
㉰ 30초　　㉱ 40초

제9장 밀링가공

단원별 기출문제

1 정육면체의 외형 평면가공에 다음 중 가장 적합한 공작기계는?

㉮ 선반
㉯ 드릴링 머신
㉰ 밀링 머신
㉱ 보링 머신

2 각도 가공, 드릴의 홈, 기어의 치형 가공, 나선 가공을 할 수 있는 공작기계는?

㉮ 선반
㉯ 보링 머신
㉰ 브로칭 머신
㉱ 밀링 머신

3 생산형 밀링머신에 관한 설명으로 틀린 것은?

㉮ 대량 생산에 적합하도록 어느 정도 단순화, 자동화 된 것이다.
㉯ 회전 테이블형 밀링머신은 1개의 스핀들 헤드를 써서 두 종류의 가공을 동시에 할 수 있다.
㉰ 베드형 밀링머신이라고도 한다.
㉱ 테이블은 상자형 베드 위에서 길이 방향으로만 움직인다.

4 밀링에서 작업할 수 없는 것은?

㉮ 나선 홈 가공
㉯ 기어 가공
㉰ 널링 가공
㉱ 키 홈 가공

5 밀링머신에서 할 수 없는 가공은?

㉮ 총형 가공
㉯ 기어 가공
㉰ 브로칭 가공
㉱ 나

6 수직형 밀링에서는 어떤 절삭공구를 주로 많이 사용하는 가?

㉮ 엔드 밀 ㉯ 기어 커터
㉰ 앵글 커터 ㉱ 측면 커터

7 밀링머신에서 얇은 금속을 자르는 커터(cutter)는?

㉮ 총형 커터 ㉯ 메탈 소 커터
㉰ 앵글 커터 ㉱ 측면 커터

8 지름 75 mm의 커터가 매분 60회전하며 절삭할 때 절삭 속도는 약 몇 m/min 인가?

㉮ 14 ㉯ 20
㉰ 26 ㉱ 32

9 밀링머신에서 가장 큰 규격의 호칭번호는? (단 호칭 번호는 새들의 이동범위로 정한다.)

㉮ 0호 ㉯ 1호
㉰ 3호치 ㉱ 5호

10 다음 중 밀링머신에서 사용되는 부속장치가 아닌 것은?

㉮ 분할대 ㉯ 래크 절삭장치
㉰ 슬로팅 장치 ㉱ 릴리이빙 장치

11 밀링머신의 부속장치에 관한 설명으로 틀린 것은?

㉮ 슬로팅 장치 : 밀링머신의 컬럼에 장치하여 주축의 회전운동을 공구대의 직선운동으로 변환시킨다.
㉯ 분할 장치 : 공작물을 필요한 등분이나 각도로 분할할 수 있는 장치로서 분할대라 한다.
㉰ 래크 절삭 장치 : 밀링머신의 칼럼에 부착하여 사용하며, 래크 기어를 절삭할 때 사용한다.
㉱ 회전 테이블 : 수평방향의 스핀들 회전을 기어에 의해 수직방향으로 전화시키는 장치이다.

12 밀링머신에서 주축의 회전운동을 직선 왕복운동으로 변화시키고 바이트를 사용하는 부속장치는?

㉮ 수직 밀링 장치 ㉯ 슬로팅 장치
㉰ 래크 절삭 장치 ㉱ 회전 테이블 장치

13 밀링머신에 사용하는 부속장치가 아닌 것은?

㉮ 슬로팅 장치 ㉯ 분할대
㉰ 면판 ㉱ 아버

14 밀링머신에서 테이블의 두틈(backlash) 제거장치는 어디에 설치하는 가?

㉮ 변속 기어 ㉯ 테이블 이송나사
㉰ 테이블 이송핸들 ㉱ 자동 이송레버

15 수평 밀링 머신에 대한 설명이 아닌 것은?

㉮ 주축은 기둥 상부에 수평으로 설치한다,.
㉯ 스핀들 헤드는 고정형 및 상하 이동형, 필요한 각도로 경사시킬 수 있는 경사형 등이 있다.
㉰ 주축에 아버를 고정하고 회전시켜 가공물을 절삭한다.
㉱ 공작물은 전후, 좌우, 상하 3방향으로 이동한다.

16 수평 밀링 머신의 주축에 대한 설명 중 틀린 것은?

㉮ 보통 테이퍼 롤러 베어링으로 지지되어 있다.
㉯ 칼럼(column)에 설치되어 있으며 아버를 고정한다.
㉰ 주축 끝에 코터가 장치되어 있어 커터의 중심을 맞춘다.
㉱ 주축단은 보통 테이퍼진 구멍으로 되어 있으며 크기는 규격으로 정해져 있다.

17 **밀링 수직축 장치에 관한 설명으로 틀린 것은?**

㉮ 밀링 머신의 부속장치의 일종이다.
㉯ 수평 및 만능 밀링 머신에서 직립 밀링가공을 할 수 있도록 베드면에 장치한다.
㉰ 가공물에 따라 요구되는 각도로 선회시켜 사용할 수 있다,
㉱ 수평방향의 스핀들 회전을 기어를 거쳐 수직방향으로 전환시키는 장치이다.

18 **밀링 작업에서 하향절삭에 비교한 상향절삭의 특성에 대한 설명으로 틀린 것은?**

㉮ 날끝이 공작물을 치켜 올리므로 공작물을 단단히 고정해야 한다.
㉯ 백래시 제거 장치가 없으면 가공이 곤란하다.
㉰ 하향절삭에 비해 가공면이 깨끗하지 못하다,
㉱ 공구의 수명이 짧다.

19 **밀링 작업에서 상향절삭에 비교한 하향절삭 작업의 장점에 대한 설명으로 틀린 것은?**

㉮ 표면 거칠기가 좋다.
㉯ 공구의 수명이 길다
㉰ 가공물 고정이 유리하다,
㉱ 백래시를 제거하지 않아도 된다.

20 **밀링 절삭작업에서 떨림(chattering)이 생기는 이유가 아닌 것은?**

㉮ 공작물의 길이가 짧을 때
㉯ 바이트의 날끝이 불량할 때
㉰ 절삭속도가 부적당할 때
㉱ 공작물의 고정이 불량할 때

제10장 드릴링 머신

단원별 기출문제

1 드릴가공에 대한 일반적인 설명 중 틀린 것은?

㉮ 재료에 기공이 있으면 가공이 용이하다.
㉯ 드릴의 날끝각은 공작물의 재질에 따라 다르다.
㉰ 겹쳐진 구멍을 뚫을 때는 먼저 뚫은 구멍에 같은 종류의 재료를 메우고 구멍을 뚫는다.
㉱ 탭이 파손될 경우에는 나사뽑기 기구를 사용한다.

2 다음 중 일반적으로 황동에 구멍 뚫기 작업에 사용하는 드릴의 날 끝 각으로 가장 알맞은 것은?

㉮ 90~120°　　㉯ 118°
㉰ 100°　　㉱ 60°

3 드릴 자루가 테이퍼인 드릴의 끝 부분을 납작하게 한 부분으로 드릴이 미끄러져 헛돌지 않고 테이퍼 부분이 상하지 않도록 하면서 회전력을 주는 부분의 명칭은?

㉮ 탱(tang)　　㉯ 몸체(body)
㉰ 마진(margin)　　㉱ 사심(dead center)

4 드릴이 용이하게 재료를 파고 들어갈 수 있도록 드릴의 절삭 날에 주어진 각의 명칭은?

㉮ 날 여유 각　　㉯ 보링 각
㉰ 평면 가공 각　　㉱ 홈 절삭 각

5 다음 중 드릴링 머신 작업의 종류에 속하지 않는 것은?

㉮ 보링　　㉯ 카운터 보링
㉰ 리밍　　㉱ 브로우칭

6 드릴링 머신에서 할 수 없는 작업은?

㉮ 카운터 보링 ㉯ 리밍
㉰ 카운터 싱킹 ㉱ 코킹

7 가공방법 중에서 6각 구멍붙이 볼트의 머리를 표면에 보이지 않게 묻기 위한 가공법은?

㉮ 카운터 보링 ㉯ 보링
㉰ 카운터 싱킹 ㉱ 리밍

8 한꺼번에 여러 개의 구멍을 뚫거나 공정수가 많은 구멍을 가공할 때 가장 적합한 드릴링 머신은?

㉮ 탁상 드릴링 머신 ㉯ 레이디얼 드릴링 머신
㉰ 다축 드릴링 머신 ㉱ 직립 드릴링 머신

9 선삭가공이나 드릴로 뚫어진 구멍의 형상과 치수를 정밀하게 다듬질하는 작업을 하는 것은?

㉮ 탭핑 ㉯ 다이스 작업
㉰ 리밍 ㉱ 스크레이퍼 작업

10 리머 작업을 할 때에는 드릴 작업에 비하여 어떻게 하는 것이 원칙인가?

㉮ 고속에서 절삭하고 이송을 크게
㉯ 고속에서 절삭하고 이송을 작게
㉰ 저속에서 절삭하고 이송을 크게
㉱ 저속에서 절삭하고 이송을 작게

11 고속도강으로 만든 지름이 16mm인 드릴로, 연강재 공작물에 구멍을 뚫을 때, 드릴링 머신의 스핀들 회전수는? (단, 절삭속도는 20m/min로 한다.)

㉮ 199rpm ㉯ 398rpm
㉰ 796rpm ㉱ 1250rpm

12 **지름 20mm의 드릴로 연강 판에 구멍을 뚫을 때, 회전수가 200rpm 이면 절삭속도는 약 몇 m/min 인가?**

㉮ 12.6　　　㉯ 15.5
㉰ 17.6　　　㉱ 75.3

13 **드릴날의 파손원인으로 거리가 먼 것은?**

㉮ 드릴이 짧게 고정된 상태에서 가공할 때
㉯ 절삭날이 규정된 각도와 형상으로 연삭되지 않아 한쪽으로 과대한 절삭력이 작용할 때
㉰ 드릴 가공중에 드릴이 외력에 의해 구부러진 상태로 계속 가공할 때
㉱ 아송이 너무 커서 절삭저항이 증가할 때

14 **주요 공작기계의 일반적인 공작물 운동에 대한 설명으로 틀린 것은?**

㉮ 밀링 머신 : 공작물을 고정하고 이송한다.
㉯ 선반 : 공작물을 고정하고 회전시킨다,
㉰ 보링 머신 : 공작물을 고정하고 이송한다.
㉱ 드릴링 머신 : 공작물을 고정하고 회전시킨다.

단원별 기출문제

-제11장 보링머신, 제12장 평삭가공, 제13장 정밀입자가공. 제14장 특수가공-

1 고속회전 및 정밀한 이송기구를 갖추고 있으며, 정밀도가 높고 표면 거칠기가 우수한 실린더, 커넥팅 로드, 베어링면 등의 가공에 적합한 보링 머신은?

㉮ 수직 보링 머신　　㉯ 정밀 보링 머신
㉰ 보통 보링 머신　　㉱ 코어 보링 머신

2 보링 머신에서 구멍을 가공할 때 사용하는 절삭공구는?

㉮ 밀링커터　　㉯ 다이스
㉰ 엔드밀　　㉱ 보링 바이트

3 평면을 가공할 수 없는 기계는?

㉮ 밀링 머신　　㉯ 셰이퍼
㉰ 플레이너　　㉱ 센터리스 연삭기

4 플레이너에 의한 가공 방법 이 아닌 것은?

㉮ 수평 깎기　　㉯ 수직 깎기
㉰ 각도 깎기　　㉱ 나선형 깎기

5 직립 셰이퍼라고도 하며, 공구는 상하 직선 왕복운동을 테이블은 수평면에서 직선 또는 원운동을 하면서 주로 키홈 또는 스플라인 등을 가공하는 공작기계는?

㉮ 선반 ㉯ 밀링
㉰ 슬로터 ㉱ 원통 연삭기

6 램이 상하로 직선운동을 하여 급속귀환 장치가 있는 공작기계는?

㉮ 세이퍼 ㉯ 슬로터
㉰ 브로치 ㉱ 플레이너

7 슬로터를 이용한 가공이 아닌 것은?

㉮ 내경 키 홈 ㉯ 내경 스플라인(spline)
㉰ 세레이션(serration) ㉱ 나사

8 슬로터에서 일반적으로 가공할 수 없는 것은?

㉮ 내부 스플라인 ㉯ 넓은 평면 가공
㉰ 각 구멍 ㉱ 키이 홈 가공

9 다음 중 급속귀환 장치가 있는 기계는?

㉮ 세이퍼 ㉯ 지그 보링 머신
㉰ 밀링 ㉱ 호빙 머신

10 셰이퍼에서 램의 왕복 속도는 어떠한 가?

㉮ 일정하다. ㉯ 귀환 행정일 때가 늦다.
㉰ 절삭 행정일 때가 빠르다. ㉱ 귀환 행정일 때가 빠르다.

11 절삭 및 비절삭가공 중에서 절삭가공에 속하는 것은?

㉮ 주조 ㉯ 단조
㉰ 판금 ㉱ 호닝

12 주철의 호닝 작업 시 공작액으로 가장 적합한 것은?

㉮ 석유 ㉯ 모빌유
㉰ 황화유 ㉱ 라드유

13 래핑 작업에서 사용하는 랩제의 종류가 아닌 것은?

㉮ 탄화규소 ㉯ 산화알루미나
㉰ 산화크롬 ㉱ 흑연분말

14 원통의 내면을 보링, 리밍, 연삭 등의 가공을 한 후에 공구를 회전 및 직선왕복 운동시켜 진원도, 진직도, 표면 거칠기 등을 더욱 향상시키기 위한 가공 방법은?

㉮ 래핑 ㉯ 초음파 가공
㉰ 숏피닝 ㉱ 호닝

15 호닝 가공의 특징이 아닌 것은?

㉮ 발열이 크고 경제적인 정밀 가공이 가능하다.
㉯ 전 가공에서 발생한 진직도, 진원도, 테이퍼 등을 수정할 수 있다.
㉰ 표면 거칠기를 좋게 할 수 있다.
㉱ 정밀한 치수로 가공할 수 있다.

16 매우 작은 입자의 숫돌에 극히 작은 압력으로 가압하면서 공작물의 표면을 따라 축방향으로 진동을 주면서 원통의 내면, 외면 및 평면을 가공하는 방법은?

㉮ 호닝 ㉯ 슈퍼피니싱
㉰ 래핑 ㉱ 브로칭

17 **수퍼피니싱에 사용하는 숫돌 입자의 재질은?**

㉮ Si ㉯ MgO
㉰ Nacl ㉱ Al_2O_3

18 **버핑의 사용 목적이 아닌 것은?**

㉮ 공작물의 표면을 광택내기 위하여
㉯ 공작물의 표면을 매끈하게 하기 위하여
㉰ 정밀도를 요하는 가공보다 외관을 좋게 하기 위하여
㉱ 폴리싱을 하기 전에 공작물 표면을 다듬질하기 위하여

19 **스프링이나 기어와 같이 반복하중을 받는 기계부품에 소형 강구 등을 표면에 고속으로 분사시켜 기계적 성질을 향상시키는 가공법은?**

㉮ 액체 호닝 ㉯ 쇼트 피닝
㉰ 버니싱 ㉱ 전해 연삭

20 **쇼트 피닝(shot peening)에 관한 설명으로 틀린 것은?**

㉮ 쇼트라는 작은 덩어리를 가공품에 분사한다.
㉯ 피닝 효과는 열응력을 향상시킨다.
㉰ 자동차용 코일 또는 판스프링 가공에 쓰인다.
㉱ 두께가 큰 재료는 효과가 적고 균열의 원인이 될 수 있다.

21 **회전하는 상자에 공작물과 숫돌입자, 공작액, 컴파운드 등을 함께 넣어 공작물이 입자와 충돌하는 동안에 그 표면의 요철을 제거하여 매끈한 가공면을 얻는 것은?**

㉮ 숏피닝 ㉯ 수퍼 피니싱
㉰ 버니싱 ㉱ 배럴 가공

22 **공작물의 표면을 광택있게 가공하기 위하여 직물, 피혁, 고무 등을 원판으로 만들어 고속회전시켜서 하는 가공법은?**

㉮ 텀블링 ㉯ 호닝
㉰ 버니싱 ㉱ 버핑

23 **가공 제품을 숏 피닝(shot peening)하는 가장 중요한 이유는?**

㉮ 취성을 높이기 위해
㉯ 담금질 효과를 얻기 위해
㉰ 피로 강도를 높이기 위해
㉱ 절삭성을 향상시키기 위해

24 **브로칭 머신의 크기 표시법은?**

㉮ 브로치의 최대 행정 길이 ㉯ 헤드의 크기
㉰ 가공물의 크기 ㉱ 절삭날의 수

25 **나사 모양의 커터를 회전시키면서 각종 기어를 절삭하는 기계는?**

㉮ 보링머신 ㉯ 셰이퍼
㉰ 호닝 ㉱ 호빙머신

26 **창성법으로 기어의 이를 절삭하는 기어 절삭용 전용 공작기계는?**

㉮ 셰이퍼 ㉯ 보링 머신
㉰ 브로치 ㉱ 호빙 머신

27 **일반적을오 호빙머신으로 절삭할 수 없는 기어는?**

㉮ 헬리컬 기어 ㉯ 하이포이드 기어
㉰ 웜기어 ㉱ 스퍼 기어

28 **브로칭 머신에 사용하는 절삭공구 브로치의 피치 간격을 일정하게 하지 않는 이유는 ?**

㉮ 난삭재 가공 ㉯ 떨림 발생 방지
㉰ 가공시간 단축 ㉱ 칩 처리 용이

제15장 연삭가공 단원별 기출문제

1 연삭숫돌은 자동적으로 닳아 떨어져 나가서 새로운 날을 형성하므로 커터와 바이트처럼 연삭하지 않아도 되는데 이러한 현상을 무엇이라 하는가?

㉮ 자생 작용　　㉯ 클레이징
㉰ 트루잉　　㉱ 드레싱

2 연삭숫돌 표면에 무디어진 입자나 기공을 메우고 있는 칩을 제거하여 본래의 형태로 숫돌을 수정하는 방법은?

㉮ 로딩(loading)　　㉯ 글레이징(glazing)
㉰ 웨이팅(weighting)　　㉱ 드레싱(dressing)

3 연삭 가공의 특징으로 옳지 않은 것은?

㉮ 경화된 강과 같은 단단한 재료를 가공할 수 있다.
㉯ 가공물과 접촉하는 연삭점의 온도가 비교적 낮다.
㉰ 정밀도가 높고 표면 거칠기가 우수한 다듬질면으르 얻을 수 있다.
㉱ 숫돌 입자는 마모되면 탈락하고 새로운 입자가 생기는 자생작용이 있다.

4 공작기계의 명칭과 가공법이 바르게 연결된 것은?

㉮ 선반 - 기어 가공, 키 홈 가공
㉯ 밀링 - 수나사 가공, 기어 가공
㉰ 연삭기 - 평면 가공, 외경 가공
㉱ 드릴링 머신 - 카운터 보링 가공, 기어 가공

5 연삭가공에서 내면연삭의 특성에 대한 설명으로 틀린 것은?

㉮ 연삭 숫돌의 지름은 가공물의 지름보다 커야 한다.
㉯ 외경 연삭에 비하여 숫돌의 마모가 많다.
㉰ 숫돌축의 회전수가 빨라야 한다.
㉱ 숫돌축의 지름이 작기 때문에 가공물의 정밀도가 다소 떨어진다.

6 공작물과 공구가 모두 회전하면서 절삭하는 공작기계는?

㉮ 선반 ㉯ 밀링 머신
㉰ 드릴링 머신 ㉱ 원통 연삭기

7 연삭숫돌 바퀴의 회전수 n[rpm], 숫돌 바깥지름 d[mm]라 하면, 원주속도 V[mm/min]를 구하는 식으로 옳은 것은?

㉮ $V=\dfrac{n}{\pi d}$ ㉯ $V=\dfrac{\pi dn}{1000}$
㉰ $V=\dfrac{1000n}{\pi d}$ ㉱ $V=\pi dn$

8 센터리스 연삭기의 장단점에 대한 설명으로 옳은 것은?

㉮ 장점 : 절삭 여유가 작아도 된다.
㉯ 장점 : 대형 공작물을 연삭한다.
㉰ 단점 : 긴 축 재료의 연삭이 불가능하다.
㉱ 단점 : 연속 작업을 할 수 없고 대량생산에 부적합하다.

9 센터리스 연삭의 특성에 대한 설명으로 틀린 것은?

㉮ 중공의 가공물 연삭이 곤란하다.
㉯ 연삭 작업에 숙련을 요구하지 않는다.
㉰ 연삭 여유가 작아도 된다.
㉱ 연삭 숫돌의 폭이 크므로 연삭숫돌 지름의 마멸이 적다.

10 **센터리스 연삭기에 대한 설명 중 잘못 설명된 것은 ?**

㉮ 가공물을 연속적으로 가공하기가 곤란하다.
㉯ 연삭 깊이는 거친 연삭의 경우 0.2mm 정도이다.
㉰ 일반적으로 조정 숫돌은 연삭축에 대하여 경사시켜 가공한다.
㉱ 가늘고 긴 공작물을 센터나 척으로 지지하지 않고 가공한다.

11 **센터리스 연삭기에서 공작물을 연삭하는 방법 중 장점에 해당되지 않는 것은?**

㉮ 연삭 여유가 적어도 된다.
㉯ 연속 작업을 할 수 있어 대량생산에 적합하다.
㉰ 긴 홈이 있는 공작물도 연삭할 수 있다.
㉱ 긴 축 재료의 연삭이 가능하다.

12 **연삭숫돌의 결함에서 숫돌 입자의 표면이나 기공칩에 칩(chip)이 끼어 연삭성이 나빠지는 현상은?**

㉮ 트루잉 ㉯ 로딩
㉰ 글레이징 ㉱ 드레싱

13 **연삭숫돌의 외형을 수정하여 소정의 모양으로 만드는 것은?**

㉮ 로딩 ㉯ 글레이징
㉰ 프레싱 ㉱ 트루잉

14 **연삭 숫돌의 3요소가 아닌 것은?**

㉮ 입자 ㉯ 결합제
㉰ 입도 ㉱ 기공

15 **숫돌의 입도를 표시할 때 메사(mesh)의 수로 표시하는 데 입도 100이란?**

① 1 변 1인치 체에서 1변에 100개의 눈에 해당하는 수
② 1 변 1인치 체에서 1평방인치에 100개의 눈에 해당하는 수
③ 1 변 1cm인 체에서 1변에 100개의 눈에 해당하는 수
④ 1 변 1cm에 100개의 눈에 해당하는 수

16 **다음 중 연삭 재료로 사용되는 재료가 아닌 것은?**

① 석면 ② 산화크롬
③ 산화철 ④ 알루미나

17 **연삭숫돌의 연삭조건과 입도의 관계를 옳게 표시한 것은?**

㉮ 연하고 연성이 있는 재료의 연삭 : 고운 입도
㉯ 다듬질 연삭 또는 공구의 연삭 : 고운 입도
㉰ 경도가 높고 메진 공작물의 연삭 : 거친 입도
㉱ 숫돌과 공작물의 접촉면이 작을 때 : 거친 입도

18 **녹색 탄화규소 연삭 숫돌을 표시하는 것은?**

㉮ A 숫돌 ㉯ GC 숫돌
㉰ WA 숫돌 ㉱ F 숫돌

19 **연삭숫돌의 표시 WA46H8V에서 WArk 나타내는 것은?**

㉮ 입도 ㉯ 결합도
㉰ 입자 ㉱ 결합제

20 연삭숫돌 바퀴의 표시 "WA 46 J 4 V"에서 '4'가 나타내는 것은?

㉮ 입도 ㉯ 결합도
㉰ 조직 ㉱ 결합제

21 연삭숫돌 규격 표시 "WA 60 L m V"에서 'L'가 의미하는 것은?

㉮ 입도 ㉯ 결합제
㉰ 조직 ㉱ 결합도

22 연삭숫돌 규격 표시 "WA 70 k m V"에서 'V'가 의미하는 것은?

㉮ 결합제 ㉯ 입도
㉰ 조직 ㉱ 결합도

제17장 NC

단원별 기출문제

1 2대 이상의 공작기계군을 컴퓨터에 결합시켜 작업성 및 생산성을 향상 시키는 시스템을 무엇이라 하는가?

㉮ DNC ㉯ NC
㉰ FMS ㉱ LC

2 외부 컴퓨터에서 작성한 NC 프로그램을 CNC 공작기계에 송수신하면서 가공하는 방식은?

㉮ NC ㉯ CNC
㉰ DNC ㉱ FMS

3 CNC 공작기계의 서보기구의 종류에 속하지 않는 것은?

㉮ 개방회로 방식 ㉯ 하이브리드 서보 방식
㉰ 폐쇄회로 방식 ㉱ 단일회로 방식

4 CNC 장치의 일반적인 정보 흐름으로 옳은 것은?

㉮ NC명령 → 제어장치 → 서보기구 → NC 가공
㉯ 서보기구 → NC명령 → 제어장치 → NC 가공
㉰ 제어장치 → NC명령 → 서보기구 → NC 가공
㉱ 서보기구 → 제어장치 → NC명령 → NC 가공

5 CNC 선반에서 G04의 의미는?

㉮ 일시정지 ㉯ 나사가공
㉰ 직선보간 ㉱ 원호보간

6 CNC 선반에서 주로 많이 쓰이는 각 기능의 예를 나타내내 것이다. 잘못된 것은?

㉮ G00(위치결정) ㉯ G04(dwell)
㉰ G29(나사절삭) ㉱ G01(직선절삭)

7 보조 프로그램 호출 시 사용되는 보조기능은?

㉮ M00 ㉯ M01
㉰ M98 ㉱ M99

8 CNC 선반(수치제어선반)에 대한 설명이 잘못 된 것은 ?

㉮ 좌표치의 지령방식에는 절대지령과 증분지령이 있고, 한 블록에 2가지를 혼합하여 지령할 수 있다.
㉯ 축은 공구대가 전후, 좌우 2방향으로 이동하므로 2축을 사용한다,
㉰ 테이퍼나 원호 절삭 시, 임의의 인선 반지름을 가지는 공구의 인선 반지름에 의한 가공경로의 오차를 CNC장치에서 자동으로 보정하는 인선 반지름 보정 기능이 있다,
㉱ 휴지(Dwell) 기능은 지정한 시간 동안 이송이 정지되는 기능을 의미한다.

제18장 열처리 단원별 기출문제

1 탄소강의 열처리법 중 조직을 미세화하고 표준화 시키는 열처리 방법은?

㉮ 노멀라이징 ㉯ 확산풀림
㉰ 저온풀림 ㉱ 담금질

2 뜨임이란 열처리의 용어 설명으로 가장적합한 것을?

㉮ 담금질한 것을 품림학위해 가열하여 서냉한 것을 뜻한다.
㉯ 경도를 높게 하기위하여 가열 냉각하는 조작을 말한다.
㉰ 담금질한 강철에 인성이 필요할 때A1점 이하의 적당한 온도로 가열하여 인성을 증가 시키는 것이다.
㉱ 경도는 약간 후퇴시키더라도. 취성을 주기위하여 가열 처리한 것이다.

3 탄소강의 담금질에서 냉각속도의 차이에 따라 나타나는 조직 중 강도와 경도가 큰 순서로 나열된 것을 고르시오?

㉮ 마텐자이트 〉 펄라이트 〉 트루스타이트 〉 소르바이트
㉯ 소르바이트 〉 마텐자이트 〉펄라이트 〉 트루스타이트
㉰ 펄라이트 〉 트루스타이트 〉 마텐자이트 〉 소르바이트
㉱ 마텐자이트 〉 트루스타이트 〉 소르바이트 〉펄라이트

4 금속재료의 가공경화로 생긴 잔류응력 제거 및 절삭성 향상 등을 개선시키는 열처리 방법으로 가장 적합한 것은?

㉮ 풀림 ㉯ 뜨임
㉰ 코팅 ㉱ 담금질

5 다음 열처리의 담금질액 중 냉각속도가 가장 빠른 것은?

㉮ 물 ㉯ 기름
㉰ 비눗물 ㉱ 소금물

6 **다강의 열처리 중 담금질의 주목적은?**

㉮ 균열방지
㉯ 재질의 경화
㉰ 인성증가
㉱ 잔류응력제거

7 **담금질성을 개선시키고 페라잍 조직을 강화할 목적으로 첨가하는 합금원소는?**

㉮ Cr
㉯ Mn
㉰ Mo
㉱ Ni

8 **다음 중 열처리 방법으로 급냉시켜 재질을 경화 시키는 방법은?**

㉮ 불림
㉯ 풀림
㉰ 뜨임
㉱ 담금질

제19장
기계재료 실험법

단원별 기출문제

1 인장시험 편에서 변형량에 관한 설명으로 올바른 것은?

㉮ 하중에 반비례한다.
㉯ 단면적에 비례한다.
㉰ 탄성계수에 반비례한다.
㉱ 길이의 제곱에 반비례한다

2 다음 중 정적시험에 속하지 않은 것은?

㉮ 인장시험
㉯ 경도시험
㉰ 굽힘시험
㉱ 충격시험

3 경도시험기에서 B 스케일과 C 스케일을 지닌 경도계는 다음 중 어느 것인가?

㉮ 쇼 경도계
㉯ 브르넬 경도계
㉰ 로크웰 경도계
㉱ 비커스 경도계

4 금속재료의 시험에서 일반적인 기계시험에 속하는 것은?

㉮ 경도시험
㉯ 비파괴시험
㉰ 현미경 조직시험
㉱ 화학분석시험

5 금속재료의 시험에서 인장시험에 의해서 산출하는 것이 아닌 것은?

㉮ 항복강도
㉯ 피로강도
㉰ 단면수축률
㉱ 연신율

6 다음 중 비파괴 시험이 아닌 것은?

㉮ 그리프 시험법
㉯ X선 검사법
㉰ 초음파 탐상법
㉱ 침투 탐상법

7 **다음 중 압입시험 방식에 해당되지 않은 것은?**

㉮ 쇼어 경도시험 ㉯ 브르넬 경도시험
㉰ 비커스 경도시험 ㉱ 르크엘 경도시험

8 **다음 중 금속재료의 물리적 성질이 아닌 것은?**

㉮ 비중 ㉯ 열전도율
㉰ 취성 ㉱ 선팽창계수

9 **인장시험에서 시험 전 표점거리 50[mm]의 시험편을 시험 후 절단된 표정거리를 측정하니 60[mm]였다, 이 시험편의 변율[%]은?**

㉮ 10 ㉯ 15
㉰ 20 ㉱ 25

10 **재료의 경도를 측정하는데 여러 가지 방법이 있다. 다음의 경도 시험기 중 눌린 자국의 넓이를 기준하여 경도를 표시하는 것은?**

㉮ 브리넬 경도 ㉯ 쇼 경도
㉰ 비커스 경도 ㉱ 로크웰 경도

11 **다음 중 S-N곡선과 관계가 있는 것은?**

㉮ 경도시험 ㉯ 충격시험
㉰ 피로시험 ㉱ 인장 실험

12 **다음 중 세라믹스 종류에 해당하지 않은 것은?**

㉮ 사화물계 ㉯ 황화물계
㉰ 탄화물계 ㉱ 질화물계

정선기계공작법

2019년 09월 01일 인쇄
2019년 09월 05일 발행

저 자	주동우,황규완,김덕환 공저
발행인	황 영 하
발행처	도서출판 명진
주 소	서울시 노원구 월계동 962
전 화	462-3257
팩 스	462-9428
등 록	2006년 11월 22일 제25100-2012-51호
E-mail	mjbooks1@naver.com
ISBN	978-89-6651-197-6

정가 25,000원